physica status solidi

Volume 7

1964

AKADEMIE-VERLAG · BERLIN

Subscriptions and orders for single copies should be addressed to

AKADEMIE-VERLAG GmbH, 108 Berlin, Leipziger Straße 3-4 or to Buchhandlung KUNST UND WISSEN, Erich Bieber, 7 Stuttgart S, Wilhelmstr. 4-6 or to Deutsche Buch-Export und -Import GmbH, 701 Leipzig, Postschließfach 276

Schriftleiter und verantwortlich für den Inhalt: Professor Dr. Dr. h. c. P. Görlich, 102 Berlin, Neue Schönhauser Str. 20 bzw. 69 Jena, Humboldtstr. 26. Redaktionskollegium: Dr. S. Oberländer, Dr. E. Gutsche, Dr. W. Borchardt. Anschrift der Schriftleitung: 102 Berlin, Neue Schönhauser Str. 20, Fernruf: 42 67 88. Verlag: Akademie-Verlag GmbH, 108 Berlin, Leipziger Str. 3–4, Fernruf: 22 04 41, Telex-Nr. 011773, Postscheckkonto: Berlin 35021. — Die Zeitschrift „physica status solidi" erscheint jeweils am 1. des Monats. Bezugspreis eines Bandes MDN 60,—. Bestellnummer dieses Bandes 1068/7. Gesamtherstellung: VEB Druckerei „Thomas Müntzer" Bad Langensalza. — Veröffentlicht unter der Lizenznummer 1310 des Presseamtes beim Vorsitzenden des Ministerrates der Deutschen Demokratischen Republik.

Contents

Short Notes

Author Index

physica status solidi

AKADEMIE-VERLAG · BERLIN

THEORIA CUM PRAXI

VOLUME 7 · NUMBER 1 · 1964

Contents

(Continued on cover three)

physica status solidi

Volume 7 · Number 1 · Pages 1 to 356 and K 1 to K 56

Oktober 1, 1964

AKADEMIE-VERLAG · BERLIN

Subscriptions and orders for single copies should be addressed to

AKADEMIE-VERLAG GmbH, Berlin W 8, Leipziger Straße 3 – 4 or to Buchhandlung KUNST UND WISSEN, Erich Bieber, 7 Stuttgart S, Wilhelmstr. 4 – 6 or to Deutsche Buch-Export und -Import GmbH, Leipzig C 1, Postschließfach 276

Editorial Note:

"physica status solidi" undertakes that an original paper *accepted for publication* before the 8th of any month will be published within 50 days of this date unless the author requests a postponement. In special cases there may be some delay between *receipt* and *acceptance* of a paper due to the review and, if necessary, revision of the paper.

Schriftleiter und verantwortlich für den Inhalt: Professor Dr. Dr. h. c. P. Görlich, Berlin C 2, Neue Schönhauser Str. 20 bzw. Jena, Humboldtstr. 26. Redaktionskollegium: Dr. S. Oberländer, Dr. E. Gutsche, Dr. W. Borchardt. Anschrift der Schriftleitung: Berlin C 2, Neue Schönhauser Str. 20, Fernruf: 426788. Verlag: Akademie-Verlag GmbH, Berlin W 8, Leipziger Str. 3–4, Fernruf: 220441, Telex-Nr. 011773, Postscheckkonto: Berlin 35021. — Die Zeitschrift „physica status solidi" erscheint jeweils am 1. des Monats. Bezugspreis eines Bandes MDN 60,—. Bestellnummer dieses Bandes: 1068/7. Für 1964 sind 4 Bände vorgesehen. Gesamtherstellung: VEB Druckerei „Thomas Müntzer" Bad Langensalza. — Veröffentlicht unter der Lizenznummer 1310 des Presseamtes beim Vorsitzenden des Ministerrates der Deutschen Demokratischen Republik.

Review Article

phys. stat. sol. 7, 3 (1964)

Institut für Mathematische Physik der Technischen Hochschule Karlsruhe

Der Tunneleffekt bei Supraleitern

Von

A. SCHMID

Inhaltsübersicht

1. Experiment

Verbindet man die beiden Metalle eines Schichtpakets Metall–Isolierschicht–Metall mit einer Spannungsquelle, so beobachtet man einen Strom quer durch die Isolierschicht, wenn diese hinreichend dünn ist. FRENKEL [1] hat 1930 dieses Phänomen theoretisch untersucht für den Fall, daß beide Metalle normalleitend sind, und nachgewiesen, daß der quantenmechanische Tunneleffekt die Ursache des Ladungstransports durch die Isolierschicht ist. In Übereinstimmung mit der experimentellen Erfahrung ergibt die Theorie, daß der Tunnelstrom J der Spannungsdifferenz U proportional ist (lineare Strom-Spannungscharakteristik) und unabhängig von der Temperatur, vorausgesetzt, daß die angelegte Spannung genügend klein ist (etwa 1/10 V).

Wird nun ein Metall oder werden beide Metalle des Schichtpakets supraleitend, so ändert sich die Form der Strom-Spannungscharakteristik $J = J(U)$ stark mit der Temperatur. Dies wurde von GIAVER [2] und unabhängig von NICOL, SHAPIRO und SMITH [3] 1960 zum ersten Male beobachtet. Extrapoliert man die Ergebnisse der Messungen an einem Schichtpaket, bei dem nur ein Metall supraleitend wird[1]), auf die absolute Temperatur Null, so erhält man eine Charakteristik

[1]) Die Meßergebnisse an Schichtpaketen, bei denen beide Metalle supraleitend werden, diskutieren wir in Abschnitt 8.

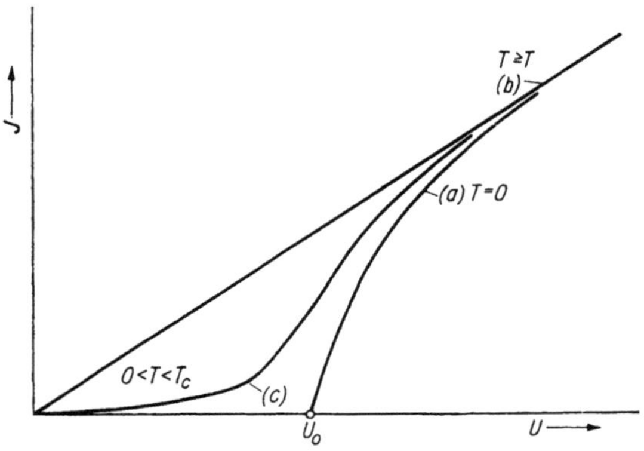

Fig. 1. Strom-Spannungs-Charakteristiken für ein Schichtpaket Supraleiter–Isolierschicht–Normalleiter. Scharparameter ist die Temperatur (T_C ist die Übergangstemperatur des Supraleiters)

(Fig. 1, Kurve a), welche erst bei einer Spannung U_0 (Größenordnung: 10^{-3} V) steil einsetzt und schließlich eine Gerade (Kurve b) erreicht. Diese Gerade ist die (temperaturunabhängige) Charakteristik desselben Schichtpakets im normalleitenden Zustand des Metalls, d. h. für Temperaturen oberhalb der Übergangstemperatur T_c. Für Temperaturen zwischen 0 °K und T_c erhält man Kurven, die zwischen beiden Grenzkurven liegen (z. B. Kurve c).

Es sei noch erwähnt, daß bei den hier interessierenden Experimenten als Isolierschicht die Oxydhaut eines der beiden Metalle (z. B. Al_2O_3 und Al, Dicke ca. 10 Å) verwandt wird; das zweite Metall wird dann auf die Oxydhaut aufgedampft.

2. Theorie des Tunneleffekts bei Normalleitern

Wir gehen aus von der modellmäßigen Vorstellung, nach der die Leitungselektronen der beiden Metalle, die wir *a* und *b* nennen, sich wie in einem feldfreien Raum bewegen und die Isolierschicht dargestellt werden kann durch eine Potentialschwelle (Fig. 2). Der Tunneleffekt ist offensichtlich verantwortlich dafür, daß ein Ladungstransport durch die Isolierschicht stattfindet. Ein Teilchen, das auf die Schwelle trifft und dessen Energie kleiner ist als die Höhe der Schwelle, wird zwar im wesentlichen reflektiert, durchdringt aber mit einer gewissen, wenn auch kleinen Wahrscheinlichkeit die Schwelle; darin besteht gerade der Tunneleffekt. Die Größe D der Durchdringungswahrscheinlichkeit oder Durchlässigkeit hängt ab von der Höhe V und der Dicke d der Potentialschwelle und außerdem von

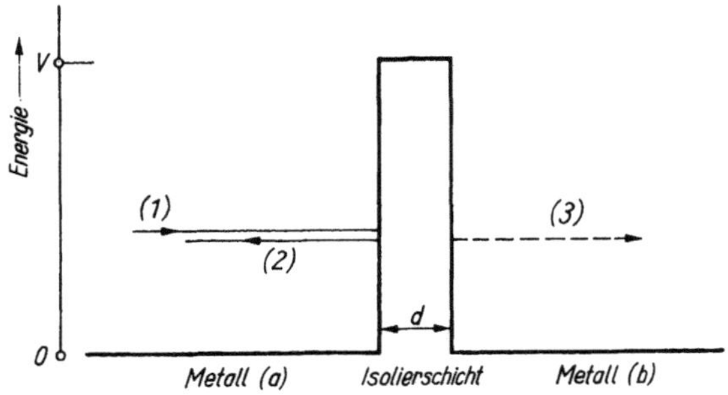

Fig. 2. Schematische Darstellung der potentiellen Energie der Leitungselektronen eines Schichtpakets Metall *a*–Isolator–Metall *b*. Ein Teilchen trifft von links auf die Schwelle (1), wird reflektiert (2), aber zum Teil auch durchgelassen (3)

dem Anteil E_n der kinetischen Energie des Teilchens, die der Impulskomponente normal zur Schwelle zugeordnet ist. Für vorliegendes Modell gilt

$$D(E_n) \approx 16\,\frac{E_n\,(V - E_n)}{V^2}\,\exp\left[-\frac{2\,d}{\hbar}\sqrt{2\,m\,(V - E_n)}\right]. \tag{1}$$

Bei der Berechnung des Tunnelstroms J oder genauer der Dichte des Tunnelstroms gehen wir so vor, daß wir diesen in zwei Anteile zerlegen. Der Anteil $J_{a \to b}$ kommt dadurch zustande, daß die Elektronen des Metalls a die Schwelle treffen und teilweise durchdringen, während der Anteil $J_{b \to a}$ von den tunnelnden Elektronen des Metalls b verursacht wird. ($J_{a \to b}$ und $J_{b \to a}$ haben entgegengesetztes Vorzeichen.) Ist $n_a(\boldsymbol{p})$ die Zahl der Elektronen pro cm³ in a mit dem Impuls $\boldsymbol{p}$, so treffen die Schwelle $\frac{1}{m}\,p_n\,n_a(\boldsymbol{p})$ Elektronen pro Sekunde (p_n ist die Komponente von $\boldsymbol{p}$ senkrecht zur Schwelle; selbstverständlich ist hierbei $p_n > 0$). Diese tragen zu einem Ladungsstrom $-\frac{e}{m}\,p_n\,n_a(\boldsymbol{p})\,D(E_n)$ bei (e Elementarladung). Daraus folgt

$$J_{a \to b} = -\frac{e}{m} \sum_{\substack{\boldsymbol{p} \\ (p_n > 0)}} p_n\,n_a(\boldsymbol{p})\,D(E_n)\,.\ ^{2)} \tag{2}$$

$J_{b \to a}$ erhält man aus dieser Gleichung dadurch, daß man $n_a(\boldsymbol{p})$ durch die Verteilung $n_b(\boldsymbol{p})$ des Metalls b ersetzt und die Summation mit der Einschränkung $p_n < 0$ durchführt. Bei kleiner Durchlässigkeit ist die Verteilung $n_j(\boldsymbol{p})$, $j = a, b$, sicher die des isolierten Metalls, also eine Fermiverteilung. Diese wird bestimmt durch die absolute Temperatur T und das elektrochemische Potential (Fermienergie) μ_j und ist gleich $n_j(\boldsymbol{p}) = f\left(\frac{\boldsymbol{p}^2}{2\,m} - \mu_j\right)$; $f(x) = (e^{x/kT} + 1)^{-1}$. Somit ist $\left(\sum_{p_n<0} p_n \ldots = -\sum_{p_n>0} p_n \ldots\right)$

$$J = J_{a \to b} + J_{b \to a} = -\frac{e}{m} \sum_{\substack{\boldsymbol{p} \\ (p_n > 0)}} p_n\,D(E_n) \left\{ f\left(\frac{\boldsymbol{p}^2}{2\,m} - \mu_a\right) - f\left(\frac{\boldsymbol{p}^2}{2\,m} - \mu_b\right) \right\}. \tag{3}$$

Die Spannungsdifferenz U zwischen Metall a und b ist nun proportional der Differenz der elektrochemischen Potentiale: $U = -\frac{1}{e}(\mu_a - \mu_b)$.[3]) Diese ist bei den dieser Betrachtung zugrunde liegenden Experimenten ($|U| < 1/10$ V) klein

[2]) Man mag gegen diesen Ausdruck einwenden, daß auf Grund des Pauliverbots keine Elektronen aus a in besetzte Zustände von b gelangen können und folglich der Summand noch mit dem Faktor $(1 - n_b(\boldsymbol{p}))$ zu multiplizieren ist; $n_b(\boldsymbol{p})$ = Zahl der Elektronen/cm³ des Metalls b mit dem Impuls $\boldsymbol{p}$. Dieser Faktor ändert das Endresultat (3) jedoch nicht und ist somit ohne Belang.

[3]) Die Spannungsdifferenz hängt nur von der Differenz der elektrochemischen Potentiale ab. Die Differenz der potentiellen Energie der Elektronen in den beiden Metallen (für das Modell nach Fig. 2 ist diese Differenz Null) ist, wie man nachprüfen kann, ohne Belang, wenn diese innerhalb vernünftiger Grenzen bleibt. Dies bestätigt die wohlbekannte Erfahrung, daß die Eigenschaften und das Verhalten eines entarteten Fermigases nur von den Elektronen in einer gewissen Umgebung der Fermikante bestimmt werden und daß die Tiefe des Fermisees praktisch bedeutungslos ist.

gegen $\frac{1}{e}\mu_a \approx \frac{1}{e}\mu_b$ (ca. 10 V). Somit ist der Faktor $\{f_a - f_b\}$ in Gleichung (3) nur in einem kleinen Bereich $\frac{p^2}{2m} \approx \mu_a$ wesentlich von Null verschieden. Dann kann man zeigen, daß J proportional ist $\mu_a - \mu_b$ und daß die Proportionalitätskonstante, von Zahlenfaktoren abgesehen, ungefähr gleich $\mu_a\, D(\mu_a)$ ist, also

$$J = -\operatorname{const} \mu_a\, D(\mu_a) \cdot (\mu_a - \mu_b) = \operatorname{const} \mu_a\, D(\mu_a) \cdot e\, U\,. \tag{4}$$

Diese Rechnung, die im wesentlichen mit der von FRENKEL [1] übereinstimmt, liefert eine lineare Strom-Spannungs-Charakteristik, wie sie bei Schichtpaketen mit normalleitenden Metallen auch beobachtet wird.

3. Theorie des Tunneleffekts bei Supraleitern — Übersicht

Das in Fig. 1 dargestellte experimentelle Ergebnis zeigt, daß der Tunnelstrom bei ein und demselben Schichtpaket, d. h. bei unveränderter Potentialschwelle, sich ändert, wenn eines der Metalle (oder beide) supraleitend wird. Der Zustand der Metalle, genauer der Zustand der Leitungselektronen der Metalle, bestimmt also wesentlich die Tunnelstromcharakteristik. Umgekehrt gestattet daher die Form der Charakteristik Schlüsse auf Eigenschaften des supraleitenden Zustands.

Die Behandlung des Tunneleffekts in Abschnitt 2 basiert im wesentlichen auf der Kenntnis der exakten Lösung der Schrödingergleichung des Systems Metall–Isolator–Metall (diese liefert nämlich den Wert für die Durchlässigkeit D). Bei supraleitenden Metallen kann man im Prinzip ähnlich verfahren [4, 5], stößt aber auf große Schwierigkeiten, welche bedingt sind durch die hier entscheidende Rolle der Wechselwirkung zwischen den Elektronen. Daher versucht man, den Tunnelprozeß zu beschreiben als eine Folge von Übergängen zwischen den Zuständen der *isolierten* Metalle a und b, verursacht durch eine Störung, welche jeweils ein Elektron von a nach b und umgekehrt transferiert und welche so die Durchlässigkeit der Potentialschwelle simuliert. Mit Hilfe der zeitabhängigen Störungstheorie berechnet man dann den Tunnelstrom. Man findet, daß er von einer gewissen effektiven Zustandsdichte $\varrho_j(E)$ der elektronischen Systeme der ungestörten Metalle $[j = a, b]$ abhängt, und zwar so, daß

$$J = -\frac{4\pi e}{\hbar} |T|^2 \int_{-\infty}^{+\infty} dE\, \varrho_a(E)\, \varrho_b(E - e\,U)\, \{f(E) - f(E - e\,U)\}\,. \tag{5}$$

$|T|^2$ ist eine mittlere Wahrscheinlichkeit für den Transfer eines Elektrons, die im wesentlichen durch die Durchlässigkeit bestimmt ist, und U die Spannungsdifferenz zwischen den Metallen.[4])

4. Die störungstheoretische Berechnung des Tunnelstroms [5])

Wir führen die in Abschnitt 3 skizzierte Idee nun quantitativ durch und werden dabei vor allem die Größe $\varrho_j(E)$ genauer präzisieren. Ausgangspunkt ist der Hamiltonoperator H_0 der isolierten Systeme

$$H_0 = H_a + H_b\,, \tag{6}$$

[4]) Plausible Argumente führten schon die Autoren von Ref. [2, 3] zu diesem Ausdruck für den Tunnelstrom.

[5]) Dieser Abschnitt ist für das Verständnis der folgenden Abschnitte nicht unbedingt erforderlich und kann je nach dem Interesse des Lesers überschlagen werden.

zu dem man, um die Durchlässigkeit der Schwelle zu beschreiben, als Störung einen Transferterm H_T addiert:

$$H = H_0 + H_T\,,$$

$$H_T = \sum_{\boldsymbol{p},\,\boldsymbol{p}',\,\sigma,\,j,\,j'} T(\boldsymbol{p}\,j,\boldsymbol{p}'\,j')\,\Psi^+(\boldsymbol{p}\,j\,\sigma)\,\Psi(\boldsymbol{p}'\,j'\,\sigma)\,.\;{}^{6)} \tag{7}$$

Dabei bezeichnen $\Psi^+(\boldsymbol{p}\,j\,\sigma)$ und $\Psi(\boldsymbol{p}\,j\,\sigma)$ die in der Feldtheorie üblichen Erzeugungs- und Vernichtungsoperatoren für Elektronen in dem Einteilchenzustand mit Impuls $\boldsymbol{p}$ und Spin σ des Metalles j.

Mit Hilfe einer störungstheoretischen Entwicklung bis zur Ordnung H_T^2 erhält man einen Ausdruck, der folgende Erwartungswerte von Operatoren enthält [6]:

$$\langle \Psi^+(\boldsymbol{p}_1\,j_1\,\sigma_1;t_1)\,\Psi(\boldsymbol{p}_1'\,j_1'\,\sigma_1;t_1)\,\Psi^+(\boldsymbol{p}_2\,j_2\,\sigma_2;t_2)\,\Psi(\boldsymbol{p}_2'\,j_2'\,\sigma_2;t_2)\rangle\,; \qquad j_2 \neq j_2'\,. \tag{8}$$

Der Erwartungswert $\langle A\rangle$ eines Operators A ist dabei definiert durch $\langle A\rangle = \mathrm{Sp}\,P\,A/\mathrm{Sp}\,P$, wobei P die Dichtematrix der großkanonischen Verteilung der isolierten Metalle ist, also

$$P = P_a\cdot P_b = \exp\left[\frac{1}{k\,T}(H_a - \mu_a\,N_a)\right]\cdot\exp\left[-\frac{1}{k\,T}(H_b - \mu_b\,N_b)\right]$$

(N_j ist der Teilchenzahloperator des Metalles j). Die Abhängigkeit der Operatoren von der Zeit wird bestimmt durch den ungestörten Hamiltonoperator H_0: $A(t) = e^{i\,H_0\,t/\hbar}\,A\,e^{-i\,H_0\,t/\hbar}$.

Es kann gezeigt werden, daß der Erwartungswert (8) in ein Produkt von zwei Faktoren zerfällt (wegen $j_2 \neq j_2'$[7]), die jeweils wieder Erwartungswerte sind, und zwar des Produktes des ersten und vierten, bzw. des zweiten und dritten Feldoperators von (8). Diese Erwartungswerte — man nennt sie Einteilchenkorrelationsfunktionen [9] — verschwinden für ein ideales Gas, wenn die Quantenzahlen des „erzeugten" Elektrons mit denen des „vernichteten" Elektrons nicht übereinstimmen. Wir nehmen an, daß dies in einer gewissen Näherung auch für das System der Leitungselektronen eines Metalls, sowohl im normal- wie auch im supraleitenden Zustand, gilt.

Die Rechnung liefert dann für den Tunnelstrom folgenden Ausdruck:

$$\left.\begin{aligned}
J &= J_{a\to b} + J_{b\to a}\,,\\
J_{a\to b} &= -\,e\sum_{\boldsymbol{p},\,\boldsymbol{p}',\,\sigma}\int_{-\infty}^{+\infty}\frac{dE}{2\,\pi\,\hbar}\,G_a^-(p\,\sigma;E)\,|T(\boldsymbol{p}\,a;\boldsymbol{p}'\,b)|^2\,G_b^+(\boldsymbol{p}'\,\sigma;E)\,,\\
J_{b\to a} &= e\sum_{\boldsymbol{p},\,\boldsymbol{p}',\,\sigma}\int\frac{dE}{2\,\pi\,\hbar}\,G_b^-(\boldsymbol{p}\,\sigma;E)\,|T(\boldsymbol{p}\,b;\boldsymbol{p}'\,a)|^2\,G_a^+(\boldsymbol{p}'\,\sigma;E)\,.
\end{aligned}\right\} \tag{9}$$

---

[6]) Dieser Ansatz ist von Cohen, Falikov und Phillips [6] und unabhängig von Holzapfel [7] vorgeschlagen worden. Prange [8] hat dann gezeigt, daß dieser Ansatz erlaubt ist.

[7]) Das gilt in jedem Fall dann, wenn $[P_j, N_j] = 0$.

Dabei bezeichnen $G_j^-(\boldsymbol{p}\,\sigma; E)$, $G_j^+(\boldsymbol{p}\,\sigma; E)$ die bezüglich der Zeit fouriertransformierten Korrelationsfunktionen; in ausführlicher Schreibweise lauten sie:

$$G_j^+(\boldsymbol{p}\,\sigma; E) = \frac{1}{\sum_n e^{-\frac{1}{kT}[\mathcal{E}_n - \mathcal{N}_n \mu_j]}} \sum_m e^{-\frac{1}{kT}[\mathcal{E}_m - \mathcal{N}_m \mu_j]} \times$$
$$\times \left\{\sum_l 2\pi\, |\langle l\, |\Psi^+(\boldsymbol{p}\, j\, \sigma)|\, m\rangle|^2\, \delta\,[E - (\mathcal{E}_l - \mathcal{E}_m)]\right\}, \tag{10a}$$

$$G_j^-(\boldsymbol{p}\,\sigma; E) = \frac{1}{\sum_m e^{-\frac{1}{kT}[\mathcal{E}_n - \mathcal{N}_n \mu_j]}} \sum_m e^{-\frac{1}{kT}[\mathcal{E}_m - \mathcal{N}_m \mu_j]} \times$$
$$\times \left\{\sum_l 2\pi\, |\langle l\, |\Psi(\boldsymbol{p}\, j\, \sigma)|\, m\rangle|^2\, \delta\,[E + (\mathcal{E}_l - \mathcal{E}_m)]\right\}. \tag{10b}$$

Summiert wird jeweils über einen vollständigen Satz von Eigenfunktionen $|n\rangle$ des Systems j; $\mathcal{E}_n$ ist die Energie und $\mathcal{N}_n$ die Teilchenzahl im Zustand $|n\rangle$.

Der Ausdruck in der geschweiften Klammer von Gleichung (10a) läßt sich folgendermaßen interpretieren. Es ist $|\langle l|\, \Psi^+(\boldsymbol{p}\, j\, \sigma)\, |m\rangle|^2$ die Wahrscheinlichkeit, daß der Zustand $|m\rangle$ des Systems j bei Zufügung eines Elektrons mit dem Impuls $\boldsymbol{p}$ und dem Spin σ — $\Psi^+(\boldsymbol{p}\, j\, \sigma)$ — in den Zustand $|l\rangle$ übergeht. Summiert wird über alle Endzustände $|l\rangle$, deren Energie gerade um den Betrag E größer ist als die des Anfangszustandes $|m\rangle$. Dies liefert ein Maß für die Wahrscheinlichkeit, mit der ein Teilchen mit dem Impuls $\boldsymbol{p}$, dem Spin σ und der Energie E dem Zustand $|m\rangle$ zugefügt werden kann. Die Summationen vor der geschweiften Klammer besagen lediglich, daß der Anfangszustand des Systems kein reiner Zustand $|m\rangle$, sondern das großkanonische Gemisch der Temperatur T und des elektrochemischen Potentials μ_j ist. Der Ausdruck (10b) unterscheidet sich von Gleichung (10a) nur darin, daß hier das Elektron dem System entnommen wird.

Wir stellen fest: $G_j^+(\boldsymbol{p}\,\sigma; E)$ bzw. $G_j^-(\boldsymbol{p}\,\sigma; E)$ ist proportional der Wahrscheinlichkeit,[8]) mit der ein Elektron mit dem Impuls $\boldsymbol{p}$, dem Spin σ und der Energie E dem Metall j zugefügt bzw. entnommen werden kann [9]. Damit läßt sich der Anteil $J_{a\to b}$ des Tunnelstroms in (9) erklären als die Wahrscheinlichkeit dafür, daß dem Metall a ein Elektron mit dem Impuls $\boldsymbol{p}$, dem Spin σ und der Energie E entnommen $[G_a^-(\boldsymbol{p}\,\sigma; E)]$, dann überführt $[|T(\boldsymbol{p}\, a; \boldsymbol{p}'\, b)|^2]$, und schließlich dem Metall b mit dem Impuls $\boldsymbol{p}'$, dem Spin σ und der Energie E[9]) zugefügt $[G_b^+(\boldsymbol{p}'\,\sigma; E)]$ wird, wobei natürlich über alle Möglichkeiten $(\boldsymbol{p}, \boldsymbol{p}', \sigma, E)$ summiert werden muß. Dasselbe gilt für den Anteil $J_{b\to a}$.

Aus der Definition von Gleichung (10) von G_j^+ und G_j^- läßt sich die wichtige Beziehung

$$G_j^+(\boldsymbol{p}\,\sigma; E) = e^{\frac{1}{kT}(E-\mu_j)}\, G_j^-(\boldsymbol{p}\,\sigma; E) \tag{11}$$

ableiten. Diese Beziehung genügt dem Prinzip der mikroskopischen Reversibilität [9]; sie sichert, daß der Tunnelstrom J für die Spannungsdifferenz

[8]) Genauer ist $G_j^+(\boldsymbol{p}\,\sigma; E)\,\frac{dE}{2\pi}$ bzw. $G_j^-(\boldsymbol{p}\,\sigma; E)\,\frac{dE}{2\pi}$ gleich der Zahl der Elektronen mit dem Impuls $\boldsymbol{p}$, dem Spin σ und mit den Energien $E \ldots E + dE$, die dem Metall j zugefügt bzw. entnommen werden können.

[9]) Bei Streuung eines Teilchens an einem Potential bleiben Energie und Spin, nicht aber der Impuls ungeändert.

$U = -\frac{1}{e}(\mu_a - \mu_b) = 0$ verschwindet. Kombiniert man Gleichung (9) und (11), so erhält man für den Tunnelstrom

$$J = -e \sum_{\boldsymbol{p},\boldsymbol{p}',\sigma} \int_{-\infty}^{+\infty} \frac{dE}{2\pi\hbar} |T(\boldsymbol{p}\,a;\boldsymbol{p}'\,b)|^2 A_a(\boldsymbol{p}\,\sigma;E)\, A_b(\boldsymbol{p}'\,\sigma;E) \times$$
$$\times \{f(E-\mu_a) - f(E-\mu_b)\}\,, \tag{12}$$

wobei $A_j(\boldsymbol{p}\,\sigma;E) = G_j^+(\boldsymbol{p}\,\sigma;E) + G_j^-(\boldsymbol{p}\,\sigma;E)$ die sogenannte Spektralfunktion des elektronischen Systems des Metalls j ist.[10]) $A(\boldsymbol{p}\,\sigma;E)$ ist also proportional der Wahrscheinlichkeit, daß dem Metall j ein Elektron mit dem Impuls $\boldsymbol{p}$, dem Spin σ und der Energie E zugefügt *oder* entnommen werden kann.

Nimmt man nun der Einfachheit halber an, daß für kleine Spannungsdifferenzen die Transferfunktion $|T(\boldsymbol{p}\,a;\boldsymbol{p}'\,b)|^2$ durch einen Mittelwert $|T|^2$ ersetzt werden kann (der nicht abhängt davon, ob die Metalle normal- oder supraleitend sind), so treten die Spektralfunktionen nur noch in der Form $\sum_{\boldsymbol{p}} A_j(\boldsymbol{p}\,\sigma;E)$ auf. Wir definieren daher eine Funktion $\varrho_j(E)$ wie folgt:

$$\varrho_j(E-\mu_j) = \frac{1}{2\pi} \sum_{\boldsymbol{p}} A_j(\boldsymbol{p}\,\sigma;E)\,. \tag{13}$$

Das Argument der Funktion ϱ_j ist diejenige Energie, welche von der Fermienergie μ_j als Bezugspunkt aus gemessen wird. Dadurch wird erreicht, daß die Funktion ϱ_j sich nicht ändert bei Änderungen des elektrochemischen Potentials μ_j durch eine angelegte Spannung. Die Spinvariable ist für $\varrho_j(E)$ überflüssig, da die Spektralfunktion sowohl im normal- als auch im supraleitenden Zustand nicht vom Spin abhängt. Setzt man den Ausdruck (13) in Gleichung (12) ein, so erhält man mit $\mu_a - \mu_b = -e\,U$ ohne weiteres den Ausdruck (5) für den Tunnelstrom J.

5. Die effektive Zustandsdichte

Die in Gleichung (5) für den Tunnelstrom auftretende effektive Zustandsdichte $\varrho_j(E)$ ist so definiert, daß $\varrho_j(E)\,dE$ gleich ist der Zahl der Elektronen, die mit beliebigem Impuls, aber nur mit Energien in dem Intervall $E \ldots E + dE$ dem Metall j, $j = a, b$, zugefügt oder entnommen werden können. Der Energienullpunkt ist dabei so festgelegt, daß die Energie $E = 0$ mit der Fermienergie μ_j übereinstimmt.

Für ein ideales Fermigas ist $\varrho(E)$ einfach zu bestimmen. Die Teilchen des idealen Fermigases bewegen sich unabhängig voneinander, so daß jedem Teilchen im Gas eindeutig eine Energie ε zugeordnet werden kann, die von dessen Impuls $\boldsymbol{p}$ abhängt: $\varepsilon = \varepsilon(\boldsymbol{p}) = \boldsymbol{p}^2/2\,m - \mu$. Werden daher (von außen) Teilchen der Energie E zugefügt oder entnommen, so kann dies (von innen aus gesehen) nur Teilchen betreffen, die im Gas die Energie $E = \varepsilon(\boldsymbol{p})$ besitzen. Daher trägt zur Wahrscheinlichkeit $\varrho(E)\,dE$ nur die Zufügung oder der Entzug solcher Teilchen bei, deren Impulse in dem Intervall $E \leqq \varepsilon(\boldsymbol{p}) \leqq E + dE$ liegen, wobei die Zahl der verschiedenen Impulse gleich ist der Anzahl der Einteilchenzustände in diesem Intervall. Jeder Einteilchenzustand trägt mit dem Gewicht 1 zu $\varrho(E)\,dE$ bei.

---

[10]) Diese Spektralfunktion spielt eine wesentliche Rolle in der feldtheoretischen Formulierung der statistischen Quantenmechanik. Sie genügt der einfachen Summenregel $\int \frac{dE}{2\pi} A_j(\boldsymbol{p}\,\sigma;E) = 1$.

Ist nämlich die Besetzungszahl des Einteilchenzustandes mit dem Impuls $\boldsymbol{p}$ gleich $n(\boldsymbol{p})$, dann ist die Zahl der Teilchen, die dem Einteilchenzustand entnommen werden kann, gleich $n(\boldsymbol{p})$ und jene, die zugefügt werden kann, dem Pauliverbot entsprechend gleich $1 - n(\boldsymbol{p})$. Die Summe beider Zahlen ist 1. Daher ist $\varrho(E)\,dE$ gleich der Zahl der Einteilchenzustände $N(E)\,dE$ in dem Intervall $E \ldots E + dE$, also

$$\varrho(E) = N(E) = \frac{4\pi \boldsymbol{p}^2}{(2\pi\hbar)^3} \cdot \left|\frac{d\boldsymbol{p}}{d\varepsilon}\right| = \frac{4\pi m}{(2\pi\hbar)^3} \sqrt{2m(E+\mu)}\,. \tag{14}$$

Bei dem System der Leitungselektronen eines Metalls liegen die Verhältnisse nicht so klar zutage, da hier die Elektronen sowohl untereinander als auch mit den Gitterschwingungen wechselwirken. Man weiß aber aus der Erfahrung sowie aus theoretischen Überlegungen [10, 11], daß ein Metall in normalleitendem Zustand weitgehend als ideales Fermigas betrachtet werden kann. Das bedeutet, daß in diesem Fall für die effektive Zustandsdichte $\varrho(E)$, wenigstens für E-Werte in einer Umgebung der Fermienergie μ, der Ausdruck (14) eingesetzt werden darf. Im supraleitenden Zustand dagegen spielt die Wechselwirkung zwischen den Elektronen eine entscheidende Rolle; sie führt zu einem gebundenen Zustand, in welchem die Gesamtenergie des elektronischen Systems sich nicht aufteilen läßt in Portionen, die den einzelnen Elektronen zugeordnet werden können. Da die Energie eines Elektrons mit dem Impuls $\boldsymbol{p}$ in diesem Zustand keinen scharfen Wert besitzt, führt die Zufügung oder der Entzug eines Elektrons definierten Impulses zu keiner eindeutigen Energieänderung des Systems.[11]) Man ist hier also gezwungen, die obenstehende Definition von $\varrho(E)$ (oder Gleichung (13)) explizit zu benutzen.

Wenn beide Metalle normalleitend sind, dann liefert Gleichung (5), wie es sein muß, einen Tunnelstrom, der proportional zur angelegten Spannung ist. Der Faktor $\{f(E) - f(E - e\,U)\}$ unter dem Integral bewirkt, daß die Integration auf den Bereich $|E| \leqq |e\,U| \ll \mu$ beschränkt werden kann. In diesem Bereich ist aber $\varrho(E)$ für den normalleitenden Zustand — siehe Gleichung (14) — praktisch konstant und kann durch $\varrho(0)$, d. h. durch die Einteilchenzustandsdichte $N(0)$ für die Fermienergie ersetzt werden. Somit erhält man

$$J_{NN} = 4\pi \frac{e^2}{\hbar} |T|^2 N_a(0)\, N_b(0)\, U\,. \tag{15}$$

Setzt man für $|T|^2$ und $N_j(0)$ die dem Modell von Abschnitt 2 entsprechenden Werte ein, so stimmt dieses Resultat mit (4) überein.

6. Der Tunnelstrom zwischen Supraleiter und Normalleiter

Für Supraleiter haben BARDEEN, COOPER und SCHRIEFFER 1957 eine mikroskopische Theorie (BCS-Theorie) [12] aufgestellt,[12]) nach der die Leitungselektronen des Supraleiters durch eine anziehende Wechselwirkung veranlaßt werden, unterhalb einer Übergangstemperatur T_c in einen gebundenen Zustand überzugehen. Diesen gebundenen Zustand kann man sich vorstellen als eine Überlagerung einer enorm großen Anzahl von Elektronen-Paarzuständen, Cooper-Paare genannt, die im Gegensatz zu den Einteilchenzuständen eines Fermionensystems nicht dem

[11]) Es gilt ebenso die Umkehrung. Die Zufügung oder der Entzug eines Elektrons scharfer Energie führt zu keiner definierten Änderung des Impulses des Systems.

[12]) Zu ähnlichen Ergebnissen gelangte BOGOLJUBOV [13]. Neben den genannten Autoren hat vor allem GORKOV [14] zum Ausbau dieser Theorie beigetragen.

Pauliprinzip unterworfen sind und daher eine Art von Bose-Einstein-Kondensation zeigen. Die attraktive Wechselwirkung zwischen den Elektronen ist ein dynamischer Effekt der Gitterschwingungen, der bei einem Supraleiter die abstoßende Wirkung der Coulombkräfte überwiegt.

Diese Theorie liefert für die effektive Zustandsdichte $\varrho(E)$ folgenden Ausdruck[13]):

$$\varrho(E) = \begin{cases} 0 & \text{für } |E| < \Delta\,, \\ N(0)\,\dfrac{|E|}{\sqrt{E^2 - \Delta^2}} & \text{für } |E| > \Delta,\ |E| \ll \mu\,. \end{cases} \tag{16}$$

Dabei ist $N(0)$ die Einteilchenzustandsdichte für die Fermienergie, d. h. gleich $\varrho(0)$ dann, wenn das Metall im normalleitenden Zustand ist. Der Parameter Δ ist eine für den Supraleiter charakteristische Energie, die gleich ist der halben Breite der „Lücke", d. h. des Energieintervalls, in dem $\varrho(E)$ verschwindet (siehe Fig. 3). Er wird daher auch Energielücke (gap) genannt. Wesentlich ist noch, daß Δ von der Temperatur abhängt. Für Temperaturen $0 \leqq T \lesssim \frac{1}{2} T_c$ ist zwar Δ annähernd konstant und gleich dem Wert $\Delta(T = 0)$, fällt dann aber rasch ab und verschwindet stetig bei $T = T_c$.

Mit der effektiven Zustandsdichte nach Gleichung (16) und mit dem Ausdruck (5) für den Tunnelstrom läßt sich das experimentelle Ergebnis für den Tunnelstrom eines Schichtpakets Supraleiter–Isolator–Normalleiter (Fig. 1) gut erklären. Insbesondere erhält man bei $T = 0$ den steilen Einsatz des Tunnelstroms bei der Spannung U_0 richtig, wenn man die Energie $e\,U_0$ mit der Energielücke $\Delta(T = 0)$ identifiziert. Einen präzisen Vergleich zwischen Experiment und Theorie erhält man, wenn die gemessene und berechnete „differentielle Leitfähigkeit" $\sigma(U) = \frac{dJ}{dU}$ zum Vergleich herangezogen wird. Aus (5) berechnet man $\sigma(U)$ für den Fall, daß Metall b normalleitend, also $\varrho_b(E) = N_b(0)$ ist. Man erhält

$$\sigma_{SN}(U) = 4\,\pi\,\frac{e^2}{\hbar}\,|T|^2\,N_b(0)\,\langle\!\langle \varrho_a(e\,U)\rangle\!\rangle\,, \tag{17}$$

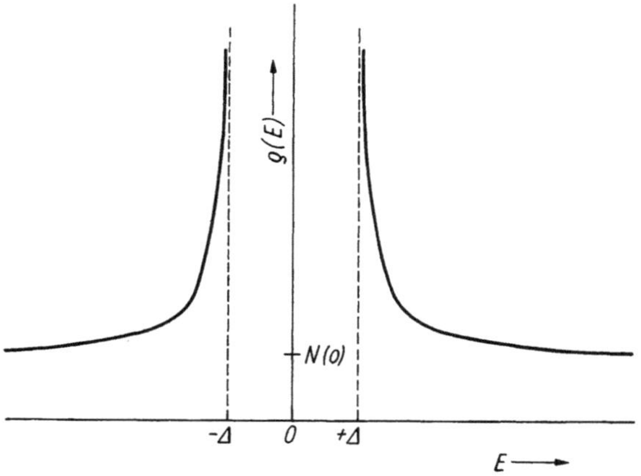

Fig. 3. Die effektive Zustandsdichte im supraleitenden Zustand nach der BCS-Theorie für Energien in der Nähe der Fermienergie

[13]) Dies folgt nach (13) aus der Spektralfunktion. Diese hat hier die Gestalt

$$A(\mathbf{p}, E) = 2\,\pi\,\left|(E - \mu) + \left(\frac{\mathbf{p}^2}{2\,m} - \mu\right)\right|\,\delta\left[(E - \mu)^2 - \left(\frac{\mathbf{p}^2}{2\,m} - \mu\right)^2 - \Delta^2\right].$$

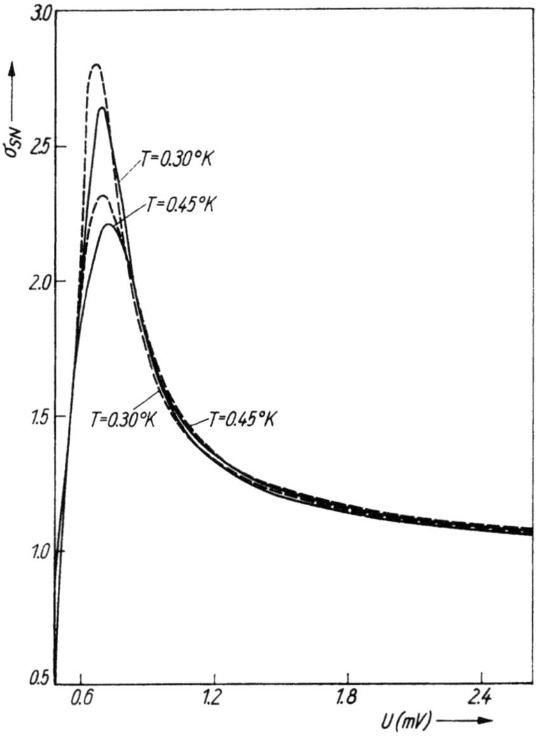

Fig. 4. Vergleich der experimentellen (ausgezogene Kurve) und der nach Gleichung (16) und (17) berechneten (gestrichelte Kurve) differentiellen Leitfähigkeit $\sigma_{SN}(U)$ für ein Schichtpaket Sn–MgO–Mg bei zwei verschiedenen Temperaturen. Die experimentelle Kurve wurde direkt durch eine Differenzierschaltung ermittelt. Die Normierung von $\sigma_{SN}(U)$ wurde so gewählt, daß dann, wenn Zinn normalleitend ist, $\sigma_{SN}(U)$ gleich 1 ist (nach: GIAEVER, HART und MEGERLE [15])

wobei $\langle\!\langle \varrho_a(e\,U) \rangle\!\rangle$ ein über den Bereich $|E - e\,U| \lesssim 2\,k\,T$ gemittelter Wert von $\varrho_a(E)$ ist (die Gewichtsfunktion der Mittelung ist die Ableitung der Fermifunktion). Fig. 4 zeigt einen solchen Vergleich für ein Schichtpaket Zinn–Magnesiumoxyd–Magnesium [15].

Dieses Beispiel ist für einigermaßen ideale Verhältnisse typisch. Man erhält aus dem vorliegenden Experiment für $\Delta(T = 0)$ — die Temperaturabhängigkeit von Δ ist bei diesen Temperaturen ohne Belang — den Wert 0,6 meV oder, in Einheiten der Energie $k\,T_c$ (für Zinn ist $T_c = 3{,}73$ °K) ausgedrückt, $\Delta(T = 0) = 1{,}85\,k\,T_c$. BARDEEN, COOPER und SCHRIEFFER geben für diesen Zahlenfaktor, der im großen ganzen für alle Supraleiter der gleiche sein soll, einen etwas kleineren Wert an, nämlich $\Delta(T = 0) = 1{,}75\,k\,T_c$. Noch ungeklärt ist, warum die Spitze der experimentellen Kurve (bei U_0) nicht ganz so ausgeprägt ist wie die der theoretischen Kurve.[14])

Durch sehr empfindliche Messungen konnte neuerdings eine Feinstruktur der differentiellen Leitfähigkeit $\sigma(U)$ bestimmt werden [15, 16, 17] bei solchen Spannungen U, wo $\frac{e}{\hbar}(U - U_0)$ (U_0 Einsatzspannung) gleich ist den wichtigsten Frequenzen ω_G der Gitterschwingungen (Van Hove-Singularitäten [18]). Besonders bei Blei, dessen Frequenzen sehr tief liegen ($\hbar\,\omega_G$ etwa 4 und 8 meV), zeigt $\sigma(U)$ ausgeprägte Schwankungen, die etwa um 5% von dem aus (16) berechneten Wert abweichen (die normierte Leitfähigkeit ist in diesem Spannungsbereich praktisch gleich 1). Diese Abweichungen können erklärt werden, wenn man den Ansatz, mit dem BARDEEN, COOPER und SCHRIEFFER die attraktive Wechselwirkung zwischen den Elektronen zu beschreiben versuchten, verbessert.[15]) Es zeigt sich,

[14]) Im Prinzip bieten sich zur Erklärung folgende Möglichkeiten an:
a) (Experiment). Die bei Tunnelexperimenten meist aufgedampften Schichten von supraleitendem Material sind inhomogen.
b) (Theorie). Die Beziehung für den Tunnelstrom (5) ist nur eine Näherung. Zweite Möglichkeit: Die Zustandsdichte $\varrho(E)$ (Gleichung (16)) muß verbessert werden.

[15]) Dieser verbesserte Ansatz wurde von ELIASCHBERG [19] sowie von NAMBU [20] angegeben. SCHRIEFFER, SCALAPINO und WILKINS [21] sowie SCALAPINO und ANDERSON [22] erkannten und bestimmten die Konsequenzen dieses Ansatzes für das Tunnelproblem.

daß durch den dynamischen Charakter der durch die Gitterschwingungen induzierten Wechselwirkung zwischen den Elektronen der Parameter Δ energieabhängig und im allgemeinen komplexwertig wird; insbesonders unterliegt $\Delta(E)$ einer starken „Dispersion" für Energien $E - \Delta_0 = \hbar\,\omega_G$. Die charakteristische Energie Δ_0 ist dabei so definiert, daß $\varrho(E) = 0$ für $|E| < \Delta_0$, d. h., die Energielücke ist nun Δ_0. (Streng genommen gilt dies nur für $T = 0$; bei endlichen Temperaturen verschwindet $\varrho(E)$ nicht mehr exakt.[16]) Berücksichtigt man diese Dispersion von $\Delta(E)$, so erhält man eine effektive Zustandsdichte [21, 22], welche die oben erwähnte Feinstruktur der gemessenen differentiellen Leitfähigkeit gut wiedergibt.

7. Der Tunnelstrom bei Supraleitern im Quasiteilchen-Modell

Die BCS-Theorie führt zu dem Ergebnis, daß das Anregungsspektrum eines Supraleiters in vielen Fällen übereinstimmt mit dem eines idealen Fermigases, wenn man für dessen Teilchen (Quasiteilchen) den Energie-Impuls-Zusammenhang

$$\varepsilon_\pm(\boldsymbol{p}) = \pm \sqrt{\left(\frac{\boldsymbol{p}^2}{2\,m} - \mu\right)^2 + \Delta^2} \qquad (18)$$

annimmt [12, 13, 14] (Nullpunkt der Energieskala ist die Fermienergie).[17]) Berechnet man für ein solches Fermigas die effektive Zustandsdichte entsprechend dem Verfahren von Abschnitt 5, so erhält man ein $\varrho(E)$, das, abgesehen von einem Faktor 2, mit Gleichung (16) übereinstimmt.[18])

Eine anschauliche Interpretation des Tunnelstromes im Quasiteilchen-Modell („tunnelnde Quasiteilchen") stößt jedoch auf folgende Schwierigkeit. Betrachten wir nämlich den Prozeß, bei welchem ein tunnelndes Quasiteilchen gerade den Impuls $\boldsymbol{p}^2 = 2\,m\,\mu$ hat, dann sollte dessen Beitrag zum Tunnelstrom verschwinden, da die Geschwindigkeit dieses Quasiteilchens $\boldsymbol{v} = \left.\frac{\partial \varepsilon(\boldsymbol{p})}{\partial \boldsymbol{p}}\right|_{\boldsymbol{p}^2 = 2\,m\,\mu}$ gleich Null ist. Diese Überlegung führt somit zu dem der Erfahrung widersprechenden Ergebnis, daß Quasiteilchen derjenigen Energien, für die $\varrho(E)$ sehr groß wird, für den Ladungstransport keine ausschlaggebende Rolle spielen [23, 24]. Nach BARDEEN [25] läßt sich dieses Paradoxon folgendermaßen auflösen: Die tunnelnden Quasiteilchen tragen zwar, wie wir gesehen haben, zum Strom im Supraleiter

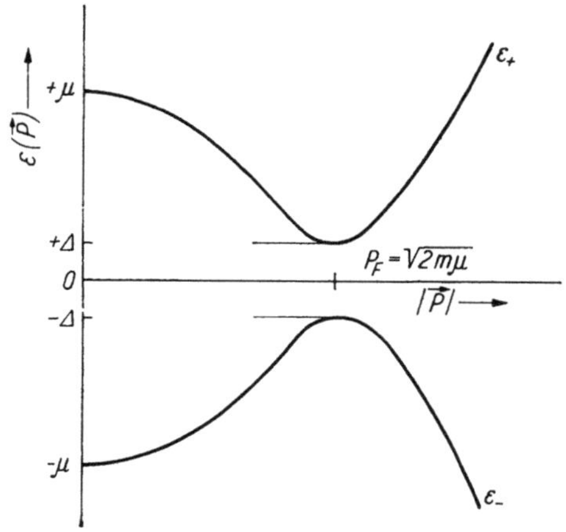

Fig. 5. Energie der Quasiteilchen eines Supraleiters in Abhängigkeit vom Impuls

[16]) Diesen Hinweis verdanke ich Prof. L. TEWORDT.

[17]) Ist der Imaginärteil von Δ^2 bei energieabhängigem $\Delta = \Delta(E)$ klein gegen E^2, so ist $\varepsilon_\pm(\boldsymbol{p}) \approx \pm \sqrt{\left(\frac{\boldsymbol{p}^2}{2\,m} - \mu\right)^2 + \mathrm{Re}\,\Delta^2}$. Im anderen Fall können Quasiteilchen nicht definiert werden.

[18]) Der Faktor 2 entfällt, wann man berücksichtigt, daß die effektive Ladung der Quasiteilchen nur der Bruchteil $\frac{1}{2}\left[1 + \frac{\boldsymbol{p}^2/2\,m - \mu}{\varepsilon_\pm(\boldsymbol{p})}\right]$ der Elementarladung e ist.

kaum bei, erzeugen aber eine Raumladung, welche durch einen Suprastrom ausgeglichen wird. Den Ladungstransport übernimmt dieser Suprastrom.

Betrachtet man dagegen einen Halbleiter, so stimmt zwar dessen Einteilchenzustandsdichte mit der effektiven Zustandsdichte eines Supraleiters überein, wenn man die Energie des oberen Randes des Valenzbandes bzw. des unteren Randes des Leitungsbandes gleich $-\Delta$ bzw. $+\Delta$ setzt, es existiert jedoch kein Suprastrom. Die verschwindende Gruppengeschwindigkeit der Elektronen an den Bandrändern gleicht den Einfluß der großen Werte der Zustandsdichte aus.[19]) Das zur Beschreibung des Tunneleffektes bei Supraleitern häufig benutzte Halbleitermodell vermittelt also kein gutes physikalisches Verständnis der Prozesse, die für den Tunnelstrom bei Supraleitern verantwortlich sind.

8. Der gewöhnliche Tunnelstrom zwischen zwei Supraleitern

Sind beide Metalle a und b des Schichtpakets supraleitend, so teilt man den Tunnelstrom auf in zwei Anteile, den gewöhnlichen Tunnelstrom J_{SS} und den Josephson-Strom J_C. Beide unterscheiden sich im Experiment sowohl als auch in der theoretischen Erklärung. In diesem Abschnitt diskutieren wir den Anteil J_{SS}. Man erhält ihn, wenn man in den Ausdruck für den Tunnelstrom (5) für $\varrho_a(E)$ und $\varrho_b(E)$ die effektive Zustandsdichte für Supraleiter, Gleichung (16), einsetzt mit den entsprechenden Energielücken Δ_a und Δ_b. Es ist

$$J_{SS}(U) = -4\pi \frac{e}{\hbar} N_a(0)\, N_b(0) \int dE \frac{|E|}{\sqrt{E^2 - \Delta_a^2}} \frac{|E - e\,U|}{\sqrt{(E - e\,U)^2 - \Delta_b^2}} \times$$
$$\times \{f(E) - f(E - e\,U)\}\,, \tag{19}$$

wobei die Integrationsvariable E alle Werte außer $|E| < \Delta_a$ und $|E - e\,U| < \Delta_b$ durchläuft. Für $T = 0$ ergibt Gleichung (19), daß die Charakteristik für den Tunnelstrom J_{SS} (Fig. 6, Kurve a) zuerst horizontal verläuft ($J_{SS} = 0$), bei der

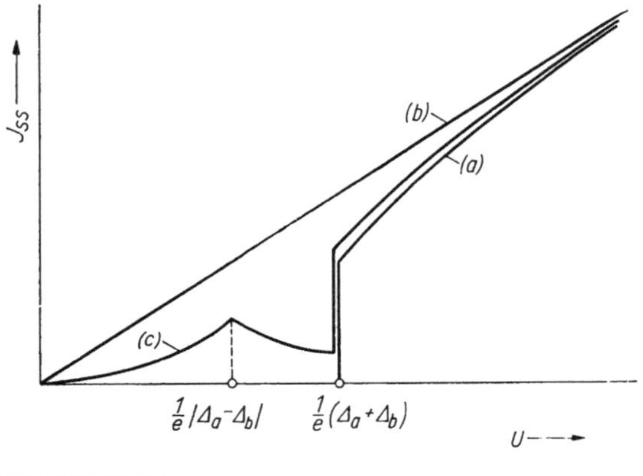

Fig. 6. Theoretische Strom-Spannungs-Charakteristiken für den gewöhnlichen Tunnelstrom J_{SS} zwischen zwei Supraleitern a und b ($\Delta_a \neq \Delta_b$). Scharparameter ist die Temperatur. Charakteristik: (a): $T = 0$; (b) $0 < T < T_c^{(a)}, T_c^{(b)}$; (c): $T > T_c^{(a)}, T_c^{(b)}$. $T_c^{(a)}$ und $T_c^{(b)}$ sind die Sprungtemperaturen von Metall a und b

[19]) Gleichung (5) ist tatsächlich nicht geeignet, den Tunnelstrom zwischen Halbleitern zu beschreiben. Die Transferfunktion von (12) $|T(\boldsymbol{p}\, a, \boldsymbol{p}\, b)|^2$ verschwindet nämlich an den Bandrändern [23], so daß der Übergang von (12) zu (5) in dieser Form nicht möglich ist. Darüber hinaus kann die Wirkung einer Isolierschicht, die zwei Halbleiter trennt, nur schlecht durch eine Potentialschwelle beschrieben werden, da die Verarmungsrandschichten die Schwelle in einen flachen Hügel verwandeln.

Spannung $|eU| = \Delta_a + \Delta_b$ unstetig springt und darauf sich einer Geraden (Kurve b) nähert. Diese Gerade ist die Strom-Spannungs-Charakteristik dann, wenn beide Metalle normalleitend geworden sind. Bei Temperaturen $T > 0$, für die beide Metalle noch supraleitend sind (Kurve c), fällt der Strom im Spannungsbereich $|\Delta_a - \Delta_b| \lesssim |eU| \lesssim \Delta_a + \Delta_b$ mit wachsender Spannung (negative differentielle Leitfähigkeit.[20])

Das theoretische Resultat (19) wird durch das Experiment gut bestätigt [2, 3, 15, 26 bis 30]; der Einsatz des Stromes bei $|eU| = \Delta_a + \Delta_b$ erfolgt im Experiment allerdings nicht sprungartig wie bei der theoretischen Kurve.[21]) Trotzdem sind die beiden charakteristischen Spannungen $\frac{1}{e}|\Delta_a - \Delta_b|$ und $\frac{1}{e}(\Delta_a + \Delta_b)$ auch bei endlichen Temperaturen so deutlich erkennbar, daß sehr genaue Messungen der Energielücken Δ_a und Δ_b im ganzen Temperaturbereich möglich sind. Man findet dabei die von BARDEEN, COOPER und SCHRIEFFER angegebene Temperaturabhängigkeit der Energielücke gut bestätigt [26 bis 30].

Unseren Betrachtungen lag bislang stillschweigend die Voraussetzung zugrunde, daß die Supraleiter räumlich isotrop sind. Diese Annahme ist für mikrokristalline Metallproben, wie sie meist bei Tunnelexperimenten verwandt werden, zulässig [31]. An Einkristallen fand man aber den deutlichen Hinweis für eine Anisotropie [32].

Einige Experimente ergaben, daß bei den Spannungen $|eU| = \Delta_a$ und Δ_b noch zusätzlich eine sehr kleine Unstetigkeit in der Strom-Spannungscharakteristik auftreten kann [33]. Man kann diese Erscheinung erklären, wenn man die nächsthöheren Glieder der Störentwicklung nach dem Transferterm H_T (7) berücksichtigt [34].

Alle bisher besprochenen Experimente zeigten, daß die Existenz einer Energielücke charakteristisch für den supraleitenden Zustand ist. Dies jedoch gilt nicht, wenn in das supraleitende Metall paramagnetische Atome eingebaut werden. Tunnelstrommessungen ergaben [35], daß bei einer bestimmten kritischen Konzentration von paramagnetischen Verunreinigungen die Energielücke verschwindet, obwohl der Gleichstromwiderstand dieses Metalls nach wie vor Null bleibt (Supraleitung!). Theoretische Überlegungen [36] führten schon früher zu diesem merkwürdigen Ergebnis.

9. Der Josephson-Strom

JOSEPHSON [37] wies 1962 darauf hin, daß zum Tunnelstrom zwischen zwei Supraleitern auch der Prozeß beitragen kann, bei dem nicht ein Elektron, wie wir bisher angenommen haben, sondern zwei Elektronen im Paarzustand, d. h. ein Cooper-Paar, dem Supraleiter zugefügt oder entnommen werden. Da die Zufügung bzw. die Entnahme eines Cooper-Paares ohne innere Anregung des Supraleiters, d. h. ohne Anregung von Quasiteilchen, vollzogen werden kann, ist die entsprechende Energieänderung des Supraleiters lediglich gleich dem doppelten Betrag des elektrochemischen Potentials, also gleich 2μ. Beim Transfer eines

---

[20]) Ein Bereich fallender Charakteristik, jedoch nicht so ausgeprägt, existiert auch im Fall $\Delta_a = \Delta_b$.

[21]) Die Unstetigkeit wird verursacht durch die singulären Spitzen der theoretischen Kurve für $\varrho(E)$. Wir fanden aber schon in Abschnitt 6, daß die Spitze der experimentell gemessenen effektiven Zustandsdichte weniger ausgeprägt ist als die der theoretischen Kurve.

Cooper-Paares von Metall a nach b wird also der Energiebetrag $2(\mu_a - \mu_b) = -2eU$ frei. Daraus ergeben sich folgende Konsequenzen: 1. Bei der Spannung $U = 0$ ist ein Supra-Tunnelstrom möglich, der ohne Aufnahme oder Abgabe von Energie vonstatten geht und der, wie jeder Suprastrom, durch geeignete Anfangsbedingungen „angeworfen" werden muß. 2. Bei der Spannung $U \neq 0$ tragen Cooper-Paare dann zum Tunnelstrom bei, wenn diesen die Energie $2e|U|$ in geeigneter Weise zugeführt oder entzogen wird. Dies geschieht zweckmäßig durch Einstrahlung eines Hochfrequenzfeldes mit der Frequenz $\hbar\omega = 2e|U|$. Da auch mehrere Photonen von einem Cooper-Paar absorbiert oder emittiert werden können, erhält man für eine feste Frequenz mehrere ausgezeichnete Spannungsdifferenzen $|U| = \frac{\hbar\omega}{2e} n$, $n = 1, 2, \ldots$, bei denen der Tunnelstrom durch Cooper-Paare getragen wird. Beide Effekte sind nach der theoretischen Vorhersage an Schichtpaketen mit sehr dünner Isolierschicht auch beobachtet worden [38, 39].

Das eben skizzierte Bild des Josephson-Tunnelstroms beschreibt diesen als eine Folge von Übergängen, bei denen Cooper-Paare transferiert werden. Bei der Spannungsdifferenz Null vermittelt ein besseres Bild jedoch die Vorstellung, nach der die Isolierschicht selbst durch die in die Barriere eindringende Wellenfunktion der Cooper-Paare supraleitend wird (induzierte Supraleitung) [40, 41, 42]. Diese Vorstellung führt zu einer verhältnismäßig einfachen Erklärung des experimentellen Befundes [43, 44], nach welchem der maximale Supra-Tunnelstrom mit wachsendem Magnetfeld (parallel zur Isolierschicht) erst abnimmt, ein Minimum erreicht, wieder ansteigt, abnimmt usf. Dazu betrachten wir die Stromdichteverteilung j_s der durch das Magnetfeld hervorgerufenen Abschirmströme, d. h. die Stromdichteverteilung, wenn kein Transportstrom durch die Isolierschicht fließt. Fig. 7 stellt schematisch den Verlauf dieser Ströme (a) sowie die Stromdichteverteilung über einen Querschnitt der Isolierschicht (b) dar. Ist das Magnetfeld genügend klein, so bleibt es im wesentlichen auf den Außenraum beschränkt

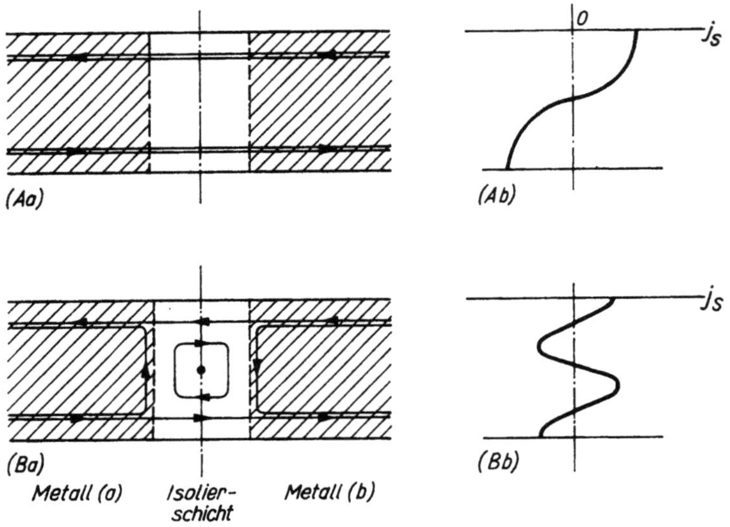

Fig. 7. Verlauf der Abschirmströme (a) und der Stromdichte über einen Querschnitt der Isolierschicht (b). Obere Reihe (A): Das Magnetfeld (senkrecht zur Zeichenebene) ist im wesentlichen auf den Außenraum beschränkt. Untere Reihe (B): Das Magnetfeld ist in die Isolierschicht eingedrungen, wobei sich dort ein Fluxoid-Wirbel bildet

(Meißnereffekt) und die Abschirmströme fließen längs der äußeren Begrenzungen des Schichtpakets (A). Bei größeren Magnetfeldern (≈ 1 G) dringt ein quantisiertes LONDONsches Fluxoid[22]) der Größe $\frac{2\pi\hbar}{2e}$ in die Isolierschicht ein und bewirkt, daß die Abschirmströme der Metalle a und b teilweise in sich zurückkehren (B). Fließt zusätzlich ein Transportstrom, so ist die Stromdichte in der Isolierschicht die Summe der Dichten des Transportstroms und des Abschirmstroms. Die kritische Stromdichte in der Isolierschicht (ca. 1 A/cm²) wird daher mit Magnetfeld bei kleinerem Transportstrom erreicht als dann, wenn das Magnetfeld Null ist. Der maximale Transportstrom nimmt somit mit wachsendem Magnetfeld ab, allerdings nur so lange, wie die Verhältnisse dem Fall A entsprechen. Dringt nämlich ein Fluxoid ein (B), dann steigt der maximale Transportstrom zunächst wieder an, da die Abschirmströme in der Isolierschicht kleiner geworden sind. Dieses Spiel wiederholt sich jedesmal, wenn ein neues Fluxoid eindringt.

Eine quantitative Berechnung des Josephson-Tunnelstroms J_C ist nach dem Berechnungsschema von Abschnitt 4 möglich [37, 46]. Der einzige Unterschied liegt in der Auswertung der Erwartungswerte (8): Der dort diskutierten Faktorisierung von Gleichung (8) lag die Annahme zugrunde, daß wenigstens eine der Dichtematrizen P_a oder P_b diagonal bezüglich der Teilchenzahl ist. Bei Supraleitern hat es sich aber als zweckmäßig erwiesen, diese — an und für sich natürliche — Annahme nicht zu machen. Dann erhält man zusätzlich noch einen Term $\langle\Psi^+(\mathbf{p}_1 j_1 \sigma_1; t_1)\, \Psi^+(\mathbf{p}_2 j_2 \sigma_2; t_2)\rangle \langle\Psi(\mathbf{p}_1' j_1' \sigma_1; t_1)\, \Psi(\mathbf{p}_2' j_2' \sigma_2; t_2)\rangle$, wobei jeder Faktor im wesentlichen die Wellenfunktion eines Cooper-Paares darstellt. Die weitere Rechnung liefert dann bei $\mu_a = \mu_b$ für die maximale Dichte $J_{C\,\max}$ des Suprastroms in der Isolierschicht den Wert

$$J_{C\,\max} \approx 4\pi \frac{e}{\hbar} |T|^2 N_a(0)\, N_b(0)\, \pi \frac{\Delta_a \Delta_b}{\Delta_a + \Delta_b}. \tag{20}$$

Diese Stromdichte ist gleich der Tunnelstromdichte bei der Spannung $|U| = \frac{1}{e} \pi \frac{\Delta_a \Delta_b}{\Delta_a + \Delta_b}$ für den Fall, daß beide Metalle normalleitend sind. Daher sollte sie bei jedem Schichtpaket so groß sein, daß sie einwandfrei nachgewiesen werden könnte. Trotzdem wurde der Supratunnelstrom bis jetzt nur bei wenigen Schichtpaketen gefunden. Es ist nicht ausgeschlossen, daß das eben skizzierte Berechnungsschema nicht in allen Fällen eine günstige Näherung liefert.

Für den Fall, daß die Spannungsdifferenz U einen von Null verschiedenen Wert besitzt, führt die Rechnung auf einen Wechselstrom $J_C \sim \cos \frac{2e|U|}{\hbar} t$. Da wegen $U = \text{const}$ die Leistung dieses Wechselstromes jedoch verschwindet, wird es kaum möglich sein, diesen im Experiment zu realisieren. Bestimmt man weiterhin den Einfluß eines Hochfrequenzfeldes der Frequenz ω auf die Tunnelschicht [47], so findet man, daß J_C sich darstellen läßt als eine Summe von Wechselströmen $\sim \cos\left(\frac{2e|U|}{\hbar} + n\omega\right) t$, $n = 0, \pm 1, \ldots$. Selbstverständlich werden in einem realen Meßkreis alle diese Wechselströme durch den Widerstand des äußeren Zweiges der Schaltung vollkommen gedämpft, so daß nur die Gleichstromkomponente mit $\frac{2e|U|}{\hbar} + n\omega = 0$ beobachtet werden kann [39].

---

22) Das Geschwindigkeitsfeld des Suprastromes bildet einen Wirbel um den Kern des Fluxoids [45].

10. Der Tunnelstrom bei äußeren Feldern

Die Bestimmung des Tunnelstroms zwischen Supraleitern in einem statischen Magnetfeld ergab [26, 48], daß die Strom-Spannungs-Charakteristik von J_{SS} praktisch nicht beeinflußt werden konnte, wenn die supraleitende Metallschicht genügend dick war, daß sie sich aber deutlich änderte, wenn diese hinreichend dünn wurde.[23]) Der erstgenannte experimentelle Befund zeigt, daß das Magnetfeld die Durchlässigkeit der Barriere nicht ändert. Das zweite Experiment beweist dann, daß ein Magnetfeld die effektive Zustandsdichte $\varrho(E)$ einer dünnen supraleitenden Metallschicht beeinflußt. Diese durch das Magnetfeld bewirkte Änderung von $\varrho(E)$ kann man konsistent erklären, wenn man annimmt, daß die Energielücke Δ einer dünnen supraleitenden Schicht vom Magnetfeld abhängt und bei einer kritischen Feldstärke verschwindet. Dieses Resultat war von der Theorie aus gesehen zu erwarten [50].

Ein Hochfrequenzfeld der Frequenz ω bewirkt beim normalen Tunnelstrom J_{SS} eine Stufenstruktur der Strom-Spannungs-Charakteristik, wobei die Stufenbreite $\Delta U = \frac{\hbar\,\omega}{e}$ ist [51, 52]. Diese Charakteristik ist ähnlich der von J_C, wo die Stufenbreite, wie in Abschnitt 9 gezeigt, nur halb so groß ist.

11. Schlußbemerkungen

Der Tunneleffekt zwischen Supraleitern bietet sowohl für das Experiment wie auch für die Theorie interessante Probleme, die es lohnen, sich mit ihm zu befassen. Seine Hauptbedeutung liegt jedoch darin, daß er die effektive Zustandsdichte eines Supraleiters zu bestimmen gestattet. Diese hängt unmittelbar von der für die Theorie von BARDEEN, COOPER und SCHRIEFFER charakteristischen Energielücke Δ ab. Die bei Tunnelexperimenten erreichte Genauigkeit bei der Bestimmung von Δ wird von keinem anderen Experiment übertroffen. Die Entdeckung einer Feinstruktur in der Strom-Spannungs-Charakteristik des Tunnelstroms ließ überdies die Wechselwirkung der Elektronen mit den Gitterschwingungen „sichtbar“ werden, was die Theorie ermutigt hat, realistischere Modelle für die den supraleitenden Zustand wesentlich bestimmende Wechselwirkung in Betracht zu ziehen. Die Experimente schließlich, welche den von JOSEPHSON geforderten anomalen Tunnelstrom bestätigten, bewiesen aufs neue die reale Existenz der Cooper-Paare, welche ihrerseits die wesentliche Voraussetzung der Theorie von BARDEEN, COOPER und SCHRIEFFER ist.

Herrn Professor G. FALK danke ich sehr für wertvolle Kritik und Hilfe, die er dieser Arbeit zuteil werden ließ.

Literatur

[1] J. FRENKEL, Phys. Rev. **36**, 1604 (1930);
siehe auch W. EHRENBERG und H. HÖNL, Z. Phys. **68**, 289 (1931).
[2] I. GIAEVER, Phys. Rev. Letters **5**, 147 (1960); **5**, 464 (1960).
[3] J. NICOL, S. SHAPIRO und P. H. SMITH, Phys. Rev. Letters **5**, 461 (1960).
[4] J. BARDEEN, Phys. Rev. Letters **6**, 57 (1961).
[5] A. SCHMID, Z. Phys. **178**, 26 (1964).
[6] M. H. COHEN, L. M. FALICOV und J. C. PHILLIPS, Phys. Rev. Letters **8**, 316 (1962).

---

[23]) Ein Supraleiter vom Typ II verhält sich bei Tunnelexperimenten anders [49].

[7] W. Holzapfel, Unveröffentlichte Diplomarbeit; Institut f. Mathematische Physik, Techn. Hochschule Karlsruhe, 1962.
[8] R. E. Prange, Phys. Rev. **131**, 1083 (1963).
[9] L. P. Kadanoff und G. Baym, Quantum Statistical Mechanics, W. A. Benjamin, Inc., New York 1962 (siehe insbesondere Abschn. 2).
[10] L. D. Landau, Zh. exper. theor. Fiz. **30**, 1058 (1956); übersetzt in: Soviet Physics JETP **3**, 920 (1957).
[11] M. Gell-Mann, Phys. Rev. **106**, 369 (1957).
[12] J. Bardeen, L. N. Cooper und J. R. Schrieffer, Phys. Rev. **108**, 1175 (1957).
[13] N. N. Bogoljubov, Zh. exper. theor. Fiz. **34**, 58 (1958); übersetzt in: Soviet Physics JETP **7**, 41 (1958).
N. N. Bogoljubov, Uspekhi fiz. Nauk **67**, 549 (1959); übersetzt in: Soviet Phys. Uspekhi **2**, 236 (1959).
[14] L. P. Gorkov, Zh. exper. theor. Fiz. **34**, 735 (1958); übersetzt in: Soviet Physics JETP **7**, 505 (1958).
[15] I. Giaever, H. R. Hart, jr. und K. Megerle, Phys. Rev. **126**, 941 (1962).
[16] J. M. Rowell, A. G. Chynoweth und J. C. Phillips, Phys. Rev. Letters **9**, 59 (1962).
[17] J. M. Rowell, P. W. Anderson und D. E. Thomas, Phys. Rev. Letters **10**, **334** (1962).
[18] L. van Hove, Phys. Rev. **89**, 1189 (1953).
[19] G. M. Eliaschberg, Zh. exper. theor. Fiz. **38**, 966 (1960); übersetzt in: Soviet Physics JETP **11**, 696 (1960).
[20] Y. Nambu, Phys. Rev. **117**, 648 (1960).
[21] J. R. Schrieffer, D. J. Scalapino und J. W. Wilkins, Phys. Rev. Letters **10**, **336** (1963).
J. R. Schrieffer, Rev. mod. Phys. **36**, 200 (1964).
[22] D. J. Scalapino und P. W. Anderson, Phys. Rev. **133 A**, 921 (1964).
[23] W. A. Harrison, Phys. Rev. **123**, 85 (1961).
[24] W. Franz, Z. Naturf. **16a**, 436 (1961).
[25] J. Bardeen, Phys. Rev. Letters **9**, 147 (1962).
[26] I. Giaever und K. Megerle, Phys. Rev. **122**, 1101 (1961).
[27] N. V. Zavaritskii, Zh. exper. theor. Fiz. **41**, 657 (1961); übersetzt in: Soviet Physics JETP **14**, 470 (1962).
[28] S. Shapiro, P. H. Smith, J. Nicol, J. L. Miles und P. F. Strong, IBM J. Res. Developm. **6**, **34** (1962).
[29] I. Dietrich, Z. Naturf. **17a**, 94 (1962).
[30] P. Townsend und J. Sutton, Phys. Rev. **128**, 591 (1962).
[31] P. W. Anderson, J. Phys. Chem. Solids **11**, 26 (1959).
[32] N. V. Zavaritskii, Zh. exper. theor. Fiz. **43**, 1123 (1962); übersetzt in: Soviet Physics JETP **16**, 793 (1963).
[33] B. N. Taylor und E. Burstein, Phys. Rev. Letters **10**, 14 (1963).
[34] J. R. Schrieffer und J. W. Wilkins, Phys. Rev. Letters **10**, 17 (1963).
[35] F. Reif und M. A. Woolf, Phys. Rev. Letters **9**, 315 (1962).
[36] A. A. Abrikosov und L. P. Gorkov, Zh. exper. theor. Fiz. **39**, 1781 (1960); übersetzt in: Soviet Physics JETP **12**, 1243 (1961).
[37] B. D. Josephson, Phys. Letters (Netherlands) **1**, 251 (1962).
B. D. Josephson, Rev. mod. Phys. **36**, 216 (1964).
[38] P. W. Anderson und J. M. Rowell, Phys. Rev. Letters **10**, 230 (1963).
[39] S. Shapiro, Phys. Rev. Letters **11**, 80 (1963).
[40] R. A. Ferrell und R. E. Prange, Phys. Rev. Letters **10**, **479** (1963).
[41] P. W. Anderson, Preprint: Weak Superconductivity. The Josephson Tunneling Effect.
[42] P. G. de Gennes, Phys. Letters **5**, 22 (1963).
[43] J. M. Rowell, Phys. Rev. Letters **11**, 200 (1963).
[44] M. D. Fiske, Rev. mod. Phys. **36**, 221 (1964).
[45] A. A. Abrikosov, Zh. exper. theor. Fiz. **32**, 1442 (1957); übersetzt in: Soviet Physics JETP **5**, **1174** (1957).

[46] V. Ambegaokar und A. Baratoff, Phys. Rev. Letters **10**, 486 (1963); Erratum: Phys. Rev. Letters **11**, 104 (1963).
[47] E. Riedel, Unveröffentlichte Diplomarbeit; Institut f. Theoretische Physik der Univ. zu Köln, 1964.
[48] D. H. Douglass, Phys. Rev. Letters **7**, 14 (1961).
[49] W. J. Tomasch, Phys. Letters (Netherlands) **9**, 104 (1964).
[50] V. L. Ginzburg und L. D. Landau, Zh. exper. theor. Fiz. **20**, 1064 (1950). L. P. Gorkov, Zh. exper. theor. Fiz. **36**, 1918 (1959); übersetzt in: Soviet Physics JETP **9**, 1364 (1959).
[51] A. H. Dayem und R. H. Martin, Phys. Rev. Letters **8**, 246 (1962).
[52] P. K. Tien und I. P. Gordon, Phys. Rev. **129**, 647 (1963).

(Received June 8, 1964)

Original Papers

phys. stat. sol. 7, 21 (1964)

Department of Physics, University of Western Australia

Electron Transfer Transitions in KCl:Tl

By

J. E. A. Alderson

Evidence is presented for the occurrence of electron transfer transitions in KCl:Tl, the return to the unexcited state producing the previously observed but unexplained 4750 Å emission. Recognition of this electron transfer process leads to an explanation of KCl:Tl thermoluminescence, and a tentative explanation of phosphorescence.

Es wird gezeigt, daß in KCl:Tl Übergänge zwischen Tl-Ionen und den benachbarten Cl-Ionen auftreten; die Rückkehr des Elektrons in den nichtangeregten Zustand führt zu der bisher nicht erklärten Emissionsbande bei 4750 Å. Auf dieser Grundlage läßt sich die Thermolumineszenz von KCl:Tl erklären. Außerdem wird eine Deutungsmöglichkeit für die Phosphoreszenz angegeben.

1. Introduction

A basis for the luminescence process in activated alkali halides involving transitions contained within the impurity ion was proposed by Seitz [22]. The possibility of electron transfer transitions i.e. from halogen host crystal ions to activator ions, was rejected by him because the expected doublet structure from the halogen ion was not observed in the impurity absorption spectrum. Knox [15] has since shown that this doublet structure is not necessarily expected.

Recently there has been an accumulation of experimental observations which are difficult to explain by the Seitz model alone. These include thermoluminescence and the complex absorption and emission spectra observed for the thallium A-band (Ewles and Joshi [10], Patterson [18], Butler [4], Johnson and Williams [13].

In order to explain these various results several previously discarded theories of luminescence have been reconsidered by various authors. No single type of luminescence centre has been found that can account for all the experimental observations. This has led to explanations involving at least two different types of luminescence centre. One of the centres is usually that used in the Seitz model because this satisfactorily explains many of the experimental results (Johnson and Williams [13]).

Other types of centres which have been considered include:

1. Two different Tl^+ luminescence centres in which the host lattice in the vicinity of the thallium activator has two possible structures, i.e. CsCl or NaCl structure (Patterson [18]).

2. Centres in which the thallium activator and the host crystal ions form complexes with molecular binding. This suggestion was made by Pringsheim [19] to explain the similarities between the luminescence of liquid and solid solutions of activator and alkali halides.

3. Association of activator ions with crystal defects (Teegarden and Weeks [24]) or with crystalline interfaces (Gindina [11]).

4. Aggregates of activator ions.

5. An activator centre differing from the Seitz model by allowing electron transfer transitions in addition to the electron excitation transitions confined to the impurity ion (Knox [15]).

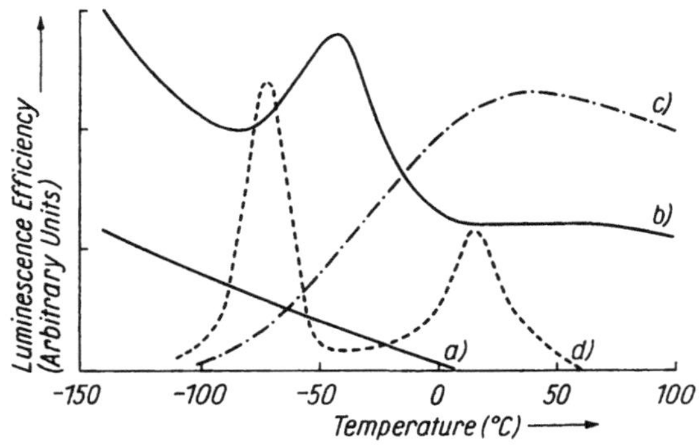

Fig. 1. Luminescence variation with temperature. Excitation energy 10 eV

a) KCl "visible" emission
b) KCl:Tl (7 × 10^{-5} mf) "visible" emission
c) KCl:Tl (7 × 10^{-5} mf) "uv" emission
d) Thermoluminescence "visible" emission

2. Experimental

Consideration of many properties of thallium activated KCl suggests that a single centre of the fifth type listed above can provide a picture of the luminescence mechanism which does not conflict with those results explained by the Seitz model, and which can include many of the previously unexplained results.

Fig. 1 curves a), b) and c) show the variation of luminescence efficiency for samples of KCl and KCl:Tl excited in the band-to-band absorption region at 9.5 eV. The observations are separated into two emission components as described in a previous publication (Alderson and Dimond [1]). The "uv" consists of 3050 Å emission characteristic of the Tl^+ ion.

The low temperature dependence of the "visible" luminescence from KCl:Tl is similar to the luminescence from pure KCl, except for the peak at about − 50 °C. This can be related to the glow peak at − 70 °C. If the glow peak is caused by thermal release of carriers then these same carriers will be free at temperatures in excess of − 70 °C i.e. in the range of the − 50 °C peak appearing in the curve for luminescence efficiency change with temperature. Although the emission spectrum has not been measured for band-to-band excitation at − 50 °C it is expected to be the same 4750 Å emission as observed from the − 70 °C glow peak.

The correlation between thermoluminescence emission and the luminescence emission resulting from band-to-band excitation at various temperatures is further indicated in Fig. 2 where the ratio of "uv" to "visible" emission is plotted for the two types of luminescence. In either case a similar temperature dependence is observed. The same decrease is not observed for excitation in the impurity absorption bands where the ratio of "uv" to "visible" fluorescence shows very little variation with temperature. The thermoluminescence emission, however, shows the same variation as observed for band-to-band excitation.

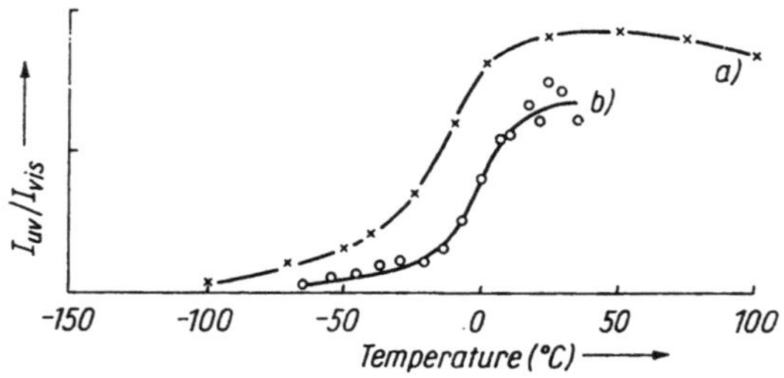

Fig. 2. Variation of the ratio

$$\frac{I_{uv}}{I_{vis}} = \frac{\text{"uv" emission}}{\text{"visible" emission}}$$

with temperature for sample KCl:Tl (7 × 10^{-5} mf), excitation energy 10 eV

It appears that the same carriers as those produced by band-to-band transitions are responsible for the thermoluminescence. The problem of producing these carriers by excitation in the impurity absorption bands is discussed below.

If KCl:Tl is excited by photons with energy greater than 8.1 eV free electrons and holes are produced (KUWABARA and AOYAGI [16], TAFT and PHILLIP [23]) by ionisation of Cl^- ions. At room temperature the electrons are presumably captured by the Tl^+ ions to form Tl^0 centres. The Tl^0 atoms then act as hole traps, and characteristic thallium 3050 Å emission results from this later recombination.

At low temperatures the holes do not immediately recombine at Tl^0 centres because there is a competing self-trapping process which produces Cl_2^- centres (CASTNER and KANZIG [6]). At temperatures in excess of − 120 °C the Cl_2^- centres become mobil (DELBECQ, SMALLER, and YUSTER [7]) and migrate to the atomic Tl^0 centres. The capture of mobile Cl_2^- is presumably observed in the glow peak at − 70 °C which produces 4750 Å emission (VITOL [25], YAEK and OKK [26]).

At lower temperatures where the Cl_2^- are not mobile excitation of band-to-band transitions in KCl:Tl does not produce either 3050 or 4750 Å emission. An emission between 4000 and 4200 Å has been observed by AOYAGI and KUWABARA [2] which they suggested was the result of electron capture at defect centres. The same emission was observed from pure KCl, and is assumed to be that shown in the dependence of luminescence with temperature for pure KCl in Fig. 1a. This emission is presumably also the same as that observed in the glow peak at about − 100 °C reported for both KCl:Tl and pure KCl by YAEK and OKK [26] and by DUTTA and GHOSH [8] when electrons thermally released from shallow traps are captured at defects. The emission spectrum from this thermoluminescence is in the range from 4000 to 4200 Å.

The "visible" emission from KCl at − 160 °C (under band-to-band excitation) is increased considerably by a small amount of thallium activation. This may be due to an increase in the crystal defects near the surface, but seems more likely to result from electron capture at thallium ions to produce thallium atoms. Because of the breadth of the emission spectra it is not necessarily separable from the emission produced by electron capture at defects.

From band-to-band excitation of pure KCl at low temperature (− 160 °C) a "uv" emission was detected (ALDERSON and DIMOND [1]) which may be caused by electron capture at immobile Cl_2^- centres. This was only observed in the purest vacuum grown samples where the competing process of capture at defect centres was expected to be a minimum.

In the vicinity of room temperature the luminescence emission becomes predominantly that characteristic of the thallium centre (3050 Å). After band-to-band excitation this presumably results from successive capture of electrons and mobile Cl_2^- at thallium ions as indicated above. In the final stage prior to recombination there is a thallium atom Tl^0 with a neighbouring Cl_2^-. This configuration is the same as would be expected from an electron transfer transition by which an electron is excited to a Tl^+ ion from a neighbouring Cl^- ion. This produces Tl^0 and Cl^0 in neighbouring lattice sites and the Cl^0 may then share an electron with a neighbouring Cl^- to form Cl_2^-, provided that the Cl_2^- is stable at the temperature of observation. If this transition is possible then it should be observed in the absorption spectrum of KCl:Tl, and the return to the unexcited state should produce an emission at 4750 Å as in the case of the − 70 °C glow peak. This mechanism would account for the 4750 Å emission observed when KCl:Tl is excited in the impurity absorption bands (JOHNSON and WILLIAMS [13]).

PATTERSON [18] has shown that the thallium A-absorption band is a doublet with maxima at 5.0 and 4.9 eV (the peak at 4.7 eV is of no interest here as it was shown to be due to thallium aggregates). Excitation in the two peaks of the A-band produces both 3050 and 4750 Å emission. One of these peaks could result from a transition within the thallium ion corresponding to the $^1S_0$ to $^3P_1$ transition as in the Seitz model, and the other could be due to an electron transfer transition as anticipated above. Because of the broadness of the absorption bands both transitions will normally be excited throughout the energy spread of the composite A-band. At low temperatures (−196 °C) and for excitation on the high energy edge of the thallium A-band at 5.06 eV, JOHNSON and WILLIAMS [13] have observed 3050 Å emission not accompanied by 4750 Å emission, which associates the 3050 Å emission with the higher energy component of the A-band.

The mixture of 4750 Å and 3050 Å emission in the 30 °C glow peak and the room temperature fluorescence from band-to-band excitation is attributed to two recombination processes for Tl^0 and Cl_2^- i.e. firstly, recombination by a direct electron transfer transition with 4750 Å emission, and secondly, recombination producing a thallium ion in the $^3P_1$ excited state which subsequently decays to the ground state with characteristic 3050 Å emission as in the Seitz model.

3. Energy Level Diagram

A schematic energy level diagram for KCl:Tl which includes the electron transfer transition, and which is based on the total energy of the KCl:Tl system, is shown in Fig. 3. A single configuration coordinate diagram cannot be simply devised to accommodate the processes involved because a single coordinate cannot be used where several centres are involved viz. Tl^0, Tl^+, Cl^0, Cl^-, Cl_2^-. Commas separating the named constituents of an energy state signify physical separation great enough to prevent interaction. Diagonal broken lines indicate energy loss in Stokes shift. For the case of the transition corresponding to a thallium $^1S_0$ to $^3P_1$ level the values were taken from the calculation of JOHNSON and WILLIAMS [14].

On the diagram we can trace the decay process through the various states:

(i) Band-to-band excitation. Energies greater than 8.1 eV produce free holes and electrons:

$$Cl^- + 8.1\text{ eV} \rightarrow Cl^0 + e^- .$$

(ii) Electron capture at a thallium centre:

$$e^- + Tl^+ \rightarrow Tl^0 .$$

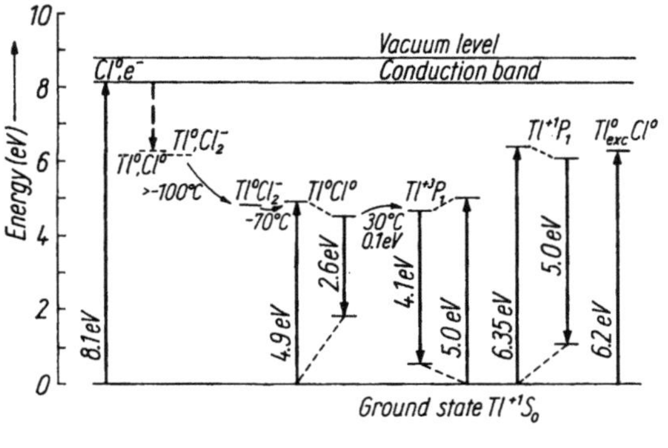

Fig. 3. Energy level diagram for KCl:Tl

(iii) Holes are self trapped:

$$Cl^0 + Cl^- \rightarrow Cl_2^- .$$

(iv) At temperatures greater than −100 °C the Cl_2^- centres become mobile and are captured at atomic thallium centres:

$$Tl^0 + Cl_2^- \rightarrow (Tl^0\,Cl_2^-) .$$

(v) Bonding of the Cl^0 to Cl^- producing Cl_2^- near to a Tl^0; the Cl_2^- breaks up at −70 °C:

$$(Tl^0\,Cl_2^-) \rightarrow (Tl^0\,Cl^0) + Cl^- .$$

(vi) Electron transfer transition with radiative emission observed in the low temperature glow peak at −70 °C:

$$(Tl^0\,Cl^0) - \text{Stokes shift} \rightarrow 2.6\ \text{eV} + \text{TlCl ground state} + \text{Stokes shift.}$$

(vii) Transition to excited state of Tl^+ followed by characteristic emission as in the 30 °C glow curve:

$$(Tl^0\,Cl^0) + 0.1\ \text{eV (thermal)} \rightarrow Tl^+_{exc.} + Cl^- ,$$

and

(viii) $Tl^+_{exc.}$ − Stokes shift → 4.1 eV + Stokes shift + Tl^+ ground state.

4. Discussion

An alternative decay of free electrons and holes may occur through an intermediate level corresponding to $Tl^+\ {}^1P_1$ excited state. The decay from this excited state produces an emission with maximum at approximately 5.0 eV which is reabsorbed (Edgerton and Teegarden [9]) giving a subsequent decay characteristic of excitation in the thallium A-band.

The doublet structure of the thallium C-band observed by Patterson [18] with absorption maxima at 6.17 and 6.35 eV may also be considered in terms of an electron transfer transition or an electron transition within the thallium ion. The first of these will presumably produce an excited state of the Tl^0, and the second corresponds to the ${}^1S_0 \rightarrow {}^1P_1$ transition as in the Seitz model. The excited states involved here will be the same as mentioned above in the alternative decay process for electrons and holes. The alternative decay after excitation of free electrons and holes will depend on the relative energies of the $Tl^+\ {}^1P_1$ excited state and the $(Tl^0Cl_2^-)$ which is shown in the diagram by broken lines because its energy is uncertain.

The decay mechanisms from excitation in the impurity absorption bands can be readily observed from the diagram. The low temperature de-excitation by electron capture at trapped holes, after band-to-band excitation, is not shown.

At room temperature one can expect a different ratio of 3050 to 4750 Å emission depending whether the excitation produces free carriers or occurs in the A-absorption band. When free carriers are produced the mechanism leading to luminescence necessarily passes through the process of Cl_2^- capture by Tl^0 centres, whereas direct excitation of the impurity centre is divided between excitation confined to the Tl^+ and excitation of electron transfer transitions. The resulting increase in the ratio of "uv" to "visible" emission for band-to-band as compared to impurity band excitation was observed by Alderson and Dimond [1].

Because the thermoluminescence depends on Tl^0 and Cl_2^- recombination we would expect that band-to-band excitation would have a greater capacity for producing thermoluminescence. This has been observed in work to be published.

Hersh and Hadley [12] have proposed that the thermoluminescence of KCl:Tl and strained pure KCl results from defects. This explanation is not

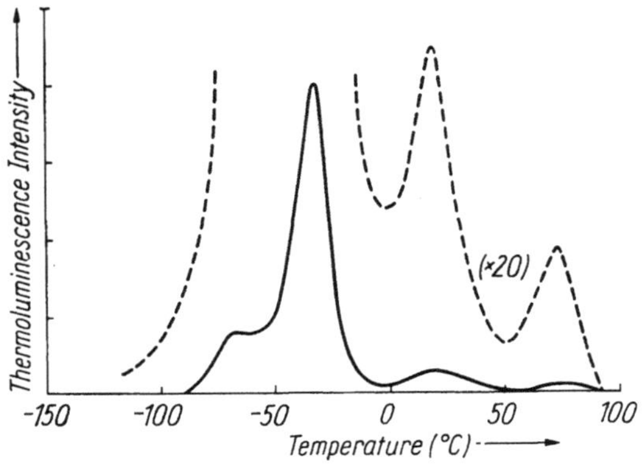

Fig. 4. Thermoluminescence of KCl:Tl and KCl:In.

KCl:Tl glow peaks at − 70 °C and + 20 °C, KCl:In glow peaks at − 30 °C and + 75 °C

consistent with observations of the same major glow peaks from KCl:Tl when excited in the impurity absorption bands, as in pure KCl excited in the band-to-band region, or with the increase of thermoluminescence with activator concentration. The trapping centres giving rise to this thermoluminescence have been further discussed by SCHLESINGER and HALPERIN [21] who attributed the thermoluminescence to trapping centres in the distorted host lattice adjacent to an imperfection or impurity centre. However, they did not discuss the mechanism of filling these traps from excitation in the impurity absorption bands.

Further evidence that defect centres are not completely responsible for the thermoluminescence of activated alkali halides is shown from the comparison of thermoluminescence from KCl:Tl and KCl:In in Fig. 4.

To eliminate variations in the glow peak positions arising from different heating rates observations were made of the thermoluminescence from a specimen composed of two pieces of single crystal KCl separately activated with thallium and indium. Identification of the peaks was made by observing the thermoluminescence from the separate pieces. After excitation by 10 eV photons the samples of KCl:Tl and KCl:In gave glow peaks at unmistakably different temperatures. Glow peaks from KCl:Tl occurred at −70 °C and 20 °C compared to peaks at −35 °C and 75 °C for KCl:In.

If the thermoluminescence of activated KCl arose from the distorted host crystal lattice adjacent to impurity centres it is to be expected that the depths of the traps would vary with the interaction between the host lattice and the impurity centres as was found. The similarity in the temperature of the glow peak maxima at −70 °C for strained or thallium activated KCl as observed by HERSH and HADLEY is possibly coincidental or due to insufficient resolution of the glow peak maxima.

Absorption in the impurity A-band excites both the internal transition of an electron in a thallium ion, and the electron transfer transition, and therefore both emission components are produced. At −160 °C there is an increase in the percentage of 4750 Å emission (ALDERSON and DIMOND [1]) because the transition (vii) above does not take place.

Slow rise and decay of luminescence in activated alkali halides has previously been associated with the thermoluminescence (RANDAL and WILKINS [20], BUNGER and FLECHSIG [5]). This association is doubtful because although thermoluminescence is observed following excitation in the thallium A-band there is no evidence of slow rise or decay of luminescence following excitation at this energy.

These two processes may therefore be independent. Other authors (BELKIND and KYAEMBRE [3]) are of the opinion that the phosphorescence is associated with electron recombination, and therefore requires the production of free carriers.

From the model presented above a possible mechanism can be devised for producing free carriers from B and C-band excitation which does not necessarily produce free carriers from excitation in the thallium A-band. This process depends on the state ($Tl^0Cl_2^-$) having a long lifetime so that the probability of double excitation at the same centre is appreciable. As the Tl^+ $^1S_0$ ground state is approximately 1 eV below the top of the KCl valence band a second excitation after excitation at 4.9 eV would require at least 4.2 eV to ionise the ($Tl^0Cl_2^-$). In addition to this it is necessary to allow for the energy lost because of the Stokes shift after the first excitation, and for a further energy if a direct excitation from the ($Tl^0Cl_2^-$) to the bottom of the conduction band is not allowed. The total energy for ionisation in the second stage of a two stage process may therefore exceed the 5.0 eV available from A-band energies, but be less than the energy in the B or C absorption bands.

The energy required for this second excitation may be related to the new absorption bands which appear from prolonged excitation of KCl:Tl in the C-band (LUSHCHIK and TIISLER [17]). In an attempt to elucidate the nature of the glow curved of KCl:Tl the absorption curve was recorded after prolonged excitation in the A-band at −22 °C, i.e. the absorption spectrum with the trapping states occupied (Fig. 5). An absorption peak at approximately 5.4 eV was observed which grew with the amount of excitation, and at the same time there was a decrease in the absorption of the A-band. This new peak at 5.4 eV is tentatively associated with ionisation of a ($Tl^0Cl_2^-$) by double excitation as predicted above.

This same process for producing free carriers cannot explain the thermoluminescence, firstly because the thermoluminescence is observed from A-band excitation, and secondly because thermoluminescence resulting from a two stage process of this type would be expected to show non-linear dependence on the intensity of excitation. It has been found that a high excitation intensity for a short period of time gives the same amount of thermoluminescence as a low intensity of excitation for long periods, i.e. if in each case the same number of photons are absorbed the thermoluminescence is independent of the intensity of excitation. From the double excitation process it can be predicted that the phosphorescence and slow growth of luminescence observed with excitation in the B and C-bands should be dependent on the intensity and period of excitation. No observations of this kind have been made. It is suggested that this could be most easily verified by investigating the intensity dependence of the integrated phosphorescence.

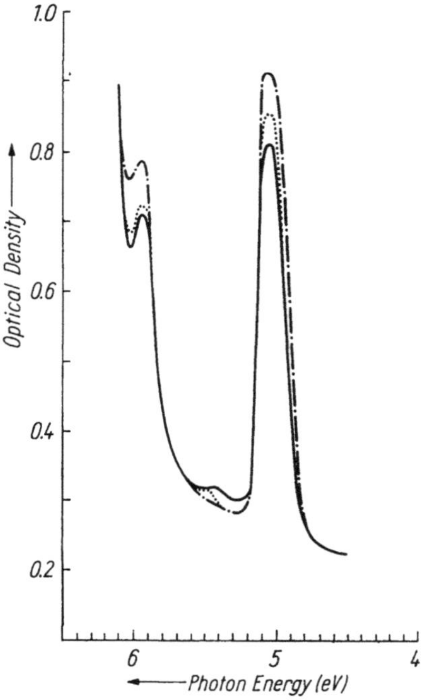

Fig. 5. Variation in the absorption of KCl:Tl (less than 7×10^{-5} mf) after excitation at 5.0 eV. Temperature approximately − 22 °C;
a) Previously unexcited sample (— • —)
b) 100 min excitation (· · · · · ·)
c) 200 min excitation (———)

If the assumptions made above are accepted it is to be expected that the electron transfer transition would be observed for other activated alkali halides. The absence of experimental confirmation is not significant at present because phosphors other than KCl:Tl have not been studied in the same detail.

The most readily observed characteristic of an electron transfer process would appear to be the emission, but the intensity of this emission for KCl:Tl was low compared to the characteristic activator emission for transitions confined to the activator ion. KBr:Tl is known to produce two overlapping emission bands for excitation in the thallium A-band, one of which could be the result of an electron transfer transition. In other phosphors the electron transfer transition may occur at energies greater than the lowest excited state confined to the activator ion, in which case there might be a rapid decay to the lower energy state and no emission would be observed from the electron transfer transition.

The above model has been suggested because it appears to explain the 4750 Å and the thermoluminescence of KCl:Tl by a method which is consistent with the Seitz model description for the major characteristics of activated alkali halides. A large part of it is tentative, awaiting further experimental investigation, some of which has been indicated.

Acknowledgements

The author wishes to thank Dr. S. E. WILLIAMS for reading this manuscript and for suggesting improvements. Thanks are extended for the facilities made available by the Physics Department of the University of Western Australia, and the financial support of a Commonwealth Post-graduate Award.

References

[1] J. E. ALDERSON and R. K. DIMOND, Brit. J. appl. Phys. **15**, 43 (1964).
[2] K. AOYAGI and G. KUWABARA, J. Phys. Soc. Japan **15**, 2335 (1960).
[3] A. I. BELKIND and KH. I. KYAEMBRE, Bull. Acad. Sci. USSR (Columbia Tech. Trans.), **25**, 371 (1961).
[4] K. H. BUTLER, J. Electrochem. Soc. **103**, 508 (1956).
[5] W. BUNGER and W. FLECHSIG, Z. Phys. **67**, 42 (1931).
[6] T. G. CASTNER and W. KANZIG, J. Phys. Chem. Solids **3**, 178 (1957).
[7] C. J. DELBECQ, B. SMALLER, and P. H. YUSTER, Phys. Rev. **111**, 1235 (1958).
[8] B. C. DUTTA and A. K. GHOSH, Indian J. Phys. **30**, 570 (1956).
[9] R. EDGERTON and K. J. TEEGARDEN, Phys. Rev. **129**, 169 (1963).
[10] J. EWLES and R. V. JOSHI, Proc. Roy. Soc. **254**, 358 (1960).
[11] R. I. GINDINA, Bull. Acad. Sci. USSR (Columbia Techn. Trans.) **25**, **344** (1961).
[12] H. N. HERSH and W. B. HADLEY Phys. Rev. Letters **10**, 437 (1963).
[13] P. D. JOHNSON and F. E. WILLIAMS, Phys. Rev. **117**, 964 (1960).
[14] P. D. JOHNSON and F. E. WILLIAMS, J. chem. Phys. **20**, 124 (1952).
[15] R. S. KNOX, Phys. Rev. **115**, 1095 (1959).
[16] G. KUWABARA and K. AOYAGI, J. Phys. Chem. Solids **22**, **333** (1961).
[17] CH. B. LUSHCHIK and E. TIISLER, Trudy IFA Akad. Nauk ESSR **12**, 125 (1960).
[18] D. A. PATTERSON, Phys. Rev. **119**, 963 (1960); **127**, 1564 (1962).
[19] P. PRINGSHEIM, Rev. mod. Phys. **14**, 132 (1942).
[20] J. T. RANDAL and M. H. F. WILKINS, Proc. Roy. Soc. **A 104**, 366 (1945).
[21] M. SCHLESINGER and A. HALPERIN, Phys. Rev. Letters **11**, 360 (1963).
[22] F. SEITZ, J. chem. Phys. **6**, 150 (1938).
[23] E. A. TAFT and H. R. PHILLIP, J. Phys. Chem. Solids **3**, 1 (1957).
[24] K. J. TEEGARDEN and R. WEEKS, J. Phys. Chem. Solids **10**, 211 (1959).
[25] I. K. VITOL, Optika i Spektroskopiya **9**, 282 (1960).
[26] I. YAEK and M. OKK, Trudy IFA Akad. Nauk ESSR **21**, 115 (1962).

(Received May 5, 1964)

phys. stat. sol. 7, 29 (1964)

FIAT Research Laboratories, Torino

Vacancy as a Phonon Field Perturbation

III. Phonon Scattering by Vacancies and Vacancy Pairs [1])

By

V. GALLINA and M. OMINI

Using the general theory given in the first part of this work, vacancy-phonon scattering is studied and, for an isotropic medium, the results shown to be identical with the classical values. The emphasis is put on the scattering by a vacancy pair, and the theory is used to evaluate the thermal resistivity of both vacancies and vacancy pairs.

Au moyen de la théorie générale de la première partie, on étudie le scattering des ondes élastiques pour effet d'une vacance. Nos résultats coïncident avec les classiques si on suppose le cristal isotrope et continu. Il est aussi possible d'étudier le scattering d'une divacance, et enfin la théorie est appliquée au calcul de la résistance thermique associée avec ces deux types de défauts.

1. Introduction

It is well known that vacancy concentration in a lattice crystal, as a function of the temperature, is given by a law of the type $c = A \exp\left(\frac{-\Phi}{kT}\right)$, where Φ is the vacancy creation energy. For values of T near the melting point, c usually results to be of the order of 10^{-4} to 10^{-3}. This enormous perturbation to the perfect crystal state represents a considerable obstacle for the elastic waves travelling inside the lattice, and we must expect the crystal thermal conductivity to be reduced in a not negligeable way. Therefore, in a theoretical treatment of thermal transport properties, one can not disregard the phonon-vacancy interaction.

Classically, our problem is similar to that of a sound wave scattered by a spherical defect inside an elastic continuum. According to Lord RAYLEIGH [1], considering a sphere of radius a and assuming $\delta\mu$ and δG to be the density and shear modulus variation with respect to the values μ and G of the surrounding medium, the scattering cross section for an elastic wave of wave vector $\boldsymbol{q}$ is

$$\sigma(q) = \frac{4\pi}{9} a^6 q^4 \left\{\left(\frac{\delta G}{G}\right)^2 + \frac{1}{3}\left(\frac{\delta\mu}{\mu}\right)^2\right\}. \tag{1}$$

This result, however, is not entirely correct, because it does not take into account the three possible modes of propagation for an elastic wave. If the sphere is perfectly rigid with mass defect $\delta M = \frac{4}{3}\pi a^3 \delta\mu$, the correct result is [2]

$$\sigma(q) = \frac{q^4}{4\pi\mu^2} (\delta M)^2 . \tag{2}$$

ZIMAN[2]) assumes that equation (2) is valid for vacancies, providing δM is the mass of the removed atom. Such an assumption, which may not appear sufficiently justified because it is a mere extension of a classical result, is proved in

[1]) Part I: phys. stat. sol. 6, 391 (1964); part II: phys. stat. sol. 6, 627 (1964).

[2]) J. M. ZIMAN, Electrons and Phonons, Clarendon Press, Oxford 1962 (p. 222).

this paper. Beside, a treatment is given of the scattering by a vacancy pair, which results a rather usual defect in some crystals. To first approximation the effect of reticular relaxation is always neglected, which corresponds to put $\delta G = 0$ in the Rayleigh formula. Finally, our results are applied to evaluate the thermal resistivity due to single and double vacancies, and some general conclusions about vacancy clusters are also drawn.

2. Scattering by a Single Vacancy

As shown in the first part of this work, a vacancy at $\boldsymbol{l} = 0$ results in following perturbation of the phonon field Hamiltonian:

$$H'_{\text{vac}} = H'^{(1)}_{\text{vac}} + H'^{(2)}_{\text{vac}}$$

with

$$H'^{(1)}_{\text{vac}} = \sum_{\boldsymbol{h}\neq 0} \boldsymbol{f_h} \cdot \boldsymbol{\eta_h}\,, \tag{3}$$

$$H'^{(2)}_{\text{vac}} = -\frac{\boldsymbol{p}_0^2}{2\,m} + \frac{1}{2}\sum_{\boldsymbol{h}\neq 0} (\boldsymbol{\eta_h} - \boldsymbol{\eta}_0)\, g_{\boldsymbol{h}}\, (\boldsymbol{\eta_h} - \boldsymbol{\eta}_0)\,. \tag{4}$$

Here $\boldsymbol{h}$ is the position vector of a general lattice centre with respect to the vacancy; $\boldsymbol{f_h} = \dfrac{\partial V(\boldsymbol{h})}{\partial \boldsymbol{h}}$ is the gradient of the interatomic potential and $g_{\boldsymbol{h}}$ a second order tensor whose elements are: $g_{\boldsymbol{h}} = -\dfrac{\partial^2 V}{\partial \boldsymbol{h}^2}$ (for $\boldsymbol{h} \neq 0$) and $g(0) = -\sum_{\boldsymbol{h}\neq 0} g(\boldsymbol{h})$.

Using the notations $\boldsymbol{\epsilon}_{\boldsymbol{q}p}$ and $\omega_{\boldsymbol{q}p}$ for the polarization vector and angular frequency of a phonon of wave vector $\boldsymbol{q}$ and branch p, one has the relations

$$\frac{1}{m} E_{\boldsymbol{q}}\, \boldsymbol{\epsilon}_{\boldsymbol{q}p} = \omega^2_{\boldsymbol{q}p}\, \boldsymbol{\epsilon}_{\boldsymbol{q}p}\,, \qquad E_{\boldsymbol{q}} = \sum_{\boldsymbol{h}} e^{-i\,\boldsymbol{q}\cdot\boldsymbol{h}}\, g_{\boldsymbol{h}}\,. \tag{5}$$

Finally for the reticular displacement operator $\boldsymbol{\eta_h}$ and its canonically conjugated momentum $\boldsymbol{p_h}$ the following expressions are used:

$$\left.\begin{aligned} \boldsymbol{\eta_h} &= i\sqrt{\frac{\hbar}{2\,m\,N}} \sum_{\boldsymbol{q}p} \frac{\boldsymbol{\epsilon}_{\boldsymbol{q}p}}{\sqrt{\omega_{\boldsymbol{q}p}}} \left[e^{i\,\boldsymbol{q}\cdot\boldsymbol{h}}\, a_{\boldsymbol{q}p} - e^{-i\,\boldsymbol{q}\cdot\boldsymbol{h}}\, a^+_{\boldsymbol{q}p}\right], \\ \boldsymbol{p_h} &= \sqrt{\frac{\hbar\,m}{2\,N}} \sum_{\boldsymbol{q}p} \sqrt{\omega_{\boldsymbol{q}p}}\, \boldsymbol{\epsilon}_{\boldsymbol{q}p} \left[e^{i\,\boldsymbol{q}\cdot\boldsymbol{h}}\, a_{\boldsymbol{q}p} + e^{-i\,\boldsymbol{q}\cdot\boldsymbol{h}}\, a^+_{\boldsymbol{q}p}\right] \end{aligned}\right\} \tag{6}$$

being $a_{\boldsymbol{q}p}$ and $a^+_{\boldsymbol{q}p}$ respectively absorption and creation operators of a $(\boldsymbol{q}\,p)$ phonon, and N the total number of lattice cells.

Let us now look for the probability for $(\boldsymbol{q}\,p)$ phonon to become a $(\boldsymbol{q}'\,p')$ one as a consequence of the perturbation Hamiltonian H'_{vac}. From a cursory inspection of the term $H'^{(1)}_{\text{vac}}$ it is easy to conclude that it cannot affect the scattering but at second order as it is a linear function of $\boldsymbol{\eta_h}$. The transition matrix elements of interest are given by

$$\mathcal{M}^{(1)}_{qq'} = \frac{\langle q'\,|H'^{(1)}_{\text{vac}}|\,0\rangle\,\langle 0\,|H'^{(1)}_{\text{vac}}|\,q\rangle}{\hbar\,\omega_q} + \frac{\langle q'\,|H'^{(1)}_{\text{vac}}|\,q\,;q'\rangle\,\langle q\,;q'\,|H'^{(1)}_{\text{vac}}|\,q\rangle}{-\hbar\,\omega_q}\,.$$

This quantity is identically vanishing because, remembering the first of equations (6), we have

$$\langle q\,;q'\,|H'^{(1)}_{\text{vac}}|\,q\rangle = \langle q'\,|H'^{(1)}_{\text{vac}}|\,0\rangle\,, \qquad \langle q'\,|H'^{(1)}_{\text{vac}}|\,q\,;q'\rangle = \langle 0\,|H'^{(1)}_{\text{vac}}|\,q\rangle$$

so that

$$\mathcal{M}^{(1)}_{q q'} = 0 . \tag{7}$$

Such a result is not surprising; in fact, as we already saw in the first part of this work, $H'^{(1)}_{\text{vac}}$ is always responsible of a static perturbation of the lattice (i.e. independent of the phonon distribution).

Let us now examine the more interesting effects of $H'^{(2)}_{\text{vac}}$. At this point, it is worth pointing out that our perturbation Hamiltonian must be taken in normal product (as it is usual in quantum field theory) so that its expectation value be vanishing in a state without phonons. Then we have to evaluate the matrix element

$$\mathcal{M}^{(2)}_{\boldsymbol{q} p \to \boldsymbol{q}' p'} = \langle \boldsymbol{q}' \, p' \, |: H'^{(2)}_{\text{vac}} :| \, \boldsymbol{q} \, p \rangle \tag{8}$$

being (: :) the notation for the normal product.

Remembering the second of equations (6) we find

$$\left\langle \boldsymbol{q}' \, p' \left| : \frac{-\boldsymbol{p}_0^2}{2\,m} : \right| \boldsymbol{q} \, p \right\rangle = -\frac{\hbar}{2\,N} (\omega_{\boldsymbol{q} p} \, \omega_{\boldsymbol{q}' p'})^{1/2} \, (\boldsymbol{\epsilon}_{\boldsymbol{q} p} \cdot \boldsymbol{\epsilon}_{\boldsymbol{q}' p'}) = -\frac{\hbar}{2\,N} \omega_{\boldsymbol{q} p} \, (\boldsymbol{\epsilon}_{\boldsymbol{q} p} \cdot \boldsymbol{\epsilon}_{\boldsymbol{q}' p'}) . \tag{9}$$

Here the energy conservation has already been taken into account as $\omega_{\boldsymbol{q} p} = \omega_{\boldsymbol{q}' p'}$. Analogously, from (5) and $\sum_{\boldsymbol{h}} g(\boldsymbol{h}) = 0$, we have

$$\left\langle \boldsymbol{q}' \, p' \left| : \frac{1}{2} \sum_{\boldsymbol{h}} (\boldsymbol{\eta}_{\boldsymbol{h}} - \boldsymbol{\eta}_0) \, g_{\boldsymbol{h}} \, (\boldsymbol{\eta}_{\boldsymbol{h}} - \boldsymbol{\eta}_0) : \right| \boldsymbol{q} \, p \right\rangle =$$

$$= \frac{\hbar}{2\,m\,N} \frac{1}{\omega_{\boldsymbol{q} p}} \sum_{\boldsymbol{h}} (1 - e^{i\,\boldsymbol{q} \cdot \boldsymbol{h}}) \, (1 - e^{-i\,\boldsymbol{q}' \cdot \boldsymbol{h}}) \, [\boldsymbol{\epsilon}_{\boldsymbol{q}' p'} \, g_{\boldsymbol{h}} \, \boldsymbol{\epsilon}_{\boldsymbol{q} p}] =$$

$$= \frac{\hbar}{2\,m\,N} \frac{1}{\omega_{\boldsymbol{q} p}} \boldsymbol{\epsilon}_{\boldsymbol{q}' p'} \{ - E_{\boldsymbol{q}} - E_{\boldsymbol{q}'} + E_{\boldsymbol{q} - \boldsymbol{q}'} \} \, \boldsymbol{\epsilon}_{\boldsymbol{q} p} . \tag{10}$$

For the sake of simplicity, let us carry out the calculation using the Debye model. If s is the sound velocity (assumed independent of $\boldsymbol{q}$ and p), $E_{\boldsymbol{q}}$ turns out to be a scalar quantity in this model and formula (5) becomes

$$E_q = m \, s^2 \, q^2 . \tag{11}$$

Expression (10) may also be written

$$\frac{\hbar}{2\,m\,N} \frac{1}{s q} \{ - 2\,m\,s^2\,q^2 + m\,s^2\,|\boldsymbol{q} - \boldsymbol{q}'|^2 \} \, (\boldsymbol{\epsilon}_{\boldsymbol{q}' p'} \cdot \boldsymbol{\epsilon}_{\boldsymbol{q} p}) = -\frac{\hbar}{N} s \, q \cos \vartheta \, (\boldsymbol{\epsilon}_{\boldsymbol{q}' p'} \cdot \boldsymbol{\epsilon}_{\boldsymbol{q} p}) ,$$

where ϑ is the scattering angle. Finally

$$\langle \boldsymbol{q}' \, p' \, |: H'^{(2)}_{\text{vac}} :| \, \boldsymbol{q} \, p \rangle_{|\boldsymbol{q}| = |\boldsymbol{q}'|} = -\frac{\hbar \, s \, q}{N} \left(\frac{1}{2} + \cos \vartheta \right) (\boldsymbol{\epsilon}_{\boldsymbol{q} p} \cdot \boldsymbol{\epsilon}_{\boldsymbol{q}' p'}) . \tag{12}$$

Hence the unit time probability for a scattering $(\boldsymbol{q} \, p) \to (\boldsymbol{q}' \, p')$ in the Debye approximation will be

$$Z^{\boldsymbol{q}' p'}_{\boldsymbol{q} p} = \frac{2\,\pi}{\hbar} |\mathcal{M}^{(2)}_{q q'}|^2 \, \delta \, (\hbar \, s \, q - \hbar \, s \, q') =$$

$$= \frac{2\,\pi\,s}{N^2} q^2 \left(\frac{1}{2} + \cos \vartheta \right)^2 (\boldsymbol{\epsilon}_{\boldsymbol{q} p} \cdot \boldsymbol{\epsilon}_{\boldsymbol{q}' p'})^2 \, \delta \, (q - q') . \tag{13}$$

Let us calculate the probability per unit time for a $\boldsymbol{q}$ — phonon belonging to any branch to be scattered into the differential solid angle $d\Omega'$. After summation over the initial polarization states and integration on the final ones, (13) is multiplied by $\frac{V}{(2\pi)^3} d^3q'$ and then integrated over $|\boldsymbol{q}'|$. As a consequence of the orthonormality of vectors $\boldsymbol{\epsilon}_{\boldsymbol{q}p}$, we have $\sum_{pp'} (\boldsymbol{\epsilon}_{\boldsymbol{q}p} \cdot \boldsymbol{\epsilon}_{\boldsymbol{q}'p'})^2 = 3$, hence

$$P_q(\vartheta)\, d\Omega' = \frac{1}{3} \sum_{pp'} \frac{V}{(2\pi)^3} d\Omega' \int dq'\, q'^2\, Z_{\boldsymbol{q}p}^{\boldsymbol{q}'p'} = \frac{s\,V}{4\,\pi^2 N^2}\, q^4 \left(\frac{1}{2} + \cos\vartheta\right)^2 d\Omega' . \tag{14}$$

The cross section that we need for dealing with transport properties is

$$\sigma_q = \frac{V}{s} \int (1 - \cos\vartheta)\, P_q(\vartheta)\, d\Omega' = \left(\frac{V}{N}\right)^2 \frac{q^4}{4\,\pi} . \tag{15}$$

This result becomes identical with expression (2) providing $\delta M = \mu \frac{V}{N} = m$. This enables us to say that, classically, a vacancy behaves as a spherical imperfection in an elastic continuum, with mass defect equal to the mass of the removed lattice centre.

3. Scattering by a Vacancy Pair

Let us suppose the vacancy pair to be made of one defect at the axes origin ($\boldsymbol{l} = 0$) and another one at $\boldsymbol{L}$. The scattering matrix elements are given by (8) except $H_{\text{vac}}^{\prime(2)}$ is substituted by

$$H_{\text{div}}^{\prime(2)} = -\frac{\boldsymbol{p}_0^2}{2\,m} - \frac{\boldsymbol{p}_L^2}{2\,m} + \frac{1}{2} \sum_{\boldsymbol{l}} (\boldsymbol{\eta}_{\boldsymbol{l}} - \boldsymbol{\eta}_0)\, g(\boldsymbol{l})\, (\boldsymbol{\eta}_{\boldsymbol{l}} - \boldsymbol{\eta}_0) +$$
$$+ \frac{1}{2} \sum_{\boldsymbol{l}} (\boldsymbol{\eta}_{\boldsymbol{l}} - \boldsymbol{\eta}_{\boldsymbol{L}})\, g\,(\boldsymbol{l} - \boldsymbol{L})\, (\boldsymbol{\eta}_{\boldsymbol{l}} - \boldsymbol{\eta}_{\boldsymbol{L}}) - \frac{1}{2} (\boldsymbol{\eta}_{\boldsymbol{L}} - \boldsymbol{\eta}_0)\, g(\boldsymbol{L})\, (\boldsymbol{\eta}_{\boldsymbol{L}} - \boldsymbol{\eta}_0) . \tag{16}$$

Besides the matrix elements (9) and (10) we also need the following ones:

$$\left\langle \boldsymbol{q}'\,p' \left| : \frac{1}{2} \sum_{\boldsymbol{l}} (\boldsymbol{\eta}_{\boldsymbol{l}} - \boldsymbol{\eta}_{\boldsymbol{L}})\, g\,(\boldsymbol{l} - \boldsymbol{L})\, (\boldsymbol{\eta}_{\boldsymbol{l}} - \boldsymbol{\eta}_{\boldsymbol{L}}) : \right| \boldsymbol{q}\,p \right\rangle_{(\omega_{\boldsymbol{q}p} = \omega_{\boldsymbol{q}'p'})} =$$
$$= \frac{\hbar}{2\,m\,N}\, e^{i\,\boldsymbol{K}\cdot\boldsymbol{L}}\, \frac{\boldsymbol{\epsilon}_{\boldsymbol{q}'p'}}{\omega_{\boldsymbol{q}p}} [- E_{\boldsymbol{q}} - E_{\boldsymbol{q}'} + E_{\boldsymbol{K}}]\, \boldsymbol{\epsilon}_{\boldsymbol{q}p} , \tag{17}$$

$$\left\langle \boldsymbol{q}'\,p' \left| : \frac{-\boldsymbol{p}_L^2}{2\,m} : \right| \boldsymbol{q}\,p \right\rangle_{(\omega_{\boldsymbol{q}p} = \omega_{\boldsymbol{q}'p'})} = -\frac{\hbar}{2\,N}\, e^{i\,\boldsymbol{K}\cdot\boldsymbol{L}}\, \omega_{\boldsymbol{q}p}\, (\boldsymbol{\epsilon}_{\boldsymbol{q}p} \cdot \boldsymbol{\epsilon}_{\boldsymbol{q}'p'}) , \tag{18}$$

$$\left\langle \boldsymbol{q}'\,p' \left| : \frac{-1}{2} (\boldsymbol{\eta}_{\boldsymbol{L}} - \boldsymbol{\eta}_0)\, g(\boldsymbol{L})\, (\boldsymbol{\eta}_{\boldsymbol{L}} - \boldsymbol{\eta}_0) : \right| \boldsymbol{q}\,p \right\rangle_{(\omega_{\boldsymbol{q}p} = \omega_{\boldsymbol{q}'p'})} =$$
$$= -\frac{\hbar}{2\,m\,N} \frac{1}{\omega_{\boldsymbol{q}p}} (e^{i\,\boldsymbol{q}\cdot\boldsymbol{L}} - 1)\, (e^{-i\,\boldsymbol{q}'\cdot\boldsymbol{L}} - 1)\, [\boldsymbol{\epsilon}_{\boldsymbol{q}'p'}\, g(\boldsymbol{L})\, \boldsymbol{\epsilon}_{\boldsymbol{q}p}] \tag{19}$$

with $\boldsymbol{K} = \boldsymbol{q} - \boldsymbol{q}'$.

In the Debye approximation matrix element (8) is

$$\langle \boldsymbol{q}'\,p' \,|: H_{\text{div}}^{\prime(2)} :|\, \boldsymbol{q}\,p \rangle_{q=q'} =$$
$$= -\frac{\hbar\,s\,q}{N} (\boldsymbol{\epsilon}_{\boldsymbol{q}p} \cdot \boldsymbol{\epsilon}_{\boldsymbol{q}'p'}) \left\{ \left(\frac{1}{2} + \cos\vartheta\right) (e^{i\,\boldsymbol{K}\cdot\boldsymbol{L}} + 1) + \frac{g(L)}{2\,m\,s^2} \frac{(e^{i\,\boldsymbol{q}\cdot\boldsymbol{L}} - 1)\,(e^{-i\,\boldsymbol{q}'\cdot\boldsymbol{L}} - 1)}{q^2} \right\} . \tag{20}$$

The effective cross section derived from (20) would result quite complicated, and unnecessary for our purpose. The quantity which we need is the probability per unit time of a scattering $(\boldsymbol{q}\, p) \to (\boldsymbol{q}'\, p')$, averaged over all possible orientations of vector $\boldsymbol{L}$ with constant modulus. This because in any crystal, vacancy pairs are uniformely distributed over all space orientations. Hence the probability will result

$$Z_{\boldsymbol{q}p}^{\boldsymbol{q}'p'} = \frac{2\pi}{\hbar} \overline{|\langle \boldsymbol{q}'\, p'| : H_{\rm div}^{'(2)} : | \boldsymbol{q}\, p\rangle|^2}\, \delta(\hbar\, s\, q - \hbar\, s\, q') =$$

$$= \frac{2\pi s}{N^2} (\boldsymbol{\epsilon}_{\boldsymbol{q}'p'} \cdot \boldsymbol{\epsilon}_{\boldsymbol{q}p})^2\, q^2 \Big\{ 2\left(\frac{1}{2} + \cos\vartheta\right)^2 \left(1 + \frac{\sin K L}{K L}\right) +$$

$$+ \frac{2\, g(L)}{m\, s^2} \frac{1}{q^2} \left(\frac{1}{2} + \cos\vartheta\right) \left(1 + \frac{\sin K L}{K L} - 2\frac{\sin q L}{q L}\right) +$$

$$+ \left(\frac{g(L)}{m\, s^2}\right)^2 \frac{1}{q^4} \left(1 - \frac{2 \sin q L}{q L} + \frac{1}{2}\frac{\sin K L}{K L} + \frac{1}{2}\frac{\sin H L}{H L}\right)\Big\}\, \delta(q - q')\,, \quad (21)$$

where $\boldsymbol{H} = \boldsymbol{q} + \boldsymbol{q}'$, $\boldsymbol{K} = \boldsymbol{q} - \boldsymbol{q}'$.

4. Thermal Resistivity Evaluation

Using (13) and (21), we may now apply the transport theory to calculate the contribution of single vacancies and vacancy pairs to the thermal resistivity. The complicated question of the best approximation to be used as a solution of Boltzmann equation, will not be discussed here.[3]) As we are only interested to reach a conclusion above the different contributions given by the two kinds of defects, we need only use the same approximation for both of them. We will follow the so-called "harmonic mean principle"[4]), for which the resistance is evaluable by means of the formula

$$W' = \frac{1}{K'} = \frac{V}{2\, k\, T^2} \frac{\sum\limits_{\boldsymbol{q}p} \sum\limits_{\boldsymbol{q}'p'} \{\Phi_{\boldsymbol{q}p} - \Phi_{\boldsymbol{q}'p'}\}^2\, Z_{\boldsymbol{q}p}^{\boldsymbol{q}'p'}\, n_{\boldsymbol{q}p}(n_{\boldsymbol{q}'p'} + 1)}{\left|\sum\limits_{\boldsymbol{q}p} \boldsymbol{v}_{\boldsymbol{q}p}\, \Phi_{\boldsymbol{q}p} \frac{\partial n_{\boldsymbol{q}p}}{\partial T}\right|^2}\,, \quad (22)$$

where $\Phi_{\boldsymbol{q}p}$ is the deviation function from the phonon equilibrium distribution, written in the form

$$\Phi_{\boldsymbol{q}p} = \alpha\, (\boldsymbol{q} \cdot \boldsymbol{u})\,.$$

Here $\boldsymbol{u}$ is the direction of thermal gradient and α a constant, which cancels in (22). It turns out to be[5]) $\left|\sum\limits_{\boldsymbol{q}p} \boldsymbol{v}_{\boldsymbol{q}p}\, (\boldsymbol{q}\cdot\boldsymbol{u}) \frac{\partial n_{\boldsymbol{q}p}}{\partial T}\right|^2 = \left(\frac{C\, V}{3\, \hbar}\right)^2$ where C is the specific heat for unit volume.

If n_i is the number of imperfections per unit volume in the crystal, then $W'_{\rm tot} = n_i\, V\, W'$; introducing the total mean free path Λ, related to $W'_{\rm tot}$ by the simple equation $\frac{1}{W'_{\rm tot}} = \frac{1}{3} C\, s\, \Lambda$, one obtains

$$\frac{1}{\Lambda} = n_i \frac{3\, s\, \hbar^2}{2\, k T^2\, C} \sum_{\boldsymbol{q}p} \sum_{\boldsymbol{q}'p'} (\boldsymbol{K}\cdot\boldsymbol{u})^2\, Z_{\boldsymbol{q}p}^{\boldsymbol{q}'p'}\, n_{\boldsymbol{q}p}\, (n_{\boldsymbol{q}'p'} + 1)\,. \quad (23)$$

---

[3]) The problem is still open. See KLEMENS [3] and ZIMAN, l.c. (p. 307ff.).
[4]) ZIMAN, l.c. (p. 308).
[5]) ZIMAN, l.c. (p. 294).

At high temperatures ($T > \theta$), i.e. when $C \simeq \frac{3\,Nk}{V}$, and $n_{\boldsymbol{q}p}\,(n_{\boldsymbol{q}'p'} + 1) \simeq \left(\frac{k\,T}{\hbar\,s\,q}\right)^2$, equation (23) becomes

$$\frac{1}{\Lambda} \simeq \frac{n_i\,v}{2\,s} \sum_{\boldsymbol{q}p} \sum_{\boldsymbol{q}'p'} \frac{(\boldsymbol{K}\cdot\boldsymbol{u})^2}{q^2}\, Z_{\boldsymbol{q}p}^{\boldsymbol{q}'p'} \tag{24}$$

which is a temperature-independent relationship (v is the elementary cell volume). Expression (24), for the single vacancy case, is readily evaluated by changing the sum over $\boldsymbol{q}$ into an integral, and substituting the term $(\boldsymbol{K}\cdot\boldsymbol{u})^2$ by its average value $\frac{1}{3}\,K^2 = \frac{2}{3}\,q^2\,(1 - \cos\vartheta)$, where ϑ is the scattering angle. Taking into account that $\sum_{pp'} (\boldsymbol{\epsilon}_{\boldsymbol{q}p}\cdot\boldsymbol{\epsilon}_{\boldsymbol{q}'p'})^2 = 3$, we finally get

$$\frac{1}{\Lambda_m} \gtrsim n_m\,\frac{v^3\,Q^7}{7\,(2\,\pi)^3} = \frac{n_m}{\Lambda_0}\,, \tag{25}$$

being n_m the single vacancy number per unit volume. The quantity $\frac{1}{\Lambda_0} = \frac{1}{(2\,\pi)^3}\,\frac{v^3\,Q^7}{7}$ is the reciprocal mean free path referred to a crystal lattice with one single vacancy per unit volume.

For vacancy pair, the evaluation of (24) requires a more complicated algebra. Putting $\lambda = Q\,L$, one finds

$$\frac{1}{\Lambda_d} = \frac{2\,n_d}{\Lambda_0}\{1 + A(\lambda) + B(\lambda)\,x_L + C(\lambda)\,x_L^2\}\,, \tag{26}$$

where n_d is the number density of vacancy pairs, x_L is the dimensionless parameter defined as follows:

$$x_L = \frac{g(L)\,L^2}{m\,s^2} \tag{27}$$

and $A(\lambda)$, $B(\lambda)$, $C(\lambda)$ are given respectively by the expressions

$$\frac{\lambda^7}{7}\,A(\lambda) = -\frac{\sin 2\,\lambda}{2}\left(\lambda^4 - 69\,\lambda^2 + \frac{885}{2}\right) - \lambda\cos 2\,\lambda\left(\frac{11}{2}\,\lambda^2 - \frac{237}{2} + \frac{180}{\lambda^2}\right) - -\frac{3}{2}\,\lambda^3 - 36\,\lambda + \frac{180}{\lambda}\,,$$

$$\frac{\lambda^7}{7}\,B(\lambda) = \frac{2}{15}\,\lambda^5 - 4\sin\lambda\,(\lambda^2 - 2) - \frac{4}{3}\,\lambda\cos\lambda\,(6 - \lambda^2) + \frac{\sin 2\,\lambda}{2}\,(2\,\lambda^2 - 27) + + 6\,\lambda\cos 2\,\lambda\left(1 - \frac{2}{\lambda^2}\right) - 6\left(\frac{\lambda}{2} - \frac{2}{\lambda}\right),$$

$$\frac{\lambda^7}{7}\,C(\lambda) = 2\,\frac{\lambda^3}{3} - 4\,(\sin\lambda - \lambda\cos\lambda) + \lambda - \frac{1}{2}\sin 2\,\lambda\,.$$

When vacancy separation, in a f.c.c. lattice, is successively ϱ_1; $\varrho_1\sqrt{2}$; $\varrho_1\sqrt{3}$; $2\,\varrho_1$ ... (ϱ_1 = next neighbour distance), parameter $\lambda = Q\,L$ takes the respective values 4.3749; 6.1871; 7.5777; 8.7498 ... and the following table may be given for the functions $A(\lambda)$, $B(\lambda)$, $C(\lambda)$:

$L = \dfrac{\lambda}{Q}$	$A(\lambda)$	$B(\lambda)$	$C(\lambda)$
ϱ_1	−0.0217	0.0211	0.0132
$\varrho_1 \sqrt{2}$	−0.0243	0.0262	0.0038
$\varrho_1 \sqrt{3}$	−0.0078	0.0161	0.0015
$2\,\varrho_1$	−0.0024	0.0104	0.0008

For a pair formed by two adjacent vacancies, being approximately in this case $x_L \simeq -\frac{1}{2}$ (see Appendix), one has

$$\frac{1}{\Lambda_d} \gtrsim \frac{2\,n_d}{\Lambda_0}(1 - 0.0286)$$

showing that at high temperatures the mean free path due to a vacancy pair is *increased* by about 3% with respect to the value it should take in the case of two not interacting vacancies (see equation (25)).

A strong *diminution* of the mean free path is obtained in the limit of low temperatures, as it must be expected [4]. By help of (23) we readily obtain

$$\frac{1}{\Lambda_d} = n_d \frac{6\,s^2\,\hbar^2\,v^2}{(2\,\pi)^3\,k\,T^2\,C}\left\{2\int_0^\pi d\vartheta \sin\vartheta\,(1-\cos\vartheta)\left(\frac{1}{2}+\cos\vartheta\right)^2 F_1(\vartheta) + \right.$$
$$+\,2\,x_L\int_0^\pi d\vartheta \sin\vartheta\,(1-\cos\vartheta)\left(\frac{1}{2}+\cos\vartheta\right)F_2(\vartheta) +$$
$$\left. +\,x_L^2\int_0^\pi d\vartheta \sin\vartheta\,(1-\cos\vartheta)\,F_3(\vartheta)\right\}, \tag{28}$$

where we have put

$$\left.\begin{aligned}
F_1(\vartheta) &= \left(\frac{Q}{\lambda}\right)^9 \sum_{n=1}^{\infty} n \int_0^\lambda dx\, x^8\, e^{-\frac{n\,\theta\,x}{\lambda\,T}}\left(1+\frac{\sin 2\,x \sin\vartheta/2}{2\,x\sin\vartheta/2}\right),\\
F_2(\vartheta) &= \left(\frac{Q}{\lambda}\right)^9 \sum_{n=1}^{\infty} n \int_0^\lambda dx\, x^6\, e^{-\frac{n\,\theta\,x}{\lambda\,T}}\left(1-\frac{2\sin x}{x}+\frac{\sin 2\,x \sin\vartheta/2}{2\,x\sin\vartheta/2}\right),\\
F_3(\vartheta) &= \left(\frac{Q}{\lambda}\right)^9 \sum_{n=1}^{\infty} n \int_0^\lambda dx\, x^4\, e^{-\frac{n\,\theta\,x}{\lambda\,T}}\left(1-\frac{2\sin x}{x}+\frac{\sin 2\,x \sin\vartheta/2}{4\,x\sin\vartheta/2}+\frac{\sin 2\,x \cos\vartheta/2}{4\,x\cos\vartheta/2}\right).
\end{aligned}\right\} \tag{29}$$

Let us investigate the asymptotic behaviour of (29) in the case $T \ll \theta$. In this case, the above integrals can be extended from 0 to ∞ without appreciable error. In this way they appear to be Laplace transforms with respect to $\frac{n\,\theta}{\lambda\,T}$, which, for close vacancies and $T \to 0$, assumes large values. Hence the asymptotic behaviours of (29) for $T \to 0$ can be investigated by means of the Watson lemma.

Expanding around $x = 0$ and truncating the expansions at the second order in x, one obtains

$$F_1(\vartheta) \simeq 2\,(8!\,C_8)\left(\frac{Q\,T}{\theta}\right)^9 \left\{1 - 30\,\frac{C_{10}}{C_8}\sin^2\frac{\vartheta}{2}\left(\frac{\lambda\,T}{\theta}\right)^2\right\},$$

$$F_2(\vartheta) \simeq \frac{(8!\,C_8)}{3}\left(\frac{Q\,T}{\theta}\right)^9 \left\{1 - 2\sin^2\frac{\vartheta}{2} - \frac{9}{2}\frac{C_{10}}{C_8}\left(1 - 8\sin^4\frac{\vartheta}{2}\right)\left(\frac{\lambda\,T}{\theta}\right)^2\right\},$$

$$F_3(\vartheta) \simeq \frac{(8!\,C_8)}{60}\left(\frac{Q\,T}{\theta}\right)^9 \left\{-1 + 4\sin^4\frac{\vartheta}{2} + 4\cos^4\frac{\vartheta}{2} + \right.$$

$$\left. + \frac{15}{7}\frac{C_{10}}{C_8}\left(1 - 16\sin^6\frac{\vartheta}{2} - 16\cos^6\frac{\vartheta}{2}\right)\left(\frac{\lambda\,T}{\theta}\right)^2\right\}$$

having put $C_n = \sum_{k=1}^{\infty}\frac{1}{k^n}$. It is easy to show that $C_8 = \frac{1}{60}\frac{(2\pi)^8}{8!}$, $C_{10} = \frac{5}{132}\frac{(2\pi)^{10}}{10!}$ so that, after integrating over ϑ as required by (28), it results

$$\frac{1}{\Lambda_d} \simeq \frac{2\,n_d}{\Lambda_0}\frac{7}{3}(2\pi)^4\left(\frac{T}{\theta}\right)^4\left\{2 + \frac{2}{9}x_L + \frac{1}{18}x_L^2 - \frac{5}{11}\frac{(2\pi)^2}{18}\left(24 + \frac{17}{5}x_L + \frac{1}{2}x_L^2\right)\left(\frac{\lambda\,T}{\theta}\right)^2\right\} \quad (30)$$

as, for $T \to 0$, $C \simeq \frac{12}{5}\pi^4\,k\,\frac{N}{V}\left(\frac{T}{\theta}\right)^3$.

A similar calculation for single vacancies gives

$$\frac{1}{\Lambda_m} \simeq \frac{n_m}{\Lambda_0}\frac{7}{3}(2\pi)^4\left(\frac{T}{\theta}\right)^4. \quad (31)$$

The comparison of (30) and (31) shows that the ratio between mean free path Λ_1 due to a pair of vacancies supposed to be not interacting, and actual mean free path Λ_2, results to be, for $T \to 0$:

$$\frac{\Lambda_1}{\Lambda_2} \simeq 2 + \frac{2}{9}x_L + \frac{1}{18}x_L^2 - \frac{5}{11}\frac{(2\pi)^2}{18}\left(24 + \frac{17}{5}x_L + \frac{1}{2}x_L^2\right)\left(\frac{\lambda\,T}{\theta}\right)^2. \quad (32)$$

Although equation (22) may lead to some errors, due to the harmonic formula approximation, nevertheless equation (32) can be considered sufficiently correct, because in the ratio (30)/(31) incertitudes of numerical factors partially cancel out. For close vacancies in a f.c.c. lattice, being $x_L \simeq -\frac{1}{2}$, (32) shows that Λ_2 becomes smaller than Λ_1 by a factor ~ 1.9 when $T \to 0$.

5. Conclusions

Previous theory enables us to try some remarks about scattering power of vacancy clusters, which seem to be a rather common defect in solids [4]. To show this, let us observe that perturbation matrix element (20), referred to a cluster of n vacancies, will be of the form

$$\langle \boldsymbol{q}'\,p'\,|H'|\,\boldsymbol{q}\,p\rangle = \mathcal{M}_1 + \mathcal{M}_2 + \cdots + \mathcal{M}_n + \sum \mathcal{M}'_{ik}\,, \quad (33)$$

where $\mathcal{M}_r$ is matrix element corresponding to the Hamiltonian of a single vacancy in $\boldsymbol{L}_r$, and $\mathcal{M}'_{ik}$ an interaction term arising from the failure of interatomic linkage $(\boldsymbol{L}_i, \boldsymbol{L}_k)$. Square modulus of (33) gives the sum of $|\mathcal{M}_r|^2$'s plus several crossing terms: we will use a 3-index symbol $(r, i\,k)$ to represent the interaction between energy of a single vacancy placed in $\boldsymbol{L}_r$ and that corresponding to the linkage

$(\boldsymbol{L}_i, \boldsymbol{L}_k)$, and a 4-index symbol $(r\, s, i\, k)$ for the interaction between two linkages $(\boldsymbol{L}_r, \boldsymbol{L}_s)$, $(\boldsymbol{L}_i, \boldsymbol{L}_k)$. So, for a vacancy pair $(n = 2)$:

$$|\langle \boldsymbol{q}'\, p' |\, H'\, | \boldsymbol{q}\, p \rangle|^2 = |\mathcal{M}_1|^2 + |\mathcal{M}_2|^2 + (1, 12) + (2, 12) + (12, 12)\,. \tag{34}$$

A question now arises: having previously studied the case of a pair, is it possible to evaluate the mean free path due to a cluster, by resolving it into all possible pairs obtainable from its n elements ? Equation (34) shows that the 3-index crossing terms concerning a pair must have a repeated index, and 4-index terms must be symmetrical. Now, in squaring (33), it turns out that several other interference terms arise, which do not satisfy the previous requirements. However, confining our attention to the 3-index interference terms, and assuming these to be rapidly decreasing with the vacancy-linkage separation, we are left only with terms as (1,23) in Fig. 1; terms as (1,35) or (1,34) must be surely less important. We have now to remember, from the general theory given above, that matrix elements $\mathcal{M}_k$ appearing in (33) are proportional to $e^{i(\boldsymbol{q}-\boldsymbol{q}')\cdot \boldsymbol{L}_k}$, while $\mathcal{M}'_{r\,s} \sim (e^{i\boldsymbol{q}\cdot\boldsymbol{L}_r} - e^{i\boldsymbol{q}\cdot\boldsymbol{L}_s}) \times \times (e^{-i\boldsymbol{q}'\cdot\boldsymbol{L}_r} - e^{-i\boldsymbol{q}'\cdot\boldsymbol{L}_s})$. It is then possible to see that

$$(1{,}23) \sim \operatorname{Re}\{\mathcal{M}_1^* \mathcal{M}'_{23}\} \sim (\cos \boldsymbol{q}\cdot\boldsymbol{\delta}_{12} - \cos \boldsymbol{q}\cdot\boldsymbol{\delta}_{13})\cdot(\cos \boldsymbol{q}'\cdot\boldsymbol{\delta}_{12} - \cos \boldsymbol{q}'\cdot\boldsymbol{\delta}_{13}) + $$
$$+ (\sin \boldsymbol{q}\cdot\boldsymbol{\delta}_{12} - \sin \boldsymbol{q}\cdot\boldsymbol{\delta}_{13})(\sin \boldsymbol{q}'\cdot\boldsymbol{\delta}_{12} - \sin \boldsymbol{q}'\cdot\boldsymbol{\delta}_{13})$$

being $\boldsymbol{\delta}_{12} = \boldsymbol{L}_2 - \boldsymbol{L}_1$, $\boldsymbol{\delta}_{13} = \boldsymbol{L}_3 - \boldsymbol{L}_1$.

When we put this expression in (24) and carry out the integration over $\boldsymbol{q}'$, terms $\cos \boldsymbol{q}'\cdot\boldsymbol{\delta}_{12}$ and $\cos \boldsymbol{q}'\cdot\boldsymbol{\delta}_{13}$ may approximately be replaced by their average value over all possible orientations of $\boldsymbol{\delta}_{12}$ and $\boldsymbol{\delta}_{13}$ with respect to the phonon wave vectors; these average values are equal as $\boldsymbol{\delta}_{12} = \boldsymbol{\delta}_{13}$ and the result of the integration is zero. Analogously for the sine terms. Thus, for the mean free path of a vacancy cluster, the following approximated method of evaluation may be given. From the general theory developed in this work, we know that, if Λ_0 is the mean free path due to a single vacancy, the mean free path Λ due to a vacancy pair is given by an expression of the type

$$\frac{1}{\Lambda} = \frac{2}{\Lambda_0} + \frac{1}{\Lambda'}\,, \tag{35}$$

where $\frac{1}{\Lambda'}$ is an interaction term which, in the high temperature limit, was found to be $\frac{1}{\Lambda'} \simeq \frac{2}{\Lambda_0}(A + B x_L + C x_L^2)$. We may now define an abstract entity (scatterer) related to the pair, having a scattering power measured by $\frac{1}{\Lambda'}$. In this way equation (35) is consistent with Mathiessen rule, and allows to consider the pair as

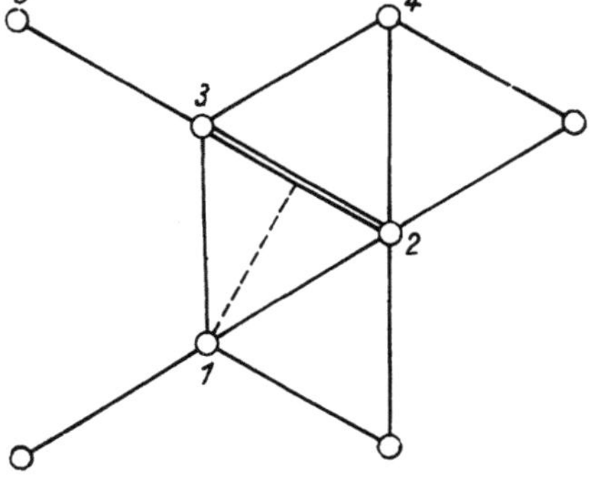

Fig. 1

the sum of two single vacancies (= not interacting) plus our fictitious scatterer. Now a cluster of n vacancies may be regarded as the sum of n single vacancies plus all the scatterers related to all possible pairs obtainable from it.

Consider, for instance, three close vacancies in a f.c.c. lattice, placed at the corners of an equilateral triangle: our fictitious scatterer, for $T > \theta$, has a power $\frac{1}{\Lambda'} = -0.0573/\Lambda_0$ and the cluster scattering power results to be $\frac{1}{\Lambda} \simeq \frac{3}{\Lambda_0}(1 - 0.0573)$. The mean free path is then increased by about 6 % with respect to the case of three not interacting vacancies (for a pair we obtain only 3%). This "cluster effect" is increasing with the number of vacancies, as it must be expected. All these effects, finally, are strongly reinforced in the limit of low temperatures, as equation (32) shows.

Acknowledgements

Thanks are due to the Fiat Laboratories Management for permission to publish this work and to Dr. C. P. GALOTTO for his useful suggestions and discussions.

Appendix

As to the factor defined by (27), it may easily be evaluated in the Debye approximation when two adjacent vacancies form the pair. In this case, equation (5) becomes

$$-\frac{1}{2}\sum_{\boldsymbol{h}} g_{\boldsymbol{h}}\,(\boldsymbol{q}\cdot\boldsymbol{h})^2 = m\,s^2\,q^2\,.$$

Assuming a nearest neighbour interaction, and substituting the sum by an integral over the first shell of radius L, we get

$$-\frac{1}{2}L^2\frac{\nu}{4\pi}\,g(L)\int d\Omega\,(\boldsymbol{u}_q\cdot\boldsymbol{u}_L)^2 = m\,s^2\,,$$

where ν is the nearest neighbour number, $\boldsymbol{u}_q = \frac{\boldsymbol{q}}{|\boldsymbol{q}|}$, $\boldsymbol{u}_L = \frac{\boldsymbol{L}}{|\boldsymbol{L}|}$, and $d\Omega$ is the elementary solid angle of the spherical shell. Carrying out the integration, we obtain

$$x_L \equiv \frac{g(L)\,L^2}{m\,s^2} = -\,6/\nu\,.$$

For a f.c.c. lattice, where $\nu = 12$, $x_L \simeq -1/2$.

References

[1] Lord RAYLEIGH, Theory of Sound, Vol. II, London 1896 (2nd ed).
[2] P. M. MORSE and H. FESHBACH, Methods of Theoretical Physics, McGraw Hill, New York 1953.
[3] P. G. KLEMENS, Solid State Physics 7, 1 (1958) (Acad. Press Inc., New York).
[4] W. R. G. KEMP, P. G. KLEMENS, R. J. TAINSH, and G. K. WHITE, Acta metall. 5, 303 (1957).

(Received May 11, 1964)

phys. stat. sol. 7, 39 (1964)

Indian Institute of Technology, Hauz Khas, New Delhi

Coupling Coefficients and Elastic Constants of Caesium Halides

By

B. SHARAN and L. M. TIWARI

Following KELLERMANN, the Brillouin zone of caesium chloride is divided into $10 \times 10 \times 10$ equal regions. The coupling coefficients are calculated for 56 non-equivalent points including the origin of the Brillouin zone, a correct enumeration of which points yields a total of 1,000 wave vectors or 12,000 coupling coefficients. Reststrahlen frequency is used in preference to compressibility in the evaluation of the constants of the repulsive part. A relation between the elastic constants and the second order coupling coefficients different from that of KELLERMANN is used, and within the limitations of the model, the agreement between theory and experiment for the elastic constants is reasonable, and is very good for the compressiblility.

Die Brillouin Zone von Cäsiumchlorid wird in Übereinstimmung mit KELLERMANN in $10 \times 10 \times 10$ gleiche Teile unterteilt. Die Kopplungskoeffizienten werden für 56 nicht-äquivalente Punkte unter Einschluß des Nullpunktes berechnet, deren korrekte Numerierung insgesamt 1000 Wellenvektoren oder 12000 Kopplungskoeffizienten ergibt. Anstelle der Kompressibilität wurde die Reststrahlfrequenz für die Berechnung der Konstanten des Abstoßungsteiles vorgezogen. Es wird eine von KELLERMANN abweichende Beziehung zwischen den elastischen Konstanten und den Kopplungskoeffizienten 2. Ordnung verwandt. Innerhalb der Grenzen des Modells ist die Übereinstimmung zwischen Theorie und Experiment bei den elastischen Konstanten gut und bei der Kompressibilität sehr gut.

1. Introduction

There is a growing interest in the quest of the knowledge of the fundamental physical properties like phonon frequency distribution (pfd), elastic constants, compressibility etc. of crystals. This is to be witnessed in a gradual development of a number of models and their applications to a detailed evaluation of the pfd. Some of the recent ones are by BHATIA [1], DE LAUNAY [2], SLUTSKY and GARLAND [3], independently by BORN and BEGBIE [4], SMITH [5] and KELLERMANN [6] respectively. They have been successfully applied to the body-centred and face-centred cubic metals by BHATIA, SHARAN [7], and SINGH [8], to hexagonal metals by SLUTSKY and GARLAND, to diamond and germanium by SMITH and HSIEH [9], and to sodium chloride type of structures by KELLERMANN, KARO [10, 11], and WOODS et al. [12]. Bhatia's, de Launay's, Slutsky's and Garland's expressions are essentially phenomenological in character and hence are of limited validity. For the evaluation of the physical properties, a detailed information about the nature of the atomic interaction is called for. Kellermann's approach for cubic ionic crystals is very general and flexible and therefore appears to be promising in this direction. It is intended to apply this model to caesium chloride type of lattices which appear to have received little attention in the past. In the present paper the problem has been treated from the point of view of the oscillations of an ionic lattice where the opposite kinds of ions are held fast by the long range coulomb forces and the lattice is stopped from collapsing by the short range repulsive part. The coupling coefficients defining the nature of the lattice interactions is separated into the electrostatic and the repulsive parts. The method takes into account the fundamental nature of the atomic forces and is free from the uncertainties of the phenomenological models.

Kellermann's relations between the second order coupling coefficients and the elastic constants are not consistent with their symmetry requirements. Correct relations removing the above inconsistency have been incorporated. The method departs in one significant aspect, that is, for the evaluation of the constants of the repulsive part in CsCl instead of the traditional method of using the compressibility where available, more reliable *reststrahlen* frequency has been substituted. Elastic constants of all the caesium halides have been determined. As a further check, the theoretical and experimental compressibilities have been compared. The coupling coefficients whose computation involves a considerable labour are also incorporated for all the 56 non-equivalent points of the Brillouin zone. They are required for getting the phonon spectrum and will be useful to all who need them.

2. The Equation of Motion

The dynamical matrix in the harmonic approximation of two body interaction for spherical and non-deformable ions is

$$\left| \begin{Bmatrix} k\,k' \\ \alpha\,\beta \end{Bmatrix} + \omega^2 I \right| = 0\,, \tag{1}$$

where

$$\begin{Bmatrix} k\,k' \\ \alpha\,\beta \end{Bmatrix} = (M_k\,M_{k'})^{-1/2} \sum_{l'} \Phi^{l\,l'}_{\substack{k\,k' \\ \alpha\,\beta}} \exp\,(\,2\,\pi\,i\,\boldsymbol{y}\cdot\boldsymbol{r}^{l\,l'}_{k\,k'}) = (M_k\,M_{k'})^{-1/2} \begin{bmatrix} k\,k' \\ \alpha\,\beta \end{bmatrix} \tag{2}$$

and I a six by six unit matrix. The meaning and the definition of the symbols can be inferred from Kellermann's paper [6]. The derivatives of the potential energy Φ are called the coupling parameters and square brackets the coupling coefficients.

3. The Enumeration of the Phase Points

The vibrations are best described in terms of the wave vector $\boldsymbol{y}$ in the reciprocal space

$$\boldsymbol{y} = q_x\,\boldsymbol{b}_1 + q_y\,\boldsymbol{b}_2 + q_z\,\boldsymbol{b}_3\,, \tag{3}$$

where $\boldsymbol{b}_\alpha$ are the basic vectors of the reciprocal lattice and q_α all the points of the first Brillouin zone. Caesium chloride is a body-centred cubic lattice with caesium and chlorine ions individually on cubic lattices. If the lattice constant is $2\,r_0$, the atomic (ionic) volume $v_a = 8\,r_0^3$. The corresponding reciprocal lattice and the Brillouin zone are also cubic and of edge length $1/2\,r_0$. q_α form a quasi-continuous distribution of points. For practical purposes taking discrete values of q_α the condition of cyclic behaviour leads to

$$q_\alpha = \frac{p_\alpha}{2\,n}\,, \qquad \alpha = x, y, z\,, \tag{4}$$

where p_α are integers $0, 1, 2, \ldots, n-1$. We take $n = 10$. For a caesium halide lattice which is not very anisotropic this division seems to be satisfactory. The first Brillouin zone boundaries are

$$|p_\alpha| \leqq 5\,. \tag{4a}$$

Taking full benefit of the symmetry and the condition we keep

$$p_x \geq p_y \geq p_z \tag{4b}$$

gives fifty six non-equivalent points including the origin. These are given in Table 2. When the points are properly weighed they total to $n^3 = 1000$ (DAYAL and TRIPATHI [13]).

4. Coupling Coefficients

The total coupling coefficient is represented as the sum of the Coulombian (superscript C) and the repulsive part (superscript R). Following KELLERMANN the following expressions are obtained for the Coulombian part of the centro-symmetric caesium halide lattice

$$\left.\begin{aligned}
&\frac{v_a}{4\,e^2}\,{}^{\mathrm{C}}\!\begin{bmatrix}1 & 1\\ x & y\end{bmatrix} = -\,G^{11}_{x\,y} + \underset{\boldsymbol{l}}{H_{x\,y}} + \frac{8}{3\sqrt{\pi}}\,\varepsilon^3\,\delta_{x\,y}\,,\\
&\frac{v_a}{4\,e^2}\,{}^{\mathrm{C}}\!\begin{bmatrix}1 & 2\\ x & y\end{bmatrix} = G^{12}_{x\,y} - \underset{\boldsymbol{m}}{H_{x\,y}}\,,\\
&\text{where}\\
&G^{11}_{x\,y} = \pi \sum_{\boldsymbol{h}}{}' \frac{(h_x+q_x)\,(h_y+q_y)}{(\boldsymbol{h}+\boldsymbol{q})^2}\exp\left(\frac{-\pi^2}{4\,\varepsilon^2}\,|\boldsymbol{h}+\boldsymbol{q}|^2\right),\\
&G^{12}_{x\,y} = \pi \sum_{\boldsymbol{h}}{}' \frac{(h_x+q_x)\,(h_y+q_y)}{(\boldsymbol{h}+\boldsymbol{q})^2}\exp\left(\frac{-\pi^2}{4\,\varepsilon^2}\,|\boldsymbol{h}+\boldsymbol{q}|^2\right)\cos\pi\,(h_x+h_y+h_z)\,,\\
&\underset{\boldsymbol{p}}{H_{x\,y}} = 2\sum_{\boldsymbol{p}}{}'\left[-\,f(\boldsymbol{p})\,\delta_{x\,y} + g(\boldsymbol{p})\,\frac{p_x\,p_y}{|\boldsymbol{p}|^2}\right]\cos\pi(\boldsymbol{q}\cdot\boldsymbol{p}) \qquad (\boldsymbol{p} = \boldsymbol{l} \text{ or } \boldsymbol{m})\,,\\
&f(\boldsymbol{p}) = \frac{2}{\sqrt{\pi}}\,\frac{\varepsilon}{|\boldsymbol{p}|^2}\exp\left(-\frac{\varepsilon^2}{|\boldsymbol{p}|^2}\right) + \frac{\psi(\varepsilon/\boldsymbol{p})}{|\boldsymbol{p}|^3}\,,\\
&g(\boldsymbol{p}) = 3\,f(\boldsymbol{p}) + \frac{4}{\sqrt{\pi}}\,\varepsilon^3\exp\left(-\frac{\varepsilon^2}{|\boldsymbol{p}|^2}\right),
\end{aligned}\right\} \tag{5}$$

where the Gaussian error function

$$\psi(\varepsilon\,\boldsymbol{p}) = 1 - \frac{2}{\sqrt{\pi}}\int_0^{\varepsilon \boldsymbol{p}} \exp\,(-\,\xi^2)\,d\xi$$

and ε an arbitrary parameter.

The prime on the summation sign indicates that these equations hold for $\boldsymbol{y} \neq (0, 0, 0)$. For $\boldsymbol{y} = 0$ one must take into account the electrodynamic interaction and this yields

$$\sum {}^{\mathrm{C}}\!\begin{bmatrix}k & k'\\ x & x\end{bmatrix} = \frac{4\,\pi\,e_k\,e_{k'}}{v_a}\,.$$

for cubic symmetry

$$\left.\begin{aligned}
&{}^{\mathrm{C}}\!\begin{bmatrix}k & k'\\ x & x\end{bmatrix}_{y=0} = \frac{4\,\pi}{3}\,\frac{e_k\,e_{k'}}{v_a}\\
\text{and}\qquad &\\
&{}^{\mathrm{C}}\!\begin{bmatrix}k & k'\\ x & y\end{bmatrix} = {}^{\mathrm{C}}\!\begin{bmatrix}k' & k\\ x & y\end{bmatrix} = \text{cyclic} = 0\,.
\end{aligned}\right\} \tag{6}$$

The repulsive part: Considering the resultant effect of all the forces to be repulsive, and the contribution from the nearest neighbours to be significant the energy per cell for caesium halides is given by

$$\frac{1}{2}\Phi_0 = -\frac{\alpha e^2}{r_0} + 8\overset{\mathrm{R}}{\Phi}(r) \qquad (r = \sqrt{3}\, r_0)\,, \tag{7}$$

where α is the Madelung constant and r the distance between the nearest neighbours. For caesium halide structures $\alpha = 1.0178$.

For determining the repulsive part of the C.C's we define

$$\frac{1}{r}\left[\frac{d\overset{\mathrm{R}}{\Phi}(r)}{dr}\right] = \frac{e^2}{v_a} A\,, \qquad \left[\frac{d^2\overset{\mathrm{R}}{\Phi}(r)}{dr^2}\right] = \frac{e^2}{v_a} B \tag{7a}$$

and introduce the condition of equilibrium at the absolute zero of temperature neglecting the zero point energy of vibrations

$$\left[\frac{d\left(\frac{1}{2}\overset{\mathrm{R}}{\Phi}_0\right)}{dr}\right]_{r=r_0} = 0\,.$$

This gives $A = -\frac{\alpha}{3}$. The value of B is found either from the compressibility β_0 at absolute zero *viz.*

$$\frac{1}{\beta_0} = \frac{e^2}{3\, v_a\, r_0}\,[B + 2A] \tag{8}$$

or the *reststrahlen* frequency ω_0. The secular determinant when solved in the long wavelength limit yields

$$\omega_0^2 = \frac{1}{\mu}\frac{e^2}{v_a}\left[\frac{8}{3}(B + 2A) - \frac{4\pi}{3}\right], \tag{9}$$

where μ is the reduced mass and is missing in Kellermann's expression. Due to greater uncertainty in the experimental value of compressibility the second method of finding B has been preferred. The values of constants $2\, r_0$, ω_0, β_0 are taken from standard works [14, 15] and are tabulated below along with B (Table 1).

The repulsive part of the coupling coefficients can now be written as

$$\overset{\mathrm{R}}{\begin{bmatrix} k & k' \\ x & y \end{bmatrix}} = \sum_{l} \left(\overset{\mathrm{R}\ l}{\Phi}_{\substack{k k' \\ x y}}\right) \exp\left(2\pi i\, \boldsymbol{y} \cdot \boldsymbol{r}^{l}_{k k'}\right). \tag{10}$$

Table 1

Experimental values of ω_0, β_0 and the computed values of B for caesium halides

Substance	$2\, r_0$ (Å)	ω_0 (s^{-1})	$\frac{1}{\beta_0}$ (dyn cm^{-2})	B	
CsCl	4.11	1.85×10^{13}	1.80×10^{11}	4.063	from ω_0
CsBr	4.29	1.41×10^{13}	1.59×10^{11}	4.195	from ω_0
				4.380	from β_0
CsI	4.562	—	1.277×10^{11}	4.2767	from β_0

Excluding $k \neq k'$ and summing up for the eight nearest neighbours given by the vectors $\boldsymbol{r}_0$ $(\pm 1, \pm 1, \pm 1)$ yields

$$\left.\begin{aligned}
{}^{\mathrm{R}}\begin{bmatrix} 1 & 2 \\ x & y \end{bmatrix} &= \frac{e^2}{v_a} \sum_{\boldsymbol{l}} \left[B \frac{x_{12}^{\boldsymbol{l}}\, y_{12}^{\boldsymbol{l}}}{|\boldsymbol{r}_{12}^{\boldsymbol{l}}|^2} + A\, \delta_{xy} - \frac{x_{12}^{\boldsymbol{l}}\, y_{12}^{\boldsymbol{l}}}{|\boldsymbol{r}_{12}^{\boldsymbol{l}}|^2} \right] \exp(2\pi i\, \boldsymbol{y} \cdot \boldsymbol{r}_{12}), \\
{}^{\mathrm{R}}\begin{bmatrix} 1 & 2 \\ x & x \end{bmatrix} &= \frac{8}{3} \frac{e^2}{v_a} [B + 2A] \cos \pi q_x \cos \pi q_y \cos \pi q_z, \\
{}^{\mathrm{R}}\begin{bmatrix} 1 & 2 \\ x & y \end{bmatrix} &= -\frac{8}{3} \frac{e^2}{v_a} [B - A] \sin \pi q_x \sin \pi q_y \sin \pi q_z, \\
{}^{\mathrm{R}}\begin{bmatrix} k & k \\ x & y \end{bmatrix} &= -\frac{8}{3} [B + 2A]\, \delta_{xy} \qquad (k = 1, 2).
\end{aligned}\right\} \tag{11}$$

5. The Elastic Constants

For a centro-symmetric lattice, initially free of stresses

$$C_{\alpha\gamma,\beta\lambda} = [\alpha\beta, \gamma\lambda] + [\beta\gamma, \alpha\lambda] - [\beta\lambda, \alpha\gamma], \tag{12}$$

where $C_{\alpha\gamma,\beta\lambda}$ is the elastic constant in Voigt notation and

$$\sum_{\gamma\lambda} [\alpha\beta, \gamma\lambda]\, y_\gamma y_\lambda = -\frac{1}{v_a} \sum_{k k'} \begin{vmatrix} k & k' \\ \alpha & \beta \end{vmatrix}^{(2)} = -\frac{1}{v_a} [M_k M_{k'}]^{1/2} \begin{Bmatrix} k & k' \\ \alpha & \beta \end{Bmatrix}^{(2)}. \tag{13}$$

The numeral superscript indicate the corresponding term number in the Taylor expansion with respect to τ ($\tau_y = 2\pi y$) (Born and Huang [16]). It can be shown for an unstressed lattice with a harmonic potential $\Phi(r^2)$ that the square brackets are completely symmetric in all the four indices and the elastic constants become identical with the square brackets.

The electrostatic part of the elastic constants from (12) and (13) comes out to be

$$\left.\begin{aligned}
{}^{\mathrm{C}}C_{11} &= \frac{e^2}{32 r_0^4} \left[\frac{2}{\pi} \sum_{\boldsymbol{h}} X_x(\boldsymbol{h}) + 4 \sum_{\boldsymbol{l}} \left\{ -f(\boldsymbol{l}) + g(\boldsymbol{l}) \frac{l_x^2}{\boldsymbol{l}^2} \right\} l_x^2 - \right. \\
&\qquad \left. - 4 \sum_{\boldsymbol{m}} \left\{ -f(\boldsymbol{m}) + g(\boldsymbol{m}) \frac{m_x^2}{\boldsymbol{m}^2} \right\} m_x^2 \right], \\
{}^{\mathrm{C}}C_{12} &= \frac{e^2}{32 r_0^4} \left[\frac{2}{\pi} \sum_{\boldsymbol{h}} \{\bar{X}(\boldsymbol{h}) - X_y(\boldsymbol{h})\} + 4 \sum_{\boldsymbol{l}} \left\{ f(\boldsymbol{l}) + g(\boldsymbol{l}) \frac{l_x^2}{\boldsymbol{l}^2} \right\} l_y^2 - \right. \\
&\qquad \left. - 4 \sum_{\boldsymbol{m}} \left\{ f(\boldsymbol{m}) + g(\boldsymbol{m}) \frac{m_x^2}{\boldsymbol{m}^2} \right\} m_y^2 \right], \\
{}^{\mathrm{C}}C_{44} &= \frac{e^2}{32 r_0^4} \left[\frac{2}{\pi} \sum_{\boldsymbol{h}} X_y(\boldsymbol{h}) + 4 \sum_{\boldsymbol{l}} \left\{ -f(\boldsymbol{l}) + g(\boldsymbol{l}) \frac{l_x^2}{\boldsymbol{l}^2} \right\} l_x^2 - \right. \\
&\qquad \left. - 4 \sum_{\boldsymbol{m}} \left\{ -f(\boldsymbol{m}) + g(\boldsymbol{m}) \frac{m_y^2}{\boldsymbol{m}^2} \right\} m_y^2 \right],
\end{aligned}\right\} \tag{14}$$

where

$$X_y(\boldsymbol{h}) = \frac{4}{\boldsymbol{h}^2} \exp\left(-\frac{\pi^2 \boldsymbol{h}^2}{4\varepsilon^2}\right) \left[\left(1 - \frac{4 h_x^2}{\boldsymbol{h}^2} - \frac{\pi^2 h_x^2}{\varepsilon^2}\right) \delta_{xy} + 4 \frac{h_x^2 h_y^2}{\boldsymbol{h}^4} - \right.$$
$$\left. - \frac{h_x^2}{\boldsymbol{h}^2} + \frac{\pi^2}{\varepsilon^2} \left(\frac{h_x^2 h_y^2}{\boldsymbol{h}^2} - \frac{h_x^2}{4} \right) + \pi^2 \frac{h_x^2 h_y^2}{8 \varepsilon^4} \right],$$

$$\bar{X}(\boldsymbol{h}) = \frac{4}{\boldsymbol{h}^2} \exp\left(-\frac{\pi^2 \boldsymbol{h}^2}{4\varepsilon^2}\right) \left[8 \left(\frac{\pi^4}{32 \varepsilon^4} + \frac{\pi^2}{4 \varepsilon^2 \boldsymbol{h}^2} + \frac{1}{\boldsymbol{h}^4} \right) h_x^2 h_y^2 - \right.$$
$$\left. - 2 \left(\frac{\pi^2}{4 \varepsilon^2} + \frac{1}{\boldsymbol{h}^2} \right) (h_x^2 + h_y^2) + 1 \right].$$

The expresions (14) holds only if $\sum h_\alpha$ is odd. Similarly the repulsive part is given by

$$^{R}C_{11} = \frac{e^2}{24\, r_0^4}\,[B + 2\,A]\,, \quad ^{R}C_{12} = \frac{e^2}{24\, r_0^4}\,[B - 4\,A]\,, \quad ^{R}C_{44} = \frac{e^2}{24\, r_0^4}\,[B + 2\,A]\,. \tag{15}$$

6. Numerical Calculations and Discussion

The coupling coefficients satisfy the following symmetry relations

$$\begin{bmatrix} k & k' \\ x & y \end{bmatrix} = \begin{bmatrix} k' & k \\ x & y \end{bmatrix} = \begin{bmatrix} k & k' \\ y & x \end{bmatrix}. \tag{16}$$

Since, the CsCl lattice is entirely symmetrical in Cs^+ and Cl^-

$$\begin{bmatrix} 1 & 1 \\ x & y \end{bmatrix} = \begin{bmatrix} 2 & 2 \\ x & y \end{bmatrix}. \tag{16a}$$

Thus the coupling coefficients related by symmetry need not be calculated again. A lattice vector joining like ions Cs^+—Cs^+ or Cl^-—Cl^- has the form

$$\boldsymbol{r}^l = l_1\,\boldsymbol{a}_1 + l_2\,\boldsymbol{a}_2 + l_3\,\boldsymbol{a}_3 = \boldsymbol{r}_0(l_x, l_y, l_z)\,, \tag{17}$$

where l_x, l_y, l_z are all even. If there are only two kinds of ions, the lattice vector joining them is

$$\boldsymbol{r}^l_{21} = \boldsymbol{r}^l + \boldsymbol{r}_2 - \boldsymbol{r}_1 = \boldsymbol{r}_0(m_x, m_y, m_z)\,, \tag{17a}$$

where m_x, m_y, m_z are all odd. There are no restrictions on h_α. Keeping the restriction on l_α, m_α, h_α and p_α (equation (4)) in mind the coupling coefficient sums are evaluated. Greater care is needed in handling the exponentials than the rest of the terms. A few checks are afforded for the electrostatic part *viz.* they are independent of a particular choice of ε and

$$\sum_x {}^{C}\begin{bmatrix} k & k' \\ x & x \end{bmatrix} = 0\,.$$

They are given in units of e^2/v_a for 56 phase points in Tables 2 and 2a and are applicable to all the caesium halides. The total coupling coefficients, only for CsCl are tabulated in Tables 3 and 3a. The repulsive part can be obtained by subtracting Coulombian part from the total. The results are reproducible within 1%.

Elastic constants for different caesium halides have been calculated for two different ε and in each case they differed hardly by 0.1%. The mean occurs in Table 4. For comparison theoretical data of Krishnan and Roy [17], and experimental of Haussühl [18], Marshall [19], Reinitz [20], and Bolef and Menes [21] along with temperatures are also given side by side. In the Table 4, r.t. refers to room temperature. It is pertinent to point out that our elastic constants differ in two important aspects from earlier workers, Kellermann, Karo et al. *viz.* explicit statement of the condition under which (14) holds, and the definition of $C_{\alpha\beta}$ (see Appendix). In absence of the first, the numerical values of the second order coupling coefficients will not be independent of a particular ε. Our method is definitely superior to that of Krishnan and Roy. Their C_{12} and C_{44} are identical and same for all the caesium halides, which is hard to swallow. They themselves have admitted the failure of their approach to CsCl structures. This criticism does not apply to the work of Dayal and Tripathi [22].

As a further check compressibility has been calculated for all by the formula $\frac{1}{\beta_0} = \frac{C_{11} + 2\,C_{12}}{3}$ there is one to one correspondence between the theory and the

Table 2
Coulombian part of the coupling coefficients

p_x p_y p_z	$C\begin{bmatrix}1&1\\x&x\end{bmatrix}\frac{v_a}{e^2}$	$C\begin{bmatrix}1&1\\y&y\end{bmatrix}\frac{v_a}{e^2}$	$C\begin{bmatrix}1&1\\z&z\end{bmatrix}\frac{v_a}{e^2}$	$C\begin{bmatrix}1&1\\x&y\end{bmatrix}\frac{v_a}{e^2}$	$C\begin{bmatrix}1&1\\y&z\end{bmatrix}\frac{v_a}{e^2}$	$C\begin{bmatrix}1&1\\z&x\end{bmatrix}\frac{v_a}{e^2}$
5 5 5	0	0	0	0	0	0
5 5 4	−0.228	−0.228	+0.457	0	−0.001	−0.001
5 5 3	−0.871	−0.871	+1.740	0	−0.002	−0.002
5 5 2	−1.693	−1.693	+3.400	0	−0.002	−0.002
5 5 1	−2.356	−2.356	+4.713	0	−0.001	−0.001
5 5 0	−2.685	−2.685	+5.368	0	0	0
5 4 4	−0.028	+0.014	+0.014	−0.001	−0.248	−0.001
5 4 3	−1.205	−0.355	+1.567	−0.001	−0.412	−0.002
5 4 2	−2.127	−1.191	+3.314	−0.001	−0.431	−0.002
5 4 1	−2.882	−1.772	+4.651	−0.001	−0.276	0
5 4 0	−3.224	−2.052	+5.277	−0.0016	0	0
5 3 3	−2.145	+1.072	+1.072	−0.002	−0.679	−0.002
5 3 2	−3.382	+0.401	+2.998	−0.002	−0.727	−0.002
5 3 1	−4.772	+0.337	+4.22	−0.002	−0.467	−0.001
5 3 0	−4.806	−0.336	+5.138	−0.011	0	0
5 2 2	−4.964	+2.500	+2.500	−0.001	−0.781	−0.001
5 2 1	−6.396	+2.115	+4.306	−0.002	−0.498	−0.001
5 2 0	−6.950	+1.970	+5.019	−0.002	0	0
5 1 1	−8.148	+4.075	+4.075	−0.001	−0.265	−0.001
5 1 0	−8.850	+4.027	+4.784	−0.001	0	0
5 0 0	−9.694	+4.845	+4.845	0	0	0
4 4 4	0	0	0	−0.278	−0.278	−0.278
4 4 3	−0.710	−0.710	+1.415	−0.385	−0.479	−0.479
4 4 2	−1.568	−1.568	+3.129	−0.554	−0.281	−0.281
4 4 1	−2.312	−2.312	+4.616	−0.934	−0.308	−0.308
4 4 0	−2.645	−2.645	+5.288	−0.716	0	0
4 3 3	−1.590	+0.810	+0.810	−1.663	−0.809	−1.663
4 3 2	−2.710	−0.536	+3.248	−0.951	−0.880	−0.697
4 3 1	−3.807	−0.608	+4.381	−0.127	−0.568	−0.476
4 3 0	−4.225	−0.870	+5.127	−1.304	0	0
4 2 2	−4.451	+2.221	+2.221	−0.0503	−0.943	−0.053
4 2 1	−5.912	+1.761	+4.131	−0.382	−0.623	−0.716
4 2 0	−6.574	+1.580	+4.990	−1.573	0	0
4 1 1	−7.804	+3.902	+3.902	−1.018	−0.418	−1.018
4 1 0	−8.652	+3.853	+4.835	−1.063	0	0
4 0 0	−9.577	+4.787	+4.787	0	0	0
3 3 3	−0.000	+0.000	+0.000	−1.118	−1.119	−1.118
3 3 2	−1.084	−1.084	+2.162	−1.699	−1.303	−1.303
3 3 1	−2.076	−2.076	+4.161	−2.235	−0.881	−0.881
3 3 0	−2.496	−2.496	+4.990	−2.479	0	0
3 2 2	−2.738	+1.375	+1.375	−1.995	−1.060	−0.995
3 2 1	−4.344	+0.588	+3.769	−2.742	−1.054	−1.417
3 2 0	−5.756	+0.916	+4.861	−3.021	0	0
3 1 1	−6.781	+3.370	+3.370	−0.038	−0.689	−2.038
3 1 0	−7.898	+3.259	+4.672	−2.357	0	0
3 0 0	−9.238	+4.619	+4.619	0	0	0
2 2 2	0	0	0	−2.498	−2.498	−2.498
2 2 1	−1.550	−1.550	+3.107	−3.749	−1.924	−1.924
2 2 0	−2.312	−2.312	+4.625	−4.395	0	0

Table 2 (Continued)

$p_x\ p_y\ p_z$	$\begin{bmatrix} C\,1\,1 \\ x\,x \end{bmatrix} \frac{v_a}{e^2}$	$\begin{bmatrix} C\,1\,1 \\ y\,y \end{bmatrix} \frac{v_a}{e^2}$	$\begin{bmatrix} C\,1\,1 \\ z\,z \end{bmatrix} \frac{v_a}{e^2}$	$\begin{bmatrix} C\,1\,1 \\ x\,y \end{bmatrix} \frac{v_a}{e^2}$	$\begin{bmatrix} C\,1\,1 \\ y\,z \end{bmatrix} \frac{v_a}{e^2}$	$\begin{bmatrix} C\,1\,1 \\ z\,x \end{bmatrix} \frac{v_a}{e^2}$
2 1 1	−4.566	+2.251	+2.251	−3.240	−1.644	−3.240
2 1 0	−6.253	+1.795	+4.471	−4.101	0	0
2 0 0	−8.842	+4.422	+4.422	0	0	0
1 1 1	0	0	0	3.709	−3.709	−3.709
1 0 0	−8.505	+4.253	+4.253	0	0	0
0 0 0	—	—	—	—	—	—

Table 2a

$p_x\ p_y\ p_z$	$\begin{bmatrix} C\,1\,2 \\ x\,x \end{bmatrix} \frac{v_a}{e^2}$	$\begin{bmatrix} C\,1\,2 \\ y\,y \end{bmatrix} \frac{v_a}{e^2}$	$\begin{bmatrix} C\,1\,2 \\ z\,z \end{bmatrix} \frac{v_a}{e^2}$	$\begin{bmatrix} C\,1\,2 \\ x\,y \end{bmatrix} \frac{v_a}{e^2}$	$\begin{bmatrix} C\,1\,2 \\ y\,z \end{bmatrix} \frac{v_a}{e^2}$	$\begin{bmatrix} C\,1\,2 \\ z\,x \end{bmatrix} \frac{v_a}{e^2}$
5 5 5	0	0	0	+0.004	+0.004	+0.004
5 5 4	0	0	0	+3.129	−0.005	−0.005
5 5 3	0	0	0	+6.043	−0.004	−0.004
5 5 2	0	0	0	+5.406	−0.003	−0.003
5 5 1	0	0	0	+10.080	−0.009	−0.009
5 5 0	0	0	0	+10.681	0	0
5 4 4	+0.023	−0.011	−0.011	+3.025	−0.002	+3.025
5 4 3	+0.005	−0.003	−0.002	+5.859	+0.257	+2.692
5 4 2	+0.009	−0.005	−0.004	+8.200	+0.003	+2.051
5 4 1	+0.01	−0.007	−0.004	+9.812	−0.001	+1.242
5 4 0	+0.011	−0.005	−0.006	+10.363	0	0
5 3 3	+0.012	−0.006	−0.006	+5.209	−0.005	+5.209
5 3 2	+0.018	−0.009	−0.009	+7.344	+0.002	+4.005
5 3 1	+0.021	−0.018	−0.003	+8.815	−0.001	+2.205
5 3 0	+0.022	−0.001	−0.020	+9.502	0	0
5 2 2	+0.025	−0.013	−0.013	+5.699	−0.014	+5.699
5 2 1	+0.029	−0.014	−0.015	+6.910	+0.001	+3.186
5 2 0	+0.033	−0.013	−0.019	+6.510	0	0
5 1 1	+0.034	−0.017	−0.017	+3.858	+0.015	+3.858
5 1 0	+0.034	−0.003	−0.031	+4.093	0	0
5 0 0	0	0	0	0	0	0
4 4 4	0	0	0	+2.932	+2.932	+2.932
4 4 3	+0.024	+0.024	−0.047	+5.664	−2.611	−2.611
4 4 2	+0.085	+0.085	−0.176	+7.99	+2.234	+2.234
4 4 1	+0.156	+0.156	−0.318	+8.725	+1.128	+1.128
4 4 0	+0.201	+0.201	−0.401	+10.11	0	0
4 3 3	+3.644	−1.803	−1.803	+4.102	+3.289	+4.102
4 3 2	+0.281	−0.008	−0.274	+6.117	+1.851	+5.016
4 3 1	+0.504	+0.111	−0.610	+8.732	+1.003	+1.954
4 3 0	+0.601	+0.140	−0.745	+9.257	0	0
4 2 2	+0.693	−0.348	−0.348	+4.679	+1.574	+4.679
4 2 1	+1.128	−0.329	−0.810	+6.927	+0.838	+3.179
4 2 0	+0.644	−0.428	−0.214	+5.373	0	0
4 1 1	+1.865	−0.939	−0.939	+3.948	+0.499	+3.948
4 1 0	+2.156	−0.963	−1.206	+4.244	0	0
4 0 0	+2.557	−1.273	−1.273	0	0	0
3 3 3	0	0	0	+4.681	+4.681	+4.681

Table 2a (Continued)

$p_x\, p_y\, p_z$	${}^C\begin{bmatrix}1\,2\\x\,x\end{bmatrix}\frac{v_a}{e^2}$	${}^C\begin{bmatrix}1\,2\\y\,y\end{bmatrix}\frac{v_a}{e^2}$	${}^C\begin{bmatrix}1\,2\\z\,z\end{bmatrix}\frac{v_a}{e^2}$	${}^C\begin{bmatrix}1\,2\\x\,y\end{bmatrix}\frac{v_a}{e^2}$	${}^C\begin{bmatrix}1\,2\\y\,z\end{bmatrix}\frac{v_a}{e^2}$	${}^C\begin{bmatrix}1\,2\\z\,x\end{bmatrix}\frac{v_a}{e^2}$
3 3 2	+0.241	+0.241	−0.481	+6.769	+3.746	+3.746
3 3 1	+0.553	+0.553	−1.119	+8.269	+2.136	+2.136
3 3 0	+0.728	+0.728	−1.445	+8.837	0	0
3 2 2	+0.857	−0.431	−0.431	+5.552	+2.273	+5.552
3 2 1	+1.648	−0.213	−1.444	+7.016	+1.854	+3.242
3 2 0	+2.006	−0.065	−1.921	+7.657	0	0
3 1 1	+3.130	−1.550	−1.550	+4.272	+1.847	+1.847
3 1 0	+3.894	−1.620	−2.312	+4.387	0	0
3 0 0	+4.892	−2.445	−2.445	0	0	0
2 2 2	0	0	0	+4.972	+4.972	+4.972
2 2 1	+0.851	+0.851	−1.708	+6.698	+3.169	+3.169
2 2 0	+1.356	+1.356	−2.714	+7.576	0	0
2 1 1	+3.011	−1.506	−1.506	+4.755	+2.305	+4.755
2 1 0	+4.469	−1.265	−3.204	+4.317	0	0
2 0 0	+6.753	−3.372	−3.372	0	0	0
1 1 1	0	0	0	+4.469	+4.469	+4.469
1 1 0	+1.891	+1.891	−3.781	+6.612	0	0
1 0 0	+7.969	−3.984	−3.984	0	0	0
0 0 0	—	—	—	—	—	—

Table 3

Total coupling coefficients

$p_x\, p_y\, p_z$	$\begin{bmatrix}1\,1\\x\,x\end{bmatrix}\frac{v_a}{e^2}$	$\begin{bmatrix}1\,1\\y\,y\end{bmatrix}\frac{v_a}{e^2}$	$\begin{bmatrix}1\,1\\z\,z\end{bmatrix}\frac{v_a}{e^2}$	$\begin{bmatrix}1\,1\\x\,y\end{bmatrix}\frac{v_a}{e^2}$	$\begin{bmatrix}1\,1\\y\,z\end{bmatrix}\frac{v_a}{e^2}$	$\begin{bmatrix}1\,1\\z\,x\end{bmatrix}\frac{v_a}{e^2}$
5 5 5	− 9.025	− 9.025	−9.025	0	0	0
5 5 4	− 9.253	− 9.253	+8.568	0	−0.001	−0.001
5 5 3	− 9.896	− 9.896	−7.285	0	−0.002	−0.002
5 5 2	−10.718	−10.718	−5.625	0	−0.002	−0.002
5 5 1	−11.381	−11.381	−4.312	0	−0.001	−0.001
5 5 0	−11.710	−11.710	−3.657	0	0	0
5 4 4	− 9.053	− 9.011	−9.011	−0.001	−0.248	−0.001
5 4 3	−10.230	− 9.380	−7.458	−0.001	−0.412	−0.002
5 4 2	−11.152	−10.216	−5.711	−0.001	−0.431	−0.002
5 4 1	−11.907	−10.797	−4.374	−0.002	−0.276	0
5 4 0	−12.249	−11.077	−3.748	−0.001	0	0
5 3 3	−11.170	− 7.955	−7.955	−0.002	−0.679	−0.002
5 3 2	−12.407	− 8.624	−6.027	−0.002	−0.727	−0.002
5 3 1	−13.797	− 8.688	−4.603	−0.002	−0.467	−0.001
5 3 0	−13.831	− 9.361	−3.887	−0.011	0	0
5 2 2	−13.989	− 6.525	−6.525	−0.001	−0.781	−0.001
5 2 1	−15.421	− 6.910	−4.719	−0.001	−0.498	−0.001
5 2 0	−15.975	− 7.056	−4.006	−0.002	0	0
5 1 1	−17.173	− 4.950	−4.950	−0.001	−0.265	−0.001
5 1 0	−17.875	− 4.998	−4.241	−0.001	0	0
5 0 0	−18.719	− 4.180	−4.180	0	0	0
4 4 4	− 9.025	− 9.025	−9.025	−0.278	−0.278	−0.278

Table 3 (Continued)

$p_x\ p_y\ p_z$	$\begin{bmatrix}1\ 1\\x\ x\end{bmatrix}\frac{v_a}{e^2}$	$\begin{bmatrix}1\ 1\\y\ y\end{bmatrix}\frac{v_a}{e^2}$	$\begin{bmatrix}1\ 1\\z\ z\end{bmatrix}\frac{v_a}{e^2}$	$\begin{bmatrix}1\ 1\\x\ y\end{bmatrix}\frac{v_a}{e^2}$	$\begin{bmatrix}1\ 1\\y\ z\end{bmatrix}\frac{v_a}{e^2}$	$\begin{bmatrix}1\ 1\\z\ x\end{bmatrix}\frac{v_a}{e^2}$
4 4 3	− 9.735	− 9.735	−7.610	−0.385	−0.479	−0.479
4 4 2	−10.593	−10.593	−5.896	−0.534	−0.281	−0.281
4 4 1	−11.337	−11.337	−4.409	−0.954	−0.308	−0.308
4 4 0	−11.670	−11.670	−3.737	−0.716	0	0
4 3 3	−10.615	− 8.215	−8.215	−1.663	−0.809	−1.663
4 3 2	−11.735	− 9.561	−5.777	−0.951	−0.880	−0.697
4 3 1	−12.832	− 9.633	−4.644	−0.127	−0.568	−0.476
4 3 0	−13.250	− 9.895	−3.898	−1.304	0	0
4 2 2	−13.476	− 6.804	−6.804	−0.050	−0.943	−0.050
4 2 1	−14.937	− 7.264	−4.894	−1.382	−0.623	−0.716
4 2 0	−15.599	− 7.445	−4.035	−1.537	0	0
4 1 1	−16.829	− 5.123	−5.123	−1.018	−0.418	−1.018
4 1 0	−17.677	− 5.172	−4.190	−1.063	0	0
4 0 0	−18.602	− 4.238	−4.238	0	0	0
3 3 3	− 9.025	− 9.025	−9.025	−1.118	−1.118	−1.118
3 3 2	−10.109	−10.109	−6.863	−1.699	−1.303	−1.303
3 3 1	−11.101	−11.101	−4.864	−2.235	−0.881	−0.881
3 3 0	−11.521	−11.521	−4.035	−2.479	0	0
3 2 2	−11.763	− 7.650	−7.650	−1.995	−1.060	−1.995
3 2 1	−13.369	− 8.437	−5.256	−2.742	−1.054	−1.417
3 2 0	−14.781	− 8.109	−4.164	−3.021	0	0
3 1 1	−15.806	− 5.655	−5.655	−2.038	−0.689	−2.038
3 1 0	−16.923	− 5.766	−4.353	−2.357	0	0
3 0 0	−18.263	− 4.406	−4.406	0	0	0
2 2 2	− 9.025	− 9.025	−9.025	−2.498	−2.498	−2.498
2 2 1	−10.575	−10.575	−5.918	−3.749	−1.924	−1.924
2 2 0	−11.337	−11.337	−4.400	−4.395	0	0
2 1 1	−13.541	− 6.774	−6.774	−3.240	−1.644	−3.240
2 1 0	−15.278	− 7.230	−4.554	−4.101	0	0
2 0 0	−17.867	− 4.603	−4.603	0	0	0
1 1 1	− 9.025	− 9.025	−9.025	−3.709	−3.709	−3.709
1 1 0	−11.183	−11.183	−4.719	−5.790	0	0
1 0 0	−17.530	− 4.772	−4.772	0	0	0
0 0 0	—	—	—	—	—	

Table 3a

$p_x\ p_y\ p_z$	$\begin{bmatrix}1\ 2\\x\ x\end{bmatrix}\frac{v_a}{e^2}$	$\begin{bmatrix}1\ 1\\y\ y\end{bmatrix}\frac{v_a}{e^2}$	$\begin{bmatrix}1\ 2\\z\ z\end{bmatrix}\frac{v_a}{e^2}$	$\begin{bmatrix}1\ 2\\x\ y\end{bmatrix}\frac{v_a}{e^2}$	$\begin{bmatrix}1\ 2\\y\ z\end{bmatrix}\frac{v_a}{e^2}$	$\begin{bmatrix}1\ 2\\z\ x\end{bmatrix}\frac{v_a}{e^2}$
5 5 5	0	0	0	+0.004	+0.004	+0.004
5 5 4	0	0	0	−0.499	−0.005	−0.005
5 5 3	0	0	0	−0.858	−0.004	−0.004
5 5 2	0	0	0	−4.093	−0.003	−0.003
5 5 1	0	0	0	−1.080	−0.009	−0.009
5 5 0	0	0	0	−1.059	0	0
5 4 4	+0.023	−0.011	−0.011	−0.425	−0.002	−0.425

Table 3a (Continued)

p_x p_y p_z	$\begin{bmatrix}1\,2\\x\,x\end{bmatrix}\frac{v_a}{e^2}$	$\begin{bmatrix}1\,2\\y\,y\end{bmatrix}\frac{v_a}{e^2}$	$\begin{bmatrix}1\,2\\z\,z\end{bmatrix}\frac{v_a}{e^2}$	$\begin{bmatrix}1\,2\\x\,y\end{bmatrix}\frac{v_a}{e^2}$	$\begin{bmatrix}1\,2\\y\,z\end{bmatrix}\frac{v_a}{e^2}$	$\begin{bmatrix}1\,2\\z\,x\end{bmatrix}\frac{v_a}{e^2}$
5 4 3	+0.005	—0.003	—0.002	—0.704	+0.257	—0.244
5 4 2	+0.009	—0.005	—0.004	—0.835	+0.003	—0.081
5 4 1	+0.010	—0.007	—0.004	—0.808	—0.001	—0.121
5 4 0	+0.010	—0.005	—0.006	—0.797	0	0
5 3 3	+0.012	0	0	—0.375	—0.005	—0.375
5 3 2	+0.018	—0.009	—0.009	—0.342	+0.002	—0.051
5 3 1	+0.021	—0.018	—0.003	—0.220	—0.001	+0.073
5 3 0	+0.002	—0.001	—0.020	+0.003	0	0
5 2 2	+0.025	—0.013	—0.013	+0.115	0	+0.115
5 2 1	+0.029	—0.014	—0.015	+0.347	+0.001	+0.250
5 2 0	+0.033	—0.013	—0.018	—0.391	0	0
5 1 1	+0.034	—0.017	—0.017	+0.408	+0.015	+0.408
5 1 0	+0.034	—0.003	—0.031	+0.465	0	0
5 0 0	0	0	0	0	0	0
4 4 4	+0.266	+0.266	+0.266	—0.350	—0.350	—0.350
4 4 3	+0.530	+0.530	+0.459	—0.577	—5.403	—5.403
4 4 2	+0.782	+0.782	+0.521	—0.602	+0.206	+0.206
4 4 1	+0.975	+0.975	+0.501	—1.375	+0.062	+0.062
4 4 0	+1.063	+1.063	+0.461	—0.510	0	0
4 3 3	+4.607	—0.840	—0.840	—1.208	+0.194	—1.208
4 3 2	+1.318	+1.052	+7.443	—1.193	+0.125	+1.158
4 3 1	+2.063	+1.670	+0.949	+0.140	+0.126	—0.074
4 2 2	+2.519	+1.478	+1.478	—0.631	+0.321	—0.631
4 2 1	+3.274	+1.817	+1.336	+0.686	+0.179	+0.387
4 2 0	+2.900	+1.828	+2.042	—1.190	0	0
4 1 1	+1.584	+1.584	+6.471	+0.666	+0.153	+0.666
4 1 0	+4.809	+1.690	+1.447	+0.794	0	0
4 0 0	+5.346	+1.516	+1.516	0	0	0
3 3 3	+1.832	+1.832	+1.832	+0.164	+0.164	+0.164
3 3 2	+2.764	+2.764	+2.042	+0.550	+0.464	+0.464
3 3 1	+3.518	+3.518	+1.846	+0.959	+0.374	+0.374
3 3 0	+3.846	+3.846	+1.673	+1.151	0	0
3 3 2	+4.329	+3.041	+3.041	+1.035	—0.111	+1.035
3 2 1	+5.730	+3.869	+2.638	+1.706	+0.601	+0.876
3 2 0	+6.297	+4.226	+2.370	+2.673	0	0
3 1 1	+7.927	+3.247	+3.247	+1.480	+1.188	—0.945
3 1 0	+8.938	+3.424	+2.732	+1.451	0	0
3 0 0	+10.196	+2.859	+2.859	0	0	0
2 2 2	+4.779	+4.779	+4.779	+1.690	+1.690	+1.690
2 2 1	+6.469	+6.469	+3.910	+2.840	—0.689	—0.689
2 2 0	+7.263	+7.263	+3.193	+3.520	0	0
2 1 1	+9.615	+5.098	+5.098	+2.727	+1.398	+2.727
2 1 0	+11.413	+5.679	+3.740	+2.185	0	0
2 0 0	+14.055	+3.930	+3.930	0	0	0
1 1 1	+7.762	+7.762	+7.762	+3.403	+3.403	+3.403
1 1 0	+10.053	+10.053	+4.381	+5.491	0	0
1 0 0	+16.551	+4.598	+4.598	0	0	0
0 0 0	—	—	—	—	—	—

experiment (Table 5). Especially CsBr and CsI where B has been derived from the compressibility show that the method is self-consistent. The agreement is particularly striking for CsCl where B has been obtained from *reststrahlen* frequency.

The theoretical $C_{\alpha\beta}$ for all the caesium halides are less than the observed ones except C_{11} which is greater. The observed $C_{\alpha\beta}$ are generally under the adiabatic conditions and higher than the static or the isothermal ones [23], they are therefore expected to exceed the theoretical numbers which refer to the isothermal conditions. The difference in the adiabatic and the isothermal $C_{\alpha\beta}$ is zero for C_{44}, and this is also minimum in the present comparison. However, the difference seems to be larger than can be defended and may be taken to indicate the limited nature of the two body interaction. Recently the effect of many-body interaction has been investigated by COWLEY [24]. The additional interaction does not alter the value of the elastic constants, however they would affect the *reststrahlen* frequency and consequently the estimate of our *B*. Thus at present we can only say

Table 4

Elastic constants of caesium halides in units of 10^{11} dyn cm^{-2}

Substance		C_{11}	C_{12}	C_{44}	Remarks
CsCl	(Theor.)	4.092	0.688	0.686	Ours
	(Theor.)	4.00	0.6	0.6	KRISHNAN and ROY [17]
	(Expt.)	3.64	0.92	0.80	HAUSSÜHL [18]
CsBr	(Theor.)	3.591	0.724	0.722	Ours
	(Theor.)	3.5	0.6	0.6	KRISHNAN and ROY [17]
	(Expt.)	3.10	0.84	0.75	HAUSSÜHL [18]
	(Expt.)	3.350	1.025	1.002	4.2 °K MARSHAL [19]
	(Expt.)	3.349	1.002	0.962	80 °K REINITZ [20]
	(Expt.)	3.097	0.903	0.750	r.t. REINITZ [20]
	(Expt.)	3.00 ±0.01	0.78 ±0.04	0.756 ±0.003	r.t. BOLEF and MENES [21]
CsI	(Theor.)	2.783	0.532	0.530	Ours
	(Theor.	2.8	0.6	0.6	KRISHNAN and ROY [17]
	(Expt.)	2.45	0.71	0.62	HAUSSÜHL [18]
	(Expt.)	2.66	0.75	0.808	80 °K REINITZ [20]
	(Expt.)	2.434	0.636	0.636	r.t. REINITZ [20]
	(Expt.)	2.46 ±0.02	0.60 ±0.02	0.62 ±0.003	r.t. BOLEF and MENES [21]

Table 5

Bulk modulus in units of 10^{11} dyn cm^{-2}

Substance	Calculated	Observed	Remarks
CsCl	1.822	1.801	} Calculated using reststrahlen frequency for *B*
CsBr	1.679	1.592	
	1.590		} Calculated using compressibility for *B*
CsI	1.282	1.277	

that the cause for the discrepancy of different signs is not clear. Further work on the evaluation of the vibration spectrum[1]) and the specific heat is in progress and will be reported in due course.

Appendix

The definition of the elastic constants given by KELLERMANN is wrong. According to him

$$C_{\alpha\gamma,\beta\lambda} = [\alpha\gamma, \beta\lambda]$$

whereas the correct definition is the one given by (12) *viz.*

$$C_{\alpha\gamma,\beta\lambda} = [\alpha\beta, \gamma\lambda] + [\beta\gamma, \alpha\lambda] - [\beta\lambda, \alpha\gamma]$$

the two definitions yield identical results for C_{11} and C_{44} but differ in C_{12}. The fact that KELLERMANN got $C_{12} = C_{44}$ is just a chance.

The following analysis should be useful in this connection.

$$C_{11} = \frac{e^2}{4\,v_a r_0}\left[-5.621 + \frac{4}{3}(B + 2A)\right],$$

$$C_{12} = \frac{e^2}{4\,v_a r_0}\left[-5.518 + \frac{4}{3}(B - 4A)\right],$$

$$C_{44} = \frac{e^2}{4\,v_a r_0}\left[-2.815 + \frac{4}{3}(B + 2A)\right].$$

Making use of the equilibrium relation $A = -\frac{1}{3}\alpha$ for eliminating A from C_{12} and C_{44} gives

$$C_{12} = \frac{e^2}{v_a r_0}\left[\frac{1}{3}B - 0.927\right], \qquad C_{44} = \frac{e^2}{v_a r_0}\left[\frac{1}{3}B - 0.930\right]$$

within the limits of our accuracy it can be inferred that $C_{12} = C_{44}$. Calculations carried out to higher significant figures should yield a better agreement.

Acknowledgements

The authors are grateful to Dr. B. DAYAL for useful suggestions. Our thanks are also due to Prof. W. E. DUNCANSON for sparing his desk calculator and to Mr. V. P. GUPTA and Mr. V. P. JAIN for going through some of the calculations and to C.S.I.R. for giving research grant to one of us.

References

[1] A. B. BHATIA, Phys. Rev. **97**, 363 (1955).
[2] J. DE LAUNAY, J. chem. Phys. **21**, 1975 (1953).
[3] L. J. SLUTSKY and C. W. GARLAND, J. chem. Phys. **26**, 787 (1956).
[4] M. BORN and G. H. BEGBIE, Proc. Roy. Soc. **A 188**, 179 (1947).
[5] H. J. SMITH, Phil. Trans. Roy. Soc. **A 241**, 105 (1948).
[6] E. W. KELLERMANN, Phil. Trans. Roy. Soc. **A 239**, 513 (1940).
[7] B. SHARAN, Studies Based on de Launay's Electronlattice Interaction Model, Ph. D. Thesis, Banaras Hindu University (India) 1960.

[1]) When the work was in progress the authors received a paper due to GANESAN and SRINIVASAN [25] who have extended Kellermann's model for the study of the temperature variation of the Gruneisen parameter and were not concerned with the detailed evaluation of pfd compressibility etc. They have calculated only the Coulombian part for a few symmetry directions. Our results show a better agreement with (18) than theirs, see for example the phase point (550).

[8] S. P. SINGH, Electrons and Lattice Vibrations, Ph. D. Thesis, Banaras Hindu University (India) 1961.
[9] Y. C. HSIEH, J. chem. Phys. **22**, 306 (1954).
[10] A. M. KARO, J. chem. Phys. **31**, 1489 (1959).
[11] A. M. KARO, J. chem. Phys. **33**, 7 (1960).
[12] A. D. B. WOODS, W. COCHRAN, and B. N. BROCKHOUSE, Phys. Rev. **119**, 980 (1960).
[13] B. DAYAL and B. B. TRIPATHI, Proc. Phys. Soc. **77**, 303 (1961).
[14] R. W. G. WYCKOFF, Tables Vol. **1**, Chap. III; Interscience Publishers 1948 (p. 23).
[15] S. CHATTERJEE, Indian J. Phys. **37**, 105 (1963).
[16] M. BORN and K. HUANG, Dynamical Theory of Crystal Lattices, Oxford, London 1956.
[17] K. S. KRISHNAN and S. K. ROY, Proc. Roy. Soc. **A 210**, 481 (1951).
[18] S. HAUSSÜHL, Acta cryst. **13**, 687 (1960).
[19] B. MARSHALL, Phys. Rev. **121**, 72 (1961).
[20] K. REINITZ, Phys. Rev. **123**, 615 (1961).
[21] D. I. BOLEF and M. MENES, J. appl. Phys. **31**, 1010 (1960).
[22] B. DAYAL and B. B. TRIPATHI, Proc. Roy. Soc. **A 266**, 122 (1962).
[23] G. LEIBFRIED and W. LUDWIG, Solid State Physics, vol. **2**, Academic Press Inc., New York 1961 (p. 388).
[24] R. A. COWLEY, Proc. Roy. Soc. **A 268**, 109, 121 (1962).
[25] S. GANESAN and R. SRINIVASAN, Proc. Roy. Soc. **A 221**, 154 (1963).

(Received June 15, 1964)

phys. stat. sol. 7, 53 (1964)

National Physical Laboratory, New Delhi

The Concentration-Dependence of the Anomalous Electronic Transport Properties of Noble Metals Containing Small Amounts of Transition Metals

By
R. SUNDARAM and M. S. R. CHARI

The variation with the transition metal content of the anomalous electronic transport properties of dilute noble metal alloys at helium temperatures is discussed. The numerical value of the electrical (transverse) magneto-resistivity of the dilute alloys Cu–Mn, Au–Fe and Ag–Mn falls sharply at a concentration below about 0.05 atoms percent of the transition metal.

The thermo-electric power of dilute Au–Mn and Au–Fe alloys shows a similar behaviour with dilution.

The variation with the solute content of the maximum (fractional) contribution of inelastic scattering to the electronic thermal resistivity, defined as $f' = [\{(w_e\,T)_{\max}/(w_e\,T)_0\} - 1]$ for three rods of Ag–Mn, closely follows the behaviour of the thermo-electric power of dilute Cu–Fe and Au–Fe. It is suggested that f' would likewise show an extremum corresponding to a manganese content of about 0.02 atoms percent in silver.

Es wird die Änderung anomaler elektronischer Transporterscheinungen in verdünnten Edelmetall-Legierungen bei der Temperatur des flüssigen Heliums in Abhängigkeit vom Gehalt des Übergangsmetalls untersucht. Die Ergebnisse für die elektrische (transversale) magnetische Widerstandsänderung verdünnter Cu–Mn-, Au–Fe- und Ag–Mn-Legierungen weisen auf einen starken Abfall unterhalb 0,05 At.-% Übergangsmetall hin.

Die Thermokraft verdünnter Au–Mn- und Au–Fe-Legierungen zeigt in bezug auf die Verdünnung ein ähnliches Verhalten.

Der maximale (fraktionelle) Beitrag der unelastischen Streuung zum elektronischen thermischen Wärmewiderstand $f' = [\{(w_e\,T)_{\max}/(w_e\,T)_0\} - 1]$ ändert sich für drei Ag–Mn-Proben mit der gelösten Konzentration in ähnlicher Weise wie die Thermokraft von verdünnten Cu–Fe- und Au–Fe-Legierungen. Es wird angenommen, daß f' gleichfalls ein Maximum besitzt, das einem Mangangehalt von etwa 0,02 At.-% in Silber entspricht.

1. Introduction

It is well-known that the presence of small amounts of a transition metal, in solid solution, in a noble metal causes marked anomalies in the electronic transport properties at and about helium temperatures. We will consider here the thermo-electric power, the electrical (transverse) magneto-resistivity, and the (electronic) Lorenz number.

The large negative (electrical as well as thermal) magnetoresistivities of these alloys can be explained [1] if one assumes a scattering of the conduction electrons which is dependent upon the relative spin-orientation of the conduction electron and the magnetic ion.

In the detailed theoretical models of these dilute alloys [2 to 5], which start from the model due to SCHMITT [6], closer attention is paid to the question of the interaction of the conduction electron spins with the magnetic moments of the transition metal ions (assuming the latter to originate from their unpaired electron spins). The 'indirect' exchange interaction between the magnetic ions, through the active participation of the conduction electrons, leads, at low temperatures to a ferro-/antiferro-magnetic spin ordering and the pseudo-Weiss molecular field could split the magnetic degeneracy of the individual ions. The conduction electron assembly may be considered to be composed of two groups of electrons (of spins 'plus' and 'minus' with respect to the pseudo-Weiss field) having different relaxation times for elastic scattering whilst the spin-flipping takes the electron from one group to the other [7] and the ion makes a transition from one energy level to the other. Such a model could account for the large negative thermo-electric powers of these alloys at low temperatures [8, 9]. It has been shown [7] that an essential condition for this is that inelastic scattering should be appreciable and elastic scattering should also be present.

The electronic Lorenz parameter in dilute silver-manganese alloys is found to dip considerably below the normal Sommerfeld value L_n at liquid helium temperatures [10, 11] attaining the value L_n at temperatures of the order of 1 °K or lower. Analogous behaviour is also observed, though to a less marked extent, in certain specimens of high-purity copper and dilute copper-alloys [12] and also in some aluminiums and aluminium alloys [13]. This behaviour is understandable since inelastic spin-flip scattering of conduction electrons (which, in $\boldsymbol{h}$-space, corresponds to a transition 'vertical' with respect to the Fermi surface) could make a significant anomalous contribution to the electronic thermal resistivity, while making only a small contribution to the electrical resistivity [1]. This would result in a 'dip' of the electronic Lorenz number, which would, however, attain the normal value at temperatures close to absolute zero, owing to the cessation of inelastic scattering there [11, 14, 15].

The criterion for an anomalous large contribution to the electronic specific heat [16 to 20] is shown to be [21, 22] that there must be a large number of the transition ions in a region of nearly-zero average magnetic field. Co-existent exchange interactions of both signs (leading to a co-existent ferro- and antiferro-magnetic spin ordering) afford the possibility of a considerable number of the transitional ion spins to satisfy this requirement. Small amounts of a transition metal dispersed in a non-magnetic base, as in alloys like copper-manganese, silver-manganese, gold-iron, present such a situation. Also in concentrated alloys of the type NiMn, exchange interactions of both signs are present so that a significant fraction of the nickel and manganese spins would be located in a near-zero resultant exchange field.

For inelastic scattering of the conduction electrons to take place, the separation between the levels available for the magnetic ions (by the removal of degeneracy by the exchange field) should be of the order of kT, where k is the Boltzmann constant. For much larger separations, the conduction electrons will have insufficient thermal energy for flipping the magnetic spins. For much smaller separations, the scattering is effectively elastic. In the case of dilute alloys of the silver-manganese type, these energy separations can be of the proper order of magnitude for inelastic scattering to take place at sufficiently low temperatures.

2. Discussion of Data

Let us now turn to the experimental data. Fig. 1 gives the variation of the electrical (transverse) magneto-resistivity ($\Delta\varrho/\varrho_{H=0}$, where ϱ is the electrical resistivity) of the dilute alloys with the atomic percentage of the transition metal solute. The data on silver-manganese wires are taken from Gerritsen and Linde [23], those on copper-manganese alloys are from Gerritsen [24], those on gold-iron alloys from Gerritsen and Linde [25] and those an silver-manganese rods are based on the data of Chari and De Nobel [26, 27]. The curve for copper-iron alloys indicates that the magneto-resistivity for the silver-manganese alloys (wires as well as rods) might also rise steeply on further dilution.

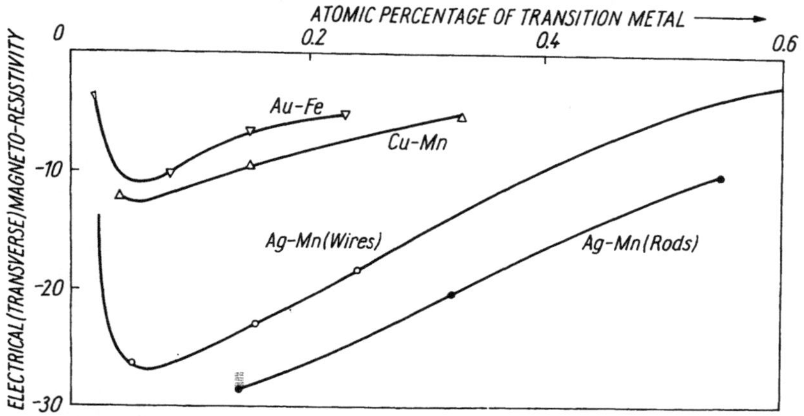

Fig. 1. Variation of the anomalous electrical (transverse) magneto-resistivity of dilute 'magnetic' alloys with the atomic percentage of the transition solute metal

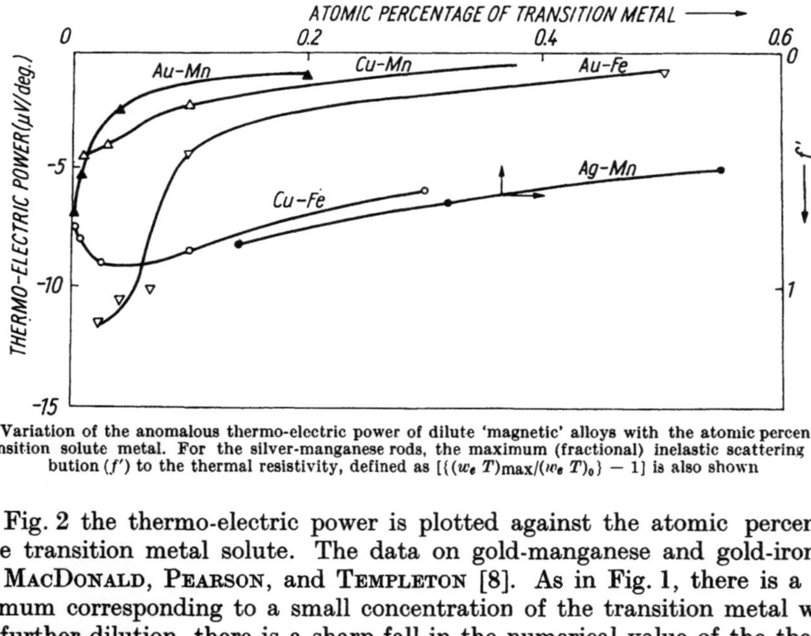

Fig. 2. Variation of the anomalous thermo-electric power of dilute 'magnetic' alloys with the atomic percentage of the transition solute metal. For the silver-manganese rods, the maximum (fractional) inelastic scattering contribution (f') to the thermal resistivity, defined as $[\{(w_e\,T)\text{max}/(w_e\,T)_0\} - 1]$ is also shown

In Fig. 2 the thermo-electric power is plotted against the atomic percentage of the transition metal solute. The data on gold-manganese and gold-iron are from MacDonald, Pearson, and Templeton [8]. As in Fig. 1, there is a deep extremum corresponding to a small concentration of the transition metal while, with further dilution, there is a sharp fall in the numerical value of the thermo-electric power.

We have also included in Fig. 2, the maximum (fractional) contribution to the electronic thermal resistivity by inelastic scattering of the conduction electrons, defined as $f' = [\{(w_e\,T)_{\max}/(w_e\,T)_0\} - 1]$, for the three silver-manganese rods having a manganese content of 0.14, 0.32, and 0.55 atoms percent respectively. Here $(w_e\,T)_{\max}$ and $(w_e\,T)_0$ stand for the product of the electronic thermal resistivity and the absolute temperature at the maximum value and at absolute zero respectively. In our earlier publications [11, 15], this fact was stated correctly in the text, but in Fig. 6 of the latter publication, the points were wrongly plotted, — the values of f' for Ag — 0.14% Mn and Ag — 0.55% Mn having got interchanged.

For the concentrations of the silver-manganese rods studied by us, f' shows the same trend as the thermo-electric power of the other alloys, in regard to its variation with dilution, and presumably it would present an extremum and a steep fall on further dilution.

In all these cases (except for very small concentrations, where, for instance, the normal positive magneto-resistivity exceeds the anomalous negative magneto-resistivity), if we start with the pure metal and put in small amounts of the magnetic impurity, there is a steep rise in the anomaly, whether we consider the thermo-electric power, magneto-resistivity, or the electronic Lorenz number. This could be visualised as being due to the fact that an increasingly large number of the transition ion spins would then be in a near-zero exchange field. On increasing the impurity beyond the extremum of the curves, there is a continual reduction in the number of transition ions satisfying the MARSHALL [22] criterion. Correspondingly, the anomalous properties become less marked. The elastic scattering component increases more than does the inelastic scattering, so that the dip in the electronic Lorenz number is less prominent [15, 11].

References

[1] J. M. ZIMAN, Electrons and Phonons, Clarendon Press, Oxford, 1960.
[2] I. S. JACOB and R. W. SCHMITT, Canad. J. Phys. **34**, 1285 (1956); J. Phys. Chem. Solids **3**, 324 (1957).
[3] A. J. DEKKER, J. Phys. Radium **23**, 702 (1962).
[4] A. D. BRAILSFORD and A. W. OVERHAUSER, J. Phys. Chem. Solids **15**, 140 (1960); Phys. Rev. Letters **3**, 331 (1959).
[5] K. YOSIDA, Phys. Rev. **107**, 396 (1957).
[6] R. W. SCHMITT, Phys. Rev. **103**, 83 (1956).
[7] A. M. GUENAULT and D. K. C. MACDONALD, Phil. Mag. **6**, 1201 (1961).
[8] D. K. C. MACDONALD, W. B. PEARSON, and I. M. TEMPLETON, Proc. Roy. Soc. **A 266**, 161 (1962).
[9] A. KJEKSHUS and W. B. PEARSON, Canad. J. Phys. **40**, 98 (1962).
[10] M. S. R. CHARI, Nature **189**, 824 (1961).
[11] M. S. R. CHARI, Proc. Phys. Soc. (London) **78**, 1361 (1961).
[12] R. L. POWELL, H. M. RODER, and W. J. HALL, Phys. Rev. **115**, 314 (1959).
[13] R. L. POWELL, W. J. HALL, and H. M. RODER, J. appl. Phys. **31**, 496 (1960).
[14] A. J. DEKKER, Physica **25**, 1244 (1959).
[15] M. S. R. CHARI, Nature **190**, 994 (1961).
[16] J. DE NOBEL and F. J. DU CHATENIER, Physica **25**, 969 (1959).
[17] L. T. CRANE and J. E. ZIMMERMAN, Phys. Rev. **123**, 113 (1961).
[18] J. E. ZIMMERMAN and F. E. HOARE, J. Phys. Chem. Solids **17**, 52 (1960).
[19] D. L. MARTIN, Canad. J. Phys. **39**, 1385 (1961); Proc. Phys. Soc. (London) **78**, 1489 (1961).
[20] J. P. FRANCK, F. D. MANCHESTER, and D. L. MARTIN, Proc. Roy. Soc. **A 263**, 494 (1961).
[21] A. W. OVERHAUSER, J. Phys. Chem. Solids **13**, 71 (1960).
[22] W. MARSHALL, Phys. Rev. **118**, 1519 (1960).
[23] A. N. GERRITSEN and J. O. LINDE, Physica **17**, 584 (1951); Leiden Comm. No. 285d.
[24] A. N. GERRITSEN, Physica **19**, 61 (1953); Leiden Comm. No. 291c.
[25] A. N. GERRITSEN and J. O. LINDE, Physica **23**, 1087 (1957); Leiden Comm. No. 309d.
[26] M. S. R. CHARI, Thesis, Leiden 1956.
[27] M. S. R. CHARI and J. DE NOBEL, Physica **25**, 60 (1959); Leiden Comm. No. 313b.

(Received June 24, 1964)

phys. stat. sol. 7, 57 (1964)

Institute of Physics, University of Hanoi, Hanoi (a)
and Institute of Physics, Polish Academy of Sciences, Warsaw (b)

Symmetrized Plane Waves for the Groups D_{4h}^{17} — D_{4h}^{20} at Four Symmetry Points of the Brillouin Zone

By

N. VAN HUONG (a) and K. OLBRYCHSKI (b)

The projection operators method of constructing the Symmetrized Plane Waves (SPWs) for the space groups is briefly described. The tables of the SPWs for the groups $D_{4h}^{17}-D_{4h}^{20}$ at four points of high symmetry are then given.

Es werden die Methode der Projektionsoperatoren zur Konstruktion symmetrisierter Planwellen (SPW) für Raumgruppen beschrieben und Tabellen der SPW für die Gruppen $D_{4h}^{17}-D_{4h}^{20}$ an vier Punkten hoher Symmetrie angegeben.

1. Introduction

In many band calculations for crystals the symmetrized plane waves (SPWs) are required. The SPWs for some space groups are given in the literature, e.g. for the symmetry group of wurtzite [1], white tin [2], pyrite [3], for the three symmorphic cubic groups and the space group of zinc blende [4]. In this paper we give the SPWs connected with four points of high symmetry of the Brillouin Zone for the following (single) groups of the class D_{4h}: $D_{4h}^{17} - D_{4h}^{20}$, having the centered tetragonal lattice. Although the work [2] is concerned with the SPWs for one of our groups, D_{4h}^{19}, we give for completeness the SPWs for this group too. Examples of substances crystalizing in the structures with the considered symmetries are [5]: indium, γ-manganese, WSi_2 (D_{4h}^{17}), TlSe, WSb_2 (D_{4h}^{18}), white tin, TiO_2 (anatas), and WB (δ-phase) (D_{4h}^{19}).

First we briefly describe the method of constructing the SPWs [6, 7].

2. The Projection Operators

Let $\{\alpha|\boldsymbol{v}\}$ be an element of a space group G and let $[\alpha|\boldsymbol{v}]$ be the corresponding operator on the one-electron Hilbert space H

$$[\alpha|\boldsymbol{v}]\,\psi(\boldsymbol{r}) \overset{\text{def}}{=} \psi(\{\alpha|\boldsymbol{v}\}^{-1}\,\boldsymbol{r}) \quad \text{for} \quad \psi(\boldsymbol{r}) \in H\,.$$

Consider the plane wave $\exp\,[i\,(\boldsymbol{k} + \boldsymbol{K}_m)\,\boldsymbol{r}]$ where $\boldsymbol{K}_m$ is a vector of the reciprocal lattice. This plane wave is eigenvector of the operators $[\varepsilon|\boldsymbol{R}_n]$ of primitive translations

$$[\varepsilon|\boldsymbol{R}_n]\exp\,[i\,(\boldsymbol{k} + \boldsymbol{K}_m)\,\boldsymbol{r}] = \exp\,(-i\,\boldsymbol{k}\cdot\boldsymbol{R}_n)\exp\,[i\,(\boldsymbol{k} + \boldsymbol{K}_m)\,\boldsymbol{r}]\,. \tag{1}$$

Next, consider the corresponding wave vector group $G^{\boldsymbol{k}}$ and the space L spanned by all the vectors $[\beta|\boldsymbol{u}]\exp\,[i\,(\boldsymbol{k} + \boldsymbol{K}_m)\,\boldsymbol{r}]$ where $\{\beta|\boldsymbol{u}\} \in G^{\boldsymbol{k}}$. The space L is invariant under the group of unitary operators $[\beta|\boldsymbol{u}]$ homomorphic to $G^{\boldsymbol{k}}$. Let Δ denote the corresponding representation of $G^{\boldsymbol{k}}$ acting in L and let the decomposition of Δ into irreducible representations be

$$\Delta = \sum_j m_j\,D^j\,, \tag{2}$$

where the numbers m_j show how many times the representation D^j of dimension l_j is contained in Δ. As follows from the definition of L, all the representations D^j

of $G^{\boldsymbol{k}}$ in (2) are connected with the point $-\boldsymbol{k}$ of the Brillouin Zone, i.e.

$$D^j(\{\varepsilon|\boldsymbol{R}_n\}) = \exp(-i\,\boldsymbol{k}\cdot\boldsymbol{R}_n)\cdot\hat{1}\,, \tag{3}$$

where $\hat{1}$ is the l_j-dimensional unit matrix.

Our purpose is to choose the SPWs as a basis in L. This can be done by applying to the starting plane wave $\exp[i(\boldsymbol{k}+\boldsymbol{K}_m)\,\boldsymbol{r}]$ the projection operators [6, 7]

$$O^j_{\varkappa\lambda} \overset{\text{def}}{=} \frac{l_j}{g} \sum_{\{\beta|\boldsymbol{u}\}} D^{j*}_{\varkappa\lambda}(\{\beta|\boldsymbol{u}\})\,[\beta|\boldsymbol{u}]\,,$$

where $D^j_{\varkappa\lambda}$ is a $\varkappa\lambda$th matrix element of a unitary representation D^j of the group $G^{\boldsymbol{k}}$ of order g, the summation runs over all elements of $G^{\boldsymbol{k}}$. The (unnormalized) SPWs are

$$f^j_{\varkappa,\lambda}(\boldsymbol{k}+\boldsymbol{K}_m, \boldsymbol{r}) = O^j_{\varkappa\lambda}\exp[i(\boldsymbol{k}+\boldsymbol{K}_m)\,\boldsymbol{r}]$$

if the right side is non-vanishing.

The functions $f^j_{\varkappa,\lambda}$ ($\varkappa = 1, \dots, l_j$) with a fixed value of λ form a basis for the representation D^j, i.e. they satisfy the set of relations

$$[\beta|\boldsymbol{u}]\,f^j_{\varkappa,\lambda} = \sum_{\mu=1}^{l_j}{}' D^j_{\mu\varkappa}(\{\beta|\boldsymbol{u}\})\,f^j_{\mu,\lambda} \qquad (\varkappa = 1, \dots, l_j)\,.$$

If we have the two sets of non-vanishing vectors $f^j_{\varkappa,\lambda_1}$, $f^j_{\varkappa,\lambda_2}$ ($\varkappa=1, \dots, l_j$) corresponding to two fixed values of λ, then either the proportionality

$$f^j_{\varkappa,\lambda_2} = c\,f^j_{\varkappa,\lambda_1} \qquad (\varkappa = 1, \dots, l_j)$$

holds with a constant c independent of $\varkappa$ or these two sets of vectors span independent subspaces, i.e. having no common vectors apart from the null vector. Because L is spanned by the vectors $[\beta|\boldsymbol{u}]\exp[i(\boldsymbol{k}+\boldsymbol{K}_m)\,\boldsymbol{r}]$, all the SPWs spanning L can be obtained by applying the operators $O^j_{\varkappa\lambda}$ only to the starting plane wave $\exp[i(\boldsymbol{k}+\boldsymbol{K}_m)\,\boldsymbol{r}]$.

The application of $O^j_{\varkappa\lambda}$ to the plane wave $\exp[i(\boldsymbol{k}+\boldsymbol{K}_m)\,\boldsymbol{r}]$ can be simplified as follows. The group $G^{\boldsymbol{k}}$ can be decomposed into h right cosets with respect to the subgroup T of the primitive translations where h is the order of the point group $G^{\boldsymbol{k}}_0$. Take one representative $\{\beta|\boldsymbol{\tau}\}$ from each coset, e.g. the one having the simplest fractional translation. The summation over $\{\beta|\boldsymbol{u}\}\in G^{\boldsymbol{k}}$ in the expression

$$\sum_{\{\beta|\boldsymbol{u}\}} D^{j*}_{\varkappa\lambda}(\{\beta|\boldsymbol{u}\})\,[\beta|\boldsymbol{u}]\exp[i(\boldsymbol{k}+\boldsymbol{K}_m)\,\boldsymbol{r}]$$

can be separated into the summation over primitive translations and that over the h elements $\{\beta|\boldsymbol{\tau}\}$. The first summation gives, with the help of the Born-Kármán conditions, the order of T where we use the fact that the projection operators are connected with the point $-\boldsymbol{k}$ of the Brillouin Zone, i. e. each D^j satisfies (3) (otherwise we would get zero). If we write the function $[\beta|\boldsymbol{\tau}]\exp[i(\boldsymbol{k}+\boldsymbol{K}_m)\,\boldsymbol{r}]$ as

$$\begin{aligned}[\beta|\boldsymbol{\tau}]\exp[i(\boldsymbol{k}+\boldsymbol{K}_m)\,\boldsymbol{r}] &= \exp[i(\boldsymbol{k}+\boldsymbol{K}_m)\,\{\beta|\boldsymbol{\tau}\}^{-1}\,\boldsymbol{r}] = \\ &= \exp[-i(\boldsymbol{k}+\boldsymbol{K}_m)\,\beta^{-1}\boldsymbol{\tau}]\exp[i\,\beta\,(\boldsymbol{k}+\boldsymbol{K}_m)\,\boldsymbol{r}]\,,\end{aligned}$$

then we finally obtain the formula

$$\begin{aligned}f^j_{\varkappa,\lambda}(\boldsymbol{k}+\boldsymbol{K}_m, \boldsymbol{r}) = \frac{l_j}{h}\sum_{\{\beta|\boldsymbol{\tau}\}} D^{j*}_{\varkappa\lambda}(\{\beta|\boldsymbol{\tau}(\beta)\})\exp[-i(\boldsymbol{k}+\boldsymbol{K}_m)\,\beta^{-1}\,\boldsymbol{\tau}(\beta)]\,\times \\ \times\,\exp[i\,\beta\,(\boldsymbol{k}+\boldsymbol{K}_m)\,\boldsymbol{r}]\,.\end{aligned} \tag{4}$$

In the case of the double space groups the formula for the "spinor" SPWs can be obtained in a similar way by acting the corresponding "spinor" projection operators on each of the two Pauli spinors

$$\exp[i(\boldsymbol{k}+\boldsymbol{K}_m)\,\boldsymbol{r}]\begin{bmatrix}1\\0\end{bmatrix}, \qquad \exp[i(\boldsymbol{k}+\boldsymbol{K}_m)\,\boldsymbol{r}]\begin{bmatrix}0\\1\end{bmatrix}.$$

In this paper we shall not deal with the "spinor" SPWs.

3. The Groups $D_{4h}^{17} - D_{4h}^{20}$

The groups $D_{4h}^{17} - D_{4h}^{20}$ [8, 9] have the body-centered tetragonal lattice with the following three basic primitive translations

$$\boldsymbol{a}_1 = \left(-\frac{a}{2}, \frac{a}{2}, \frac{c}{2}\right), \quad \boldsymbol{a}_2 = \left(\frac{a}{2}, -\frac{a}{2}, \frac{c}{2}\right), \quad \boldsymbol{a}_3 = \left(\frac{a}{2}, \frac{a}{2}, -\frac{c}{2}\right).$$

We give in our Tables the SPWs $f^j_{\varkappa,\lambda}(\boldsymbol{k} + \boldsymbol{K}_m, \boldsymbol{r})$ for these groups where the vector $\boldsymbol{k}$ takes one of the following four values (see [9])

$$\boldsymbol{k}_\Gamma(0, 0, 0), \quad \boldsymbol{k}_M\left(\frac{2\pi}{a}, 0, 0\right), \quad \boldsymbol{k}_X\left(\frac{\pi}{a}, \frac{\pi}{a}, 0\right), \quad \boldsymbol{k}_P\left(\frac{\pi}{a}, \frac{\pi}{a}, \frac{\pi}{c}\right).$$

$\boldsymbol{K}_m$ is an arbitrary vector of the reciprocal lattice

$$\boldsymbol{K}_m = m_1 \boldsymbol{b}_1 + m_2 \boldsymbol{b}_2 + m_3 \boldsymbol{b}_3,$$

where the basic vectors of the reciprocal lattice are

$$\boldsymbol{b}_1 = 2\pi\left(0, \frac{1}{a}, \frac{1}{c}\right), \quad \boldsymbol{b}_2 = 2\pi\left(\frac{1}{a}, 0, \frac{1}{c}\right), \quad \boldsymbol{b}_3 = 2\pi\left(\frac{1}{a}, \frac{1}{a}, 0\right),$$

and m_1, m_2, m_3 are any integers. The vector $\boldsymbol{K}_m$ can be written in cartesian coordinates as

$$\boldsymbol{K}_m = 2\pi\left(\frac{p}{a}, \frac{q}{a}, \frac{r}{c}\right),$$

where $p = m_2 + m_3$, $q = m_1 + m_3$, $r = m_1 + m_2$. Thus the sum $p + q + r$ has to be even.

The point M occurs when the tetragonal lattice constants a and c satisfy the relation $a > c\sqrt{2}$ [9]. If $a < c\sqrt{2}$, we have instead of M the point $Z\left(0, 0, \frac{2\pi}{c}\right)$. These two points differ by a reciprocal lattice vector, therefore the representations in both cases are identical and one can find out the SPWs for the point Z in Tables for the point M.

The irreducible (unitary) representations connected with the point $\boldsymbol{k}$ of the Brillouin Zone for each group $G^{\boldsymbol{k}}$ of our space groups were given by ŞEK [9]. For each of the points Γ, M, X the vector $-\boldsymbol{k}$ differs from $\boldsymbol{k}$ at most by a reciprocal lattice vector, so we use directly ŞEK's representations for the construction of the projection operators. For symmetrization of the plane waves at the point $P\left(\frac{\pi}{a}, \frac{\pi}{a}, \frac{\pi}{c}\right)$ we have to obtain first the representations connected with the point $P'\left(-\frac{\pi}{a}, -\frac{\pi}{a}, -\frac{\pi}{c}\right)$. This is done by taking the complex conjugate of the corresponding ŞEK's representations.

For the representations D^j with $l_j > 1$ we give in the Tables only one of the $f^j_{\varkappa,\lambda}$ ($\varkappa = 1, \ldots, l_j$) for each value of λ, namely $f^j_{1,\lambda}$, because this is sufficient for applications, i.e. for the calculation of the matrix elements of operators invariant under the crystal symmetry group ([6], p. 116, [7]).

The SPWs are given in Tables 1 to 7 in the following manner [3]. In the first column of a table corresponding to a fixed space group and $\boldsymbol{k}$ all plane waves

Table 1

The SPWs at $\boldsymbol{k} = \boldsymbol{k}_\Gamma\,(0, 0, 0)$ for the groups $D_{4h}^{17} - D_{4h}^{20}$ and at $\boldsymbol{k} = \boldsymbol{k}_M \left(\frac{2\pi}{a}, 0, 0\right)$ for the groups D_{4h}^{17} and D_{4h}^{18}

ξ (Γ)	η (Γ)	ζ (Γ)	ξ (M)	η (M)	ζ (M)	Γ_1 M_1	Γ_2 M_2	Γ_3 M_3	Γ_4 M_4	Γ_5 M_5	Γ_6 M_6	Γ_7 M_7	Γ_8 M_8	Γ_9 M_9 11	Γ_9 M_9 12	Γ_{10} M_{10} 11	Γ_{10} M_{10} 12	D_{4h}^{17} α	D_{4h}^{18} α	D_{4h}^{18} β	D_{4h}^{19} α	D_{4h}^{19} β	D_{4h}^{19} γ	D_{4h}^{19} δ	D_{4h}^{20} α	D_{4h}^{20} β	D_{4h}^{20} γ	D_{4h}^{20} δ
p	q	r	$1+p$	q	r	+	+	+	+	+	+	+	+	+	0	+	0	+	+	+	+	+	+	+	+	+	+	+
p	q	r	$1+p$	q	$\bar{r}$	+	−	+	−	+	−	+	−	−	0	+	0	+	+	+	+	−	$-i$	i	+	−	i	$-i$
p	$\bar{q}$	r	$1+p$	$\bar{q}$	r	+	−	−	+	+	−	−	+	−	0	+	0	+	+	−	+	+	+	+	+	+	−	−
p	$\bar{q}$	$\bar{r}$	$1+p$	$\bar{q}$	$\bar{r}$	+	+	−	−	+	+	−	−	+	0	+	0	+	+	−	+	−	$-i$	i	+	−	$-i$	i
$\bar{p}$	q	r	$\bar{1}+\bar{p}$	q	r	+	−	−	+	+	−	−	+	+	0	−	0	+	+	−	+	+	+	+	+	+	−	−
p	q	$\bar{r}$	$\bar{1}+\bar{p}$	q	$\bar{r}$	+	+	−	−	+	+	−	−	−	0	−	0	+	+	−	+	−	$-i$	i	+	−	$-i$	i
p	$\bar{q}$	r	$\bar{1}+\bar{p}$	$\bar{q}$	r	+	+	+	+	+	+	+	+	−	0	−	0	+	+	+	+	+	+	+	+	+	+	+
p	$\bar{q}$	$\bar{r}$	$\bar{1}+\bar{p}$	$\bar{q}$	$\bar{r}$	+	−	+	−	+	−	+	−	+	0	−	0	+	+	+	+	−	$-i$	i	+	−	i	$-i$
q	p	r	q	$1+p$	r	+	−	−	+	−	+	+	−	0	+	0	−	+	+	−	+	−	$-i$	i	+	−	$-i$	i
q	p	$\bar{r}$	q	$1+p$	$\bar{r}$	+	+	−	−	−	−	+	+	0	−	0	−	+	+	−	+	+	+	+	+	+	−	−
q	$\bar{p}$	r	q	$\bar{1}+\bar{p}$	r	+	+	+	+	−	−	−	−	0	−	0	−	+	+	+	+	−	$-i$	i	+	−	i	$-i$
q	$\bar{p}$	$\bar{r}$	q	$\bar{1}+\bar{p}$	$\bar{r}$	+	−	+	−	−	+	−	+	0	+	0	−	+	+	+	+	+	+	+	+	+	+	+
$\bar{q}$	p	r	$\bar{q}$	$1+p$	r	+	+	+	+	−	−	−	−	0	+	0	+	+	+	+	+	−	$-i$	i	+	−	i	$-i$
$\bar{q}$	p	$\bar{r}$	$\bar{q}$	$\bar{1}+p$	$\bar{r}$	+	−	+	−	−	+	−	+	0	−	0	+	+	+	+	+	+	+	+	+	+	+	+
$\bar{q}$	$\bar{p}$	r	$\bar{q}$	$\bar{1}+p$	r	+	−	−	+	−	+	+	−	0	−	0	+	+	+	−	+	−	$-i$	i	+	−	$-i$	i
$\bar{q}$	p	$\bar{r}$	$\bar{q}$	$\bar{1}+\bar{p}$	$\bar{r}$	+	+	−	−	−	−	+	+	0	+	0	+	+	+	−	+	+	+	+	+	+	−	−

D_{4h}^{17}: α — for p, q, r any integers,
D_{4h}^{18}: α — if $r = 2n$, β — if $r = 2n + 1$, p, q, n — any integers,
D_{4h}^{19} and D_{4h}^{20}: α — if $p = 2l$, $q = 2m$, $r = 4n$; or if $p = 2l + 1$, $q = 2m + 1$, $r = 4n + 2$,
β — if $p = 2l$, $q = 2m$, $r = 4n + 2$; or if $p = 2l + 1$, $q = 2m + 1$, $r = 4n$,
γ — if $p = 2l + 1$, $q = 2m$, $r = 4n + 1$; or if $p = 2l$, $q = 2m + 1$, $r = 4n + 3$,
δ — if $p = 2l + 1$, $q = 2m$, $r = 4n + 3$; or if $p = 2l$, $q = 2m + 1$, $r = 4n + 1$,
l, m, n — any integers.

Table 1a

The SPWs at $\boldsymbol{k} + \boldsymbol{K}_m = 2\pi\left(\frac{1}{a}, \frac{2}{a}, \frac{1}{c}\right)$ and at $\boldsymbol{k} + \boldsymbol{K}_m = 2\pi\left(\frac{2}{a}, 0, 0\right)$ for the group D_{4h}^{19}

$\xi\ \eta\ \zeta$	Γ_1	Γ_2	Γ_3	Γ_4	Γ_5	Γ_6	Γ_7	Γ_8	Γ_9 11	Γ_9 12	Γ_{10} 11	Γ_{10} 12
$1\ 2\ 1$	+	+	+	+	+	+	+	+	+	0	+	0
$1\ 2\ \bar{1}$	$-i$	i	$-i$	i	$-i$	i	$-i$	i	i	0	$-i$	0
$1\ \bar{2}\ 1$	+	−	−	+	+	−	−	+	−	0	+	0
$1\ \bar{2}\ \bar{1}$	$-i$	$-i$	i	i	$-i$	$-i$	i	i	$-i$	0	$-i$	0
$\bar{1}\ 2\ 1$	+	−	−	+	+	−	−	+	+	0	−	0
$\bar{1}\ 2\ \bar{1}$	$-i$	$-i$	i	i	$-i$	$-i$	i	i	i	0	i	0
$\bar{1}\ \bar{2}\ 1$	+	+	+	+	+	+	+	+	−	0	−	0
$\bar{1}\ \bar{2}\ \bar{1}$	$-i$	i	$-i$	i	$-i$	i	$-i$	i	$-i$	0	i	0
$2\ 1\ 1$	$-i$	i	i	$-i$	i	$-i$	$-i$	i	0	$-i$	0	i
$2\ 1\ \bar{1}$	+	+	−	−	−	−	+	+	0	−	0	−
$2\ \bar{1}\ 1$	$-i$	$-i$	$-i$	$-i$	i	i	i	i	0	i	0	i
$2\ \bar{1}\ \bar{1}$	+	−	+	−	−	+	−	+	0	+	0	−
$\bar{2}\ 1\ 1$	$-i$	$-i$	$-i$	$-i$	i	i	i	i	0	$-i$	0	$-i$
$\bar{2}\ 1\ \bar{1}$	+	−	+	−	−	+	−	+	0	−	0	+
$\bar{2}\ \bar{1}\ 1$	$-i$	i	i	$-i$	i	$-i$	$-i$	i	0	i	0	$-i$
$\bar{2}\ \bar{1}\ \bar{1}$	+	+	−	−	−	−	+	+	0	+	0	+
$2\ 0\ 0$	+	0	0	0	+	0	0	0	0	0	+	0
$\bar{2}\ 0\ 0$	+	0	0	0	+	0	0	0	0	0	−	0
$0\ 2\ 0$	+	0	0	0	−	0	0	0	0	0	0	0
$0\ \bar{2}\ 0$	+	0	0	0	−	0	0	0	0	0	0	0

In this Table we exceptionally give under the symbols of representations the matrix elements $D_{1\lambda}^{j*}(\{\beta|\boldsymbol{\tau}\})$ multiplied already by the factors $\exp[-i(\boldsymbol{k} + \boldsymbol{K}_m)\beta^{-1}\boldsymbol{\tau}(\beta)]$.

Example: The (unnormalized) SPW at $\boldsymbol{k} + \boldsymbol{K}_m = 2\pi\left(\frac{2}{a}, 0, 0\right)$ for the representation Γ_5 of the group D_{4h}^{19} is

$$f^{\Gamma_5}\left[2\pi\left(\frac{2}{a}, 0, 0\right), \boldsymbol{r}\right] =$$

$$= \exp\left(i\frac{4\pi}{a}x\right) + \exp\left(-i\frac{4\pi}{a}x\right) - \exp\left(i\frac{4\pi}{a}y\right) - \exp\left(-i\frac{4\pi}{a}y\right) =$$

$$= 2\left(\cos\frac{4\pi}{a}x - \cos\frac{4\pi}{a}y\right) = -4\sin\left[\frac{2\pi}{a}(x+y)\right]\sin\left[\frac{2\pi}{a}(x-y)\right].$$

Table 2

The SPWs at $\boldsymbol{k} = \boldsymbol{k}_M \left(\frac{2\pi}{a}, 0, 0\right)$ for the groups D_{4h}^{19} and D_{4h}^{20}

ξ	η	ζ	M_1 11	M_1 12	M_2 11	M_2 12	M_3 11	M_3 12	M_4 11	M_4 12	D_{4h}^{19} α	D_{4h}^{19} β	D_{4h}^{19} γ	D_{4h}^{19} δ	D_{4h}^{20} α	D_{4h}^{20} β	D_{4h}^{20} γ	D_{4h}^{20} δ
$1+p$	q	r	+	0	+	0	+	0	+	0	+	+	+	+	+	+	+	+
$1+p$	q	$\bar{r}$	0	−	0	−	+	0	+	0	−	+	i	$-i$	+	−	i	$-i$
$1+p$	$\bar{q}$	r	0	−	0	+	+	0	−	0	+	+	+	+	+	+	−	−
$1+p$	$\bar{q}$	$\bar{r}$	+	0	−	0	+	0	−	0	−	+	i	$-i$	+	−	$-i$	i
$\bar{1}+\bar{p}$	q	r	0	+	0	−	+	0	−	0	+	+	+	+	+	+	−	−
$\bar{1}+\bar{p}$	q	$\bar{r}$	−	0	+	0	+	0	−	0	−	+	i	$-i$	+	−	$-i$	i
$\bar{1}+\bar{p}$	$\bar{q}$	r	−	0	−	0	+	0	+	0	+	+	+	+	+	+	+	+
$\bar{1}+\bar{p}$	$\bar{q}$	$\bar{r}$	0	+	0	+	+	0	+	0	−	+	i	$-i$	+	−	i	$-i$
q	$1+p$	r	0	−	0	+	0	+	0	−	+	−	$-i$	i	−	+	i	$-i$
q	$1+p$	$\bar{r}$	−	0	+	0	0	+	0	−	+	+	+	+	+	+	−	−
q	$\bar{1}+\bar{p}$	r	−	0	−	0	0	+	0	+	+	−	$-i$	i	−	+	$-i$	i
q	$\bar{1}+\bar{p}$	$\bar{r}$	0	−	0	−	0	+	0	+	+	+	+	+	+	+	+	+
$\bar{q}$	$1+p$	r	+	0	+	0	0	+	0	+	+	−	$-i$	i	−	+	$-i$	i
$\bar{q}$	$1+p$	$\bar{r}$	0	+	0	+	0	+	0	+	+	+	+	+	+	+	+	+
$\bar{q}$	$\bar{1}+\bar{p}$	r	0	+	0	−	0	+	0	−	+	−	$-i$	i	−	+	i	$-i$
$\bar{q}$	$\bar{1}+\bar{p}$	$\bar{r}$	+	0	−	0	0	+	0	−	+	+	+	+	+	+	−	−

α — if $p = 2l$, $q = 2m$, $r = 4n$; or if $p = 2l+1$, $q = 2m+1$, $r = 4n+2$,
β — if $p = 2l$, $q = 2m$, $r = 4n+2$; or if $p = 2l+1$, $q = 2m+1$, $r = 4n$,
γ — if $p = 2l+1$, $q = 2m$, $r = 4n+1$; or if $p = 2l$, $q = 2m+1$, $r = 4n+3$,
δ — if $p = 2l+1$, $q = 2m$, $r = 4n+3$; or if $p = 2l$, $q = 2m+1$, $r = 4n+1$,
l, m, n — any integers.

Table 3

The SPWs at $\boldsymbol{k} = \boldsymbol{k}_X \left(\frac{\pi}{a}, \frac{\pi}{a}, 0\right)$ for the groups D_{4h}^{17} and D_{4h}^{18}

ξ	η	ζ	X_1	X_2	X_3	X_4	X_5	X_6	X_7	X_8	D_{4h}^{17} α	D_{4h}^{18} α	D_{4h}^{18} β
$1/2+p$	$1/2+q$	r	+	+	+	+	+	+	+	+	+	+	+
$\bar{1}/2+\bar{p}$	$\bar{1}/2+\bar{q}$	r	+	+	−	−	+	+	−	−	+	+	+
$1/2+q$	$1/2+p$	$\bar{r}$	+	+	+	+	−	−	−	−	+	+	−
$\bar{1}/2+\bar{q}$	$\bar{1}/2+\bar{p}$	$\bar{r}$	+	+	−	−	−	−	+	+	+	+	−
$\bar{1}/2+\bar{p}$	$\bar{1}/2+\bar{q}$	$\bar{r}$	+	−	+	−	+	−	+	−	+	+	+
$1/2+p$	$1/2+q$	$\bar{r}$	+	−	−	+	+	−	−	+	+	+	+
$\bar{1}/2+\bar{q}$	$\bar{1}/2+\bar{p}$	r	+	−	+	−	−	+	−	+	+	+	−
$1/2+q$	$1/2+p$	r	+	−	−	+	−	+	+	−	+	+	−

D_{4h}^{17}: α — for $p\,q$, r any integers,
D_{4h}^{18}: α — if $r = 2n$, β — if $r = 2n+1$, p, q, n — any integers.

Table 4

The SPWs at $\boldsymbol{k} = \boldsymbol{k}_X \left(\frac{\pi}{a}, \frac{\pi}{a}, 0\right)$ for the groups D_{4h}^{19} and D_{4h}^{20}

ξ	η	ζ	X_1 11	X_1 12	X_2 11	X_2 12	D_{4h}^{19} α	D_{4h}^{19} β	D_{4h}^{19} γ	D_{4h}^{19} δ	D_{4h}^{20} α	D_{4h}^{20} β	D_{4h}^{20} γ	D_{4h}^{20} δ
$1/2 + p$	$1/2 + q$	r	+	0	+	0	+	+	+	+	+	+	+	+
$\bar{1}/2 + \bar{p}$	$\bar{1}/2 + \bar{q}$	r	+	0	+	0	+	+	+	+	+	+	+	+
$1/2 + q$	$1/2 + p$	$\bar{r}$	+	0	−	0	+	+	+	+	+	+	−	−
$\bar{1}/2 + \bar{q}$	$\bar{1}/2 + \bar{p}$	$\bar{r}$	+	0	−	0	+	+	+	+	+	+	−	−
$\bar{1}/2 + \bar{p}$	$\bar{1}/2 + \bar{q}$	$\bar{r}$	0	+	0	+	i	$-i$	+	−	i	$-i$	−	+
$1/2 + p$	$1/2 + q$	$\bar{r}$	0	−	0	−	$-i$	i	−	+	$-i$	i	+	−
$\bar{1}/2 + \bar{q}$	$\bar{1}/2 + \bar{p}$	r	0	+	0	−	i	$-i$	+	−	i	$-i$	+	−
$1/2 + q$	$1/2 + p$	r	0	−	0	+	$-i$	i	−	+	$-i$	i	−	+

α — if $p = 2l, q = 2m, r = 4n$; or if $p = 2l + 1, q = 2m + 1, r = 4n + 2$,
β — if $p = 2l, q = 2m, r = 4n + 2$; or if $p = 2l + 1, q = 2m + 1, r = 4n$,
γ — if $p = 2l + 1, q = 2m, r = 4n + 1$; or if $p = 2l, q = 2m + 1, r = 4n + 3$,
δ — if $p = 2l + 1, q = 2m, r = 4n + 3$; or if $p = 2l, q = 2m + 1, r = 4n + 1$,
l, m, n — any integers.

Table 5

The SPWs at $\boldsymbol{k} = \boldsymbol{k}_P \left(\frac{\pi}{a}, \frac{\pi}{a}, \frac{\pi}{c}\right)$ for the group D_{4h}^{17}

ξ	η	ζ	P_1'	P_2'	P_3'	P_4'	P_5' 11	P_5' 12	α
$1/2 + p$	$1/2 + q$	$1/2 + r$	+	+	+	+	+	0	+
$\bar{1}/2 + \bar{p}$	$\bar{1}/2 + \bar{q}$	$1/2 + r$	+	+	+	+	−	0	+
$1/2 + p$	$\bar{1}/2 + \bar{q}$	$\bar{1}/2 + \bar{r}$	+	+	−	−	+	0	+
$\bar{1}/2 + \bar{p}$	$1/2 + q$	$\bar{1}/2 + \bar{r}$	+	+	−	−	−	0	+
$1/2 + q$	$\bar{1}/2 + \bar{p}$	$\bar{1}/2 + \bar{r}$	+	−	+	−	0	−	+
$\bar{1}/2 + \bar{q}$	$1/2 + p$	$\bar{1}/2 + \bar{r}$	+	−	+	−	0	+	+
$\bar{1}/2 + \bar{q}$	$\bar{1}/2 + \bar{p}$	$1/2 + r$	+	−	−	+	0	+	+
$1/2 + q$	$1/2 + p$	$1/2 + r$	+	−	−	+	0	−	+

α — for p, q, r any integers.

Table 6

The SPWs at $\boldsymbol{k} = \boldsymbol{k}_P\left(\frac{\pi}{a}, \frac{\pi}{a}, \frac{\pi}{c}\right)$ for the group D_{4h}^{18}

ξ	η	ζ	P_1'	P_2'	P_3'	P_4'	P_5' 11	P_5' 12	α	β
$1/2+p$	$1/2+q$	$1/2+r$	$+$	$+$	$+$	$+$	$+$	0	$+$	$+$
$\bar{1}/2+\bar{p}$	$\bar{1}/2+\bar{q}$	$1/2+r$	$-$	$-$	$-$	$-$	$+$	0	$+$	$+$
$1/2+q$	$\bar{1}/2+\bar{p}$	$\bar{1}/2+\bar{r}$	$-i$	i	$-i$	i	$+$	0	$+$	$+$
$\bar{1}/2+\bar{q}$	$1/2+p$	$\bar{1}/2+\bar{r}$	i	$-i$	i	$-i$	$+$	0	$+$	$+$
$\bar{1}/2+\bar{q}$	$\bar{1}/2+\bar{p}$	$1/2+r$	i	$-i$	$-i$	i	0	$-$	$-i$	i
$1/2+q$	$1/2+p$	$1/2+r$	$-i$	i	i	$-i$	0	$-$	$-i$	i
$1/2+p$	$\bar{1}/2+\bar{q}$	$\bar{1}/2+\bar{r}$	$+$	$+$	$-$	$-$	0	$+$	i	$-i$
$\bar{1}/2+\bar{p}$	$1/2+q$	$\bar{1}/2+\bar{r}$	$-$	$-$	$+$	$+$	0	$+$	i	$-i$

α — if $r = 2n$, β — if $r = 2n+1$, p, q, n — any integers.
The representations $P_1' - P_4'$ and $P_2' - P_3'$ are degenerate by time-reversal.

Table 7

The SPWs at $\boldsymbol{k} = \boldsymbol{k}_P\left(\frac{\pi}{a}, \frac{\pi}{a}, \frac{\pi}{c}\right)$ for the group D_{4h}^{19} and D_{4h}^{20}

ξ	η	ζ	P_1' 11	P_1' 12	P_2' 11	P_2' 12	D_{4h}^{19} α	D_{4h}^{19} β	D_{4h}^{19} γ	D_{4h}^{19} δ	D_{4h}^{20} α	D_{4h}^{20} β	D_{4h}^{20} γ	D_{4h}^{20} δ
$1/2+p$	$1/2+q$	$1/2+r$	$+$	0	$+$	0	$+$	$+$	$+$	$+$	$+$	$+$	$+$	$+$
$\bar{1}/2+\bar{p}$	$\bar{1}/2+\bar{q}$	$1/2+r$	$+$	0	$+$	0	$+$	$+$	$+$	$+$	$+$	$+$	$+$	$+$
$1/2+q$	$\bar{1}/2+\bar{p}$	$\bar{1}/2+\bar{r}$	$+$	0	$-$	0	$+$	$+$	$+$	$+$	$+$	$+$	$+$	$+$
$\bar{1}/2+\bar{q}$	$1/2+p$	$\bar{1}/2+\bar{r}$	$+$	0	$-$	0	$+$	$+$	$+$	$+$	$+$	$+$	$+$	$+$
$\bar{1}/2+\bar{q}$	$\bar{1}/2+\bar{p}$	$1/2+r$	0	$-i$	0	i	ω	$-\omega$	ω^*	$-\omega^*$	ω^*	$-\omega^*$	$-\omega$	ω
$1/2+q$	$1/2+p$	$1/2+r$	0	i	0	$-i$	$-\omega$	ω	$-\omega^*$	ω^*	$-\omega^*$	ω^*	ω	$-\omega$
$1/2+p$	$\bar{1}/2+\bar{q}$	$\bar{1}/2+\bar{r}$	0	$+$	0	$+$	ω^*	$-\omega^*$	$-\omega$	ω	$-\omega$	ω	$-\omega^*$	ω^*
$\bar{1}/2+\bar{p}$	$1/2+q$	$\bar{1}/2+\bar{r}$	0	$-$	0	$-$	$-\omega^*$	ω^*	ω	$-\omega$	ω	$-\omega$	ω^*	$-\omega^*$

$\omega = \exp\left(i\frac{\pi}{4}\right)$,

α — if $p = 2l, q = 2m, r = 4n$; or if $p = 2l+1, q = 2m+1, r = 4n+2$,
β — if $p = 2l, q = 2m, r = 4n+2$; or if $p = 2l+1, q = 2m+1, r = 4n$,
γ — if $p = 2l+1, q = 2m, r = 4n+1$; or if $p = 2l, q = 2m+1, r = 4n+3$,
δ — if $p = 2l+1, q = 2m, r = 4n+3$; or if $p = 2l, q = 2m+1, r = 4n+1$,
l, m, n — any integers.
The representations $P_1' - P_2'$ for the group D_{4h}^{20} are degenerate by time-reversal.

$\exp [i \beta (\boldsymbol{k} + \boldsymbol{K}_m) \boldsymbol{r}]$ are given for the general vector $\boldsymbol{k} + \boldsymbol{K}_m$. The plane wave $\exp [i \beta (\boldsymbol{k} + \boldsymbol{K}_m) \boldsymbol{r}]$ is denoted by a triad of numbers ξ, η, ζ, where

$$\beta (\boldsymbol{k} + \boldsymbol{K}_m) = 2 \pi \left(\frac{\xi}{a}, \frac{\eta}{a}, \frac{\zeta}{c} \right).$$

If β runs over the group $G_0^{\boldsymbol{k}}$, the numbers ξ, η, ζ are permuted among themselves with possible change of sign. We write $\bar{\xi}$ for $-\xi$ and so on. In the next columns of the table under the symbols of representations all the matrix elements $D_{1\lambda}^{j*}(\{\beta|\boldsymbol{\tau}\}$ are given. We write $\pm$ for ± 1. In the last columns the values of the functions $\exp [-i (\boldsymbol{k} + \boldsymbol{K}_m) \beta^{-1} \boldsymbol{\tau}(\beta)]$ are given for all possible types of $\boldsymbol{k} + \boldsymbol{K}_m$. Thus we are able to obtain a given SPW as a linear combination (4). When for some special values of $\boldsymbol{k} + \boldsymbol{K}_m$ some vectors $\beta (\boldsymbol{k} + \boldsymbol{K}_m)$ are equal for different β we must add the corresponding coefficients at the plane waves $\exp [i \beta (\boldsymbol{k} + \boldsymbol{K}_m) \boldsymbol{r}]$. As examples we give the tables of the SPWs for the group D_{4h}^{19} at two special values of $\boldsymbol{k} + \boldsymbol{K}_m$ (Table 1a).

The authors wish to thank Professor M. Suffczyński for his continued interest in the work, encouragement and many helpful comments and to Professor M. Miąsek for useful discussions on the projection operators for the space groups.

References

[1] M. L. Glasser, J. Phys. Chem. Solids **10**, 229 (1959).
[2] M. Miąsek and M. Suffczyński, Bull. Acad. Polon. Sci., Sér. sci. math., astr. et phys. **9**, 609 (1961).
[3] W. Gorzkowski, phys. stat. sol. **3**, 599 (1963).
[4] H. Schlosser, J. Phys. Chem. Solids **23**, 963 (1962).
[5] R. W. G. Wyckoff, Crystal Structures, Interscience Publishers, Inc., New York.
[6] E. P. Wigner, Group Theory Chap. 12 (translated from the German by J. J. Griffin), Academic Press, New York, London 1959.
[7] D. F. Johnston, Rep. Progr. Phys. **23**, 66 (1960).
[8] International Tables for X-Ray Crystallography, Vol. I, Symmetry Groups, edited by N. F. M. Henry and K. Lonsdale, Kynoch Press, Birmingham 1952 (p. 241 to 248).
[9] Z. Sęk, phys. stat. sol. **3**, 2155 (1963).

(Received June 29, 1964)

phys. stat. sol. 7, 67 (1964)

Department of Physics, University of Illinois, Urbana

Cyclotron Resonance and the Free-Carrier Magneto-Optical Properties of a Semiconductor [1]

By

N. K. HINDLEY [2]

The high frequency conductivity tensor σ_{ij} is calculated for a semiconductor with a quadratic band structure in a magnetic field. The existence of an energy-dependent relaxation time $\tau(E)$ is assumed. For both an isotropic band and a band with a many-valley structure, σ_{ij} can be expressed in terms of three similar functions, $\sigma_\pm$ and σ. For an isotropic band, $\sigma_\pm$ is the conductivity for a circularly polarized electric field and σ is the conductivity for zero magnetic field. It is shown that these coefficients satisfy certain sum rules. When $\tau \sim E^p$, they are given by tabulated integrals. The results are applied to cyclotron resonance and compared with experimental measurements on n-CdTe. The assumption that $p = 3/2$ (ionized impurity scattering) gives the best agreement with experiment. The free carrier magneto-optical properties can be calculated if σ_{ij} is known, and under low loss conditions the Faraday rotation and ellipticity, and the Voigt effect, may be expressed fairly simply in terms of $\sigma_\pm$ and σ. The Faraday rotation in n-Ge is calculated as a function of magnetic field, and the results are compared with experiment.

On calcule le tenseur de conductivité haute fréquence, σ_{ij}, pour un semiconducteur à structure de bande quadratique, dans un champ magnétique. On suppose l'existence d'un temps de relaxation τ, fonction de l'énergie, E. Dans le cas d'une bande isotrope ou d'une bande à plusieurs minima équivalents, on peut exprimer σ_{ij} en termes de trois fonctions semblables, $\sigma_\pm$ et σ. Pour une bande isotrope, $\sigma_\pm$ représente la conductivité pour un champ électrique polarisé circulairement, et σ la conductivité en absence de champ magnétique. On établit certaines règles de somme pour ces fonctions. Dans le cas où $\tau \sim E^p$, on peut exprimer $\sigma_\pm$ et σ en termes d'intégrales tabulées. On applique les résultats à la résonance cyclotron, et on compare avec les mesures expérimentales obtenués pour n-CdTe. Le choix $p = 3/2$ (diffusion par les impuretés ionisées) donne le meilleur accord avec ces mesures. On peut calculer les propriétés magnéto-optiques des porteurs libres si on connait σ_{ij}. Si les pertes sont faibles, on peut exprimer de façon simple la rotation et l'ellipticité Faraday en termes de $\sigma_\pm$ et σ. On calcule la rotation Faraday dans le n-Ge en fonction de l'intensité du champ magnétique, et on compare les résultats avec l'expérience.

1. Introduction

Cyclotron resonance and the free-carrier magneto-optical properties of a semiconductor may both be analyzed in terms of a magnetic field and frequency-dependent conductivity tensor. Earlier work on the theory of cyclotron resonance in semiconductors has been reviewed by LAX and MAVROIDES [1]. The effect of energy dependence of the relaxation time on line-shape has not been discussed in general, though the line-shape in n-Ge for acoustic phonon scattering has been calculated by GOLD et al. [2], and in n-Si and n-Ge for mixed acoustic phonon and neutral impurity scattering by FUKAI et al. [3].

---

[1]) Research supported by the U. S. Office of Naval Research under contract NONR 1834 (12).

[2]) Present address: Research Laboratories, Corning Glass Works, Corning, New York.

Much attention has been paid to the magneto-optical properties of semiconductors [4], especially the Faraday effect, but mainly in the infrared region of the spectrum, where effects of electron scattering processes are negligible. DONOVAN and WEBSTER [5] have calculated the Faraday rotation and ellipticity as a function of frequency and magnetic field for acoustic phonon and ionized impurity scattering. The anisotropy of the Faraday rotation in n-Ge has also been calculated by the same authors [6]. These properties have been studied experimentally in the microwave region by FURDYNA and BROERSMA [7], who analyzed their results by assuming a constant relaxation time. The effect of energy dependence of the relaxation time on the Faraday ellipticity has been studied by FURDYNA and BRODWIN [8], who have also discussed the magnetic field dependence of the free-carrier absorption.

A standard calculation of the conductivity tensor for a non-degenerate semiconductor with a parabolic band, assuming a relaxation time which is a function of carrier energy, is outlined in section 2. It is shown that the components of this tensor satisfy certain sum rules. The extension to a many-valley conduction band of the type found in silicon and germanium is given in an Appendix. Numerical calculations of the components of this tensor, as functions of frequency and magnetic field, have been made for a relaxation time proportional to a simple power of the energy. These components are proportional to certain integrals, which have been tabulated elsewhere [9, 10].

In an ideal cyclotron resonance experiment, the signal is proportional to the real part of the conductivity. The results of section 2 may therefore be used directly to calculate the cyclotron resonance line-shape. This is discussed in section 3, and the calculations are compared with recent experimental results on n-type CdTe.

The calculations of the Faraday and Voigt effects require a knowledge of the dependence of the complex refractive index on magnetic field. This refractive index may in turn be expressed in terms of the conductivity tensor. It is shown in section 4 that under certain circumstances the measured properties can be expressed fairly simply in terms of the components of the conductivity tensor, and that at small magnetic fields they are proportional to the frequency-dependent Seitz coefficients [11] calculated by CHAMPLIN [12]. The general theory is applied to a calculation of the Faraday rotation in n-Ge as a function of magnetic field, and compared with the experimental results of FURDYNA and BROERSMA [7].

2. The Conductivity Tensor

Assuming the effect of collisions may be described by a relaxation time τ, the Boltzmann equation in the presence of a time-dependent electric field $\boldsymbol{E}(t)$ and a magnetic field $\boldsymbol{H}$ may be written

$$\frac{df}{dt} = -\frac{e}{\hbar}\left(\boldsymbol{E}(t) + \frac{1}{c}\boldsymbol{v} \times \boldsymbol{H}\right) \cdot \frac{\partial f}{\partial \boldsymbol{k}} - \frac{f(\boldsymbol{k}) - f_0(E)}{\tau(\boldsymbol{k})} . \tag{2.1}$$

Here $\boldsymbol{v}$ is the velocity and $E(\boldsymbol{k})$ the energy of a particle of wave vector $\boldsymbol{k}$. The charge of the particles is e (e is negative for electrons, positive for holes).

An isotropic model is assumed here, in which $E(\boldsymbol{k}) = \hbar^2 k^2/2\,m$ and τ is a function of E alone. Assuming $\boldsymbol{E}(t) \sim e^{i\omega t}$, (2.1) is solved and the current density $\boldsymbol{J}$ calculated. The result may be written

$$\boldsymbol{J} = S_1(\omega, \omega_c)\,\boldsymbol{E} + S_2(\omega, \omega_c)\,(\boldsymbol{E}\cdot\boldsymbol{h})\,\boldsymbol{h} + S_3(\omega, \omega_c)\,\boldsymbol{E} \times \boldsymbol{h} , \tag{2.2}$$

where $\boldsymbol{h}$ is a unit vector in the direction of $\boldsymbol{H}$, ω_c is the cyclotron frequency $e\,H/m\,c$ (< 0 for electrons), and

$$\left.\begin{aligned} S_1(\omega, \omega_c) &= \frac{n\,e^2}{m}\left\langle\frac{\tau\,(1 + i\,\omega\,\tau)}{(\omega_c\,\tau)^2 + (1 + i\,\omega\,\tau)^2}\right\rangle, \\ S_2(\omega, \omega_c) &= \frac{n\,e^2}{m}\left\langle\frac{\tau\,(\omega_c\,\tau)^2}{(1 + i\,\omega\,\tau)\,[(\omega_c\,\tau)^2 + (1 + i\,\omega\,\tau)^2]}\right\rangle, \\ S_3(\omega, \omega_c) &= \frac{n\,e^2}{m}\left\langle\frac{\omega_c\,\tau^2}{(\omega_c\,\tau)^2 + (1 + i\,\omega\,\tau)^2}\right\rangle. \end{aligned}\right\} \tag{2.3}$$

Here n is the carrier concentration and the angular brackets indicate an average defined by

$$\langle x\rangle = \frac{1}{\Gamma\left(\frac{5}{2}\right)}\int_0^\infty y^{3/2}\,x(y)\,e^{-y}\,dy \tag{2.4}$$

with $y = E/k_B\,T$. Note that

$$S_1 + S_2 = \frac{n\,e^2}{m}\left\langle\frac{\tau}{1 + i\,\omega\,\tau}\right\rangle = \sigma(\omega)\,, \tag{2.5}$$

the conductivity in the absence of a magnetic field.

If a right handed coordinate system is chosen so that $\boldsymbol{H}$ is in the positive z direction, then the non-zero components of the conductivity tensor σ_{ij} are given by

$$\sigma_{xx} = \sigma_{yy} = S_1\,, \quad \sigma_{xy} = -\,\sigma_{yx} = S_3\,, \quad \sigma_{zz} = S_1 + S_2 = \sigma\,. \tag{2.6}$$

A special case of interest is that of a circularly polarized electric field rotating in the $x\,y$ plane perpendicular to $\boldsymbol{H}$. This field may be written

$$\boldsymbol{E}_\pm = |\boldsymbol{E}|\,e^{i\,\omega\,t}\frac{1}{\sqrt{2}}\,(1, \mp\,i, 0)\,. \tag{2.7}$$

$\boldsymbol{E}_+$ then rotates in a right handed sense about $\boldsymbol{H}$, the same sense as a negatively charged particle. The corresponding current may be written

$$\boldsymbol{J}_\pm = \sigma_\pm\,\boldsymbol{E}_\pm\,, \tag{2.8}$$

with

$$\sigma_\pm = S_1 \mp i\,S_3 = \frac{n\,e^2}{m}\left\langle\frac{\tau}{1 + i\,(\omega \pm \omega_c)\,\tau}\right\rangle. \tag{2.9}$$

Clearly all the components of σ_{ij} may be expressed in terms of $\sigma_\pm$ and σ, and this is often convenient. Thus

$$S_1 = \frac{1}{2}\,(\sigma_+ + \sigma_-)\,, \quad S_2 = \frac{1}{2}\,(2\,\sigma - \sigma_+ - \sigma_-)\,, \quad S_3 = \frac{1}{2}\,i\,(\sigma_+ - \sigma_-)\,. \tag{2.10}$$

The $\sigma_\pm$ and S_n satisfy certain sum rules. Thus $\sigma_\pm(\omega, \omega_c)$ is analytic in the lower half of the complex ω plane, and

$$\lim_{\omega\to\infty} \sigma_\pm(\omega) = -\,i\,n\,e^2/m\,\omega\,.$$

Also $\sigma_+(\omega, \omega_c)$ is analytic in the lower half of the complex ω_c plane, and $\sigma_-(\omega, \omega_c)$ in the upper half plane, and

$$\lim_{\omega_c \to \infty} \sigma_\pm(\omega_c) = \mp \frac{i\, n\, e^2}{m\, \omega_c} .$$

These properties follow from (2.9), but are probably more generally true; for example, the analyticity in ω follows from causality and the fact that $\sigma_\pm$ is a linear response function. By the obvious contour integrations, it may be shown that

$$\int_{-\infty}^{\infty} \sigma_\pm(\omega)\, d\omega = \int_{-\infty}^{\infty} \sigma_\pm(\omega_c)\, d\omega_c = \frac{\pi\, n\, e^2}{m} . \tag{2.11}$$

Since $\sigma_\pm(-\omega) = \sigma_\mp^*(\omega)$, and $\sigma_\pm(-\omega_c) = \sigma_\mp(\omega_c)$, (2.11) may be written as

$$\int_0^\infty \operatorname{Re} S_1(\omega)\, d\omega = \frac{\pi\, n\, e^2}{2\, m}, \qquad \int_0^\infty \operatorname{Re} S_2(\omega)\, d\omega = \int_0^\infty \operatorname{Re} S_3(\omega)\, d\omega = 0 , \tag{2.12}$$

and

$$\int_0^\infty \operatorname{Re} S_1(\omega_c)\, d\omega_c = \frac{\pi\, n\, e^2}{2\, m}, \qquad \int_0^\infty \operatorname{Im} S_1(\omega_c)\, d\omega_c = 0 . \tag{2.13}$$

The first of (2.12) shows that $S_1(\omega)$ satisfies the same sum rule as $\sigma(\omega)$. An application of the first of (2.13) to cyclotron resonance will be considered below.

Consider now the limit of small magnetic fields. If $\sigma_\pm$ is expanded to second order in H

$$\sigma_\pm = \sigma \mp i\, \alpha\, H + \beta\, H^2 , \tag{2.14}$$

and this expansion is substituted in (2.2) using (2.10), we find

$$\boldsymbol{J} = \sigma\, \boldsymbol{E} + \alpha\, \boldsymbol{E} \times \boldsymbol{H} + \beta\, H^2\, \boldsymbol{E} - \beta\, (\boldsymbol{E} \cdot \boldsymbol{H})\, \boldsymbol{H} . \tag{2.15}$$

This is the form of the Seitz [11] phenomenological relation for the particular case of an isotropic material. Expressions for α and β are easily obtained from (2.9) and (2.14), and will not be written out. The frequency dependence of the coefficients, σ, α, β when the relaxation time is energy-dependent has been calculated by Champlin [12].

Explicit expressions for $\sigma_\pm$, valid for any magnetic field, may readily be derived from (2.9) if it is assumed that the relaxation time is a function of energy of the form

$$\tau = \tau_0\, (E/k_B\, T)^p . \tag{2.16}$$

Using (2.4) and (2.9), it is found that

$$\left.\begin{aligned} \operatorname{Re} \frac{\sigma_\pm}{\sigma_0} &= \frac{1}{\Gamma\left(p + \frac{5}{2}\right)} \int_0^\infty \frac{y^{p+3/2}\, e^{-y}}{1 + x_\pm^2\, y^{2p}}\, dy , \\ \operatorname{Im} \frac{\sigma_\pm}{\sigma_0} &= -\frac{x_\pm}{\Gamma\left(p + \frac{5}{2}\right)} \int_0^\infty \frac{y^{2p+3/2}\, e^{-y}}{1 + x_\pm^2\, y^{2p}}\, dy , \end{aligned}\right\} \tag{2.17}$$

where $\sigma_0 = n\, e^2 \langle\tau\rangle / m$ is the d.c. conductivity and

$$x_\pm = (\omega \pm \omega_c)\, \tau_0 . \tag{2.18}$$

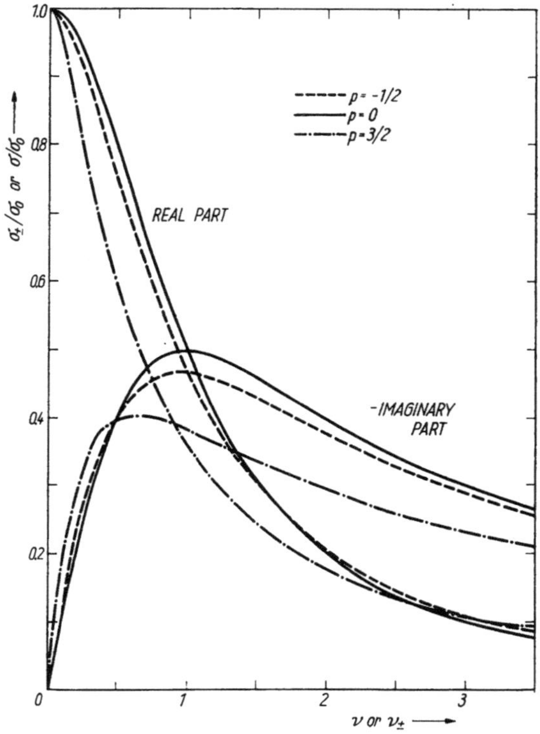

Fig. 1. The conductivity components $\sigma_\pm$ as a function of $\nu_\pm = (\omega \pm \omega_c)\langle\tau\rangle$ or σ as a function of $\nu = \omega\langle\tau\rangle$ for $p = -1/2$, 0, and 3/2. The curve for $p = 1/2$ lies between those for $p = 0$ and $-1/2$ and has been omitted for clarity

Note that $\sigma(\omega)$ is also given by (2.17) if $x_\pm$ is replaced by $x = \omega\,\tau_0$.

The values of p of practical interest are $p = -1/2$ (scattering by acoustic modes [13] or dislocations [14]) $p = 0$ (neutral impurities [15] or polar optical modes at very low temperatures [16]), $p = 1/2$ (dipole impurities [17] or piezo-electric scattering [18]), and $p = 3/2$ (ionized impurity scatering, approximately [19]). For these values of p the integrals (2.17) take the following forms:

$$\left.\begin{aligned}
p &= -1/2 \quad && \frac{\sigma_\pm}{\sigma_0} = 2\,A_2(x_\pm^2) - i\,\Gamma\left(\frac{5}{2}\right) x_\pm\; A_{3/2}(x_\pm^2)\,,\\
p &= 0 && \frac{\sigma_\pm}{\sigma_0} = \frac{1}{1+x_\pm^2} - i\,\frac{x_\pm}{1+x_\pm^2}\,,\\
p &= 1/2 && \frac{\sigma_\pm}{\sigma_0} = \frac{1}{x_\pm^2}\,A_2\left(\frac{1}{x_\pm^2}\right) - i\,\frac{1}{2}\;\Gamma\left(\frac{7}{2}\right)\frac{1}{x_\pm}\,A_{5/2}\left(\frac{1}{x_\pm^2}\right),\\
p &= 3/2 && \frac{\sigma_\pm}{\sigma_0} = E_3(x_\pm^2) - i\,\frac{1}{6}\,\Gamma\left(\frac{11}{2}\right) x_\pm\,E_{9/2}(x_\pm^2)\,.
\end{aligned}\right\} \qquad (2.19)$$

The integrals $A_n(x)$ and $E_n(x)$ are defined by

$$A_n(x) = \frac{1}{\Gamma(n+1)} \int_0^\infty \frac{y^n\,e^{-y}}{x+y}\,dy, \qquad (2.20)$$

$$E_n(x) = \frac{1}{\Gamma(n+1)} \int_0^\infty \frac{y^n\,e^{-y}}{1+x\,y^3}\,dy. \qquad (2.21)$$

These integrals were defined and their properties studied by Dingle et al. [9].

Fig. 1 shows σ as a function of $\nu = \omega\langle\tau\rangle$, or the real and imaginary parts of $\sigma_\pm$ as functions of $\nu_\pm = \omega\langle\tau\rangle\left(1 \pm \frac{\omega_c}{\omega}\right)$ for the various scattering mechanisms mentioned above. The figure was drawn with the aid of a new set of tables of $A_n(x)$ and $E_n(x)$ as functions of $\sqrt{x}$ [10]. The difference between the various scattering mechanisms is greater for the imaginary part, but only ionized impurity scattering ($p = 3/2$) gives a curve significantly different from that for $p = 0$. In an ideal cyclotron resonance experiment, the signal is proportional to the real part of the conductivity, so if a circularly polarized electric field perpendicular to $\boldsymbol{H}$ is used, Fig. 1 shows the expected line shape. The maximum of $\sigma_\pm$ is at $\omega = \mp\,\omega_c$, and the function is symmetric about this point for all values of $\omega\langle\tau\rangle$. This of course follows directly from the general equation (2.9), and it may be shown to remain true for partially degenerate systems and for an isotropic but non-parabolic band structure. Changes in $\omega\langle\tau\rangle$ change the width of the peak (on Fig. 1 they merely change the scale on the horizontal axis), and for a given $\omega\langle\tau\rangle$ the dispersive scattering mechanisms all give a narrower peak than the non-dispersive mechanism ($p = 0$). The curve for $p = 3/2$ shows the effect most strongly.

It is shown in the Appendix that the conductivity tensor of a semiconductor with a many-valley conduction band may still be expressed in terms of the coefficients S_n defined by (2.3). These may be calculated from the quantities $\sigma_\pm$ and σ, just discussed, using (2.10), though of course the quantities $\sigma_\pm$ and σ as defined by (2.9) and (2.19) lose their direct physical significance.

3. Cyclotron Resonance

Since the measured quantity in a cyclotron resonance experiment is proportional to the real part of the conductivity tensor, (2.6) shows that for a linearly polarized electric field perpendicular to a magnetic field it is proportional to the real part of $S_1(\omega, \omega_c)$. Thus, by (2.10) the total signal is the sum of a resonant part, due to the circularly polarized component of the electric field which is rotating in the same direction as the carriers, and a non-resonant part due to the other circularly polarized component.

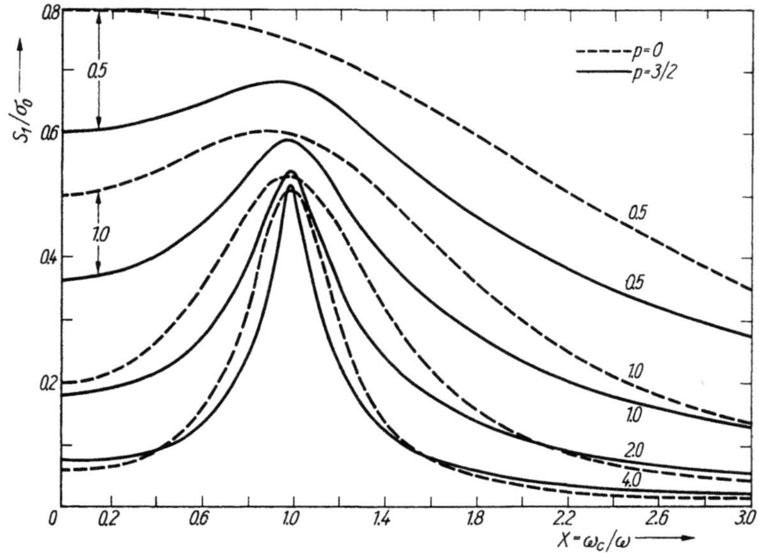

Fig. 2. Cyclotron resonance curves for $p = 0$ (dotted lines) and $p = 3/2$ (full lines). Values of $\omega\langle\tau\rangle$ are shown on the curves

Fig. 2 shows some cyclotron resonance curves calculated from (2.19) for $p = 0$ and 3/2, and for four values of $\omega\langle\tau\rangle$. For a given $\omega\langle\tau\rangle$, the peak is sharper for the dispersive scattering mechanism, and it persists to smaller values of $\omega\langle\tau\rangle$. It may be shown that for $p = 3/2$ a peak occurs for all $\omega\langle\tau\rangle$ greater than 0.196; for $p = 0$ $\omega\tau$ must exceed $1/\sqrt{3}$ or 0.577.

Microwave cyclotron resonance in n-type CdTe with an impurity concentration of the order of 10^{15} cm^{-3} has recently been studied at 4.2 °K and 70 GHz by Kanazawa [20]. The effective mass and line shape were isotropic, and only electrons were detected. However, the line shapes obtained were different from those predicted by a simple calculation with $p = 0$; an example is shown in Fig. 3. There is evidence from mobility measurements [21] that ionized impurity scattering dominates the mobility of CdTe at temperatures below about 50 °K, so improvement would be expected if the experimental results were compared with calculations with $p = 3/2$.

In these experiments the formula for the line shape may be written

$$P = A + B \operatorname{Re} S_1 (\omega\, \tau_0, \omega_c/\omega) . \tag{3.1}$$

Here A and B are constants depending on the experimental arrangement. The constants A, B, and $\omega\,\tau_0$ were found by fitting theory (for $p = 3/2$) and experiment at $\omega_c/\omega = 0$, 1, and 3. The curves for $p = 0$ were fitted at 0 and 1, using the same values of A as for $p = 3/2$. Some results are shown on Fig. 3. The agreement between theory and experiment is greatly improved by the assumption $p = 3/2$, and the fit is excellent for $\omega_c < \omega$, but a discrepancy remains for $\omega_c > \omega$.

The experimental results may also be compared with the sum rule (2.13). If the constant term, A, is subtracted, and the results normalized to $H = 0$, this sum rule may be written using (2.5) and (3.1) as

$$\int_0^\infty \frac{P(\omega_c)}{P(0)}\, d\left(\frac{\omega_c}{\omega}\right) = \frac{\pi}{2} \left\langle \frac{\omega\,\tau}{1 + \omega^2\,\tau^2} \right\rangle^{-1} . \tag{3.2}$$

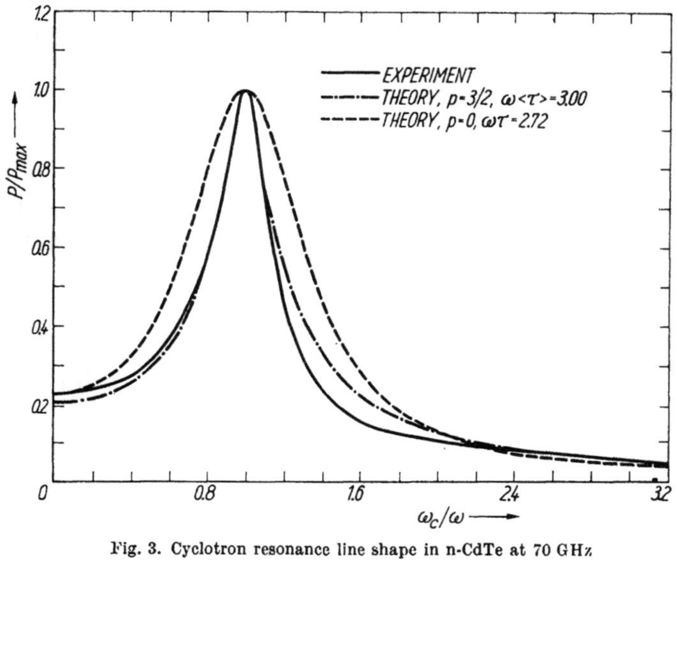

Fig. 3. Cyclotron resonance line shape in n-CdTe at 70 GHz

The left-hand side of this equation can be calculated by measuring the area under the experimental curves; the contribution for large ω_c may be estimated analytically since in this region $P \sim \omega_c^{-2}$. The right-hand side has been calculated using the same values of $\omega\,\tau_0$ found by curve fitting; it makes little difference whether we take $p = 0$ or $3/2$ since the curves are made to agree at $H = 0$. For the results shown on Fig. 3, the left-hand side was found to be 14% less than the right-hand side.

Although a calculation with $p = 3/2$ gives much better agreement with experiment than one with $p = 0$, some discrepancy remains, and possible reasons for this must be considered. First, the assumption that $\tau \sim E^{3/2}$ is an approximation, even for pure ionized impurity scattering, and an admixture of other scattering mechanisms will further change the energy dependence. Such an admixture would in fact weaken the energy dependence, and it seems from Fig. 3 that the opposite effect is needed. However, it is quite possible that a more complicated $\tau(E)$ relation would give better agreement. A further possibility is that the electrons gain sufficient energy from the microwave field that non-ohmic (hot electron) effects occur. But the electric field used was estimated to be less than 1 V/cm, which seems too small to raise the electron temperature appreciably.

However, improvements in the detailed theory would not affect the 14% discrepancy found in the sum rule (3.2). This suggests that the difficulties are experimental, probably arising from inhomogeneities in the crystals.

4. Magneto-Optical Properties

The optical properties of a solid in the presence of a magnetic field may be calculated once the complex refractive index, or the complex dielectric constant, is known. The dielectric constant tensor ε_{ij} is related to the conductivity tensor σ_{ij} by

$$\varepsilon_{ij} = \varepsilon_0\,\delta_{ij} - \frac{4\,\pi\,i}{\omega}\,\sigma_{ij}\,, \tag{4.1}$$

where ε_0 is the dielectric constant of the crystal in the absence of free carriers. Thus for circularly polarized radiation propagating parallel to a magnetic field

$$\operatorname{Re}\varepsilon_\pm = \varepsilon_0\,[1 + l\,\operatorname{Im}(\sigma_\pm/\sigma_0)]\,, \qquad \operatorname{Im}\varepsilon_\pm = -\,\varepsilon_0\,l\,\operatorname{Re}(\sigma_\pm/\sigma_0)\,, \tag{4.2}$$

where the parameter

$$l = 4\,\pi\,\sigma_0/\omega\,\varepsilon_0 \tag{4.3}$$

measures the importance of losses. If $\sigma_\pm = \sigma_0$, $-\,l$ is the loss tangent ($\operatorname{Im}\varepsilon_\pm/\operatorname{Re}\varepsilon_\pm$). We define the refractive index $N_\pm$ and the absorption index $K_\pm$ through

$$(N_\pm - i\,K_\pm)^2 = \varepsilon_\pm\,, \tag{4.4}$$

or

$$N_\pm^2 = \frac{1}{2}\,[\operatorname{Re}\varepsilon_\pm + |\varepsilon_\pm|]\,, \qquad K_\pm = -\,\operatorname{Im}\varepsilon_\pm/2\,N_\pm\,. \tag{4.5}$$

The Faraday rotation θ and ellipticity δ are then given by [5]

$$\theta = (N_- - N_+)\,\omega\,z/2\,c\,, \tag{4.6}$$

$$\delta = \tanh\{(K_+ - K_-)\,\omega\,z/2\,c\}\,. \tag{4.7}$$

If δ is small, the tanh function may be replaced by its argument. Similarly, the Voigt effect is given by [4]

$$\Phi = (N_{\parallel} - N_{\perp})\, \omega\, z/c\,, \tag{4.8}$$

where $N_{\parallel}$ and $N_{\perp}$ are the refractive indices for light polarized parallel and perpendicular to the magnetic field. These are given by equations like (4.2) to (4.5), with $\sigma_{\pm}$ replaced by σ in the equations for $N_{\parallel}$ and by $1/2\,(\sigma_+ + \sigma_-)$ in the equations for $N_{\perp}$.

In the general case these formulae cannot be simplified. Calculations of the Faraday rotation and ellipticity in the general case, for acoustic phonon and ionized impurity scattering, have been made by DONOVAN and WEBSTER [5]. However, several special cases arise which allow the measured quantities to be expressed fairly simply in terms of the components of the conductivity tensor. Thus in the case of small losses, $l \ll 1$, the equations simplify to

$$\left.\begin{aligned} \theta &= \frac{\pi z \sigma_0}{c\sqrt{\varepsilon_0}} \operatorname{Im}\left(\frac{\sigma_- - \sigma_+}{\sigma_0}\right), && (4.9)\\ \delta &= \tanh\left\{\frac{\pi z \sigma_0}{c\sqrt{\varepsilon_0}} \operatorname{Re}\left(\frac{\sigma_+ - \sigma_-}{\sigma_0}\right)\right\}, && (4.10)\\ \Phi &= \frac{\pi z \sigma_0}{c\sqrt{\varepsilon_0}} \operatorname{Im}\left(\frac{2\sigma - \sigma_+ - \sigma_-}{\sigma_0}\right). && (4.11) \end{aligned}\right\} \quad l \ll 1$$

In the limit of small magnetic fields, (4.9) to (4.11) can be expressed in terms of the Seitz coefficients α and β (see (2.14)). θ and δ are then proportional to H (if δ is small), and Φ to H^2. A Verdet constant V can be defined, and

$$\left.\begin{aligned} V &\equiv \frac{\theta}{H z} = \frac{2\pi \sigma_0 \mu_H}{\sqrt{\varepsilon_0}\, c^2} \operatorname{Re}\frac{\alpha}{\alpha_0}, && (4.12)\\ \frac{\delta}{H z} &= \frac{2\pi \sigma_0 \mu_H}{\sqrt{\varepsilon_0}\, c^2} \operatorname{Im}\frac{\alpha}{\alpha_0}, && (4.13)\\ \frac{\Phi}{H^2 z} &= \frac{2\pi n e^4 \langle\tau^3\rangle}{\sqrt{\varepsilon_0}\, m^3 c^3} \operatorname{Im}\frac{\beta}{\beta_0}. && (4.14) \end{aligned}\right\} \quad l \ll 1,\ \omega_c\langle\tau\rangle \ll 1$$

Here μ_H is the low-field Hall mobility, and α_0, β_0 are the values of α and β at $\omega = 0$. As mentioned previously, the frequency dependence of α/α_0 and of β/β_0 has been calculated by CHAMPLIN [12]. At high frequencies, $\omega\langle\tau\rangle \gg 1$, (4.12) and (4.14) reduce to the expressions normally used in the infrared region [4]. Formulae (4.12) and (4.13) have been given by FURDYNA and BROERSMA [7] for the case of a constant relaxation time.

At high magnetic fields, $\omega_c\langle\tau\rangle \gg 1$ or l, the actual loss tangent is always small and (4.9) to (4.11) become exact. The expression for the Faraday rotation, for example, further simplifies to

$$\theta = \frac{2\pi\sigma_0 z}{\sqrt{\varepsilon_0}\, c} \frac{1}{\langle\tau\rangle} \frac{\omega_c}{\omega_c^2 - \omega^2} \quad (\omega_c\langle\tau\rangle \gg 1 \text{ or } l)\,, \tag{4.15}$$

and if $\omega_c \gg \omega$ this reduces to

$$\theta = 2\pi n e/\sqrt{\varepsilon_0}\, H\,. \tag{4.16}$$

Thus in this limit the free carrier Faraday rotation is inversely proportional to the magnetic field and independent of effective mass or scattering mechanisms.

As an application of these results, the Faraday rotation in n-Ge has been calculated as a function of magnetic field, and compared with the measurements of Furdyna and Broersma [7]. The measurements were made at 78 °K and at a frequency of 35 GHz on single crystals of germanium, with the magnetic field parallel to the [100] axis of the crystal.

According to equation (A.15) of the Appendix, (2.12) must now be replaced by

$$\sigma_{\pm} = \frac{m}{m_\mu} S_1 \mp i \frac{m}{m_c} S_3 , \tag{4.17}$$

where S_1 and S_3 are still given by (2.3); m may now be conveniently taken to mean the free electron mass. Thus S_1 and S_3 may still be calculated by using (2.10) and (2.19). However, in the definition of ω_c, the cyclotron resonance effective mass m_c must be used. The mobility effective mass, m_μ, is given in terms of the principal components $m_\parallel$ and $m_\perp$ by

$$\frac{m}{m_\mu} = \frac{1}{3}\left(\frac{m}{m_\parallel} + 2\frac{m}{m_\perp}\right), \tag{4.18}$$

and for this orientation of H, m_c is given by

$$\frac{m}{m_c} = \left[\frac{1}{3}\frac{m}{m_\perp}\left(\frac{m}{m_\perp} + 2\frac{m}{m_\parallel}\right)\right]^{1/2} . \tag{4.19}$$

If $l \ll 1$, so that (4.9) can be used to calculate the Faraday rotation, the terms in m_μ drop out, and the result depends only on the cyclotron effective mass. However, in the samples measured, at 35 GHz, l was of the order of 1, and the exact formulae had to be used.

At 78 °K scattering is predominantly by acoustic phonons, and the relaxation time $\langle\tau\rangle$ can be calculated by using deformation potential theory. In the notation of Herring and Vogt [22], the deformation potentials are denoted by Ξ_d (dilation) and Ξ_u (shear). The quantity Ξ_u can be estimated from the shear piezoresistance coefficient m_{44} [22]; Ξ_d was calculated by assuming the relaxation time to be isotropic. Magnetoresistance measurements [23] indicate that this is nearly true, since the anisotropy parameter measured in this way, which includes the effect of any anisotropy of the relaxation time, is approximately equal in the acoustic scattering range to the anisotropy of the effective mass measured by cyclotron resonance. Values of the effective masses were taken from Dexter et al. [24], elastic constants from Fine [25], and the piezoresistance coefficient m_{44} from Morin et al. [26]. The values found for the deformation potentials were

$$\Xi_u = 17.0 \text{ eV}, \quad \Xi_d = -5.3 \text{ eV}, \tag{4.20}$$

and hence

$$\tau_0 = 2.60 \times 10^{-9}\, T^{-3/2} \text{ s} . \tag{4.21}$$

This gives a value of $\omega\langle\tau\rangle$ at 78 °K and 35 GHz of 0.625, which is close to the value estimated empirically by Furdyna and Broersma [7].

In order to calculate θ one other parameter is needed, the d.c. conductivity σ_0 (or the electron concentration n) which enters through the loss parameter l. The conductivity was measured at room temperature by Furdyna and Broersma [7] and extrapolated to 78 °K using published data. Their estimates of σ_0 have been used here, but it is probably the most uncertain parameter in the theory.

Fig. 4. Faraday rotation in n-Ge as a function of magnetic field H. Here l is the loss parameter $4\pi\sigma_0/\omega\varepsilon_0$ ("F & B" refers to FURDYNA and BROERSMA [7])

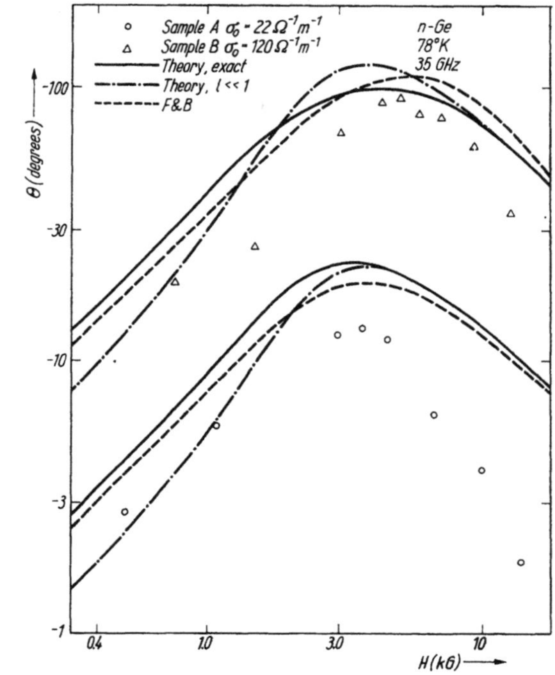

The results of both an exact calculation and an approximation calculation using (4.9) are shown on Fig. 4, together with the experimental results and a curve calculated by FURDYNA and BROERSMA [7] assuming a constant relaxation time, which was estimated empirically (from published Hall mobility data). Since the rotation depends on H through $\omega_c \tau_0$, the estimate of τ_0 is evidently very good. In the lossy sample (B), the present results give slightly better agreement with experiment. It is probable that much of the remaining discrepancy is due to an overestimate of σ_0. However, at high fields the experimental points have too steep a slope; empirically they tend to an H^{-2} behavior rather than the H^{-1} behavior predicted by (4.16). This may not be significant, but if it is, the explanation cannot be found in present theories of free carrier Faraday rotation.

5. Conclusions

The analysis of cyclotron resonance and the free carrier magneto-optical properties in terms of a magnetic field and frequency dependent conductivity tensor allows a unified treatment of the phenomena and gives concise expressions for the coefficients. Further, the components of the tensor are given directly by tabulated integrals, whenever a single scattering mechanism is dominant and the energy is a quadratic function of wave vector.

This work could be extended to include relaxation times which are more complicated functions of energy (e.g., mixed scattering) or to non-parabolic bands. In these cases the results cannot be expressed in terms of integrals which are functions of only one parameter. The theory could also be extended to cases where a relaxation time cannot be defined, as for polar optical mode scattering, or where scattering is highly anisotropic, as for ionized impurity scattering in a semiconductor like germanium with a many-valley band structure. A variational method could be used in such cases and it is intended to carry out such a calculation.

Acknowledgements

It is a pleasure to acknowledge many stimulating discussions with Professors F. C. BROWN and F. GARCIA-MOLINER and to thank them for their critical reading of the manuscript. I am also indebted to Dr. K. K. KANAZAWA for helpful discussions.

Appendix

The analysis of section 2 may be extended to a many-valley band structure by making a coordinate transformation [27]. Consider one ellipsoid and let the $E(k)$ relation, referred to coordinate axes coinciding with the axes of the ellipsoid, be

$$E(k) = \frac{\hbar^2}{2\,m} \sum_{i=1}^{3} \alpha_i\, k_i^2\,, \tag{A.1}$$

where m is the free electron mass, but let τ be a function of energy alone. The coordinate transformation is

$$k_i' = \alpha_i^{1/2}\, k_i\,. \tag{A.2}$$

Details of the method are given by Blatt [27]. The Boltzmann equation (2.1) becomes identical with that for an isotropic system and is solved in the usual way. The contribution to the current of the ellipsoid considered is calculated in the transformed coordinate system and the inverse transformation is then made.

The result may be expressed as follows. Let q be the number of ellipsoids and ΔJ the contribution to the current from one ellipsoid. Then

$$\Delta J_i = \frac{1}{q}\left[{}^{\beta}S_1\, E_i\, \alpha_i + {}^{\beta}S_2\, h_i \left(\frac{m_\beta}{m}\right)^2 \alpha_1\, \alpha_2\, \alpha_3 \sum_j E_j\, h_j + {}^{\beta}S_3\, \frac{m_\beta}{m} \sqrt{\alpha_1\, \alpha_2\, \alpha_3}\; \alpha_i^{1/2} \times \right.$$
$$\left. \times \sum_{jk} \varepsilon_{ijk} \frac{\alpha_j^{1/2}}{\alpha_k^{1/2}} E_j\, h_k \right]. \tag{A.3}$$

Here $\boldsymbol{h}$ is as before a unit vector parallel to $\boldsymbol{H}$, ε_{ijk} is the antisymmetric unit tensor of rank 3 and m_β is the cyclotron resonance effective mass for this ellipsoid. If $\alpha_1 = \alpha_{\parallel}$, $\alpha_2 = \alpha_3 = \alpha_{\perp}$, m_β is given by

$$\frac{m}{m_\beta} = \{\alpha_{\perp}\, [\alpha_{\parallel}\,(1 - \beta) + \alpha_{\perp}\, \beta]\}^{1/2}\,, \tag{A.4}$$

where $\beta = h_1^2$, and h_1 is the cosine of the angle between H and the axis of symmetry of the spheroid. Since the S_n depend on β through m_β, β has been added as a superscript. The ${}^{\beta}S_n$ are still given by (2.3) (in which n is the total electron concentration in the conduction band and m is now the free electron mass) and hence may still be calculated from (2.10) and (2.19).

Choose a right-handed coordinate system with the z axis along H and let $\boldsymbol{u}, \boldsymbol{u}', \boldsymbol{h}$ be unit vectors in the (x, y, z) directions. If $\Delta\sigma_{ij}$ is the conductivity tensor for one ellipsoid referred to the coordinates used in (A.1) $(i, j = 1, 2, 3)$ then its components $\Delta\sigma_{\alpha\beta}$ $(\alpha, \beta = x, y, z)$ may be formed from the relations

$$\Delta\sigma_{xx} = \sum_{ij} u_i\, \Delta\sigma_{ij}\, u_j\,,\quad \Delta\sigma_{xy} = \sum_{ij} u_i\, \Delta\sigma_{ij}\, u_j'\,,\quad \Delta\sigma_{xz} = \sum_{ij} u_i\, \Delta\sigma_{ij}\, h_j\,,\ \text{etc.} \tag{A.5}$$

These scalars are easily formed from (A.3). The quantity $\sum_i \Delta\sigma_{ij}\, u_j$, for example, is just the current ΔJ_i given by (A.3) with u_i substituted for E_i. The coefficients of ${}^{\beta}S_3$ may be considerably simplified by using the properties of ε_{ijk}, and the final results are as follows:

$$\Delta\sigma_{xx} = \frac{1}{q}\, {}^{\beta}S_1 \sum_i \alpha_i\, u_i^2\,, \qquad \Delta\sigma_{yy} = \frac{1}{q}\, {}^{\beta}S_1 \sum_i \alpha_i\, u_i'^2\,, \tag{A.6}$$

$$\Delta\sigma_{zz} = \frac{1}{q}\, {}^{\beta}S_1 \sum_i \alpha_i\, h_i^2 + \frac{1}{q}\, {}^{\beta}S_2 \left(\frac{m_\beta}{m}\right)^2 \alpha_{\parallel}\, \alpha_{\perp}^2\,, \tag{A.7}$$

$$\Delta\sigma_{xy} = \frac{1}{q}\,{}^{\beta}S_1 \sum_i \alpha_i\, u_i\, u_i' + \frac{1}{q}\,{}^{\beta}S_3\left(\frac{m}{m_\beta}\right), \tag{A.8}$$

$$\Delta\sigma_{yz} = \frac{1}{q}\,{}^{\beta}S_1 \sum_i \alpha_i\, h_i\, u_i' + \frac{1}{q}\,{}^{\beta}S_3\left(\frac{m_\beta}{m}\right)\alpha_\perp\,(\alpha_\perp - \alpha_\parallel)\, h_1\, u_1\,, \tag{A.9}$$

$$\Delta\sigma_{zx} = \frac{1}{q}\,{}^{\beta}S_1 \sum_i \alpha_i\, h_i\, u_i + \frac{1}{q}\,{}^{\beta}S_3\left(\frac{m_\beta}{m}\right)\alpha_\perp\,(\alpha_\perp - \alpha_\parallel)\, h_1\, u_1'\,. \tag{A.10}$$

$\Delta\sigma_{ji}$ is obtained from $\Delta\sigma_{ij}$ by reversing the sign of the coefficient of ${}^{\beta}S_3$. Finally, the contributions $\Delta\sigma_{\alpha\beta}$ of each ellipsoid must be added.

Now in general a plane polarized wave propagating parallel to $\boldsymbol{H}$ in an anisotropic medium is split into elliptically rather than circularly polarized components and the theory of the Faraday effect, for example, becomes very complicated [6]. The necessary condition for the components to be circularly polarized is

$$\sigma_{xx} = \sigma_{yy}\,;\ \sigma_{xy} = -\,\sigma_{yx}\,. \tag{A.11}$$

If this condition is satisfied, components $\sigma_\pm$ can be defined as in (2.8), the result replacing (2.9) being

$$\sigma_\pm = \frac{1}{q} \sum_{\text{ellipsoids}} \left\{{}^{\beta}S_1 \sum_i \alpha_i\, u_i^2 \mp i\,(m/m_\beta)\,{}^{\beta}S_3\right\}. \tag{A.12}$$

Conditions (A.11) are satisfied in Ge and Si if H is parallel to the [100] or [111] axes of the crystal. Explicit results in these cases are as follows.

Silicon:

$\boldsymbol{H}$ along [100]

$$\begin{cases} \sigma_\pm = \dfrac{1}{3}\alpha_\perp\,({}^1S_1 \mp i\,{}^1S_3) + \left\{\dfrac{1}{3}(\alpha_\perp + \alpha_\parallel)\,{}^0S_1 \mp i\,\dfrac{2}{3}\dfrac{m}{m_0}\,{}^0S_3\right\}, \\[2mm] \sigma_{zz} = \dfrac{m}{m_\mu}\,\sigma\,, \end{cases} \tag{A.13}$$

$\boldsymbol{H}$ along [111]

$$\begin{cases} \sigma_\pm = \dfrac{m}{m_\mu}\,{}^{1/3}S_1 \mp i\,\dfrac{m}{m_{1/3}}\,{}^{1/3}S_3\,, \\[2mm] \sigma_{zz} = (\alpha_\perp + 2\,\alpha_\parallel)^{-1}\left[3\,\alpha_\parallel\,\alpha_\perp\,\sigma + \dfrac{2}{3}(\alpha_\parallel - \alpha_\perp)^2\,{}^{1/3}S_1\right]. \end{cases} \tag{A.14}$$

Germanium:

$\boldsymbol{H}$ along [100]

$$\begin{cases} \sigma_\pm = \dfrac{m}{m_\mu}\,{}^{1/3}S_1 \mp i\,\dfrac{m}{m_{1/3}}\,{}^{1/3}S_3\,, \\[2mm] \sigma_{zz} = (\alpha_\perp + 2\,\alpha_\parallel)^{-1}\left[3\,\alpha_\parallel\,\alpha_\perp\,\sigma + \dfrac{2}{3}(\alpha_\parallel - \alpha_\perp)^2\,{}^{1/3}S_1\right], \end{cases} \tag{A.15}$$

$\boldsymbol{H}$ along [111]

$$\begin{cases} \sigma_\pm = \dfrac{1}{4}\alpha_\perp\,({}^1S_1 \mp i\,{}^1S_3) + \\[2mm] \qquad + \left\{\dfrac{1}{12}(4\,\alpha_\parallel + 5\,\alpha_\perp)\,{}^{1/9}S_1 \mp i\,\dfrac{3}{4}\dfrac{m}{m_{1/9}}\,{}^{1/9}S_3\right\}, \\[2mm] \sigma_{zz} = (\alpha_\perp + 8\,\alpha_\parallel)^{-1}\left[\alpha_\parallel\,(2\,\alpha_\parallel + 7\,\alpha_\perp)\,\sigma + \dfrac{2}{3}(\alpha_\parallel - \alpha_\perp)^2\,{}^{1/9}S_1\right]. \end{cases} \tag{A.16}$$

In the above, m_μ is the mobility effective mass

$$\frac{m}{m_\mu} = \frac{1}{3} (\alpha_\parallel + 2\,\alpha_\perp)\,. \tag{A.17}$$

In all these cases $\sigma_{yz} = \sigma_{zy} = \sigma_{xz} = \sigma_{zx} = 0$. The occurrence of a term in S_1 in σ_{zz} means of course that a resonance occurs even with the electric field parallel to $\boldsymbol{H}$ (longitudinal cyclotron resonance).

References

[1] B. LAX and J. G. MAVROIDES, Solid State Physics **11**, 261 (1960).
[2] L. GOLD, W. M. BULLIS, and R. A. CAMPBELL, Phys. Rev. **103**, 1250 (1956).
[3] M. FUKAI, H. KAWAMURA, and I. IMAI, J. Phys. Soc. Japan **19**, 30 (1964).
[4] T. S. MOSS, phys. stat. sol. **2**, 601 (1962).
[5] B. DONOVAN and J. WEBSTER, Proc. Phys. Soc. **78**, 120 (1961).
[6] B. DONOVAN and J. WEBSTER, Proc. Phys. Soc. **79**, 46 (1962); **81**, 90 (1963).
[7] J. K. FURDYNA and S. BROERSMA, Phys. Rev. **120**, 1995 (1960).
[8] J. K. FURDYNA and M. E. BRODWIN, Phys. Rev. **124**, 740 (1961); **132**, 97 (1963).
[9] R. B. DINGLE, D. ARNDT, and S. K. ROY, Appl. sci. Res. **B 6, 144**, 245 (1956).
[10] R. M. BROWN and N. K. HINDLEY, University of Illinois, Engineering Experiment Station Circular 84, April, 1964.
[11] F. SEITZ, Rev. Phys. **79**, 372 (1950).
[12] K. S. CHAMPLIN, Phys. Rev. **130**, 1374 (1963).
[13] J. BARDEEN and W. S. SHOCKLEY, Phys. Rev. **80**, 72 (1950).
[14] W. T. READ, Phil. Mag. **45**, 775 (1954).
[15] S. ERGINSOY, Phys. Rev. **79**, 1013 (1950).
[16] L. P. KADANOFF, Phys. Rev. **130**, 1364 (1963).
[17] J. APPEL and W. B. TEUTSCH, J. Phys. Chem. Solids **23**, 1521 (1962); R. STRATTON, J. Phys. Chem. Solids **23**, 1011 (1962).
[18] A. R. HUTSON, J. appl. Phys. **32**, 2287 (Suppl.) (1961).
[19] E. M. CONWELL and V. F. WEISSKOPF, Phys. Rev. **77**, 388 (1950); H. BROOKS, Adv. Electronics Electron Phys. **7**, 156 (1955).
[20] K. K. KANAZAWA, Bull. Amer. Phys. Soc. **11**, 8, 620 (1963).
[21] B. SEGALL, M. R. LORENZ, and R. E. HALSTED, Phys. Rev. **129**, 6 (1963).
[22] C. HERRING and E. VOGT, Phys. Rev. **101**, 944 (1956).
[23] R. A. LAFF and H. Y. FAN, Phys. Rev. **112**, 317 (1958); C. GOLDBERG and W. E. HOWARD, Phys. Rev. **110**, 1035 (1958).
[24] R. M. DEXTER, H. J. ZEIGER, and B. LAX, Phys. Rev. **104**, 637 (1956).
[25] M. E. FINE, J. appl. Phys. **26**, 862 (1955).
[26] F. J. MORIN, T. H. GEBALLE, and C. HERRING, Phys. Rev. **105**, 525 (1957).
[27] F. J. BLATT, Solid State Physics **4**, 285 (1957).

(Received June 29, 1964)

phys. stat. sol. 7, 81 (1964)

Forschungsinstitut für metallische Spezialwerkstoffe der Deutschen Akademie der Wissenschaften zu Berlin, Dresden

Ein Beitrag zum Problem der anhysteretischen Suszeptibilität von Dauermagnetwerkstoffen

Von

O. HENKEL

An Cu–Ni–Fe-Legierungen ist die anhysteretische Suszeptibilität in Abhängigkeit vom Aushärtungszustand ermittelt worden. Es zeigt sich, daß bei einem bestimmten Aushärtungszustand die auf $N = 0$ extrapolierte anhysteretische Suszeptibilität ein ausgeprägtes Maximum besitzt. In der Néelschen Beziehung $c = N^{-1} [1 - \exp(-c_0 N)]$ ist der geometrische Entmagnetisierungsfaktor N durch einen den Teilchenkollektiv-Zustand charakterisierenden N-Wert zu korrigieren, der sowohl positiv als auch negativ sein kann.

The anhysteretic susceptibility of Cu–Ni–Fe-alloys is measured as a function of the degree of age-hardening. It is shown that the anhysteretic susceptibility (extrapolated to $N = 0$) has a pronounced maximum for a distinct state of age-hardening. The geometric demagnetization factor N in the Néel relation $c = N^{-1} [1 - \exp(-c_0 N)]$ must be corrected by an N-value (which can be positive or negative) characterising the collective state of the particles.

1. Einleitung

Die Wechselwirkungen von Teilchen in einem Kollektiv können mathematisch nicht exakt erfaßt werden. Es gibt eine Anzahl einfacher Modelle, die im wesentlichen durch magnetisierungsabhängige oder -unabhängige Effekte charakterisiert sind. DANIEL und WOHLFARTH [1] haben hierüber berichtet. Beide Modellarten sind unbefriedigend. Von NÉEL [2] wurde eine Kombination beider Effekte bezüglich der anhysteretischen Suszeptibilität vorgeschlagen. Er zeigte, daß die Beziehung für die scheinbare anhysteretische Suszeptibilität

$$\frac{1}{c} = \frac{1}{c_0} + N \tag{1}$$

(c_0 wahre Suszeptibilität, N Entmagnetisierungsfaktor) nicht mehr gültig ist, wenn es sich um irreversible Erscheinungen handelt. Die hierauf bezogene Suszeptibilität wird durch die Beziehung

$$c = \frac{1 - e^{-c_0 N}}{N} \tag{2}$$

angegeben. Wenn $c_0 N$ relativ groß ist, wird $c = 1/N$ und damit unabhängig von der Beschaffenheit des Werkstoffes.

NÉEL, FORRER, JANET und BAFFIE [3] haben die Beziehung (2) an einem Fe–Ni–Al- und Fe–Co-Dauermagnet im Joch-Verfahren überprüft. Die Messungen bis $c_0 N = 2$ zeigten, daß an beiden Magneten mit Koerzitivfeldstärken von 400 bzw. 120 Oe die gleiche Abhängigkeit vorhanden ist und tatsächlich mit zunehmendem entmagnetisierenden Felde die $1/c$-Kurve schnell zur Tangenten der Geraden $1/c = N$ wird.

Für die Theorie der Dauermagnetwerkstoffe auf Einbereichsbasis und auch für die Praxis der magnetischen Speicherwerkstoffe ist es wünschenswert, weitere experimentelle Untersuchungen in dieser Hinsicht durchzuführen. Im folgenden wird über die Ergebnisse an aushärtbaren Cu–Ni–Fe-Legierungen in verschiedenen Aushärtungszuständen berichtet. Der Einfluß des Entmagnetisierungsfaktors auf die anhysteretische Suszeptibilität wurde ballistisch an ellipsoidförmigen Proben ermittelt.

2. Versuchsdurchführung

Bei den Diskussionen über die anhysteretische Magnetisierung wird immer wieder erwähnt, daß die an einem nichtgeschlossenen Magnetkreis ermittelte scheinbare Anhysterese-Suszeptibilität einen konstanten Wert annimmt, sofern nur das angelegte Gleichfeld klein genug ist. Wie aber an kompakten Dauermagnetwerkstoffen gezeigt werden konnte [4], wird dieses Verhalten experimentell nicht bestätigt. Die anhysteretische Suszeptibilität durchläuft nur ein mehr oder weniger ausgeprägtes Maximum, d. h., die anhysteretische Magnetisierung ist nicht bis $H = 0$ dem Feld proportional. Die Integralform der statischen Magnetisierungskurve wird durch die Überlagerung des Wechselfeldes auch im Anfangsbereich nicht völlig linearisiert. Je höher der Ausrichtungsgrad der Teilchen ist, desto kleiner ist der lineare Bereich der scheinbaren Anhysterese-Suszeptibilität. An Fe–Ni–Cr- und Fe–Co–V-Legierungen wird bis zu Gleichfeldern von 1 Oe hinunter und bei keinem praktisch erreichbaren Ausrichtungsgrad ein konstanter Bereich festgestellt. Dagegen haben Cu–Ni–Fe-Legierungen bei optimaler Aushärtung einen gut meßbaren Bereich konstanter anhysteretischer Suszeptibilität.

Um die geschilderten Schwierigkeiten bei der Ermittlung dieser wichtigen Eigenschaft auszuschalten, wurden zunächst nur Cu–Ni–Fe-Legierungen mit einem Remanenzverhältnis $I_r/I_s < 0{,}7$ zu den folgenden Untersuchungen benutzt. Diese Legierungen bieten aber für die gestellte Aufgabe noch eine ganze Reihe Vorteile: 1. Ohne Schwierigkeiten sind an einer Probe mit konstanter äußerer Form verschiedene magnetische Härtezustände einstellbar. 2. Die Ursache der magnetischen Härte ist recht gut bekannt. 3. Die Sättigungsmagnetisierung und damit die Packungsdichte bleibt durch die Einstellung verschiedener Härtezustände praktisch konstant. Es wurden zwei Legierungen mit verschiedenen Packungsdichten $p = I_s'/I_s$ (I_s' pauschale Magnetisierung) untersucht, deren chemische Zusammensetzung in Tabelle 1 angegeben ist.

Tabelle 1
Chemische Zusammensetzung der verwendeten Legierungen

Nr.	Gew.-% Cu	Gew.-% Ni	Gew.-% Fe	Ni/Fe	p (%)
1	60	20,5	18,3	1,12	35 ± 2
2	64	22	13,7	1,61	28 ± 2

Die Meßproben wurden auf Ellipsoidform vorgedreht und durch visuellen Vergleich mit einer vergrößerten Vorlage der Idealform angenähert. Sie hatten einen Durchmesser von 4 mm und ein Längen-Dicken-Verhältnis $20 \geqq l/d \geqq 3$. Der remanente magnetische Fluß, der nach Anlegen eines Gleichfeldes mit überlagertem und auf Null abnehmendem Wechselfeld vorhanden ist, wurde par-

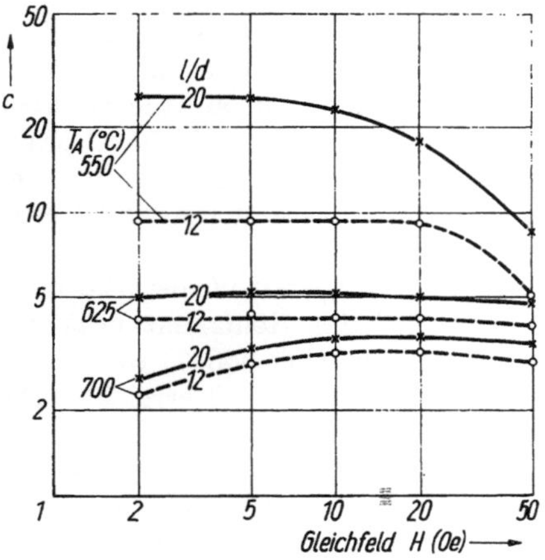

Fig. 1. Scheinbare anhysteretische Suszeptibilität von Legierung 2 als Funktion des Gleichfeldes nach verschiedener Anlaßtemperatur

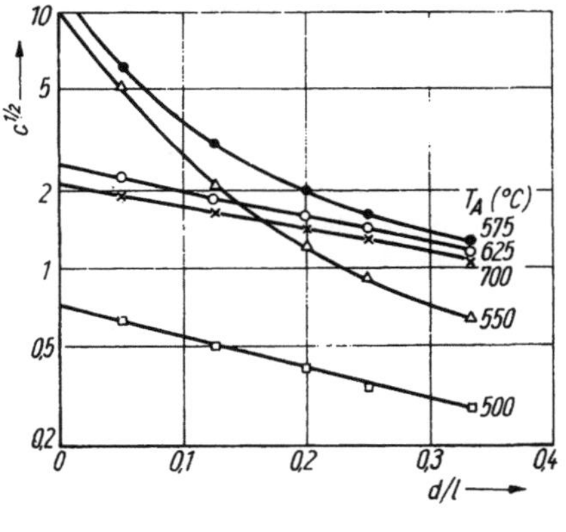

Fig. 2. Extrapolation der anhysteretischen Suszeptibilität c über dem reziproken l/d-Verhältnis von Legierung 2 (l Probenlänge, d max. Probendurchmesser)

allel zur Richtung des Gleichfeldes gemessen. Er wurde nur auf den ferromagnetischen Anteil der Probe bezogen. Durch Auftragung von $c = I'_A/(p\,H)$ (I'_A pauschale Anhysterese-Magnetisierung) als Funktion des Gleichfeldes H konnte der maximale c-Wert bestimmt werden. Fig. 1 zeigt als Beipsiel einige Kurven, wie sie zur Auswertung benutzt wurden. Um die Anhysterese-Suszeptibilität c_0 (c bei $N = 0$) zu erhalten, wurde der maximale c-Wert über $\ln c^{1/2} = f(d/l)$ extrapoliert, wie beispielsweise Fig. 2 zeigt.

3. Experimentelle Ergebnisse

Bevor auf die Meßergebnisse der anhysteretischen Suzeptibilität näher eingegangen wird, sollen der besseren Übersichtlichkeit wegen zunächst die an beiden Legierungen vorhandene Koerzitivfeldstärke, Sättigungs- und Remanenzmagnetisierung diskutiert werden. Fig. 3 zeigt die Koerzitivfeldstärke als Funktion der Anlaßtemperatur. Die Proben waren vorher etwa 10 Stunden bei 1080 °C homogenisiert und in Wasser abgeschreckt worden. Zu beachten ist, daß nach dieser Behandlung die Proben der Legierung 1 eine Koerzitivfeldstärke $H_c \sim$ 10 Oe

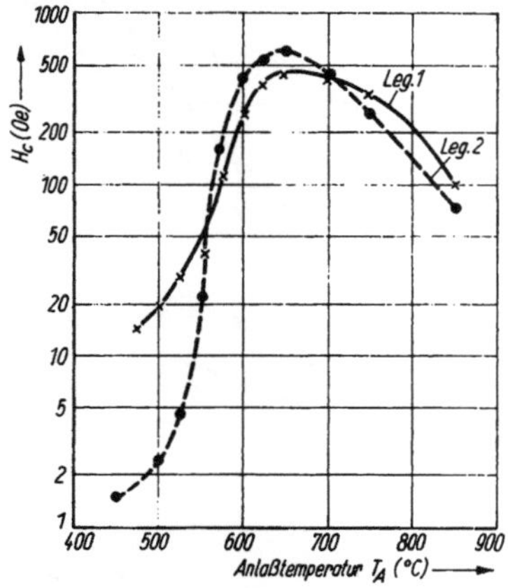

Fig. 3. Wahre Koerzitivfeldstärke als Funktion der Anlaßtemperatur (Anlaßzeit 1 Stunde)

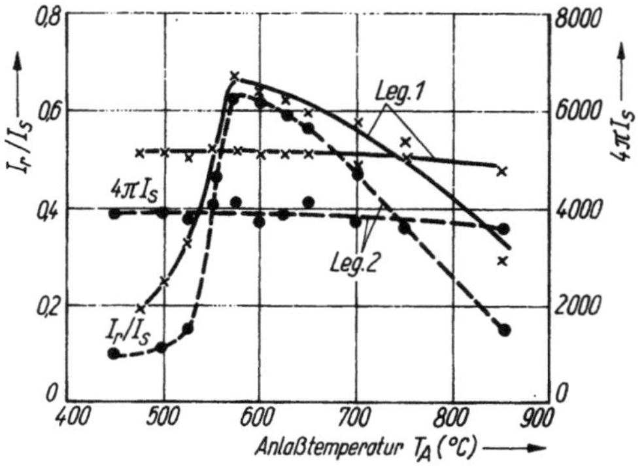

Fig. 4. Sättigungsmagnetisierung und Remanenzverhältnis nach einstündiger Anlaßbehandlung bei verschiedenen Temperaturen

und die der Legierung 2 eine von $H_c \sim 1$ Oe hatten. Nach optimaler Anlaßbehandlung bei 650 °C unterscheiden sich beide Legierungen nur um etwa 100 Oe.

Die Sättigungsmagnetisierung ist nach Fig. 4 verschieden groß. Sie ist aber für beide Legierungen im gesamten Temperaturbereich 450 °C $T \leqq 850$ °C praktisch unabhängig von der Anlaßtemperatur, so daß zur Ermittlung der anhysteretischen Suszeptibilität stets die gleiche Packungsdichte eingesetzt werden konnte. Charakteristisch ist der Verlauf des Remanenzverhältnisses. Das ausgeprägte Maximum tritt bei einer Anlaßtemperatur auf, wo die Koerzitivfeldstärke noch steigend ist. Mit zunehmender Anlaßtemperatur wird das Remanenzverhältnis beider Legierungen kleiner. Nach einer Anlaßbehandlung bei 850 °C werden an diesen unverformten Proben sehr niedrige Werte von $I_r/I_s \sim 0{,}2$ erreicht. Die obige Bemerkung, daß die Ursache der magnetischen Härte der Cu–Ni–Fe-Legierungen recht gut bekannt ist, soll an dieser Stelle auf die nähere Umgebung des Koerzitivfeldstärke-Maximums beschränkt werden. Hier liegt sicher ein Kleinteilchenproblem in der bekannten Art mit dominierender Formanisotropie vor. Die Vorgänge im Anfangs- und Endbereich sollen hier nicht weiter diskutiert werden.

Fig. 5 zeigt die Anhysterese-Suszeptibilität c_0 als Funktion der Anlaßtemperatur. Beide Legierungen zeigen ein ausgeprägtes Maximum. Es tritt bei der gleichen Anlaßtemperatur auf, wo auch das Remanenzverhältnis maximal ist. Zunächst ist bekannt [4], daß mit zunehmendem Ausrichtungsgrad die anhysteretische Suszeptibilität um das Mehrfache größer wird. Zu beachten ist jedoch, daß beide Legierungen ein maximales Remanenzverhältnis $I_r/I_s \sim 0{,}65$ haben und trotzdem derart unterschiedliche c_0-Werte vorhanden sind. An Legierung 2 ist $c_0 > 100$. Auf eine exakte c_0-Bestimmung wurde verzichtet, weil hierzu Meßobjekte mit wesentlich größeren l/d-Werten erforderlich sind. Das ausgeprägte c_0-Maximum ist bei einem Aushärtungszustand vorhanden, wo die Koerzitivfeldstärke etwa 150 Oe ist und somit bereits von einem hartmagnetischen Zustand gesprochen werden kann.

In Fig. 6 ist das Verhältnis c_0/c als Funktion von $c_0 N$ aufgetragen. Die Gerade AB entspricht Beziehung (1). Auch nach (2) beginnt die Kurve im Punkt A, nähert sich aber bereits bei $c_0 N = 5$ beträchtlich der Geraden OC für $1/c = N$. Wie aber die experimentellen Ergebnisse an Legierung 2 zeigen, wird quantitativ weder

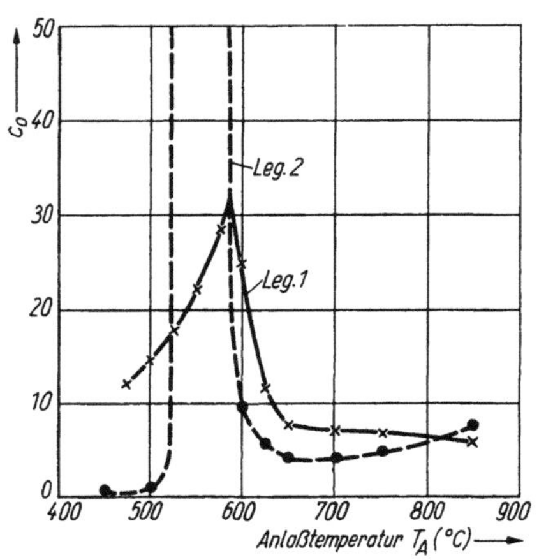

Fig. 5. Wahre anhysteretische Suszeptibilität als Funktion der Anlaßtemperatur

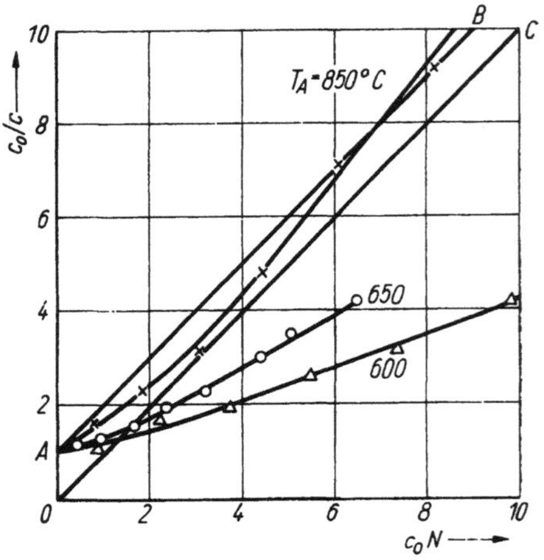

Fig. 6. Anhysteresekurven von Legierung 2 in verschiedenen Aushärtungszuständen

Fig. 7. Anhysteresekurven von Legierung 1 nach Anlaßbehandlungen bei a) 500 bis 600 °C und b) 600 bis 850 °C

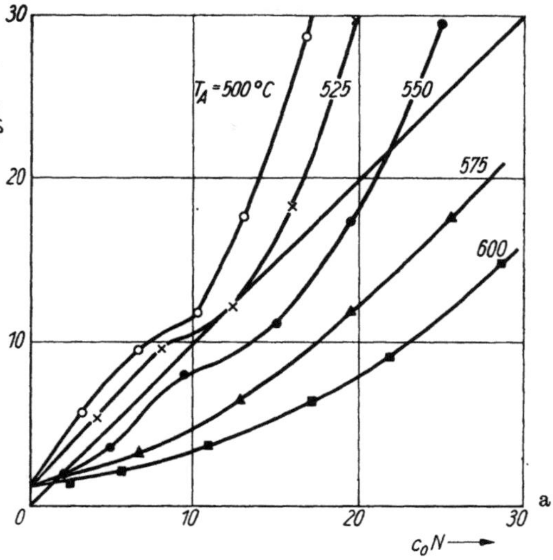

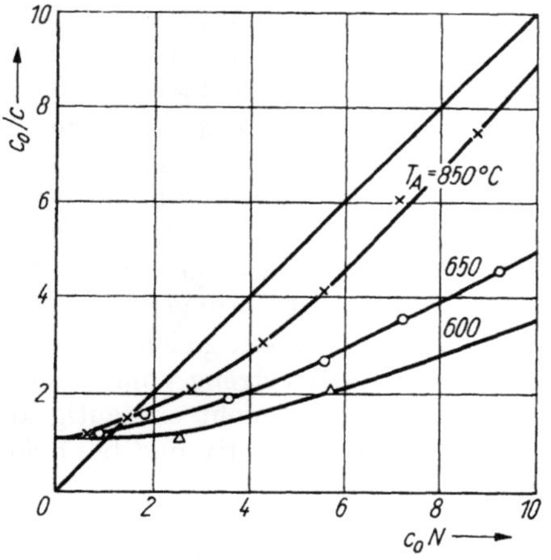

die eine noch die andere Beziehung richtig wiedergegeben. Nur bei sehr großen Teilchen ($T_A = 850$ °C) ist im Anfangsbereich eine annähernde Übereinstimmung vorhanden. Da für alle Anlaßbehandlungen stets die gleichen Proben verwendet worden sind (gleicher N-Wert) und die Packungsdichte konstant ist, können die Kurven durch systematische c-Ungenauigkeiten nur transformiert werden, ohne daß dadurch die prinzipiellen Unterschiede beseitigt werden.

An Legierung 1, wo die Unterschiede im c_0-Wert (siehe Fig. 5) wesentlich geringer sind, ist $c_0/c = f(c_0 N)$ für alle Anlaßbehandlungen zwischen 500 und 850 °C in Fig. 7a und b gezeigt. Bei niedrigen Anlaßtemperaturen ist ein anomaler Kurvenverlauf zu beobachten. Während er an anderen Werkstoffen nicht beobachtet wird, ist er für Cu–Ni–Fe-Legierungen charakteristisch. Prinzipiell ist aber zu sehen, daß mit zunehmender Anlaßtemperatur der Kurvenanstieg immer flacher wird. Nach einer Anlaßbehandlung bei 600 °C ist die größte Abweichung von der Geraden für $1/c = N$ vorhanden. In diesem Zustand ist das c_0-Maximum überschritten, aber die optimale Koerzitivfeldstärke noch nicht erreicht. Mit zunehmender Anlaßtemperatur wird nach Fig. 7b der Kurvenverlauf wieder steiler.

4. Diskussion

Die experimentellen Ergebnisse in Fig. 6 und 7 zeigen, daß die Beziehung (2) qualitativ wiedergegeben wird. Quantitativ ist sie aber nicht brauchbar, weil die spezifischen Besonderheiten des Teilchenkollektivs — z. B. Größe, Abstand, Anordnung und Form der Teilchen — unberücksichtigt sind.

Zunächst sollen jedoch einige kritische Bemerkungen zur Versuchsdurchführung gemacht werden. Der Feldstärke-Bereich, in dem c praktisch konstant ist, kann speziell bei den Cu–Ni–Fe-Legierungen mit kleinem Ausrichtungsgrad als ausreichend angesehen werden. Trotzdem muß darauf hingewiesen werden, daß entgegen den üblichen Annahmen c nicht bis $H = 0$ konstant ist. Wesentlich kritischer ist die wahre Ellipsoidform der Meßproben. Als N-Wert ist der in der Literatur [5] angegebene für ideale Ellipsoide genommen worden. Der N-Wert für wirkliche Ellipsoide kann nur kleiner sein. Dadurch wird die Abszisse gerafft. Um aber die Diskrepanz zwischen Beziehung (2) und den experimentellen Ergebnissen für den Zustand größter Koerzitivfeldstärke zu beseitigen, müßte der N-Wert nur halb so groß wie angenommen sein. Das ist unmöglich. Solche Körper würden einem Zylinder wesentlich ähnlicher sehen als einem Ellipsoid.

Die ballistische Messung der remanenten Magnetisierung an Proben mit kleinem Längen-Dicken-Verhältnis kann fehlerhaft sein, wenn die Induktionsspule nicht wesentlich kürzer als die Probe und ein Luftspalt zwischen Probe und Spule vorhanden ist. Die Abweichungen von (2) machen sich jedoch schon bei kleinen N-Werten (großes Längen-Dicken-Verhältnis) bemerkbar, und im übrigen würde ein solcher Einfluß die Abhängigkeit vom Aushärtungszustand nicht beseitigen.

Es ergeben sich aus den Ergebnissen in Fig. 5 und 6 einige Schlußfolgerungen, die anhand der Fig. 8 diskutiert werden sollen. Hier ist der aus (2) errechnete wirkliche Entmagnetisierungsfaktor als Funktion der Anlaßtemperatur aufgetragen. Parameter ist der äußere, geometrische Entmagnetisierungsfaktor. Gestrichelt eingezeichnet ist, wo beide Entmagnetisierungsfaktoren gleich groß sind bzw. $N_i = 0$ ist. Hiernach ist der Zustand für $N_i = 0$ nicht streng vom Aushärtungszustand allein abhängig. Der Grund dafür kann noch nicht eindeutig angegeben werden. Bei niedrigeren Anlaßtemperaturen ist N_i positiv und bei höheren negativ.

Wohlfarth [6] hat kürzlich das Problem der Teilchenwechselwirkungen ausführlich behandelt. Hiernach kommt dem inneren Entmagnetisierungsfaktor

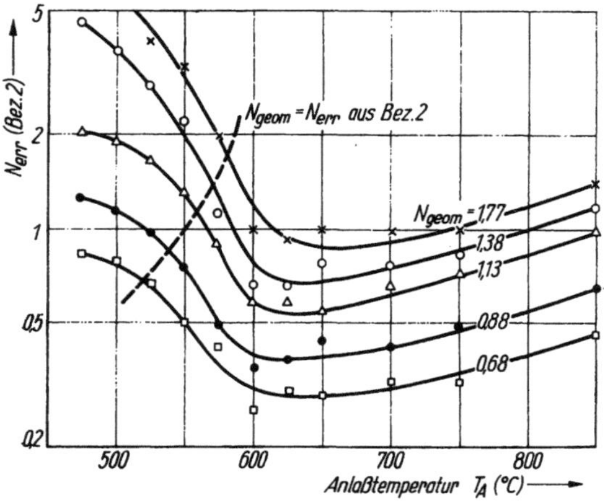

Fig. 8. Errechneter Entmagnetisierungsfaktor nach Beziehung (2) als Funktion der Anlaßtemperatur. Parameter ist der äußere, geometrische Entmagnetisierungsfaktor (Legierung 1)

folgende physikalische Bedeutung zu: Wenn die Magnetisierung eines Einbereichsteilchens im Verlaufe des Idealisierungsprozesses der Probe ihre endgültige Lage einnimmt, dann geschieht das nicht nur unter dem Einfluß der makroskopischen Magnetfelder (äußeres Gleich- und Wechselfeld, makroskopisches Entmagnetisierungsfeld), sondern auch der Streufelder der Nachbarteilchen. Je nachdem, ob diese Streufelder die Magnetisierung des betrachteten Teilchens parallel oder antiparallel zur Umgebung einzustellen suchen, spricht man von positiver oder negativer Wechselwirkung. So versucht ein längliches Teilchen ein in Längsrichtung dahinterliegendes gleichzurichten und verstärkt damit die Wirkung des Gleichfeldes beim Idealisierungsprozeß. Entgegengesetzt ist es bei zwei nebeneinanderliegenden Teilchen. Hier versucht die Magnetisierung einen abgeschlossenen Kreis zu bilden. Die Komponenten der erwähnten Wechselwirkungsfelder in der Meßrichtung sind den entsprechenden Komponenten der magnetischen Momente der Nachbarteilchen und deren Anzahl proportional. Mittelt man über alle Bezugsteilchen, deren Magnetisierung gerade fixiert wird, so kann man näherungsweise Proportionalität mit der momentanen pauschalen Magnetisierung annehmen. Der von der Form und Verteilung der Einbereichsteilchen abhängige Proportionalitätsfaktor kann als Entmagnetisierungsfaktor aufgefaßt und als innerer zum geometrischen addiert werden.

Wie kann man sich nun bei den Cu–Ni–Fe-Legierungen im hartmagnetischen Zustand das Zustandekommen negativer Wechselwirkungsfelder vorstellen? Nach BIEDERMANN und KNELLER [9] ist in diesem Zustand eine paketweise Schichtung von weniger als 10 Platten vorhanden. In einem solchen „Unterkollektiv" sind durch das Nebeneinanderliegen der Platten negative Wechselwirkungsfelder vorhanden. Das gesamte Teilchenkollektiv ist aus einer großen Anzahl solcher „Unterkollektive" zusammengesetzt, zwischen denen die Wechselwirkungen wesentlich kleiner sind und bei statistischer Verteilung sowohl positive als auch negative und gegen Null gehende Wechselwirkungsfelder auftreten können. Anders ist das bei nichtstatistischer Verteilung der „Unterkollektive". Hier ist ein resultierendes Wechselwirkungsfeld positiver Richtung zwischen den Unterkollektiven vorhanden. Das Wechselwirkungsfeld in den Unterkollektiven ist dagegen immer negativ, und das sich aus beiden Anteilen ergebende pauschale Wechselwirkungsfeld wird in Richtung eines fortgeschritteneren Aushärtungszustandes verschoben. Das könnte die Ursache für das Ansteigen der anhysteretischen Suszeptibilität mit zunehmendem Ausrichtungsgrad bei optimaler Koerzitivfeldstärke sein.

Vor dem c_0-Maximum ist der Existenzbereich der spontanen Remanenzmagnetisierung [7]. In der Nähe dieses Maximums ist auch der innere Entmagnetisierungsfaktor sehr klein. Der innere Entmagnetisierungsfaktor ist in Verbindung mit der herrschenden Magnetisierung formal der Ausdruck für die Wechselwirkungsfelder innerhalb des Teilchenkollektivs. Ein kleiner innerer Entmagnetisierungsfaktor ist gleichbedeutend mit niedrigen Wechselwirkungsfeldern. Diese Schlußfolgerung kann noch durch andersartige experimentelle Ergebnisse gestützt werden. Nach WOHLFARTH [8] können — unabhängig von der Orientierung der Vorzugsrichtungen und der Anisotropievariation — für den wechselwirkungsfreien Zustand Beziehungen für die Remanenzwerte nach der Gleich-, Gegen- und Wechselfeldmethode aufgestellt werden. Die Meßergebnisse zeigen, daß diese Beziehungen nur da gültig sind, wo auch der innere Entmagnetisierungsfaktor sehr klein ist. Dieses Ergebnis ist wichtig genug, um noch näher diskutiert zu werden. Fig. 9 zeigt das Verhältnis der Wechselfeldremanenz I_D' bei einem redu-

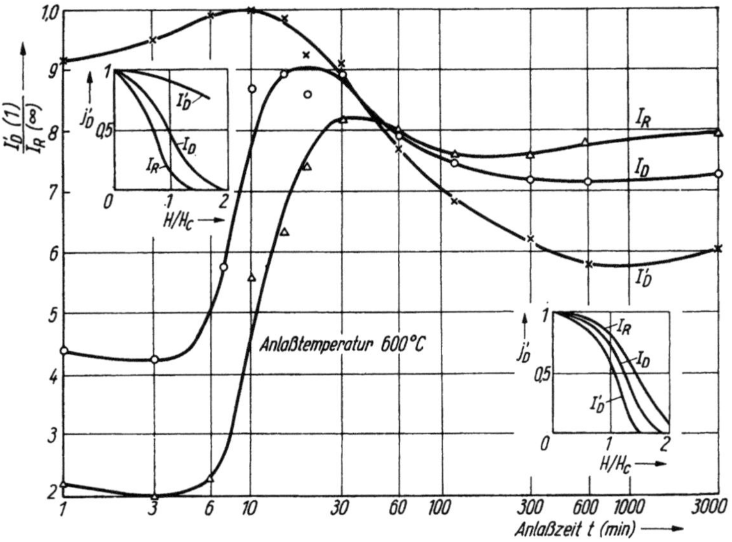

Fig. 9. Remanenzverhältnisse verschiedener Ermittlungsmethoden bei $H/H_c = 1$ als Funktion der Anlaßzeit bei einer Anlaßtemperatur von 600 °C (I_R Gleichfeldremanenz, I_D Gegenfeldremanenz, I'_D Wechselfeldremanenz)

zierten Feld $H/H_c = 1$ zu der Gleichfeldremanenz I_R nach Anlegung eines Sättigungsfeldes als Funktion der Anlaßzeit bei einer Anlaßtemperatur von 600 °C. Die Gleichfeldremanenz $I_R(H)$ und Gegenfeldremanenz $I_D(H)$ sind in $I'_D(H)$ umgerechnet worden [8]. Nach der Homogenisierung der Proben wird durch eine Wechselfeldbehandlung bei $H/H_c = 1$ nach vorheriger Sättigung nur eine kleine Entmagnetisierung erreicht. Das Remanenzverhältnis beträgt 0,9 und steigt mit zunehmender Aushärtung bis auf nahezu 1 an. Dagegen ist das aus der Gleichfeldremanenz errechnete Verhältnis nur 0,2. Die Gegenfeldremanenz nimmt in der Regel einen Mittelwert an. Schematisch ist links im Bild das Remanenzverhältnis $j'_D(H) = I'_D(H)/I_R(\infty)$ aufgetragen. Entgegengesetzt ist die Reihenfolge der Remanenzkurven bei optimaler Koerzitivfeldstärke und überkritischer Aushärtung. Dazwischen liegt aber ein Aushärtungszustand, d. h. eine ganz bestimmte Konfiguration des Teilchenkollektivs, wo die Wohlfarthschen Beziehungen gültig sind und voraussetzungsgemäß keine Wechselwirkungen vorhanden sind. Dadurch wird die Annahme gestützt, daß die Beziehung (2) richtig ist, wenn N nicht der äußere, sondern der durch die Wechselwirkungsfelder beeinflußte wahre Entmagnetisierungsfaktor ist.

Für wertvolle Diskussionen bei der Deutung der experimentellen Ergebnisse bin ich Herrn Dipl.-Phys. HEMSCHIK zu Dank verpflichtet.

Literatur

[1] E. D. DANIEL und E. P. WOHLFARTH, J. Phys. Soc. Japan **17**, Suppl.B-I, 670 (1962).
[2] L. NÉEL, Cahiers Phys. **17**, 47 (1943).
[3] L. NÉEL, R. FORRER, N. JANET und R. BAFFIE, Cahiers Phys. **17**, 51 (1943).
[4] O. HENKEL, phys. stat. sol. **2**, 1393 (1962).
[5] R. M. BOZORTH und D. M. CHAPIN, J. appl. Phys. **13**, 320 (1942).
[6] E. P. WOHLFARTH, J. appl. Phys. **35**, 783 (1964).
[7] O. HENKEL, phys. stat. sol. **6**, 635 (1964).
[8] E. P. WOHLFARTH, J. appl. Phys. **29**, 595 (1958).
[9] E. BIEDERMANN und E. KNELLER, Z. Metallk. **47**, 289, 760 (1956).

(Received July 1, 1964)

phys. stat. sol. 7, 89 (1964)

II. Physikalisches Institut der Universität München

Magnetische Feinstruktur und magnetische Eigenschaften einachsiger ferromagnetischer Schichten

I. Allgemeine Ripple-Gleichung, Ripple-Hysterese und Rotationshysterese

Von

H. HOFFMANN

Ausgehend von dem einfachen Modell einer einachsigen polykristallinen Schicht, bei der der in der ganzen Schicht einheitlichen einachsigen Anisotropie in den Kristalliten lokalisierte Anisotropien überlagert sind, wird die allgemeine Ripple-Gleichung abgeleitet, die die Magnetisierungsfeinstruktur für jede beliebige Richtung der mittleren Magnetisierung beschreibt. Die Deutung dieser Gleichung führt automatisch auf eine Hysterese, die durch die lokalen Anisotropien hervorgerufen wird. Diese Ripple-Hysterese erklärt eindeutig das Auftreten der Rotationshysterese in den Fällen, in denen Wände keine Rolle spielen. Die quantitative Berechnung der Rotationshysterese zeigt, daß sie für $h > 1$ mit wachsendem Meßfeld abnehmen und gegen einen konstanten Wert gehen muß, eine Aussage, die vom Experiment her bereits bekannt ist. In Feldern $h < 0{,}5 < h_c$ ist, abweichend vom Stoner-Wohlfarth-Modell, ebenfalls eine Rotationshysterese zu erwarten, bei $0{,}5 \leqq h < h_c$ muß sich mit zunehmender lokaler Anisotropie das Maximum der Rotationshysterese nach größeren Feldstärken verschieben.

The general equation describing the magnetization ripple, is deduced when the mean magnetization lies along any direction of the film. The basis of the theory is a simple model of an uniaxial polycrystalline film, having an uniaxial anisotropy through the whole film, and local anisotropies (crystalline anisotropy and magnetostriction) within each crystallite. The discussion of this equations states that there exists a ripple-hysteresis, which is caused by the local anisotropies. The ripple-hysteresis exhibits the rotational hysteresis for fields $h > 1$ in a completely different way from preceding models. The theory states that rotational hysteresis decreases for increasing h ($h > 1$), until a value independent of h is reached. This statement agrees with experimenttal results.

1. Einleitung

In vorangehenden Arbeiten [1,2] wurde die Ripple-Gleichung für zwei spezielle Fälle der Lage der mittleren Magnetisierungsrichtung, nämlich parallel zur leichten oder schweren Richtung einachsiger Filme, angegeben. Daraus wurden die zugehörigen Magnetisierungsschwankungen, die „Dispersion der leichten Richtung" und die Domänenbreite bei der Aufspaltung in der schweren Richtung berechnet [3]. Dabei war vorausgesetzt, daß der Magnetisierungszustand der Schicht stets reversibel war, so daß man keine Hystereseeffekte zu berücksichtigen brauchte. Für die betrachteten Fälle war diese Annahme gerechtfertigt, da die mittlere Magnetisierungsrichtung entweder festlag oder nicht ausschlaggebend war. Die experimentellen Beobachtungen beschränken sich jedoch nicht allein auf solche Effekte, bei denen die mittlere Magnetisierungsrichtung parallel zu einer der Vorzugsrichtungen verläuft. Zahlreiche Arbeiten beschäftigen sich mit Torsionsmessungen, mit der Bestimmung der Permeabilität in beliebigen Richtungen, mit der Domänenaufspaltung weit außerhalb der schweren Richtung usw. Um diese Ergebnisse, ebenso wie die früher [3] besprochenen, aus der polykristallinen Struktur der untersuchten Schichten quantitativ zu deuten, ist es notwendig, die Ripple-Gleichung zu verallgemeinern.

In dieser Arbeit soll zunächst die Ripple-Gleichung für alle beliebigen Lagen der mittleren Magnetisierungsrichtung angegeben werden. Daraus können dann wesentliche Folgerungen über das magnetische Verhalten der Schichten gezogen werden. So wird im ersten Teil zunächst die Ripple-Hysterese berechnet, die mit dem polykristallinen Aufbau der einachsigen Schichten notwendigerweise verbunden ist, ohne daß man zu ihrer Einführung irgendwelche Zusatzannahmen machen muß. Feldtkeller [4] beobachtete zum ersten Mal die Ripple-Hysterese direkt in der defokussierten elektronenmikroskopischen Abbildung.

Die Ripple-Hysterese führt dann zwangsläufig zur Rotationshysterese, deren Verhalten in starken Feldern bisher nur unbefriedigend durch eine weite Streuung der Anisotropiefeldstärken erklärt wurde. Feldtkeller [5] wies bereits darauf hin, daß die Ripple-Hysterese zur Erklärung herangezogen werden sollte.

Die Ripple-Hysterese vermag weiterhin die Domänenaufspaltung weit außerhalb der schweren Achse bei „anormalen Schichten" zu erklären und die teilweise Drehung (partial rotation) zu erläutern, ohne daß man dabei eine „negative Anisotropie" einzuführen braucht.

In einem zweiten Teil dieser Arbeit wird die allgemeine Ripple-Gleichung und die in ihr enthaltene Hysterese zur Deutung der Experimente über die Suszeptibilität herangezogen. Die Suszeptibilität, die im Gegensatz zur Eindomänentheorie außer dem Realteil auch einen Imaginärteil aufweist, wird berechnet und mit den Experimenten von Feldtkeller [6] verglichen. Die Ergebnisse von Torok et al. [7] können im Hysteresebild anders, als von den Autoren geschehen ist, gedeutet werden. In ähnlicher Weise zeigt sich, daß die Einführung einer „negativen Anisotropie" zur Erklärung einer Vielzahl von Beobachtungen nicht nötig ist, da die Beobachtungen durch die mit Sicherheit vorhandene Ripple-Hysterese quantitativ erklärt werden können.

Insgesamt sollen die folgenden Betrachtungen zeigen, daß die Klassifizierung der Schichten nach ihrem magnetischen Verhalten und das Aufstellen unterschiedlicher Modelle zur Erklärung des Verhaltens der einzelnen Klassen überflüssig ist und nur das Verständnis des engen Zusammenhangs zwischen Schichtstruktur und magnetischen Eigenschaften erschwert. Wie bereits Cohen [8] an speziellen Fragestellungen zeigte, ist der Übergang von der einen zur anderen Klasse kontinuierlich. Genau diese Aussage folgt in allgemeinerer Form aus den anschließenden Überlegungen, da die jeweiligen Eigenschaften stets durch eine Gleichung beschrieben werden können, in der die Schichtstruktur als wesentlicher Faktor enthalten ist. Das unterschiedliche Verhalten der Schichten von Autor zu Autor läßt sich in diesem Rahmen aus der unterschiedlichen Schichtstruktur, auf die indirekt geschlossen werden kann, leicht erklären.

2. Die allgemeine Ripple-Gleichung

Bei den früheren Berechnungen [1, 2] lagen die mittlere Magnetisierung und das äußere Feld parallel zur leichten oder schweren Richtung der einachsigen Schicht, oder sie wichen nur wenig davon ab [3]. Dabei wurde auch bereits das allgemeine Energieintegral angegeben [1], aus dem mittels der Variationsrechnung die Magnetisierungsfeinstruktur bei beliebiger Richtung des äußeren Feldes berechnet werden könnte, wenn es gelingen würde, die entstehende Integrodifferentialgleichung zu lösen. Auf anderem Wege läßt sich das Problem durch eine einfache Koordinatentransformation bequem lösen, wobei die früheren Ergebnisse verwendet werden können. Als handlichste Beschreibung der Magnetisierungsschwankungen parallel zur leichten bzw. schweren Richtung erwies sich bisher die Gleichung (1) in [3].

Es ist bekannt, daß sich die mittlere Magnetisierungsrichtung und die lokalen Schwankungen so einstellen, daß das Streufeld minimal ist. Die Streifenstruktur der Magnetisierungsschwankungen verläuft immer senkrecht zur mittleren Magnetisierungsrichtung. Man kann die früheren Berechnungen [1, 2] in der gleichen Näherung wie dort übernehmen und der erwähnten Beobachtung Rechnung tragen, wenn man die Achsen des kartesischen Koordinatensystems nicht parallel zu den Vorzugsrichtungen der Schicht legt, sondern eine Achse (etwa die x-Achse) immer in Richtung der mittleren Magnetisierung und die y-Achse senkrecht dazu in der Schichtebene annimmt (Fig. 1). Das Koordinatensystem dreht sich somit mit der mittleren Magnetisierungsrichtung unter dem Einfluß eines äußeren Feldes H. Weiterhin sei (Fig. 1) α der Winkel zwischen dem angelegten Feld H und der leichten Richtung L. R. und φ_0 der Winkel zwischen der mittleren Magnetisierung I und der L. R., φ stellt den Winkel dar, um den die lokale Magnetisierungsrichtung von der mittleren abweicht. Gegenüber dem früheren Variationsproblem (siehe [2] und Anhang von [1]) ändern sich dann nur die Terme für die einachsige Anisotropieenergie zu

$$\varepsilon_{K_u} = K_u \sin^2 (\varphi_0 + \varphi) \tag{1}$$

und für die Energie im äußeren Feld zu

$$\varepsilon_m = - H\, I \cos (\alpha - \varphi_0) \cos \varphi - H\, I \sin (\alpha - \varphi_0) \sin \varphi\,. \tag{2}$$

K_u ist die Konstante der einachsigen Anisotropie und I die Sättigungsmagnetisierung. Die Lösung des Variationsproblems führt mit den gleichen Näherungen wie früher auf eine dem früheren Ergebnis (Gleichung (1) in [3]) entsprechende Ripple-Gleichung, in der nur die veränderten Energieterme (1) und (2) zu berück-

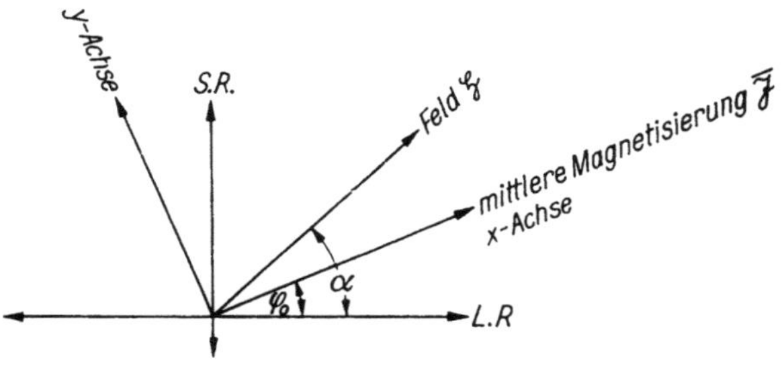

Fig. 1. Das der Rechnung zugrunde liegende Koordinatensystem. Die x-Achse liegt parallel zur mittleren Magnetisierungsrichtung

sichtigen sind. Man erhält für beliebige Winkel φ_0 die Lösung

$$\varphi(\varphi_0, x, y) = \frac{1}{8\,A\,W} \iint\limits_F \{I\,H \sin(\alpha - \varphi_0) - K_u \sin 2\,\varphi_0 - K\,f_1(\varphi_0, \xi, \eta)\} \times$$

$$\times\, i\,H_0^{(1)}\left(i \sqrt{\frac{K_u}{A}[h \cos(\alpha - \varphi_0) + \cos 2\,\varphi_0]} \sqrt{(x-\xi)^2 + \frac{1}{W^2}(y-\eta)^2}\right) d\xi\, d\eta\,, \tag{3}$$

$$W^2 = \frac{8\,d I^2}{\sqrt{A\,K_u\,(h \cos(\alpha - \varphi_0) + \cos 2\,\varphi_0)}}\,. \tag{3a}$$

Diese Gleichung beschreibt die Magnetisierungsfeinstruktur, wenn unter dem Winkel α zur leichten Richtung ein Feld h anliegt, so daß sich die mittlere Magnetisierung in die Richtung φ_0 dreht. Die zu beobachtende Streifenstruktur liegt senkrecht zur mittleren Magnetisierungsrichtung.

In (3) sind K die Konstante, die die aus der Kristallenergie und der Magnetostriktion bestehende Anisotropie des Einzelkristallits beschreibt, A die Austauschkonstante, d die Schichtdicke, $H_0^{(1)}$ eine Hankelfunktion und $h = H/H_K$ die normierte Feldstärke. $f_1(\varphi_0, \xi, \eta)$ ist eine Funktion von Winkelfunktionen, die die Verteilung der Kristallitachsen in der polykristallinen Schicht beschreibt. Nach der früheren Entwicklung für die „lokale Energie“ ε_K galt

$$\frac{\partial \varepsilon_K(\varphi_0, x, y)}{\partial \varphi} = K\,f_1(\varphi_0, x, y)\,. \tag{4}$$

Wenn sich die mittlere Magnetisierungsrichtung nur unter dem Einfluß der einachsigen Anisotropie und des Feldes in die Richtung φ_0^* einstellt, folgt aus der Gleichgewichtsbedingung

$$H \sin(\alpha - \varphi_0^*) = K_u \sin 2\,\varphi_0^*\,. \tag{5}$$

In diesem hysteresefreien Fall stellt $\varphi(\varphi_0^*, x, y)$ die lokale Schwankung der Magnetisierungsrichtung um die durch Feld und einachsige Anisotropie bestimmten Winkel dar. Für $\varphi_0 = \alpha = 0$ bzw. $\varphi_0 = \alpha = 90°$ geht (3) über in die früher abgeleitete Ripple-Gleichung ((1) in [3]) für die mittlere Magnetisierung parallel bzw. senkrecht zur leichten Richtung.

3. Die Ripple-Hysterese

Man geht von dem in allen vorangehenden Betrachtungen zugrunde gelegten Modell aus. In Fig. 2 sei die Winkelabhängigkeit der Energien schematisch dargestellt, wobei $\overline{\varepsilon_K}$ bereits den früher [1, 2] beschriebenen Mittelwert im Kopplungsbereich darstellt und sein winkelabhängiger Anteil vernachlässigt wurde. Man erkennt an dieser Darstellung, daß die Lage φ_0 der mittleren Magnetisierung unter dem Einfluß eines bestimmten äußeren Feldes davon abhängt, welchen Winkel die Magnetisierungsrichtung vorher einnahm. Das bedeutet aber das Auftreten einer Hysterese, die zwangsläufig mit dem polykristallinen Aufbau der Schicht verbunden ist. Der Winkel φ_0 „hinkt“ hinter dem hysteresefreien Winkel φ_0^* her.

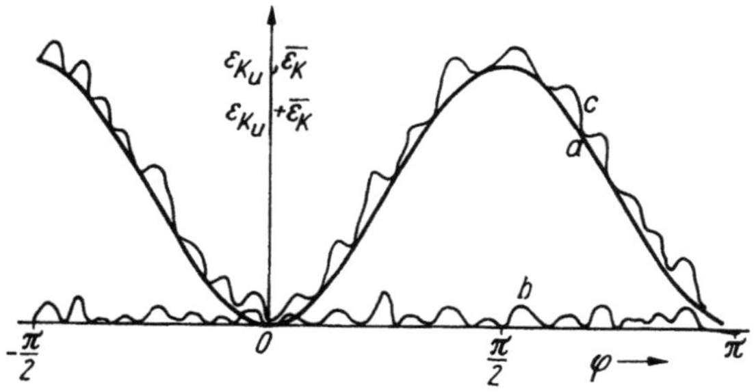

Fig. 2. Die schematische Winkelabhängigkeit der einachsigen Energie ε_{K_u} (Kurve a), der über die Schicht infolge der Steifheit der Magnetisierungsrichtungen gemittelten lokalen Anisotropieenergie $\bar{\varepsilon}_K$ (Kurve b) und der daraus resultierenden Energie (Kurve c)

Es sei

$$\Delta\varphi_0 = \varphi_0^* - \varphi_0\,. \tag{6}$$

$\Delta\varphi_0$ ist zu berechnen. $f_1(\varphi_0, x', y')$ sei der Mittelwert von $f_1(\varphi_0, \xi, \eta)$ in dem durch das Argument der Hankelfunktion festgelegten Kopplungsbereich. Dann ist

$$\varphi(\varphi_0, x, y) = \big(H\,I \sin(\alpha - \varphi_0) - K_u \sin 2\,\varphi_0 - K\,f_1(\varphi_0, x', y')\big) \times$$
$$\times \frac{1}{8\,A\,W} \int\!\!\int_F i\,H_0^{(1)}(\ldots)\,d\xi\,d\eta\,.$$

φ_0 ist so definiert, daß die Mittelung von $\varphi(\varphi_0, x, y)$ über die ganze Schicht null ergibt, d. h.

$$H\,I \sin(\alpha - \varphi_0) - K_u \sin 2\,\varphi_0 - K\,\overline{f_1(\varphi_0)} = 0\,. \tag{7}$$

$\overline{f_1(\varphi_0)}$ stellt die Mittelung von $f_1(\varphi_0, x', y')$ über die Schicht dar, wenn die Magnetisierung in der Richtung φ_0 liegt. Die Angabe dieser Richtung ist notwendig, da parallel und senkrecht zu φ_0 wegen der Streifenstruktur mit unterschiedlichem Gewicht gemittelt werden muß. Ersetzt man in (7) den hysteresebehafteten Winkel φ_0 nach (6) durch den hysteresefreien φ_0^*, entwickelt man die Winkelfunktionen bis zu linearen Gliedern des (kleinen) Winkels $\Delta\varphi_0$ und berücksichtigt man die Gleichungen (5) und (6), so ergibt sich

$$\Delta\varphi_0 = \frac{\dfrac{K}{2\,K_u}\overline{f_1(\varphi_0)}}{h\cos(\alpha - \varphi_0^*) + \cos 2\,\varphi_0^*}\,. \tag{8}$$

$\Delta\varphi_0$ ist zunächst einmal der Winkel, um den die mittlere Magnetisierungsrichtung in der polykristallinen Schicht von der Richtung abweicht, die sie im gleichen Feld beim Fehlen lokaler Anisotropien einnehmen würde. Solange dieser Winkel reversibel erreichbar ist, tritt keine Hysterese auf. Irreversible Änderungen der mittleren Magnetisierungsrichtung und damit die Hysterese erscheinen, sobald in den Intervallen $0 \leq \varphi_0 \leq \frac{\pi}{2}$ und $\pi < \varphi_0 \leq \frac{3}{2}\pi$ innerhalb des Kopplungsbereichs der Magnetisierungsschwankungen

$$\frac{1}{K_u}\frac{\partial(\varepsilon_{K_u}+\varepsilon_K)}{\partial\varphi}=\sin 2\varphi_0+\frac{K}{K_u}f_1(\varphi_0,x',y')<0 \tag{9}$$

ist. In den Intervallen $\frac{\pi}{2}<\varphi_0\leqq\pi$, $\frac{3}{2}\pi<\varphi_0\leqq 2\pi$ muß gelten

$$\sin 2\varphi_0+\frac{K}{K_u}f_1(\varphi_0,x',y')>0\,. \tag{9a}$$

Die Gleichungen (9) bzw. (9a) stellen die Bedingungen für das Auftreten einer Ripple-Hysterese bei Änderung des angelegten Feldes dar. Der Winkel $\Delta\varphi_0$ von (8) charakterisiert in diesem Bereich den Hysteresewinkel, um den die mittlere Magnetisierung hinter dem hysteresefreien Wert zurückbleibt. Der lokale Hysteresewinkel $\Delta\varphi_{\text{lok}}$ innerhalb eines Kopplungsbereichs ist im allgemeinen größer. Man erhält ihn, wenn man in (8) anstelle des über die ganze Schicht gemittelten Wertes $\overline{f_1(\varphi_0)}$ den lokalen, über den Kopplungsbereich gemittelten Wert $f_1(\varphi_0,x',y')$ setzt:

$$\Delta\varphi_{\text{lok}}(\varphi_0,x,y)=\frac{\frac{K}{2\,K_u}f_1(\varphi_0,x',y')}{h\cos(\alpha-\varphi_0^*)+\cos 2\,\varphi_0^*}\,. \tag{8a}$$

Nach den Bedingungen (9) müßte bei jeder Schicht eine Ripple-Hysterese zu beobachten sein, im Gegensatz zu später zu besprechenden Experimenten. Für eine genauere Diskussion ist die thermische Energie der magnetischen Momente mit zu berücksichtigen.

Die thermische Energie $\varepsilon_{\text{therm}}$ erniedrigt das Niveau von $\overline{\varepsilon_K}$ (siehe Fig. 3), so daß nur dann Hysterese auftreten kann, wenn zur Bedingung (9) noch die Forderung

$$\overline{\varepsilon_K}>\varepsilon_{\text{therm}} \tag{10}$$

hinzutritt. Ist $\Delta\varphi_p$ der mittlere Winkelabstand zwischen Maximum und Minimum von $\overline{\varepsilon_K}$ (Fig. 3), so ergeben (9) und (10) zusammen die Bedingung

$$\mp\sin 2\,\varphi_0\mp\frac{K}{K_u}f_1(\varphi_0,x',y')>\frac{\varepsilon_{\text{therm}}}{\Delta\varphi_p}\,. \tag{11}$$

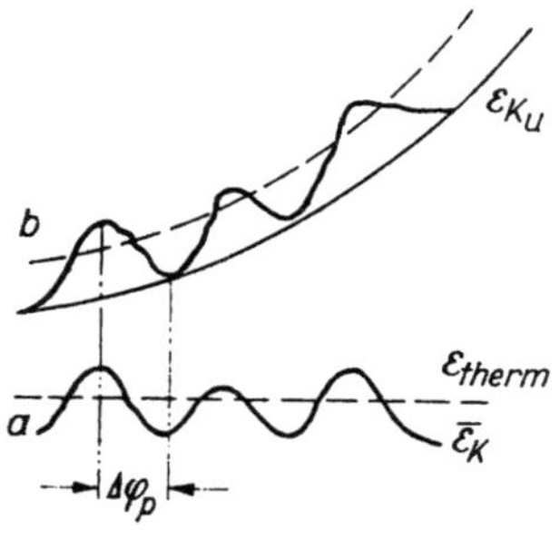

Fig. 3. Zum Einfluß der thermischen Energie der gekoppelten magnetischen Momente. a gibt die gemittelte lokale Anisotropie $\overline{\varepsilon}_K$ an, die für die Hysterese nur dort Bedeutung hat, wo $\overline{\varepsilon}_K$ über die thermische Energie $\varepsilon_{\text{therm}}$ hinausragt. b stellt wieder schematisch die resultierende Energie $\varepsilon_{K_u}+\overline{\varepsilon}_K+\varepsilon_{\text{therm}}$ dar

Das obere Vorzeichen gilt für die Intervalle $0 < \varphi_0 \leq \frac{\pi}{2}$ und $\pi < \varphi_0 \leq \frac{3}{2}\pi$, das untere für $\frac{\pi}{2} < \varphi_0 \leq \pi$ und $\frac{3}{2}\pi < \varphi_0 \leq 2\pi$.

Für Schichten mit kleinen Kristalliten, bei denen der Betrag $|\overline{f_1}|$ der mittleren Schwankung von $f_1(\varphi_0, x', y')$ nach [3], Gleichung (5) klein ist, braucht die Bedingung (11) nicht erfüllt zu sein, so daß hier keine Ripple-Hysterese zu erwarten ist.

Nach (8) bzw. (8a) tritt der größte Hystereseeffekt auf, wenn das äußere Feld und die mittlere Magnetisierung in der schweren (leichten) Achse liegen und die Feldstärke h etwas größer als 1 (− 1) ist. Für $h = 1$ ($h = -1$) gelten die Näherungen der Theorie nicht mehr. Die Feldabhängigkeit des Hysteresewinkels parallel zur leichten Richtung ist um $h = 2$ gegenüber der der schweren verschoben, solange in der leichten Richtung $h > -h_c$ ist, so daß bei inversen Filmen ($h_c > 1$) in der prinzipiellen Feldabhängigkeit der Hysterese kein Unterschied zwischen leichter und schwerer Richtung besteht.

In (11) sind $\varepsilon_{\text{therm}}$ und $\Delta\varphi_p$ zu berechnen. Zur Abschätzung von $\varepsilon_{\text{therm}}$ wird angenommen, daß die Magnetisierungsvektoren innerhalb eines Kopplungsbereichs, der sich durch die ganze Schichtdicke erstreckt, starr gekoppelt sind. Jedes solche Aggregat kann unabhängig von Nachbaraggregaten als ganzes eine thermische Bewegung ausführen. Wenn n die Anzahl solcher Kopplungsbereiche pro Volumeneinheit ist, gilt bei einem Rotationsfreiheitsgrad

$$\varepsilon_{\text{therm}} = n\, k\, T\,. \tag{12}$$

Mit den Bezeichnungen von [3] ist

$$n = \frac{1}{\pi\, a\, b\, d} = \frac{K_u \{A\, K_u\}^{1/4} \{h \cos(\alpha - \varphi_0) + \cos 2\varphi_0\}^{5/4}}{2\pi \sqrt{2\, d}\, I\, A\, d}\,. \tag{13}$$

$\Delta\varphi_p$ sei gleich dem Winkel gesetzt, um den man die Magnetisierungsrichtung drehen muß, damit sich die entsprechenden Kopplungsbereiche F_1 und F_2 zu 50% überdecken (Fig. 4). Eine solche Drehung dürfte ausreichen, um z. B. von einem Maximum von $\overline{\varepsilon_K}$ zu einem Minimum zu gelangen. Man erhält

$$\Delta\varphi_p \approx \frac{8b}{\pi a}\,. \tag{14}$$

Damit ergibt sich mit a und b aus [3]

$$\frac{\varepsilon_{\text{therm}}}{\Delta\varphi_p} = \frac{1}{8b^2 d}\, k\, T = \frac{K_u}{A} \frac{(A\, K_u)^{1/2}}{64\, I^2\, d^2} \cdot (h \cos(\alpha - \varphi_0) + \cos 2\varphi_0)^{3/2} \cdot k\, T\,. \tag{15}$$

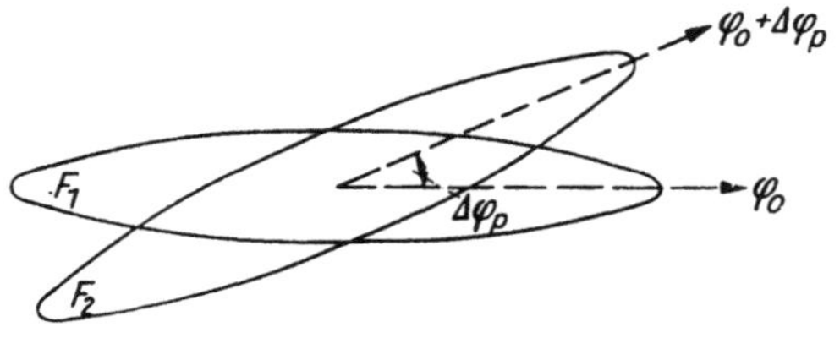

Fig. 4. Drehung der Kopplungsbereiche mit der mittleren Magnetisierungsrichtung φ_0. a und b sind die Halbachsen der Ellipsen. Der Winkel $\Delta\varphi_p$ der Fig. 3 wird in dieser Weise größenordnungsmäßig abgeschätzt

Setzt man diese Gleichung (15) in die Bedingung (11) ein und berechnet man den Betrag der mittleren Schwankung $\overline{f_1(\varphi_0)}$[1]) analog zu (5) in [3] unter Berücksichtigung der veränderten Energieterme

$$|\overline{f_1(\varphi_0)}| = \frac{D\,K_u^{1/2}\,(A\,K_u)^{1/8}}{2\,\sqrt{\pi}\,(2\,d)^{1/4}\,(I\,A)^{1/2}} \cdot \{h \cos(\alpha - \varphi_0) + \cos 2\,\varphi_0\}^{5/8} \tag{16}$$

(D Kristallitgröße),
so ergeben (11), (15) und (16) die Bedingung für das Auftreten einer Ripple-Hysterese, die sich allein aus der Schichtstruktur ableitet. Im allgemeineren Fall mehrlagiger Schichten [9], ist (16) noch mit $(D/d)^{1/2}$ zu multiplizieren.

4. Rotationshysterese

4.1 Rotationshysterese in Feldern $h > 1$

Als erste Anwendung der vorangegangenen Hystereseüberlegungen kann die Rotationshysterese in Feldern $h > 1$, welche eine Anzahl von Autoren [10, 11, 12, 13, 14, 15, 16] beobachteten, gedeutet werden. Unter der Rotationshysterese W_R versteht man diejenige Arbeit, die zu leisten ist, wenn man durch Rotation des äußeren Magnetfeldes die Magnetisierungsrichtung um den Winkel 2π dreht (vgl. Bozorth [17]). In der vorliegenden Terminologie wird die Rotationshysterese pro Zyklus bestimmt durch

$$W_R = -\int_0^{2\pi} I\,H \sin(\alpha - \varphi_0)\,d\varphi_0\,. \tag{17}$$

Für $H > H_K$ sollte dieses Integral nach den Vorstellungen der Eindomänentheorie [18] verschwinden. Beobachtet wurde dagegen, daß auch in Feldern $H \gg H_K$ ($H > 700$ Oe) noch eine beträchtliche Rotationshysterese auftritt, die sich bei Feldvariation als nahezu unabhängig vom äußeren Feld H erweist [10 bis 16]. Als Erklärung für diesen Effekt vermuteten die Experimentatoren, daß in der Schicht Teilgebiete mit großen H_K-Werten auftreten sollten, welche noch größer sind als die angelegten Meßfelder. Üblicherweise liegen die Anisotropiefeldstärken zwischen 1 und 20 Oe, so daß die geforderten großen Anisotropiefeldstärken unerklärlich sind. Das zeigen besonders die Untersuchungen von Doyle [15], in denen aus dem Verschwinden der Rotationshysterese die Anisotropiefeldstärke bestimmt werden sollte. Dabei traten zum Teil große Diskrepanzen zu den mit anderen Methoden ermittelten H_K-Werten auf. Es soll nun gezeigt werden, daß die Ripple-Hysterese das Auftreten der Rotationshysterese fordert und eine unbegründete Erklärung derselben durch große Anisotropiefeldstärken überflüssig macht.

Ersetzt man in (17) φ_0 nach (6) durch φ_0^* und $\Delta\varphi_0$ und entwickelt man die Winkelfunktion bis zu linearen Gliedern in $\Delta\varphi_0$, so läßt sich vom Integral (17) ein hysteresefreier Teil, der nur von φ_0^* abhängt, abspalten. Setzt man weiterhin $d\varphi_0 \approx d\varphi_0^*$, so erhält man den Ausdruck

$$W_R = -\,I\,H \int_0^{2\pi} \Delta\varphi_0 \cos(\alpha - \varphi_0^*)\,d\varphi_0^*\,. \tag{17a}$$

Der mittlere Hysteresewinkel $\Delta\varphi_0$ wurde bereits durch (9) berechnet. Wegen der

[1]) Siehe Anmerkung auf S. 104.

π-Periodizität kann man das Integral durch seinen doppelten Wert zwischen 0 und π ersetzen. Zur Bestimmung des Hystereseanteils in Gleichung (17a) ist es nötig, über alle Bereiche zu integrieren, für die die Bedingung (11) erfüllt ist. Stattdessen kann man auch einen Zyklus von $0 \leq \varphi_0 \leq \frac{\pi}{2}$ hin und zurück durchlaufen. In beiden Teilintervallen wird die gleiche Magnetisierungsarbeit geleistet, da $\overline{f_1(\varphi_0)}$ gleich viel positive und negative Werte annimmt, so daß man über $|\overline{f_1(\varphi_0)}|$ zwischen $0 \leqq \varphi_0 < \frac{\pi}{2}$ zu integrieren hat. Von diesem Integral kann man schließlich noch das reversible Intervall, welches die Bedingung (11) nicht erfüllt, abtrennen. Es sei φ_{01} der Grenzwert, für den (11) im Intervall $0 \leqq \varphi_0 < \frac{\pi}{2}$ erfüllt ist. Man berechne weiter den Ausdruck $\cos(\alpha - \varphi_0^*)$, der in (17a) und (8) auftaucht, aus der Gleichung (5). So erhält man schließlich

$$W_R = -2\,h\,K \int\limits_0^{\varphi_{01}} \frac{|\overline{f_1(\varphi_0)}|\,\sqrt{h^2 - \sin^2 2\,\varphi_0^*}}{h\,\sqrt{h^2 - \sin^2 2\,\varphi_0^*} + \cos 2\,\varphi_0^*}\, d\varphi_0^* - \\ - 2\,h\,K \int\limits_{\frac{\pi}{2} - \varphi_{01}}^{\frac{\pi}{2}} \frac{|\overline{f_1(\varphi_0)}|\,\sqrt{h^2 - \sin^2 2\,\varphi_0^*}}{h\,\sqrt{h^2 - \sin^2 2\,\varphi_0^*} + \cos 2\,\varphi_0^*}\, d\varphi_0^* . \tag{18}$$

Für $|\overline{f_1(\varphi_0)}|$ ist der in Gleichung (16) berechnete Betrag der mittleren Schwankung einzusetzen. Die Gleichung (18) beschreibt die Rotationshysterese in Feldern $h > 1$. In der Nähe von $h = 1$ wird der Hauptanteil vom zweiten Integral geliefert. Die Rotationshysterese entsteht nach (18) also vorzugsweise beim Durchgang der Magnetisierung durch die schwere Achse, eine Aussage, die sich mit den Beobachtungen von Mayfield [10] völlig deckt. Bei anwachsendem Feld vergrößert sich der Nenner im Integranden, so daß W_R kleiner wird. Diese anfänglich starke Abnahme der Rotationshysterese mit anwachsendem Feld h entspricht dem Experiment [10 bis 15, 17]. Bei größeren Feldstärken h sind sowohl die Grenzen des Integrals als auch $|\overline{f_1(\varphi_0)}|$ genauer zu betrachten.

Aus (11) erhält man für die mittlere Magnetisierungsrichtung φ_{01}, bei der Hysterese einsetzt,

$$\sin 2\,\varphi_{01} = \frac{K}{K_u}\,|\overline{f_1(\varphi_0)}| - \frac{\varepsilon_{\text{therm}}}{\Delta\varphi_p} . \tag{19}$$

Solange die Felder h nicht zu groß sind, sind $|\overline{f_1(\varphi_0)}|$ durch den in (16) berechneten Wert und $\varepsilon_{\text{therm}}/\Delta\varphi_p$ durch (15) auszudrücken. Für h besteht dabei die Bedingung

$$h < \frac{A}{K_u\,D^2} , \tag{20}$$

denn nur dann ist der Abschneideradius der Hankelfunktion [1, 2, 3] parallel zur mittleren Magnetisierungsrichtung größer als die Kristallitgröße, so daß die Berechnung von $|\overline{f_1(\varphi_0)}|$ aus statistischen Überlegungen noch begründet ist. Gilt

(20) für hinreichend große h, kann man für alle Winkel φ_0^* im Integral von (18) die Winkelfunktionen gegen h vernachlässigen und erhält

$$W_R = -4\,K\,\overline{|f_1|}\,\varphi_{01}\,. \tag{21}$$

$\overline{|f_1|}$ ist nun der Mittelwert von $|f_1(\varphi_0)|$, gemittelt über das Intervall $0 \leq \varphi_0 < 2\pi$. Nach (15) ist $\varepsilon_{\text{therm}}/\Delta\varphi_p$ proportional zu $h^{3/2}$, während nach (16) $|f_1(\varphi_0)|$ proportional zu $h^{5/8}$ ist. φ_{01} und damit W_R müssen also bei anwachsendem Feld nach Gleichung (19) bzw. (21) kleiner werden. Ist die lokale Anisotropie $K \times \times \overline{|f_1(\varphi_0)|}$, d. h. ist $K\,D$ sehr klein, so kann die Rotationshysterese noch innerhalb des Bereichs (20) verschwinden. Ist dagegen $K \cdot \overline{|f_1(\varphi_0)|}$ hinreichend groß, so wird der Wert $h \approx A/K_u D^2$ erreicht, ohne daß W_R null ist. $\overline{|f_1|}$ ist dann für größere h nahezu unabhängig von der Feldstärke, ebenso $\varepsilon_{\text{therm}}/\Delta\varphi_p$. Die Gleichung (21) gibt somit an, daß bei solchen Schichten die Rotationshysterese für $h > A/K_u D^2$ nahezu unabhängig vom Meßfeld wird. Diese Aussage der Theorie erklärt eben die gleichen experimentellen Beobachtungen einer bei großen Feldern konstanten Rotationshysterese aus der Ripple-Hysterese.

Alle Experimente, bei denen in großen Feldern eine Rotationshysterese auftrat, wurden an Schichten durchgeführt, bei denen man aus den Beschreibungen ($h_c > 1$, hohe Trägertemperatur beim Aufdampfen, inverse Schichten, R. J. S. films usw.) auf große lokale Anisotropien KD bzw. $K\,\overline{|f_1|}$ schließen kann [10 bis 16]. Schichten, bei denen W_R für $h > 1$ auftrat, jedoch mit zunehmender Feldstärke kleiner wurde und schließlich verschwand, wiesen stets kleinere h_c-Werte $(0{,}4 < h_c < 1)$ und damit kleinere $K\,\overline{|f_1|}$ auf [15, 16]. Bei noch kleineren lokalen Anisotropien ist für $h > 1$ keine Rotationshysterese zu erwarten, da die Bedingung (11) für keinen Winkel φ_{01} erfüllt ist. Diese Aussage stimmt überein mit den Beobachtungen von Doyle et al. [19] an einer Schicht mit $h_c = 0{,}17$.

4.2 Rotationshysterese in schwachen Feldern $h < 1$ und unidirektionale Anisotropie

Es sollen hier nur die Fälle betrachtet werden, in denen keine Wandverschiebungen am Entstehen der Hysterese beteiligt sind ($h < h_c$). Nach den Vorstellungen der Eindomänentheorie [18] sollte unterhalb $h = 0{,}5$ keine Rotationshysterese auftreten, bei $h = 0{,}5$ diese mit einem Maximum einsetzen und dann mit wachsendem $h \to 1$ monoton gegen 0 abfallen. Die Experimente [10 bis 14, 16, 20, 21] weichen erheblich von diesen Aussagen ab. Für die Berechnung der Rotationshysterese gilt wieder ein Ausdruck von der Art der Gleichung (18). Lediglich die Integrationsgrenzen ändern sich.

4.2.1 Unidirektionale Hysterese

Flanders et al. [16], Graham und Lommel [11], Doyle und Prutton [21] stellten fest, daß in schwachen Feldern, abweichend von der Eindomänentheorie, eine Rotationshysterese mit der Periode 2π auftrat. Auch diese Beobachtung folgt eindeutig aus der Ripple-Hysterese.

In einer rein einachsigen Schicht pendelt die Magnetisierung im Winkelbereich $+\varphi_1^*$ und $-\varphi_1^*$, wenn ein Feld $h \leq 0{,}5$ um 2π gedreht wird. Der Umkehrpunkt $\varphi_1^* = (\varphi_0^*)_{\max}$, der sich aus (5) für $\alpha - \varphi_0^* = \dfrac{\pi}{2}$ ergibt, kann infolge der Ripple-

Hysterese nach größeren Winkeln φ_0 und damit nach größeren Feldstärken h verschoben werden, da (7) für $\alpha - \varphi_0 = \frac{\pi}{2}$ bei positiven $\overline{f_1(\varphi_0)}$ auch für $h > 0{,}5$ erfüllt ist. Daraus leitet sich ein unidirektionales Verhalten der Schichten für $h > 0{,}5$ ab.

Wenn die Magnetisierungsrichtung bei anwachsendem Winkel α zwischen Feld und leichter Richtung, in der die Schicht ursprünglich gesättigt war, den Umkehrpunkt φ_1^* erreicht hat, dreht sie sich nur dann bei weiterer Vergrößerung von α in die leichte Richtung zurück, wenn die Hysteresebedingung (11) nicht erfüllt ist. Andernfalls bleibt sie in dem Maximalwinkel φ_{01}, für den (11) erfüllt ist, hängen. Sie wird erst dann aus dieser Lage „herausgezogen", wenn α den Wert π weit genug überschritten hat, damit h ein ausreichendes Drehmoment auf die Magnetisierung ausübt. Die Magnetisierung dreht sich dann mit anwachsendem α in die leichte Richtung zurück und wird mit weiter anwachsendem α um negative Winkel φ_0 aus der leichten Richtung herausgedreht. φ_0 erreicht einen Minimalwert und sollte sich dann wieder in die leichte Richtung zurückdrehen. Wegen der Ripple-Hysterese bleibt die Magnetisierung in der Richtung $-\varphi_{01}$ hängen und wird erst, wenn das Feld eine Richtung $-\varphi_{01} < \alpha < 0$ eingenommen hat, zur leichten Richtung zurückgezogen. Fig. 5 gibt die aus diesen Überlegungen folgende „unidirektionale" Rotationshysterese wieder. Der Hauptteil der Hysterese W_R entsteht in der Umgebung von $\alpha = \pi$. Die mathematische Berechnung von W_R kann wieder von (17a) zusammen mit (8) ausgehen. Da nur noch α den $2\,\pi$-Zyklus durchläuft, ist es günstiger, diesen Winkel als Integrationsvariable zu betrachten. Da nach (8) der Hysteresewinkel in der Umgebung von $\alpha = \pi$ am größten wird, ergibt sich eine Übereinstimmung mit den obigen Überlegungen, so daß die näherungsweise Berechnung der unidirektionalen Rotationshysterese auf diese Umgebung beschränkt werden kann. Als Grenzwinkel α für den irreversiblen Anteil des Drehmoments können $180 - \varphi_{01}$ und $180 + \varphi_{01}$ gesetzt werden. φ_{01} ist der Maximalwinkel, für den nach Erreichen des Umkehrpunktes φ_1^* die Hysteresebedingung (11) erfüllt ist. α_1 ist der zugehörige Feldwinkel $\left(\alpha_1 > \frac{\pi}{2}\right)$ (siehe Fig. 6). Man hat ferner zu beachten, daß die Magnetisierung beim Durchlaufen des Hystereseintervalls in den Winkeln mit negativem $\overline{f_1(\varphi_0)}$ hängenbleibt, denn nur für diese ist (11) erfüllt. Unter der Annahme einer Gleichverteilung von positiven und negativen

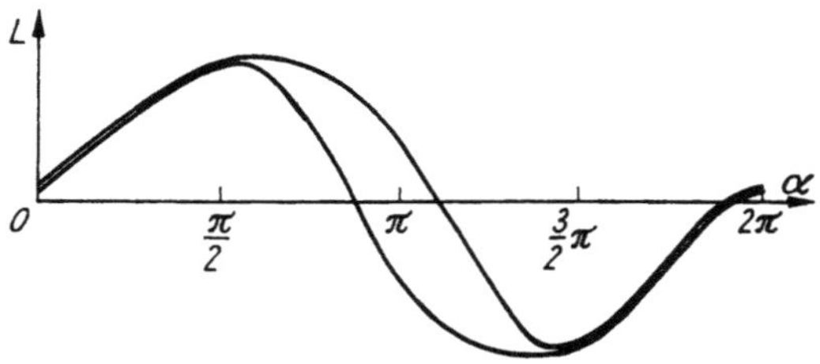

Fig. 5. Schematische Drehmomentenkurve der hysteresebehafteten unidirektionalen Anisotropie in Feldern $h < \frac{1}{2}$ (bzw. $h < h_p$)

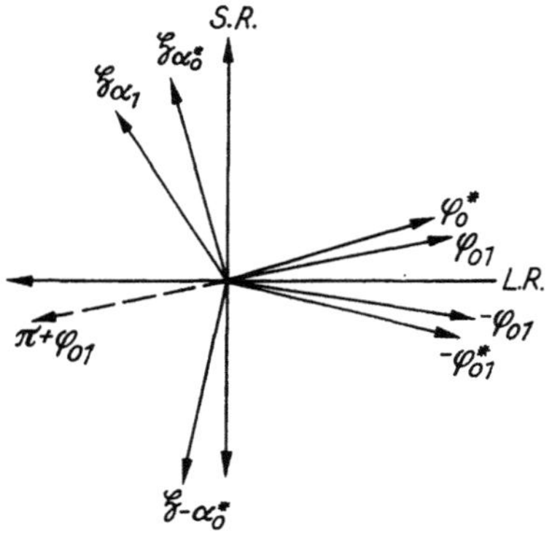

Fig. 6. Zur Erklärung der Integrationsgrenzen für die Berech-nung der unidirektionalen Hysterese. (Statt φ_{01}^* lies φ_1^* und statt ϑ_0^* α_1^*)

$\overline{f_1(\varphi_0)}$-Werten erhält man aus (17a) und (8) die unidirektionale Rotationshysterese

$$W_R = + \frac{h\,K}{2} \int\limits_{\pi-\varphi_{01}}^{\pi+\varphi_{01}} \frac{|\overline{f_1(\varphi_0)}| \cos(\alpha - \varphi_0^*)}{h \cos(\alpha - \varphi_0^*) + \cos 2\varphi_0^*}\, d\alpha\,. \tag{22}$$

Bei sehr kleinen Feldstärken h dreht sich die Magnetisierung nur um kleine Winkel reversibel innerhalb einer Energiemulde der mittleren lokalen Anisotropie; in diesem Fall ist $\varphi_{01} = 0$. Bei sehr kleinen Feldstärken ist also keine Rotationshysterese zu erwarten. Die unidirektionale Rotationshysterese muß bei um so größeren Feldern $0 < h < 0{,}5$ einsetzen, je kleiner die lokalen Anisotropien, $K\,\overline{f_1(\varphi_0)}$ sind. Sie kann also bei hinreichend kleinen Werten auch ausbleiben. Nach dem Einsatzpunkt der Rotationshysterese bei $h > 0$ steigt sie mit h stark an, da sich neben dem Faktor vor dem Integral sowohl der Integrand ($h \cos(\alpha - \varphi_0^*) < 0$, $\cos 2\varphi_0^* > 0$) als auch das Integrationsintervall vergrößern. Die Rotationshysterese steigt so lange mit h an, bis bei einem Wert $0{,}5 \leqq h_p < 1$ die Magnetisierung sich nicht mehr nach Erreichen des Umkehrpunktes in die Ausgangsrichtung zurückdreht, sondern dem Feld in die Gegenrichtung folgt, so daß das unidirektionale Verhalten in ein uniaxiales übergeht.

4.2.2. Uniaxiale Hysterese

Nach Überschreiten der peak-Feldstärke h_p ändert sich der Charakter des Hystereseverlaufs. Anhand von Fig. 7 und 7a sollen die durch die Ripple-Hysterese beeinflußten Lagen von Feld- und mittlerer Magnetisierungsrichtung sowie das zugehörige Drehmoment L erläutert werden.

Das Feld zieht mit anwachsendem α die Magnetisierung aus der leichten Richtung heraus, bis bei einem Winkel φ_1^* der Umklappwinkel der Eindomänentheorie erreicht ist. Nach Überschreiten des zugehörigen Feldwinkels α_1 klappt die Magnetisierung infolge der Ripple-Hysterese nicht in einen Winkel zwischen α_1 und π, sondern bleibt weiterhin hinter dem Feldwinkel zurück, bis ein Winkel $\frac{\pi}{2} + \varphi_{01}$ erreicht ist, für den die Hysteresebedingung (11) nicht mehr erfüllt ist. Dann

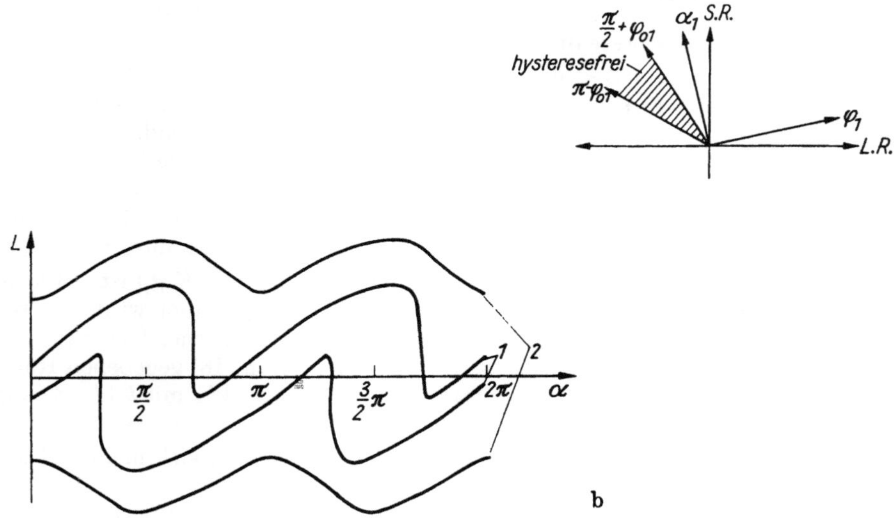

Fig. 7. Zur Berechnung der Rotationshysterese in Feldern $1 > h > h_p$
a) Definition der Winkel; (statt φ_1 lies φ_1^*)
b) Schematische Drehmomentenkurve beim Durchlaufen eines Zyklus
Die Kurven 1 gelten für Schichten, die beim Durchlaufen des Zyklus hysteresefreie Gebiete aufweisen ($K|\overline{f_1}|$ klein), die Kurven 2 für solche, die für alle Magnetisierungsrichtungen hysteresebehaftet sind ($K|\overline{f_1}|$ groß)

nimmt die Magnetisierung den aus der Eindomänentheorie folgenden Winkel ein. Nach Überschreiten von π durch das Feld wiederholt sich der Vorgang. Das Drehmoment hat also im ganzen Intervall $0 \leq \alpha < 2\pi$ konstantes Vorzeichen. Bei hinreichend kleinem $K\overline{f_1}$ kann im Intervall $\frac{\pi}{2} + \varphi_{01} < \alpha < \pi - \varphi_{01}$ Vorzeichenänderung eintreten. Verantwortlich für die Hysterese sind hier je nach dem Quadranten, in dem sich φ_0 befindet, die positiven oder negativen Anteile von $\overline{f_1(\varphi_0)}$.

Bei der Berechnung der Rotationshysterese ist daran zu erinnern, daß auch der Winkel φ_0^* der Eindomänentheorie in diesem Fall nicht hysteresefrei durchlaufen wird, d. h. von Gleichung (17) läßt sich nicht mehr wie vorher ein hysteresefreier Teil abspalten. Nach Erreichen der peak-Feldstärke h_p überlagert sich dem entsprechenden Term W_R^* der Eindomänentheorie noch derjenige, der aus der Ripple-Hysterese folgt. Man erhält

$$W_R \approx W_R^* - h\,K \int\limits_0^{\frac{\pi}{2}+\varphi_{01}} |\overline{f_1(\varphi_0)}| \frac{\sqrt{h^2 - \sin^2 2\,\varphi_0^*}}{h\sqrt{h^2 - \sin^2 2\,\varphi_0^*} + \cos 2\,\varphi_0^*}\, d\varphi_0^* +$$

$$+ h\,K \int\limits_{\frac{\pi}{2}+\varphi_{01}}^{\pi-\varphi_{01}} |\overline{f_1(\varphi_0)}| \frac{\sqrt{h^2 - \sin^2 2\,\varphi_0^*}}{h\sqrt{h^2 - \sin^2 2\,\varphi_0^*} + \cos 2\,\varphi_0^*}\, d\varphi_0^* \,. \qquad (23)$$

Für sehr kleine $K\,\overline{f_1(\varphi_0)}$ ist nach (11) φ_{01} sehr klein bzw. gleich 0. In diesen Fällen würde die Rotationshysterese durch den Wert W_R^* der Eindomänentheorie richtig wiedergegeben, solange $0{,}5 \leq h < h_c$ ist. Für sehr kleine $K\,\overline{f_1(\varphi_0)}$ ist jedoch $h_c > 0{,}5$ meist nicht erfüllt, so daß die Hysterese dann durch Wandverschiebungseffekte zu beschreiben ist, die in dieser Theorie nicht enthalten sind.

Bei der Feldabhängigkeit von W_R wurde bereits erwähnt, daß die Ripple-Hysterese die peak-Feldstärke h_p nach $h > 0{,}5$ verschiebt. (Der Teil W_R^* im Intervall $0{,}5 \leqq h \leqq h_p$ entfällt also in polykristallinen Schichten.) Dem W_R^* überlagert sich der feldabhängige Ripple-Hystereseanteil, so daß das Maximum von $W_R(h)$ sich um so stärker verbreitert, je größer die lokale Anisotropie $K\,\overline{|f_1|}$ ist. Mit zunehmendem Feld verringert sich W_R, da insbesondere W_R^* kleiner wird. Da W_R^* gegen 0 geht, wenn h sich 1 nähert, ergibt sich ein kontinuierlicher Übergang der Rotationshysterese (23) in Feldern $h_p \leq h < 1$ zu der durch (18) gegebenen Rotationshysterese in Feldern $h > 1$. Die Stärke des Abfalls von W_R mit h hängt vom Verhältnis der Eindomänenhysterese W_R^* zur Ripple-Hysterese ab. Bei mittleren Werten $K\,\overline{|f_1|}$ erfolgt der Abfall wesentlich schneller (schmiegt sich mehr W_R^* an) als bei großen $K\,\overline{|f_1|}$.

Die Drehmomentenkurve muß im Intervall $h_p \leq h \leq 1$ infolge der Ripple-Hysterese ein etwas komplexes Aussehen annehmen. Wenn z. B. der „Umklappwinkel" φ_1^* außerhalb des durch (11) gegebenen Hysteresegebiets liegt, so wird die Magnetisierung beginnen umzuklappen, sobald $\varphi_0 = \varphi_1^*$ ist. Bei der Drehung gelangt die mittlere Magnetisierungsrichtung in der Umgebung von $\frac{\pi}{2}$ in einen Hysteresebereich und wird dort festgehalten. Anwachsendes α bewirkt ein allmähliches Herausziehen von φ_0 aus dem Hysteresegebiet. Je nachdem, wie groß das hysteresefreie Gebiet ist, wird sich eine unterschiedliche Form der Drehmomentenkurve ergeben. Vom Experiment her wird diese Aussage bestätigt [16]. Man findet in diesem Feldstärkebereich eine Momentenkurve, die sowohl einen uniaxialen als auch einen unidirektionalen Anteil enthält. Das Einsetzen der uniaxialen Komponente [11, 14] bei der peak-Feldstärke stimmt genau mit der oben entwickelten Theorie überein.

5. Zusammenfassung und Vergleich mit Experimenten

Als wesentliche Aussage der vorliegenden Arbeit wurde aus der allgemeinen Ripple-Gleichung die Ripple-Hysterese hergeleitet. Diese Ripple-Hysterese begründet das Auftreten der Rotationshysterese. Für alle Fälle, in denen Wandbewegungen keine Rolle spielen, konnten quantitative Aussagen gemacht werden.

1. Die Feldabhängigkeit der Ripple-Hysterese zeigt in der leichten und schweren Richtung den gleichen Verlauf. Die Hysterese ist am größten, wenn $h \gtrapprox 1$ in der schweren Richtung oder $h \gtrapprox -1$ bei inversen Schichten in der leichten Richtung ist.

2. Die Rotationshysterese wächst mit zunehmender lokaler Anisotropie $K\,\overline{|f_1|}$ an. Die Bestätigung dafür liefert ein Vergleich der Experimente [11, 15, 16]. Sie kann bei sehr kleinen $K\,\overline{|f_1|}$ in gewissen Feldbereichen ausbleiben [19].

3. Im Feldbereich $0 < h \leq 0{,}5$ existiert eine Rotationshysterese, abweichend von der Eindomänentheorie, wenn die lokale Anisotropie groß genug ist. Die Hysterese ist unidirektional. Sie setzt erst in Feldern $h > 0$ ein. Bestätigung durch die Experimente [10 bis 14, 16, 19].

4. Die unidirektionale Hysterese geht nach Überschreiten der peak-Feldstärke h_p in eine uniaxiale über. Diese Aussage stimmt überein mit den Beobachtungen [11, 14].

5. Die peak-Feldstärke verschiebt sich mit zunehmenden lokalen Anisotropien nach Werten $h_p > 0{,}5$. Übereinstimmung mit [16].

6. Im Feldintervall $h_p \leq h < 1$ wird die Momentenkurve durch die Ripple-Hysterese verzerrt. Die Verzerrung äußert sich im Experiment durch Überlagerung eines π-periodischen mit einem 2π-periodischen Anteil [11, 14, 16].

7. Oberhalb der peak-Feldstärke nimmt die Rotationshysterese ab und geht kontinuierlich in den für starke Felder $h > 1$ zuständigen Verlauf über [10 bis 14, 16]. Bei kleinen lokalen Anisotropien $K\,|\overline{f_1}|$ ist die Abweichung vom Eindomänenverhalten gering. Bei etwas größeren Werten $K\,|\overline{f_1}|$ muß die Rotationshysterese bei bestimmten Feldstärken $h > 1$ verschwinden. Die Bestimmung von H_K aus dem Verschwinden der Rotationshysterese muß zu falschen (zu großen) Werten von H_K führen. Dies zeigen auch die Experimente [15].

8. Bei hinreichend großen lokalen Anisotropien $K\,|\overline{f_1}|$ strebt die Rotationshysterese mit wachsendem h einem Grenzwert zu und verschwindet nicht. Die Experimente [10 bis 16] bestätigen diese Aussage. Aus Gleichung (21) läßt sich die Größe der Rotationshysterese berechnen. Es sei p der Bruchteil der Schicht, für den die Bedingung (11) erfüllt ist, d. h.

$$|\overline{f_1}| = p\,|\overline{f_1(\varphi_0)}|\,. \tag{24}$$

In einer Schicht mit großen lokalen Anisotropien wird der größte Teil der Schicht in jedem Winkelbereich Hysterese zeigen, so daß

$$p \approx 1 \quad \text{und} \quad \varphi_{01} \approx \frac{\pi}{4} \text{ ist.} \tag{25}$$

Setzt man diese Werte in (21) ein und berücksichtigt, daß nach (20) $|\overline{f_1(\varphi_0)}|$ aus (16) für $h = A/K_u D^2$ zu berechnen ist, so erhält man

$$W_R = \frac{\sqrt{\pi}}{2}\,\frac{K(A\,K_u)^{1/8}}{(2\,d)^{1/4}\,I^{1/2}} \quad \text{bei einlagigen Schichten} \tag{26a}$$

und

$$W_R = \frac{\sqrt{\pi}}{2}\,\frac{K(A\,K_u)^{1/8}}{(2\,d)^{1/4}\,I^{1/2}}\left(\frac{D}{d}\right)^{1/2} \quad \text{bei mehrlagigen Schichten.} \tag{26b}$$

Mit $A = 1 \cdot 10^{-6}$ erg cm^{-1}, $K_u = 1 \cdot 10^3$ erg cm^{-3}, $I = 8 \cdot 10^2$ erg$^{1/2} \cdot$ cm$^{-3/2}$ erhält man für Schichtdicken $d = 1000$ Å und Kristallitgrößen $D = 500$ Å

$$W_R \approx 0{,}14\,K\,. \tag{27}$$

Die lokale Anisotropiekonstante K ist von der Größenordnung einiger 10^4 erg cm^{-3}. Der aus der Schichtstruktur theoretisch abgeschätzte Wert (27) stimmt gut mit den experimentell ermittelten überein: Graham und Lommel [11] fanden $W_R \approx 3000$ erg cm^{-3}, Takahashi [14] fand $W_R \approx 2000$ bis 5000 erg cm^{-3}.

6. Andere Effekte

Bei sehr großen lokalen Anisotropien $K\,|\overline{f_1}|$ ist die damit verknüpfte Ripple-Hysterese so groß, daß die mittlere Magnetisierung auch nach Abschalten des Feldes stets in der Richtung liegenbleibt, in der die Schicht zuvor gesättigt wurde.

In dieser Weise ist das Verhalten der RIS-Filme (rotable initial susceptibility films) zu erklären.

Bei etwas kleineren lokalen Anisotropien bleibt beim Vermindern der Feldstärke in einer Richtung α außerhalb $\alpha = \frac{\pi}{2}$ die Magnetisierung in einzelnen Hysteresebereichen hängen, während sie sich in anderen Bereichen zur leichten Richtung hindreht. Umpolen des Feldes in Richtung $-\alpha$ bewirkt dann eine antiparallele Drehung der Magnetisierungsrichtung in den verschiedenen Bereichen. So kann das Verhalten von „mottled films" und die teilweise Drehung (partial rotation) aus der Schichtstruktur erklärt werden. Bei einer genaueren Analyse können hierbei wie in allen bereits behandelten Fällen auch quantitative Aussagen gemacht werden.

Literatur

[1] H. HOFFMANN, Phys. kondens. Materie **2**, 32 (1964).
[2] H. HOFFMANN, J. appl. Phys., **35**, 1790 (1964).
[3] H. HOFFMANN, phys. stat. sol. **5**, 187 (1964).
[4] E. FELDTKELLER, J. appl. Phys. **34**, 2646 (1963).
[5] E. FELDTKELLER, Z. angew. Phys. **17**, 121 (1964).
[6] E. FELDTKELLER, Z. Phys. **176**, 510 (1963).
[7] E. J. TOROK, R. A. WHITE, A. J. HUNT und H. N. OREDSON, J. appl. Phys. **33**, 3037 (1962).
[8] M. S. COHEN, J. appl. Phys. **34**, 1841 (1963).
[9] H. HOFFMANN, phys. stat. sol. **5**, K 65 (1964).
[10] J. R. MAYFIELD, J. appl. Phys. **30**, 256 S (1959).
[11] C. D. GRAHAM, jr. und J. M. LOMMEL, J. appl. Phys. **32**, 83 S (1961).
[12] M. TAKAHASHI, D. WATANABE, T. KONO und S. OGAWA, J. Phys. Soc. Japan **15**, 1351 (1960).
[13] M. TAKAHASHI, D. WATANABE, T. SASAGAWA, T. KONO und S. OGAWA, J. Phys. Soc. Japan **16**, 1913 (1961).
[14] M. TAKAHASHI, J. appl. Phys. **33**, 1101 (1962).
[15] W. D. DOYLE, J. appl. Phys. **33**, 1769 (1962).
[16] P. J. FLANDERS, M. PRUTTON und W. D. DOYLE, J. appl. Phys. **34**, 1075 (1963).
[17] R. M. BOZORTH, Ferromagnetism, D. van Nostrand Company 1951.
[18] E. C. STONER und E. P. WOHLFARTH, Phil. Trans. Roy. Soc. (London) **A 240**, 599 (1948).
[19] W. D. DOYLE, J. E. RUDISILL und S. SHTRIKMAN, J. appl. Phys. **32**, 1785 (1961).
[20] W. D. DOYLE, J. E. RUDISILL und S. SHTRIKMAN, J. appl. Phys. **33**, 1162 (1962).
[21] W. D. DOYLE und M. PRUTTON, J. appl. Phys. **34**, 1077 (1963).

(Received July 6, 1964)

Note added in proof:

Der Hysteresewinkel $\Delta\varphi_0$ der mittleren Magnetisierungsrichtung entsteht bei anwachsendem (abnehmendem) φ_0 dadurch, daß der lokale Winkel φ an den Stellen mit positiven (negativen) $f_1(\varphi_0, x', y')$ hängen bleibt (siehe Fig. 3). Man darf also bei der Betrachtung der Hysterese den wirksamen Anteil $\overline{f_1(\varphi_0)}$ durch den Mittelwert von $|f_1(\varphi_0, x', y')|$ ersetzen und muß dabei das Vorzeichen dieses Anteils beachten. Das wird bei den weiteren Betrachtungen geschehen. Aus diesem Grund kann umgekehrt in der Hysteresebedingung (11) $f_1(\varphi_0, x', y')$ durch das so definierte $\overline{f_1(\varphi_0)}$ ersetzt werden.

phys. stat. sol. 7, 105 (1964)

Институт физики Академии наук Украинской ССР, Киев

Метод функций Грина в теории поглощения света примесными центрами твердого тела

А. Ф. Лубченко и Б. М. Павлик

Метод функций Грина используется для изучения поглощения света примесными центрами твердого тела с учетом ангармонизма колебаний его атомов. Вычислена форма спектра поглощения, исследовано изменение фононной и бесфононной части спектра с температурой и природой твердого растворителя, изучено влияние ангармонизма на форму спектров поглощения.

The absorption of light by impurities in a solid is investigated by means of the Green's function method, the anharmonicity being taken into account. Studies are made of the form of the spectrum and its dependence on anharmonicity, the temperature changes of the no-phonon and phonon-assisted parts of the spectrum, and the nature of the solid solvent.

Введение

В предыдущей работе [1] одним из авторов было исследовано влияние ангармонизма колебаний атомов твердого раствора на форму спектров излучения и поглощения света примесными центрами, которые в нем находятся. Исследование велось в предположении, что температура раствора является достаточно низкой, так что при значительных стоксовых потерях роль ангармонизма в состоянии, из которого совершается переход, пренебрежимо мала по сравнению с ангармонизмом того состояния, в которое совершается фотопереход, и поэтому в работе учитывалась лишь роль последнего. Очевидно, что это приближение является достаточно грубым, особенно когда стоксовы потери небольшие, даже при низких температурах, так как из-за наличия нулевых колебаний влияние ангармонизма не исчезает и при абсолютном нуле [2].

В настоящей работе рассмотрено поглощение света примесными центрами твердого тела с учетом ангармонизма как в начальном, так и конечном электронном состояниях примеси. Расчет ведется методом функций Грина [3—5], причем при вычислении изменения частот нормальных колебаний и ширины уровней, обусловленной ангармонизмом, пренебрегается разностью ангармонических членов в начальном и конечном электронном состояниях примесного центра. В работе вычислена форма фононной части спектра и бесфононной линии, исследовано их изменение с температурой и природой растворителя, показано, что расстояние между максимумами обертонов одной и той же частоты, в случае примесных центров с внутренними колебательными степенями свободы, уменьшается по мере увеличения номера обертона и является функцией температуры.

1. Вероятность поглощения света примесными центрами при учете ангармонизма

Как и в [1] будем рассматривать твердое тело, содержащее примесные центры (атомы, молекулы, ионы, F-центры и т.д.) в малой концентрации, так что взаимодействием между ними можно пренебречь, и будем предполагать, что область поглощения света примесными центрами лежит далеко от области поглощения твердого растворителя. Тогда для вычисления стационарных состояний такой системы можно воспользоваться адиабатическим приближением [6] и записать волновые функции, описывающие состояния электронной подсистемы твердого раствора в виде [1]

$$\varphi(\mathfrak{r}\, \boldsymbol{r}\, \boldsymbol{R})\, \psi_l(\boldsymbol{r}\, \boldsymbol{R}) \,,$$

где $\boldsymbol{R}$ координаты ядер, $\boldsymbol{r}$ координаты оптических электронов примеси, $\mathfrak{r}$ — координаты всех прочих электронов системы, l — совокупность квантовых чисел, описывающих состояния оптических электронов примеси, а соответствующие этим функциям собственные значения обозначим через $V_l(\boldsymbol{R})$; как известно, они являются оператором потенциальной энергии в гамильтониане, который описывает колебания ядер системы:

$$H_l = T_R + V_l(\boldsymbol{R}) \,,$$

где T_R — оператор кинетической энергии ядер. Разлагая далее $V_l(\boldsymbol{R})$ в ряд по степеням смещения ядер от положений равновесия ($\boldsymbol{R}_0$) и переходя к представлению вторичного квантования, получим операторы H_{l_0} и H_{l_1}, которые описывают колебания ядер твердого раствора в начальном (l_0) и конечном (l_1) электронном состояниях примесного центра. В качестве равновесных положений ядер выберем положения при $l = l_0$; тогда оператор H_l можно записать в виде

$$H_l = V_l(\boldsymbol{R}_0) + \sum_s \hbar\, \omega_s^l \left(b_s^+ b_s + \frac{1}{2}\right) - \hbar \sum_s \xi_{sl}\, \omega_s^l\, (b_s^+ + b_s) + \\ + \hbar \sum_{s_1 s_2 s_3} Y^l_{s_1 s_2 s_3} \prod_{i=1}^{3} (b_{s_i}^+ + b_{s_i}) \,. \tag{1}$$

Здесь b_s^+, b_s-операторы рождения и уничтожения элементарных возбуждений, описывающих колебания ядер твердого раствора, ω_s^l — частоты нормальных колебаний ядер, вычисленные в гармоническом приближении,

$$Y^l_{s_1 s_2 s_3} = \frac{\hbar^{1/2}}{3!} \sum_{\substack{j\, j'\, j'' \\ \alpha\, \alpha'\, \alpha''}} \frac{q_{j\alpha s_1}\, q_{j'\alpha' s_1}\, q_{j''\alpha'' s_3}}{\sqrt{2^3 M_j M_{j'} M_{j''}\, \omega_{s_1}^{l_0} \omega_{s_2}^{l_0} \omega_{s_3}^{l_0}}} \left(\frac{\partial^3 V_l}{\partial R_{j\alpha}\, \partial R_{j'\alpha'}\, \partial R_{j''\alpha''}}\right)_{\boldsymbol{R}=\boldsymbol{R}_0} ,$$

M_j — масса j-го ядра; $\alpha = 1, 2, 3$; $q_{j\alpha s}$ — компоненты вектора, описывающего колебания ядер, причем они нормированы так, что

$$\sum_s q_{j'\alpha' s}\, q_{j\alpha s} = \delta_{jj'}\, \delta_{\alpha\alpha'} \,, \qquad \sum_{j\alpha} q_{j\alpha s}\, q_{j\alpha s'} = \delta_{ss'} \,,$$

ξ_{sl} — смещения ядер раствора из положений равновесия в нормальных координатах при фотопереходе в примесном центре, причем согласно сказанному выше, мы полагаем $\xi_{sl_0} = 0$, s — номер нормального колебания.

Обозначим волновые функции оператора (1) для начального и конечного электронного состояния примесного центра соответственно через $|i\rangle$ и $|f\rangle$ и рассмотрим переход $l_0\,|i\rangle \to l_1\,|f\rangle$, при котором поглощается квант света энергии $\hbar\nu$; для простоты ограничимся вначале примесными центрами без внутренних колебательных степеней свободы. Вероятность такого перехода можно записать в виде [7]

$$W_a = \frac{1}{\hbar^2} \sum_{\{i\}\{f\}} w(i)\,|L_{l_1 l_0}|^2 \frac{|\langle i|f\rangle|^2}{\left(\Omega_1 - \nu + \frac{1}{\hbar}E_f - \frac{1}{\hbar}E_i\right)^2 + \frac{\Gamma^2}{4}}, \tag{2}$$

где

$$\hbar\,\Omega_1 = V_{l_1}(\boldsymbol{R}_0) - V_{l_0}(\boldsymbol{R}_0) + \frac{\hbar}{2}\sum_s \Delta\omega_s, \qquad \Delta\omega_s = \omega_s^{l_1} - \omega_s^{l_0},$$

$L_{l_1 l_0}$ — матричный элемент энерги взаимодействия электромагнитного поля с примесным центром, вычисленный на функциях $\varphi\,\psi_{l_1}$, $\varphi\,\psi_{l_0}$, $w(i)$ — функция распределения Гиббса для элементарных возбуждений, описывающих колебания ядер раствора при $l = l_0$. Используя далее свойства δ-функции, выражение (2) легко [7] привести к виду

$$W_a = \frac{|L_{l_1 l_0}|^2}{\hbar^2} F_a(\nu).$$

Здесь

$$F_a(\nu) = \frac{2}{\Gamma}\,\mathrm{Re}\int_0^\infty d\mu\, e^{i\mu(\nu-\Omega) - \frac{\mu\Gamma}{2}} L(\mu), \tag{3}$$

$$\left.\begin{aligned} L(\mu) &= \frac{1}{Z}\,\mathrm{Sp}\left\{e^{-\beta\hbar H_i + i\mu H_i}\, e^{-i\mu H_f}\right\} e^{-i\mu\sum_s \xi^2_{s l_1}\omega_s^{l_1}}, \\ H_i &= \frac{1}{\hbar}H_{l_0} - \frac{1}{2}\sum_s \omega_s^{l_0} - \frac{1}{\hbar}V_{l_0}(\boldsymbol{R}_0), \\ H_f &= \frac{1}{\hbar}H_{l_1} - \frac{1}{2}\sum_s \omega_s^{l_1} - \frac{1}{\hbar}V_{l_1}(\boldsymbol{R}_0), \end{aligned}\right\} \tag{4}$$

$$\Omega = \Omega_1 - \sum_s \xi^2_{s l_1}\omega_s^{l_1},$$

$Z = \mathrm{Sp}\{\exp(-\beta\hbar H_i)\}$ — статистическая сумма.

Таким образом, вычисление формы спектра поглощения света примесным центром сводится к вычислению функции $F_a(\nu)$.

Чтобы вычислить $F_a(\nu)$ прибавим и вычтем из оператора H_f последней экспоненты (4) оператор H_i; тогда, вводя обозначение

$$u = \sum_s \Delta\omega_s\, b_s^+ b_s + \sum_{s_1 s_2 s_3}\left(Y^{l_1}_{s_1 s_2 s_3} - Y^{l_0}_{s_1 s_2 s_3}\right)\prod_{i=1}^{3}(b^+_{s_i} + b_{s_i}) + u_1, \tag{5}$$

где $u_1 = -\sum_s \xi_{s l_1}\omega_s^{l_1}(b_s^+ + b_s)$, запишем выражение для $L(\mu)$ в виде

$$L(\mu) = \langle e^{i\mu H_i}\, e^{-i\mu H_i}\, S(\mu)\rangle\, e^{-i\mu\sum_s \xi^2_{s l_1}\omega_s^{l_1}}. \tag{6}$$

Здесь

$$u(t) = e^{itH_l} u(0)\, e^{-itH_l}, \qquad S(\mu) = T\, e^{-i\int\limits_0^\mu u(t)\,dt}, \qquad \langle\cdots\rangle = Z^{-1}\,\mathrm{Sp}\{e^{-\beta\hbar H_l}\ldots\},$$

T — оператор хронологического упорядочения. Введем далее унитарный оператор $S = \exp\{i\,u_3\}$, где $u_3 = \sum\limits_s \xi_{s\,l_1}(b_s^+ + b_s)$; тогда выражение (6) легко привести к виду

$$L(\mu) = \langle T\,\{S_3(\mu)\, e^{i\mu H_l}\, s\, e^{-i\mu(H_l+u_2)}\, s^+\, S_1(\mu)\}\rangle\, e^{-i\mu\sum\limits_s \xi_{s\,l_1}^2(\omega_s^{l_1}+\omega_s^{l_0})}, \tag{7}$$

где

$$S_3(\mu) = T\exp\left\{-\,i\int\limits_0^\mu \sum_s \Delta\omega_s\, b_s^+(t)\, b_s(t)\,dt\right\}, \qquad S_1(\mu) = T\exp\left\{-\,i\int\limits_0^\mu u_1(t)\,dt\right\},$$

$u_2 = i\sum\limits_s \xi_{s\,l_1}\,\omega_s^{l_0}(b_s^+ + b_s)$, причем при выводе (7) мы пренебрегли [1]) вторым слагаемым (5). Если теперь положить

$$u_k(\mu) = e^{i\mu H_l}\, u_k(0)\, e^{-i\mu H_l}, \qquad k = 1, 2,$$

то функция $L(\mu)$ запишется в виде

$$L(\mu) = e^{-i\mu\sum\limits_s \xi_{s\,l_1}^2(\omega_s^{l_1}+\omega_s^{l_0})}\,\langle T\,\{S_3(\mu)\, e^{i\,u_3(\mu)}\, S_2(\mu)\, e^{-i\mu\,u(0)}\, S_1(\mu)\}\rangle,$$

где

$$S_2(\mu) = T\exp\left\{-i\int\limits_0^\mu u_2(t)\,dt\right\}.$$

Положим еще

$$V(t) = \sum_s \Delta\omega_s\, b_s^+(t)\, b_s(t) - 2\,u_3(t)\,\delta\,(t-\mu) + 2\,u_3(t)\,\delta(t) + u_4(t),$$

где

$$u_4 = \sum_s \xi_{s\,l_1}\{(i\,\omega_s^{l_0} - \omega_s^{l_1})\, b_s^+ - (i\,\omega_s^{l_0} + \omega_s^{l_1})\, b_s\};$$

тогда для $L(\mu)$ получим выражение

$$L(\mu) = e^{-i\mu\sum\limits_s \xi_{s\,l_1}^2(\omega_s^{l_1}+\omega_s^{l_0})}\left\langle T\exp\left\{-i\int\limits_0^\mu V(t)\,dt\right\}\right\rangle.$$

Его легко вычислить, если ограничиться парными корреляциями по $V(t)$, при этом получим

$$L(\mu) = e^{-i\mu\sum\limits_s \xi_{s\,l_1}^2(\omega_s^{l_1}+\omega_s^{l_0}) - i\mu\sum\limits_s \Delta\omega_s n_s}\exp\Bigg\{\langle u_3(\mu)\, u_3(0)\rangle - \langle u_3(0)\, u_3(0)\rangle +$$

$$+\int\limits_0^\mu \langle u_3(\mu)\, u_4(t)\rangle\,dt - \int\limits_0^\mu \langle u_4(t)\, u_3(0)\rangle\,dt - \int\limits_0^\mu dt\int\limits_0^t dt'\,\langle u_4(t)\, u_4(t')\rangle\Bigg\}, \tag{8}$$

где

$$n_s = \left\{e^{\beta\hbar\omega_s^{l_0}} - 1\right\}^{-1}.$$

---

[1]) Пренебрежение основано на том, что как будет видно из дальнейшего, разность ангармонических членов дает вклад в функцию $L(\mu)$ порядка

$$\exp\left\{\sum_{s\,s_1}\xi_{s\,l_1}\left(Y_{s\,s_1 s_1}^{l_1} - Y_{s\,s_1 s_1}^{l_0}\right) + \sum_{s_1 s_2 s_3}\left(Y_{s_1 s_2 s_3}^{l_1} - Y_{s_1 s_2 s_3}^{l_0}\right)^2\right\}.$$

Для вычисления корреляционных функций $\langle u(t)\, u(t')\rangle$ рассмотрим запаздываюшую функцию Грина [5]

$$G_{s s'}(t|t') = i\, \Theta\, (t - t')\, \langle [b_s^+(t),\ b_{s'}(t')]\rangle\,. \tag{9}$$

Дифференцируя ее по t и вводя обозначения

$$\left.\begin{aligned} G^{(1)}_{s_1 s_2 s'}(t\, t|t') &= i\, \Theta\, (t - t')\, \langle [b_{s_1}^+(t)\, b_{s_2}^+(t),\ b_{s'}(t')]\rangle\,,\\ G^{(2)}_{s_1 s_2 s'}(t\, t|t') &= i\, \Theta\, (t - t')\, \langle [b_{s_1}^+(t)\, b_{s_2}(t),\ b_{s'}(t')]\rangle\,,\\ G^{(3)}_{s_1 s_2 s'}(t\, t|t') &= i\, \Theta\, (t - t')\, \langle [b_{s_1}(t)\, b_{s_2}(t),\ b_{s'}(t')]\rangle\,, \end{aligned}\right\} \tag{10}$$

получим

$$\begin{aligned} i\,\frac{\partial G_{s s'}(t|t')}{\partial t} &= \delta\, (t - t')\, \delta_{s s'} - \omega_s^{l_0}\, G_{s s'}(t|t') -\\ &\quad - 3 \sum_{s_1 s_2} Y^{l_0}_{s_1 s_2 s'} \{G^{(1)}_{s_1 s_2 s}(t\, t|t') - 2\, G^{(2)}_{s_1 s_2 s'}(t\, t|t') + G^{(3)}_{s_1 s_2 s'}(t\, t|t')\}\,. \end{aligned} \tag{11}$$

Дифференцируя далее функции (10) и производя соответствующее спаривание операторов b_s^+, b_s, получим, пренебрегая членами высшего порядка малости,[2])

$$\left.\begin{aligned} i\,\frac{\partial G^{(1)}_{s_1 s_2 s'}}{\partial t} &= -\left(\omega^{l_0}_{s_1} + \omega^{l_0}_{s_2}\right) G^{(1)}_{s_1 s_2 s'}(t\, t|t') - 6\, Y^{l_0}_{s_1 s_2 s'}\, (1 + n_{s_1} + n_{s_2})\, G_{s' s'}(t|t')\,,\\ i\,\frac{\partial G^{(2)}_{s_1 s_2 s'}}{\partial t} &= -\left(\omega^{l_0}_{s_1} - \omega^{l_0}_{s_2}\right) G^{(2)}_{s_1 s_2 s'}(t\, t|t') + 6\, Y^{l_0}_{s_1 s_2 s'}\, (n_{s_1} - n_{s_2})\, G_{s' s'}(t|t')\,,\\ i\,\frac{\partial G^{(3)}_{s_1 s_2 s'}}{\partial t} &= \left(\omega^{l_0}_{s_1} + \omega^{l_0}_{s_2}\right) G^{(3)}_{s_1 s_2 s'}(t\, t|t') + 6\, Y^{l_0}_{s_1 s_2 s'}\, (1 + n_{s_2} + n_{s_3})\, G_{s' s'}(t|t')\,. \end{aligned}\right\} \tag{12}$$

Переходя в (11) и (12) к Фурье-образам, и вводя обозначение

$$M_{s s}(\omega) = 18 \sum_{s_1 s_2} \left(Y^{l_0}_{s_1 s_2 s}\right)^2 \left\{\frac{1 + n_{s_1} + n_{s_2}}{\omega - \omega^{l_0}_{s_1} - \omega^{l_0}_{s_2}} + 2\,\frac{n_{s_1} - n_{s_2}}{\omega + \omega^{l_0}_{s_1} - \omega^{l_0}_{s_2}} - \frac{1 + n_{s_1} + n_{s_2}}{\omega + \omega^{l_0}_{s_1} - \omega^{l_0}_{s_2}}\right\},$$

для Фурье-образа функции Грина $G_{ss}(t|t')$ получим выражение

$$G_{s s}(\omega) = \frac{1}{2\,\pi}\,\frac{1}{\omega + \omega_s^{l_0} + M_{s s}(\omega)}\,. \tag{13}$$

Спектральная плотность $J_{ss}(\omega)$ связана с Фурье-образом функции Грина соотношением [5]

$$J_{s s}(\omega) = i\, (e^{-\beta \hbar \omega} - 1)^{-1} \lim_{\varepsilon \to 0} \{G_{s s}(\omega + i\, \varepsilon) - G_{s s}(\omega - i\, \varepsilon)\}\,.$$

---

[2]) При вычислении (10) предполагалось, что $Y^{l_0}_{s s s_2} \ll Y^{l_0}_{s s_1 s_2}$; для систем с трансляционной симметрией это соотношение выполняется в подавляющем большинстве случаев [8]; мы считаем, что оно имеет место и для твердых растворов малой концентрации. Отметим еще, что апроксимация, на основе которой получены уравнения (12), является довольно грубой, в частности, в случае металлов она недостаточна для учета корреляции электронов, которая приводит к сверхпроводящему состоянию, и которая существенна при низких температурах [5].

Подставляя в это выражение (13), получим

$$J_{ss}(\omega) = \frac{1}{\pi}\,(1 - e^{-\beta\hbar\omega})^{-1}\,\frac{\gamma_s(\omega)}{(\omega + \omega_s^{l_0} + \Omega_s(\omega))^2 + \gamma_s^2(\omega)}\,, \tag{14}$$

где

$$\gamma_s(\omega) = 18\pi \sum_{s_1 s_2} (Y^{l_0}_{s_1 s_2 s})^2 \{(1 + n_{s_1} + n_{s_2})\,[\delta\,(\omega - \omega^{l_0}_{s_1} - \omega^{l_0}_{s_2}) - \delta\,(\omega + \omega^{l_0}_{s_1} + \omega^{l_0}_{s_2})] + $$
$$+ 2\,(n_{s_1} - n_{s_2})\,\delta\,(\omega + \omega^{l_0}_{s_1} - \omega^{l_0}_{s_2})\}\,,$$

$$\Omega_s(\omega) = 18\,P \sum_{s_1 s_2} (Y^{l_0}_{s_1 s_2 s})^2 \left\{\frac{1 + n_{s_1} + n_{s_2}}{\omega - \omega^{l_0}_{s_1} - \omega^{l_0}_{s_2}} - \frac{1 + n_{s_1} + n_{s_2}}{\omega + \omega^{l_0}_{s_1} + \omega^{l_0}_{s_2}} + 2\,\frac{n_{s_1} - n_{s_2}}{\omega + \omega^{l_0}_{s_1} - \omega^{l_0}_{s_2}}\right\},$$

P — символ главного значения.

Очевидно, что $\Omega_s(\omega) = \Omega_s(-\omega)$, $\gamma_s(\omega) = -\gamma_s(-\omega)$.

Корреляционная функция $\langle b_s^+(t)\,b_s(t')\rangle$ связана со спектральной плотностью $J_{ss}(\omega)$ соотношением

$$\langle b_s^+(t)\,b_s(t')\rangle = \int_{-\infty}^{\infty} J_{ss}(\omega)\,e^{i\omega(t-t')}\,d\omega\,.$$

Подставляя в него выражение (14) и учитывая, что при малом ангармонизме функция (14) имеет острый максимум при $\omega = \widetilde{\omega}$, которое является решением трансцендентного уравнения $\widetilde{\omega} + \omega_s^{l_0} + \Omega_s(\widetilde{\omega}) = 0$, мы можем вынести из-под интеграла $\gamma_s(\omega)$ и $\Omega_s(\omega)$ при этом значении ω; тогда, пользуясь теорий вычетов, находим

$$\langle b_s^+(t)\,b_s(t')\rangle = \bar{n}_s\,e^{i\omega_s(t-t') - \gamma_s(t-t')}\,,$$

где

$$\omega_s = \omega_s^{l_0} + \Omega_s\,, \qquad \bar{n}_s = \{e^{\beta\hbar\omega_s} - 1\}^{-1}\,.$$

Аналогично

$$\langle b_s(t)\,b_s^+(t')\rangle = (\bar{n}_s + 1)\,e^{-i\omega_s(t-t') - \gamma_s(t-t')}\,.$$

Подставляя полученные выражения в (8) и производя соответствующее интегрирование, получим

$$L(\mu) = \exp\Big\{- i\,\mu \sum_s \bar{n}_s\,\Delta\omega_s -$$
$$- i\,\mu \sum_s \xi^2_{s l_1}\left[\omega_s^{l_1} + \omega_s^{l_0} + \left(\frac{\bar{n}_s}{\omega_s + i\,\gamma_s} - \frac{\bar{n}_s + 1}{\omega_s - i\,\gamma_s}\right)\chi_s\right] + g(\mu\,\gamma)\Big\}\,, \tag{15}$$

где

$$g(\mu\,\gamma) = \sum_s \xi^2_{s l_1}\,\omega_s^{l_0}\,\{(\bar{n}_s + 1)\,\varrho_s\,e^{-i\mu\omega_s - \mu\gamma_s} + \bar{n}_s\,\varrho_s^*\,e^{i\mu\omega_s - \mu\gamma_s} - (\bar{n}_s + 1)\,\varrho_s - \bar{n}_s\,\varrho_s^*\}\,, \tag{16а}$$

$$\varrho_s = \frac{(\omega_s^{l_1})^2 + (\omega_s^{l_0})^2}{\omega_s^{l_0}\,(\omega_s - i\,\gamma_s)^2} + \frac{1}{\omega_s^{l_0}} - \frac{2}{\omega_s - i\,\gamma_s}\,, \qquad \chi_s = (\omega_s^{l_1})^2 + (\omega_s^{l_0})^2\,. \tag{16б}$$

Легко видеть, что при $Y^l_{s_1 s_2 s_3} \to 0$ полученное выражение автоматически переходит в выражение, соответстующее гармоническому приближению.

Для дальнейших вычислений необходимо оценить порядок величин Ω_s и γ_s. В рассматриваемом случае твердых растворов, когда отсутствует трансляционная симметрия, произвести такую оценку очень трудно, поэтому мы примем, что γ_s и Ω_s имеют тот же порядок, что и в соответствующих кристаллах-растворителях с трансляционной симметрией. Тогда можно считать, что γ_s, $\Omega_s \sim (10^{-2} \ldots 10^{-1})\, \omega_s^{l_0}$ и в выражении (15) произвести раложение слагаемых вида $(\omega_s^{l_0} + \Omega_s \pm i\gamma_s)$ в ряд по $(\Omega_s \pm i\gamma_s)$. Если теперь ввести обозначения

$$\left.\begin{aligned} \Omega_a &= \Omega + \sum_s \bar{n}_s \Delta\omega_s + \sum_s \xi_{sl_1}^2 \Omega_s \left(1 + \left(\frac{\omega_s^{l_1}}{\omega_s^{l_0}}\right)^2\right) - \sum_s \xi_{sl_1}^2 \frac{\omega_s^{l_1}}{(\omega_s^{l_0})^2} \Delta\omega_s, \\ \gamma_0 &= 2 \sum_s \xi_{sl_1}^2 (2\bar{n}_s + 1) \gamma_s \left(1 + \left(\frac{\omega_s^{l_1}}{\omega_s^{l_0}}\right)^2\right), \end{aligned}\right\} \tag{17}$$

то для функции $F_a(\nu)$ получим выражение $\left(\text{при } \Delta\omega_s \sim \frac{1}{N}\right)$ [1]

$$F_a(\nu) = \frac{2}{\Gamma} \operatorname{Re} \int_0^\infty d\mu\, e^{i\mu(\nu - \Omega_a) - \frac{\mu(\Gamma + \gamma_0)}{2} + g(\mu\gamma)}. \tag{18}$$

Оно и определяет форму спектра поглощения света примесными центрами при учете ангармонизма колебаний атомов системы.

Для вычисления $F_a(\nu)$ выберем такое $\mu = \mu_0$, чтобы $\mu_0 \omega_{\max} < 1$, где $\omega_{\max}$ — максимальное значение частоты ω_s, и разобъем область интегрирования $[0\,\infty]$ на две $[0\,\mu_0]$ и $[\mu_0\,\infty]$. Первый интеграл определяет форму фононной части спектра, второй-бесфононную линию, которая, в определенном смысле, является аналогом линии Мессбауэра. Чтобы вычислить форму и исследовать поведение этой линии, опустим в выражении для $g(\mu\gamma)$ члены, содержащие $\exp\{\pm i\mu\omega_s\}$ и расширим область интегрирования так, чтобы она включала и точку 0. Это вполне законно при большой дисперсии частот нормальных колебаний и плавной функции распределения их. Тогда

$$i_2 = \frac{2}{\Gamma} \operatorname{Re} \int_0^\infty d\mu\, e^{i\mu(\nu - \Omega_a) - \frac{\mu(\Gamma + \gamma_0)}{2} - \sum_s \xi_{sl_1}^2 \omega_s^{l_0} \{(\bar{n}_s + 1)\varrho_s + \bar{n}_s \overset{*}{\varrho}_s\}}.$$

Пользуясь приведенной выше оценкой Ω_s и γ_s, мы можем положить

$$\sum_s \xi_{sl_1}^2 \omega_s^{l_0} \{(\bar{n}_s + 1)\varrho_s + \bar{n}_s \overset{*}{\varrho}_s\} = \sum_s \xi_{sl_1}^2 (2\bar{n}_s + 1)\left(1 - \frac{2\,\Omega_s}{\omega_s^{l_0}}\right)\left(\frac{\omega_s^{l_1}}{\omega_s^{l_0}}\right)^2 + \\ + i \sum_s \xi_{sl_1}^2 \frac{2\gamma_s}{\omega_s^{l_0}} \left(\frac{\omega_s^{l_1}}{\omega_s^{l_0}}\right)^2 = G_1 + i\,G_2.$$

Тогда для i_2 получим выражение

$$i_2 = \frac{2}{\Gamma} e^{-G_1} \frac{\frac{\Gamma + \gamma_0}{2} \cos G_2 + (\nu - \Omega_a) \sin G_2}{(\nu - \Omega_a)^2 + \frac{(\Gamma + \gamma_0)^2}{4}}. \tag{19}$$

Отсюда следует, что в случае примесных центров бесфононная линия имеет форму квазилоренцовой кривой, полуширина которой существенно зависит от температуры. В области максимума, где $|\nu - \Omega_a| \lesssim \frac{\Gamma + \gamma_0}{2}$ бесфононная линия имеет практически форму лоренцовой кривой с полушириной $\frac{\Gamma + \gamma_0}{2}$; температурная зависимость полуширины линии определяется температурной зависимостью величины γ_0. Как следует из выражения для γ_0, при высоких температурах, когда $\hbar \omega_s^{l_0} < kT$, полуширина бесфононной линии пропорциональна квадрату температуры и может составлять величину порядка нескольких см$^{-1}$. В области частот, где $(\nu - \Omega_a) > \frac{\Gamma + \gamma_0}{2}$, бесфононная линия будет асимметричной: в сторону больших от Ω_a частот ее интенсивностью будет убывать более медленно, чем в сторону меньших частот.

Интенсивность бесфононной линии определяется, в основном, экспоненциальным множителем e^{-G_1} и при указанных выше температурах экспоненциально убывает с температурой. Так как G_1 зависит от величины смещения ξ_{sl_1} ядер из положений равновесия при фотопереходе, то для тех растворителей, которым соответствуют большие значения ξ_{sl}, интенсивность бесфононной линии будет малой. Вообще, в тех случаях, когда фононная часть спектра имеет форму гауссовой или квазигауссовой кривой (см. ниже), бесфононная линия будет иметь малую интенсивность.

Положение бесфононной линии в спектре зависит от температуры, причем направление смещения ее в шкале частот с изменением температуры определяется величиной $\sum_s n_s \Delta\omega_s + \sum_s \xi_{sl_1}^2 \Omega_s$; при высоких температурах величина смещения будет пропорциональной T.

Приведенная выше характеристика бесфононной линии в спектре поглощения примеси существенно отличается от той, которая впервые была дана в работе одного из авторов [10], а затем в работах [11, 12], а также от особенностей линии Мессбауэра [9], которая и в случае ангармонизма имеет полуширину Γ, а ее смещение в шкале частот с температурой не зависит от величины ангармонизма [13]. Отличие бесфононной линии в спектре поглощения примеси от линии Мессбауэра на примесных ядрах [14 до 16] или ядрах регулярной решетки [17] обусловлено особенностями процессов, которые сопровождают фотопереход: в случае γ — переходов в ядре, ядро испытывает отдачу; в случае фотопереходов в примесном центре, ядра, окружающие примесь, смещаются из положений равновесия. Поэтому, в случае поглощения γ-квантов ядрами твердого тела гамильтониан, описывающий колебания его решетки, один и тот же как для начального, так и для конечного состояния ядра, и, следовательно, существует бесконечное число уровней энергии, которые соответствуют колебаниям решетки и которые имеют одинаковую энергию как в начальном, так и конечном состоянии ядра.

Совершенно иное положение мы имеем в случае примесных центров. В этом случае операторы Гамильтона, которые описывают колебания решетки в начальном и конечном электронном состоянии примесного центра, существенно различны. Однако в гармоническом приближении существует простое унитарное преобразование, которое позволяет свести один гамильмониан к другому с точностью до членов $\sum_s \Delta\omega_s b_s^+ b_s + \text{const}$. Так как унитарное преобразование не меняет спектра собственных значений, то в гармоническом приближении, как и в случае эффекта Мессбауэра на ядрах, существует бесконечное число колебательных уровней энергии, которые имеют одинаковое (практически с точностью до константы) значение энергии как для начального так и для конечного электронного состояния примеси, переходы между которыми обуславливают бесфононную линию. Если же в гамильтониане, описывающем колебания ядер, учесть и ангармонические члены, то в случае примесных центров не существует простого унитарного преобразования, которое переводило бы один гамильтониан в другой. То-есть, в случае примесных центров мы имеем два уравнения для определения собственных значений энергии твердого тела

$$H_{l_1} \Phi_f^{(n)} = E_f^{(n)} \Phi_f^{(n)}, \qquad H_{l_0} \Phi_i^{(m)} = E_i^{(m)} \Phi_i^{(m)},$$

где i, f — соответствуют начальному и конечному электронному состоянию примеси. Φ — волновые функции, описывающие колебания решетки, (n), (m) — соответствующие квантовые числа. В силу различия операторов H_{l_1} и H_{l_0} $E_f^{(n)} \neq E_i^{(m)} + \text{const}$ за исключением может быть некоторого конечного числа значений (m) и (n) из общей совокупности $\{m\}, \{n\}$. Для этих значений (m) и (n) $E_f^{(n)} = E_i^{(m)} + \text{const}$ и переходы между ними дадут бесфононную линию в смысле Мессбауэра. Для тех же значений (m) и (n), для которых $E_f^{(n)} \neq E_i^{(m)} + \text{const}$ бесфононной линии в смысле Мессбауэра, не будет существовать. Эти чисто физические соображения и подтверждаются приведенными выше вычислениями. Очевидно, что когда $\xi_{sl_1} = 0$ или $Y_{s_1 s_2 s_3} = 0$, в спектре должна появиться бесфононная линия в смысле Мессбауэра; это с очевидностью и следует из (19) поскольку в этом случае $\gamma_0 = \Omega_s \equiv 0$.

Наглядно картина фотопереходов во всех трех случаях представлена на Рис. 1. В случае эффекта Мессбауэра (Рис. 1а) структура колебательных уровней в начальном и конечном состояниях ядра тождественна, поэтому $d_1 = d_2 = d_3 \ldots$; сумма всех этих переходов дает линию Мессбауэра.

В случае примесных центров, в гармоническом приближении для колебания ядер, колебательные уровни в начальном и конечном электронном состоянии примеси эквидистантны (Рис. 1в), причем $d_1 = d_2 = d_3 = \ldots$, поэтому переходы между ними дают бесфононную линию в смысле Мессбауэра, полуширина которой Γ.

Если бы уравнения $H_f \Phi_f = E_f \Phi_f$ и $H_i \Phi_i = E_i \Phi_i$, где H_f и H_i — точные операторы. описывающие колебания ядер раствора, удалось решить точно для начального и конечного электронного состояния примеси, то мы бы получили соответственно две системы колебательных уровней „нулевой полуширины“, но вообще говоря с разными $E_i^{(n)}$ и $E_f^{(m)}$; напр. если $E_i^{(m)}$ и $E_f^{(n)}$ неэквидистантны, то эта неэквидистантность

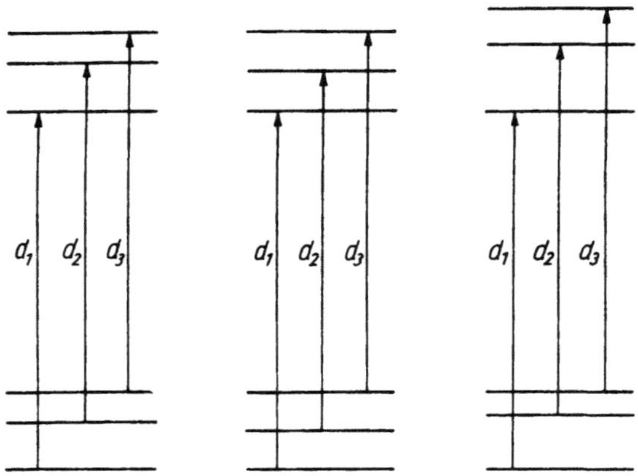

Рис. 1.

была бы разной для состояний i и f (Рис. 1с). В этом случае $d_1 \neq d_2 \neq d_3 \neq \ldots$; сумма соответствующих фотопереходов даст квазибесфононную линию, полуширина которой соответствует $T = 0$ в (17) и которая отлична от Γ.

Узкие линии в оптических спектрах наблюдались многими исследователями; трактовка этих линий, как аналога линии Мессбауэра, впервые была дана Гроссом [18 до 19]. Однако в [19] не было отмечено зависимости полуширины этих линий от температуры, хотя в других работах [20] отмечается существенная температурная зависимость их полуширины. Повидимому это связано с узким температурным интервалом исследований [19], так как спектры локализованных экситонов имеют тот же характер что и примесные центры [21].

Для вычисления фононной части спектра поглощения учтем, что в первом интеграле $\mu\,\omega_s < 1$, поэтому мы можем разложить все экспоненты, фигурирующие в $g(\mu\,\gamma)$ в ряд по $\mu\,\omega_s$. Если теперь ввести обозначения

$$A_a = \sum_s \xi^2_{s l_1} (\omega_s^{l_1} + \Omega_s)\,, \qquad B_a^2 = \frac{1}{2} \sum_s \xi^2_{s l_1} (2 n_s + 1) (\omega_s^{l_1})^2,$$

$$C_a = \frac{1}{3!} \sum_s \xi^2_{s l} (\omega_s^{l_1})^2\, \omega_s\,,$$

то этот интеграл можно записать в виде

$$i_1 = \frac{2}{\Gamma} \operatorname{Re} \int_0^{\mu_0} d\mu \exp \left\{ i\,\mu \left(\nu - \Omega - \sum_s \bar{n}_s\, \Delta\omega_s - A_a \right) - \mu^2 B_a^2 + i\,\mu^3 C_a \right\}. \quad (20)$$

Предположим теперь, что выполняется условие

$$\omega_{\max}^{-2} B_a^2 > 1\,, \quad (21)$$

которое мы будем называть условием большого тепловыделения.

Тогда интеграл (20) легко высичлить методом перевала; при этом получим

$$i_1 = \frac{\sqrt{\pi}}{\Gamma B_a} e^{-\frac{\alpha_a^2}{4 B_a^2}} \left\{1 + \frac{C_a \alpha_a^3}{(2 B_a^2)^3} + \cdots\right\}, \tag{22}$$

где

$$\alpha_a = \nu - \Omega - \sum_s \bar{n}_s \Delta\omega_s - A_a .$$

Отсюда следует, что фононная часть спектра имеет форму асимметрической кривой, интенсивность которой медленнее убывает в сторону больших частот от максимума, чем в сторону меньших; генезис этой части спектра с температурой подробно исследован в [1, 7]. Здесь мы отметим лишь, что величина стоксового смещения зависит от температуры, причем если $kT > \hbar\omega_s$, то для A_a получаем выражение $A_a = A_1 + A_2 T$, причем $A_1 \gg A_2$. Таким образом, смещение фононной части спектра с температурой в шкале частот определяется суммой

$$\sum_s n_s \Delta\omega_s + A_a .$$

Сравнивая это выражение с (17) находим, что с изменением температуры расстояние между максимумом фононной части спектра и бесфононной линии изменяется. Изменение полуширины фононной полосы спектра с температурой, когда $kT > \hbar\omega_s$, определяется выражением

$$\Delta_a = \sqrt{b_1 T},$$

где b_1 независящая от температуры величина.

В том случае, когда условие большого тепловыделения (21) не выполняется, вычисление формы спектра можно провести следующим образом. Разложим $\exp\{g(\mu\gamma)\}$ выражения (18) в ряд по

$$b_s \exp\{-i\mu\omega_s - \mu\gamma_s\}, \quad c_s \exp\{i\mu\omega_s - \mu\gamma_s\},$$

где

$$b_s = \xi_{sl_1}^2 (\bar{n}_s + 1)\left(1 - 2\frac{\Omega_s - i\gamma_s}{\omega_s^{l_0}}\right)\left(\frac{\omega_s^{l_1}}{\omega_s^{l_0}}\right)^2,$$

$$c_s = \xi_{sl_1}^2 \bar{n}_s \left(1 - 2\frac{\Omega_s + i\gamma_s}{\omega_s^{l_0}}\right)\left(\frac{\omega_s^{l_1}}{\omega_s^{l_0}}\right)^2. \tag{23}$$

Подставим полученные ряды в (18) и выполним интегрирование по μ. Тогда, пренебрегая мнимыми частями b_s, c_s, как величинами высшего порядка малости, для формы спектра поглощения получим выражение

$$F_a(\nu) = \frac{2}{\Gamma} e^{-G_1} \sum_{\substack{\ldots m_s \ldots \\ \ldots m_{s'} \ldots}} \prod_s \frac{B_s^{m_s} C_s^{m_{s'}}}{m_s!\, m_{s'}!} \times$$

$$\times \frac{\frac{\Gamma + \gamma_0}{2}\cos G_2 + \left\{\nu - \Omega_a + \sum_s \omega_s (m_{s'} - m_s)\right\}\sin G_2}{\left\{\nu - \Omega_a + \sum_s \omega_s (m_{s'} - m_s)\right\}^2 + \frac{1}{4}\left\{\Gamma + \gamma_0 + 2\sum_s \gamma_s (m_s + m_{s'})\right\}^2}, \tag{24}$$

где

$$B_s = \operatorname{Re} b_s, \qquad C_s = \operatorname{Re} c_s .$$

Отсюда следует, что в случае малого тепловыделения спектр поглощения представляет собой полосу с резко выделенной серией пиков, на фоне которой выделяется интенсивная бесфононная линия полуширины $\Gamma + \gamma_0$, соответствующая $m_s = m_{s'}$ в (24).

Полученные выше выражения для формы спектра поглощения за исключением формулы (24) остаются справдливыми также в том случае, когда примесные центры имеют внутренние колебательные степени свободы (примесью является молекула) или когда в системе возникают локальные колебания, если квазиупругие постоянные слабо зависят от электронного состояния примеси (так что $|\omega_\tau^{l_1} - \omega_\tau^{l_0}| \ll \omega_\tau^{l_0}$, где $\omega_\tau^{l_0}$ частота внутримолекулярного колебания номера τ). В этом случае можно считать, что индекс s нумерует все колебательные степени свободы (т.е. как колебательные степени свободы растворителя, так и внутренние колебания примесной молекулы). Тогда в случае большого тепловыделения, которое реализуется преимущественно при температурах, значительно выше комнатных, форма спектра поглощения будет определяться суммой выражений (19) и (22), однако в силу условия (21) интенсивность бесфононной линии будет малой, так что она практически не будет наблюдаться.

Если же условие большого тепловыделения не выполняется, то в сумме по s можно выделить те колебания (τ), которые отвечают внутренним степеням свободы примесной молекулы. При этом $g_1(\mu\gamma)$ можно представить в виде

$$g_1(\mu\gamma) = \sum_\tau b_\tau e^{-i\mu\omega_\tau - \mu\gamma_\tau} + \sum_\tau c_\tau e^{i\mu\omega_\tau - \mu\gamma_\tau} + g_c(\mu\gamma) + G_{01} + i\,G_{02}, \quad (25)$$

где $g_c(\mu\gamma)$ определяется выражением (16a) (индекс s нумерует теперь только колебательные степени свободы растворителя и примеси, как целого, т.е. пробегает то же число значений, что и в случае примеси без внутренних колебательных степеней свободы),

$$b_\tau = \zeta_{\tau l_1}^2\, \omega_\tau^{l_0} (\bar{v}_\tau + 1)\, \varrho_\tau, \qquad c_\tau = \zeta_{\tau l_1}^2\, \omega_\tau^{l_0}\, \bar{v}_\tau\, \overset{*}{\varrho}_\tau, \qquad \bar{v}_\tau = (e^{\beta\hbar\omega_\tau} - 1)^{-1},$$

$\zeta_{\tau l}$ — смещения атомов примесной молекулы из положений равновесия при фотопереходе в ней, ω_τ^l — частоты внутримолекулярных колебаний, ϱ_τ получается из (16a) заменой ω_s на ω_τ, γ_s на γ_τ,

$$G_{01} = \sum_\tau \zeta_{\tau l_1}^2 (2\bar{v}_\tau + 1)\left(1 - \frac{2\,\Omega_\tau}{\omega_\tau^{l_0}}\right)\left(\frac{\omega_\tau^{l_1}}{\omega_\tau^{l_2}}\right)^2, \qquad G_{02} = 2\sum_\tau \zeta_{\tau l_1}^2 \frac{\gamma_\tau}{\omega_\tau^{l_0}}\left(\frac{\omega_\tau^{l_1}}{\omega_\tau^{l_0}}\right)^2.$$

Подставляя (25) в (18) и разлагая $\exp\{b_\tau e^{-i\mu\omega_\tau - \mu\gamma_\tau}\}$, $\exp\{c_\tau e^{i\mu\omega_\tau - \mu\gamma_\tau}\}$ в ряд по $\exp\{\pm i\mu\omega_\tau - \mu\gamma_\tau\}$, в случае низких температур, когда $c_\tau = 0$, как и выше, получим

$$F_a(\nu) = \frac{2}{\Gamma} e^{-G_{01}} \sum_{\dots k_\tau \dots} \mathrm{Re} \prod_\tau \frac{b_\tau^{k_\tau}}{k_\tau!} e^{-i\,G_{02}} \int_0^\infty d\mu \exp\Big\{i\mu\Big(\nu - \Omega - \sum_\tau \omega_\tau k_\tau\Big) -$$

$$- \frac{\mu}{2}\Big(\Gamma + \gamma_0 + 2\sum_\tau \gamma_\tau k_\tau\Big) + g_c(\mu\gamma)\Big\}. \quad (26)$$

Интеграл этого выражения отличается от (18) лишь слагаемыми $-i\mu\sum_\tau \omega_\tau k_\tau$ и $\mu\sum_\tau \gamma_\tau k_\tau$ в экспоненте, поэтому интегрирование его можно провести тем же образом, что и (18). Очевидно, что для каждого фиксированного k_τ он определяет форму спектра поглощения соответствующего обертона или комбинации; при $k_\tau = 0$ мы получаем форму спектра поглощения, соответствующую переходу без возбуждения внутримолекулярных колебаний. Фононная часть каждого обертона (τ — фиксировано) или комбинации (фиксированы несколько τ) в случае выполнения условия (21) будет определяться выражением вида (22) с заменой α_a на $\alpha_a + k_\tau\omega_\tau$ в случае обертона, или на $\alpha_a + (k_{\tau_1}\omega_{\tau_1} + k_{\tau_2}\omega_{\tau_2} + \cdots)$, — в случае комбинации; интенсивность соответствующего обертона будет пропорциональной $\frac{1}{k_\tau!}\{\mathrm{Re}\, b_\tau\}^{k_\tau}$ а интенсивность комбинации-пропорциональной $\frac{1}{k_{\tau_1}!\,k_{\tau_2}!}\{\mathrm{Re}\, b_{\tau_1}\}^{k_{\tau_1}}\{\mathrm{Re}\, b_{\tau_2}\}^{k_{\tau_2}}\ldots$. Бесфононные линии в спектре будут определяться выражением

$$I_2 = \frac{2}{\Gamma} e^{-G'} \sum_{\ldots k_\tau \ldots} \mathrm{Re}\left\{\prod_\tau \frac{b_\tau^{k_\tau}}{k_\tau!} e^{-iG''} \int_0^\infty d\mu \exp\left\{i\mu\left(\nu - \Omega_a + \sum_\tau \omega_\tau k_\tau\right) - \right.\right.$$
$$\left.\left. - \frac{\mu}{2}\left(\Gamma + \gamma_0 + 2\sum_\tau \gamma_\tau k_\tau\right)\right\}\right\}, \tag{27}$$

где

$$G' = G_{01} + G_1, \qquad G'' = G_{02} + G_2.$$

Чтобы вычислить форму или положение бесфононной линии обертона k_{τ_1}, соответствующего частоте ω_{τ_1}, нужно в (27) положить все $k_\tau \neq k_{\tau_1}$ равными нулю. При этом для бесфононной линии получим выражение

$$I_{k_\tau} = \frac{2}{\Gamma k_\tau!} e^{-G'} \mathrm{Re}\left\{b_\tau^{k_\tau} e^{-iG''} \frac{i(\nu - \Omega_a - k_\tau\omega_\tau) + \frac{1}{2}(\Gamma + \gamma_0 + 2\gamma_\tau k_\tau)}{(\nu - \Omega_a - k_\tau\omega_\tau)^2 + \frac{1}{4}(\Gamma + \gamma_0 + 2\gamma_\tau k_\tau)^2}\right\}$$

Отсюда следует, что максимум бесфононной линии этого обертона имеет частоту

$$\nu_{k_\tau} = \Omega_a + \omega_\tau k_\tau + \frac{1}{2}(\Gamma + \gamma_0 + 2k_\tau\gamma_\tau)\left\{\frac{\sin G''}{\cos G''} - k_\tau \frac{Z_\tau}{X_\tau}\right\},$$

где

$$X_\tau = \left\{\zeta_{\tau l_1}^2\left(1 - \frac{2\Omega_\tau}{\omega_\tau^{l_0}}\right)\left(\frac{\omega_\tau^{l_1}}{\omega_\tau^{l_0}}\right)^2\right\}^{k_\tau}, \qquad Z_\tau = 2\frac{\gamma_\tau}{\omega_\tau^{l_0}}\left\{\zeta_{\tau l_1}^2\left(\frac{\omega_\tau^{l_1}}{\omega_\tau^{l_0}}\right)^2\right\}^{k_\tau},$$

или принимая во внимание, что $\frac{\Omega_\tau}{\omega_\tau^{l_0}} \ll 1$, находим

$$\nu_{k_\tau} = \Omega_a + \omega_\tau k_\tau + \frac{1}{2}(\Gamma + \gamma_0 + 2k_\tau\gamma_\tau)\left\{\frac{\sin G''}{\cos G''} - 2k_\tau\frac{\gamma_\tau}{\omega_\tau^{l_0}}\right\}, \tag{28}$$

полуширина линии определяется выражением

$$\frac{1}{2}(\Gamma + \gamma_0 + 2\,k_\tau\,\gamma_\tau)\,.$$

Расстояние между обертонами номера $k_\tau + 1$ и k_τ, соответствующих частоте ω_τ, будет

$$\nu_{k_\tau+1} - \nu_{k_\tau} = \omega_\tau + \gamma_\tau \frac{\sin G''}{\cos G''} - 2\,\frac{\gamma_\tau}{\omega_\tau^{l_0}}\{\Gamma + \gamma_0 + \gamma_\tau(2\,k_\tau + 1)\}\,.$$

Отсюда следует, что по мере роста номера обертона соответствующая ему бесфононная линия будет иметь бóльшую полуширину, т.е. диффузность спектра возрастает, кроме того бесфононные линии в спектре не эквидистантны: расстояние между бесфононными линиями обертонов уменьшается по мере роста номера обертона. Например, расстояние между вторым и первым обертонами $\Delta\nu_{21}$ будет

$$\Delta\nu_{21} = \omega_\tau + \gamma_\tau \frac{\sin G''}{\cos G''} - \frac{2\,\gamma_\tau}{\omega_\tau^{l_0}}(\Gamma + \gamma_0 + 3\,\gamma_\tau),$$

расстояние между третьим и вторым обертонами

$$\Delta\nu_{32} = \omega_\tau + \gamma_\tau \frac{\sin G''}{\cos G''} - \frac{2\,\gamma_\tau}{\omega_\tau^{l_0}}(\Gamma + \gamma_0 + 5\,\gamma_\tau)\,.$$

Следовательно

$$\Delta\nu_{21} - \Delta\nu_{32} = \frac{4\,\gamma_\tau^2}{\omega_\tau^{l_0}}\,. \tag{29}$$

Таким образом, зная из эксперимента разность расстояний между обертонами, можно оценить порядок ,,ширины“ соответствующего колебательного уровня по формуле (29). Отметим, еще раз, что она не имеет, однако, универсального характера и справедлива только для тех примесных молекул, для которых $|\omega_\tau^{l_1} - \omega_\tau^{l_0}| \ll \omega_\tau^{l_0}$.

Если условие большого тепловыделения (21) не выполняется и в том члучае, когда s-нумерует только колебательные степени свободы растворителя и примеси как целого, вычисление формы спектра поглощения легко провести, разлагая $\exp\{g_c(\mu\,\gamma)\}$ в ряд по $b_s \exp\{-i\,\mu\,\omega_s - \mu\,\gamma_s\}$, $c_s \exp\{i\,\mu\,\omega_s - \mu\,\gamma_s\}$, где b_s и c_s определяются (23). При этом получим

$$F_a(\nu) = \frac{2}{\Gamma} e^{-G_1} \sum_{\dots k_\tau \dots} \sum_{\substack{\dots m_s \dots \\ \dots m_{s'} \dots}} \operatorname{Re} \prod_{\tau s} \frac{b_\tau^{k_\tau}\, b_s^{m_s}\, c_s^{m_{s'}}}{k_\tau!\; m_s!\; m_{s'}!} e^{-iG''} \times$$

$$\times \frac{i\left[\nu - \Omega_a - \sum\limits_\tau k_\tau \omega_\tau + \sum\limits_s \omega_s(m_{s'} - m_s)\right] + \frac{1}{2}\left[\Gamma + \gamma_0 + \sum\limits_s \gamma_s(m_{s'} + m_s) + 2\,k_\tau\,\gamma_\tau\right]}{\left[\nu - \Omega_a - \sum\limits_\tau k_\tau\,\omega_\tau + \sum\limits_s \omega_s(m_{s'} - m_s)\right]^2 + \frac{1}{4}\left[\Gamma + \gamma_0 + \sum\limits_s \gamma_s(m_{s'} + m_s) + 2\,k_\tau\,\gamma_\tau\right]^2}. \tag{30}$$

Отсюда следует, что спектр поглощения примесной молекулы будет представлять собой систему полос, соответствующих различным обертонам и комбинациям, причем каждая полоса будет иметь явно выраженную серию пиков, на фоне которой будет выделяться интенсивная бесфононная линия, соответствующая $m_s = m_{s'}$ в (30).

Литература

[1] А. Ф. Лубченко, phys. stat. sol. **6**, 319 (1964).
[2] Р. Лейбфрид и В. Людвиг, Теория ангармонических эффектов в кристаллах, ИИЛ, Москва 1963.
[3] Н. Н. Боголюбов и С. В. Тябликов, Докл. Акад. Наук СССР **126**, 53 (1959).
[4] В. Л. Бонч-Бруевич и С. В. Тябликов, Метод функций Грина в статистической механике, ФМ, Москва 1961.
[5] Д. Н. Зубарев, Успехи физ. наук **71**, 71 (1960).
[6] M. Born and J. Oppenheimer, Ann. Phys. (Germany) **84**, 453 (1927).
[7] А. Ф. Лубченко, Изв. Акад. Наук СССР, сер. физ. **18**, 718 (1954). Укр. фіз. ж. **1**. 120, 265, 285 (1956).
[8] Р. Пайерлс, Квантовая теория твердых тел, ИИЛ, Москва 1956.
[9] R. Mössbauer, Z. Phys. **151**, 124 (1956).
[10] И. П. Дзюб и А. Ф. Лубченко, Физ. тверд. тела **3**, 3602 (1961).
[11] Е. Д. Трифонов, Докл. Акад. Наук СССР **147**, 826 (1962).
[12] К. К. Рэбане и В. В. Хижняков, Оптика и спектроскопия **14**, 362, 291 (1963).
[13] І. О. Марушко, Укр. фіз. ж. **8**, 835 (1963).
[14] И. П. Дзюб и А. Ф. Лубченко, Докл. Акад. Наук СССР **147**, 584 (1962).
[15] И. П. Дзюб и А. Ф. Лубченко, Ж. експер. теор. физ. **44**, 1518 (1963).
[16] И. П. Дзюб и А. Ф. Лубченко, Материалы совещания по эффекту Мессбауэра, Дубна 1962.
[17] W. M. Visscher, Ann. Phys. (USA) **9**, 195 (1960).
[18] Е. Ф. Гросс, Успехи физ. наук. **76**, 433 (1962).
[19] Е. Ф. Гросс, С. А. Пермогоров и Б. С. Разбирин, Докл. Акад. Наук СССР **154**, 1306 (1964).
[20] Ю. А. Кулюпин, Диссертация, Киев 1963.
[21] О. С. Давидов и А. Ф. Лубченко, Укр. фіз. ж. **1**, 6, 15, 111 (1956).

(Received July 6, 1964)

phys. stat. sol. 7, 121 (1964)

Max-Planck-Institut für Metallforschung, Stuttgart

Slip Line Pattern and Work-Hardening of Neutron Irradiated Copper Single Crystals

By

J. DIEHL and F. HINZNER

The development of the slip line pattern during deformation of neutron irradiated copper single crystals is investigated by electron microscopy at an intermediate neutron dose (5×10^{17} n/cm^2). At such a neutron dose, according to the stress-strain curves, the work-hardening behaviour is rather different from that at low or at high neutron doses. Using a selected area replica technique, specific areas of the crystal surface are observed up to seven times after successive deformation steps. The numerous stages and substages of the stress-strain curve are accompanied by differences in the arrangement of the slip traces as well as by changes of the characteristic properties of individual slip traces. A tentative interpretation of work-hardening in the investigated dose range can be based on these results.

An Kupfer-Einkristallen, die mit einer mittleren Neutronendosis (5×10^{17} n/cm^2) bestrahlt waren, wurden elektronenmikroskopische Untersuchungen über die Entwicklung des Gleitlinienbildes während der Verformung durchgeführt. In diesem Dosisbereich unterscheidet sich nach Ausweis der Verfestigungskurven das Verfestigungsverhalten wesentlich von dem bei niedriger und bei hoher Dosis. Mit Hilfe von Zielpräparaten wurden nach verschiedenen Verformungsstufen dieselben Oberflächenstellen bis zu siebenmal abgebildet. Die recht zahlreichen Bereiche und Unterbereiche der Verfestigungskurve zeichnen sich durch Unterschiede in der Anordnung der Gleitspuren wie auch durch Veränderungen der charakteristischen Eigenschaften der einzelnen Gleitspuren ab. Die Ergebnisse ermöglichen eine Interpretation des Verfestigungsverhaltens im untersuchten Dosisbereich.

1. Introduction

The work-hardening behaviour of heavy f.c.c. metals, like copper, is considerably changed after irradiation with fast neutrons [1 to 5]. The main effect of irradiation is a strong increase of the critical shear stress combined with the appearance of a yield point phenomenon. The shape of the work-hardening curve of irradiated crystals, deformed under tension, looks at first sight fairly similar to that of unirradiated crystals. As in unirradiated crystals three work hardening stages can be distinguished: a first stage with a small work-hardening rate (which at higher neutron doses is replaced completely by the yield point elongation zone), a second stage with a rather high work-hardening coefficient, and a third stage in which the work-hardening coefficient decreases continuously. Recent systematic studies made by RUKWIED and DIEHL [2 to 5] have revealed, however, that the work-hardening behaviour of neutron irradiated single crystals is in detail much more complicated than that of unirradiated crystals: The three main work-hardening stages are subdivided into a number of substages of a somewhat different deformation behaviour. This is especially the case in stage II where several linear portions with different work-hardening coefficients have been observed. Furthermore, four different types of work-hardening curves can be distinguished (A1, A2, B and C), each corresponding to a different range of the neutron dose. Type A1 corresponds to low doses ($< 10^{17}$ n/cm^2 for deformation at room temperature), type C to high neutron doses ($> 2.5 \times 10^{18}$ n/cm^2), and types A2 and B to the intermediate dose range. This rather complex deformation behaviour complicates the interpretation of work-hardening in neutron irradiated crystals.

In investigations on the mechanisms of work-hardening combined and closely correlated studies of the mechanical properties and of the slip line pattern, investigated by electron microscopy, have proved to be very successful [6 to 11]. A number of such combined investigations were carried out also on neutron irradiated copper crystals [12 to 14] (Table 1). Since the crystals used in these investigations were irradiated in different reactors, and possibly with different neutron spectra, the neutron doses given by the authors have been reduced to a neutron dose scale used by RUKWIED [3 to 5] ($E_n > 0.1$ MeV) according to a plot of the critical resolved shear stress (at room temperature) versus the neutron flux. The reduced doses and the corresponding types of work-hardening curves are included in Table 1.

Table 1

Slip line studies on irradiated copper and the corresponding types of work-hardening curves

Authors	Dosis given by author [n/cm²]	τ_0 at room temperature [kg/mm²]	Dosis red. to RUKWIED's dose scale [n/cm²]	Type of curve
ESSMANN et. al. [12]	6.7×10^{17}	0.91	8.3×10^{16}	A 1
GREENFIELD and WILSDORF [13]	3×10^{18}	1.6	3.4×10^{17}	A 2
ESSMANN and SEEGER [14]	2×10^{19}	3.4	7.4×10^{18}	C
	10^{20}	3.9	1.5×10^{19}	C
Present Investigation	5×10^{17}	1.75	5×10^{17}	A 2

As can be seen, the majority of the published results correspond to work-hardening curves of the types A1 and C. In the present study, deformation behaviour and slip line pattern in the intermediate dose range (type A2) have been investigated. So far only GREENFIELD and WILSDORF [13] carried out investigations in this dose range. These authors, however, studied mainly the orientation dependence of work-hardening. Since at that time the finer details of the work-hardening curve (substages) were not yet known, only a general correlation between the slip line pattern and the stress-strain curve could be achieved.

In the present investigations all crystals had the same orientation. The subdivision of the stress-strain curve into stages and substages was taken into account by applying a selected area replica technique, which allowed us to make several surface replicas for electron microscopy from the same spot of the crystal surface and by taking these replicas preferentially at shear strains at which transitions between work-hardening stages or substages occur.

2. Experimental

Cylindrical copper single crystals (4 mm diameter) were grown in a graphite mould using the Bridgman technique. The same material (Cu 99.98%) was used as in previous investigations on the plasticity of unirradiated [15, 6, 8, 10] and irradiated [2 to 5, 12, 14] single crystals. All crystals had the same crystallographic orientation $\chi_0 \approx \lambda_0 \approx 47°$ (so called C-14-orientation, see [15]; χ_0 angle between glide plane and tensile axis, λ_0 angle between slip direction and tensile axis). The crystals were irradiated in the core of the Munich reactor, FRM, to an integrated fast flux ($E_n > 0.1$ MeV) of 5×10^{17} n/cm². After the irradiation the crystals were electrolytically polished in phosphoric acid.

The crystals were deformed in an Instron tensile test machine at room temperature at a strain rate $\dot{a} \approx 1 \times 10^{-3}\,s^{-1}$. At different shear strains (indicated in the work-hardening curve in figure 1 by arrows), the tensile test was interrupted for obtaining surface replicas for electron microscopy. At all deformations the replicas were taken from the same surface areas. In this way several sequences of up to seven selected area micrographs could be obtained from the same crystal.

The replicas were made according to MADER's [8] technique: carbon is evaporated on the surface of the crystal from a graphite arc. The crystal is then dipped into a Mowital (Farbwerke Hoechst AG) solution (0.25% Mowital in chloroform) and afterwards into a collodion solution. After drying the collodion and Mowital, the replica can be easily stripped from the surface. It is subsequently shaded at an oblique angle with palladium to obtain better contrast. The organic substances are then dissolved in chloroform and amylacetate and the carbon-palladium replica is mounted on a slit specimen holder for direct observation in the electron microscope.

3. Results

3.1 Stress-strain curve

The stress-strain curve of the crystals used in this investigation is shown in Fig. 1. The beginning and the end of the different work-hardening stages and substages are marked by brackets. The work-hardening parameters that characterise these stages and substages are also indicated in Fig. 1; their respective values are given in Table 2. The characteristic features of such a stress strain curve of type A2 are as follows (for a more detailed description see RUKWIED [3,4]): At the end of the yield point elongation zone the curve increases abruptly with a rather high work-hardening rate (stage II_a[1])). The main part of stage II is divided

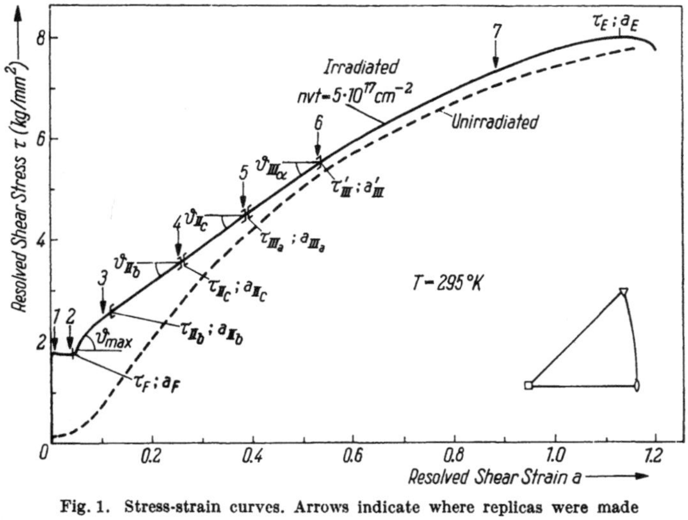

Fig. 1. Stress-strain curves. Arrows indicate where replicas were made

[1]) This substage, II_a, corresponds in RUKWIED's classification [4] to the substages II_a^B and II_b^B. These substages can be observed already in some type A2-curves, but they are fully developed only at somewhat higher doses in the type B-curves. All the other denotations of substages used are in agreement with RUKWIED's nomenclature of type A2-curves, e. g. stage II_b corresponds to II_b^{A2} and so on.

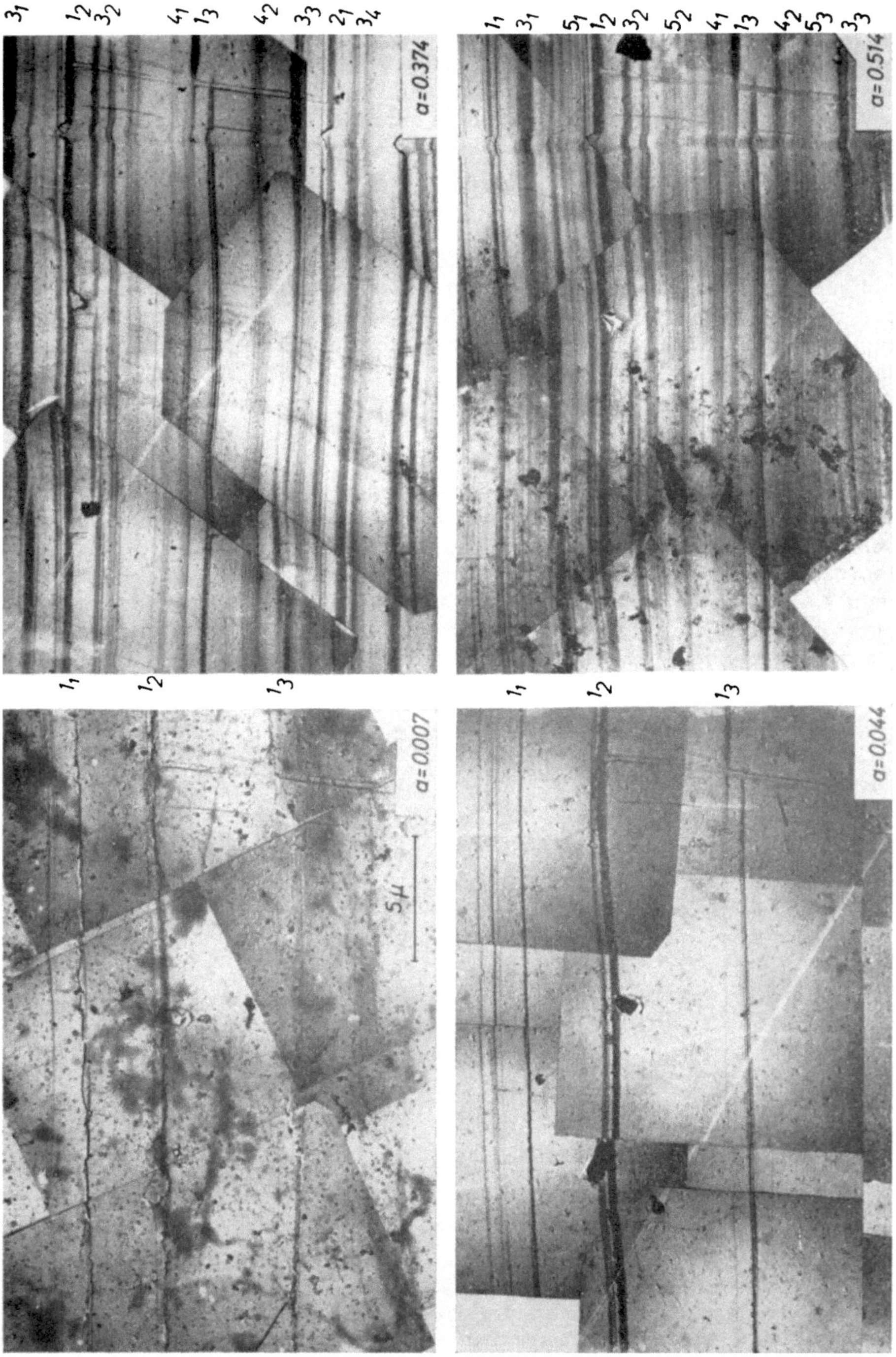
a=0.374
a=0.514
a=0.007
5μ
a=0.044

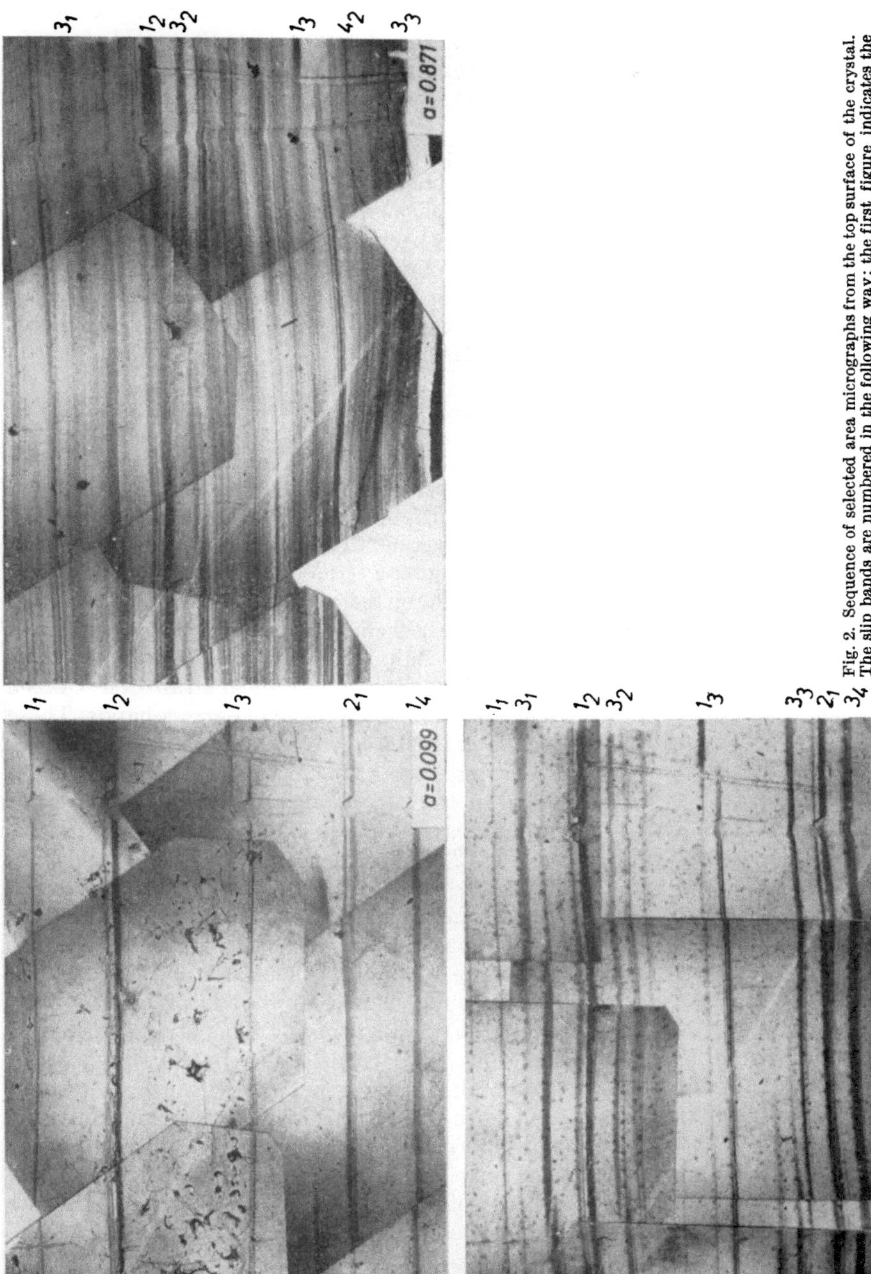

Fig. 2. Sequence of selected area micrographs from the top surface of the crystal. The slip bands are numbered in the following way: the first figure indicates the deformation interval in which the band first appeared and the index indicates the number of the band in this interval

Table 2

Values of the parameters of the work-hardening curve (units of τ and ϑ are kg/mm^2)

Work-hardening parameters		$\vartheta_{max} = 50$	$\vartheta_{II,b} = 7.02$	$\vartheta_{II,c} = 7.46$	$\vartheta_{III,a} = 6.81$		
	$\tau_0 = 1.75$	$\tau_F = 1.76$	$\tau_{II,b} = 2.53$	$\tau_{II,c} = 3.51$	$\tau_{III,a} = 4.45$	$\tau'_{III} = 5.52$	$\tau_E = 7.92$
		$a_F = 0.05$	$a_{II,b} = 0.118$	$a_{II,c} = 0.256$	$a_{III,a} = 0.382$	$a'_{III} = 0.541$	$a_E = 1.17$
Shear strains at which replicas were made	0.007	0.004	0.099	0.253	0.374	0.514	0.871

into two linear substages, the first of which (stage II_b) shows a smaller work-hardening coefficient than the second (stage II_c). Stage III shows in the beginning a linear substage (III_a) with a work-hardening coefficient which is smaller than that of stage II_c. With increasing deformation the curve approaches that of unirradiated crystals.

The points of the stress-strain curve at which surface replicas were made are indicated in Fig. 1 and the respective values of the shear strain are given in Table 2. These shear strains are in general slightly smaller than those at which a transition between two subsequent work-hardening stages takes place.

3.2 Slip line pattern

3.2.1 General observations

Sequences of selected area micrographs were made at different spots along the circumference of the crystals. In Fig. 2 sections of the micrographs of such a sequence are shown. This sequence was taken from the top surface of the crystal (plane of observation perpendicular to the plane formed by slip direction and crystal axis). It can be seen that up to a shear strain of $a = 0.253$ slip takes place only within narrow bands. These bands of clustered slip will be called slip bands, following Essmann's et al. [12] nomenclature.[2]) Most of the slip bands seem to be composed of a number of fine slip lines (e.g. bands 4_2 and 3_4 in Fig. 2). In some cases it is not possible to recognize individual slip lines within the bands (e.g. band 1_2) but some structure within the bands may be observed, which is similar to the structure observed by Essmann and Seeger [14] in the much thicker slip bands of heavily irradiated crystals (type C). This structure indicates that also within these bands slip has not taken place homogeneously within a small layer of lattice planes or on one lattice plane only. At shear strains higher than 0.374 slip takes place not only within slip bands but also in the form of fine slip between them. Sometimes such fine slip is closely attached to slip bands.

---

[2]) These slip bands should not be confounded with the slip bands that are observed in stage III of unirradiated crystals (see e.g. [6 to 9]), which are different in appearance and are thought to have a different origin.

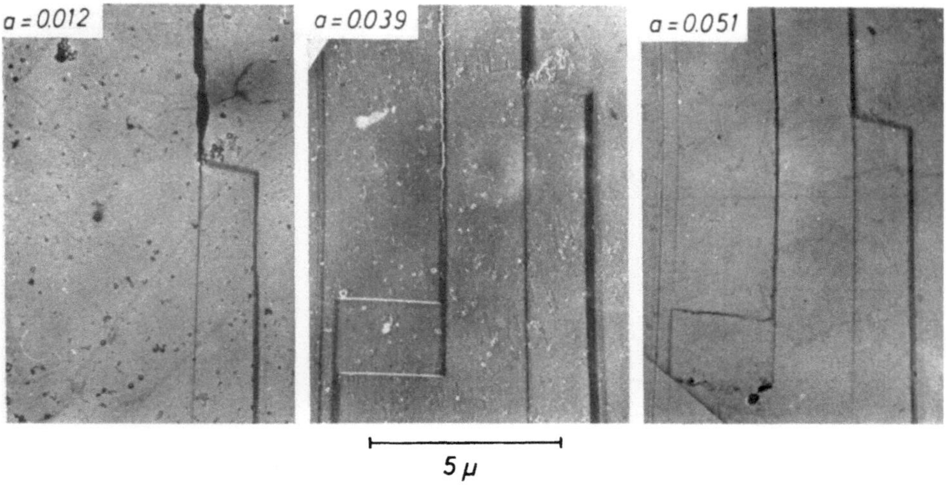

Fig. 3. Sequence of selected area micrographs showing cross slip traces. (The replica of the second micrograph was shadowed from a different angle. Therefore, the cross slip traces are bright, while they are dark on the other two micrographs)

In addition to the slip traces of the primary slip system some traces of secondary slip systems were observed. On the second micrograph of Fig. 2 a slip band of the unexpected slip system can be seen. A few of these slip bands are formed at the beginning of the yield point elongation stage; their number does, however, not increase in the subsequent deformation stages.

Another observation made during the yield point elongation stage (not shown in the sequence of Fig. 2) is the appearance of a number of cross slip traces (so called prominent cross slip). They mostly connect or sometimes cross neighbouring primary slip bands. Fig. 3 shows this phenomenon in three selected area replicas made in the yield point elongation stage. These cross slip traces are stronger and longer than the finer cross slip traces (intimate cross slip) observed in stage III of unirradiated crystals. They also appear only in the yield point elongation zone.

3.2.2 Density and arrangement of slip bands

The micrograph sequences show that deformation proceeds mainly by a continual formation of new slip bands. The increase of the total number of slip bands in the crystal and of the slip band density (number of slip bands per unit length, measured perpendicular to the slip plane) as a function of the macroscopic shear strain is shown in Fig. 4. At small deformations (up to stage II_b; $a = 0.25$) the number of slip bands increases almost linearly with strain. At higher shear strains the slip band density grows faster. This indicates that the amount of slip which takes place within a band is smaller in the bands that are formed in the later stages of deformation than in those having originated in the early deformation stages (see also section 3.3).

A visual inspection of the micrographs gives the impression that the positions of newly formed bands are not randomly distributed between the already existing bands. In some micrographs the new bands seem to appear preferentially in the middle between two old bands, in others positions close to one of the existing bands seem to be preferred. These correlations between the positions of new bands and the already existing ones were verified by determining distribution curves

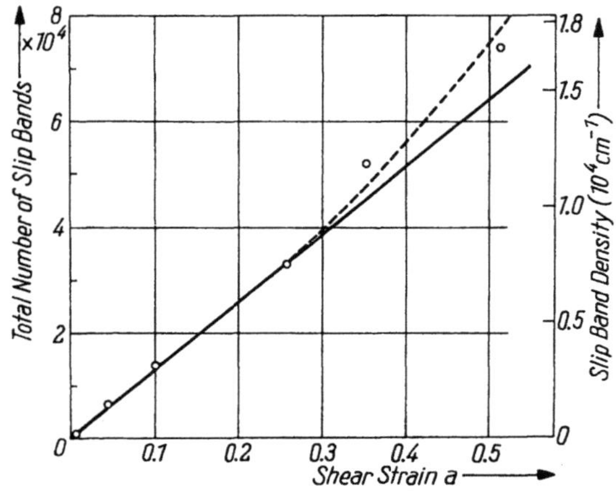

Fig. 4. Total number of slip bands and slip band density as a function of the macroscopic shear strain

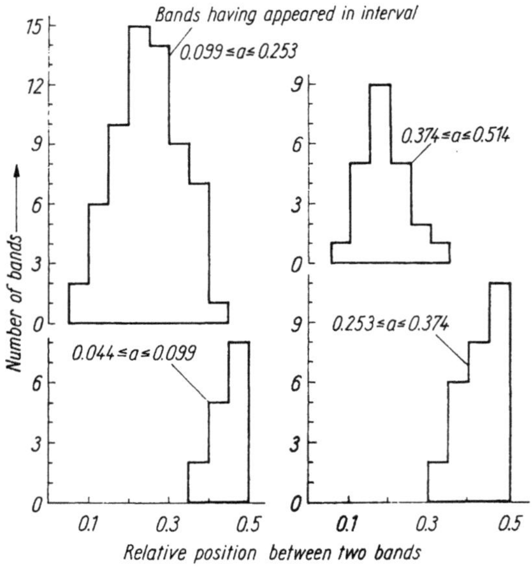

Fig. 5. Distribution curves of the relative distance of new slip bands to their neighbouring slip bands

of the relative position of the new bands between the old bands. The relative position is defined as the distance of a new band to the nearest old one divided by the distance between the two neighbouring old ones.[3]) Fig. 5 shows the relative distance distribution for the different deformation intervals, obtained by plotting the number of new bands that appeared in a deformation interval as a function of their relative position between the neighbouring bands. In agreement with the visual observations the bands that appear the first time in the third (stage II_a) and fifth (stage II_c) deformation interval (see Fig. 1 and 2) are formed preferentially in the middle between the old bands, whereas the bands newly formed in the fourth (stage II_b) and sixth (stage III_a) deformation interval lie on the average closer to one of the existing bands.

[3]) It is supposed that within one deformation interval not more than one new band is formed between two old ones. In most of the individual measurements used in Fig. 4 this was the case.

3.3 Slip band parameters

The most important properties of a slip band are: The width of the slip band, d (measured perpendicular to the glide plane), the total amount of shear, α, and the average shear strain, $a_B = \alpha/d$, within the band (Fig. 6). Owing to the selected area replica technique applied in this investigation not only averages of the parameters of all slip bands could be obtained after different deformations, but also the change of the parameters of individual slip bands (or of groups of slip bands, which were formed in the same deformation interval) with deformation could be determined.

3.3.1 Method of determination

The slip band parameters were determined in the following way: As pointed out in section 3.2, a few slip bands of a secondary slip system originate at the very beginning of the yield point elongation stage. During further deformation, jogs are formed in the secondary slip traces at their intersections with primary slip bands. These crossing points were used as markers for measuring the amount of slip in the primary slip bands. They are especially suitable for this purpose, since the secondary slip bands appear in the early stages of deformation and remain inactive during the subsequent deformation. Fig. 7 shows schematically such an intersection. v, w and γ are the quantities that can be measured directly on the micrograph. If the crossing point is at the side surface (plane of observation parallel to the slip direction of the primary slip system) the displacement of the secondary slip trace, v, gives directly the plastic shear, α, of the primary slip band. If a replica is made exactly on the side surface the primary slip bands would, however, not show any trace. Therefore, the width of the primary slip band, w,

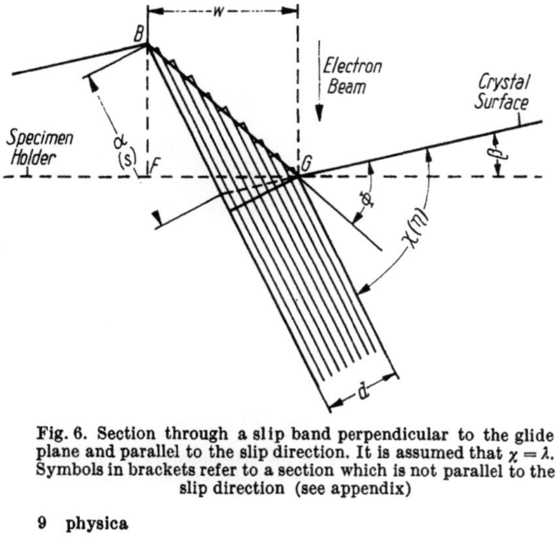

Fig. 6. Section through a slip band perpendicular to the glide plane and parallel to the slip direction. It is assumed that $\chi = \lambda$. Symbols in brackets refer to a section which is not parallel to the slip direction (see appendix)

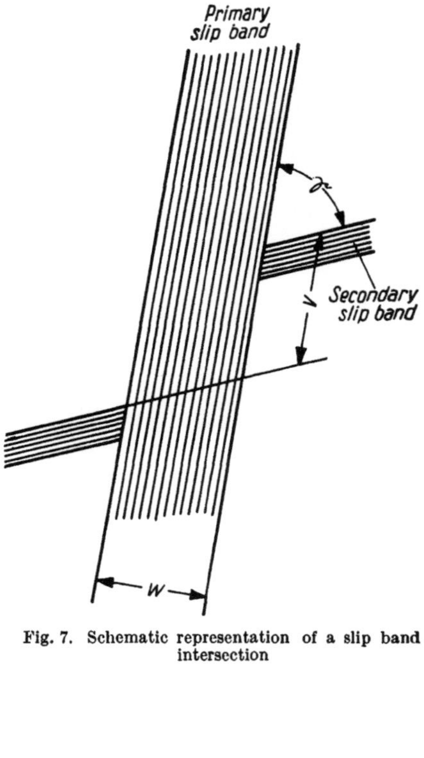

Fig. 7. Schematic representation of a slip band intersection

could be determined only rather inaccurately. For this reason replicas were made close to the side surface but at an azimuth where the primary slip bands are visible and where their width can be measured with enough accuracy. The disadvantage of this procedure is that the relationships between the slip band parameters and the directly measurable quantities are more complicated than at the side surface. The derivation of these relationships is given in the appendix.

In most of the previous determinations of slip band parameters it was assumed that the replica retains exactly the shape of the surface. ESSMANN and SEEGER [14], however, came to the conclusion that in very strong slip bands (step height of slip band $> 0.5\ \mu m$; type C work-hardening curve), the replica becomes stretched

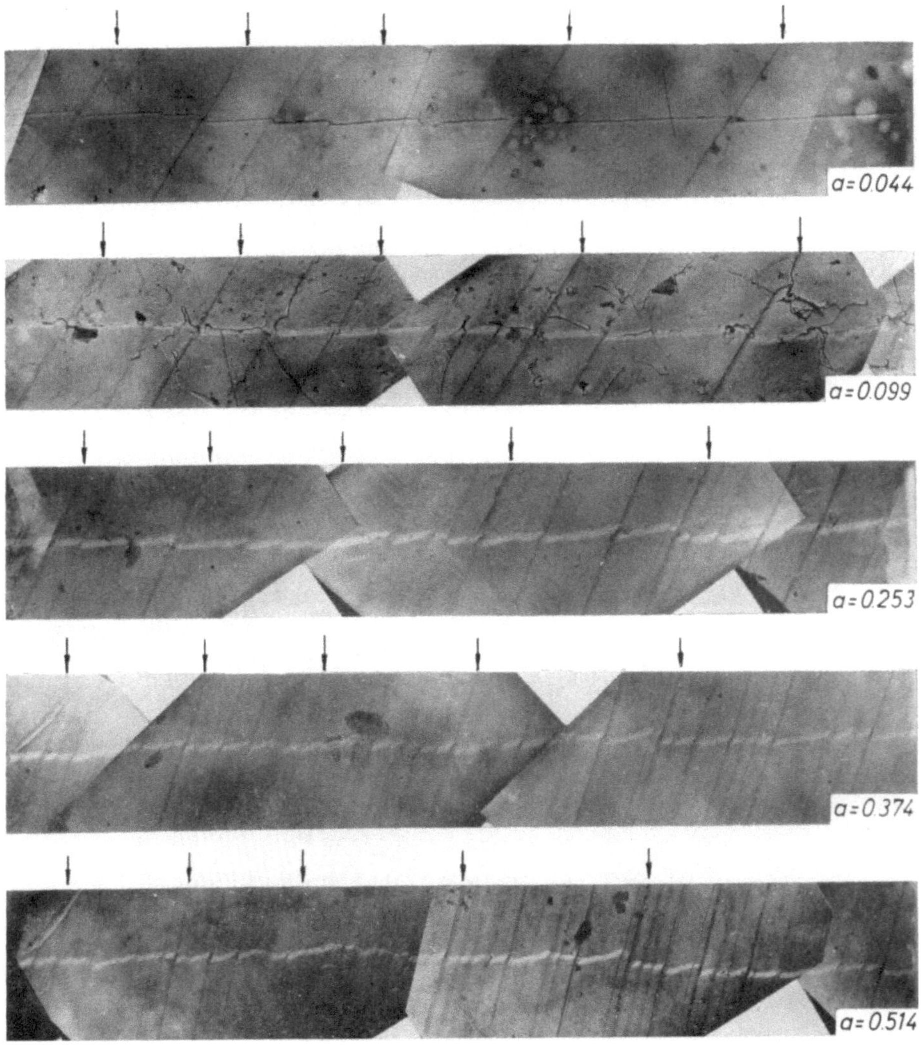

Fig. 8. Sequence of selected area micrographs (close to the side surface), as used for the determination of slip band parameters. Arrows indicate the same slip bands in all micrographs. The magnification of the reproductions decreases with increasing shear strain

out during preparation in such a way that it lies completely flat on the specimen holder. Both cases are analyzed in the appendix. The parameters given in the following section were calculated assuming that the shape of the replica on the specimen holder is exactly the same as on the crystal surface. In the present case this assumption can be justified, as will be discussed in section 3.3.3.

3.3.2 Results

Slip band parameters were determined from three sequences of selected area replicas made at different spots of the crystal surface (different azimuthal angles). One of these sequences is shown in Fig. 8. Table 3 gives averaged values of the

Table 3

Slip band parameters

Total shear strain a	Shear stress [kg/mm²]	Interval where the slip bands originated: Δa	Interval No	Number of evaluated bands	Ave. α [1000 Å]	Ave. d [1000 Å]	Ave. a_B
0.007	1.745	0 – 0.007	1	21	3.14	0.812	3.87
0.044	1.750	0 – 0.044	1 + 2	31	2.92	0.840	3.48
0.099	2.415	0 – 0.044	1 + 2	19	3.23	0.998	3.24
0.099	2.415	0.044 – 0.099	3	21	2.95	1.020	2.89
0.253	3.475	0 – 0.044	1 + 2	30	3.55	1.220	2.91
0.253	3.475	0.044 – 0.099	3	23	3.33	1.285	2.59
0.253	3.475	0.099 – 0.253	4	46	2.20	1.570	1.40
0.374	4.380	0 – 0.44	1 + 2	22	3.41	1.390	2.45
0.374	4.380	0.044 – 0.099	3	24	2.78	1.435	1.94
0.374	3.380	0.099 – 0.253	4	36	2.50	1.894	1.32
0.374	4.380	0.253 – 0.374	5	27	2.02	1.835	1.10
0.514	5.520	0	1 + 2	25	3.73	1.660	2.25
0.514	5.520	0.044 – 0.099	3	20	2.92	1.690	1.73
0.514	5.520	0.099 – 0.253	4	38	3.38	2.750	1.23
0.514	5.520	0.253 – 0.374	5	32	2.54	2.820	0.90
0.514	5.520	0.374 – 0.514	6	20	2.35	3.810	0.62

parameters of all three sequences. The averages are given separately for the different groups of slip bands which originated in the same deformation interval. Fig. 9 shows diagrams of some of the results. At first sight the most striking result seems to be that for all groups of slip bands the shear strain per band, a_B, decreases with increasing deformation. The variations of the shear per band are fairly small, but within the different groups of slip bands α increases slightly with deformation.[4]) The decrease of a_B apparetly is due to the fact, that the width

[4]) This increase of α is most clearly shown by the bands formed in the deformation intervals 4 and 5. Only for one group of slip bands (having appeared in interval 3, $0.044 \leqq a \leqq$ $\leqq 0.099$) such an increase of α was not found. This may be due to the fact, that the small variation of α is close to the errors made in the evaluations.

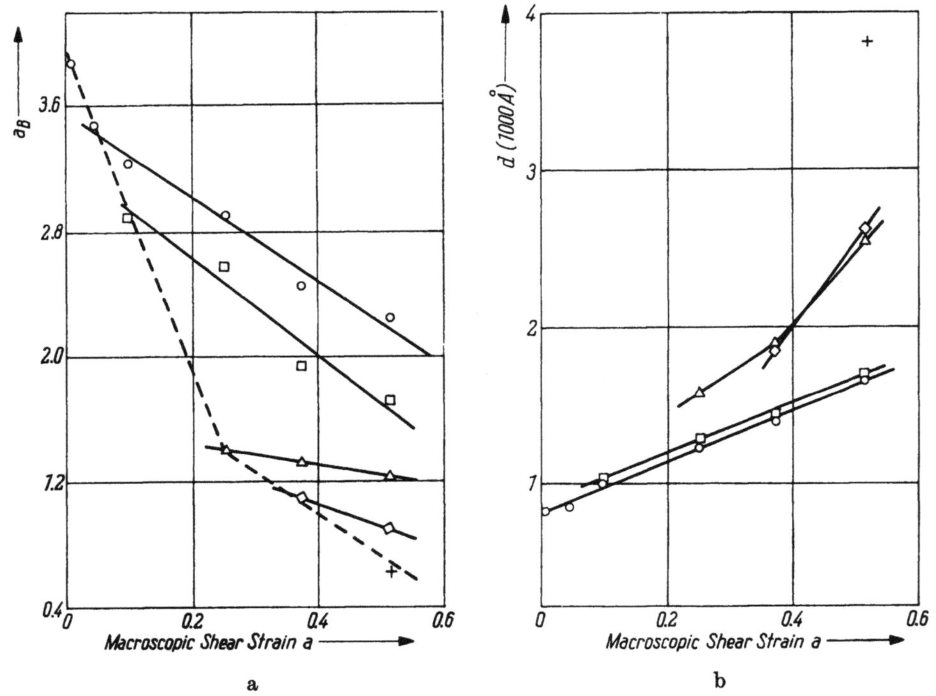

Fig. 9. Average shear strain per band, a_B, and average width of slip bands, d, in dependence of the macroscopic shear strain. Bands which originated in different strain intervals are marked by different symbols:

○ intervals 1 and 2
□ interval 3
△ interval 4
◇ interval 5
+ interval 6

(intervals 1–6: shear strains see Table 3)

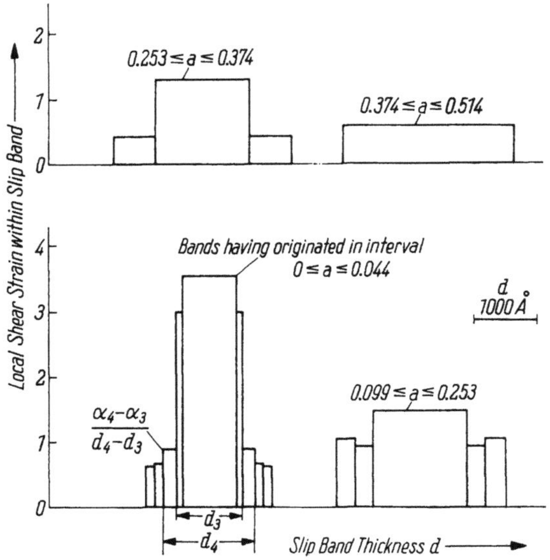

Fig. 10. Distribution of shear strain within slip bands after a total shear strain of 0.514. The centre portions give the average shear strain of the bands in the deformation interval, in which they appeared the first time

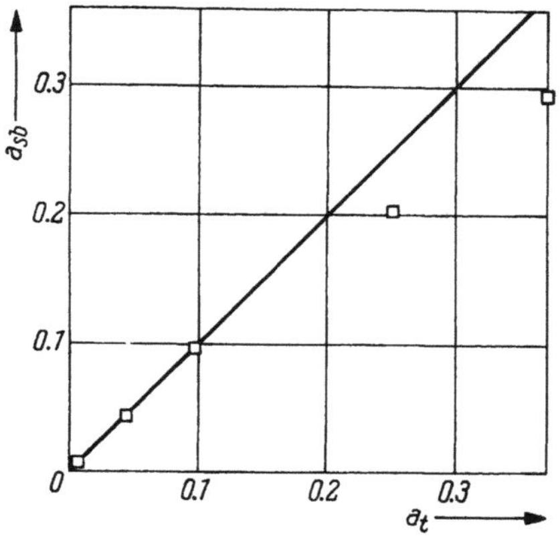

Fig. 11. Shear strain determined from slip band data, a_{sb} versus shear strain calculated from tensile test, a_t

of the bands, d, increases "faster" with deformation than the shear α. Since it is unlikely that at any place within a band the shear strain becomes smaller with increasing deformation, this means that (at least after some deformation) the distribution of slip within a band is inhomogeneous. A profile of the distribution of the local shear strain within a band can be derived, if it is assumed that no additional slip takes place in any region of the slip band after the deformation interval in which the region had been deformed the first time. Thus, all the additional shear occuring in the n-th deformation interval, $\Delta\alpha = \alpha_n - \alpha_{n-1}$ is assumed to take place on the sides of the slip band in the newly formed parts with thickness $\Delta d = d_n - d_{n-1}$. Fig. 10 shows such profiles of the local shear strain for a total macroscopic shear strain of 0.514. The way in which the diagrams were obtained is indicated in the diagram which corresponds to the bands having originated in the deformation interval $0 \leqq a \leqq 0.044$. Because of the assumptions made here the diagrams most likely give only a lower limit of the inhomogeneity of the shear strain within slip bands.

3.3.3 Reliability of the slip band parameters

The assumption used in evaluating the slip band parameters that the replicas retain their shape during preparation was verified as follows: Some slip band data were evaluated alternatively with the opposite extreme assumption that the replicas become completely flat during preparation. This assumption, however, gives in some cases very unreasonable results (e.g. the tangent of the angle between unslipped and slipped surface, $\tan \Phi$ (Fig. 6), becomes imaginary for slip bands with high values of v/w). Therefore the assumption of an unchanged shape of the replica, which did not give rise to such difficulties, appeared to be more realistic. The results obtained with this assumption have been further checked by comparing the macroscopic shear strain obtained from the tensile test with the total shear strain of the crystal calculated from the total number of slip bands (which at small deformation can be easily counted in the ordinary microscope) and the average shear per band determined from the electron micrographs. Fig. 11 shows a plot of these two sets of shear strain values. It can be seen that for the early stages of deformation (up to $a = 0.10$) where the steepest slip bands appear (these are the most likely ones to become flat on the replica) the points lie on the 45° line. This result justifies the assumption made in the calculations that the replica has in the electron microscope exactly the shape of the crystal surface.

The fact that at higher deformation the resolved shear strain calculated from the slip band data, a_{sb}, lies below the resolved shear strain determined from the tensile test, a_t, can be easily explained, since at these stages of deformation some fine slip appears between slip bands which was not taken into account in the calculation of a_{sb}.[5])

4. Discussion

4.1 Relations between slip line pattern and stress-strain curve

Most of the observations described in section 3 show that the stages and substages of the stress-strain curve are revealed somehow in the structure and the arrangement of the slip traces. This confirms the view that different work-hardening mechanisms take place in these stages. Before discussing these mechanisms on the basis of the present results the main features of the slip line pattern in the different work-hardening stages will be summarized:

In the *yield point elongation zone* slip takes place only in narrow and long slip bands. The shear strain within these bands is fairly high (about 3.5). The bands have a finite width of about 800 Å, and slip is not concentrated on a single lattice plane or only a few such planes (as e.g. in α-brass). The distance between the slip bands is on the average 5 μm. These data are in fair agreement with GREENFIELD's and WILSDORF's [13] results for a comparable neutron dose. These authors could resolve individual slip lines of a length of 25 μm and a displacement of 200 to 300 Å within the bands. This type of substructure was not equally well observed in the present investigation. This may be due to the somewhat higher neutron dose in the present experiments. In this deformation stage, Lüders bands propagate along the crystal. New slip bands are formed only within the Lüders band front. Behind the Lüders band front no additional slip occurs until the end of the yield point elongation stage, neither by the formation of new bands nor by a growth of the existing bands. This is demonstrated by the first two micrographs of Fig. 3, which are almost identical since the Lüders band front had passed over the observed surface area already before the first replica was made.

During the work hardening stages II and III the bands formed in the yield point elongation zone grow somewhat in width (Fig. 9b) but the corresponding increase in shear is very small (approx. 10%). Consequently the average shear strain within these bands decreases rapidly (Fig. 9a), and a very inhomogeneous distribution of slip within these bands develops (Fig. 10).

In the *transition stage* II_a the new bands formed are fairly similar with respect to their structure and their behaviour during subsequent deformation to the bands that appeared in the yield point elongation zone (Fig. 9). The only difference is that the average shear (and also the shear strain) is 10 to 20% smaller than in the previously formed bands. The new bands appear preferentially in the middle between the already existing ones (Fig. 5).

In *stage* II_b the new bands are shorter and wider, and have a smaller shear strain than those previously formed. Slip is less concentrated than in the bands generated in the former stages. The new bands can clearly be resolved into a cluster

---

[5]) The existence of such fine slip at high deformation is demonstrated very clearly in the last pictures of Fig. 8 ($a = 0.374$ and $a = 0.514$). There the secondary slip trace shows some curvature between the slip bands, which indicates that fine slip has taken place in these regions of the crystal.

of finer slip lines. The bands originate preferentially outside the middle between two existing bands (Fig. 5). During further deformation the bands appearing in this stage behave differently from those, which appeared in the former stages (Fig. 9). The old bands grow only slightly during stage II_b.

In *stage II_c* slip takes place in the form of fine slip between slip bands as well as within slip bands. The slip bands having originated in stage II_b grow in length (e.g. band 4_1 in Fig. 2), and the shear per band increases somewhat. Nevertheless the bands become not much wider. (The growth in length of the slip bands of stage II_b is not necessarily in dissagreement with GREENFIELD' and WILSDORF's [13] observation that the length of the individual slip lines decreases during stage II, since the growth of these bands may be due to an addition of new individual short slip lines at the end of the bands.) The newly formed bands are similar in width and also in their behaviour during further deformation to the bands formed in stage II_b (Fig. 9). The main differences between the development of the slip line pattern in the stages II_b and II_c are: In stage II_c the new bands appear again preferentially in the middle between two old bands, whereas in II_b they were formed closer to one of the existing bands. In stage II_c fine slip appears for the first time. Plastic shear and shear strain are smaller in the bands having originated in stage II_c than in those having originated in stage II_b.

The new bands being formed in the *beginning of stage III* (stage III_a) are very wide, having more than twice the width of the bands formed in stages II_b and II_c. The shear strain per band is fairly small, ≈ 0.6, which is not much higher than the macroscopic shear strain of 0.51. The bands consist of clustered fine slip lines, and it is sometimes difficult to distinguish them from the more or less homogeneous fine slip between the slip bands. The new bands appear again preferentially outside the middle between the existing ones. Another characteristic feature of this stages is the rather strong growth in width of the bands formed in stages II_b and II_c (Fig. 9b). This growth in width is accompanied by an enhanced increase of the total shear in these bands. Therefore, the shear strain changes only slightly and the distribution of slip within the bands does not become very inhomogeneous (Fig. 10). The slip bands having originated in the yield point elongation stage and in the transition stage II_a apparently are not influenced by the transition from stage II_c to stage III_a (Fig. 9b).

In the *main part of stage III* the surface gets almost homogeneously covered with fine slip lines or slip bands of the type originated in stage III_a. The slip processes in this stage are probably similar to those in stage III of unirradiated crystals. GREENFIELD and WILSDORF [13] came to the same conclusion. Since the shear strain in the slip bands having originated during the early stages of deformation is much higher than the macroscopic shear strain, the slip traces of these bands can still be clearly observed, even at the end of stage III.

4.2 Interpretation of work-hardening

In heavy f.c.c. metals, like copper, the increase of the yield stress due to neutron irradiation is caused by so called depleted zones. They consist of small regions with a high concentration of vacant lattice sites and are formed in situ during irradiation. This was proposed by SEEGER [16] and has been well established by experiment [12, 2, 17, 5, 18]. The rather randomly distributed zones impede the motion of the dislocations which can cut through them only if the applied stress is high enough. The shear stress necessary for this cutting, τ_S, is strongly temperature dependent and superimposed on the almost temperature independent contribution to the flow stress, τ_G, which is mainly caused by the long range stress fields of the dislocations. Dislocations penetrating the zones gradually destroy them. Therefore, with increasing deformation the contribution of the zones to the flow stress decreases (and finally disappears), whereas the interaction between dislocations and consequently τ_G increases because of the increase in dislocation density. Quite a number of features of work-hardening of neutron irradiated crystals could be explained by such a superposition of a decreasing (τ_S) and an increasing (τ_G) contribution to the flow stress [12, 2, 5, 14]. As suggested recently by ESSMANN and SEEGER [14] one has, however, to distinguish between two different kinds of zone destruction. At small doses the destruction occurs rather homogeneously within the crystal (in work-hardening stages II and III). This can be concluded from the slip line observations of ESSMANN et al. [12] which showed that in this dose range (type Al work-hardening) structurized fine slip and bands of fine slip lines, similar as in unirradiated crystals, are predominant (except in the yield point elongation zone, in which at all doses inhomogeneous deformation takes place). In agreement with these observations the stress-strain curves can be accounted for by the superposition of an increase of τ_G, which is about the same as in unirradiated crystals, and a homogeneous decrease of the radiation induced τ_S-contribution [12, 2, 5]. In contrast herewith at very high doses (typ C) the zone destruction takes place in a very inhomogeneous way, as shown by ESSMANN's and SEEGER's [14] recent observation that in this dose range even at very high deformations slip occurs only within very narrow and strong slip bands, which are surrounded by rather wide, completely undeformed regions. Such strong slip bands start to develop, if locally τ_S decreases faster with deformation than τ_G increases and if, as a consequence, the flow stress within the slip band becomes smaller than in the undeformed crystal. The observation that even at high deformations and correspondingly high stresses no slip takes place in the surroundings of slip bands, is explained by ESSMANN and SEEGER by the build-up in the slip bands of dislocation arrangements with a strong long range stress field. When the zones are completely destructed in a slip band, the flow stress within the band will be only τ_G. Outside of the slip band the stress fields of the dislocations in the band will, however, be superimposed by the original value of τ_S, which is due to the zones. Consequently, the stress to move a dislocation will be higher outside a slip band than within the slip band itself. In this way the slip bands "dig themselves in" and their immediate surroundings become blocked for further deformation.

The results of the present investigation show that in an intermediate dose range apparently a transition occurs during deformation, from a behaviour with inhomogeneous zone destruction, similar to that at high doses, to a more homogeneous zone destruction, as it is observed at small doses. Therefore, in the following interpretation of our observations in the different work-hardening stages and substages both concepts will have to be used and one of the main questions will be why this transition occurs.

In the *yield point elongation zone*, wherever slip has started, a slip band will be formed and dig itself in in the way discussed above. Slip will proceed in a band until τ_G within the band reaches approximately the value of the stress necessary to initiate slip in undeformed regions of the crystal. Then a new slip band will be generated but only at some distance from the former slip band where the stress field of this band is sufficiently small. Repeating this process, slip propagates at almost constant stress along the crystal, until at the end of the yield point elongation the surface of the crystal is almost homogeneously covered with slip bands. The observation that after the end of the yield point elongation zone further slip takes place only to a very small extent in the existing bands indicates that in these strongly deformed bands the dislocation interaction and correspondingly the local work-hardening rate have become very high. For this reason slip starts at the "weakest" points between the slip bands. Because of the long-range stress fields of the existing slip bands, these points are right in the middle between them. Since most likely the stress fields of neighbouring bands overlap in the middle, even there the stress to initiate slip will be higher than in the undeformed crystal (i.e. higher than the stress to propagate a Lüders band in the yield point elongation zone). This should cause a step in the stress-strain curve. The steep *transition stage* II_a between the yield point elongation zone and the main part of stage II can be accounted for by this step, which in the real work-hardening curve is smeared out somewhat, probably because of the scatter of the slip band distances and of the amount of slip in the bands. The bands that originated in this stage dig themselves in, similarly as those having been formed in the yield point elongation zone. The smaller amount of slip within the bands appearing in stage II_a may be mainly due to the fact that the lattice was already work-hardened by the neighbouring slip bands before the new bands were formed and possibly due to a higher work-hardening rate ($d\tau_G/da$) in these bands caused by a stronger interaction between the bands, which are now less distant than in the former deformation stage.

As a consequence of the different amount of slip in the slip bands having originated in the yield point elongation stage and in stage II_a, the strength of their long range stress fields will be different, too. Therefore, after stage II_a the minimum of the τ_G-field between the slip bands will not be any longer in the centre between two neighbouring bands. This may be the reason why in the following work-hardening *stage* II_b the new slip bands appear preferentially outside the centre between two neighbouring bands. (For the other possibility that the new slip bands are satellites of the former slip bands which are formed by processes like cross-slip or climb, there is no experimental evidence from the micrographs.) With the increase of the slip band density the number of spots at which new slip bands can be formed between old ones increases. This may be one of the reasons why the macroscopic work-hardening rate in substage II_b is comparatively small.

With increasing slip band density also the minima of the τ_G-field between the bands become less pronounced and the elastic interaction between the dislocations in different bands gets stronger. This may explain the greater width and the smaller shear strain of the new slip bands originating in stage II_b. The increased width and smaller shear strain of these bands are the first indications of the transition to a more homogeneous mode of deformation, and the reasons given for these changes of the slip band parameters may also explain the occurance of the transition. The conditions for the transition to a homogeneous deformation and zone destruction are apparently shallow minima in the stress field between already existing slip bands and a positive local work-hardening coefficient which prevents a strong digging in of new slip bands. Obviously these conditions are fulfilled the earlier in the deformation process the smaller the original contribution of τ_S to the flow stress is. In the present case the transition to a rather homogeneous deformation between the existing slip bands seems to occur between the substages

II_b and II_c, as demonstrated most clearly by the first appearance of fine slip in stage II_c.

The change to more homogeneous deformation in the previously unslipped regions seems to be closely correlated to the beginning of some motion of dislocations in secondary glide systems which causes a shortening of the slip distance in the primary system (due to interactions of dislocations, like the formation of Lomer-Cottrell-dislocations) and an increase of the work-hardening coefficient. Phenomenologically this follows most conclusively from investigations on the orientation dependence of the stress-strain curves of neutron irradiated crystals by DIEHL and SPRINGER [19]. These authors observed that before stage II_c the work-hardening coefficient in neutron irradiated crystals is almost independent of orientation, and after stage II_c the work-hardening coefficient becomes orientation dependent in a similar way as in unirradiated crystals.[6]) The start of slip in secondary glide systems causes the higher work-hardening coefficient in *stage* II_c, similarly as in unirradiated crystals where it is responsible for the beginning of the strong work-hardening in stage II.

As in unirradiated crystals, the *beginning of stage III* can be accounted for by the start of cross slip, which reduces the work-hardening coefficient. This is demonstrated by the rapid growth of the width of the slip bands having been formed in stages II_b and II_c and the formation of new fine slip bands that are even wider than those. These new slip bands (clusters of fine slip lines) are similar in appearance to the slip bands observed in stage III of unirradiated crystals.

The very strong slip bands which were formed in the yield point elongation zone and in the transition stage II_a apparently do not participate in the cross slip process in the beginning of stage III, probably because they are work-hardened differently and have a different dislocation structure than those having originated in the later stages of deformation. It is, however, suggested that the dislocations in these bands start to take part in cross slip at the stress τ'_{III}, thereby causing the additional decrease of the work-hardening coefficient at this point of the stress strain curve.

The present discussion shows that the most important feature of the work-hardening behaviour of crystals irradiated with an intermediate neutron dose is the transition from work-hardening with very inhomogeneous zone destruction similar to that at high doses (type C) to a behaviour similar to that at low neutron doses (type Al) with a rather homogeneous destruction of the radiation induced zones. This transition, occuring in the crystals of the present study within stage II of the work-hardening curve, causes most of the complications of the work-hardening behaviour at intermediate doses. The change in the mode of deformation is explained on the basis of rather general theoretical arguments. These arguments show also that with increasing dose the transition should be shifted to higher stresses (and correspondingly also to higher shear strains). In this way the change of the work-hardening behaviour with increasing neutron dose from type Al, where strong slip bands appear only in the yield point elongation zone, to the behaviour at very high doses (type C), at which the crystals fracture before the transition to homogeneous slip is reached, can be explained.

---

[6]) At present it is difficult to distinguish whether the beginning of slip in secondary glide systems and the corresponding increase of the local work-hardening rate causes the transition to more homogeneous slip in stage II_c, or whether homogeneous slip takes place first and the dislocation motion in latent glide system is a consequence thereof.

Acknowledgements

The authors wish to thank Dipl.-Phys. U. ESSMANN for valuable suggestions and much help, in particular regarding the experimental part of this investigation. Furthermore, the authors are indebted to Dr. A. RUKWIED for helpful discussions and to the staff of the Forschungsreaktor München for carrying out the irradiations. One of the authors (F. HINZNER) was under a fellowship of the "Alexander von Humboldt Stiftung" (Bad Godesberg), and their support is gratefully acknowledged.

Appendix

Formulas for calculating the slip band parameters

The amount of shear (α) in a primary slip band (displacement parallel to the slip direction g), the width of the band, d (perpendicular to the glide plane G), and the shear strain in the band, $a_B = \alpha/d$, should be determined from the quantities v, w, and γ being measured at a slip band intersection on a micrograph, which was taken from an arbitrary spot of the surface. To explain the geometrical relations, use is made of Figs. 6, 7, and 12 to 15.

Fig. 12 shows a perspective view of the crystal and the primary glide plane and Fig. 13 the corresponding stereographic projection on the glide plane. Point R indicates the surface spot where the replica was made. T is the tangential plane to the cylindrical crystal at this point and represents the plane of observation.[7]) The other planes shown in Fig. 12 and 13, the normal plane N which is perpendicular to T and the glide plane G, the cross sectional plane Q and the axial plane A (perpendicular to G) are used as auxiliary planes. Fig. 14 shows a perspective view of a slip band in the vicinity of point R. Point S on the trace of the secondary slip system is displaced to S' by the slip, which took place in the primary slip band. The component of the displacement vector $\boldsymbol{\alpha}$ in the plane N is $\boldsymbol{s}$ (see

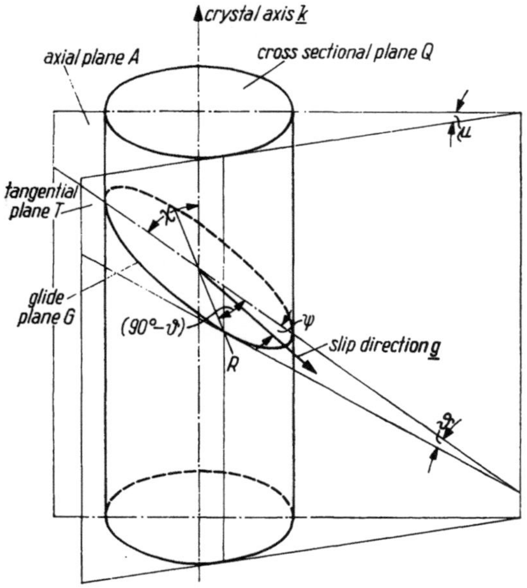

Fig. 12. Perspective view of the crystal

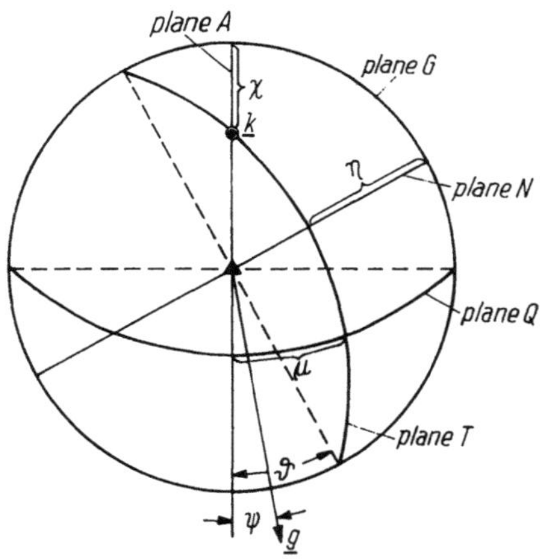

Fig. 13. Stereographic projection on the glide plane

---

[7]) This is not quite correct in a deformed crystal. There the plane of observation is inclined against the tangential plane by a small angle, β (see below).

also Fig. 6, in which the symbols in brackets correspond to a section through a slip band parallel to plane N). $\boldsymbol{t}$ indicates the displacement in plane T. The angles ϑ and η, which will be used in the following, can easily be determined, if the orientation of the slip plane and the azimuth, at which the replica was taken, are known. The corresponding relations are (see Fig. 13)

$$\operatorname{tg}\vartheta = \sin\chi \operatorname{tg}\mu \tag{1}$$

and

$$\operatorname{tg}\eta = \operatorname{tg}\chi/\sin\vartheta\,. \tag{2}$$

From Fig. 14 one obtaines

$$\alpha = \frac{t}{\cos(\vartheta - \psi)} = \frac{s}{\sin(\vartheta - \psi)}\,. \tag{3}$$

According to Fig. 6 it is

$$s = \frac{w \sin\Phi}{\cos(\Phi - \beta)\sin\eta} \tag{4}$$

and therefore

$$\alpha = \frac{t}{\cos(\vartheta - \psi)} = \frac{w\sin\Phi}{\sin(\vartheta - \psi)\cos(\Phi - \beta)\sin\eta}\,. \tag{5}$$

The width of the slip band is, according to Fig. 6

$$d = w\,\frac{\sin(\eta - \Phi)}{\cos(\Phi - \beta)} \tag{6}$$

and consequently the shear strain

$$a_B = \frac{t}{w}\,\frac{\cos(\Phi - \beta)}{\sin(\eta - \Phi)\cos(\vartheta - \psi)}\,. \tag{7}$$

Assuming t (which is a function of v and Φ that can be determined, see below) to be known and taking the right hand side of (5) as an equation, which determines Φ, there are available three equations ((5), (6), and (7)), to determine four unknowns, d, a_B, Φ, and β. β varies, if the replica becomes stretched out during preparation, and, therefore, has been regarded so far to be unknown. To be able to solve the problem, we have, however, to introduce

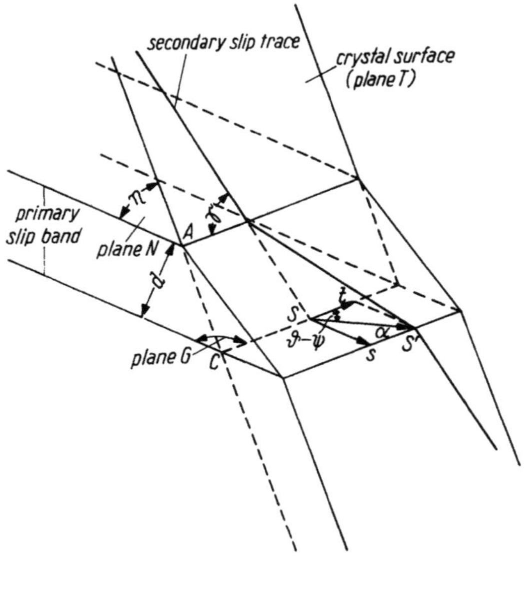

Fig. 14. Perspective view of a slip band intersecting the crystal surface

certain assumptions regarding β. The two extreme cases, that (a) the replica does not change its shape during preparation at all, and (b) that it becomes completely flat, will be treated in the following.

a) Replica exactly as on the crystal surface

In this case β could be determined from the change in the relative orientation of the tangential plane and the glide plane during deformation, but we would have to assume, that the crystal deforms homogeneously (surface homogeneously covered with slip bands). A different method will be used here, which also applies to inhomogeneous deformation, as e.g. in the yield point elongation zone.

If the distance between two neighbouring slip bands on the replica is called z (in Fig. 6 distance from point F to point G of the next slip band on the left), it can be seen (Fig. 6), that

$$\operatorname{tg}\beta = \frac{\overline{BF}}{z} = \frac{w}{z}\operatorname{tg}(\Phi-\beta) = \frac{w}{z}\,\frac{\operatorname{tg}\Phi - \operatorname{tg}\beta}{\operatorname{tg}\Phi + \operatorname{tg}\beta}\,. \tag{8}$$

Since in general $\operatorname{tg}\Phi\operatorname{tg}\beta \ll 1$, it follows that

$$\operatorname{tg}\beta = \frac{w}{z+w}\operatorname{tg}\Phi\,. \tag{9}$$

The next step will be to relate t to measurable quantities. From Fig. 15, which shows a projection of the primary and secondary slip traces on a plane perpendicular to the electron beam (actual plane of observation), one can see that

$$t = u - A\,C\operatorname{ctg}\gamma' = v + w\operatorname{ctg}\gamma' - \frac{w\sin(\eta-\Phi)}{\cos(\Phi-\beta)\sin\eta\operatorname{tg}\gamma'}\,. \tag{10}$$

γ' is an angle on the unslipped surface (Fig. 14), its projection being γ (Fig. 7 and 15), which can be measured on the replica. It is

$$\operatorname{tg}\gamma = \operatorname{tg}\gamma'\cos\beta\,. \tag{11}$$

Therefore, (10) becomes

$$t = v + w\operatorname{ctg}\gamma\left(1 - \frac{\sin(\eta-\Phi)\cos\beta}{\cos(\Phi-\beta)\sin\eta}\right). \tag{12}$$

Combining (10), (11), and the right hand side of (5) one obtains the relation

$$\operatorname{ctg}\Phi = \frac{w}{v}\,\frac{\operatorname{ctg}(\vartheta-\psi) - \operatorname{ctg}\gamma\cos(\eta-\beta)}{\sin\eta\cdot\cos\beta} - \operatorname{tg}\beta\,. \tag{13}$$

Inserting this relation into (9), expressing β in terms of $\operatorname{tg}(\beta/2)$ and neglecting terms of higher order of $\operatorname{tg}(\beta/2)$ one finds

$$\operatorname{tg}\frac{\beta}{2} = \frac{v}{2(w+z)}\left(\frac{\sin\eta}{\operatorname{ctg}\vartheta - \operatorname{ctg}\gamma\cos\eta}\right). \tag{14}$$

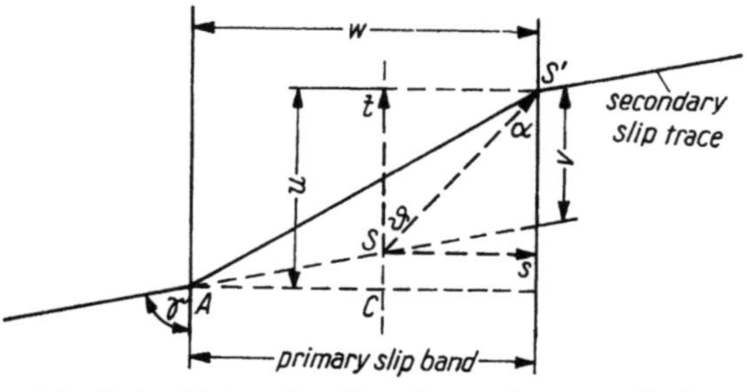

Fig. 15. Projection of the slip band intersection (Fig. 14) on a plane perpendicular to the electron beam (the angle between the projection plane and plane T is β — see Fig. 6)

From this equation β can be calculated, since the right hand side contains only known quantities. Knowing β, Φ can be calculated from (13) and then t from (12). By inserting the values of these three quantities into equations (5) to (7) the slip band parameters α, d, and a_B can finally be determined.

b) Replica completely flat

In this case $(\Phi - \beta)$ becomes zero and $\gamma \equiv \gamma'$ (instead of (11)). Thus, as follows from (10), (12) is replaced by

$$t = v + w \cdot \operatorname{ctg} \gamma \left(1 - \frac{\sin(\eta - \Phi)}{\sin \eta}\right), \tag{15}$$

and the right hand side of (5) by

$$t = w \frac{\sin \Phi}{\operatorname{tg}(\vartheta - \psi) \sin \eta}. \tag{16}$$

Equating (15) and (16) and expressing Φ in terms of tg $(\Phi/2)$ leads to a quadratic equation for tg $(\Phi/2)$, the solution of which is

$$\operatorname{tg}\frac{\Phi}{2} = \frac{\left(\frac{\operatorname{ctg}(\vartheta - \psi)}{\sin \eta} - \operatorname{ctg}\gamma \operatorname{ctg}\eta\right) \pm \sqrt{\left[\frac{\operatorname{ctg}(\vartheta - \psi)}{\sin \eta} - \operatorname{ctg}\gamma \operatorname{ctg}\eta\right]^2 - \left[\frac{v^2}{w^2} + 2\frac{v}{w}\operatorname{ctg}\gamma\right]}}{\frac{v}{w} + 2 \operatorname{ctg}\gamma}. \tag{17}$$

The right hand side contains only known quantities. Therefore, Φ can be calculated from (17). Using this value, t can be obtained from (15) or (16) and finally, as in case (a), α, d, and a_B from equations (5) to (7).

For high values of v/w the square root in (17) becomes imaginary. This occurs only, if the assumption of a completely flat replica is not correct.

References

[1] T. H. BLEWITT, R. R. COLTMANN, R. E. JAMISON, and J. A. REDMAN, J. Nucl. Mat. **2**, 277 (1960).
[2] J. DIEHL, in: Radiation Damage in Solids, Vol. **1**, Intern. Atomic Energy Agency, Vienna 1962 (p. 129).
[3] A. RUKWIED, Z. Metallk. **55**, 146 (1964).
[4] A. RUKWIED, Z. Metallk. **55**, 205 (1964).
[5] A. RUKWIED and J. DIEHL, Z. Metallk. **55**, 266 (1964).
[6] J. DIEHL, S. MADER, and A. SEEGER, Z. Metallk. **46**, 650 (1953).
[7] A. SEEGER, J. DIEHL, S. MADER, and H. REBSTOCK, Phil. Mag. **2**, 233 (1957).
[8] S. MADER, Z. Phys. **149**, 73 (1957).
[9] A. SEEGER, Kristallplastizität, Handbuch der Physik, Bd. VII/I, Springer Verlag, Berlin-Göttingen-Heidelberg 1958.
[10] R. BERNER, Z. Naturf. **15a**, 689 (1960).
[11] S. MADER, in: Electron Microscopy and Strength of Crystals ed. by J. WASHBURN and G. THOMAS, Interscience, New York 1963.
[12] U. ESSMANN, S. MADER, and A. SEEGER, Z. Metallk. **52**, 443 (1961).
[13] J. G. GREENFIELD and H. G. F. WILSDORF, J. appl. Phys. **32**, 827 (1961).
[14] U. ESSMANN and A. SEEGER, phys. stat. sol. **4**, 177 (1964).
[15] J. DIEHL, Z. Metallk. **47**, 331 (1956).
[16] A. SEEGER, Proc. 2nd UN. Int. Conf. PUAE **6**, Genf 1958 (p. 250).
[17] J. FISCHER, Z. Naturf. **17a**, 603 (1962).
[18] J. DIEHL, CH. LEITZ, and W. SCHILLING, Phys. Letters **4**, 236 (1963).
[19] J. DIEHL and H. J. SPRINGER, to be published.

(Received July 7, 1964)

phys. stat. sol. 7, 143 (1964)

Physikalisch-Technisches Institut der Deutschen Akademie der Wissenschaften zu Berlin, Bereich Lumineszenzforschung, Liebenwalde bei Berlin

Doppelinjektion in ZnS-Einkristallen

Von

W. LUDWIG und U. ZEISE

Messungen von Stromspannungskennlinien an hochreinen ZnS-Einkristallen ergaben sowohl das für raumladungsbegrenzte Ströme charakteristische Verhalten $j \sim V^2$ als auch $j \sim V^3$-Charakteristiken, die theoretisch von LAMPERT für starke Injektion von Elektronen und Löchern (Doppelinjektion), mit einer gemeinsamen, vom Injektionsniveau unabhängigen Lebensdauer τ in Semi-Isolatoren vorausgesagt worden sind.
Es konnte weiterhin an ZnS-Einkristallen die von STÖCKMANN aufgestellte Theorie, wonach unter geeigneten Bedingungen eine Injektion im Sinne raumladungsbegrenzter Ströme an sperrenden Kontakten möglich ist, experimentell bestätigt werden.

Measurements are made of current-voltage-characteristics of very pure ZnS single crystals. They show the characteristic behaviour for space charge limited currents, i.e. a $j \sim V^2$ dependence, as well as a $j \sim V^3$ dependence. This $j \sim V^3$ dependence was theoretically predicted by LAMPERT to occur in semi-insulating materials for high injection levels of electrons and holes (double injection) with a common life time τ, independent of the injection level.
Also STÖCKMANN's theory which states that an injection of carriers can also occur, under appropriate conditions, at blocking contacts may be experimentally confirmed.

1. Einleitung

$A_{II}B_{VI}$-Verbindungen sind ausgesprochene Photohalbleiter, oder besser Semi-Isolatoren, die eine Injektion von Majoritätsträgern (neben der Injektion von Minoritätsträgern) unter relativ einfachen Bedingungen ermöglichen, woraus sich eine Reihe wissenschaftlich und technisch interessanter Eigenschaften ergibt.

2. Raumladungsbegrenzte Ströme

MOTT und GURNEY [1] haben zuerst nachgewiesen, daß unter geeigneten Bedingungen an einem Metall-Isolator-Kontakt Ströme durch Injektion von Ladungsträgern aus dem Kontakt auftreten können, die durch die Raumladung der freien und gegebenenfalls „getrapten" Ladungen begrenzt werden. Für den Fall ohne Haftstellen gilt

$$j = \frac{9}{8} \varepsilon \mu \frac{V^2}{d^3}, \tag{1}$$

ε Dielektrizitätskonstante des Isolators,
μ Elektronenbeweglichkeit,
d Elektrodenabstand,
V angelegte Gleichspannung.

Charakteristisch für die Einträgerinjektion ist die Proportionalität zwischen der Stromdichte j und dem Quadrat der Spannung. Bei Semi-Isolatoren mit „Traps" für die injizierten Ladungsträger erfährt (1) insofern eine Modifizierung, als ein zusätzlicher Faktor Θ mit

$$\Theta = \frac{\text{Konzentration der freien Elektronen}}{\text{Konzentration der getrapten Elektronen}} = \frac{n}{n_t} < 1$$

das Ausfallen eines Teils der injizierten Ladungsträger in „flache" Haftstellen berücksichtigt [2]. Hierbei liegen diese Haftstellen energetisch oberhalb des Quasiferminiveaus $E_F < E_t$. Man findet in einem Semi-Isolator bei sehr kleinen Spannungen zunächst einen linearen Zusammenhang zwischen der Stromdichte j und der Spannung V. Wenn die Laufzeit der injizierten Ladungsträger $t = \frac{d^2}{\mu V \Theta}$ gleich der dielektrischen Relaxationszeit $\tau_\Omega = \frac{\varepsilon}{\sigma_0}$ (σ_0 Dunkelleitfähigkeit) wird, geht der lineare Verlauf in die quadratische Abhängigkeit

$$j = \frac{9}{8} \varepsilon \mu \frac{V^2}{d^3} \Theta \tag{2}$$

über.

Der von vielen Autoren bei einer bestimmten Spannung V_{TFL} gefundene starke superlineare Anstieg des Stromes um viele Größenordnungen wird auf eine Füllung der Traps zurückgeführt. Hierbei ist

$$V_{\text{TFL}} \approx \frac{e N_t d^2}{\varepsilon} \tag{3}$$

(N_t Konzentration der Traps) ungefähr diejenige Spannung, oberhalb der die Traps gefüllt sind. Für $V > V_{\text{TFL}}$ gilt dann das Gesetz von Mott-Gurney [3, 4, 5]. Es hat nicht an Versuchen gefehlt, aus diesen Gesetzmäßigkeiten N_t und E_t zu bestimmen [6, 7, 8, 9]. Die nicht immer überzeugenden Ergebnisse führten zu Vorstellungen, wonach der steile Anstieg unter Umständen einer Feldentleerung der getrapten Elektronen zuzuschreiben ist [5, 10, 11].

Die Ableitung dieser Gesetze basiert auf der Vorstellung idealisierter injizierender Kontakte mit einem unendlich hohen Reservoir von Ladungsträgern am Metall-Semi-Isolatorrand, d. h. die elektrische Feldstärke am Rand E_R ist beliebig klein. Außerdem beschränkt man sich auf einen reinen Feldstrom [12, 13]:

$$j_n \approx e \mu_n n E$$

mit

$$\frac{dE}{dx} = \frac{e}{\varepsilon} (n + n_t) \,. \tag{4}$$

Stöckmann [11, 12] kommt in seinen Arbeiten den wahren Bedingungen am Metall-Semi-Isolatorkontakt näher, indem er endliche Randkonzentrationen der Elektronen n_R bzw. der Löcher p_R zuläßt, die durch die entsprechende Austrittsarbeit ψ jeweils bestimmt sind. Interessant ist die sich aus seinen Überlegungen ergebende Schlußfolgerung, daß für eine Einträgerinjektion nicht unbedingt ein „ohmscher" Kontakt, d. h. eine Anreicherungsrandschicht $n_R > n_0$ (n_0 ist die Elektronenkonzentration im thermodynamischen Gleichgewicht) vonnöten ist. Es ist für das Auftreten raumladungsbegrenzter Ströme hinreichend, daß ein Mechanismus wirkt, der in der Lage ist, den Strom am injizierenden Kontakt bei nur geringer Zunahme der Feldstärke rapide anwachsen zu lassen (z. B. Schottky-Emission).

3. Doppelinjektion in einen Semi-Isolator

Im Falle einer Doppelinjektion, d. h. einer Injektion von Elektronen und Defektelektronen aus beiden Kontakten in einen Semi-Isolator tritt außer einer Begrenzung durch Raumladungen auch eine zusätzliche Begrenzung durch Rekombination auf. Letztere führt zu einer Reihe wichtiger Besonderheiten bei der Doppelinjektion.

Im Falle hinreichend starker Injektion von Elektronen n und Löchern p mit $n, p \gg n_0, p_0$ ist $n \approx p$, und die Lebensdauern beider Ladungsträgersorten sind gleich $\tau_n = \tau_p = \tau$. Dann liegt der Fall eines Plasmas beweglicher Ladungsträger vor, der zur folgenden Strom-Spannungsbeziehung führt [14, 15, 16, 17]:

$$j = \frac{125}{18} \varepsilon \mu_n \mu_p \tau \frac{V^3}{d^5}. \tag{5}$$

Bemerkenswert ist die $j \sim V^3$- und $j \sim 1/d^5$-Abhängigkeit. Diese gilt, wenn die gemeinsame Lebensdauer τ unabhängig von der Größe der Injektion ist. Im Falle einer bimolekularen Rekombination $\tau = 1/\alpha n$ (α Rekombinationswahrscheinlichkeit) ergibt sich statt (5)

$$j = 2 \varepsilon \mu_n \left(\frac{\mu_p}{\mu_0}\right)^{1/2} \frac{V^2}{d^3}, \tag{6}$$

hierbei ist $\mu_0 = \varepsilon \alpha / 2 e$. Diese Charakteristik unterscheidet sich von der der Einträgerinjektion in einen trap-freien Isolator (Fall raumladungsbegrenzter Ströme) um den Faktor $(\mu_p/\mu_0)^{1/2}$, der um mehrere Größenordnungen oberhalb 1 liegen kann. Die Bedingung für das Auftreten eines Plasmazustandes bei der Doppelinjektion von Elektronen und Löchern in einen Semi-Isolator ergibt sich zu

$$V > V_{tr} \simeq \frac{e N_{\text{def}} d^2}{\varepsilon}. \tag{7}$$

N_{def} repräsentiert die Gesamtdichte aller Fangstellen, wie flache und tiefe Haftstellen für Elektronen und Löcher und Rekombinationszentren.

Unterhalb dieser Spannungsschwelle hat man in vielen Semi-Isolatoren und hochohmigen Halbleitern Bedingungen vorzuliegen, für die die injizierten Ladungsträgerdichten n, p nicht sehr groß gegenüber N_{def} sind. In diesem Fall sind $n \neq p$ und $\tau_n \neq \tau_p$. Lampert [18] hat am Beispiel eines Semi-Isolators mit einem Rekombinationszentrum mit sehr großem Löchereinfangquerschnitt ($\sigma_p \gg \sigma_n$) gezeigt, daß oberhalb einer Spannungsschwelle

$$V \gtrsim \frac{d^2}{\mu_p \tau_p} \tag{8}$$

Doppelinjektion einsetzen kann. Dort ist die Laufzeit der Löcher $t_p \lesssim \tau_p$. Entscheidend für diesen Fall ist, daß die Lebensdauer τ_p vom Injektionsniveau abhängig ist, woraus sich ein Gebiet negativer j–V-Kennlinie ergeben kann.

Experimentelle Hinweise für Doppelinjektion bei schwachem Injektionsniveau an $A_{II}B_{VI}$-Verbindungen liegen an CdS [19, 8] vor. Experimentelle Hinweise für starke Doppelinjektion, die zu einem Plasmazustand mit $j \sim V^3$ führt, sind unseres Wissens bisher nicht an Einkristallen der $A_{II}B_{VI}$-Verbindungen gefunden worden. In der vorliegenden Arbeit soll über Einträgerinjektion und Doppelinjektion von Elektronen und Löchern an hochreinen ZnS-Einkristallen berichtet werden.

4. Kristallherstellung und Versuchsdurchführung

Für die Untersuchung von j-V-Kennlinien an hochreinen ZnS-Einkristallen wurden nach (0001) tafelige ZnS-Kristalle mit Dicken zwischen 10 µm bis 50 µm verwendet. Diese Kristalle wurden nach einem modifizierten Frerichsverfahren [20, 21] bei Verwendung von H_2S als Trägergas und von HCl mit geeignetem Partialdruck aus der Dampfphase gezüchtet. Die Kristalle zeigten bei fokussierter Anregung mit einer Quecksilberhochdrucklampe die blaue eigenaktivierte Lumineszenz.[1])

Die Kontaktierung der Kristalle erfolgte durch Aufdampfen von höchstreinem In im Hochvakuum auf die ZnS-Plättchen, wobei wahlweise die Oberflächen der Kristalle vorher bei ca. 10^{-1} Torr beglimmt worden sind. Es wurde für die Kontaktierung In gewählt, da es sich für CdS bei der Gewinnung von injizierenden Kontakten bewährt hat (z. B. [22, 8]). Für ZnS sind nur wenige Arbeiten zu dieser Frage erschienen [23, 9]. Die in einer Fläche von ca. 1 bis 2 mm² in Sandwichanordnung aufgedampften In-Elektroden wurden mit einem Tropfen Leitsilber versehen, um die Stromzuführungen anbringen zu können. Die Dunkelcharakteristiken wurden durch direkte Strommessungen mit einem Gleichstrommeßverstärker bei Zimmertemperatur aufgenommen. In vielen Fällen zeigte sich eine langzeitige Abnahme des Stromwertes nach Anlegen der Spannung. Es wurde deshalb immer nach 30 s Stromdurchgang der jeweilige Wert registriert. Diese Zeitspanne hat sich als ausreichend erwiesen, um wenigstens einen „quasistationären" Zustand (d. h. die weiteren zeitlichen Änderungen bewegen sich bei Zeitkonstanten von Stunden) zu erfassen. Zwischen zwei aufeinanderfolgenden Meßwerten lag mindestens eine Minute. Kennlinien im Impulsbetrieb konnten nicht aufgenommen werden, da die Kristalle im allgemeinen kleine Stromstärken lieferten.

5. Meßergebnisse und Diskussion

Wir haben an einer großen Zahl von beidseitig mit In kontaktierten ZnS-Einkristallen j-V-Charakteristiken gemessen. Es zeigte sich, daß an den in unserem Institut gezüchteten tafeligen ZnS-Einkristallen, die in der oben beschriebenen Weise durch Aufdampfen von In kontaktiert wurden, nicht immer gut injizierende Kontakte hergestellt werden konnten. Formierprozesse durch kurzzeitige Stromstöße hoher Stromstärke zeigten nicht den gewünschten Erfolg. Erst nachträgliche Diffusion (kurzzeitiges Erwärmen auf 300 bis 350 °C für ca. 60 s) machte (wenigstens in der Mehrzahl der behandelten Kristalle) die Kontakte reproduzierbar injizierend.

Wir können unsere Ergebnisse ganz grob folgendermaßen klassifizieren:

1. Es gibt Kristalle, bei denen wenigstens ein Kontakt Elektronen injizierend im Sinne raumladungsbegrenzter Ströme ist ($j \sim V^2$). Der andere Kontakt liefert eine Sperrcharakteristik.

2. Es gibt Kristalle, bei denen beide Kontakte eine Einträgerinjektion ermöglichen. Es liegen vermutlich auf beiden Seiten Anreicherungsrandschichten für Elektronen vor, die aber nicht in gleichem Maße zu injizieren brauchen. Es injiziert nur jeweils der an der Kathode liegende Kontakt ($j \sim V^2$ für beide Polungen).

---

[1]) Herrn Dr. H. Hartmann sind wir für die Züchtung der ZnS-Einkristalle zu Dank verpflichtet.

3. Es gibt Kristalle, bei denen beide Kontakte sich grundsätzlich unterscheiden, indem der eine Kontakt Elektronen injizierend wirkt, der andere wie unter 1. für Elektronen einen Sperrkontakt darstellt, jedoch (im Gegensatz zu 1.) Löcher injizierend wirkt. In diesem Fall liegt eine Doppelinjektion von Ladungsträgern vor, wenn die Kathode am Elektronen injizierenden Kontakt und die Anode am Löcher injizierenden Kontakt liegen. Eine Umkehrung der Polarität der Spannung liefert keine Doppelinjektion, sondern eindeutig eine Sperrcharakteristik.

4. Es gibt Kristalle, bei denen in einer Polung eine Doppelinjektion auftritt, in der anderen Polung jedoch im Gegensatz zu 3. keine Sperrcharakteristik auftritt, sondern eine Einträgerinjektion ($j \sim V^2$) wirkt.

5. Es gibt Kristalle, bei denen in beiden Polungen die Kontakte eine Doppelinjektion liefern.

Da wir in dieser Arbeit hauptsächlich daran interessiert sind, auf die von uns gemessenen $j \sim V^3$-Charakteristiken hinzuweisen, zeigen wir keine $j \sim V^2$-Charakteristiken, die den unter 1. und 2. aufgeführten Kristallen entsprechen würden. Eine nähere Untersuchung der Einträgerinjektion im Zusammenhang mit der Kontaktierungsproblematik soll in einer späteren Publikation erfolgen.

In Fig. 1 ist eine am Kristall ZnS 23 gemessene $j \sim V^3$-Charakteristik dargestellt. Die Kontakte dieses Kristalls sind nach dem Aufdampfen von In noch

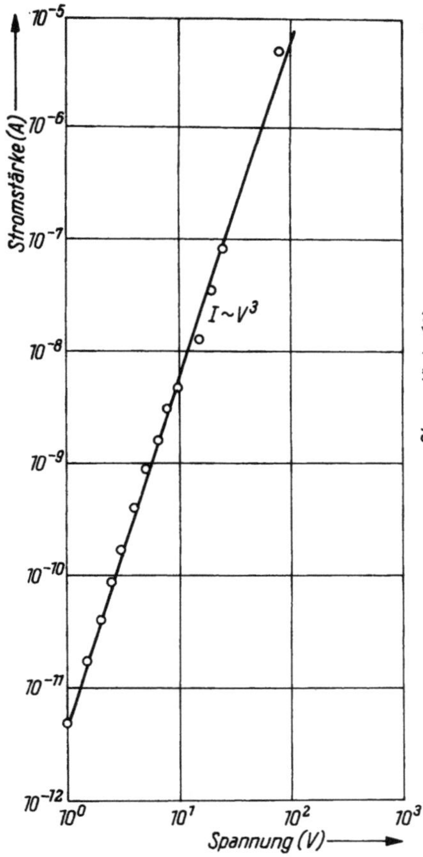

Fig. 1. I–V-Kennlinie für ZnS/23 mit starker Doppelinjektion

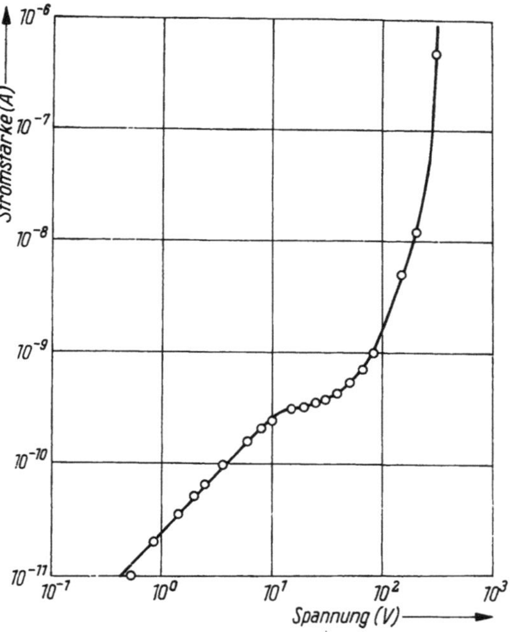

Fig. 2. I–V-Kennlinie für ZnS/23 in entgegengesetzter Polung

nachträglich thermisch behandelt worden. Der Strombereich für die Doppelinjektion durchläuft sechs Größenordnungen. Dieser Kristall ist ein typischer Vertreter der Klasse 3. Der an der Kathode liegende Kontakt ist Elektronen injizierend (Anreicherungsrandschicht für Elektronen). Der an der Anode liegende Kontakt wird Löcher injizierend sein (Verarmungsrandschicht für Elektronen). Bei Umpolung der Spannung finden wir eine typische Sperrcharakteristik (Fig. 2). Der bei hohen Spannungen einsetzende starke Stromanstieg kann sehr gut in der Form $j \sim e^{\beta\sqrt{V}}$ dargestellt werden (Fig. 3). Dieser Anstieg kann demnach einer Schottky-Emission zugeordnet werden. Eine weitere Erhöhung der Spannung führt zu einem elektrischen Durchschlag.

Analoge Verhältnisse sind am Kristall ZnS 21/8 gefunden worden. In Fig. 4 ist

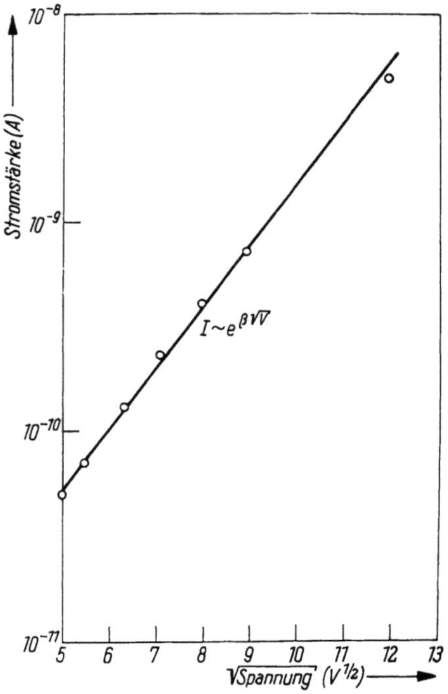

◀ Fig. 3. I–V-Kennlinie für ZnS/23 mit Schottky-Emissionsverhalten; diese Kurve ergibt sich aus der Differenz der Stromwerte oberhalb des Sättigungsgebietes aus Fig. 2 und einem Sättigungsstromwert von $3 \cdot 10^{-10}$ A

Fig. 4. I–V-Kennlinie für ZnS/8 mit starker Doppelinjektion

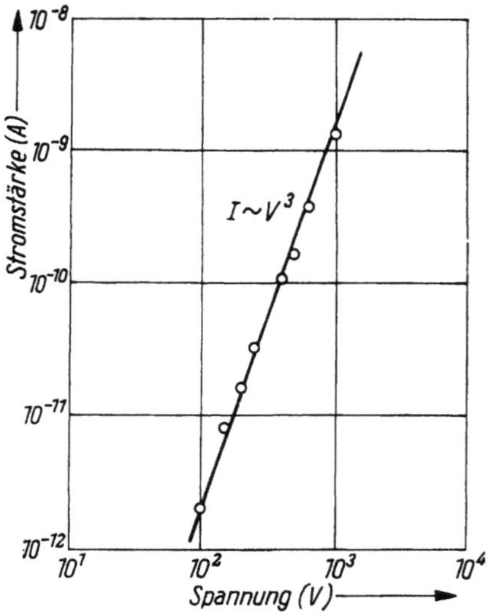

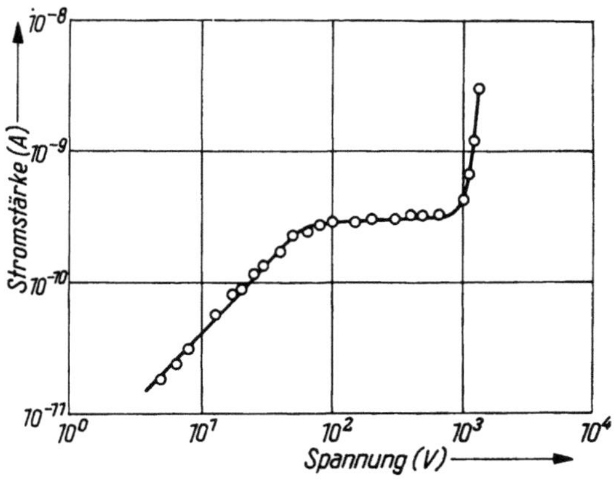

Fig. 5. I–V-Kennlinie für ZnS/8 in entgegengesetzer Polung

eine für eine starke Doppelinjektion typische $j \sim V^3$-Charakteristik dargestellt. Fig. 5 zeigt die Charakteristik nach Umpolung der Gleichspannung, eine klassische Sperrcharakteristik mit anschließender Schottky-Emission (Fig. 6). Die Kristalle der Klasse 1. unterscheiden sich von denen der Klasse 3. dadurch, daß der für Elektronen sperrende Kontakt an der Anode nicht hinreichend stark Löcher injizierend ist, und daß die Löcher in diesen Kristallen zu kleine Lebensdauern besitzen.

In Fig. 7 ist weiter eine an ZnS 21/4 gemessene $j \sim V^3$-Charakteristik dargestellt. Bei Umpolung der Gleichspannung haben wir keine Sperrcharakteristik gemessen, sondern ein $j \sim V^2$-Gesetz (Fig. 8). Dies entspricht vermutlich einer Einträgerinjektion von Elektronen (raumladungsbegrenzte Ströme) aus dem Kontakt, der zuvor, an der Anode liegend, Löcher injizierte. Eine wenigstens im Prinzip äquivalente Einträgerinjektion von Löchern aus dem an der Anode liegenden Kontakt wird unwahrscheinlicher sein als die Injektion von Elektronen aus dem an der Kathode liegenden Kontakt, da man annimmt, daß die Lebensdauern der Löcher kleiner als die der Elektronen sind. Wir kommen auf jeden Fall zur Feststellung, daß beispielsweise eine auf Kathodenpotential liegende Verarmungsrandschicht für Elektronen in der Lage ist, Elektronen injizierend im Sinne raumladungsbegrenzter Ströme zu wirken. Das ist nach unserer Meinung eine direkte Bestätigung der von STÖCKMANN aufgestellten Behauptung, daß auch an Sperr-

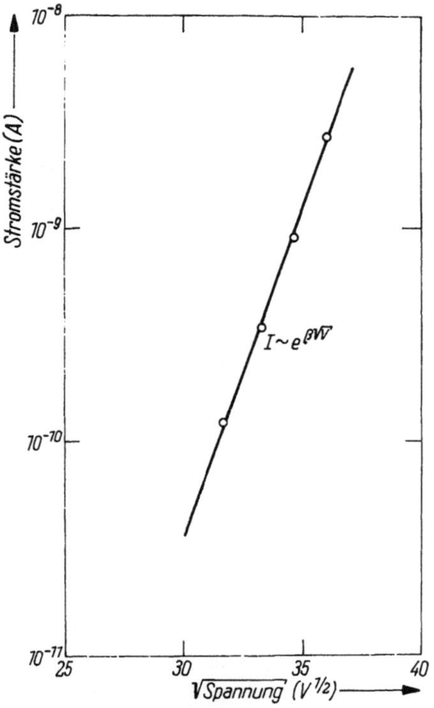

Fig. 6. I–V-Kennlinie für ZnS/8 mit Schottky-Emissionsverhalten; diese Kurve gilt für Stromwerte oberhalb des Sättigungsgebietes in Fig. 5. Sie ergibt sich wieder aus der Differenz der Stromwerte und dem Sättigungsstromwert

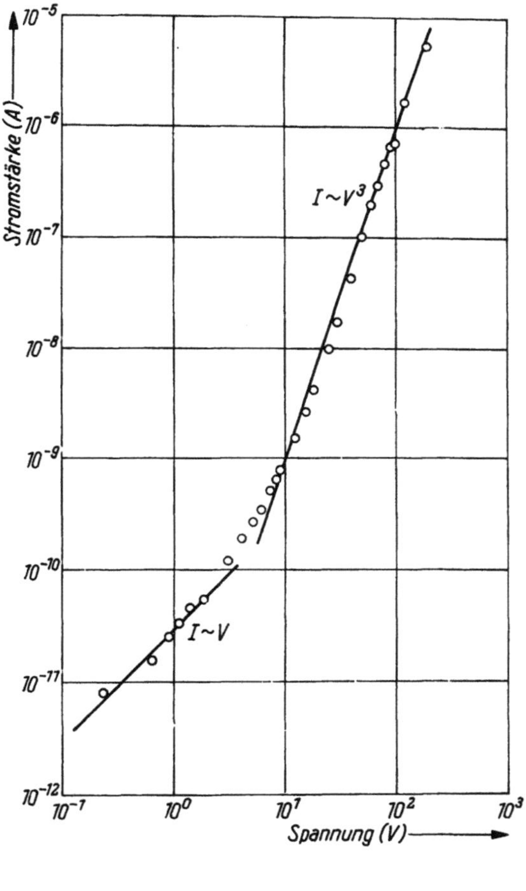

Fig. 7. I–V-Kennlinie für ZnS 21/4 mit starker Doppelinjektion ►

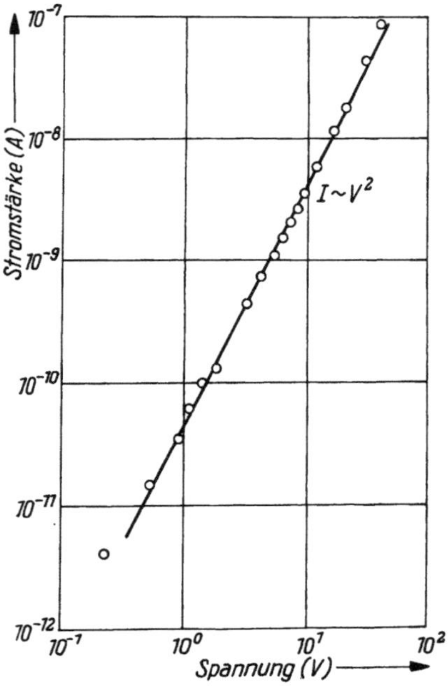

Fig. 8. I–V-Kennlinie für ZnS 21/4 in entgegengesetzter Polung

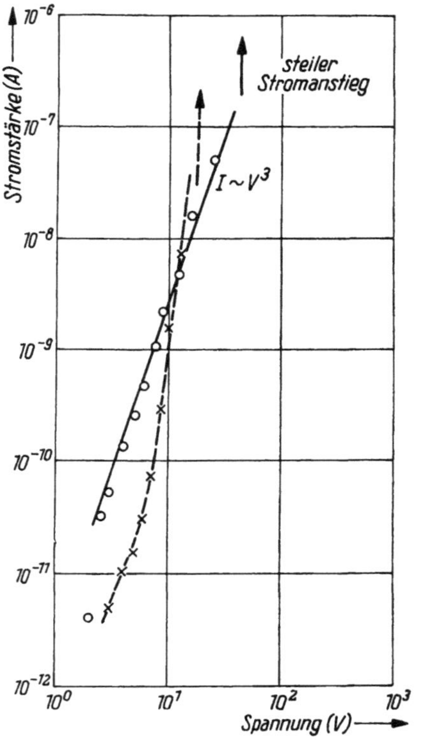

Fig. 9. I–V-Kennlinie für ZnS 21/4 in beiden Polungen ▶

kontakten eine Injektion möglich ist, die zu raumladungsbegrenzten Strömen führt. D. h., es müßte der $j \sim V^2$-Charakteristik in Fig. 8 eine Schottky-Emission $\left(j \sim e^{\beta \sqrt{V}}\right)$ vorausgegangen sein.

In Fig. 9 sind die an demselben Kristall eine Woche später gemessenen Charakteristiken in beiden Polungen dargestellt. Die Polung, in der vorher Doppelinjektion mit $j \sim V^3$ gefunden wurde, zeigt wieder Doppelinjektion. In der anderen Polung liegt jetzt ein exponentieller Stromanstieg (gemäß Schottky-Emission) vor, der bei höheren Spannungen nicht mehr durch ein $j \sim V^2$-Gesetz fortgesetzt wird. Diese „Alterungserscheinung“ (nähere Hinweise für eine exaktere physikalische Begründung haben wir bisher nicht gefunden), die offenkundig zu einer Verringerung der Injektionsfähigkeit von Sperrkontakten mit $j \sim V^2$ führt, ist des öfteren an Kristallen der Klasse 4. beobachtet worden.

In Fig. 10 und Fig. 11 sind die an ZnS 21/21 in beiden Polungen gemessenen Charakteristiken dargestellt. Bemerkenswert ist die symmetrisch auftretende Doppelinjektion $j \sim V^3$. Dieser Kristall ist praktisch ein Vertreter der zu Klasse 4. gezählten Kristalle mit dem Unterschied, daß nicht nur der für Elektronen sperrende Kontakt an der Kathode Elektronen injiziert, sondern auch der für Löcher sperrende Kontakt an der Anode Löcher injiziert. Dieses Ergebnis ist nicht mehr so überraschend, wenn man sich von der Möglichkeit einer Injektion im Sinne raumladungsbegrenzter Ströme an sperrenden Kontakten, die durch die Charakteristiken der Kristalle der Klasse 4. aufgezeigt werden, überzeugt hat. Entscheidend ist u. a., daß die Lebensdauer der Löcher im ZnS-Kristall nicht zu klein sein darf, um auch in der „sperrenden“ Polung eine starke Doppelinjektion erwarten zu können.

An Fig. 10 und Fig. 11 erscheint uns noch bemerkenswert, daß das Gebiet $j \sim V^3$ sich relativ eng an ein lineares Gebiet anschließt. Es müßten sich nach LAMPERT in diesem engen Bereich die Prozesse der Einträgerinjektion und der schwachen Doppelinjektion mit negativer Kennlinie zusammendrängen. In diesem Zusammenhang möchten wir auf theoretische Überlegungen von LINDMAYER und SLOBODSKOY hinweisen [24]. Sie haben das Problem einer symmetrischen Injektion von Elektronen und Löchern aus injizierenden Kontakten in einen Isolator ohne Rekombination der Ladungsträger durchgerechnet. Die Lösung des Gleichungssystems für n und p erfolgte im Gegensatz zu den Ableitungen in den oben zitierten Arbeiten unter Berücksichtigung des Diffusionsstromes

$$\left.\begin{aligned} j_n &= e\,\mu_n n\,E + e\,D_n \frac{\partial n}{\partial x}\,, \\ j_p &= e\,\mu_p p\,E - e\,D_p \frac{\partial p}{\partial x}\,, \\ \frac{dE}{dx} &= \frac{e}{\varepsilon}(p - n)\,. \end{aligned}\right\} \qquad (9)$$

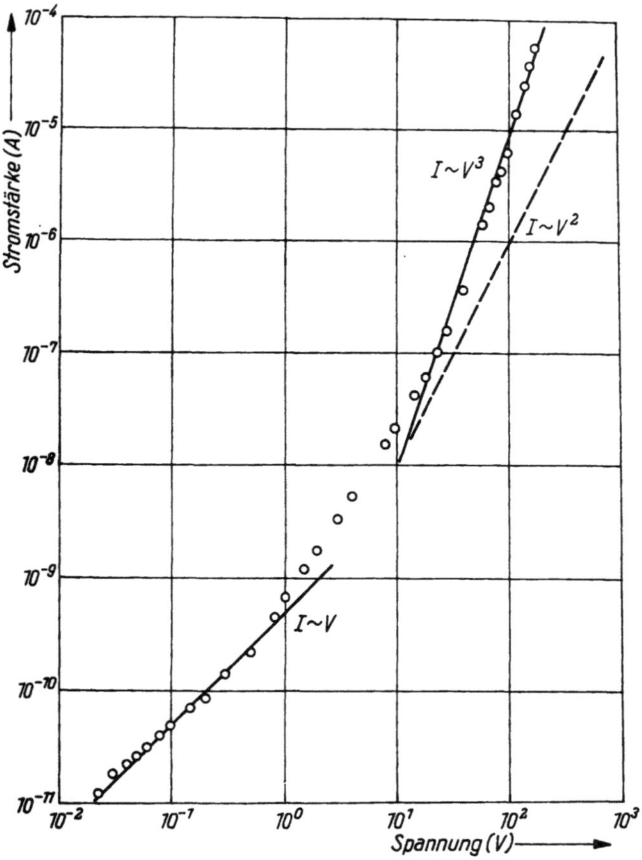

Fig. 10. I-V-Kennlinie für ZnS 21/21 mit starker Doppelinjektion

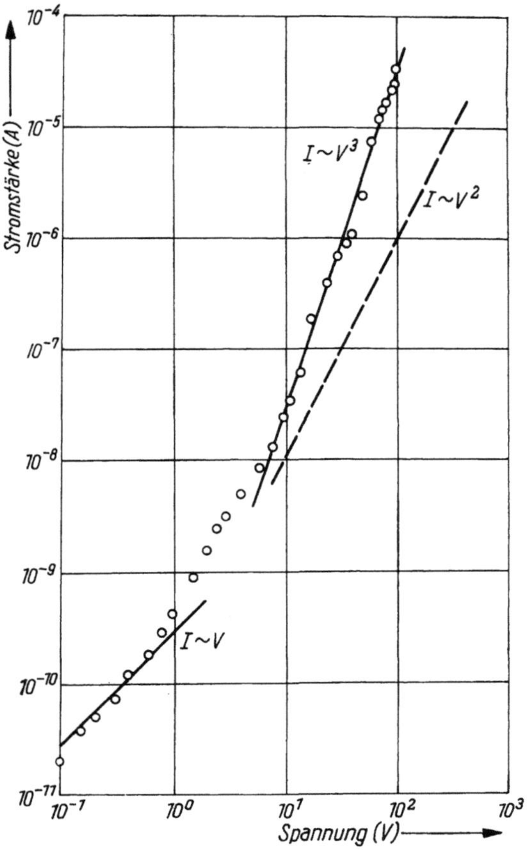

Fig. 11. I–V-Kennlinie für ZnS 21/21 in entgegengesetzter Polung mit starker Doppelinjektion

Das System ist mit Rechenautomaten numerisch gelöst worden. Bei kleinen Strömen, d. h. bei kleinen Feldstärken ist der Diffusionsstrom dominierend. Für den Bereich kleiner Spannungen gilt

$$j = \varepsilon\,(\mu_n + \mu_p)\,\frac{6\,k\,T}{e}\,\frac{V}{d^3}\,, \tag{10}$$

dagegen für hohe Spannungen

$$j = \varepsilon\,(\mu_n + \mu_p)\,\frac{e}{k\,T}\,\frac{V^3}{d^3}\,. \tag{11}$$

Nach (10) und (11) wird ein linearer Anstieg durch einen kubischen Anstieg abgelöst, wobei zu betonen ist, daß beide Teile der Charakteristik einer Doppelinjektion entsprechen. Obwohl die in Fig. 10 und Fig. 11 gezeigten Darstellungen einen Zusammenhang mit den Formeln (10) und (11) vermuten lassen, ist jedoch bei deren Anwendung Vorsicht geboten, da sie offenkundig auf zu starken Voraussetzungen (fehlende Rekombination) basieren.

Zusammenfassend kann gesagt werden, daß die diskutierte Doppelinjektion in ZnS gefunden werden konnte, da offensichtlich In auf ZnS nicht nur Kontakte mit Anreicherungsrandschichten, sondern auch mit Sperrschichtwirkung für Elektronen liefert [8].

Wir haben gewisse Vermutungen, unter welchen Bedingungen sich der eine oder andere Kontakt ergibt; die Arbeiten zu diesem Problem werden fortgesetzt.

Wir danken Herrn Dr. H. ORTMANN für sein Interesse an der Arbeit. Herrn Dipl.-Phys. G. VOIGT sei für einige interessante Diskussionen gedankt.

Literatur

[1] N. F. MOTT und R. W. GURNEY, Electronic Processes in Ionic Crystals, Oxford University Press 1940.
[2] A. ROSE, Phys. Rev. **97**, 1538 (1955).
[3] M. A. LAMPERT, J. Phys. Chem. Solids **22**, 189 (1961).
[4] G. T. WRIGHT, Proc. Instn. Elect. Engrs. **106 B**, 915 (1959).
[5] R. H. BUBE, J. appl. Phys. **33**, 1733 (1962).
[6] R. W. SMITH und A. ROSE, Phys. Rev. **97**, 1531 (1955).
[7] D. J. PAGE, A. A. KAYALI und G. T. WRIGHT, Proc. Phys. Soc. **80**, 1133 (1962).
[8] G. A. MARLOR und J. WOODS, Proc. Phys. Soc. **81**, 1013 (1963).
[9] W. RUPPEL, Helv. phys. Acta **31**, 311 (1958).
[10] W. RUPPEL, J. Phys. Chem. Sol. **22**, 199 (1961).
[11] F. STÖCKMANN, phys. stat. sol. **3**, 221 (1963).
[12] F. STÖCKMANN, Halbleiterprobleme VI, 279 (1961).
[13] M. A. LAMPERT, Phys. Rev. **103**, 1648 (1956).
[14] M. A. LAMPERT, Proc. IRE **50**, 1781 (1962).
[15] M. A. LAMPERT, RCA Rev. **20**, 682 (1959).
[16] M. A. LAMPERT, und W. ROSE, Phys. Rev. **121**, 26 (1961).
[17] R. H. PARMENTER, und W. RUPPEL, J. appl. Phys. **30**, 1548 (1959).
[18] M. A. LAMPERT, Phys. Rev. **125**, 126 (1962).
[19] R. W. SMITH, Phys. Rev. **105**, 900 (1957).
[20] H. HARTMANN und H. TREPTOW, Z. phys. Chem. (Leipzig) **218**, 92 (1961).
[21] H. HARTMANN, phys. stat. sol. **2**, 585 (1962).
[22] E. SCHNÜRER, phys. stat. sol. **3**, 1594 (1963).
[23] G. F. ALFREY und I. COOKE, Proc. Phys. Soc. **70 B**, 1096 (1957).
[24] L. LINDMAYER und A. SLOBODSKOY, Solid State Electronics **6**, 495 (1963).

(Received July 7, 1964)

phys. stat. sol. 7, 155 (1964)

Physikalisch-Technisches Institut der Deutschen Akademie der Wissenschaften zu Berlin, Bereich Elektronische Halbleiter (a), und Arbeitsstelle für Elektronenmikroskopie der Deutschen Akademie der Wissenschaften zu Berlin, Halle/Saale (b)

Elektronenmikroskopische Beobachtungen von Versetzungen in CdS-Kristallen

Von

W. Möhling (a) und J. Heydenreich (b)

Elektronenmikroskopische Durchstrahlungsuntersuchungen der Versetzungsanordnung und Versetzungsbewegung in dünnen, aus der Dampfphase gezüchteten CdS-Kristallen werden mitgeteilt. Versetzungen und Stapelfehler treten nur in gestörten Randbereichen auf, während große Bereiche des übrigen Kristallvolumens nahezu versetzungsfrei sind. Gleitprozesse werden nur an solchen Versetzungen beobachtet, die unter der Einwirkung des beleuchtenden Elektronenbündels an Verwachsstellen mehrerer Kristalle entstehen.

The arrangements and movements of dislocations in thin crystals of CdS grown from the vapour phase are studied using transmission electron microscopy. Dislocations and stacking faults are found to occur only at distorted boundaries, leaving large regions of the remaining crystal volume nearly free from dislocations. Glide processes are only observed at dislocations caused by the illuminating electron beam at regions of intergrowth with other crystals.

Nach Frerichs [1] gezüchtete CdS-Kristalle sind vom Wurtzit-Typ; die große Fläche wird durch eine {11.0}-Ebene gebildet, und die c-Achse verläuft parallel zur sehr geradlinig ausgebildeten kürzeren Kante (s. Fig. 1). Elektronenmikroskopisch durchstrahlbare dünne Kristallplättchen werden erhalten, wenn der üblicherweise etwa 2 Stunden dauernde Züchtungsprozeß nach 10 bis 12 Minuten abgebrochen wird. Dabei erhält man Kristalle, deren Längsausdehnung (bis zu 2 cm) mit der „ausgewachsener" Kristalle vergleichbar ist, deren Dicke und Breite jedoch um 1 bis 2 Größenordnungen geringer ist. Die Dicken der elektronenmikroskopisch untersuchten Kristalle liegen nach interferometrischen Messungen zwischen 700 und 1500 Å. Auf „ausgewachsenen" Kristallen häufig zu beobachtende Rippen parallel zur c-Achse treten bei diesen dünnen Exemplaren wesentlich seltener auf.

Gitterfehleruntersuchungen an aus der Dampfphase gezüchteten CdS-Kristallen beschränkten sich bisher vorwiegend auf Ätzmethoden[1]), die nur in einem Fall

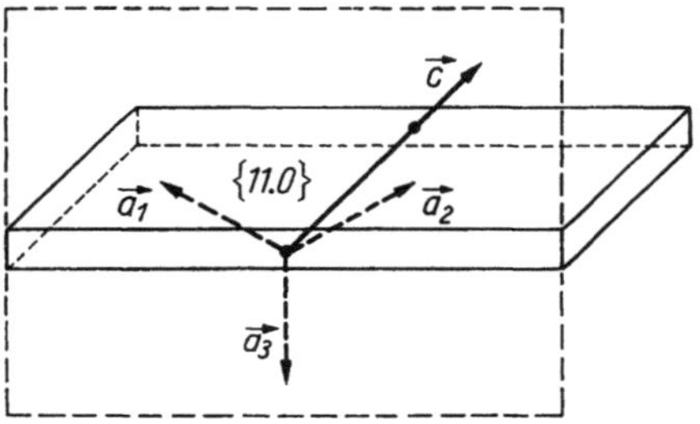

Fig. 1. Kristallhabitus der verwendeten CdS-Plättchen (Die gestrichelt dargestellten Basisvektoren $\boldsymbol{a}_1$, $\boldsymbol{a}_2$, $\boldsymbol{a}_3$ liegen in der Zeichenebene)

[1]) Ausführliche Literaturangaben z. B. in [6].

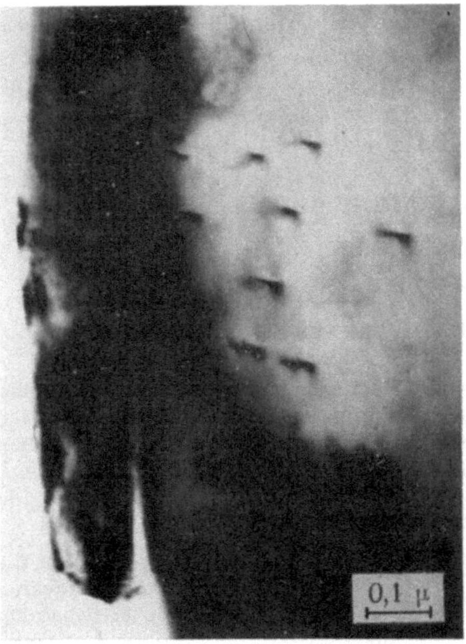

Fig. 2. Versetzungen in der Umgebung eines gestörten Kristallbereiches

durch Dekorationsverfahren [2] ergänzt wurden. CHIKAWA [3] berichtet über den röntgenbeugungs-mikrographischen Nachweis von Stapelfehlern. Langsche Beugungsmikrographien [4] von nahezu spektralreinen, nach FRERICHS gezüchteten CdS-Kristallen zeigen größere Versetzungsdichten nur in der Umgebung von Verwachsungsstellen mehrerer Kristalle [5, 6].

Im übrigen Kristallvolumen treten mit einer Dichte von 1···100 cm^{-2} fast ausschließlich Stufenversetzungen mit $\boldsymbol{b} = \langle 00.1 \rangle$ auf. Burgersvektoren vom Typ $\langle 11.0 \rangle$ wurden röntgenographisch bisher nur gelegentlich und nur an zur Plättchenoberfläche weitgehend parallelen Versetzungslinien gefunden. Außer diesen beiden Typen von Burgersvektoren kommen nur noch solche vom Typ $\langle 11.1 \rangle$[2]) für vollständige Versetzungen in hexagonalen Kristallen in Betracht [7].

Die Untersuchungen wurden mit dem Elmiskop I bei Strahlspannungen von 80 bzw. 100 kV unter Benutzung einer 20 µm-Kontrastblende nach der Methode des Beugungskontrastes [8, 9] durchgeführt. Die elektronenoptische Vergrößerung war zumeist 40000fach.

Übereinstimmend mit röntgenographischen Beobachtungen an „ausgewachsenen" CdS-Kristallen [5, 6] zeigten die elektronenmikroskopisch untersuchten

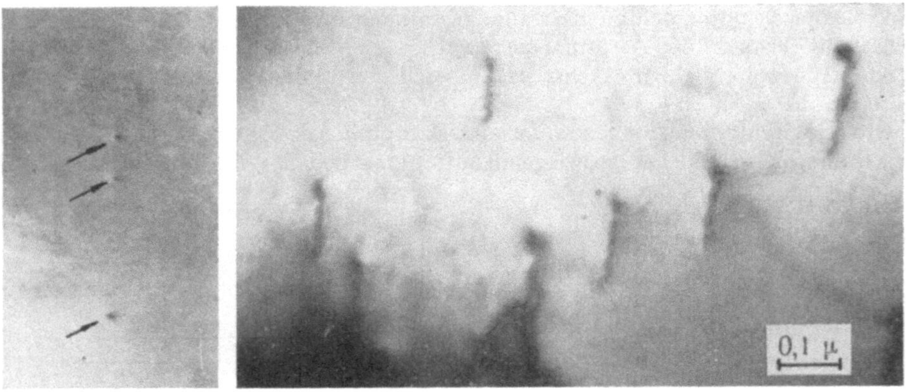

a b

Fig. 3. Senkrecht zur großen Plättchenfläche liegende Versetzungen (a) und schräg in einem etwa 1500 Å dicken Kristall angeordnete Versetzungslinien mit Zickzackkontrast (b)

2) Über die röntgenographische Beobachtung von Versetzungen mit derartigen Burgersvektoren wird demnächst in anderem Zusammenhang berichtet.

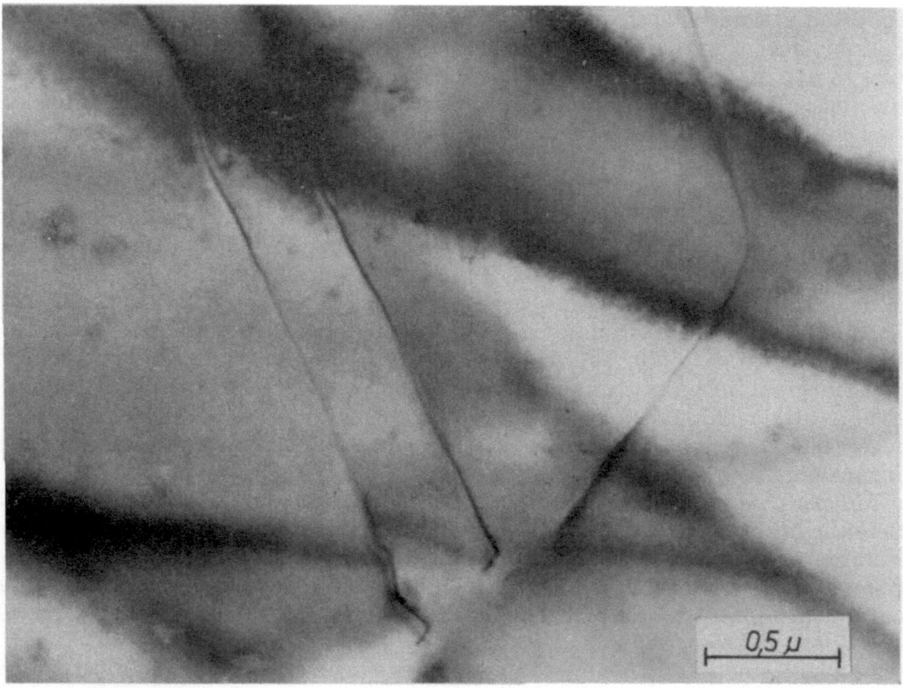

a

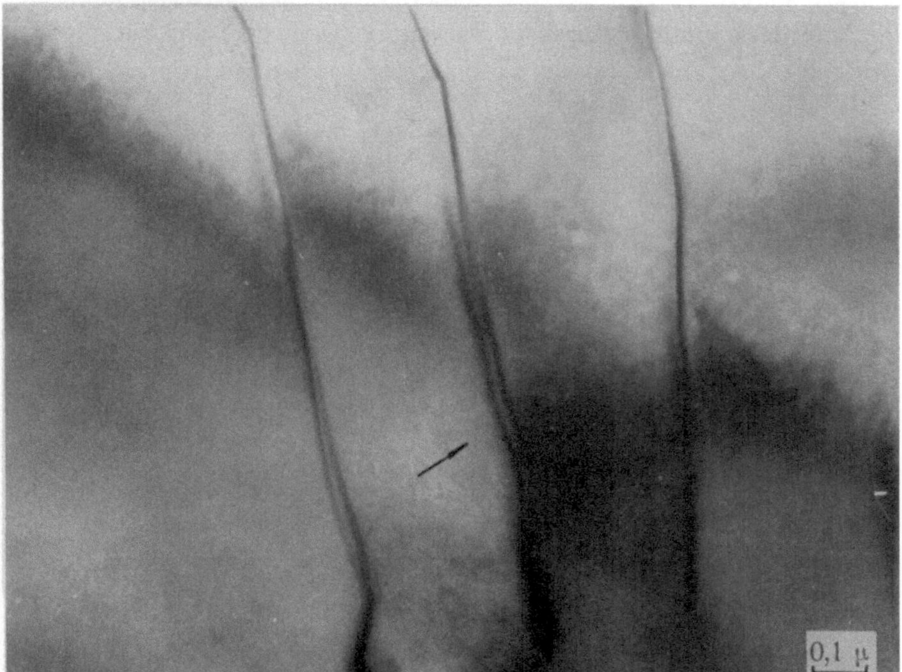

b

Fig. 4. Nahezu parallel zur großen Plättchenfläche verlaufende Versetzungslinien (Beschreibung im Text)

Plättchen eine sehr geringe Versetzungsdichte. Große Bereiche erwiesen sich als vollständig versetzungsfrei. Nur in stark gestörten Kristallgebieten (z. B. in Randbereichen und an Verwachsungsstellen mehrerer Kristalle) wurden Versetzungen und Stapelfehler gefunden. Als Beispiel zeigt Fig. 2 den Randbereich eines Kristalls. In dem einer Interferenzschliere benachbarten Bereich guter Durchlässigkeit sind relativ steil im Kristallplättchen liegende Versetzungen zu erkennen.

Senkrecht zur großen Plättchenfläche, also parallel zum einfallenden Elektronenbündel angeordnete Versetzungen, in Fig. 3a durch Pfeile markiert, wurden mehrfach beobachtet. Vermutlich handelt es sich dabei um die bereits eingangs erwähnten Stufenversetzungen mit Burgersvektoren in Richtung $\langle 00.1 \rangle$. Schräg in der Probe liegende Versetzungen zeigen unter bestimmten Bedingungen Zickzackkontrast (Fig. 3b). Diese nur im Rahmen der dynamischen Theorie des Beugungskontrastes [10, 11] verständliche Erscheinung wurde übrigens auch in röntgenographischen Aufnahmen von Versetzungen gefunden [12]. In dem ca. 1500 Å dicken Kristall der Fig. 3b sind die sichtbaren Versetzungen etwa 30° gegen die Probenoberfläche geneigt, d. h. als Gleitebene ist eine $\{10.0\}$-Ebene anzunehmen.

Nahezu parallel zur Plättchenfläche liegende Versetzungen wurden über große Bereiche beobachtet. Die in Fig. 4a und 4b dargestellten je drei Versetzungslinien konnten z. B. über eine Länge von etwa 25 µm verfolgt werden. Ohne auf den Entstehungsmechanismus dieser Versetzungen einzugehen, sei bemerkt, daß sie unter dem Einfluß des Elektronenbündels aus einer Verwachsungsstelle der Probe mit einem dickeren Kristall austraten.

In Fig. 4 sind die „Enden" der Versetzungslinien zu sehen, d. h. die Bereiche, in denen die Versetzungen zur Ober- oder Unterseite des Plättchens durchstoßen. Die Aufnahmen vermitteln einen Eindruck davon, wie in der Nähe von Interferenz-

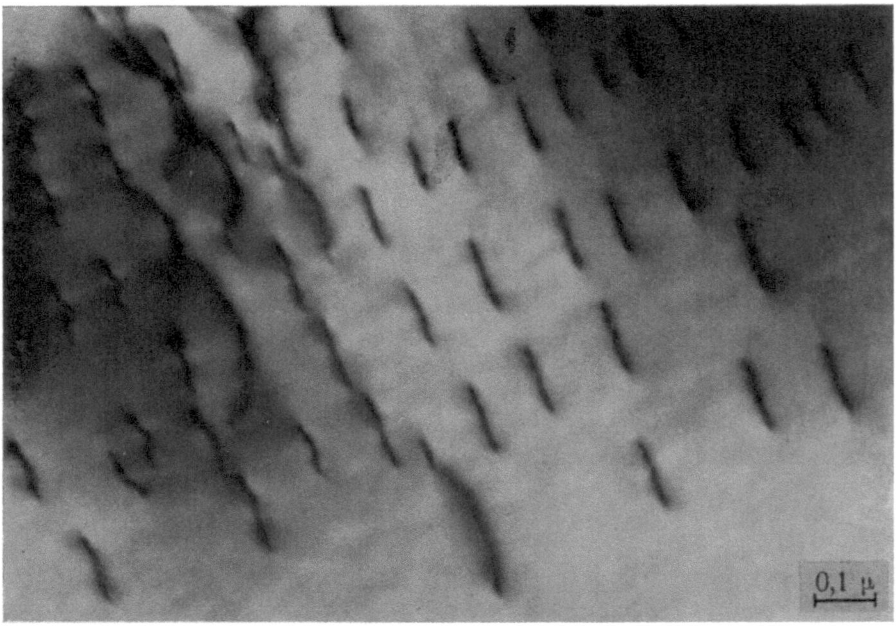

Fig. 5. Schräg im Kristallplättchen liegende Versetzungen, die gruppenweise zum gleichen Gleitprozeß gehören

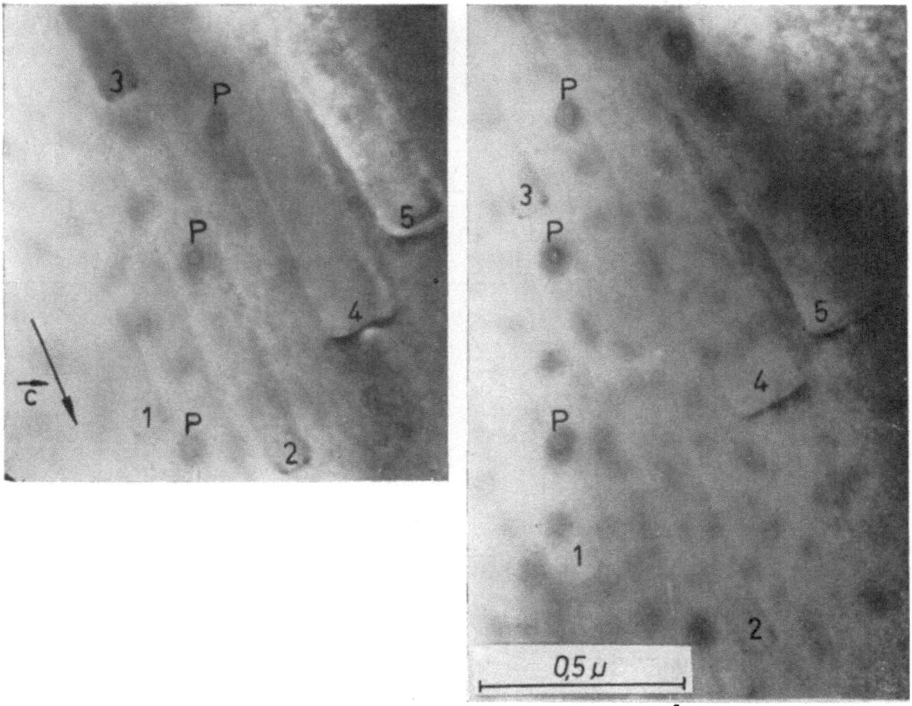

a b

Fig. 6. Momentaufnahmen (a, b) zum Nachweis von parallel zur c-Achse verlaufenden Gleitprozessen

schlieren gleicher Neigung typische Änderungen des Bildkontrastes von Versetzungslinien auftreten, die unter speziellen Bedingungen zu Doppelbildern führen (siehe Pfeil in Fig. 4b). Beachtenswert ist auch die Störung der Interferenzschlieren an den Kreuzungsstellen mit Versetzungen. Die in Fig. 4b etwa diagonal verlaufende Interferenzschliere erscheint an jeder der drei Versetzungslinien parallel verschoben.

Gruppen von Versetzungen, die jeweils zu einem Gleitprozeß gehören, sind in Fig. 5 sichtbar. Entsprechend der Länge der abgebildeten Versetzungen können die um 30° bzw. 60° gegen die Plättchenfläche geneigten {10.0}-Ebenen bzw. {11.0}-Ebenen als Gleitebenen angesehen werden. Die Versetzungen wurden in einem stark gestörten, sehr kleinen Kriställchen gefunden, dessen Gesamtgröße etwa dem vierfachen Bildausschnitt entsprach. Wahrscheinlich handelt es sich um in Basisebenen liegende Stufenversetzungen mit Burgersvektoren in Richtung $\langle 00.1 \rangle$. Während der Beobachtung waren diese unbeweglich, wie übrigens alle Versetzungen, die nicht erst während der Beobachtung entstanden. Gleitprozesse, die zu ähnlichen Versetzungsanordnungen führten, konnten jedoch mehrfach beobachtet werden. Durch Aufheizen mit dem Elektronenbündel ließen sich an Verwachsungsstellen gelegentlich Versetzungen in großer Zahl erzeugen, die sich teils gleichförmig, teils sprunghaft parallel zur c-Achse bewegen. Ein solcher Vorgang ist in Fig. 6 in zwei zeitlich aufeinanderfolgenden Aufnahmen (a, b) festgehalten. Dabei handelt es sich, wie an den Verunreinigungen P unschwer zu erkennen ist, um die gleiche Objektstelle. Deutlich sind wieder zwei Gruppen unterschiedlich gegen die Plättchenfläche geneigter Versetzungen 1···3 und 4···5 in

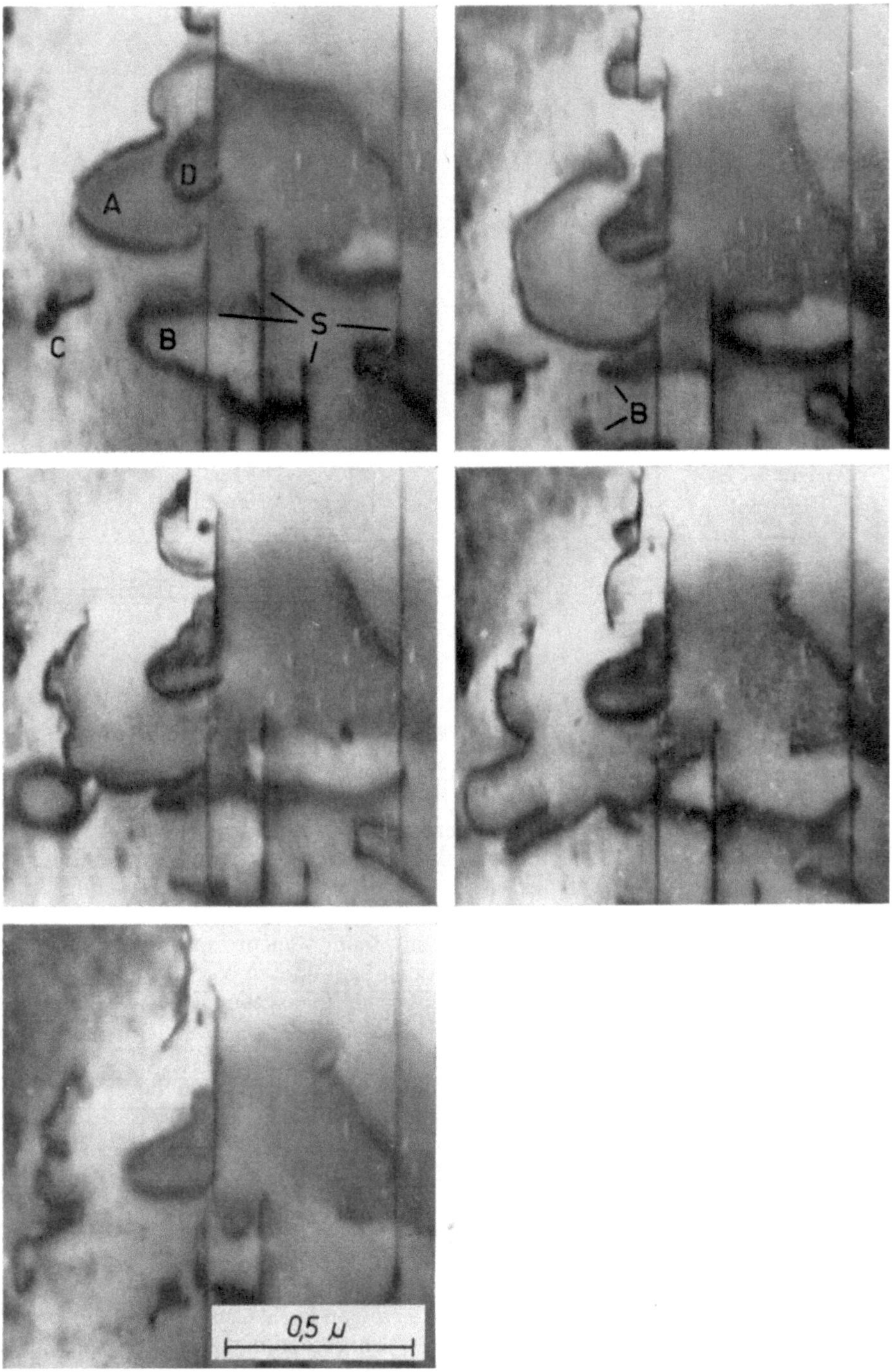

Fig. 7. Versetzungsbewegung in einem stark geschädigten Kristall (siehe Text)

Gleitebenen {10.0} bzw. {11.0} mit Gleitspurenkontrast[3]) zu sehen. Die Bewegung erfolgte außer im Falle der Versetzung 5 exakt parallel zur c-Achse, wobei die einmal „eingefahrenen" Gleitspuren von mehreren Versetzungen durchlaufen wurden (siehe Versetzung 3). — Nicht alle bis zum Rand gewanderten Versetzungen konnten den Kristall dort verlassen. Vor allem in der Basiskante verankerte Versetzungen wurden häufig beobachtet.

Die Versetzungsbewegung in einer durch das beleuchtende Elektronenbündel stark geschädigten Probe soll an fünf im Abstand von jeweils 20 s aufgenommenen Bildern des gleichen Objektbereiches verfolgt werden (Fig. 7). Neben den gekrümmten Versetzungslinien sind in der Abbildung Stapelfehler (S) zu sehen. In Fig. 7a sind zwei Versetzungsbogen (A, B) sowie eine verschlungene Versetzung (C) noch merklich voneinander getrennt. Der Bogen A ist in b) nach unten gewandert und hat sich ebenso wie C aufgeweitet, während B aufgerissen ist. C hat in Fig. 7c Kreisform angenommen und wird vom Versetzungsbogen A nahezu berührt. Beide Versetzungen sind in der nächsten Aufnahme (Fig. 7d) vereinigt. Nach einer Reaktion der vereinigten Versetzung (A, C) mit dem oberen Teil von B verbleibt in Fig. 7e eine verschlungene Versetzung, ähnlich wie C in Fig. 7a. In allen Teilbildern ist ein kleiner Versetzungsbogen D sichtbar, der offenbar an einem Stapelfehler verankert ist und sich nur in geringem Maße bewegt und aufgeweitet hat. — Parallel zur c-Achse gleitende Versetzungen bewegten sich jedoch, wie Beobachtungen an anderen Proben zeigten, ohne merkliche Behinderung durch Stapelfehler hindurch.

Stapelfehler werden in CdS-Kristallen, wie allgemein in hexagonalen Kristallen, zunächst nur in der Basisebene erwartet. Zur Erklärung der Entstehung eines Stapelfehlers dieser Art wird angenommen, daß eine vollständige Versetzung mit einem Burgersvektor in der Basisebene gemäß der Reaktion

$$[11.0] = \frac{1}{3}[12.0] + \frac{1}{3}[21.0]$$

in zwei Teilversetzungen aufspaltet, die sich räumlich voneinander trennen und zwischen sich somit den Stapelfehler aufspannen. Für Substanzen mit nicht zu großen Stapelfehlerenergien erscheint diese Aufspaltung wahrscheinlich.

Da die Kristalle mit der Plättchenfläche {11.0} senkrecht oder nahezu senkrecht zum einfallenden Elektronenbündel liegen, werden diese Stapelfehler nur als Linien abgebildet, die den typischen Streifenkontrast nicht erkennen lassen. Das ist für die drei in Fig. 8a gezeigten Fehler der Fall. Deutlicher ist die Stapelfehlerstreifung in der Aufnahme eines Kristalls zu sehen, dessen Normale etwa 5° gegen die Einstrahlrichtung geneigt war (Fig. 8b). [4])

Die Stapelfehlerdichte scheint äußerst gering zu sein. Nahezu alle beobachteten Stapelfehler entstanden erst unter der Einwirkung des Elektronenstrahls. Dabei traten aus einer Verwachsungsstelle oder aus einem gestörten Randbereich Teilversetzungen aus, die sich parallel zur Basisebene durch den Kristall bewegten und auf ihrer Spur jeweils einen Stapelfehler hinterließen. Im Gegensatz zum meist sprunghaften Fortschreiten vollständiger Versetzungen bewegten sich diese Teilversetzungen stetig durch den Kristall. Nur in einem Fall wurde beobachtet,

---

[3]) Die Entstehung des Gleitspurenkontrastes kann qualitativ verstanden werden unter der Annahme einer Fremdschicht auf der Kristalloberfläche, die das Durchstoßen der sich bewegenden Versetzungen zur Oberfläche verzögert bzw. verhindert.

[4]) Nach eingehenderen Untersuchungen sind auch die in [7] abgebildeten Stapelfehler im Gegensatz zur dort geäußerten Vermutung als in Basisebenen liegend anzusehen.

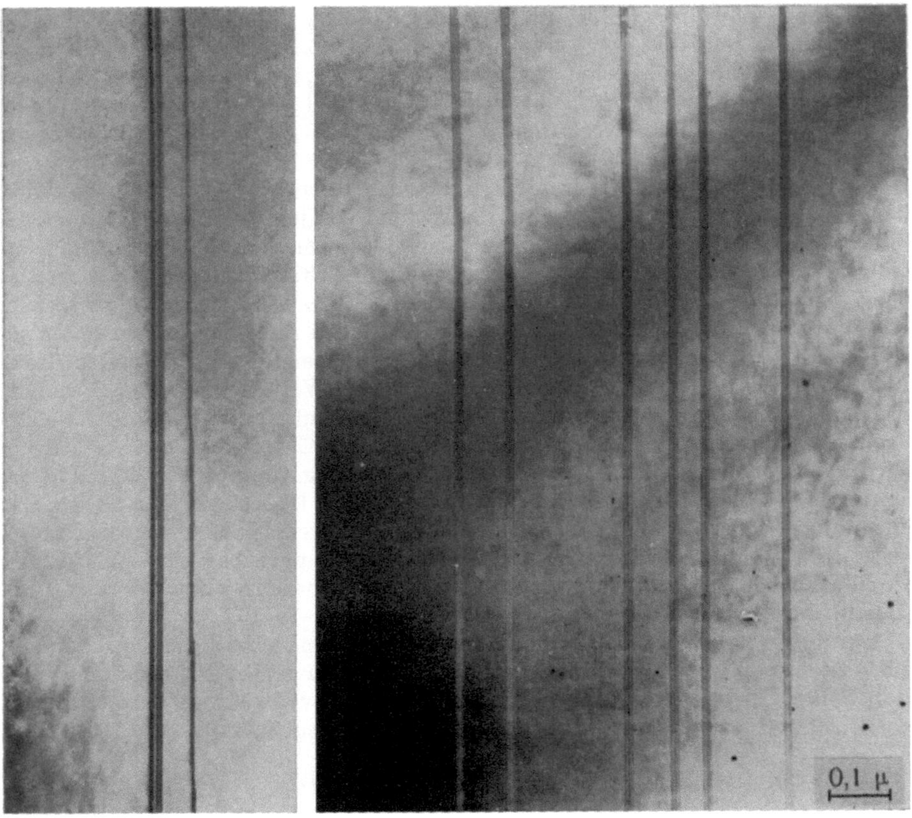

a b

Fig. 8. Stapelfehler in CdS-Kristallen
a) Basisebenen nahezu parallel zum einfallenden Elektronenbündel
b) Basisebenen etwa 5° gegen das Elektronenbündel geneigt

daß sie dicht neben der Quelle in einem inhomogenen Kristallgebiet gebremst bzw. gestoppt wurden und dabei heftige Oszillationen senkrecht zur Stapelfehlerebene ausführten. Neben diesen Basisstapelfehlern kommen in hexagonalem ZnS auch in Prismenflächen liegende Stapelfehler vor [13, 14]. Im CdS wurden solche bisher nicht gefunden.[5])

Für die Bestimmung der die Versetzungsabbildung bewirkenden Bragg-Reflexion ist bei den untersuchten CdS-Kristallplättchen vom Beugungsbild der [11.0]-Zonenachse auszugehen. Als Beispiel sind in Fig. 9 das Hellfeldbild (a) und das mit dem $(2\bar{2}.2)$-Reflex erzeugte Dunkelfeldbild (b) wiedergegeben.

Beugungsdiagramme zeigen, daß viele der dünneren, meist mit dicken Kristallen verwachsenen Exemplare als große Plättchenflächen {10.0}-Ebenen besitzen.[6])

[5]) Die eingangs erwähnten Rippen parallel zur c-Achse, die ihrer Anordnung wegen eventuell zu derartigen Stapelfehlern in Beziehung gebracht werden könnten, lassen sich nach bisherigen Beobachtungen nur als Verdickungen deuten.

[6]) Eine solche Orientierung scheint demnach bei Kristallkeimen häufig vorzukommen, wird aber offenbar im Verlauf des weiteren Wachstums unterdrückt.

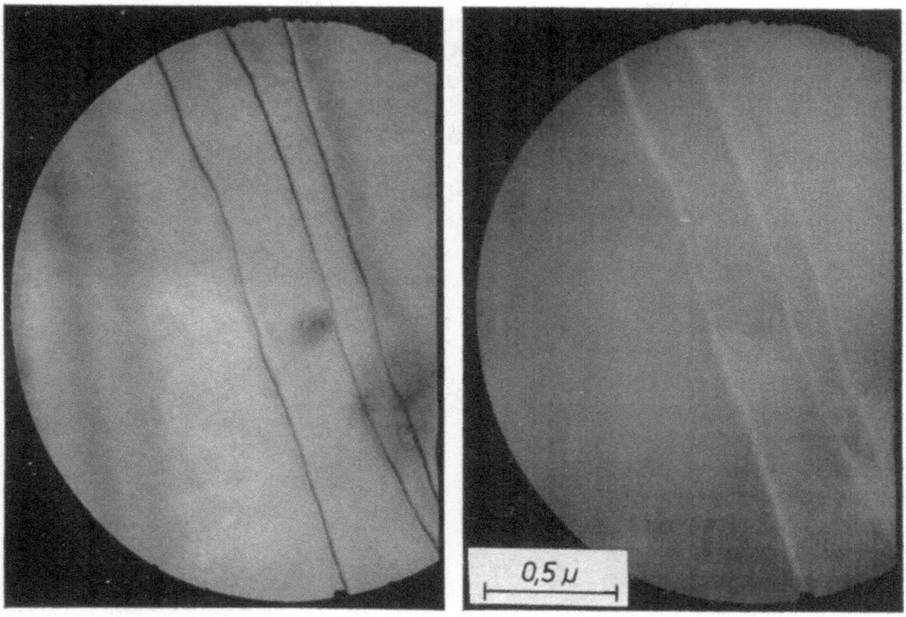

a b

Fig. 9. Drei Versetzungen im Hellfeldbild (a) und im Dunkelfeldbild des ($2\bar{2}.2$)-Reflexes (b)

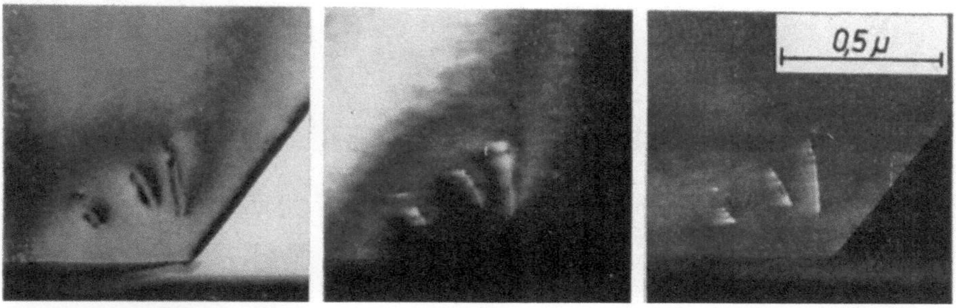

a b c

Fig. 10. Hellfeldaufnahme (a) und mit den Reflexen ($\bar{2}1.2$) und ($2\bar{1}.\bar{4}$) erzeugte Dunkelfeldbilder (b, c) von drei schräg im Kristallplättchen liegenden Versetzungen

Fig. 10a ist das Hellfeldbild von drei Versetzungen in einem Kristall mit dieser Orientierung. Der dunkle Bereich im unteren Bildteil stellt die kaum durchstrahlbare Kante eines dicken Kristalls dar. Die mit den Reflexen ($\bar{2}1.2$) und ($2\bar{1}.\bar{4}$) erzeugten Dunkelfeldbilder sind in Fig. 10b, c wiedergegeben. Ohne die sonst übliche Objektneigung auf verschwindenden Kontrast der Versetzungslinien einstellen zu müssen, kann in diesem Fall ein Burgersvektor vom Typ $\langle 11.1 \rangle$ den drei Versetzungen zugeordnet werden.[7])

Abschließend seien noch einige spezielle Beobachtungen erwähnt: In versetzungsfreien Kristallbereichen treten mit unterschiedlicher Häufigkeit Punkte wie

[7]) Diese Aussage ist nur möglich bei Beschränkung auf die eingangs erwähnten drei Typen von Burgersvektoren.

in den Randzonen der Fig. 11a auf. Seltener finden sich große Flecke wie in der Bildmitte. Stereo-Aufnahmen solcher Objektbereiche bestärken die Annahme, daß es sich um oberflächliche Ausscheidungen (möglicherweise Cadmiumausscheidungen) handelt. Nur vereinzelt sind Strukturen wie in Fig. 11b zu finden. Die kurzen Striche verlaufen parallel zu *c* und sind vermutlich Rippen, an die teilweise kleine Plättchen angewachsen sind. — Die Kristalle verhielten sich unter der Einwirkung des Elektronenbündels sehr uneinheitlich. Neben den bei allen Kristallen unter Elektronenbestrahlung beobachteten elastischen Deformationen (Kristallverbiegungen infolge der geringen Wärmeleitfähigkeit des Objekts) traten starke Schädigungen bzw. Zerstörungen der Kristalle auf. Eine vor allem bei dickeren,

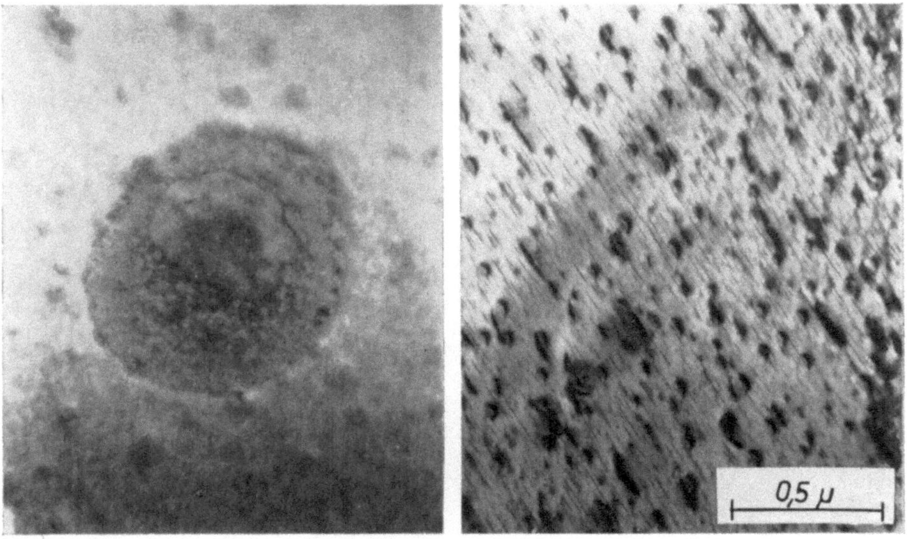

a b

Fig. 11. Als „Oberflächenstrukturen" gedeutete Inhomogenitäten (Erläuterungen im Text)

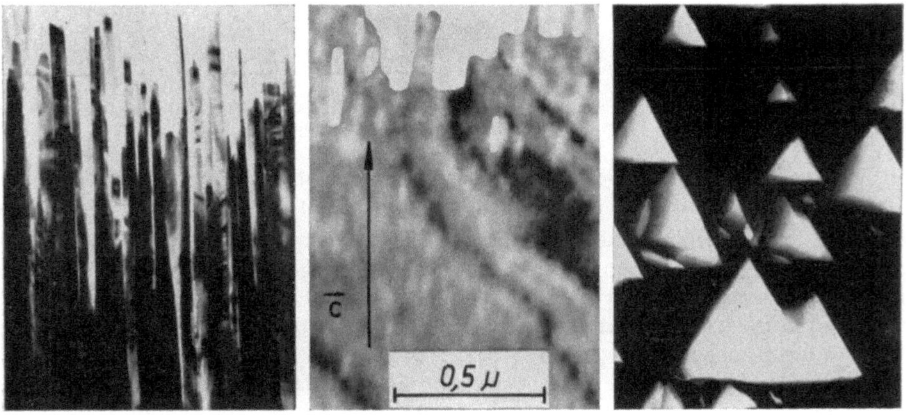

a b c

Fig. 12. Durch das Elektronenbündel erzeugte Schadenstrukturen
a) in einem dicken Kristall (>1500 Å)
b) in einem dünnen Kristall (<1000 Å)
c) einmalig beobachteter Strahlenschaden an einem dünnen Kristall

schlecht durchstrahlbaren Proben häufig zu beobachtende Schädigung zeigt Fig. 12a. Schon geringe Stromdichten genügten, um diese streifenförmige Abdampfung parallel zu **c** hervorzurufen. Kristalle mit geringeren Dicken als 1000 Å ließen sich nur mit hohen Strahldichten zerstören. Auch hier trat bevorzugte Abdampfung parallel zur *c*-Achse auf (Fig. 12b). Nur einmal beobachtet wurde eine Objektschädigung wie in Fig. 12c. Es gelang leider nicht, vor der vollständigen Zerstörung ein Beugungsbild zu erzeugen, so daß nicht überprüft werden konnte, ob es sich um eine andere Orientierung des Kristalls handelt oder ob dieser in der Zinkblendemodifikation vorlag. Längere Belastung der Kristalle mit geringen Stromdichten erhöhte deren Stabilität gegen Elektronenbestrahlung, so daß vor allem dünne Exemplare danach nicht mehr verdampft werden konnten.

Herrn Prof. Dr. H. Bethge, Herrn Dr. F. Eckart und Herrn Dr. H. Peibst danken wir für das dieser Arbeit entgegengebrachte Interesse und für fördernde Diskussionen. Herrn Dr. L. Hildisch sind wir für die Herstellung der Kristalle zu Dank verpflichtet.

Literatur

[1] R. Frerichs, Naturwissenschaften **33**, 281 (1946).
[2] J. Woods, Brit. J. appl. Phys. **11**, 296 (1960).
[3] J. Chikawa, J. Phys. Soc. Japan **18**, 148 (1963).
[4] A. R. Lang, J. appl. Phys. **30**, 1748 (1959).
[5] W. Möhling und H. Thiel, phys. stat. sol. **2**, 1105 (1962).
[6] W. Möhling, H. Peibst und L. Hildisch, phys. stat. sol. **5**, 101 (1964).
[7] F. C. Frank und J. F. Nicholas, Phil. Mag. **44**, 1213 (1953).
[8] W. Bollmann, Phys. Rev. **103**, 1588 (1956).
[9] P. B. Hirsch, R. W. Horne und M. J. Whelan, Phil. Mag. **1**, 677 (1956).
[10] A. Howie und M. J. Whelan, Proc. Roy. Soc. **A 263**, 217 (1961).
[11] A. Howie und M. J. Whelan, Proc. Roy. Soc. **A 267**, 206 (1962).
[12] W. Möhling, Z. Naturf., im Druck.
[13] H. Blank, P. Delavignette und S. Amelinckx, phys. stat. sol. **2**, 1660 (1962).
[14] L. T. Chadderton, A. G. Fitzgerald und A. D. Yoffe, Phil. Mag. **8**, 167 (1963).

(Received July 8, 1964)

Note added in proof:

Während der Drucklegung wurde uns eine Arbeit von J. Chikawa (Japan J. appl. Phys. **3**, 229-230, 1964) bekannt, derzufolge in stark mit $GaCl_3$ dotierten Kristallen neben Basisstapelfehlern auch in Prismenflächen liegende Fehler auftreten. Übereinstimmend mit den Ergebnissen der vorliegenden Arbeit wurde in reinen CdS-Kristallen entsprechendes nicht gefunden.

phys. stat. sol. 7, 167 (1964)

Institute of Radio Engineering and Electronics, Czechoslovak Academy of Sciences, Prague

Paramagnetic Resonance of NO_3^{2-} in Two Isostructural Cubic Crystals of Lead Nitrate and Strontium Nitrate

By

K. ŽĎÁNSKÝ and Z. ŠROUBEK

Single crystals of Pb $(NO_3)_2$ and Sr $(NO_3)_2$ X-irradiated at 90 °K are studied using electron spin resonance. The spectra of paramagnetic species having hyperfine structure due to a single nitrogen nucleus are measured at 90 °K. The principal values of g-tensors and hyperfine tensors are determined; also the directions of their principal axes. The species in both crystals are tentatively assigned to NO_3^{2-}. In the crystals of $Pb(NO_3)_2$, the superhyperfine structure assigned to the interaction with three Pb nuclei is also studied, and the principal tensor values of this superhyperfine interaction and the directions of their principal axes determined.

$Pb(NO_3)_2$- und $Sr(NO_3)_2$-Einkristalle, die bei 90 °K mit Röntgenstrahlen bestrahlt wurden, sind mit Hilfe der Elektronen-Spin-Resonanz untersucht worden. Die Spektren der paramagnetischen Komplexe wurden bei 90 °K gemessen und zeigen eine Hyperfeinstruktur, die von einem einzelnen Stickstoffkern herrührt. Die Hauptwerte der g- und Hyperfein-Tensoren sowie die Richtungen ihrer Hauptachsen sind bestimmt worden. Es wird vermutet, daß die paramagnetischen Komplexe von NO_3^{2-}-Molekülen gebildet werden. In den $Pb(NO_3)_2$-Kristallen ist die durch die Wechselwirkung mit drei Pb-Kernen verursachte Super-Hyperfeinstruktur ebenfalls untersucht worden. Es wurden ferner die Hauptwerte des Tensors der Super-Hyperfeinwechselwirkung und die Richtungen ihrer Hauptachsen bestimmt.

1. Introduction

Recently we reported [1] on the occurrence of paramagnetic species in $Sr(NO_3)_2$ crystals, X-irradiated at 20 °C. In [2] similar species were observed at 77 °K in isostructural $Pb(NO_3)_2$ crystals irradiated with electrons at 20 °C. In this paper a study is made of the paramagnetic resonance spectra observed in these two isostructural crystals at 90 °K, irradiated with X-rays at the same temperature. In both crystals the spectra were obviously characterized by a large anisotropic hyperfine interaction with a single nitrogen nucleus. In the $Pb(NO_3)_2$ crystal a great anisotropic superhyperfine structure corresponding to the interaction with three Pb nuclei also was observed. The spectra were measured for various orientations of the magnetic field with respect to the cubic axes of the crystals and the data were fitted to spin-Hamiltonians. The spectra in both crystals were tentatively assigned to NO_3^{2-}.

2. Experimental Details

Single crystals of pure lead and strontium nitrates were grown from aqueous solutions by means of slow evaporation at 20 °C. Those crystals which had well developed growth planes have been orientated according to them and cemented to a rod in [110] direction. In the spectrometer the rod is perpendicular to the magnetic field and it serves as a rotation axis for orientating the crystal. The spectra were measured with the magnetic field aligned parallel to the [110], [111], [112] and [001] crystal directions. The spectrometer operated at about 9300 MHz with a circular transmission cavity using magnetic modulation at 900 kHz and a phase sensitive detector (lock-in). The magnetic field was measured by the use of the relative distance between the resonance-lines and the powder sample DPPH ($g = 2.0036$) line.

The samples were irradiated with X-rays at 90 °K and their spectra were measured at the same temperature. To this purpose a dewar has been constructed similarly to that one described in the paper [3]. The sample is cemented to a rod of pure CaF_2 single crystal which has good dielectric properties so that it does not deteriorate Q of the sample microwave cavity of the spectrometer. The rod has good thermal conductivity and after irradiation with X-rays it does not produce a parasitical paramagnetic resonance spectrum. It is important to ensure a perfect thermal contact of the rod with the copper vessel and the measured sample. If a good contact is ensured, the temperature of the sample is about 13 °K higher than the temperature of the boiling nitrogen. The irradiation of the sample at 90 °K with X-rays takes place through thin faced quartz finger at the bottom of the dewar. The bottom of the dewar serves as the top of the sample cavity of the spectrometer. The crystal may be rotated together with the inner dewar flask on

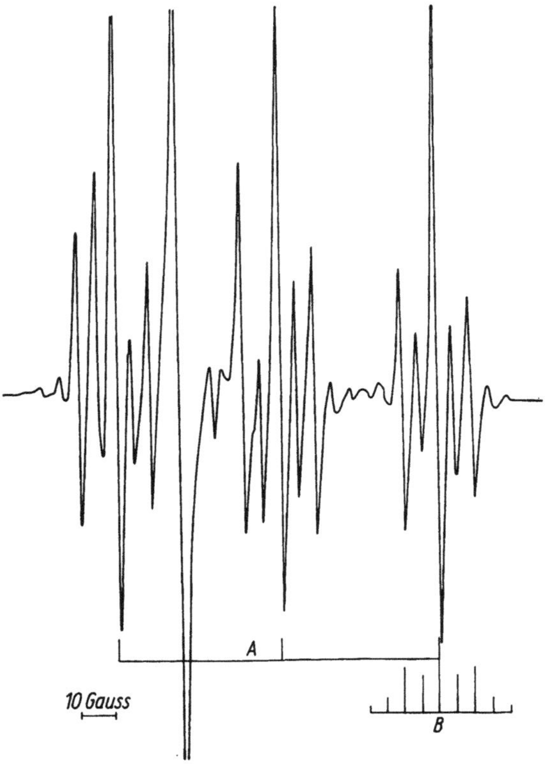

Fig. 1. Paramagnetic resonance spectrum of the $Pb(NO_3)_2$ crystal X-irradiated at 90 °K and measured with the magnetic field parallel to [100] direction at 90 °K.

A — characteristic triplet of nitrogen hfs.

B — superhyperfine structure due to the three Pb nuclei

a rubber sealing ring. The upper part of this flask is provided by an angular scale. By X-irradiation of the quartz finger arises a parasitical resonance curve with a g-factor around 2 which is, however, always much less intensive than the sample spectrum. The parasitical spectrum may be removed by heating the quartz to a temperature of about 200 °C.

The samples were X-irradiated (40 kV, 25 mA) for 1 to 2 hours. The obtained intensity of the spectrum corresponds to about 10^{17} species per cm^3. After heating to room temperature followed by a new cooling to 90 °K the NO_3^{2-} spectrum disappears completely in both crystals. Consequently our previous assignment [1] of the spectrum possessing small anisotropic hyperfine structure from nuclei ^{14}N and arising in $Sr(NO_3)_2$ after irradiation at 20 °C to NO_3^{2-} is not correct. The width of the measured curves are of about 3 Gauss. The spectrum of the irradiated $Pb(NO_3)_2$ crystal with the magnetic field in [100] direction is shown in Fig. 1.

3. Parameters of the Spin-Hamiltonian

For the general orientation of the magnetic field relative to the cubic axes of the crystal a paramagnetic resonance spectrum was observed consisting of four triplets corresponding to four inequivalent positions of the NO_3^{2-} group in the crystal. Each of these triplets may be described by the Spin-Hamiltonian

$$\mathcal{H} = \beta \boldsymbol{H} \cdot \boldsymbol{g} \cdot \boldsymbol{S} + \boldsymbol{I} \cdot \boldsymbol{A} \cdot \boldsymbol{S}\,, \tag{1}$$

where β is the Bohr magneton, $\boldsymbol{H}$ the magnetic field, $\boldsymbol{S}$ the operator of the electron spin 1/2, $\boldsymbol{I}$ the operator of the nuclear spin of nitrogen, which is equal to one, $\boldsymbol{g}$ and $\boldsymbol{A}$ are the tensors of the g-factor and of the hyperfine interaction with the nitrogen nucleus, respectively.

The tensors $\boldsymbol{g}$ and $\boldsymbol{A}$ are axially symmetrical with the same symmetry axis. Symmetry axes of these tensors are identical with the space diagonals of the cubic elementary cell of the crystal. The axial symmetry of each triplet in the spectrum and the directions of the symmetry axes have been verified by measuring the spectrum with a magnetic field in three principal directions in relation to the cubic axes of the crystal. With the magnetic field in the [100] direction the spectrum consists of one triplet with a relative intensity equal to 4. The [110] spectrum contains two triplets both having the same intensity equal to 2. The [111] spectrum has two triplets with intensities 3 and 1.

The results of measurements of the principal values of the $\boldsymbol{g}$ and $\boldsymbol{A}$ tensors are indicated in Table 1. In the $Pb(NO_3)_2$ crystal each component of the triplet is accompanied by several satellite pairs of smaller intensity which are symmetrically situated around the central curve. This superhyperfine structure has been assigned to the interaction of the electron spin with three neighbouring lead nuclei. Lead ions are arranged in the crystal around NO_3^{2-} in the form of an equilateral

Table 1

The principal values of $\boldsymbol{g}$ and $\boldsymbol{A}/g_e\beta$ (in Gauss) for NO_3^{2-} in X-irradiated nitrates at 90 °K

Crystal	$g_\parallel$	$g_\perp$	$A_\parallel/g_e\beta$	$A_\perp/g_e\beta$
$Sr(NO_3)_2$	2.0019 ± 0.0003	2.0060 ± 0.0003	68.8 ± 0.5	37.3 ± 0.5
$Pb(NO_3)_2$	1.9857 ± 0.0003	1.9912 ± 0.0003	66.0 ± 0.5	36.5 ± 0.5

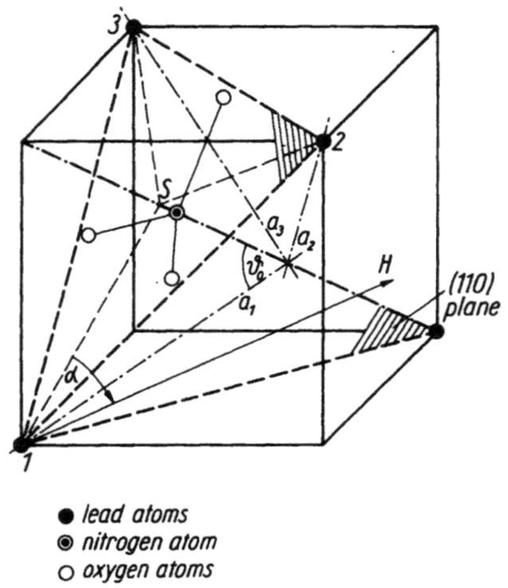

Fig. 2. Arrangement of the Pb atoms around NO_3^{2-} in the $Pb(NO_3)_2$ crystal. 1, 2, 3 — positions of three Pb atoms, the nearest neighbours to NO_3^{2-}. a_1, a_2, a_3 — symmetry axes of superhyperfine tensors $\boldsymbol{T}_1, \boldsymbol{T}_2, \boldsymbol{T}_3$. S is the center of symmetry of the triangle 1—2—3, α is the angle between magnetic field $\boldsymbol{H}$ in the plane (110) and the straight line 1—S

triangle as it is evident from Fig. 2. The magnetic field was rotated in the (110) plane. In this case two lead nuclei are magnetically equivalent. The natural lead contains 21.1% of the isotope ^{207}Pb which has the nuclear spin 1/2. Due to the interaction of the electron spin with two equivalent lead nuclei a hyperfine structure arises which contains 5 curves with intensity ratios 1:15:58:15:1. The interaction with the third magnetically inequivalent Pb nucleus splits each curve into three symmetrically situated peaks with intensity ratios 2:15:2. In the case of the [100] spectrum the splitting due to the two equivalent Pb nuclei is twice as great as the splitting due to the third Pb nucleus. Then the spectrum has eleven lines with the intensity ratios 1:8:16:113:73:436:73:113:16:8:1, and the observed [100] spectrum (Fig. 1) agrees quite well with this intensity ratio. The smallest side peaks of the spectrum were not observable.

The observed superhyperfine splitting may be described by an additive term in the Spin-Hamiltonian (1)

$$\mathcal{H}' = \sum_{i=1}^{3} \boldsymbol{I}_i^{(\mathrm{Pb})} \cdot \boldsymbol{T}_i \cdot \boldsymbol{S} \,, \tag{2}$$

where $\boldsymbol{I}_i^{(Pb)}$ are operators of the nuclear spin 1/2 of the lead isotope ^{207}Pb in the positions $i = 1, 2, 3$; $\boldsymbol{T}_i$ are the tensors of the superphyperfine interaction. The tensors $\boldsymbol{T}_i$ have an axial symmetry; with axes going through the respective Pb nucleus and the common intersection point of the $\boldsymbol{T}_i$ axes which lies on the axis of NO_3^{2-} (see Fig. 2). This intersection point is displaced off the three lead atoms plane in the direction towards the center of the regular tetraeder given by four lead atoms in the neighbourhood of NO_3^{2-}. The angle ϑ_0 between the $\boldsymbol{T}_i$ tensor axis and the NO_3^{2-}-axis is equal to $\vartheta_0 = 54°$. The principal values of the $\boldsymbol{T}_i$ tensor are given in Table 2. The superhyperfine splitting was determined from

Table 2

The principal values of the superhyperfine tensor $\boldsymbol{T}/g_e\beta$ (in Gauss) for NO_3^{2-} in $Pb(NO_3)_2$. ϑ_0 is the deviation of the symmetry axis of the tensor $\boldsymbol{T}$ from the symmetry axis of NO_3^{2-}

$T_{\parallel}/g_e\beta$	$T_{\perp}/g_e\beta$	ϑ_0
32 ± 0.5	3 ± 0.5	54°

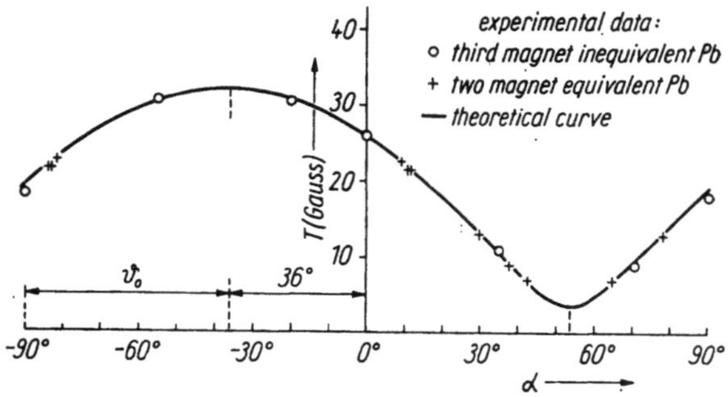

Fig. 3. A plot of the superhyperfine splitting T (in Gauss) for NO_3^{2-} in $Pb(NO_3)_2$. α is the angle between the magnetic field and the connecting line of one Pb nucleus with the center of symmetry of three Pb nuclei

two symmetrical pairs of the most intensive satellites. The pair of the satellites with the smaller intensity corresponds to the interaction with the third magnetically inequivalent Pb atom, which is denoted by 1 in Fig. 2. The angular dependence of the smaller satellite-splitting was then measured as a function of the angle α, where α is an angle between the direction of the magnetic field in the (110) plane and the connecting line of the position 1 with the center of the triangle given by the Pb 1, 2, 3 atoms. The angular dependence of the splitting T is represented in Fig. 3. On the basis of this dependence the direction of the principal axis of the $\boldsymbol{T}_i$ tensor was determined. Afterwards it was also possible to determine the angular dependence of the splitting of more intensive pairs shown in Fig. 3. In this figure a theoretical curve of the T angular dependence is plotted. Very good agreement between theory and experiment is achieved, using the principal values of the $\boldsymbol{T}_i$ tensor given in Table 2.

4. Discussion

The parameters of the observed spectrum are very similar to those previously determined by Jaccard [4] for species in irradiated potassium halides doped with nitrate ions which he identified to be NO_3^{2-}. Similar spectra have been equally observed by Zeldes [5] in irradiated KNO_3 crystals. Our species are undoubtedly the same. The identification of NO_3^{2-} is in our case supported by the fact that the spectrum consists of four axially symmetrical parts with the symmetry axes in the directions of the axes of nitrate ions in crystals.

The magnitude of the hyperfine interaction with nitrogen nucleus is in our case a little different from that given in [4] and [5] especially in its isotropic part. This gives evidence of a greater admixture of 2s nitrogen function in the molecular orbital of the unpaired electron of NO_3^{2-} and thus also of a greater displacement of the nitrogen atom off the oxygen atoms plane. The probability of the electron in the 2s nitrogen orbital is in our case 0.086 as compared with 0.073 deduced by Zeldes [5] The deviations of the symmetry axes of the superhyperfine tensors from the NO_3^{2-} plane in $Pb(NO_3)_2$ crystals confirm the assumption made in [4] and [5], i. e. that NO_3^{2-} is not planar. It is evident from the direction of these axes that the nitrogen atom in $Pb(NO_3)_2$ is displaced in the direction towards the centre of the regular tetraeder formed by four lead atoms in the neighbourhood of NO_3^{2-}. No superhyperfine interaction with the fourth nearest neighbour Pb was observed. It follows that mainly oxygen orbitals participate in the mechanism of the observed superhyperfine interaction. It is interesting to note that the observed superhyperfine splitting is of an order of magnitude greater than the splitting described in [2], which has been assigned to the interaction of three lead nuclei with NO_3 in $Pb(NO_3)_2$.

The values of the g-factors of NO_3^{2-} in $Sr(NO_3)_2$ are equal, with a great accuracy, to the g-factors of NO_3^{2-} in KCl and KNO_3 [4, 5]. The values of the g-factors of NO_3^{2-} in $Pb(NO_3)_2$ differ very considerably and they are shifted towards lower g-values. This shift is evidently caused by the interaction with the nearest lead ions, which have a strong spin-orbit coupling.

The authors are indebted to Dr. E. Šimánek for valuable discussions. The construction of the dewar has been kindly carried out by Mr. R. Lanc.

References

[1] K. Žďánský and Z. Šroubek, Czech. J. Phys. **B 14**, 121 (1964).
[2] R. M. Golding and M. Henchman, J. chem. Phys. **40**, 1554 (1964).
[3] H. Seidel, Z. Phys. **165**, 218 (1961).
[4] C. Jaccard, Phys. Rev. **124**, 60 (1961).
[5] H. Zeldes, Low Symposium on Paramagnetic Resonance, Vol. 2, Academic Press, Inc., New York 1963 (p. 764).

(Received July 9, 1964)

phys. stat. sol. 7, 173 (1964)

Lehrstuhl für Festkörperphysik
der Mathematisch-Physikalischen Fakultät der Karlsuniversität, Prag

Die Temperaturabhängigkeit der Verfestigungskenngrößen von Kadmiumeinkristallen[1])

Von

M. Boček[2]), P. Lukáč, B. Smola und M. Švábová

Es wird die Temperaturabhängigkeit der Verfestigungskenngrößen von Cd-Einkristallen zwischen 90 und 370 °K untersucht und eine Verfestigungskurve beobachtet, die aus drei Bereichen besteht. Im Gegensatz zu Zn-Kristallen kann an Cd-Kristallen (infolge niedrigerer Sprödbruchtemperatur) auch außerhalb des Erholungsbereichs der Bereich C erreicht werden. Unterhalb von 150 °K sind die Verfestigungskoeffizienten temperaturunabhängig, oberhalb davon fallen sie mit wachsender Temperatur rasch ab. Der Temperaturverlauf von ϑ_A und ϑ_B ist qualitativ gleich. Mit den Tieftemperaturwerten des Verfestigungskoeffizienten ϑ_B ergibt sich $G/\vartheta_B = 500$. Ähnlich wie an Zn- und Al-Kristallen wurde ein Abfall der reduzierten kritischen Schubspannungen gefunden, nachdem diese Werte in einem gewissen Temperaturbereich temperaturunabhängig sind. Die Temperaturabhängigkeit der reduzierten Schubspannungen ist gegeben durch: $\ln \frac{\tau(T)}{G(T)} = A_{1,2} - B_{1,2}\,T$ mit einem Tieftemperatur- (1) und einem Hochtemperaturast (2). Die Stapelfehlerenergie γ wurde aus dem Tieftemperaturast der $\ln \frac{\tau_C(T)}{G(T)}$-Abhängigkeit für $T = 150$ °K zu 100 erg/cm² abgeschätzt.

Die Längen der Bereiche A und B sind bei tiefen Temperaturen temperaturunabhängig und verlängern sich im Erholungsbereich mit zunehmender Temperatur. Diese Ergebnisse bestätigen bereits bestehende Vorstellungen über die Ähnlichkeit im Verfestigungsverhalten von dichtest gepackten Metallen.

The temperature dependence of the work-hardening parameters of Cd single crystals is measured in the temperature range 90 to 370 °K. A work-hardening curve consisting of three stages is observed. As with Zn crystals, stage C of the work-hardening curve for Cd crystals is found to be outside the recovery stage (owing to lower brittle-fracture temperature). Below 150 °K the work-hardening parameters are independent of temperature; above 150 °K they decrease rapidly with increasing temperature, the qualitative temperature dependences of ϑ_A and ϑ_B being the same. The low-temperature value of the work-hardening coefficient ϑ_B gives $G/\vartheta_B = 500$. As with Zn and Al crystals, the reduced critical shear stress decreases after a the temperature independence of these values has been established. The temperature dependence of the reduced shear stresses is given by $\ln \frac{\tau\,(T)}{G\,(T)} = A_{1,2} - B_{1,2}\,T$ where the indices 1, 2, refer to low-and high-temperature regions, respectively. The stacking fault energy is estimated from the low-temperature region to be about 100 erg/cm². The lengths of stages A and B are independent of temperature at low temperatures and elongate in the recovery stage with increasing temperature. These results confirm the existing ideas about the similarity of work-hardening behaviour in close-packed metals.

[1]) Auszugsweise vorgetragen zu den Berg- und Hüttenmännischen Tagen in Freiberg, Mai 1964.

[2]) Jetzt im Institut für Metallkunde und Materialprüfung der Bergakademie Freiberg.

Einleitung

Aus zahlreichen Dehnungsversuchen an Zinkkristallen geht hervor, daß die Verfestigungskurven (VK) dieser Kristalle ähnlich wie bei den kubisch-flächenzentrierten Metallen (k.f.z.) drei Bereiche aufweisen. Untersuchungen über die Abhängigkeiten der Verfestigungskenngrößen von den Versuchsbedingungen zusammen mit Beobachtungen des Gleitlinienbildes haben die Vermutung aufkommen lassen, daß keine wesentlichen Unterschiede zwischen den Verfestigungsvorgängen in Metallen mit hexagonaler Kugelpackungsstruktur (h.k.p.) und k.f.z. Metallkristallen bestehen. In diesem Zusammenhang erhebt sich die Frage, wieweit die Verhältnisse an anderen h.k.p. Metallen diesen Vorstellungen entsprechen [1].

Bei einem Vergleich des Verfestigungsverhaltens verschiedener h.k.p. Kristalle werden hauptsächlich diejenigen Gesichtspunkte zu beachten sein, die die Form der VK stark beeinflussen könnten:

a) die absolute Schmelztemperatur, die ein grobes Maß für die Größe der Aktivierungsenergie für die Volumendiffusion darstellt, die ihrerseits als die treibende Kraft des statischen Erholungsvorganges betrachtet werden kann,

b) die Größe der Stapelfehlerenergie, die im Zusammenhang steht mit dem dynamischen Erholungsvorgang,

c) das Achsenverhältnis c/a, das im wesentlichen die Aktivität von möglichen Nebengleitsystemen bestimmt.

Die Aussagekraft der Ergebnisse, die an Zinkeinkristallen gewonnen wurden, wird durch zwei Tatsachen stark eingeschränkt. Der Übergang im dehnbar-spröde Verhalten liegt für reines Zink bei etwa 273 °K, also noch im Erholungsbereich. Dadurch stützen sich Rückschlüsse auf das Verfestigungsverhalten bei tiefen Temperaturen praktisch nur auf das Temperaturverhalten zweier Kenngrößen der VK, nämlich auf das der kritischen Schubspannung und des Verfestigungskoeffizienten im Bereich A der VK. Für Zinkkristalle konnten in keinem bisher untersuchten Temperaturbereich temperaturunabhängige Verfestigungsanstiege festgestellt werden. Es kann deshalb nicht ausgeschlossen werden, daß Erholungserscheinungen das Verformungsbild von Zinkkristallen selbst bei tiefen Temperaturen nicht beeinträchtigen. Dieser Umstand ist dort von ganz besonderer Bedeutung, wo möglicherweise neben den statischen auch dynamische Erholungsvorgänge ablaufen könnten, wie dies neuerdings bei der Deutung des Verformungsverlaufs im Bereich C der VK von Zinkkristallen angenommen wurde [1, 4].

Es ist deshalb angebracht, ähnliche Untersuchungen auf solche h.k.p. Kristalle zu erstrecken, bei denen der Temperaturbereich des statischen Erholungsvorganges eindeutig abgrenzbar ist. Im allgemeinen werden dabei besonders Kristalle mit höherem Schmelzpunkt T_S Verwendung finden, zumal sich für diese auch der Erholungsbereich zu höheren Temperaturen verschiebt. Einerseits kann von diesem Gesichtspunkt aus wiederum ein Anschluß gefunden werden zu den höher schmelzenden k.f.z. Metallen, und andererseits entfällt dabei z. B. auch eine Reihe von Schwierigkeiten bei der Untersuchung des Gleitlinienbildes von stufenweise verformten Kristallen. Dieser Weg wurde von Seeger et al. [2] durch die Verformung von Co-Einkristallen begangen.

In dieser Arbeit sollte das Verfestigungsverhalten von Cd-Kristallen untersucht werden. Hinweise auf die Temperaturabhängigkeit des Verfestigungskoeffizienten ϑ_A [3], die Sprödbruchtemperatur [29] und Züchtungsbedingungen [30, 31] als auch der Umstand, daß das Achsenverhältnis c/a für Cd nur wenig von dem für Zink abweicht, haben für die Wahl dieses Materials entschieden.

1. Experimenteller Teil

1.1 Die Kristallherstellung

Die Kristalle wurden (um die Orientierungsstreuung einzuschränken) aus Impflingen mittels eines Bridgman-Verfahrens in kalibrierten Glasrohren (Durchmesser 4 mm) im Vakuum hergestellt (siehe dazu die Züchtung von Zinkkristallen [4]). Als geeignete Wachstumsgeschwindigkeit erwiesen sich 4 cm/h bei einem Temperaturgefälle in der Erstarrungszone von 24 °C/cm und einer maximalen Ofentemperatur von ca. 420 °C. Die etwa 24 cm langen Einkristalle wurden elektroerosiv in 4,5 cm lange Proben zertrennt. Die Kristallorientierung wurde durch Laue-Rückstrahlaufnahmen (χ_0 ist der Winkel zwischen Probenachse und Basisebene; λ_0 ist der Winkel zwischen Probenachse und Gleitrichtung) bestimmt, und wie aus Fig. 1 und Tabelle 1 ersichtlich ist, beträgt der Orientierungsbereich der verwendeten Kristalle $33° \leqq \chi_0 \leqq 45°$.

Die Kristallproben wurden im Ofen bei 270 °C sieben Stunden lang unter Luftzutritt angelassen, langsam auf Raumtemperatur abgekühlt und dann in Gilmans-Polierlösung (160 g CrO_3, 20 g Na_2SO_4 krist., 500 ml H_2O) chemisch poliert. Der Probendurchmesser wurde durch Wägung und Längenmessung bestimmt. Polarographische Fremdstoffbestimmungen an fertigen Kristallen ergaben:

$$Pb < 5 \cdot 10^{-3}\ \text{At.-\%};\ Cu, Ag < 2 \cdot 10^{-3}\ \text{At.-\%};\ Te, Ni, Fe < 1 \cdot 10^{-3}\ \text{At.-\%}.^{3)}$$

Die so vorbereiteten Kristalle wurden in konische Buchsen eingelötet, deren Gegenstück die Aufhängevorrichtung im Polanyiapparat bildete.

1.2 Die Kristallverformung

Die Kristalle wurden im dynamischen Zugversuch bei konstanter Spannkopfgeschwindigkeit ($6 \cdot 10^{-3}$ mm/s) in einer Polanyi-Apparatur verformt. Die Kristallänge und Orientierung ergaben bei der verwendeten Verformungsgeschwindigkeit eine Anfangsabgleitgeschwindigkeit $\dot{a}_0 \doteq 5 \cdot 10^{-4}\ s^{-1}$. Die Verformung erfolgte im Temperaturbereich von 90 °K bis 370 °K. Für Temperaturen oberhalb von 273 °K wurde ein ölgeheizter Luftofen verwendet. Für tiefere Temperaturen von 200 °K bis 273 °K wurde der Ofen durch ein Dewargefäß ersetzt, als Kühlflüssigkeit wurde ein Methylalkohol-CO_2-fest—Bad verwendet. Die Temperaturregelung erfolgte jeweils durch einen Höppler-Thermostaten. Beim Dehnungsversuch bei 90 °K befanden sich die Kristalle in flüssiger Luft. Die Temperatur von 150 °K wurde durch eine geeignete Einstellung des Kühlmittelspiegels (flüssige Luft) erreicht, wobei sich sowohl der Kristall selbst als auch die Einspannteile des Apparates außerhalb des Kühlmittels befanden. Eine Temperaturkonstanz von ± 2 °C konnte innerhalb einer zweistündigen Versuchszeit durch Nachstellung der Spiegelhöhe gewährleistet werden.

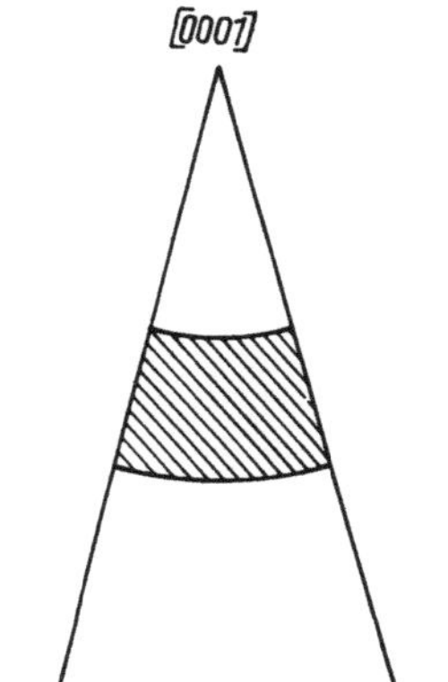

Fig. 1. Orientierungsbereich der verwendeten Kristalle (schraffiert). Siehe hierzu auch Tabelle 1

[3]) Für die Durchführung dieser Analysen sind wir Herrn Dr. J. Doležal vom Lehrstuhl für analytische Chemie der Naturwissenschaftlichen Fakultät der Karlsuniversität Prag zu großem Dank verpflichtet.

Tabelle 1

Kri-stall			°K	p/mm²							p/mm²		(10⁻⁶)							
	χ_0	λ_0	T	τ_0	τ_A	τ_B	τ_C	a_A	a_B	a_C	ϑ_A	ϑ_B	τ_0/G	τ_A/G	τ_B/G	τ_C/G	ϑ_A/G	ϑ_B/G	a_C-a_B
A 11	43	43	90	105	290	1010	1700	0,95	1,67	1,81	190	4900	42,8	118	412	694	77,6	2000	0,14
A 61	45	47	90	130	340	1162	1970	1,2	2,03	2,19	180	5050	53,2	139	474	804	73,5	2060	0,16
A 64	45	47	150	78	285	830	1275	1,19	1,92	2,01	174	4700	33,4	122	356	546	74,5	2010	0,095
A 65	45	47	200	92	256	560	900	1,7	2,53	2,66	97	2533	42,8	114	248	400	43	1125	0,135
C 44	33	38	220	101	217	533	—	1,31	2,11	—	90	2890	46	98	231	—	40,6	1344	—
C 43	33	38	230	71	166	473	—	1,27	2,31	—	77	1490	32,4	76	216	—	35	677	—
A 81	39	42	240	88	130	—	—	1,6	—	—	26	—	40,4	60	—	—	11,9	—	—
B 91	42	43	240	67	80	325	650	0,16	1,07	1,72	77	506	30,1	42,7	148	298	34,5	234	0,65
A 51	33	37	260	66	99	316	—	1,7	3,47	—	19,3	513	30,8	46	147	—	9	239	—
B 11	38	45	273	66	82	165	326	1,4	2,66	3,6	11,5	172	31	39	78	153	5,4	81	0,94
B 93	42	43	291	61	67	107	218	0,14	0,6	1,5	39	124	29	32	51	104	18,6	59	0,9
A 13	43	43	295	48	76	120	—	2,5	3,45	—	11,1	93	23	36,4	58,4	—	5,3	445	—
A 12	43	43	295	39	56	92	173	3,1	4,07	5,0	5,5	86	18,7	27	44	83	2,64	41,2	0,94
A 52	33	37	320	40	56	89	131	3,84	5,96	7,38	4,2	30	19,6	27	43,6	64	2,06	14,7	1,42
A 53	33	37	370	35	—	—	—	—	—	—	0,2	—	18,8	—	—	—	0,11	—	—

Zur Aufzeichnung der Kraft-Zeitkurve wurde das übliche optische Registrierverfahren verwendet. Die Empfindlichkeit der Kraftregistrierung wurde nach Bedarf variiert und lag in den Grenzen von 56 p/mm bis 206 p/mm. Die Kraft-Zeitkurven wurden in der elektronischen Rechenmaschine LGP–30 A auf Verfestigungskurven umgerechnet; aus diesen wurden die in Tabelle 1 angeführten Kenngrößen bestimmt.

1.3 Experimentelle Ergebnisse

Eine Übersicht über die Verfestigungskurven (VK) geben die Fig. 2a bis d. Die Definition der Kenngrößen der VK ist aus Fig. 3 ersichtlich, und es bedeuten

τ_0 die kritische Schubspannung (Extrapolation des Bereiches A für $a = 0$),
τ_A die Schubspannung am Ende des Bereiches A,

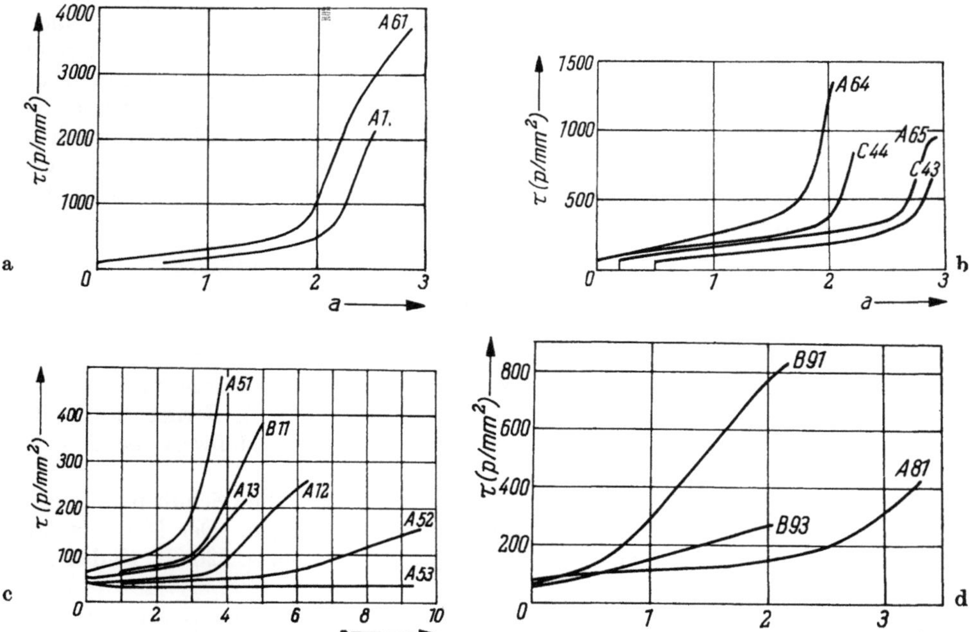

Fig. 2. Verfestigungskurven von Cd-Kristallen für verschiedene Temperaturbereiche
a) 90°K;
b) 150°K bis 240°K
c) 260°K bis 370°K
d) 240°K und 291°K

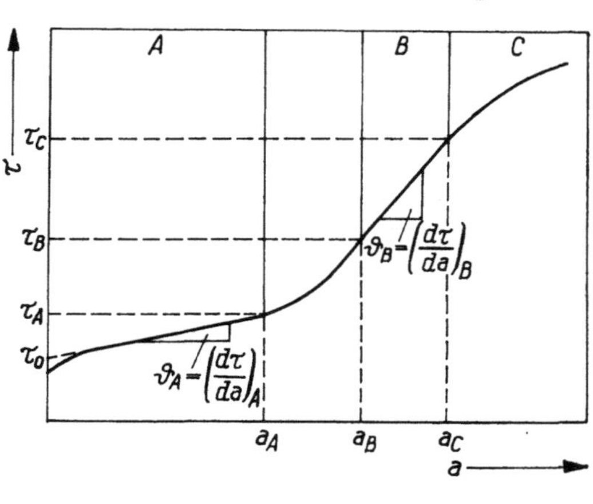

Fig. 3. Schematische Verfestigungskurve (zur Definition der Verfestigungskenngrößen, siehe Text)

τ_B die Schubspannung am Anfang des Bereiches B,
τ_C die Schubspannung am Ende des Bereiches B,
a_A die Länge des Bereiches A,
$a_C - a_B$ die Länge des Bereiches B,
a_B die Abgleitung am Anfang des Bereiches B,
a_C die Abgleitung am Ende des Bereiches B,
ϑ_A der Verfestigungsanstieg im Bereich A,
ϑ_B der Verfestigungsanstieg im Bereich B.

Bei der Auftragung der Temperaturabhängigkeiten aller Spannungsgrößen wurden diese durch den Schubmodul $G(= c_{44})$ [5] dividiert, um eine indirekte Temperaturabhängigkeit dieser Größen über G zu eliminieren.

Bei einem Vergleich der VK, die bei verschiedenen Temperaturen aufgenommen wurden, stellt man in Übereinstimmung mit Ergebnissen an Zinkkristallen fest [1], daß mit wachsender Temperatur sowohl die Schubspannungswerte als auch (oberhalb von 150 °K) die Verfestigungsanstiege erniedrigt werden. Auf Grund der vom Zink her bekannten Tatsache, daß von einer bestimmten Temperatur an der Bereich B zu einem Wendepunkt entartet, wurde in Vorversuchen die Existenzgrenze des Bereiches B bestimmt. Dabei ergab sich, daß der Bereich C für Temperaturen unterhalb von 273 °K nur bei Kristallen mit der Ausgangsorientierung $\chi_0 \gtrsim 40°$ auftrat. Im weiteren soll das Temperaturverhalten der untersuchten Kenngrößen näher beschrieben werden.

1.3.1 Die Temperaturabhängigkeit der Schubspannungen

In Fig. 4 sind die reduzierten kritischen Schubspannungen τ_0/G über der absoluten Temperatur aufgetragen. Oberhalb von etwa 220 °K nehmen die τ_0/G-Werte mit zunehmender Temperatur ab und ändern sich oberhalb von etwa 320 °K mit wachsender Temperatur nur wenig (der Meßwert bei 293 °K wurde durch Mittelwertsbildung über die Kristalle B 93, A 13 und A 12 gewonnen). Ferner ist ersichtlich, daß der τ_0/G-Wert bei 90 °K etwa gleich groß ist wie die Meßwerte bei 200 °K bzw. 220 °K.

Zum Vergleich sind in Fig. 5 die nicht reduzierten kritischen Schubspannungen in Abhängigkeit von der absoluten Temperatur aufgetragen. Der Meßwert bei 90 °K liegt in dieser Auftragung höher als der für 200 °K bzw. 220 °K, so daß die

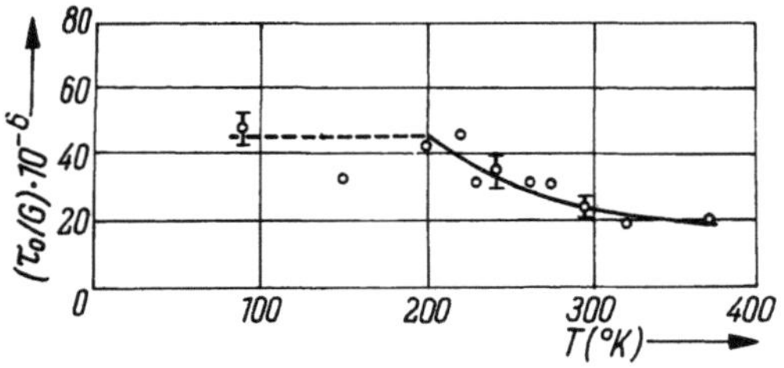

Fig. 4. Die Temperaturabhängigkeit der reduzierten kritischen Schubspannung

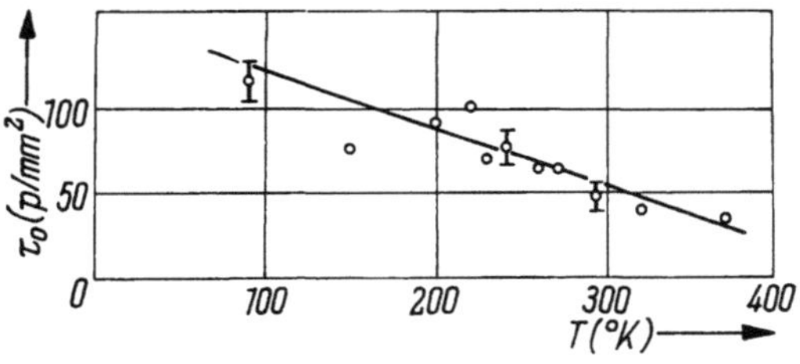

Fig. 5. Die Temperaturabhängigkeit der kritischen Schubspannung

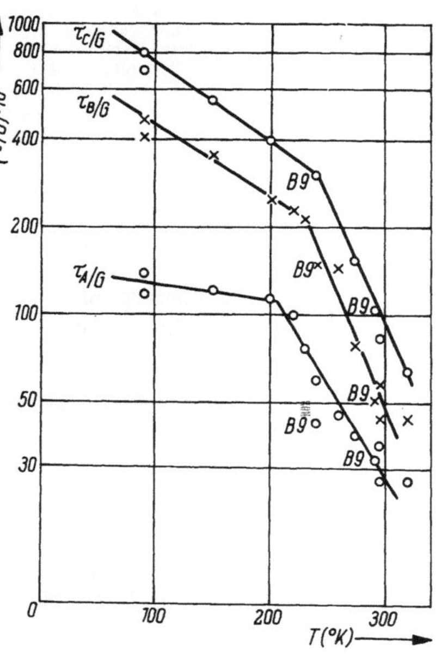

Fig. 6. Die Temperaturabhängigkeit der reduzierten Schubspannungen τ_A/G, τ_B/G und τ_C/G in halblogarithmischer Auftragung

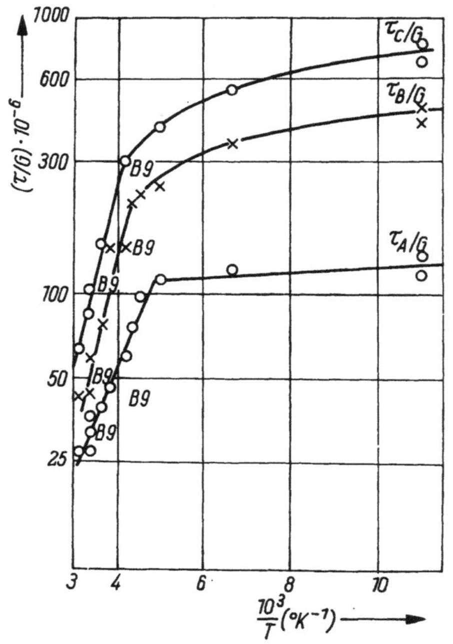

Fig. 7. Die Abhängigkeit der reduzierten Schubspannungen τ_A/G, τ_B/G und τ_C/G von der reziproken Temperatur in halblogarithmischer Auftragung

Form der Temperaturabhängigkeit der kritischen Schubspannung im Bereich tiefer Temperaturen von der der reduzierten Werte abweicht. Ein plötzlicher Spannungsabfall kann auch bei den anderen Schubspannungswerten der VK wiedergefunden werden. In Fig. 6 sind in halblogarithmischer Darstellung die reduzierten Schubspannungen τ_A/G, τ_B/G und τ_C/G über der absoluten Temperatur aufgetragen. In dieser Darstellung wird die Temperaturabhängigkeit durch zwei lineare Bereiche mit recht unterschiedlicher Neigung (B_1, B_2) wiedergegeben. Ein ähnliches Verhalten hat Pfaff [6] an Co-legierten Nickelkristallen bei der Beschreibung der Temperaturabhängigkeit der Einsatzspannung τ_{III} beobachtet. Die Neigungen B_1 und B_2 der Temperaturabhängigkeiten von $\ln \tau_B/G$ und $\ln \tau_C/G$ stimmen praktisch überein. Die Temperaturabhängigkeit der $\ln \tau_A/G$-Werte ist besonders für tiefere Temperaturen wesentlich schwächer. Die Knickpunkte der $\ln \tau/G(T)$-Abhängigkeiten verschieben sich für höhere Spannungen zu höheren Temperaturen.[4])

In Fig. 7 sind die $\ln \tau/G$-Werte über der reziproken absoluten Temperatur aufgetragen. Die Hochtemperaturwerte, für τ_A etwa ab 200 °K und für τ_B und τ_C ab 240 °K, ergeben eine lineare Abhängigkeit, ebenso die Tieftemperaturwerte von $\ln \tau_A/G$. Die Temperaturabhängigkeit von τ_B/G und τ_C/G für $T < 240$ °K läßt

[4]) Die Meßpunkte der Kristalle B91 und B93 (die beide einem Züchtungsversuch entstammen) sind in Fig. 6 besonders gekennzeichnet. Die Längen des Bereiches A, a_A, dieser Kristalle sind aus unbekannter Ursache wesentlich kürzer (siehe Tabelle 1 bzw. Fig. 2d) als die aller anderen Kristalle, was sich wiederum in den relativ kleinen τ_A- und relativ großen ϑ_A-Werten dieser Kristalle äußert. Dieser Umstand überträgt sich analog etwa im gleichen Maße auf die a_B- und a_C-Werte; die τ_C- und τ_B-Werte dieser Kristalle fügen sich in das gewonnene Bild jedoch gut ein.

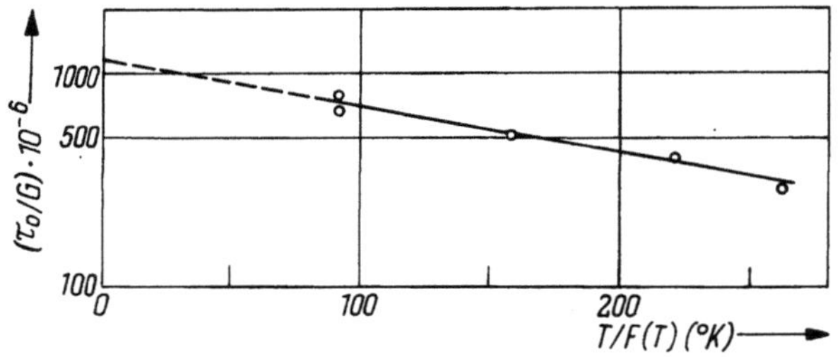

Fig. 8. Die Abhängigkeit der reduzierten Schubspannungen τ_C/G von der korrigierten Temperatur (für den Tieftemperaturast)

sich jedoch nicht durch die Beziehung $\ln \tau/G \sim \exp [Q/k\,T]$ wiedergeben. Eine Berechnung der Aktivierungsenergie Q aus den Hochtemperaturästen ergibt

$$Q_A \approx 1 \cdot 10^{-2}\,\mathrm{eV}\,, \quad Q_B \approx Q_C \approx 1 \cdot 10^{-1}\,\mathrm{eV}\,.$$

Gemäß Fig. 6 läßt sich die Temperaturabhängigkeit der reduzierten Schubspannungswerte τ_A/G, τ_B/G und τ_C/G durch

$$\ln \frac{\tau(T)}{G(T)} = A_{1,\,2} - B_{1,\,2}\,T$$

ausdrücken, wobei sich die Indizes 1, 2 auf den Tief- bzw. Hochtemperaturbereich beziehen. Zu analogem Ergebnis führt diese Darstellung bei der Temperaturabhängigkeit der Schubspannungswerte von Zinkkristallen [4] und der Schubspannung τ_{III}/G von k.f.z. Metallen. Im Gegensatz zum Kadmium und Magnesium [7] wird beim Zink infolge der relativ hohen Sprödbruchtemperatur nur der Hochtemperaturast der $\ln \tau/C$-Abhängigkeit beobachtet.

Im Anschluß an Untersuchungen von Lukáč und Švábová [8] über die Temperatur- und Geschwindigkeitsabhängigkeit der Schubspannung τ_C von Zinkkristallen wurden zur Ermittlung der Stapelfehlerenergie (nach einem von Seeger et al. [9] angegebenen Rechenverfahren, siehe hierzu auch [6]) in Fig. 8 die $\ln \tau_C/G$-Werte über den korrigierten Temperaturen $T/F(T)$ aufgetragen.[5])

Eine Abschätzung (siehe Tabelle 2) der Stapelfehlerenergie aus dem Tieftemperaturast liefert bei 150 °K den Wert

$$\gamma_{\mathrm{Cd}\;150\,°\mathrm{K}} \doteq 100\ \mathrm{erg/cm^2}\,.$$

Tabelle 2

Zur Berechnung der Stapelfehlerenergie nach [9]

Temperatur T	150 °K
B_1	$4{,}61 \cdot 10^{-3}$ °K^{-1}
$\dot{a}$	$5 \cdot 10^{-4}$ s^{-1}
$\ln (\dot{a}_0 \cdot 1\,\mathrm{s})$	18 (abgeschätzt)
$A(0, \gamma)$	0,49 eV
$G_2(0)\,b^3(0)$	5,39 eV
$G(T)\,b(T)$	$6{,}78 \cdot 10^3$ erg/cm^2
$A(0, \gamma)/G_2(0)\,b^3(0)$	0,09
$10^3\,\gamma/G(T)\,b(T)$	14,7
γ	$\approx$ 100 erg/cm^2

[5]) Die in der Funktion $F(T) = \dfrac{G_2(T)\,b^3(T)}{G_2(0)\,b^3(0)}$ auftretende Größe $G_2(T) = [1/2\,c_{44}\,(c_{11} - c_{12})]^{1/2}$ wurde aus [5] und die Temperaturabhängigkeit des Betrages des Burgers-Vektors $\boldsymbol{b}$ einer $\boldsymbol{a}$-Versetzung für Temperaturen $T > 16$ °C aus [10] entnommen. Die $b(T)$-Werte unterhalb von 16 °C wurden aus der Temperaturabhängigkeit des linearen Ausdehnungskoeffizienten $\alpha_\perp$ [11] berechnet.

1.3.2 *Die Temperaturabhängigkeit der Verfestigungskoeffizienten ϑ_A, ϑ_B und der Längen der Bereiche A und B*

In Fig. 9a ist die Temperaturabhängigkeit des reduzierten Verfestigungskoeffizienten ϑ_A wiedergegeben. Wie aus diesen und älteren Messungen [12] geschlossen werden kann, ist ϑ_A bei tieferen Temperaturen temperaturunabhängig. Oberhalb von 150 °K bis zu etwa 260 °K erfolgt ein starker Abfall von ϑ_A. Ähnlich verhält sich die Temperaturabhängigkeit des reduzierten Verfestigungskoeffizienten ϑ_B/G (Fig. 9b).

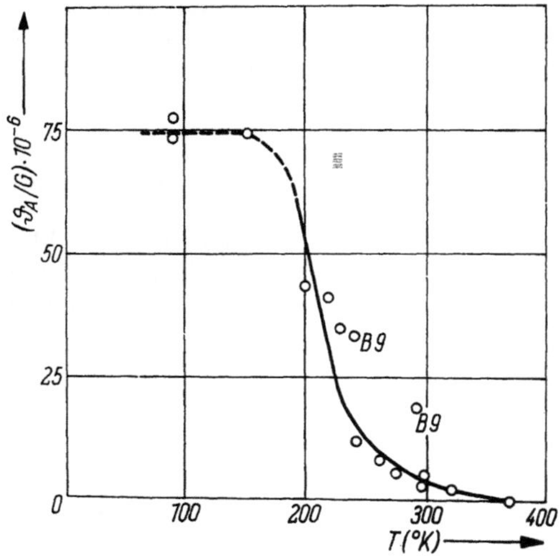

Fig. 9. Die Temperaturabhängigkeit der reduzierten Verfestigungskoeffizienten a) ϑ_A/G b) ϑ_B/G

Fig. 9a ▲ Fig. 9b ▼

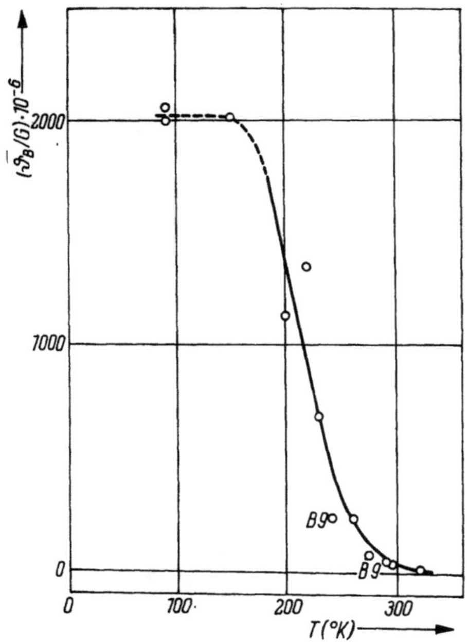

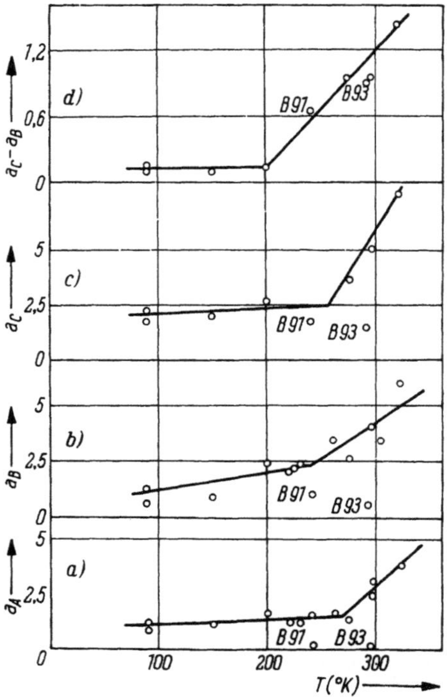

Fig. 10. Die Temperaturabhängigkeit der Abgleitbeträge a) a_A, b) a_B, c) a_C, d) $a_C - a_B$

Der qualitativ gleiche Verlauf der Temperaturabhängigkeiten von ϑ_A und ϑ_B wurde bereits an Zinkkristallen [4, 13, 14] und kürzlich auch am Magnesium beobachtet [7].

Eine Übersicht über das Temperaturverhalten der Längen der Bereiche A und B sowie der Abgleitungen a_B, a_C gibt Fig. 10. Der Bereich A verlängert sich im Temperaturbereich von 90 °K bis 260 °K nur unwesentlich, oberhalb von 260 °K nimmt er mit wachsender Temperatur stark zu. Die Länge des Bereiches B ($a_C - a_B$) ist bis zu 200 °K temperaturunabhängig und verhält sich oberhalb davon wie a_A, a_B, a_C.

Die Kristalle wurden in der Regel bis zum Einschnürungsbruch verformt, die Auswertung der Kraft-Zeitkurven wurden bei bedeutend kürzeren Abgleitungen abgebrochen. Auf eine Wiedergabe der Endwerte der VK wurde verzichtet. Im ganzen untersuchten Temperaturbereich wurde kein einziger Fall von Sprödbruch beobachtet.

2. Diskussion

2.1 Der Erholungsbereich und die Temperaturabhängigkeit der Verfestigungskoeffizienten

In Fig. 11 ist zur besseren Übersicht die Temperaturabhängigkeit der wichtigsten Kenngrößen der VK in halbschematischer Form wiedergegeben. Betrachtet man wie üblich das Temperaturverhalten der Verfestigungskoeffizienten als maßgebend für eine Abgrenzung des statischen Erholungsbereiches, so können aus Fig. 11 folgende Schlußfolgerungen gezogen werden:

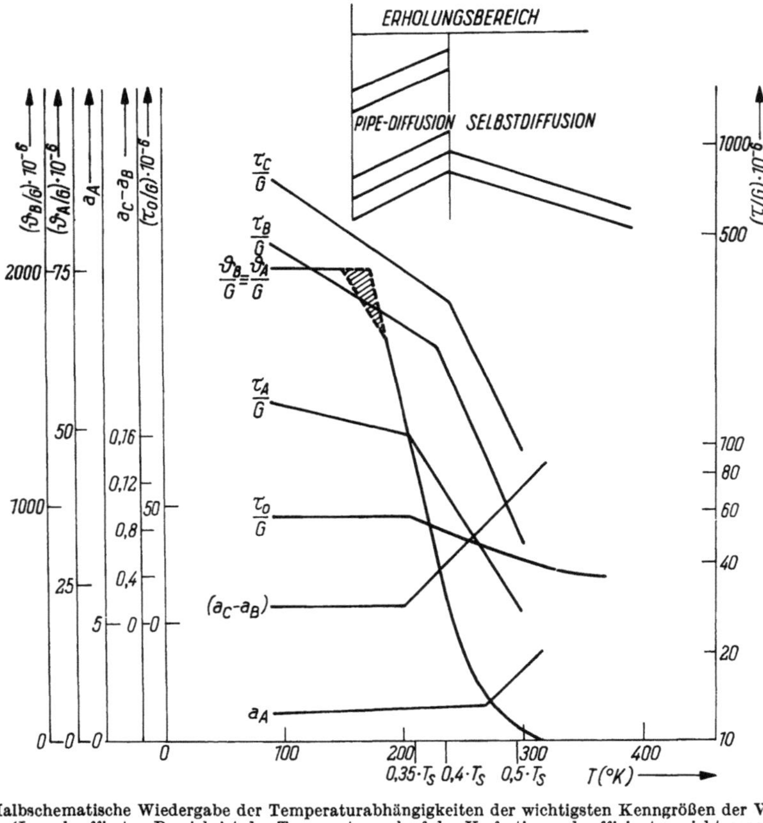

Fig. 11. Halbschematische Wiedergabe der Temperaturabhängigkeiten der wichtigsten Kenngrößen der VK von Cd-Kristallen. (Im schraffierten Bereich ist der Temperaturverlauf der Verfestigungskoeffizienten nicht genau bekannt)

a) Der Erholungsbereich von Cd-Kristallen liegt oberhalb von etwa 150 °K.

b) Außerhalb des Erholungsbereiches, d. h. für Temperaturen < 150 °K, weisen nur die reduzierten Schubspannungswerte τ_A/G, τ_B/G und τ_C/G eine merkliche Temperaturabhängigkeit auf.

c) Im Erholungsbereich sind alle Kenngrößen der VK temperaturabhängig.

d) Soweit eine Temperaturabhängigkeit auch außerhalb des Erholungsbereiches besteht, wird diese im Erholungsbereich wesentlich stärker.

Wir wollen nun diese Gesichtspunkte einer näheren Betrachtung unterziehen. Vom Standpunkt allgemeiner Vorstellungen über die Wechselwirkung zwischen der Verfestigung und der statischen Erholung (siehe z. B. [15]) wird die Erholung des Verfestigungsanstieges im Erholungsbereich durch das Einsetzen von thermisch aktivierten Vorgängen, die einen Abbau der inneren Spannungen ermöglichen, bestimmt. Aus der Temperaturabhängigkeit der Verfestigungskoeffizienten selbst, besonders aus der Tatsache, daß sie für höhere Temperaturen sehr kleinen Absolutwerten zustreben und auf Grund des Temperaturverhaltens der Schubspannungswerte (Punkt d), ist anzunehmen, daß wahrscheinlich mehrere solche Vorgänge (je nach dem Temperaturbereich) ablaufen.

Bei höheren Temperaturen (im Bereich der Volumendiffusion bei $T > 240$ °K, d. h. $T > 0{,}4\, T_S$), werden wie Price [16] an elektronendurchstrahlten Cd- und Zn-Einkristallplättchen beobachtet hat, Kletterprozesse wirksam, die eine Entfestigung hervorrufen. In diesem Zusammenhang ist bemerkenswert, daß der starke Spannungsabfall der reduzierten Schubspannungen τ_B bzw. τ_C erst etwa bei 240 °K einsetzt, obwohl der Tieftemperaturast der $\ln \tau/G(T)$-Abhängigkeit z. T. auch bereits im Erholungsbereich verläuft. Man wird somit im Erholungsbereich hauptsächlich mit zwei verschieden intensiv ablaufenden Erholungsvorgängen zu rechnen haben. Während bei höheren Temperaturen die Volumendiffusion die Erholung bestimmt, wurden bei tieferen Temperaturen wiederholt Vorgänge in Betracht gezogen, bei denen die Bewegung von Sprüngen entlang von Versetzungslinien auch zu Klettervorgängen führen kann. Einen Hinweis darauf bieten die Beobachtungen von Price [16] über das konservative Klettern von Versetzungsringen bei Temperaturen unterhalb von $T \approx 0{,}4\, T_S$. Dabei wird angenommen, daß dieser Vorgang durch die Diffusion von Leerstellen entlang von Versetzungen ermöglicht wird (pipe-diffusion). Bei neueren Untersuchungen von Stevenson und Peiffer [17, 18] über die Erholung des durch die Verformung hervorgerufenen Zusatzwiderstandes an Kadmiumdrähten konnte ein ausgeprägtes Erholungsmaximum bei etwa 150 °K nachgewiesen werden. Eine Deutung dieses Maximums, dem die Aktivierungsenergie für die Wanderung von Leerstellen zugeschrieben wird, wäre, betrachtet man die Abfalltemperatur (150 bis 160 °K) der Verfestigungskoeffizienten, im Einklang mit den Beobachtungen von Price.

Im untersuchten Temperaturbereich ergaben sich keine Abweichungen (im Gegensatz zum Zink [26]) vom erwarteten Temperaturverhalten des Verfestigungskoeffizienten ϑ_A [15]. Zwischen 90 °K und 150 °K ist sowohl ϑ_A/G als auch ϑ_B/G temperaturunabhängig. Dabei sind die in diesem Temperaturbereich besonders großen Verfestigungskoeffizienten $G/\vartheta_B = 500$ bemerkenswert. Wie bereits bei Untersuchungen an Zinkkristallen festgestellt wurde [4] (wo die höchsten gemessenen ϑ_B-Werte ein Verhältnis von $G/\vartheta_B = 1000$ ergeben), weist das auf eine Ähnlichkeit im Verfestigungsverhalten von dichtest gepackten Metallkristallen hin.

2.2 Die Temperaturabhängigkeit der Schubspannungen

Im Gegensatz zu den anderen Schubspannungswerten führt eine Temperaturabnahme unterhalb von etwa 200 °K nicht zum Anstieg der reduzierten kritischen Schubspannung über den bei 200 °K gemessenen Wert. Ähnliche Verhältnisse wurden auch an reinen Zinkkristallen beobachtet, wo die τ_0/G-Werte bei 90 °K und 293 °K etwa gleich sind. Wie bereits festgestellt wurde, ergibt sich in der τ_0-T-Darstellung ein monotoner Anstieg der τ_0-Werte mit fallender Temperatur. Es erhebt sich die Frage, inwiefern vom modellmäßigen Standpunkt eine Reduktion der τ_0-Werte berechtigt ist. Nach der Seeger'schen Theorie der Fließspannung [19] setzt sich diese aus zwei Anteilen zusammen:

$$\tau = \tau_G + \tau_S(T, \dot{a}) ,$$

erstens aus dem nur über die elastischen Konstanten temperaturabhängigen τ_G-Anteil und zweitens aus dem von Schneidprozessen herrührenden temperatur- und geschwindigkeitsabhängigen τ_S-Anteil. Berücksichtigt man die Temperaturabhängigkeit des Schubmoduls G, indem man die reduzierten Spannungswerte in Abhängigkeit von der Temperatur verfolgt, so muß vorausgesetzt werden, daß einer $\tau_S(T)/G(T)$-Abhängigkeit auch eine physikalische Bedeutung zukommt. Es wäre denkbar, daß durch dieses Vorgehen die $G(T)$-Abhängigkeit die Temperaturabhängigkeit der den τ_S-Anteil bestimmenden (temperaturabhängigen) Größen verzerrt.

Eine gewisse Berechtigung für dieses Vorgehen liefern Aufschlüsse über die Größenverhältnisse der τ_G- und τ_S-Anteile, die z. B. aus Geschwindigkeitswechselversuchen gewonnen werden können. Sowohl an Cd- [20] als auch an Zn-Kristallen [21] lassen solche Versuche erkennen, daß der τ_G-Anteil gegenüber dem τ_S-Anteil stark überwiegt und somit eine Entstellung des Sachverhaltes in der $\tau(T)/G(T)$-Darstellung unwahrscheinlich erscheint. In viel stärkerem Maße gilt dies für die Temperaturabhängigkeiten der anderen Schubspannungswerte, da ja der τ_G-Anteil mit wachsender Verformung stark zunimmt [22].

Die Temperarur T_A des Abfalls der reduzierten kritischen Schubspannungswerte liegt bei etwa 210 °K und entspricht dem Wert 0,35 T_S. Es wäre auf Grund der bereits erwähnten Beobachtungen von Price naheliegend, den Abfall der τ_0/G-Werte mit dem Einsetzen der Volumendiffusion in Zusammenhang zu bringen. Ein Vergleich mit der Abfallstemperatur für Zinkkristalle ($T_A = 300$ °K $= 0{,}43\ T_S$) könnte diese Vorstellung sogar unterstützen. Es wäre denkbar, daß die intensiv ablaufenden Kletterprozesse, die ebenfalls von Price beobachtete Polygonisationsgleitung begünstigt. Eine solche Gruppenbewegung von Versetzungen könnte wahrscheinlich unter geringeren Schubspannungen erfolgen als die Gleitung einzelner Versetzungen. Der Abfall der τ_0/G-Werte in diesem Temperaturbereich könnte somit im Rahmen der Seeger'schen Theorie als eine Abnahme des effektiven Spannungsanteils τ_G gedeutet werden. Die in diesem Zusammenhang von Benze et al. [22] auf Grund ähnlicher Erscheinungen an Aluminiumkristallen erwogene Möglichkeit einer Abnahme des τ_G-Anteils durch das Klettern des Grundversetzungsnetzes erscheint uns, zumindest für Zinkkristalle, sehr unwahrscheinlich. Kratochvíl und Šíchová [24] konnten wesentliche, durch Wärmebehandlung bedingte Änderungen in der Grundversetzungsstruktur von Zinkkristallen erst bei Temperaturen oberhalb von 500 °K nachweisen.

Vergleicht man von diesem Standpunkt aus die Abfalltemperatur der kritischen Schubspannung von Aluminiumkristallen [23] ($T_A = 550$ °K $= 0{,}58\ T_S$) mit dem für das Einsetzen von Volumendiffusion plausibel erscheinenden Temperaturwert 0,5 T_S, so schließt dieser Unterschied zu den T_A-Werten von Zink und Kadmium die Möglichkeit einer Polygonisationsgleitung auch für Al-Kristalle prinzipiell nicht aus. Neue Untersuchungen an Magnesiumkristallen [7] ergaben, daß die reduzierte kritische Schubspannung im Bereich von 77 °K bis 300 °K mit wachsender absoluter Temperatur etwa linear abnimmt. Die annähernde Übereinstimmung der Schmelztemperaturen T_S von Aluminium und Magnesium läßt jedoch einen Bereich stärkeren Abfalls der τ_0/G-Werte für $T_A \approx 0{,}58\ T_S$ vermuten. Entsprechende Untersuchungen sind im Gange. Die geschilderten Verhältnisse weisen darauf hin, daß zwischen T_A und T_S kein linearer Zusammenhang besteht.

Empirisch findet man [14], unter Verwendung der Meßergebnisse an Zink, Kadmium und Aluminium, daß

$$T_A \sim T_S^2 .$$

Der starke Abfall der τ_A/G-Werte tritt etwa bei der gleichen Temperatur auf wie der Abfall der reduzierten kritischen Schubspannungen, nämlich bei 210 °K. Wie aus den Neigungen der beiden Äste in der $\ln \tau_A/G(T)$-Darstellung zu erkennen ist, ist τ_A/G selbst außerhalb des Erholungsbereiches, ähnlich wie τ_B/G und τ_C/G, temperaturabhängig. Diesem Aktivierungsvorgang überlagert sich im Erholungsbereich ein mit größerer Intensität ablaufender Vorgang, der, wie im Fall der kritischen Schubspannung, zum starken Abfall der τ_A-Werte oberhalb von 210 °K führt.

Vergleicht man (Fig. 11) den Temperaturverlauf der τ_A-, τ_B- und τ_C-Werte in halblogarithmischer Darstellung, so kann, abgesehen von der naturgemäßen Spannungsverschiebung dieser Abhängigkeiten folgendes festgestellt werden:

a) Die Temperaturabhängigkeiten der reduzierten Schubspannungen τ_B/G und τ_C/G verlaufen praktisch parallel. Die Knickpunkte beider Äste liegen annähernd bei der gleichen Temperatur, $T = 0{,}4\ T_S$.

b) Die Neigungen B_1 und B_2 der $\tau_A/G(T)$-Abhängigkeit sind kleiner als die der $\tau_B/G(T)$- bzw. $\tau_C/G(T)$-Abhängigkeiten.

Wie bereits bei der Diskussion der Temperaturabhängigkeit von $\tau_C(T)$ bei Zinkkristallen [4] angenommen wurde, dürfte diese, in Analogie zu der von $\tau_{III}(T)$ bei k.f.z. Metallkristallen, auf die Existenz der thermisch aktivierten Quergleitung im Bereich C von h.k.p. Metallen hinweisen, die neuerdings im Gleitlinienbild von Zinkkristallen [27] auch beobachtet wurde. Weitere Untersuchungen an Zinkkristallen [8] über die Temperatur- und Geschwindigkeitsabhängigkeit der Einsatzspannung τ_C haben jedoch Bedenken aufkommen lassen über die Zuverlässigkeit der aus den $\ln \tau_C/G(T, \dot{a})$-Abhängigkeiten berechneten Stapelfehlerenergie. Wie bereits erwähnt wurde, kann beim Zink ein Bereich C nur im Erholungsbereich, d. h. für $T \gtrsim 0{,}4\ T_S$ beobachtet werden. Der in [4] angegebene γ-Wert für Zink entstammt dem Hochtemperaturast der in Fig. 6 dargestellten $\ln \tau_C/G(T)$-Abhängigkeit. Die diesem Ast entsprechende Aktivierungsenergie ist, diesen Ausführungen zufolge, ein zusammengesetzter Wert, der sich aus der Überlagerung des thermisch aktivierten Quergleitvorganges und diffusionsgesteuerten statischen Erholungsvorgängen ergibt. Zu gleichen Schlußfolgerungen gelangte Pfaff [6], der für Co–Ni-Legierungen ebenfalls eine aus zwei Ästen bestehende $\ln \tau_{III}(T)$-Abhängigkeit festgestellt hat.

Eine Bestimmung der Stapelfehlerenergie ist deshalb nur aus dem Tieftemperaturast der $\ln \tau_C/G(T)$-Abhängigkeit gerechtfertigt. Auf Grund der Vorstellungen von Friedel [32] über den Quergleitvorgang in h.k.p. Metallen ist es möglich, die Aktivierungsenergie für die Quergleitung U in gleich guter Näherung wie für die k.f.z. Metalle als logarithmische Funktion von τ_C darzustellen

$$U = - A \ln \frac{\tau_C(T)}{\tau_M(T)}.$$

Dabei ist $A(\gamma, T)$ eine Funktion der Stapelfehlerenergie (siehe z. B. [33]) und

$$\tau_M(T) = \frac{2\,G(T)}{n} \left(0{,}056 - \frac{\gamma(T)}{G(T)\,b(T)}\right)$$

der zur Rückgängigmachung der Aufspaltung von Schraubenversetzungen notwendige Spannungsbetrag (n Anzahl der in der Gleitzone festgelaufenen Versetzungen).

Die Funktion A liefert dabei bei gleichem γ kleinere Werte für h.k.p. als für k.f.z. Metalle. Bei der Bestimmung der Stapelfehlerenergie von h.k.p. Kristallen anhand der $A(\gamma)$-Funktion für k.f.z. Metalle ergeben sich damit gegenüber der verfeinerten Theorie [32] etwa um 10% höhere γ-Werte. Sowohl für k.f.z. als auch für h.k.p. Kristalle mit idealem Achsenverhältnis c/a ist $A = 0$ für $10^3\,\gamma/G\,b = 56$. Für Cd ist $A = 0$ für $10^3\,\gamma/G\,b = 49$, und $A(\gamma)$ fällt also etwas rascher gegen Null ab als für h.k.p. Kristalle mit idealem Achsenverhältnis, was jedoch den hier angegebenen γ-Wert nur unwesentlich beeinträchtigt. In bezug auf die geschilderten $\ln \tau_B/G(T)$- bzw. $\ln \tau_C/G(T)$-Abhängigkeiten bestehen dieselben Verhältnisse auch beim Magnesium [7]. Die im Punkt a) festgestellte Gleichheit der Temperaturabhängigkeiten von τ_B/G und τ_C/G (siehe hierzu auch Fig. 7) läßt vermuten, daß der Quergleitvorgang sich bereits im Bereich B entwickeln könnte.

Der starke Abfall der τ_B- bzw. τ_C-Werte oberhalb von 240 °K ist, wie Seeger und Träuble [28] im Zusammenhang mit der temperaturbedingten Entfestigung von Zinkkristallen im Bereich C festgestellt haben, zum größeren Teil durch eine Erhöhung der statischen Erholungsgeschwindigkeit bedingt.

2.3 Die Temperaturabhängigkeit der Längen der Bereiche A und B

Im Unterschied zu den bisherigen Ergebnissen an Zinkkristallen über die Temperaturabhängigkeit der Länge des Bereiches A [4, 13, 26] werden am Kadmium einfachere Verhältnisse beobachtet. Alle Abgleitkenngrößen sind bei tieferen Temperaturen praktisch temperaturunabhängig, mit wachsender Temperatur tritt im Erholungsbereich eine Verlängerung der Bereiche A und B ein. Dabei erstreckt sich der temperaturunabhängige Ast der $a_A(T)$-Abhängigkeit bis zu Temperaturen oberhalb von 270 °K $> 0{,}4\ T_S$, dagegen beobachtet man, daß die Länge des Bereiches B, $(a_C - a_B)$, sich bereits schon für Temperaturen > 200 °K mit wachsender Temperatur zu verlängern beginnt. Im Gegensatz zu Zink wurde im untersuchten Temperaturbereich keine Verkürzung des Bereiches A mit wachsender Temperatur beobachtet. Eine Verlängerung des Bereiches A wird bei Zinkkristallen erst oberhalb von $T = 360$ °K $= 0{,}52\ T_S$ beobachtet, unterhalb dieser Temperatur verkürzt sich a_A mit zunehmender Temperatur [4, 26].

Eine Temperaturunabhängigkeit der Länge des Bereiches B wurde ebenfalls an Zinkkristallen beobachtet, und zwar im Erholungsbereich (0,41 bis 0,54 T_S, [4]). Im Vergleich dazu ist die Länge des Bereiches B von Kadmiumkristallen bereits für Temperaturen, die größer sind als etwa 0,33 T_S, temperaturabhängig. Dieses Ergebnis bestätigt für Kadmiumkristalle wiederum den erholungsartigen Einfluß einer Temperaturerhöhung auf den Verformungsverlauf. Bei der Verformung von Zinkkristallen kann dagegen eine Temperaturerhöhung auch im Endergebnis zu Vorgängen Anlaß geben, die auf eine Gleitbehinderung hinweisen [1, 4, 25, 28].

Die Temperaturunabhängigkeit der Länge des Bereiches B außerhalb des Erholungsbereiches betont, zusammen mit dem Wert $G/\vartheta_B = 500$, die Ähnlichkeit der Grundverfestigungsvorgänge im zweiten Bereich der VK von dichtest gepackten Metallen. Wie bereits beschrieben wurde [1], erstreckt sich diese Ähnlichkeit z. T. auch auf die anderen Bereiche der VK. Hier war erstmalig die Möglichkeit gegeben, das Temperaturverhalten der Hauptkenngrößen der VK von h.k.p. Metallkristallen außerhalb des Erholungsbereiches zu verfolgen. Im wesentlichen konnten dabei die Vorstellungen über die Ähnlichkeiten der Verfestigungsvorgänge, die vorher allein aus dem Verformungsverhalten von Zinkkristallen vermutet wurden [1], bestätigt werden.

3. Zusammenfassung

Es wurde die Temperaturabhängigkeit der Verfestigungskenngrößen von reinen Kadmiumkristallen im Temperaturbereich von 90 °K bis 370 °K bei konstanter Verformungsgeschwindigkeit untersucht.

Ähnlich wie an Zink- und Aluminiumkristallen wurde gefunden, daß ein Abfall der reduzierten kritischen Schubspannungswerte eintritt, nachdem in einem gewissen Temperaturbereich (bei tieferen Temperaturen) die reduzierten kritischen Schubspannungen temperaturunabhängig geworden sind.

Die Temperaturabhängigkeiten der reduzierten kritischen Schubspannungen τ_A/G, τ_B/G und τ_C/G lassen sich in der Form wiedergeben

$$\frac{\ln \tau(T)}{G(T)} = A_{1,2} - B_{1,2}\, T\,,$$

die jeweils aus zwei Ästen (1, 2) besteht. Der Tieftemperaturast (1) ist auch außerhalb des Erholungsbereiches temperaturabhängig. Der Hochtemperaturast (2), der sich im Erholungsbereich erstreckt, ist stark temperaturabhängig ($B_1 < B_2$). Ähnlich wie bei Untersuchungen an Ni–Co-Kristallen ist anzunehmn, daß der Hochtemperaturast das Ergebnis der Überlagerung von dynamischen und statischen Erholungsvorgängen ist.

Aus dem Tieftemperaturast der $\ln \tau_C(T)/G(T)$-Abhängigkeit wurde die Stapelfehlerenergie für $T = 150$ °K zu etwa 100 erg/cm^2 abgeschätzt. Die Temperaturabhängigkeit der reduzierten Verfestigungskoeffizienten sind, ähnlich wie bei Zink, qualitativ gleich. Unterhalb von 150 °K sind beide temperaturunabhängig und fallen dann mit wachsender Temperatur stark ab. Die erstmals im Tieftemperaturbereich gemessenen ϑ_B-Werte ergeben $G/\vartheta_B = 500$, was mit dem für die k.f.z. Metalle entsprechenden G/ϑ_{II}-Wert sehr gut übereinstimmt. Im Erholungsbereich, der sich oberhalb von 150 °K erstreckt, sind alle Kenngrößen der VK stark temperaturabhängig.

Die Längen der Bereiche A und B sind bei tieferen Temperaturen temperaturunabhängig und verlängern sich im Erholungsbereich mit zunehmender Temperatur. Die Ergebnisse dieser Untersuchung konnten im wesentlichen die bereits bestehenden Vorstellungen über die Ähnlichkeiten im Verfestigungsverhalten von dichtest gepackten Metallen bestätigen.

Die Hauptunterschiede, die sich bei ähnlichen Untersuchungen an Zinkkristallen ergeben, können wie folgt zusammengestellt werden:

a) An Cd-Kristallen wird auch bei 90 °K der Bereich C beobachtet.

b) Der Tieftemperatur-Verfestigungskoeffizient von Kadmiumkristallen weist im untersuchten Temperaturbereich kein „anomales" Temperaturverhalten auf.

c) Die Tieftemperaturabhängigkeiten der reduzierten Schubspannungen von Kadmiumkristallen in halblogarithmischer Auftragung ergeben zwei Äste, wobei der Hochtemperaturast mit der an Zinkkristallen beobachteten $\ln \tau/G(T)$-Abhängigkeit identifiziert werden kann.

d) Im Gegensatz zu Zinkkristallen wurde keine Abnahme der Abgleitkenngrößen mit wachsender Temperatur beobachtet.

Die Autoren möchten Herrn Dr. Klier ihren herzlichen Dank aussprechen für das Interesse, das er dieser Arbeit entgegengebracht hat.

Literatur

[1] M. Boček, phys. stat. sol. **3**, 2169 (1963).
[2] A. Seeger, H. Kronmüller, O. Boser und M. Rapp, phys. stat. sol. **3**, 1107 (1963).
[3] W. Boas und E. Schmid, Z. Phys. **57**, 575 (1929).
[4] M. Boček und V. Kaska, phys. stat. sol. **4**, 325 (1964).
[5] C. W. Gerland und J. Silverman, Phys. Rev. **119**, 1218 (1960).
[6] F. Pfaff, Z. Metallk. **53**, 466 (1962).
[7] M. Boček, G. Hötzsch und B. Simmen, phys. stat. sol., im Druck (auszugsweise vorgetragen zu den Berg- und Hüttenmännischen Tagen in Freiberg, Mai 1964).
[8] P. Lukáč und M. Švábová, in Vorbereitung (auszugsweise vorgetragen zu den Berg- und Hüttenmännischen Tagen in Freiberg, Mai 1964).
[9] A. Seeger, R. Berner und W. Wolf, Z. Phys. **155**, 247 (1959).
[10] E. Schneider und G. Heymer, Z. anorg. Chem. **286**, 118 (1956).
[11] E. Grüneisen und E. Goens, Z. Phys. **26**, 235 (1924).
[12] W. Boas und E. Schmid, Z. Phys. **61**, 767 (1930).
[13] M. Boček, Czech. J. Phys. **B 10**, 830 (1960).
[14] M. Boček und G. Hötzsch, phys. stat. sol., **6**, 777 (1964).
[15] A. Seeger, Handbuch der Physik VII/2, Springer-Verlag, Berlin-Göttingen-Heidelberg 1958.
[16] P. B. Price, Gen. Electr. Rep. No. 61 — RL — 2794 M 1961.
[17] F. R. Stevenson und H. R. Peiffer, J. appl. Phys. **34**, 2804 (1963).
[18] F. R. Stevenson und H. R. Peiffer, phys. stat. sol. **4**, 411 (1964).
[19] A. Seeger, Z. Naturf. **9a**, 758 (1954).
[20] K. G. Davis, Canad. J. Phys. **41**, 1454 (1963).
[21] P. Lukáč, in Vorbereitung (auszugsweise vorgetragen zu den Berg- und Hüttenmännischen Tagen in Freiberg, Mai 1964).
[22] A. Seeger, J. Diehl, S. Mader und H. Rebstock, Phil. Mag. **2**, 323 (1957).
[23] F. Benze, S. E. Bühler und K. Lücke, Acta metall. **11**, 1179 (1963).
[24] P. Kratochvíl und H. Šíchova, Acta metall. **10**, 681 (1962).
[25] W. Pfeiffer, phys. stat. sol. **2**, 1727 (1962).
[26] M. Boček und G. Hötzsch, phys. stat. sol., im Druck. (auszugsweise vorgetragen zu den Berg und Hüttenmännischen Tagen in Freiberg, Mai 1964).
[27] P. Kratochvíl und M. Boček, phys. stat. sol., **6**, K 69 (1964).
[28] A. Seeger und H. Träuble, Z. Metallk. **51**, 435 (1960).
[29] E. Schmid und W. Boas, Kristallplastizität, Springer-Verlag, Berlin 1935.
[30] E. N. Da C. Andrade und R. Roscoe, Proc. Phys. Soc. **49**, 151 (1937).
[31] D. J. Krasnopolsky de Grinberg, J. Inst. Metals **90**, 265 (1961/62).
[32] J. Friedel, Rep. Conf. Internal Stresses and Fatique in Metals, Elsevier Publishing Comp., 1959 (S. 220).
[33] G. Schoeck und A. Seeger, Rep. Conf. Defects in Solids, Physical Society, London 1955 (S. 340).

(Received July 13, 1964)

phys. stat. sol. 7, 189 (1964)

Institut für angewandte Physik, Technische Hochschule Karlsruhe

Optische Eigenschaften und Bandstruktur im System Se–Te

Von

J. Stuke und H. Keller

An Se- und Te-Einkristallen wurde das Reflexionsvermögen R bei Polarisation des Lichtes parallel und senkrecht zur Kettenrichtung gemessen. Der Charakter des Reflexionsspektrums ist bei den Elementen ähnlich; R ist in beiden Fällen bei paralleler Polarisation größer als bei senkrechter. Die verschiedenen Maxima des Reflexionsvermögens lassen sich als Maxima des Brechungsindex n bzw. des Absorptionsindex k identifizieren und können in ein empirisches Bändermodell eingeordnet werden.

Reflexionsmessungen an polykristallinen Se–Te-Legierungen zeigen bei einem n-Maximum und dem zugehörigen k-Maximum ein eigenartiges Verhalten. Die energetische Lage des n-Maximums verschiebt sich beim Übergang von Te nach Se zunächst nicht und geht bei etwa 75% Selengehalt mit einem Sprung in das entsprechende Maximum von Se über. Das zugehörige k-Maximum zeigt einen schwächeren Sprung, und sein Betrag hat ein Minimum bei der gleichen Zusammensetzung. Auch diese Ergebnisse lassen sich an Hand des Bändermodells einheitlich deuten.

The reflectivity R of Se and Te single crystals is measured for light polarised in directions parallel and perpendicular to the chain direction. The character of the reflection spectrum is similar for both substances; R being in both cases higher for parallel than for perpendicular polarisation. The different maxima of the reflectivity can be identified as maxima of the refractive index n and the absorption index k, respectively, and are in good agreement with an empirical band model.

Measurements of reflectivity of polycristalline Se–Te-alloys show peculiar behaviour at an n- and the corresponding k-maximum. There is no energy-shift of the n-maximum for the transition from Te to Se, up to concentrations as high as 75% but above this concentration the energy-value changes discontinuously to the corresponding maximum for Se. The k-maximum shows a weaker discontinuity, and its absolute value is a minimum for the same composition. These results can also be explained on the band model.

1. Einleitung

Die optischen Eigenschaften von Halbleitern innerhalb der Eigenabsorption haben seit einigen Jahren stark an Interesse gewonnen, da sie wesentliche Kenntnisse über die Bandstruktur vermitteln. Meistens wird das Spektrum des Reflexionsvermögens benutzt, um Einzelheiten dieser Struktur, soweit sie durch elektrische Messungen oder durch Rechnungen bekannt sind, zu überprüfen und sie in qualitativer und quantitativer Hinsicht zu ergänzen. Von großem Interesse sind solche Untersuchungen auch bei Mischkristallreihen, da man hier aus dem Übergang der Bandstruktur der einen Komponente in die der anderen zusätzliche Informationen erhält. Ein Beispiel dafür ist das System Ge–Si, das von Tauc und Abraham [1] eingehend untersucht wurde.

Von den Elementhalbleitern sind außer Ge und Si noch Se und Te lückenlos mischbar [2]. Dieses System bietet aber die Schwierigkeit, daß wegen der Anisotropie des trigonalen Kettengitters die optischen Konstanten innerhalb der Eigenabsorption relativ stark von der Polarisation des Lichtes abhängen, wie Messungen von Skinner [3] und Gobrecht und Tausend [4] an Se-Einkristallen zeigen. Bei Te-Kristallen sind die Verhältnisse offenbar ähnlich, hier liegen jedoch entsprechende Ergebnisse nur für die Absorptionskonstante in der Nähe der Bandkante [5] und für den Brechungsindex außerhalb der Eigenabsorption [6] vor. Da die Herstellung von Misch-Einkristallen mit größerem Se-Gehalt bisher nicht gelungen ist, muß man auf die Untersuchung der Polarisationsabhängigkeit der optischen Konstanten im System Se–Te vorerst verzichten. Das ist möglicherweise ein Grund dafür, daß optische Messungen innerhalb der Eigenabsorption auch an polykristallinen Se–Te-Legierungen mit hohem Se-Gehalt außerordentlich spärlich sind. Im wesentlichen ist hier nur eine Untersuchung von LANYON [7] über den Verlauf der Absorptionskonstanten in der Nähe der Bandkante zu nennen, die auf die Legierungen mit 50 und 75% Se-Gehalt beschränkt ist. Danach verschieben sich die unter bestimmten Voraussetzungen ermittelten charakteristischen Energiewerte annähernd linear beim Übergang von Se nach Te.

Die Ermittlung der Bandstruktur von Se–Te-Mischkristallen ist außerdem dadurch erschwert, daß schon die Struktur der Energiebänder bei den reinen Elementen weit weniger gut bekannt ist als bei den Stoffen mit Diamant- bzw. Zinkblendegitter. Trotz einer ganzen Reihe von theoretischen Arbeiten [8 bis 14], bei denen nach verschiedenen Methoden die Bandstruktur berechnet wurde, sind wichtige Punkte noch unklar. Übereinstimmung herrscht im wesentlichen nur darin, daß das Valenzband aus mindestens zwei Zweigen besteht und daß der Übergang von dem oberen Valenzband in das untere Leitungsband nur bei Polarisation des Lichts senkrecht zur Kettenrichtung eine große Übergangswahrscheinlichkeit hat. Die Existenz zweier Valenzbänder wurde durch den Verlauf der Absorptionskonstante bei Se [15] und deren Polarisationsabhängigkeit [4] nahegelegt und konnte durch die Messung von p-Banden bewiesen werden, die bei Te von CALDWELL und FAN [6] und bei Se von KESSLER und SUTTER [16] gefunden wurden. Danach beträgt der Abstand der beiden oberen Valenzbandränder 0,11 eV bei Te und 0,35 eV bei Se. Die p-Bande tritt bei Te nur auf, wenn das Licht parallel zur c-Achse polarisiert ist, bei Se konnte bisher eine Abhängigkeit von der Polarisation nicht gefunden werden.

Auf die Existenz zweier Leitungsbänder deuten Messungen der Absorption von weichem Röntgenlicht hin [17]. Auch die Vorzeichenumkehr des Hall-Effekts bei Te innerhalb der Eigenleitung wurde durch die Annahme von einem Valenzband und von zwei Leitungsbändern erklärt [8]. Es besteht aber hier auch die Möglichkeit, dieses Verhalten durch ein einziges Leitungsband und zwei Valenzbänder mit verschiedenen effektiven Massen der Löcher zu deuten, wie CALDWELL und FAN [6] gezeigt haben.

Die Breite der verbotenen Zone, also der Abstand vom oberen Valenzband zum unteren Leitungsband, beträgt 0,34 eV bei Te [18] und etwa 1,75 eV bei Se [19]. Ob es sich dabei um direkte oder indirekte Übergänge handelt, ist noch nicht mit Sicherheit geklärt. Während die meisten theoretischen Untersuchungen direkte Übergänge ergeben, läßt sich der Verlauf der Absorptionskonstante bei Te auch durch indirekte Übergänge erklären [5]. Bei Se werden einige Messungen [19, 20] ebenfalls durch indirekte Übergänge gedeutet. Auch über die Anzahl der Maxima bzw. Minima der $E(\boldsymbol{k})$-Flächen und deren Lage im $\boldsymbol{k}$-Raum herrscht keineswegs Klarheit, da die Messungen der magnetischen Widerstandsänderung kein einheitliches Bild ergeben. Im Gebiet der Eigenleitung konnte ROTH [21] die Ergebnisse relativ gut durch ein einziges Ellipsoid im Zentrum der Brillouin-Zone deuten. Die Messungen im Gebiet der Störleitung bei tiefer Temperatur von NUSSBAUM und LONG [22] lassen sich dagegen am besten durch 6 Ellipsoide für das Valenzband erklären. PARFENEV, POGARSKII und FARBSHTEIN [23] haben aber gezeigt, daß dieses Verhalten nicht auftritt, wenn man die Te-Kristalle einer Temperung unterzieht. Dann weist das Ergebnis wie im Falle der Eigenleitung beim Leitungsband auf eine wesentlich einfachere Struktur des Valenzbandes hin. Auch aus gruppentheoretischen Symmetrie-Überlegungen von KOROVIN und FIRSOV [12] ist zu schließen, daß das Valenzband entweder nur ein Maximum bei $\boldsymbol{k} = 0$ oder zwei nichtentartete Maxima auf der Z-Achse hat. An Se-Kristallen liegen Messungen der magnetischen Widerstandsänderung noch nicht vor.

In Anbetracht dieser Unklarheiten war es das Ziel der vorliegenden Arbeit, zunächst die Kenntnisse der optischen Eigenschaften der Elemente innerhalb der Eigenabsorption zu erweitern. Deshalb wurde an Se- und Te-Kristallen das Reflexionsvermögen in beiden Polarisationsrichtungen untersucht. An dünnen polykristallinen Te-Schichten wurde außerdem die Absorptionskonstante K bis etwa 4,5 eV gemessen. Dann wurde an polykristallinen Se–Te-Legierungen das Verhalten des Reflexionsvermögens im System Se–Te studiert, um die Frage zu klären, inwieweit der Charakter der Bandstruktur bei diesen Elementen übereinstimmt, und um dadurch Rückschlüsse auf Einzelheiten der Struktur der Elemente zu gewinnen.

2. Meßmethode

2.1 Herstellung der Proben

Für die Reflexionsmessungen an den Einkristallen wurden bei Selen Kristalle verwendet, die aus der Dampfphase gewachsen waren. Sie besaßen eine optisch einwandfreie Oberfläche und brauchten daher nicht bearbeitet zu werden. Die entsprechenden Messungen bei Tellur wurden an Einkristall-Spaltflächen durchgeführt ($(10\bar{1}0)$-Flächen). Als Ausgangsmaterial für die Kristalle dienten sogenanntes Reinst-Selen und zonengereinigtes Tellur.

Die Messung der Absorptionskonstanten an Tellur im Gebiet der Eigenabsorption wurde an dünnen polykristallinen Schichten durchgeführt, die im Vakuum bei ca. 10^{-5} Torr aufgedampft waren. Als Trägermaterial diente Quarzglas; die Bestimmung der Schichtdicke erfolgte nach dem Tolansky-Verfahren.

Die Reflexionsmessungen im System Se–Te wurden an 5 bis 10 mm dicken polierten Proben durchgeführt. Das hatte den Vorteil, daß störende Reflexionen an der Rückseite, die bei relativ dünnen Se-Kristallen vor der Absorptionskante auftraten, vermieden wurden. Die Proben waren — nachdem sie bei 700 °C 1 bis 2 Stunden durch Schütteln gut gemischt worden waren — nach dem Bridgman-Verfahren kristallisiert worden.[1]) Die Oberfläche wurde mechanisch poliert.

Um zu prüfen, ob es sich um Mischkristalle handelte, wurden die bei den Reflexionsmessungen benutzten Oberflächen der Proben röntgenographisch in Reflexion mit einem Zählrohr-Diffraktometer untersucht.[2]) Die Lage der Reflexe — und damit die Gitterkonstanten — ändern sich annähernd linear mit der Zusammensetzung, wie es auch von GRISON [24] gefunden wurde.

---

[1]) Für die Herstellung der Proben danken wir Herrn Dr. G. BERGMANN vom AEG-Forschungsinstitut, Frankfurt-Niederrad.

[2]) Herrn Dr. W. SCHNEIDER danken wir für die Durchführung der Röntgenaufnahmen.

2.2 Optische Messungen

Für die Absorptions- und Reflexionsmessungen im Bereich 0,25...10 μm wurde ein Spiegelmonochromator mit auswechselbaren Prismen verwendet. Als Lichtquelle dienten wechselweise eine Quecksilberhöchstdrucklampe, eine Glühlampe oder ein Silitstab. Die Lichtintensität wurde bis etwa 1,2 μm mit einem ultrarotempfindlichen Se-Photoelement und im langwelligeren Gebiet mit einem Thermoelement gemessen. Die Messungen an den Einkristallen wurden zur Ermittlung der Anisotropie mit polarisiertem Licht durchgeführt, und zwar parallel und senkrecht zur Kettenrichtung polarisiert. Als Polarisatoren wurden im kurzwelligen Gebiet bis etwa 850 nm Polarisationsfolien verwendet, im Ultraroten dagegen ein aus 6-Se-Folien aufgebauter Plattenpolarisator. Bei den Reflexionsmessungen wurden im wesentlichen die direkte Methode angewandt, d. h. das auffallende Licht und das reflektierte Licht wurden mit demselben Strahlungsempfänger gemessen, der um die Probe geschwenkt werden konnte. Nur im Gebiet der CO_2- und H_2O-Absorption im Ultraroten wurden auch Vergleichsmessungen gegen einen Goldspiegel durchgeführt. Der Reflexionswinkel betrug maximal 5°, das bedeutet also nahezu senkrechte Reflexion. Alle Messungen wurden bei Zimmertemperatur vorgenommen.

3. Meßergebnisse

3.1 Untersuchungen an den Elementen

Die Messungen des Reflexionsvermögens an den Einkristallen zeigen, daß bei Selen und bei Tellur die Werte für Polarisation parallel zur Kettenrichtung (*c*-Achse) im gesamten untersuchten Spektralbereich beträchtlich über den Werten für senkrechte Polarisation liegen und daß die Reflexionsspektren der beiden Elemente in ihrem Charakter ähnlich sind (Fig. 1). Selen hat bei senkrechter Polarisation ein erstes Maximum bei 1,95 eV, das wesentlich ausgeprägter ist als das bei paralleler Polarisation, wo es nur angedeutet und außerdem um 0,3 eV nach höheren Energiewerten verschoben ist. Bei 3,15 eV folgt dann ein schwächeres, stufenförmiges zweites Maximum, das umgekehrt bei paralleler Polarisation deutlicher hervortritt. Zu höheren Energien hin steigt das Reflexionsvermögen von Se-Kristallen weiter an und fällt dann nach einem ausgeprägten dritten Maximum bei 4,0 eV wieder ab. Die Durchlässigkeit der Polarisationsfolien begrenzte die

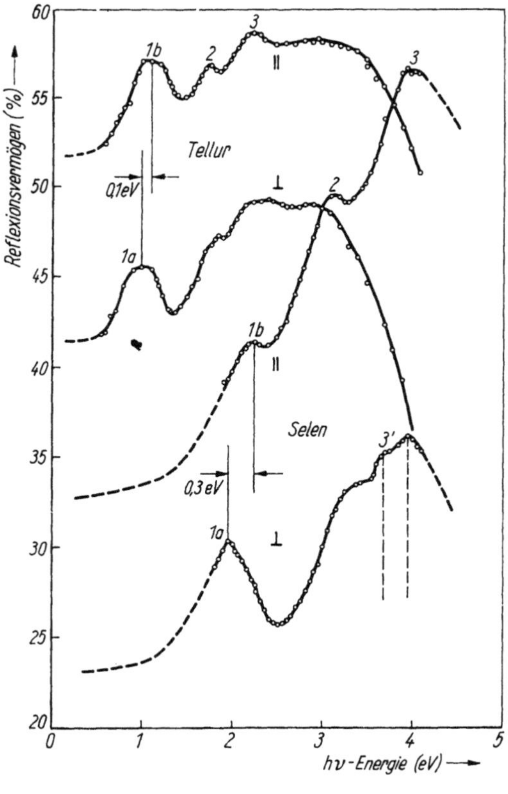

Fig. 1. Reflexionsvermögen von Se- und Te-Einkristallen bei Polarisation parallel und senkrecht zur Kettenrichtung

Messungen hier bei 4,1 eV; der gestrichelt eingezeichnete Abfall wird aber durch Messungen mit unpolarisiertem Licht nahegelegt[3]) (siehe auch Fig. 4). Diese Ergebnisse stimmen gut mit denen von SKINNER [3] überein. Eine Überschneidung der Kurven im Bereich des ersten Maximums, die nach Messungen von GOBRECHT und TAUSEND [4] zu erwarten wäre, trat nicht auf.

Bei Te haben die entsprechenden Maxima eine kleinere Energie. Das erste Maximum bei senkrechter Polarisation liegt hier bei 1,0 eV; im Gegensatz zu Se ist dieses Maximum relativ aber nur wenig größer als das entsprechende bei paralleler Polarisation, und der Energieabstand beträgt außerdem nur 0,1 eV. Daran anschließend folgt bei Te ebenfalls ein schwaches stufenförmiges zweites Maximum bei 1,75 eV und weiterhin bei 2,3 eV ein drittes Maximum, das in ein breites viertes Maximum bei etwa 3 eV übergeht. Die Polarisationsabhängigkeit der Lage und der relativen Höhe dieser Maxima ist ebenfalls gering.

Da das Reflexionsvermögen sowohl vom Brechungsindex n als auch vom Absorptionsindex k abhängt, ist es von vornherein nicht klar, auf welche der beiden Größen die gefundenen Reflexionsmaxima zurückzuführen sind. Um diese Frage zu klären, haben wir die Absorptionskonstante K an dünnen polykristallinen Te-Schichten bis etwa 4,5 eV in die Eigenabsorption hinein gemessen und daraus den Absorptionsindex $k = K \cdot \lambda/4\pi$ bestimmt. Bei bekanntem Reflexionsvermögen R läßt sich dann der Brechungsindex n aus der Beziehung für senkrechte Reflexion

$$R = \frac{(n-1)^2 + k^2}{(n+1)^2 + k^2}$$

ermitteln. Für das Reflexionsvermögen wurde hier der Mittelwert $R = 1/3\,(R_{\parallel} + 2\,R_{\perp})$ eingesetzt, wo $R_{\parallel}$ und $R_{\perp}$ die in Fig. 1 gemessenen Werte darstellen. Diese Mittelwertsbildung, die unter der Voraussetzung gilt, daß alle Kristallrichtungen gleich wahrscheinlich sind, wurde auch von HODGSON [25] mit Erfolg angewandt.[4]) Bei Selen wurde in analoger Weise verfahren. Hier wurden ältere Messungen von STUKE [15] an dünnen polykristallinen Schichten sowie an amorphem Selen verwendet.

Der nach diesem Verfahren bestimmte Brechungsindex von polykristallinem Te hat ein ausgeprägtes Maximum bei 0,95 eV und ein etwas schwächeres bei 1,7 eV (Fig. 2). Zu hohen Energiewerten hin fällt n relativ stark ab. In der zugehörigen Kurve für den Absorptionsindex k tritt ein schwaches, stufenförmiges Maximum bei 1,2 eV und ein relativ scharfes Maximum bei 2,2 eV auf. Diese Kurven sind in guter Übereinstimmung mit Messungen des Real- und Imaginärteils der Dielektrizitätskonstante an polykristallinem Te von HODGSON [25]. Bei hexagonalem Selen ist das Bild ähnlich; hier ergeben sich zwei deutliche n-Maxima bei 1,9 und 3,1 eV sowie zwei k-Maxima bei 2,2 und 4,0 eV, wobei die Absolutwerte dieser Maxima beträchtlich unter den entsprechenden Werten von Te liegen. Amorphes Se zeigt ein anderes Verhalten; hier findet man sowohl bei n als auch bei k nur ein einziges, relativ breites Maximum.

[3]) Die Kurven sind bei kleinen Energiewerten ebenfalls extrapoliert, da sich bei den Se-Kristallen wegen ihrer geringen Dicke Störreflexionen bemerkbar machten. Im langwelligen Gebiet lassen sich diese Kurven aus dem bekannten Verlauf des Brechungsindex für die beiden Polarisationsrichtungen berechnen [4].

[4]) Bei Tellur mußte das Reflexionsvermögen wegen der Streuverluste an den Spaltflächen außerdem um 5% angehoben werden, um vernünftige Resultate zu erhalten.

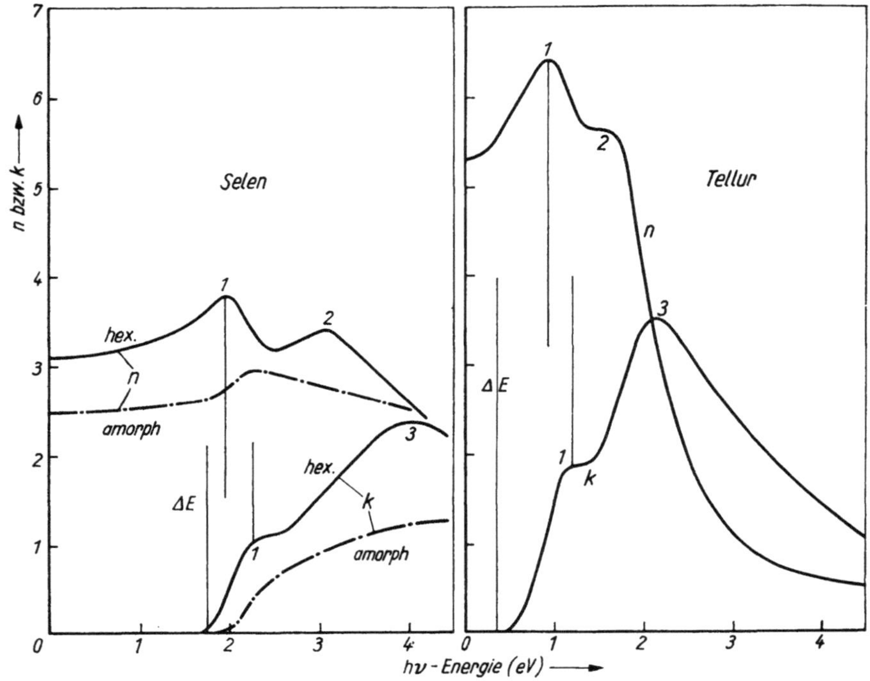

Fig. 2. Optische Konstanten von polykristallinem Se und Te sowie von amorphem Se

Ein anderer Weg, zu der Energie-Abhängigkeit von n und k zu gelangen, ist die Auswertung des Reflexionsspektrums mittels der Kramers-Kronig-Relation. Dazu muß allerdings das gesamte Spektrum bekannt sein. Nach Messungen von Kandare [26] tritt im ferneren Ultraviolett noch ein weiteres, relativ breites Reflexionsmaximum auf (Fig. 3), das bei Te nahe 7,6 eV liegt. Selen hat ein entsprechendes Maximum bei 9 eV. Zur Auswertung nach der Kramers-Kronig-Relation sind die Ergebnisse in Fig. 3 aber schlecht geeignet, da sich die Absolutwerte der Kurven zu stark unterscheiden. Man erhält daraus nur eine Abschätzung dieses kurzwelligen Anteils, wie sie schon von Hodgson [25] durchgeführt wurde.

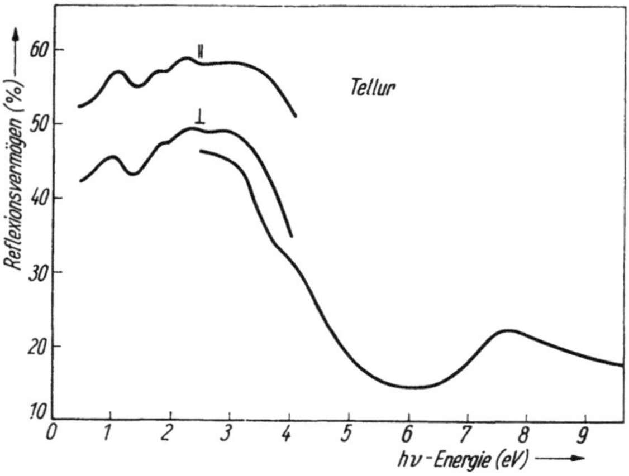

Fig. 3. Reflexionsvermögen von polykristallinem Te im fernen Ultraviolett nach Kandare [26]. Im langwelligen Bereich sind zum Vergleich die Ergebnisse an Einkristallen aus Fig. 1 eingetragen

Tabelle 1

Lage der Maxima des Reflexionsvermögens *R*, des Brechungsindex *n* und des Absorptionsindex *k* bei Se und Te in eV

Selen

	1a	1b	2	3		
R	⊥ 1,95	∥ 2,25	∥ 3,15	∥ 4,0		≈9
n	⊥ 1,9 ↑		∥ 3,1 ↖			
k	↓ 2,2 ⊥			↘ ∥ 4,0		≈9[5])

Tellur

	1a	1b	2	3			
R	⊥ 1,0	∥ 1,1	1,75	2,3	3,0	4,1 ?	7,6
n	0,95 ↖		1,7 ↖				
k	↘ 1,2			↘ 2,2			≈8

Mit dem bekannten Verlauf von *n* und *k* lassen sich nun die Maxima des Reflexionsvermögens zuordnen (Tabelle 1). Das erste Maximum wird vom Brechungsindex bestimmt, da der Absorptionsindex in der Nähe der Bandkante zu geringe Werte hat, um noch wesentlich zum Reflexionsvermögen beizutragen. Der Unterschied in der Lage dieses ersten Maximums bei verschiedener Polarisation kommt in Fig. 2 nicht zum Ausdruck, da er bei Te zu klein ist und bei Se nur das Maximum bei senkrechter Polarisation auftritt. Das stufenförmige zweite Maximum rührt ebenfalls vom Brechungsindex her, weil der Absorptionsindex hier kein Maximum hat. Umgekehrt ist das dritte Maximum nur auf den Absorptionsindex zurückzuführen, da in diesem Bereich der Brechungsindex monoton abfällt. Die Reflexionsmaxima bei höherer Energie kommen wahrscheinlich ebenfalls durch Maxima von *k* zustande, wie Messungen der Absorptionskonstante [27] in diesem Spektralgebiet zeigen. Bei hoher Energie wird der Brechungsindex kleiner, so daß er für das Reflexionsvermögen keine wesentliche Rolle mehr spielt.

Neben der energetischen Lage der Maxima ist in Tabelle 1 noch ihre Abhängigkeit von der Polarisationsrichtung eingetragen, soweit diese bekannt ist. Das erste *n*-Maximum von Se bei 1,95 eV ist nur bei senkrechter Polarisation vorhanden. Das gleiche gilt für das erste *k*-Maximum bei 2,2 eV, das nach Messungen von Gobrecht und Tausend [4] ebenfalls nur bei senkrechter Polarisation auftritt. Diese beiden Maxima gehören demnach zusammen, was durch den Pfeil angedeutet ist. Die nächsten Maxima bei 2,25 und 3,15 eV sind umgekehrt bei paralleler Polarisation stärker als bei senkrechter. Dem relativ starken *n*-Maxi-

[5]) Hierbei handelt es sich um eine Messung an amorphem Se [27].

mum bei 3,15 eV ist das k-Maximum bei 4,0 eV zuzuordnen. Beide sind bei paralleler Polarisation am stärksten. Das zu dem n-Maximum bei 2,25 gehörige k-Maximum ist wahrscheinlich zu schwach, um bei den Messungen an polykristallinem Se in Erscheinung zu treten. Bei Te ist die Zuordnung analog, nur ist hier die Abhängigkeit von der Polarisationsrichtung geringer. Die Reflexionsmaxima dieser Elemente stammen also — wie auch bei Ge und Si — bei kleiner Energie nur vom Brechungsindex n und bei hoher Energie nur vom Absorptionsindex k. Bei mittleren Energiewerten sind aber zwei Maxima vorhanden, welche von je einem n- und k-Maximum stammen, die ihrer Polarisation nach zusammengehören. Das ist bei der Zuordnung dieser Maxima zu Übergängen in der Bandstruktur zu beachten.

3.2 Se-Te-Legierung

Die Messungen an den Se–Te-Legierungen wurden nur an polykristallinem Material durchgeführt. Um einen Vergleich mit den Einkristallmessungen machen zu können, wurden auch polykristalline Proben der Elemente vermessen, deren Oberfläche die gleiche Behandlung erfahren hatte wie die der Legierungen. Es zeigt sich (Fig. 4), daß kein wesentlicher Unterschied zu den Ergebnissen an den Einkristallen besteht. Die Kurve für die polierte Te-Probe fällt nur im kurzwelligen Gebiet etwas stärker ab als bei den Einkristallen.

Mit steigendem Te-Gehalt verschiebt sich das erste Maximum 1 n des Brechungsindex von 2 eV bei Se stetig nach 1 eV bei Te. Das starke 3 k-Maximum von Se bei 4,0 eV geht in das entsprechende von Te bei 2,2 eV über, wobei der Absolutwert ein Minimum bei etwa 80% Se-Gehalt durchläuft. Merkwürdig verhält sich aber das schwache 2 n-Maximum von Se bei 3,1 eV bzw. von Te bei 1,7 eV. Das ist am deutlichsten auf der Te-reichen Seite zu sehen. Bei Änderung der Zusammensetzung verschiebt es sich nicht. Es verschmilzt mehr und mehr mit dem

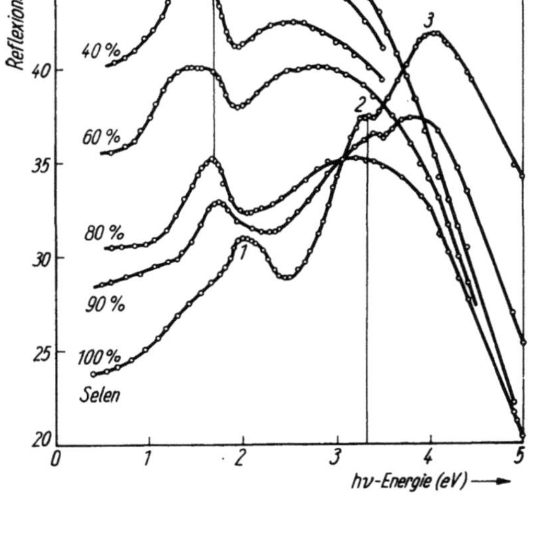

Fig. 4. Reflexionsvermögen von polykristallinen Se–Te-Legierungen

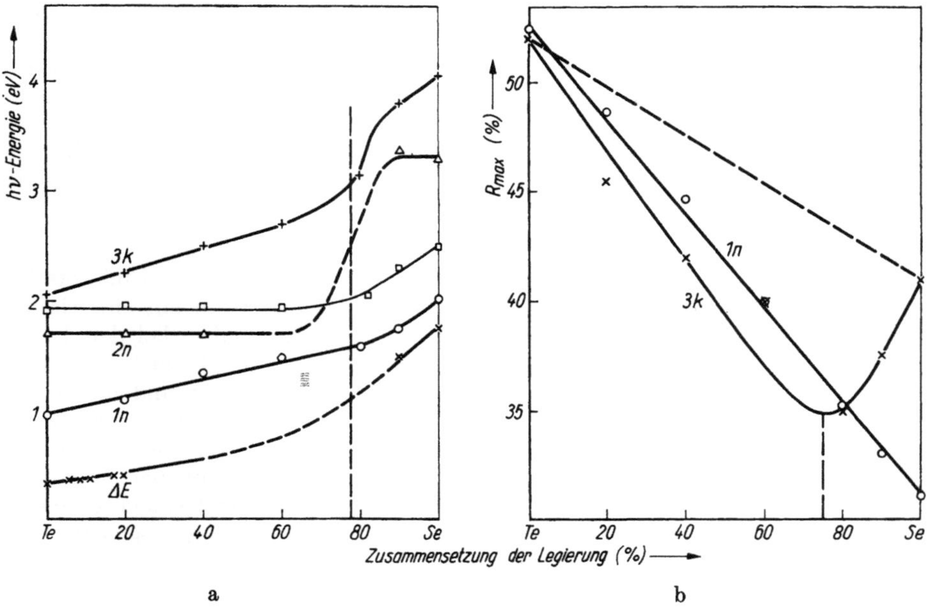

Fig. 5.
a) Abhängigkeit der charakteristischen Energiewerte in Fig. 4 und des Bandabstands ΔE von der Zusammensetzung. 1 *n*, 2 *n* und 3 *k*: Maxima des Reflexionsvermögens, dünne Kurve (□): Minimum zwischen 2 *n* und 3 *k*;
b) Absolutwert des Reflexionsvermögens im 1 *n*- und 3 *k*-Maximum innerhalb des Systems

1 *n*-Maximum, so daß bei 60% Se-Gehalt nur noch ein einziges breites Maximum vorhanden ist. Dieses Ergebnis wird noch durch die Lage des rechts benachbarten Minimums gestützt, das sich bis etwa 80% Se-Gehalt ebenfalls nicht ändert und sich dann zusammen mit dem ersten Maximum verlagert. Offenbar ist das 2 *n*-Maximum noch bis zu 80% Se-Gehalt an der gleichen Stelle vorhanden, da hier das 1 *n*-Maximum etwas überhöht ist. Bei der 90%-Kurve tritt dann nur noch das entsprechende 2 *n*-Maximum von Se auf, das sich auch nicht zum Te-Maximum hin verschiebt, es liegt sogar bei einer etwas größeren Energie als bei reinem Se.

Diese Abhängigkeit der charakteristischen Energiewerte von der Zusammensetzung ist in Fig. 5a zusammenfassend dargestellt. Die Kurven 1, 2 und 3 geben den Verlauf der entsprechenden Maxima wieder, wobei ihre Herkunft durch *n* bzw. *k* gekennzeichnet ist. Ganz unten ist die Kurve für den Bandabstand ΔE eingezeichnet, soweit er bei den Te-reichen Proben aus elektrischen Messungen anderer Autoren bekannt ist [28, 29]. Auf der Se-reichen Seite wurde die Lage des Photoleitungsmaximums [30], das nach Moss [31] dem Bandabstand zugeordnet werden kann, benutzt. Die dünne mittlere Kurve gibt die Lage des erwähnten Minimums wieder.

Der Verlauf aller dieser Kurven ändert sich in seinem Charakter bei etwa 75% Se-Gehalt. Die Verschiebung des 1 *n*-Maximums hat hier einen schwachen Knick, der sich deutlicher auch im Verlauf des Bandabstands und des Minimums abzeichnet. Die Kurven der nächsten beiden Maxima 2 *n* und 3 *k* zeigen bei dieser Konzentration einen fast sprungartigen Verlauf, der bei dem 2 *n*-Maximum besonders ausgeprägt ist, weil hier das Te-Maximum ohne Änderung der Lage in das Se-Maximum übergeht.

Ein eigenartiges Verhalten zeigt auch der Absolutwert des Reflexionsvermögens im 3 k-Maximum (Fig. 5b). Während die Höhe des 1 n-Maximums annähernd linear beim Übergang von Te nach Se abnimmt, durchläuft das Reflexionsvermögen im 3 k-Maximum ein deutliches Minimum bei der kritischen Zusammensetzung. Der gestrichelt eingezeichnete Verlauf wäre zu erwarten, wenn dieses Maximum von Te linear in das von Se überginge. Da gemäß Tabelle 1 die Maxima 2 n und 3 k zusammengehören, ist das eigenartige Verhalten dieser beiden Maxima miteinander gekoppelt.

4. Diskussion

Zur Deutung dieser Zusammenhänge sollen zunächst die an den Einkristallen gewonnenen, in Tabelle 1 zusammengestellten Energiewerte in ein empirisches Bändermodell eingeordnet werden, das an Hand der Ergebnisse bei den Legierungen dann einer ersten Prüfung unterzogen werden kann. Dazu hat man zu beachten, daß die Gruppe der Übergänge von einem Band in ein anderes im allgemeinen sowohl eine anomale Dispersion, also ein n-Maximum, als auch ein k-Maximum zur Folge hat, wobei das n-Maximum langwelliger liegt, meistens relativ nahe an der Absorptionskante [32]. Es hängt aber von den speziellen Umständen ab, ob man beide Maxima im Reflexionsspektrum beobachtet. Dazu müssen einerseits die Beträge von n und k im Maximum groß genug sein, und andererseits darf auch der Abstand beider Maxima nicht zu klein werden.

Um die verschiedenen optischen Übergänge in ein Bändermodell einzuordnen, ist die Frage von ausschlaggebender Bedeutung, ob es sich dabei um direkte oder um indirekte Übergänge handelt. Wegen der hohen Werte der Absorptionskonstante K bereits in der Nähe der Absorptionskante kommen unseres Erachtens nur direkte Übergänge in Frage. Die K-Werte liegen mit $10^5\,cm^{-1}$ weit über den Werten für indirekte Übergänge, welche z. B. bei Ge $10^2\,cm^{-1}$ betragen. Auch die Temperaturabhängigkeit des 1 k-Maximums entspricht nicht dem Verhalten bei indirekten Übergängen, die Absorptionskonstante in diesem Maximum nimmt nämlich mit abnehmender Temperatur zu [15]. Da die magnetische

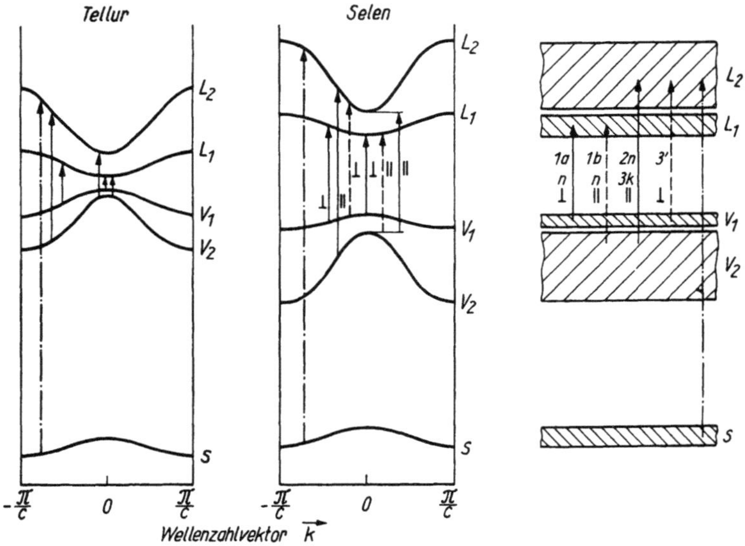

Fig. 6. Bandstruktur von Se und Te. (Der besseren Übersicht halber wurde bei Se eine mögliche Überlappung der Bänder nicht gezeichnet)

Widerstandsänderung an gut getemperten Te-Kristallen ebenfalls auf eine einfache Valenz- und Leitungsbandstruktur schließen läßt, ist es naheliegend, die Maxima bzw. Minima im Zentrum der Brillouin-Zone bei $\boldsymbol{k} = 0$ anzunehmen. Die experimentellen Ergebnisse an den Einkristallen lassen sich dann durch folgendes Bändermodell (Fig. 6) relativ gut erklären:

Es wird angenommen, daß bei den hier diskutierten Prozessen zwei Valenzbänder V_1 und V_2 sowie zwei Leitungsbänder L_1 und L_2 beteiligt sind. Das oberste Valenzband V_1 und das unterste Leitungsband L_1 sind relativ schmale Bänder; bei Te sind sie breiter als bei Se. Das untere Valenzband V_2 und das obere Leitungsband L_2 sind dagegen wesentlich breiter, hier haben umgekehrt die Se-Bänder die größere Breite.

Das Verhältnis der effektiven Massen in den beiden Valenzbändern ist bei Te bekannt, es beträgt nach den Untersuchungen von Caldwell und Fan [6] $m_1^*/m_2^* = 4$. Da der Unterschied in der Breite dieser Bänder bei Se stärker ist als bei Te, müßte das Massenverhältnis hier also einen größeren Wert haben. Beim Übergang von Te nach Se nimmt die effektive Masse der Löcher in dem oberen Valenzband nach Messungen von Rosenman [29] zu. Extrapoliert man seine nur bis 40% Se-Gehalt reichenden Ergebnisse nach reinem Se, so erhält man hier eine gegenüber dem Wert 0,4 m_0 bei Te um etwa den Faktor 3 größere effektive Masse.

Wesentlich ist nun zunächst die Tatsache, daß sich die Lage der ersten n-Maxima 1a und 1b in den beiden Polarisationsrichtungen bei den Elementen gerade um den Energiebetrag unterscheidet, der sich aus den p-Banden ergibt, nämlich 0,1 eV bei Te und 0,3 eV bei Se. Daraus ist zu schließen, daß diese Maxima durch Übergänge von zwei Valenzbändern in das gleiche Leitungsband zustande kommen. Das 2 n-Maximum und das zugehörige breite 3 k-Maximum sind Übergängen zuzuordnen, welche zwischen relativ breiten Bändern stattfinden. Der Abstand zwischen dem 2 n- und 3 k-Maximum ist nämlich bei Se mit 0,9 eV wesentlich größer als zwischen dem 1 n- und dem 1 k-Maximum, wo er 0,25 eV beträgt. Bei Te sind die entsprechenden Werte 0,5 eV und 0,25 eV (vgl. Fig. 2).

Dem ersten Maximum 1a von n bei senkrechter Polarisation entsprechen die Übergänge $V_1 \rightarrow L_1$; das nächste, bei Te um 0,1 eV und bei Se um 0,3 eV höher liegende Maximum 1b bei paralleler Polarisation ist dagegen den Übergängen $V_2 \rightarrow L_1$ zuzuordnen. Da bei Se dieses Maximum relativ schwach ist, wurde der Übergang im Gegensatz zu Te gestrichelt eingezeichnet. Der Dichroismus an der Absorptionskante kommt also durch diese beiden Übergänge $V_1 \rightarrow L_1$ und $V_2 \rightarrow L_1$ zustande, die sich bei Se und Te nicht nur in ihrer Energiedifferenz, sondern auch in ihrer relativen Übergangswahrscheinlichkeit unterscheiden. Die zu 1a und 1b gehörenden k-Maxima werden im Reflexionsspektrum nicht beobachtet, weil der Betrag von k bei diesen Energiewerten noch zu klein ist. Die beiden ausgeprägten 2 n- und 3 k-Maxima gehören zu den Übergängen $V_2 \rightarrow L_2$, sie haben bei paralleler Polarisation eine größere Übergangswahrscheinlichkeit als bei senkrechter. Diese Übergänge, die im Spektrum ein relativ breites Gebiet umfassen, sind dafür verantwortlich, daß das Reflexionsvermögen im gesamten Spektrum bei paralleler Polarisation größer bleibt als bei senkrechter, also auch in dem Gebiet, wo bei dem Übergang $V_1 \rightarrow L_1$ die senkrechte Polarisation vorherrscht. In dem hier vorgeschlagenen Bändermodell erwartet man auch Übergänge $V_1 \rightarrow L_2$, die von dem 2 n- bzw. 3 k-Maximum den Abstand (1b — 1a), also 0,3 eV bei Se, haben sollten. Im Reflexionsspektrum von Se ist nun tatsächlich solch ein Maximum angedeutet (3′ in Fig. 1). In Übereinstimmung mit ersten theoretischen Überlegungen von Sandrock [33] tritt es nur bei senkrechter

Polarisation schwach in Erscheinung. Die bei hohen Energiewerten von KANDARE [27] gefundenen k-Maxima werden Übergängen aus einem tieferen s-Band in das breite obere Leitungsband L_2 zugeordnet. Bemerkenswert ist dabei, daß sich die Energiewerte dieser Maxima bei Se und Te etwa um 1,5 eV unterscheiden, was ziemlich genau dem Unterschied im Bandabstand entspricht.

Aufschlußreich ist es nun, das Verhalten der verschiedenen Reflexionsmaxima in Se–Te-Mischkristallen zu analysieren (Fig. 5). Bei den Legierungen verschiebt sich das 1 n-Maximum in seiner Höhe und seiner energetischen Lage etwa linear mit der Zusammensetzung. Das ist das Verhalten, was man normalerweise bei Mischkristallen erwartet. Allerdings zeigt sich hier, wie auch beim Bandabstand, eine Unregelmäßigkeit bei einer kritischen Konzentration von etwa 75% Se. Wesentlich stärker tritt diese jedoch bei dem Übergang $V_2 \rightarrow L_2$ in Erscheinung. Das 2 n-Maximum zeigt bei dieser Konzentration einen deutlichen Sprung, und das zugehörige 3 k-Maximum hat gleichzeitig ein Minimum im Absolutwert. Dieses merkwürdige Verhalten läßt sich nun einheitlich beschreiben, wenn man die 3 k-Maxima des Absorptionsindex in Fig. 2 entsprechend der Zusammensetzung der Mischkristalle linear überlagert.

In Fig. 7a ist $k^* = \frac{a}{100} k_{\mathrm{Se}} + \left(1 - \frac{a}{100}\right) k_{\mathrm{Te}}$ aufgetragen, wo k_{Se} und k_{Te} die wellenlängenabhängigen Werte des Absorptionsindex von Se bzw. Te und a die Se-Konzentration in % sind. Dabei wurde der Anteil des 1 k-Maximums einfach durch lineare Extrapolation subtrahiert. Die Überlagerungskurven zeigen ein Verhalten, das ganz unerwartet gut mit den Beobachtungen übereinstimmt. Der Betrag des Maximums durchläuft in Abhängigkeit von der Zusammensetzung der Mischkristalle ein Minimum, und zwar bei einem Se-Gehalt von 60% (Fig. 7b, vgl. dazu Fig. 5b). Auch die energetische Lage des Maximums stimmt mit den Beobachtungen qualitativ befriedigend überein, insofern als die Abhängigkeit von

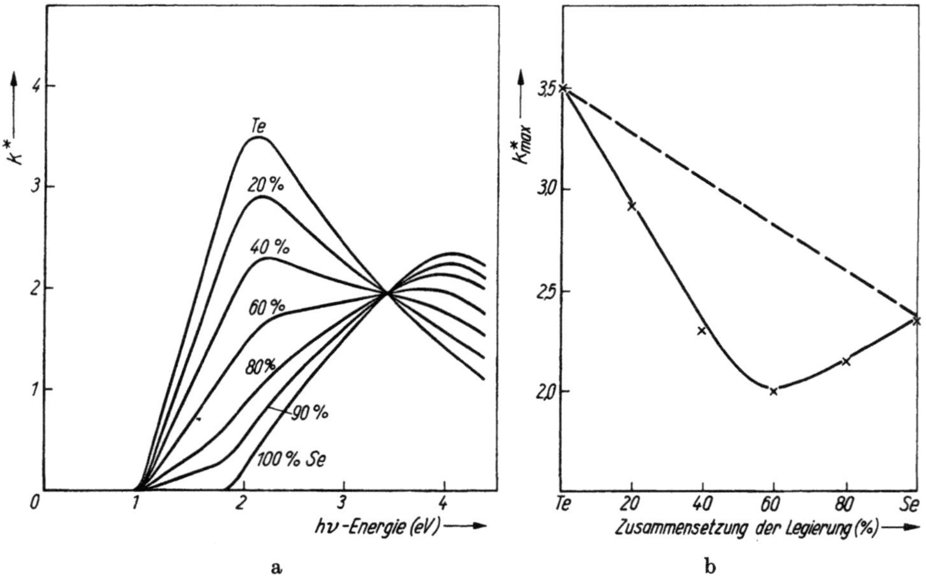

Fig. 7.
a) Rechnerische Überlagerung der k-Kurven von Se und Te aus Fig. 2 (Erläuterungen im Text)
b) Höhe der Maxima aus Fig. 7a in Abhängigkeit von der Zusammensetzung

der Zusammensetzung in der Nähe der kritischen Konzentration besonders groß ist (vgl. Fig. 5a). Schließlich ist auch der bei den Überlagerungskurven triviale gemeinsame Schnittpunkt aller Kurven bei 3,2 eV in den Reflexionsspektren der Mischkristalle tatsächlich vorhanden (vgl. Fig. 4), allerdings nur bei den Kristallen mit großem Se-Gehalt.

Zum Reflexionsvermögen im Bereich des 3 k-Maximums tragen nicht nur die k-Werte der Übergänge $V_2 \to L_2$ bei, die in Fig. 7a allein berücksichtigt wurden, sondern auch die Ausläufer des 1 n-Maximums. Wenn man das beachtet, wird die Übereinstimmung in quantitativer Hinsicht sogar noch besser. Der Betrag des 1 n-Maximums nimmt beim Übergang von Se nach Te monoton zu (Fig. 5b). Darum wächst das Reflexionsvermögen an der Stelle des 3 k-Maximums mit zunehmendem Te-Gehalt stärker als ohne Berücksichtigung der 1 n-Beiträge. Infolgedessen wird das Minimum bei 60% Se in Fig. 7b zu einer höheren Se-Konzentration in Richtung auf den gemessenen Wert von 75% hin verschoben. Weiter folgt daraus eine stärkere Abhängigkeit der Lage des Maximums von der Zusammensetzung als in Fig. 7a. Und schließlich haben aus dem gleichen Grunde jetzt auch die Reflexionskurven bei hohem Te-Gehalt nicht mehr einen gemeinsamen Schnittpunkt.

Das in Fig. 6 vorgeschlagene Bändermodell ist demnach in der Lage, die wesentlichen Eigenschaften der Elemente und der Legierungen einheitlich zu deuten. Es ist dem Modell von Gaspar [9] verwandt, der ebenfalls zu dem Ergebnis kam, daß das Valenzband aus einem breiten und einem schmalen p-Band besteht und das Leitungsband sich aus einem dritten, schmalen, unbesetzten p-Band sowie einem schmalen und einem breiten d-Band zusammensetzt. Angaben über die Lage der Extrema werden aber von Gaspar nicht gemacht. Die von ihm benutzte Bezeichnungsweise wurde hier nicht verwendet, da zunächst geprüft werden sollte, wie weit dieses empirische Modell in seinen Einzelheiten mit dem von Gaspar übereinstimmt.

Die Richtungsabhängigkeit der elektrischen Leitfähigkeit bei Se und Te kann in dem Modell relativ einfach beschrieben werden. Das Beweglichkeitsverhältnis $\mu_{\parallel}/\mu_{\perp}$ hat bei Se den Wert 3, und beträgt bei Te knapp 2. Wesentlich ist dabei, daß diese Werte in beiden Fällen nicht von der Temperatur abhängen. Bei Te ändert sich $\mu_{\parallel}/\mu_{\perp}$ auch nicht, wenn bei der Eigenleitung die Elektronen im Leitungsband vorherrschend sind. Es ist deshalb wahrscheinlich, daß die Anisotropie der Beweglichkeit lediglich durch eine Richtungsabhängigkeit der effektiven Masse verursacht wird. Die einfachste Möglichkeit dafür ist, daß die Flächen konstanter Energie im $\boldsymbol{k}$-Raum abgeplattete Rotationsellipsoide sind: Ihre Mittelpunkte liegen bei $\boldsymbol{k} = 0$, ihre Rotationsachsen sind parallel zur Z-Richtung im $\boldsymbol{k}$-Raum (also parallel zur Kettenrichtung im Ortsraum), und ihr Achsenverhältnis ist entsprechend dem Beweglichkeitsverhältnis bei Se größer als bei Te.

Was die Energiebänder in den Se–Te-Legierungen anbelangt, so hat man sich mit der empirisch gefundenen Tatsache auseinanderzusetzen, daß die optischen Eigenschaften der Legierungen recht gut durch eine einfache lineare Überlagerung entsprechend dem Mischungsverhältnis mit den Eigenschaften der Elemente Se und Te beschrieben werden können. Eine triviale Erklärung dafür wäre, daß die beiden Komponenten in den Legierungen weitgehend unvermischt nebeneinander vorgelegen haben. Diese Möglichkeit kann jedoch auf Grund der im Abschnitt 2.1 erwähnten Röntgenuntersuchungen mit Sicherheit ausgeschlossen werden. Aber sie wäre auch ohnehin sehr unwahrscheinlich, denn es ist bekannt, daß Se und Te eine lückenlose Mischkristallreihe bilden.

Wenn man dementsprechend annimmt, daß die Se- und Te-Atome völlig statistisch in den Mischkristallen verteilt sind, so ergeben sich Fragen an die

Theorie, die unseres Wissens bisher noch nicht diskutiert wurden, weil ein ähnliches Verhalten anscheinend bisher auch noch nicht in anderen Systemen beobachtet worden ist. Eine Art „tight binding"-Näherung könnte eventuell ergeben, daß die Se- und Te-Atome auch in den Mischkristallen genügend viel von ihren individuellen Eigenschaften behalten, so daß sich die in der vorliegenden Arbeit untersuchten optischen Eigenschaften tatsächlich in erster Näherung durch eine einfache Addition der Beiträge der einzelnen Atome ergeben.

Schließlich ist noch eine Möglichkeit denkbar, die zwischen diesen beiden Extremfällen liegt und die wohl am wahrscheinlichsten ist. Es ist bekannt, daß in der Schmelze sowohl von Se als auch von Te nicht einzelne Atome vorliegen, sondern kürzere Kettenbruchstücke verschiedener Länge. Man muß darum annehmen, daß auch in den aus der Schmelze erstarrten Legierungen längs jeder Kette mehr oder minder lange Kettenbruchstücke von Se und Te in statistischer Verteilung miteinander abwechseln. Diese Möglichkeit kann durch unsere Röntgenuntersuchungen nicht ausgeschlossen werden, weil die Genauigkeit dafür nicht ausreichte. Aber auch in diesem Fall ist das Verhalten der Reflexionsmaxima noch sehr bemerkenswert, weil man nämlich dann annehmen muß, daß die für das Se und das Te charakteristischen Energiebänder bereits durch die statistisch verteilten, relativ kurzen Kettenbruchstücke von Se bzw. Te zustande kommen. Diese Annahme erscheint allerdings nicht unplausibel, weil die Bindung längs der Ketten viel fester ist als quer dazu, was sich ja auch in der relativ großen Breite der V_2- und L_2-Bänder ausdrückt.

Für eine Deutung in dieser Richtung spricht auch ein Vergleich des kristallinen mit dem amorphen Se. Das breite 3 k-Maximum tritt in beiden Modifikationen an ungefähr der gleichen Stelle auf, und auch das obenerwähnte Reflexionsmaximum bei 9 eV ist in beiden Modifikationen vorhanden. Beide Tatsachen zeigen die große Ähnlichkeit der breiten V_2- und L_2-Bänder bei amorphem und kristallinem Se. Da in der amorphen Phase nur die Nahordnung innerhalb der Ketten erhalten bleibt, kann man aus dieser Übereinstimmung schließen, daß diese Bänder im wesentlichen durch die starke Bindung innerhalb der Ketten entstehen. Die schmalen V_1- und L_1-Bänder, welche beim amorphen Se fehlen oder zumindest stark geschwächt sind, kommen dann analog durch die relativ schwache geordnete Wechselwirkung zwischen den Ketten zustande.

Bei dieser Vorstellung taucht natürlich sofort die Frage auf, wie lang die Kettenbruchstücke sein müssen, damit der Charakter der Bindung noch erhalten bleibt. Da auch bei Zusätzen von 10 bis 20%, wo sich wahrscheinlich eine feinere Verteilung der Zusatzatome ergibt, das Verhalten genauso ist wie bei Konzentrationen von 50%, dürfte die erforderliche Kettenlänge nicht groß sein. Auch das von Lanyon [7] gefundene Ergebnis, daß beim Verdampfen einer Se–Te-Mischung die Zusammensetzung erhalten bleibt, zeigt, daß wahrscheinlich nicht Se- und Te-Ketten nebeneinander liegen, sondern daß sich die Mischung innerhalb einer Kette vollzogen hat. Genauere Angaben erhoffen wir uns von Untersuchungen, bei denen der Mischungsgrad bewußt durch Variation von Temperatur und Zeit bei der Schmelze oder durch mehr oder weniger gute Mischung bei Aufdampfschichten verändert wird. Da der Se-Dampf etwas oberhalb Schmelztemperatur aus 8er-Ringen bzw. -Ketten besteht, und bei Te die Ketten im Dampf wahrscheinlich kürzer sind, lassen sich hier möglicherweise Rückschlüsse auf die erforderliche Länge der Ketten gleicher Atome gewinnen.

Herrn Prof. Dr. F. Stöckmann danken wir für anregende Diskussionen und für die Durchsicht des Manuskripts.

Literatur

[1] J. Tauc und A. Abraham, Proc. Intern. Conf. Semiconductor Physics, Prague 1960; J. Phys. Chem. Solids **20**, 190 (1961).
[2] M. Hansen, Constitution of Binary Alloys, Mc Graw-Hill, New York, 1958.
[3] Ch. H. Skinner, Phys. Rev. **9**, 148 (1917).
[4] H. Gobrecht und A. Tausend, Z. Phys. **161**, 205 (1961).
[5] J. S. Blakemore und K. C. Nomura, Phys. Rev. **127**, 1024 (1962).
[6] R. S. Caldwell und H. Y. Fan, Phys. Rev. **114**, 664 (1959).
[7] H. P. D. Lanyon, J. appl. Phys. **35**, 1516 (1964).
[8] H. B. Callen, J. chem. Phys. **22**, 518 (1954).
[9] R. Gaspar, Acta phys. Acad. Sci. Hungar. **7**, 289 (1956).
[10] R. H. Asendorf, Thesis, University of Pennsylvania, 1956.
[11] J. R. Reitz, Phys. Rev. **105**, 1233 (1957).
[12] L. J. Korovin und Yu. A. Firsov, Zh. tekh. Fiz. **28**, 2417 (1958).
[13] E. Behrens, Z. Phys. **163**, 140 (1961).
[14] M. Hulin, Ann. Phys. (France) **8**, 647 (1963).
[15] J. Stuke, Z. Phys. **134**, 194 (1953).
[16] F. R. Kessler und E. Sutter, Z. Phys. **173**, 54 (1963).
[17] M. P. Givens, Ch. J. Koester und W. L. Goffe, Phys. Rev. **100**, 1112 (1955).
[18] T. Fukuroi, Sci. Res. Rep. Tohoku Univ. **A 3**, 175 (1951).
[19] F. Eckart und W. Henrion, phys. stat. sol. **2**, 841 (1962).
[20] W. J. Choyke und L. Patrick, Phys. Rev. **108**, 25 (1957).
[21] H. Roth, J. Phys. Chem. Solids **8**, 525 (1959).
[22] A. Nussbaum und D. Long, Proc. Intern. Conf. Semiconductor Physics, Prague 1960.
[23] R. V. Parfenev, A. M. Pogarskii und J. J. Farbshtein, Soviet Physics — Sol. State **4**, 2630 (1963).
[24] E. Grison, J. chem. Phys. **19**, 1109 (1951).
[25] J. N. Hodgson, J. Phys. Chem. Solids **23**, 1737 (1962).
[26] S. Kandare, C. R. Acad. Sci. (France) **244**, 2594 (1957).
[27] S. Robin-Kandare und J. Robin, Proc. Intern. Conf. Semiconductor Physics, Prague 1960.
[28] A. Nussbaum, Phys. Rev. **94**, 337 (1954).
[29] J. Rosenman, phys. stat. sol. **3**, 1429 (1963).
[30] H. Thirring und O. P. Fuchs, Photowiderstände, Leipzig 1931.
[31] T. S. Moss, Optical Properties of Semiconductors, Butterworths, London 1959.
[32] F. R. Kessler, Festkörperprobleme II, Vieweg, Braunschweig 1963 (zusammenfassende Darstellung).
[33] R. Sandrock, persönliche Mitteilung.

(Received July 20, 1964)

phys. stat. sol. 7, 205 (1964)

Physics Department, University of Illinois, Urbana, Illinois

Warm-Carrier Resistivity in Impure n-InSb in a Magnetic Field[1])

By

D. MATZ[2]) and F. GARCIA-MOLINER[3])

The influence of a transverse magnetic field on the warm carrier behavior of the conductivity and resistivity is studied for different scattering mechanisms. An electron temperature model of the Shockley type is used throughout. For a calculation of the conductivity, the coefficient β of the quadratic deviation from Ohm's law vanishes in high magnetic fields like H^{-2}. For a calculation of the resistivity it saturates to a constant value (not including quantization). Only for polar optical scattering at low temperatures the saturation value has opposite sign to that of β in a low magnetic field.

The theory is applied to some resistivity measurements [2] in impure n-InSb at 77 °K. It is concluded that these can be essentially explained by a combination of polar optical scattering and ionized impurity scattering. An explicit account of compensation between donor and acceptor impurities is essential to explain the difference between the results for different samples at magnetic fields above 2 kG, where it is easiest to obtain a good quantitative agreement with experiment. The low magnetic field data are harder to anderstand, because of the difficulty in describing polar scattering in sufficient detail.

Es wird der Einfluß eines transversalen Magnetfeldes auf das Verhalten warmer Stromträger bezüglich Leitfähigkeit und Widerstand für verschiedene Streumechanismen untersucht. Die Berechnungen werden im Shockley'schen Modell durchgeführt, das durch die Einführung einer Elektronentemperatur charakterisiert ist. Im nicht-quantisierten Fall nimmt der Koeffizient β, der die quadratische Abweichung vom Ohm'schen Gesetz beschreibt, bei der Leitfähigkeit bei hohen Magnetfeldern wie H^{-2} ab, während er beim Widerstand konstant wird. Nur bei Streuung an polaren optischen Gitterschwingungen bei tiefen Temperaturen hat dieser konstante Wert β das entgegengesetzte Vorzeichen, als das bei schwachen Magnetfeldern resultierende β.

Diese Theorie wird benutzt, um Widerstandsmessungen zu deuten, die am dotierten InSb bei 77 °K durchgeführt wurden. Es wird gezeigt, daß diese Ergebnisse durch ein Zusammenwirken von Streuungen an polaren optischen Gitterschwingungen und ionisierten Fremdatomen erklärt werden können. Um die Unterschiede zwischen den für verschiedene Proben erhaltenen Ergebnissen bei Magnetfeldern über 2 kG (bei denen eine gute quantitative Übereinstimmung mit den Experimenten am leichtesten zu erzielen ist) zu erklären, muß die Kompensation von Donatoren und Akzeptoren explizit berücksichtigt werden. Es ist schwerer, eine Übereinstimmung mit den Experimenten zu erhalten, die bei schwachen Magnetfeldern durchgeführt wurden. Das liegt an der Schwierigkeit, die Streuung an polaren optischen Gitterschwingungen hinreichend genau zu beschreiben.

1. Introduction

In a previous publication [1] (hereafter denoted as I) the authors considered some aspects of a hot electron picture for semiconductors in electric and magnetic fields and discussed the comparative features of resistive and mobility-type measurements. A model calculation was performed for a mixture of covalent

[1]) Work supported in part by the National Science Foundation and by the Air Force Office of Scientific Research Grant AF 328-63.

[2]) Present address: Eastman Kodak Company, Rochester, New York.

[3]) On leave of absence from the Instituto de Fisica "A. Santa Cruz", S. C. I. C., Serrano 119, Madrid, Spain.

optical and acoustic scattering, and a very brief mention was made of other scattering mechanisms.

KANAI [2] measured the resistivity ϱ of impure n-InSb. With n carriers of charge q per unit volume, KANAI defined a "mobility", which will be here denoted as μ_R, where $\mu_R = (n\, q\, \varrho)^{-1}$. For low and moderate values of $\mathscr{E}_J$ (the component of electric field along the current), measurement of ϱ yields $\mu_R = \mu_R^0\,[1 + \beta\, \mathscr{E}_J^2]$. This equality defines the warm carrier coefficient β, which for brevity will be here called the "resistive" β, as opposed to the "conductive" β_c which one would define from a true mobility measurement. Kanai's measurements were done in transverse magnetic fields H from 0 up to about 6 kG. Thus the data give β as a function of H.

The discussion of this article is built around these data, which, from the point of view of I, have two interesting features: 1. They involve other scattering mechanisms, and 2. they are resistive measurements. Thus, as it will be seen, they reflect the dispersive properties of the scattering mechanisms involved, while they do not exhibit the cooling effect of a magnetic field which true mobility measurements would exhibit.

Sections 2 and 3 contain the formulation of the problem in the Shockley-type model employed and for different scattering mechanisms. This is then applied in section 4 to analyze and discuss Kanai's data. Some final comments and suggestions for further experimental work follow in section 5.

2. Formulation of the Problem

The power gain per carrier from the electric field is

$$\left\langle \frac{dE}{dt} \right\rangle_f = q\, \mu_{11} \left\{ 1 + \left(\frac{\mu_{12}}{\mu_{11}} \right)^2 \right\} \mathscr{E}_J^2 \equiv q\, \mu_R\, \mathscr{E}_J^2\,, \tag{1}$$

where $\mu_{ij} = \sigma_{ij}/n\, q$ are the elements of the mobility tensor. Having decided on the scattering mechanisms one would then write down the energy loss and establish an energy balance equation for the electron temperature T_e. The temperature parameter $\gamma = T_e/T$ would thus be obtained as $\gamma(\mathscr{E}_J, H)$.

For warm carriers one can expand to first order in $(\gamma - 1)$. Thus

$$\mu_R(\gamma) = \mu_R(1) + \left[\frac{d\mu_R(\gamma)}{d\gamma} \right]_{\gamma=1} (\gamma - 1)\,. \tag{2}$$

Also, the energy loss term can be generally written (for $\gamma \simeq 1$) as

$$-\left\{ \frac{dE}{dt} \right\}_{\text{coll}} = P\, (\gamma - 1)\,, \tag{3}$$

P being independent of γ. The energy balance equation yields then

$$P\, (\gamma - 1) = q\, \mu_R(1)\, \mathscr{E}_J^2\,. \tag{4}$$

Hence, putting $\mu' = (d\mu_R/d\gamma)_{\gamma=1}$

$$\mu_R(\gamma) = \mu_R(1)\, \{1 + P^{-1}\, q\, \mu'\, \mathscr{E}_J^2\}\,, \quad \beta = P^{-1}\, q\, \mu'\,. \tag{5}$$

Two things have to be specified: The explicit formula for P, given the mechanisms responsible for energy loss, and the prescription by which the μ_{ij}'s are evaluated in terms of γ. As a working model it will be provisionally assumed that one can always use standard formulae in terms of relaxation times. This involves then using (4) through (8) of I. This may be a drastic oversimplification, especially for polar scattering (when it is even totally unjustifiable a priori).

For the ith scattering mechanism entering the analysis, the corresponding relaxation time will be written as

$$\tau_i = q^{-1}\, m\, \nu_i\, t_i(\gamma\, x)\,. \tag{6}$$

Here ν_i is proportional to the ohmic drift mobility and is a sort of reciprocal measure of the strength of the scattering, while t_i is a function of $\gamma\, x = E/k\,T$ and contains the details of the dispersive properties of the mechanism in question. One can then write for the total relaxation time involving n momentum loss mechanisms

$$\tau = q^{-1}\, m\, \nu_1\, t_1\, \{1 + \Sigma\}^{-1}\,, \quad \Sigma = \sum_{i=2}^{n} \nu_{i1}\, t_{i1}\,, \tag{7}$$

with $\nu_{i1} = \nu_i/\nu_1$, $t_{i1} = t_i/t_1$.
Hence

$$\mu_{11} = \frac{4}{3\sqrt{\pi}}\, \nu_1\, J_{11}(\gamma)\,, \qquad \mu_{12} = \frac{4}{3\sqrt{\pi}}\, \nu_1 \left(\frac{\nu_1 H}{c}\right) J_{12}(\gamma)\,, \tag{8}$$

where

$$J_{1j} = \int_0^\infty \frac{e^{-x}\, x^{3/2}\, t_1^j\, (1+\Sigma)^{-j}}{1 + \left(\frac{\nu_1 H}{c}\right)^2 t_1^2\, (1+\Sigma)^{-2}}\, dx\,. \tag{9}$$

Setting $J_{ij} = J_{ij}(\gamma = 1)$ and $J'_{ij} = J'_{ij}\,(\gamma = 1)$, μ' of (5) is

$$\mu' = \frac{4}{3\sqrt{\pi}}\, \nu_1\, J'_{11} \left\{1 - \left(\frac{J_{12}\, \nu_1\, H}{J_{11}\, c}\right) \left[\frac{J_{12}}{J_{11}} - 2\,\frac{J'_{12}}{J'_{11}}\right]\right\}. \tag{10}$$

Notice that, for large H, β tends to a finite value

$$\beta\,(H \to \infty) = -\frac{3\sqrt{\pi}\, q}{4\, P}\, \nu_1\, \frac{K'_{11}}{K_{11}^2}\,, \tag{11}$$

where K_{11} is the value at $\gamma = 1$ of

$$K_{11}(\gamma) = \int_0^\infty e^{-x}\, x^{3/2}\, t_1^{-1}\, \{1 + \Sigma\}\, dx \tag{12}$$

and K'_{11} is the derivative, again at $\gamma = 1$. On the other hand, for the actual drift mobility, β_c (which is of course equal to β of (5) at, and only at, $H = 0$) behaves asymptotically like H^{-2}. That is to say, initially warm carriers are completely cooled down by a high magnetic field. However (see comments in I) a resistivity measurement is designed not to exhibit this effect but, rather, to sample the minute details of the scattering mechanisms giving rise to dispersive effects. An extreme example of this is the difference between the limits $H \to 0$ and $H \to \infty$ of the resistive β. There are also qualitative differences in the behavior of both β coefficients at all ranges of values of H, as will be seen later.

3. Nature of the Scattering Mechanisms

Standard expressions for relaxation times are extensively discussed in the literature [3] for most common mechanisms. To a good approximation the corresponding function $t(\gamma\, x)$ can be taken as a simple power $(\gamma\, x)^p$, except that for ionized impurity scattering ($p = 3/2$) extra terms are required to describe the screening of the charged impurity. Roughly, many qualitative results of β depend on the sign of p. For brevity a mechanism behaving qualitatively like one with a simple power law and $p \gtrless 0$ will be called a "positive/negative" dispersive mechanism.

The scattering by optical modes is far more complicated. For nonpolar (covalent) modes one has [4, 5]

$$1/t(\gamma\, x) = \frac{1}{2}\left\{\sqrt{\gamma\, x + z} + h\,(\gamma\, x - z)\, e^{z} \sqrt{\gamma x - z}\right\}, \tag{13}$$

where $z = \Theta/T$, Θ is the characteristic temperature of the optical phonons, and h is Heaviside's unit step function. For $H = 0$, the β coefficient for this mechanism has been well studied [6, 7]; it turns out to behave like a negative dispersive mechanism. Actually, $t(\gamma\, x)$ acquires the simple power form with $p = 0$ and $p = -1/2$ in the limits $T \ll \Theta$ and $T \gg \Theta$, respectively. From (10) through (13) one can follow the magnetic field dependence of β. The integral of Eq. (12) can be expressed in terms of a modified Bessel functions [8]. This gives, in the notation of I and in the limit of high magnetic field

$$\beta\,(H \to \infty) = -\frac{4\, q\, \mu_{\mathrm{ac}}^{0}\, e^{-z/2}}{P\, B\, z^{3}\, \mathcal{N}} \times \frac{\left(1 - \frac{z}{2}\right) K_0\left(\frac{z}{2}\right) + \left(\frac{4}{z} + \frac{3}{2}\, z - 2\right) K_1\left(\frac{z}{2}\right)}{\left\{2\, K_0\left(\frac{z}{2}\right) + \frac{8}{z}\, K_1\left(\frac{z}{2}\right)\right\}^{2}}\,. \tag{14}$$

$\mathcal{N}$ is the phonon number $(\exp z - 1)^{-1}$. Using their integral representations it is easy to see that $K_1 > K_0$ always. Thus, in high H, $\beta < 0$ at all lattice temperatures. This is the "resistive" β. Contrarily, the "conductive" β_c which follows from (13) is, in the same limit

$$\beta_c(H \to \infty) = \frac{q\, \mu_{\mathrm{ac}}^{0}\, z\, e^{z/2}}{4\, P\, B\, \mathcal{N}} \left\{\left(1 - \frac{z}{2}\right) K_0\left(\frac{z}{2}\right) + \left(\frac{4}{z} + \frac{3}{2}\, z - 2\right) K_1\left(\frac{z}{2}\right)\right\} \times$$
$$\times \frac{16}{9\pi}\,(B\, z\, \mathcal{N})^{2} \left(\frac{c}{\mu_{\mathrm{ac}}^{0}\, H}\right)^{2}. \tag{15}$$

Thus β_c approaches zero from the positive side (see Fig. 1).

Polar optical scattering presents the greatest difficulties. Even when treating the problem by perturbation theory for reasonably weak coupling, a relaxation time has only been proved to exist [9] for $H = 0$ and in the limits $z \gg 1$ and $z \ll 1$. While more formal techniques can be used to study ohmic transport for polar scattering alone, to include in such a program the effects of electric and magnetic fields and of other scattering mechanisms as well (as is intended to do presently) would be a rather formidable task. Making virtue of necessity one can use the results of fairly accurate previous calculations [10] to extract an effective relaxation time in the manner explained in Appendix A. This is admittedly a very crude approximation, and is strictly a heuristic procedure to describe in some approximate way the dispersive nature of polar scattering. This effective relaxation time would correspond to

$$t_{\mathrm{op}}(\gamma\, x) = \gamma^{3/2} \exp\left\{\frac{z}{2}\,(1 - \gamma^{-1})\right\} \sum_{r,s=0}^{N} x^{r} (\delta^{-1})_{rs}\, \lambda_s\,, \qquad (H = 0)\,, \tag{16}$$

and

$$1/t_{\mathrm{op}}(\gamma\, x) = \gamma^{-3/2} \exp\left\{\frac{z}{2}\,(\gamma^{-1} - 1)\right\} \sum_{r=0}^{N} x^{r} (\Gamma^{-1}\, \delta)_{r0}\,, \qquad (H \to \infty)\,. \tag{17}$$

Here N indicates the order of the variational calculation from which $t(\gamma x)$ has been extracted. The notation is the same as in [10] and is recalled in Appendix A. The formulae of the previous section can now be evaluated again and, in zero magnetic field, they yield

$$\beta\,(H = 0) = P^{-1}\, q\, \bar{\mu} \left\{\frac{3 + z}{2} F(z/2) - (z/2)\, \frac{dF(z/2)}{d(z/2)}\right\}. \tag{18}$$

The function $F(z/2)$ is obtained to order N in the variational calculation and is ultimately expressed in terms of polynomials and Bessel functions. This formula gives negative values of β at low temperatures. As T is raised, eventually β becomes positive. This was also the behavior found by STRATTON [10] in a different calculation. Following FRÖHLICH and PARANJAPE [12], STRATTON considered explicitly the case in which interelectronic collisions predominate to the extent of locking the distribution function into a maxwellian distribution displaced by a fixed drift momentum. Having thus postulated the form of the distribution, the drift momentum was evaluated as a function of electric field by taking the momentum moment of the Boltzmann equation. Since in this method one is asking a more restricted question, the problem of fully solving the Boltzmann equation is bypassed. This has the advantage that one can obtain a straightforward solution without relying on fictitious devices like the "effective relaxation time" employed here.

However, this method requires critical scrutiny for phenomena, such as magnetoresistance, in which the energy dependence is of explicit importance. For example, a literal application of this procedure would predict zero magnetoresistance, as the energy is integrated away when moments are taken. It is conceivable that, under certain circumstances, a displaced maxwellian with a fixed drift momentum may be a correct (or, for practical purposes a good) solution of the Boltzmann equation. Then the physical implication should be simply that there is no magnetoresistance. However, it is not obvious that the function which satisfies a finite number of moment conditions is the complete solution of the full problem. This point does not seem to have been fully elucidated, while available experimental indications [13] tend rather to cast some doubt on the correctness of the displaced maxwellian.

Furthermore, whatever may be the case in low magnetic fields, it is clear that the frequency of electron-electron collisions eventually loses physical relevance when the cyclotron frequency becomes sufficiently high. Thus, for example, high field magnetoresistance would reach its full value even if electron-electron collisions determined a given distribution at low H. More will be said later about the use of a displaced maxwellian at $H = 0$, in connection with mixed electron-lattice scattering.

In the high magnetic field limit (17) can actually be carried through exactly, the integral of the sum being rigorously equal to $\Gamma(5/2)\,\delta_{00}$. This gives

$$\beta\,(H \to \infty) = q\, \bar{\mu}\, \frac{(1 + z)\, K_1\,(z/2) - z\, K_0\,(z/2)}{2\, P\, K_1^2\,(z/2)}\,. \tag{19}$$

This is, as stated, an exact formula, while (16) is in practice evaluated to a certain degree of approximation for the function F. Notice that β (the "resistive" β) is greater than 0 for large H, at all temperatures. The "conductive" β_c on the other hand, is given asymptotically by

$$\beta_c\,(H \to \infty) = -\frac{q\,\bar{\mu}}{2\,P}\left(\frac{c}{\bar{\mu}\,H}\right)^2 \{(1 + z)\, K_1\,(z/2) - z\, K_0\,(z/2)\}, \tag{20}$$

and approaches zero from the negative side.

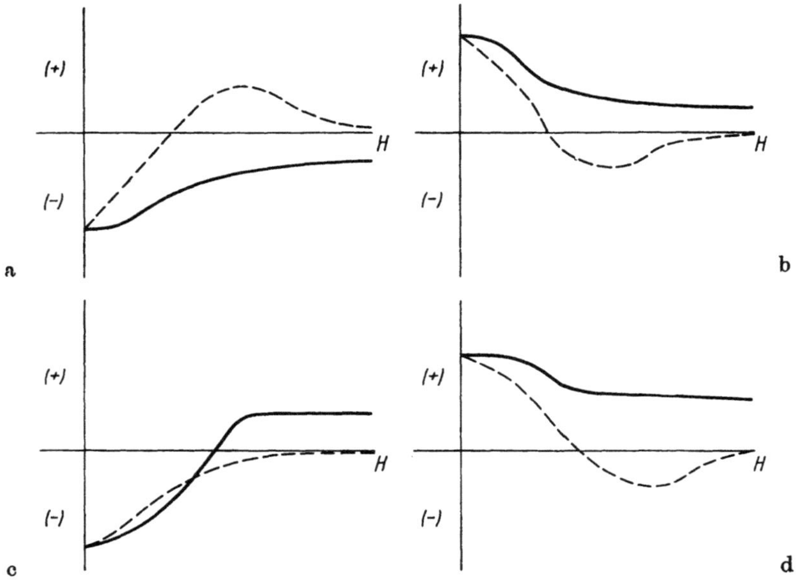

Fig. 1. Qualitative features of the magnetic field dependence of β (full lines) and of β_c (dotted lines). a) $p = -1/2$ and covalent optical scattering; b) $p = 1/2, 3/2$; c) polar optical (T smaller); d) polar optical (T larger)

The calculation of β for the other mechanisms is straightforward, the results are summarized in Table 1, which gives the high magnetic field limit and the ratio of the saturation value of β (resistive) to its zero magnetic field value. In columns 2, 3, and 4, μ^0 means the ohmic (low $\mathcal{E}$, zero H) mobility of the mechanisms labeled by the corresponding values of p. An overall picture of the magnetic field dependence of β and β_c is given in Fig. 1. This is a purely qualitative plot. All the numerical details (like initial values, positions of inflexion points and extrema, as well as saturation values of β_c) depend on the nature of the mechanism and on the lattice temperature.

Table 1

High magnetic field limits of β, as defined from the measured resistivity, and of β_c, defined by $\mu = \mu^0 [1 + \beta_c \varepsilon^2]$, where μ is the measured forward drift mobility and μ^0 is its ohmic value. β^0 is the zero magnetic field value of β (then equal to β_c)

Mechanism	$p = -1/2$	$p = 1/2$	$p = 3/2$	cov. opt.	pol. opt.
ν_i	$3\sqrt{\pi}\,\mu_0/4$	$3\sqrt{\pi}\,\mu^0/8$	$\sqrt{\pi}\,\mu^0/8$	$\dfrac{3\sqrt{\pi}\,\mu^0_{\text{ac}}(e^z-1)}{4\,B\,z}$	$\bar{\mu}$
$\dfrac{P}{q\nu_i}\left(\dfrac{\nu_i H}{c}\right)^2 \beta_c^\infty$	$+4/3\sqrt{\pi}$	$-2/3\sqrt{\pi}$	$-2\sqrt{\pi}$	Equation (15)	Equation (19)
$P\,\beta^\infty/q_i\,\nu_i$	$-3\sqrt{\pi}/16$	$+3\sqrt{\pi}/8$	$+9\sqrt{\pi}/8$	Equation (14)	Equation (18)
β^∞/β^0	$9\pi/32$	$9\pi/32$	$3\pi/32$	$\dfrac{9\pi}{32} < \dfrac{\beta^\infty}{\beta^0} < 1$	

Finally, the power loss term P is given in the literature for the mechanisms which are of main interest, like acoustic [14,4], covalent optical [4, 5], and polar optical [11] scattering. With these one can carry out explicit numerical calculations of the magnetic field dependence of the β coefficients.

In most physical circumstances the carriers scatter via more than one mechanism at a time, and it would be desirable to have expressions for β for such cases. For $H = 0$, it is not always possible to get β analytically when more than one scattering mechanism is present. One can write down β in terms of integrals, as described in section 2, and then proceed by numerical computation. On the other hand, for large H, β can be obtained analytically for a combination of any number of mechanisms simply by using equations (6), (11), and (12), together with Table 1.

Further refinements of the theory might be necessary in some cases because of some degree of degeneracy in the free carrier gas, non-standard band structure effects and even the need to use altogether a more rigorous description than a straight Shockley picture. However, a simple look at Fig. 1 indicates clearly that a wealth of information can be picked out by a careful analysis of experimental curves of this kind as impurities are added, temperature is changed, in short, as different mechanisms participate in varying degrees. In fact this seems to be extremely sensitive to minute details, as will be seen presently, when the foregoing considerations are applied to analyze some of Kanai's [2] data on n-InSb.

4. Application to Impure n-InSb

There has been considerable controversy on the nature of intrinsic scattering mechanisms in InSb. Ionized impurities are clearly responsible for most of the scattering in low temperatures and even at 77 °K this is quite significant (or dominant) for impurity concentrations of order 10^{14} cm^{-3} or more [15]. There is no unanimous agreement on the type of intrinsic mechanism which begins to take over, typically, around the liquid nitrogen range or above, depending on impurity contents. By fitting the temperature dependence of the measured mobility [16 to 18], acoustic scattering was for some time favored by most authors. Ehrenreich [19] analyzed in detail some experimental data above 200 °K and concluded that polar optical scattering predominates up to about 500 °K (above which electron-hole scattering takes over). Many other authors have since then favored polar scattering, although there is still considerable discrepancy concerning the numerical value of the Callen effective ionic charge e^*. This is believed to vary from 0.13 to 0.20 electronic charges, depending on authors and sources of information.

However, acoustic scattering has been insistently advocated, especially from 300 °K down to 77 °K. For arguments and counterarguments the reader is referred to the last discussion meeting of the Prague Conference [20] and to reviews like Beer's [3, 21]. Several contributors at the Prague Conference stressed the fact that while fitting curves to the temperature dependence of the mobility may lend itself to ambiguities, one can obtain sharper contrast by studying galvano- and/or thermomagnetic effects, which are more sensitive to the details of the scattering. This approach seems to favor polar optical rather than acoustic modes. Yet, most of these arguments concern temperatures greater than or equal to 200 °K, while acoustic scattering has more advocates at $77 \leqq T \leqq 200$ °K.

The purpose in this article is to study the non ohmic properties of resistive coefficients in magnetic fields, rather than being primarily concerned with elucidating mechanisms. However, it turns out that the resistive β coefficient is extremely sensitive in this respect, so much so that different assumptions may lead to changes in the sign of β or to large quantitative differences by orders of magnitude. Thus, although the theoretical picture may be in some respect rather crude, different mechanisms will be simply tested and their sharp differences contrasted to choose what seems to give the best fit to all available experimental and theoretical information. For this purpose it is sufficient to study the values of β in the limits $H = 0$ and $H \to \infty$ (physically, in this case, $H \approx 6 \times 10^3$ Gauss) and the range of values of H at which β levels off to its high field saturation value. (No Landau quantization is involved in this analysis.) This avoids the cumbersome task of aiming at the explicit $\beta(H)$ curve, for which there would be little point at this stage, and it suffices to indicate where further work would be convenient.

KANAI's experiments were done at 201 °K and 77 °K. The data at 201 °K will not be considered here, because this would clearly require an explicit treatment of nonparabolicity (while at 77 °K one can simply take an appropriate average effective mass without much error) and because in this temperature range the errors introduced by using an effective relaxation time for polar scattering would also be worse. Of the three different samples used in the measurements, samples numbered 1 and 3 will be considered now and sample 5 will be considered later. A label $s = 1,3$ will be used throughout to indicate the sample. The impurity contents were not specified, only the free electron concentrations and the ohmic ($H = 0$) mobilities. Rather, the actual data were the resistivity and the Hall coefficient R. Since R was actually measured at high magnetic field (and ϱ at $H = 0$), the electron concentration n and the drift mobility can be obtained directly from the experimental values of R and ϱ, and no statistical factor is needed to correct from Hall to drift mobility.[4]) BATE [22] has recently analyzed in detail the compensation of donor and acceptor impurities in InSb and evaluated the mobility as a function of electron concentration for different impurity concentrations. Using Bate's analysis one can surmise the total number of impurities N_I and the number of donors N_D. Then, using the Brooks-Herring formula (which should be perfectly reliable [23] at such temperatures and carrier concentrations) one can evaluate the ohmic impurity mobility μ_I^0. This was done using the value of SPITZER and FAN [24] of 17.5 for the dielectric constant. The results for n, N_I, N_D, and μ_I^0 are summarized in Table 2. These will be regarded here as "experi-

Table 2

Data relative to impurity contents

Sample No.	n (cm^{-3})$^{(a)}$	N_I (cm^{-3})$^{(b)}$	N_D (cm^{-3})$^{(b)}$	μ_I^0 (cm^2/V s)$^{(c)}$
1	3.95×10^{14}	4.0×10^{15}	2.2×10^{15}	3.0×10^5
3	1.23×10^{15}	5.0×10^{15}	3.1×10^{15}	$\leqq 2.7 \times 10^5$ *)

(a) KANAI
(b) Following Bate's analysis
(c) Calculated with the Brooks-Herring formula
(*) For sample 3 electron-electron collisions might be sufficiently frequent to reduce μ_I^0 somewhat. Hence the figure quoted is an upper limit.

[4]) The same seems to apply to the data analyzed by EHRENREICH [19], for which R was reportedly measured at $H = 3.08 \times 10^3$ Gauss. This would in fact give better agreement between the experimental data and Ehrenreich's calculation.

mental data," in the sense that they are obtained from actual experimental numbers by the analysis just described, which is totally independent of the theoretical model studied in this article. It will be seen later that the specification of the impurity contents is essential to explain the difference between samples 1 and 3. It is also necessary to use not a simple $p = 3/2$ law for impurity scattering, but the full Brooks-Herring formula which, in the notation of sections 2 and 3, corresponds to

$$\nu_I = \frac{\sqrt{\pi}}{8} \mu_I^0 F_{BH}(3\,kT), \quad t_I(\gamma\,x) = (\gamma\,x)^{3/2}/F_{BH}(\gamma\,x),$$

where μ_I^0 is the ohmic mobility limited by ionized impurity scattering alone and F_{BH} is the standard [25] logarithmic screening function.

It is also possible to have some indication of the magnitude of the intrinsic mobility at 77 °K. A rough extrapolation from high temperature data suggests a value above 10^6 cm²/V s. Direct experimental measurements at 77 °K as a function of carrier concentration [26] gave values of up to 2×10^6 cm²/V s for the purest samples. This may be regarded as further indirect information. The actual intrinsic mobility may be somewhat higher since only the carrier concentration was specified and this, again, probably results from compensation between impurities present in larger amounts.

The actual direct experimental data to explain, for both samples 1 and 3 are (Table 3): β^0 (at $H = 0$), β^∞ (the high magnetic field saturation value), H_c (the magnetic field at which β levels off to β^∞) and μ^0 (the total, measured, drift mobility). Two aspects of the magnetic field dependence of β are immediately clear from the qualitative curves of Fig. 1. First, β^∞ settles down to a non zero value (in fact of the order of the absolute magnitude of β^0) because this is a resistive measurement. In a true mobility experiment the initially warm carriers would be completely cool at high H for any scattering mechanism. Second, a change from negative to positive is to be explained by a combination of "positive" and "negative" curves, like those in full line in Fig. 1 b, 1 d and 1 a, 1 c respectively. The total β curve results from all the contributions and is determined at first by the relative strengths of the momentum loss mechanisms. Then, as an increasing magnetic field is applied, these exhibit the differences in their dispersive properties through the different way in which their corresponding β's vary. The total β then changes from negative to positive.

It will be assumed that μ_{op}^0 (the ohmic polar optical mobility) is correctly given by the variational calculation referred to in Appendix A. The numerical value of $\bar{\mu}$ depends on e^* which will be allowed to vary between 0.14 and 0.20. The strength of the other scattering mechanisms will be measured by reference to $\bar{\mu}$ through the following parameters:

$$a = \frac{8\,\bar{\mu}}{\sqrt{\pi}\,\mu_I^0\,F_{BH}(3\,kT)}\,, \qquad b = \frac{4\,\bar{\mu}}{3\sqrt{\pi}\,\mu_{\text{ac}}^0}\,, \qquad c = \frac{8\,\bar{\mu}}{3\sqrt{\pi}\,\mu_p^0}\,. \qquad (21)$$

Here a has different values for different samples and μ_p^0 is the ohmic piezoelectric mobility, this being also regarded provisionally as a plausible intrinsic mechanism. The task then is to consider e^*, a, b, and c as adjustable parameters and to look for a set of values which gives the best possible fit to β^0, β^∞, H_c, and μ^0. Finally, these values should be as consistent as possible with the indirect information described before, namely, the impurity mobility or, equivalently, the intrinsic mobility.

The mechanisms mentioned above are possible candidates for the momentum loss. The energy loss is always dominated by optical modes alone, the contributions from acoustic modes being of order 10^4 times smaller. Application of the analysis of sections 2 and 3 to the present problem yields the following formulae:

$$\mu^0 = \frac{4}{3\sqrt{\pi}}\,\bar{\mu}\,\Omega\,, \tag{22}$$

$$\beta^0 = \frac{2\,\bar{\mu}}{F_0\,\mathcal{N}\,s_{\text{op}}\,z^{3/2}\,e^{z/2}\,K_0(z/2)}\,\Psi\,, \tag{23}$$

$$\beta^\infty = \frac{9\,\pi\,\bar{\mu}}{8\,F_0\,\mathcal{N}\,s_{\text{op}}\,z^{3/2}\,e^{z/2}\,K_0(z/2)}\,\Lambda\,, \tag{24}$$

where

$$\Omega = \int_0^\infty \frac{e^{-x}\,x^3}{x^{3/2}/t_{\text{op}}(x) + b\,x^2 + c\,x + a\,F_{BH}(x)}\,dx\,, \tag{22'}$$

$$\Psi = \int_0^\infty \frac{e^{-x}\,x^3\left\{a\left[F_{BH}(x) - \frac{2}{3}\,F'_{BH}(x)\right] - \frac{1}{3}\,b\,x^2 + \frac{1}{3}\,c\,x + \frac{2}{3}\,x^{3/2}\,t'_{\text{op}}(x)/t_{\text{op}}(x)\right\}}{\{x^{3/2}/t_{\text{op}}(x) + a\,F_{BH}(x) + b\,x^2 + c\,x\}^2}\,dx\,, \tag{23'}$$

$$\Lambda = \frac{\left\{a\,V_1 - \frac{2}{3}\,b + 0.129 + \frac{1}{3}\,c\right\}}{\{V_2 + 2\,b + 0.214 + c\}^2}\,. \tag{24'}$$

In (22′) and (23′) all γ-dependent quantities are evaluated at $\gamma = 1$, the prime indicates differentiation with respect to γ (before setting $\gamma = 1$) and t_{op} is given in (16). In (24′)

$$V_1 = \int_0^\infty e^{-x}\left\{F_{BH}(x) - \frac{2}{3}\,F'_{BH}(x)\right\}dx\,, \qquad V_2 = \int_0^\infty e^{-x}\,F_{BH}(x)\,dx\,. \tag{25}$$

The numbers 0.129 and 0.214 are the results of integrations over $t_{\text{op}}(x)$ as given in (17). Curves for Ω, Ψ, and Λ are plotted in Fig. 2, 3, and 4.

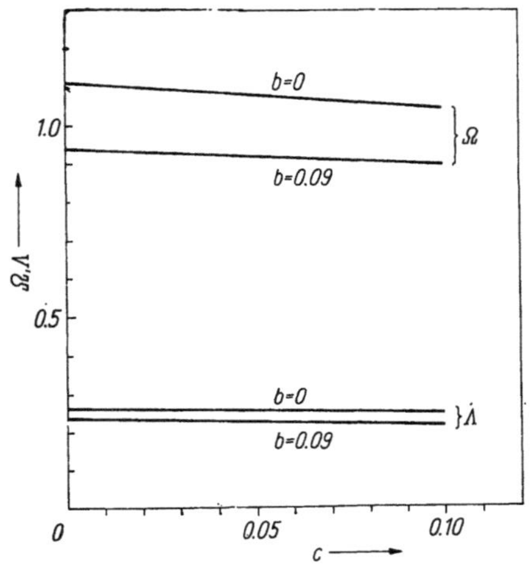

Fig. 2. Sample 1 of Kanai's data. Ω and Λ as functions of c for $a = 0.9$ and $b = 0.00,\ 0.09$

The different mechanisms of momentum loss can now be tested. First of all, the analysis can be specialized to the case of ionized impurity and deformation potential scattering alone. In this case, from the indications about the intrinsic mobility, μ^0_{ac} should be $\gtrsim 2\times10^6$ cm²/V s. An approximate fit to the experimental values of β for sample 1 could be found in this range, with $\mu^0_{\text{ac}} = 3\times10^6$ cm²/V s. However, this would require $\mu^0_I = 2\times10^7$, i. e., two orders of magnitude larger than

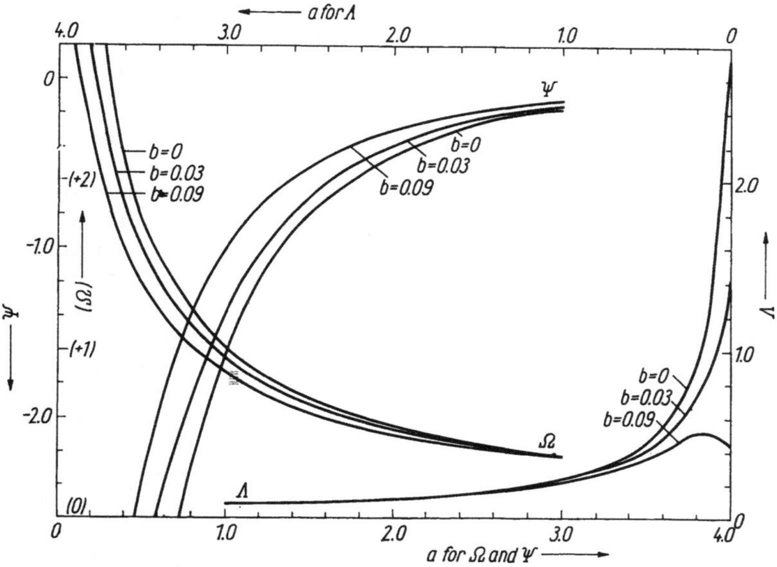

Fig. 3. Sample 1 of Kanai's data. Ω, Ψ and Λ as functions of a for $c = 0$ and $b = 0.00, 0.03, 0.09$

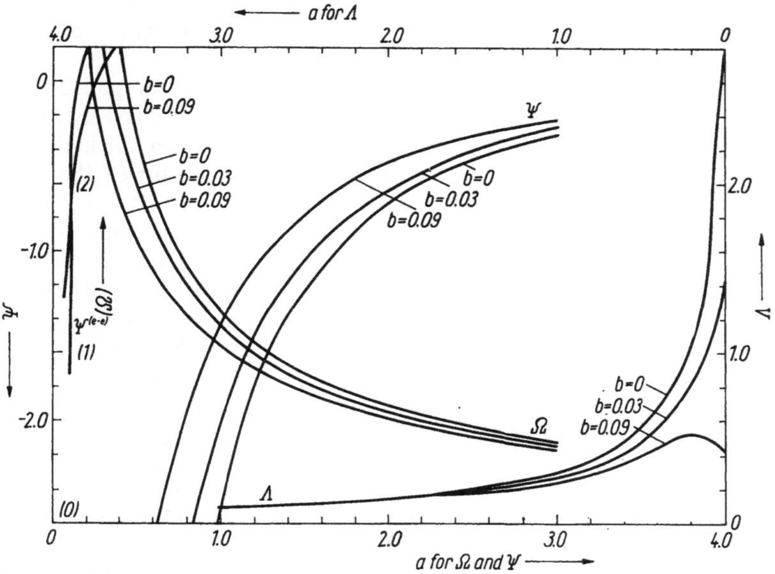

Fig. 4. Sample 3 of Kanai's data. Ω, Ψ and Λ as in Fig. 3. Also, ψ as a function of a for $c = 0$ and $b = 0.00, 0.09$ for the calculation based on predominant electron-electron collisions (Ψ^{e-e})

the value listed in Table 2. Furthermore, the fact that $\beta_3^\infty < \beta_1^\infty$ can also not be accounted for. Hence this combination of mechanisms alone appears to be strongly ruled out.

Ehrenreich [19] argued that, although there is no direct evidence, one can make a reasonable guess about the magnitude of the deformation potential parameter in InSb. Following Ehrenreich one would estimate, at 77 °K, $\mu_{ac}^0 \simeq 3.6 \times$

Table 3

Theoretical values based on the Spitzer-Fan dielectric constants ($\varepsilon_s = 17.5$, $\varepsilon_\infty = 16$, $e^* = 0.13$), compared with experimental values

	$\beta\,(H = 0)$ cm²/V²		$\beta\,(H \to \infty)$ cm²/V²		H_c (Gauss)		μ^0 cm²/V s		μ_I^0 cm²/V s		intrinsic μ
Sample	1	3	1	3	1	3	1	3	1	3	
Experimental	-1.8×10^{-5}	-0.8×10^{-5}	$+5.8\times10^{-5}$	$+5.0\times10^{-5}$	$\sim1.5\times10^{3}$	$\sim1.5\times10^{3}$	2.3×10^{5}	2.1×10^{5}	3.0×10^{5}	$\leqq2.7\times10^{5}$	$\geqq2\times10^{6}$
Theoretical a)	-26.8×10^{-5}	-24.6×10^{-5}	$+5.88\times10^{-5}$	$+5.50\times10^{-5}$	$(1-2)\times10^{3}$	$(1-2)\times10^{3}$	2.30×10^{5}	2.10×10^{5}	3.0×10^{5}	2.52×10^{5}	$\leqq3.87\times10^{6}$
Theoretical b)		$+4.1\times10^{-5}$									

a) Model based on Shockley's picture and "effective relaxation time" for polar scattering
b) Model based on predominance of electron-electron collisions, displaced maxwellian distribution and moment technique

$\times 10^7$ cm²/V s, corresponding to $b \simeq 0.005$. HARRISON [27] made some conjectures about piezoelectrie scattering in III—V compounds which would suggest that, at 77 °K, μ_p^0 might be comparable in magnitude to this value of μ_{ac}^0.

For sample 1, from the knowledge of μ_I^0 one would expect plausible values of a to range from 0.5 to 1. Setting $a = 0.9$ and allowing for values of $b \leqq 0.09$, evaluation of Ω and Λ shows (Fig. 2) that they are almost independent of c for $c \leqq 0.1$ (higher values of c would give unreasonably low values of μ_p^0). Clearly, these samples are too impure for the weaker intrinsic mechanisms to contribute appreciably to the details of $\beta(H)$ since, moreover, piezoelectric scattering is weakly dispersive. In fact, to pick out its contribution to this sample would require an accuracy better than 1%, which is out of the question with the present model, and also below the level of experimental error. Thus, within the crudity of the analysis one can set $c = 0$.

Keeping in mind that all quantities should be well explained quantitatively except perhaps for β^0 (where larger difficulties should be anticipated), the result of the final analysis is that a value of $e^* = 0.13$ gives the best fit throughout. The curves of Fig. 3 and 4 have to be used in conjunction with (22) through (24). For $e^* = 0.13$, these take the numerical form $\mu^0 = 1.79 \times 10^5\, \Omega$, $\beta^0 = 1.11 \times 10^{-4}\, \Psi$, and $\beta^\infty = 1.96 \times 10^{-4}\, \Lambda$ in cm, volt, and s. A direct fit to β^∞ would require, for sample 1, that $a \simeq 0.77$. Quite independently, 0.77 is precisely the value of a which fits μ^0 and μ_I^0. (The apparently perfect agreement should not be taken too literally. Most experimental data have been read graphically from plots, with some inherent inaccuracy.) With mobilities of this order, $(\mu^0 H/c)^2$ varies between about 4 and 16 for H varying between 1 and 2 kG. Thus, one would expect the high field saturation values to be reached in this range of values of H, in good agreement with the experimental data.

Concerning b, this analysis indicates that it must be less than 0.03 (or $\mu_{ac}^0 <$

$>6.0\times10^6$ cm²/V s). This includes the figure estimated by EHRENREICH [19]. With purer samples it should be possible to make a more definite statement; otherwise, it is perfectly consistent with the present analysis to assume that b is for practical purposes negligible. This would indicate that the intrinsic mobility is close to 3.87×10^6 cm/V s, which is the value of μ^0_{op} for $e^* = 0.13$ and $m^* = 0.015$, although a small admixture of the other intrinsic mechanisms is conceivable. This is quite consistent with the lower bound discussed above.

Table 3 summarizes experimental and final theoretical values. Having decided on e^* from the study of sample 1, this was used to analyze sample 3. This leads to $a = 1.07$ which, in turn, implies again $b < 0.03$, so that the above comments apply. The analysis definitely distinguishes between the two samples, and this can only be obtained if compensation is taken into account. As expected, the results are much worse for β^0. Since ionized impurity scattering would give a positive β^0 (Fig. 1b), it is clear that at $H=0$ polar scattering imposes its "negative" dispersive character (Fig. 1c). There are then two reasons ($H = 0$, and polar scattering being the more important to determine β) why the consequences of an incorrect "effective relaxation time" treatment should result in large quantitative inaccuracy. Only the qualitative features come out correctly; first, and most important, the negative sign and, then, the fact that $|\beta^0_3| < |\beta^0_1|$. The following data should give an idea of the extreme sensitivity of the results to small changes in the description of polar scattering: As is seen in Table 3, an approximation ($N = 2$, Appendix A) which would be good to calculate the ohmic mobility for pure polar scattering within 5%, leads to values of β^0 which are too large by an order of magnitude. If the lowest approximation ($N = 0$) is used for the polar scattering, the pure polar mobility is obtained within a factor of about 2 (the total mobility is almost the same) and β^0 is *positive*. Even for polar scattering alone β^0 is positive.

One could approach the calculation of β^0 from an opposite angle. STRATTON [11] studied quantitative criteria for the free carrier concentration above which electron-electron collisions predominate in redistributing momentum, so that they lock the distribution into a displaced maxwellian. This would require $n > 2\times10^{15}$ cm^{-3} according to STRATTON, and this also checks with Bate's estimates. For sample 3 the carrier concentration is about marginal. One could try to make the extreme assumption that the mobility calculation should be based on the predominance of electron-electron collision and use then a moment technique including impurity scattering. The calculation is outlined in Appendix B and leads to

$$\beta^0 = \frac{4}{3\,K_0\,(z/2)}\left(\frac{\bar{\mu}}{s_{op}}\right)^2 \frac{\frac{1}{2}\,K_1(z/2) - z\,K_0(z/2) + \frac{4}{3\sqrt{\pi}}\{2.31\,a - b + c/2\}}{\left\{K_1\,(z/2) + \frac{4}{3\sqrt{\pi}}\,(2.11\,a + 2\,b + c)\right\}^2}. \tag{26}$$

The quantity Ψ of (23) which corresponds to this formula for β^0 is plotted in Fig. 4 as a function of a for small b and c. It is quite clear that Ψ could only be negative for inadmissibly low values of a. In fact, for $a = 1.07$, β^0 is definitely positive (Table 3). The experimental value is thus loosely bracketed between the numbers calculated in the two extreme approximations, neither of which is very good. It seems that assuming a displaced maxwellian is in this case worse than attempting to describe the dispersive properties of polar scattering in some approximate way. This would be more so for sample 1, with fewer free carriers.

Finally, KANAI [2] also studied a more impure sample, with 3.46×10^{15} carriers per cm^3. For this sample β is always positive and decreases from $+4 \times 10^{-4}$ to $\lesssim 3 \times 10^{-4}$ cm^2/V^2 as H increases. This is clearly due to ionized impurity scattering imposing the positive sign of β throughout. In fact, this is the qualitative behavior of Fig. 1b. However, a quantitative analysis in terms of the formulae of this section is unwarranted because this sample is actually degenerate to a large extent. The temperature of the experiment was 77 °K and the degeneracy temperature of the sample is 74 °K. A treatment accounting for degeneracy would affect the quantitative results considerably, while preserving the qualitative features.

5. Conclusion

The discussion presented in this article has two main aspects. One concerns the usefulness, if not the formal validity, of an analysis based on a Shockley picture. It seems fair to claim that the picture, in spite of several crude approximations, works quite well except in very low magnetic fields, where the origin of the difficulties is easy to recognize. Of course, the model has been used only for warm carriers, and there the work of ADAWI [28] seems to justify the Shockley picture, in fact, irrespective of the carrier concentration. This is even more the case when a large magnetic field is present, as has been demonstrated by BUDD [29].

The other aspect concerns the applications of this kind of studies. It is clear that non-ohmic resistive coefficients can be very sensitive to the details of the scattering mechanisms and much information could be obtained by more accurate analysis of more and better planned measurements. In particular, the measurement of the resistive β coefficient seems to require really modest experimental equipment, and is a simple experiment. In view of the reward, it seems very much worth-while doing more extensively and after some deliberate planning. The data analyzed here are not the best one would ask for. The admixture of impurity scattering is too strong and overshadows fine details of the intrinsic scattering mechanisms which otherwise could be elucidated. It is possible to perform more accurate calculations involving scattering by polar optical modes, and possibly others. But it would be hard work and there would be a better reason for it if more data existed on purer samples and, if possible, at temperatures starting from the liquid nitrogen range up. Having scanned the range of intrinsic mechanisms one could go back to impure samples and lower temperatures and concentrate on the study of the impurities themselves. In the case of InSb this seems to involve rather serious technological problems of sample preparation. Perhaps in other III—V compounds these difficulties may not be so bad. A judicious planning of a program of this kind might be rather useful for some of these or similar materials.

The authors are gratefully indebted to Mrs. G. METZE for her help with the digital computer calculations involved and to Dr. R. T. BATE for pointing out the importance of impurity compensation.

Appendix A

An Effective Relaxation Time for Polar Optical Scattering

Writing $f_0 - \Phi \, \partial f_0/\partial E$ for the distribution, the function Φ was evaluated in a variational calculation [10] for $\boldsymbol{\mathscr{E}}$ and $\boldsymbol{H}$ present. The results were als follows. For $H \to \infty$

$$\Phi = \frac{m\, c^2}{\bar{\mu}\, H^2} \boldsymbol{v} \cdot \left\{ \sum_{r=0} x^r \, [\Gamma^{-1}\, \delta]_{r0} \, \boldsymbol{\mathscr{E}} - \frac{\bar{\mu}}{c} \boldsymbol{H} \times \boldsymbol{\mathscr{E}} \right\}. \tag{A.1}$$

Here Γ is a matrix of elements $\Gamma_{rs} = \Gamma(r + s + 5/2)/\Gamma(5/2)$, δ is a matrix of elements δ_{rs} first given by HOWARTH and SONDHEIMER [30], involving K_0 and K_1, and $\bar{\mu}$ can be written as

$$\bar{\mu} = \frac{3\sqrt{\pi}}{4} \frac{S_{\text{op}}}{F_0 \mathcal{N} e^{z/2} z^{3/2}}, \tag{A.2}$$

with

$$S_{\text{op}} = \sqrt{\frac{2k\Theta}{m}}, \qquad F_0 = \frac{k\Theta}{a_0 q}\left(\frac{1}{\varepsilon_\infty} - \frac{1}{\varepsilon_s}\right), \qquad a_0 = \frac{\hbar^2}{m q^2}. \tag{A.3}$$

The standard solution of the Boltzmann equation when a relaxation time exists is under the conditions

$$\Phi = \frac{m^2 c^2}{q H^2} \boldsymbol{v} \cdot \left\{\tau^{-1} \boldsymbol{\mathcal{E}} - \frac{q}{m c} \bar{\mu} \boldsymbol{H} \times \boldsymbol{\mathcal{E}}\right\}. \tag{A.4}$$

Identifying (A.1) with (A.4), the high field τ is obtained as

$$\tau^{-1} = \frac{q}{m \bar{\mu}} \sum_{r=1} x^r (\Gamma^{-1}\delta)_{r0}. \tag{A.5}$$

In this limit this is in fact a strictly correct result, the integral $\langle\tau^{-1}\rangle$ can be summed exactly and, since all transport coefficients in high magnetic fields depend explicitly on integrals of the form $\langle\tau^{-1}\rangle$ (instead of $\langle\tau\rangle$), the reciprocal relaxation time of (A.5) can be truly used as such to calculate exactly the transport coefficients according to standard formulae. It can also be rigorously added to reciprocal relaxation times for other mechanisms, if one wants to describe mixed scattering in a high magnetic field. On changing electronic temperature factors from T to γT, $\bar{\mu}$ of (A.2) becomes proportional to $\gamma^{3/2} \exp(-z/2\gamma)$. Equation (A.5) then gives

$$\tau^{-1}(\gamma x_e) = \frac{q}{m \bar{\mu}(z)} \gamma^{-3/2} \exp\left\{\frac{z}{2}(\gamma^{-1} - 1)\right\} \sum_{r=0} x_e^r [\Gamma^{-1}\delta(\gamma)]_{r0}, \tag{A.6}$$

from which $t_{\text{op}}(\gamma x)$ of (17) follows.

The situation is much worse for $H = 0$. To N^{th} order in the variational calculation Φ is

$$\Phi = \bar{\mu} m \boldsymbol{v} \cdot \sum_{r,s=0}^{N} x^r \delta_{rs}^{-1} \Gamma_{s0} \boldsymbol{\mathcal{E}}. \tag{A.7}$$

Identifying this with the standard expression $e \tau \boldsymbol{v} \cdot \boldsymbol{\mathcal{E}}$ and putting appropriate factors of γ, this gives, for $H = 0$,

$$\tau(\gamma x) = q^{-1} m \bar{\mu}(z) \gamma^{3/2} \exp\left\{\frac{z}{2}(1 - \gamma^{-1})\right\} \sum_{r,s=0}^{N} x_e^r \delta_{rs}^{-1}(\gamma) \Gamma_{s0}, \tag{A.8}$$

which yields $t_{\text{op}}(\gamma x)$ of (16). The integral of this expression cannot be exactly summed by any obvious procedure known to the authors. Here one has to make an approximation and proceed to the chosen degree of accuracy. Furthermore, τ is then of course fictitious and to add its reciprocal to other reciprocal relaxation times is only a crude procedure.

For the present calculation the degree of accuracy was determined setting $N = 2$ in the summation of (A.8). This applies to all summations in the text which concern the case $H = 0$. The function $F(z/2)$ of (18) is by definition

$$F = \sum_{r,s=0}^{N} \Gamma_{0r} \delta_{rs}^{-1} \Gamma_{s0} \tag{A.9}$$

and was also evaluated to order $N = 2$. To this order were also evaluated $t(\gamma x)$ of (16) and $[dt(\gamma x)/d\gamma]_{\gamma=1}$ and the results used throughout in the applications to n-InSb described in section 4. At 78 °K, a literal use of this relaxation time would reproduce the Hall coefficient (for $H \to 0$) to within $\leqq 25\%$ and the resistivity to within $\leqq 5\%$.

Appendix B

A Calculation for Mixed Scattering and Predominant Interelectronic Collisions

In Stratton's notation [11], the distribution is written as $f = f_0 + f_1 \cos \vartheta$. For the two unknowns (electron temperature T_e and drift momentum p_0) there are two equations obtained by taking moments of the Boltzmann equation: the energy moment (in fact the energy balance equation) and the momentum moment (for conservation of forward momentum). For a mixture of polar and other scattering mechanisms, the contributions from the others to the energy moment are perfectly negligible. Thus one obtains, like STRATTON did,

$$m^{-1} n q p_0 \mathscr{E} = J \mathscr{E} = \pi^{-1/2} n q F_0 \mathscr{N} S_{\text{op}} \{\exp[z(1-\gamma^{-1})] - 1\} (z/\gamma)^{1/2} e^{z/2\gamma} K_0(z/2\gamma). \tag{B.1}$$

Putting

$$J \mathscr{E} = n q P_1 \tag{B.2}$$

defines P_1, which is explicitly obtained from (B.1). For n mechanisms acting simultaneously, the momentum moment is

$$q n \mathscr{E} = \int_0^\infty p \cos^2 \vartheta \left(\frac{\partial f_1}{\partial t}\right)_{\text{coll}} d^3 p = \int_0^\infty p \cos^2 \vartheta \sum_{i=1}^{n} \left(\frac{\partial f_1}{\partial t}\right)_i d^3 p, \tag{B.3}$$

where $p \mathscr{E} \cos \vartheta = \boldsymbol{p} \cdot \boldsymbol{\mathscr{E}}$. The above can be written as

$$q n \mathscr{E} = q n p_0 (P_2 + P_3), \tag{B.4}$$

where P_2 is the contribution from polar scattering [11]

$$P_2 = \frac{2}{3\sqrt{\pi}} \frac{F_0 \mathscr{N}}{S_{\text{op}}} \left(\frac{z}{\gamma}\right)^{3/2} e^{z/2\gamma} \times \\ \times \left\{\left[K_1\left(\frac{z}{2\gamma}\right) + K_0\left(\frac{z}{2\gamma}\right)\right] \exp\left[\frac{z}{2}(1-\gamma^{-1})\right] + K_1\left(\frac{z}{2\gamma}\right) - K_0\left(\frac{z}{2\gamma}\right)\right\}. \tag{B.5}$$

P_3 is then

$$P_3 = \frac{4}{3\sqrt{\pi}\, m} \sum_{i=2}^{n} \frac{1}{\nu_i} \int_0^\infty \frac{x^{3/2} e^{-x}}{t_i(\gamma x)} dx, \tag{B.6}$$

(ν_i and t_i defined in sections 2 and 3). The drift mobility is

$$\mu = p_0/m \mathscr{E} = 1/m (P_2 + P_3).$$

Hence, at $H = 0$,

$$\beta = -\frac{\sqrt{\pi}}{F_0 \mathscr{N} S_{\text{op}} z^{1/2} e^{z/2} K_0(z/2)} \left(\frac{d\mu}{d\gamma}\right)_{\gamma=1} = \frac{4 \bar{\mu}(z) z}{3 m S_{\text{op}}^2 K_0(z/2)} \left\{\frac{P_2' + P_3'}{(P_2 + P_3)^2}\right\}_{\gamma=1}, \tag{B.7}$$

the primes indicating differentiation with respect to γ.

For a mixture of polar optical, acoustic deformation potential, piezoelectric, and ionized impurity scattering P_2' and P_3' are easily evaluated. In the notation of section 4 the result for β is

$$\beta = \frac{4}{3\,K_0\,(z/2)} \left(\frac{\bar{\mu}}{S_{\text{op}}}\right)^2 \frac{\frac{1}{2} K_1\,(z/2) - z\,K_0\,(z/2) + \frac{4}{3\sqrt{\pi}} \left\{a\left(\frac{3}{2}\,I - I'\right) - b + c/2\right\}}{\left\{K_1\,(z/2) + \frac{4}{3\sqrt{\pi}}\,(2\,b + a\,I + c)\right\}^2}, \quad \text{(B.8)}$$

where

$$\left.\begin{aligned} I &= \int_0^\infty e^{-x}\,F(x)\,dx = -\,(1 + r_s^{-1})\exp r_s^{-1}\,\mathrm{Ei}\,(-\,r_s^{-1}) - 1\,,\\ I' &= 1 + r_s^{-1} + \exp r_s^{-1}\,\mathrm{Ei}\,(-\,r_s^{-1})\,(r_s^{-2} + 2\,r_s^{-1})\,. \end{aligned}\right\} \quad \text{(B.9)}$$

Here Ei$(-\,x)$ is the exponential integral [31] and s is an index which labels samples 1 and 3 of Kanai's experiments; the values of r_s are listed in Table 2. For sample 3 this gives $I = 2.11$ and $I' = 0.85$. Substitution of these values into (B.9) gives (26).

References

[1] D. Matz and F. Garcia-Moliner, phys. stat. sol. **5**, 495 (1964).
[2] Y. Kanai, J. Phys. Soc. Japan **15**, 830 (1960).
[3] A. C. Beer, Galvanomagnetic Effects in Semiconductors in Solid State Physics, Vol. **4**, edited by F. Seitz and D. Turnbull, Academic Press, New York 1963.
[4] R. Stratton in Solid State Physics in Electronics and Telecommunications, edited by M. Desirant and J. L. Michiels, Academic Press, New York 1960.
[5] E. M. Conwell, J. Phys. Chem. Solids **8**, 234 (1959).
[6] J. Yamahita and K. Inoue, J. Phys. Chem. Solids **12**, 1 (1959).
J. Yamashita, Phys. Rev. **111**, 1529 (1958).
[7] I. Adawi, Phys. Rev. **120**, 118 (1960).
[8] G. N. Watson, A Treatise on the Theory of Bessel Functions, Cambridge University Press 1922 (p. 172).
[9] H. Fröhlich, Adv. Phys. **3**, 325 (1954).
[10] F. Garcia-Moliner, Phys. Rev. **130**, 2290 (1963).
[11] R. Stratton, Proc. Roy. Soc. **A 246**, 406 (1958).
[12] H. Frölich and B. V. Paranjape, Proc. Phys. Soc. **B 69**, 21 (1956).
[13] S. H. Koenig, Proc. Phys. Soc. **73**, 959 (1959).
[14] W. Shockley, Bell System tech. J. **30**, 990 (1951).
[15] H. Welker and H. Weiss in Solid State Physics, Vol. 3, edited by F. Seitz and D. Turnbull, Academic Press, New York 1956.
[16] H. J. Hrostowski, F. J. Morin, T. H. Geballe, and H. G. Wheatley, Phys. Rev. **100**, 1762 (1955).
[17] R. H. A. Carter, D. H. Howarth, and E. H. Putley, J. sci. Instrum. **35**, 115 (1958).
[18] O. Madelung and H. Weiss, Z. Naturf. **9a**, 527 (1954).
[19] H. Ehrenreich, J. Phys. Chem. Solids **2**, 131 (1957).
J. Phys. Chem. Solids **9**, 129 (1959).
[20] Proceedings of the International Conference on Semiconductors, Prague 1960, Publishing House of the Czechoslovak Academy of Sciences, Prague 1961.
[21] A. C. Beer, J. appl. Phys. **32**, 2107 (1961).
[22] T. R. Bate, private communications; Bull. Amer. Phys. Soc. **9**, 258 (1964).
[23] N. Takimoto, Progr. theor. Phys. **14**, 1142 (1959).
[24] W. G. Spitzer and N. Y. Fan, Phys. Rev. **99**, 1893 (1955).

[25] J. M. ZIMAN, Electrons and Phonons, Chap. 10, Clarendon Press, Oxford, 1962.
[26] K. I. VINOGRADOVA, V. V. GALAVANOV, and N. D. NASLEDOV, Soviet Physics-Solid State **4**, 1230 (1962).
[27] W. A. HARRISON, Phys. Rev. **101**, 903 (1956).
[28] I. ADAWI, Phys. Rev. **115**, 1152 (1959).
[29] H. F. BUDD, Phys. Rev. **131**, 1520 (1963).
[30] D. H. HOWARTH and E. H. SONDHEIMER, Proc. Roy. Soc. **A 219**, 53 (1953).
[31] JANKE-EMDE-LOESCH, Tables of Higher Functions, McGraw-Hill Book Company, Inc., New York, 1960 (p. 17).

(Received July 20, 1964)

phys. stat. sol. 7, 223 (1964)

Институт физики металлов АН СССР, Свердловск

К квантовой теории термогальваномагнитных явлений в металлах и полупроводниках (II)

П. С. Зырянов

В квантующем магнитном поле найдены объемные плотности потока тепла и тока проводимости, обусловленные неупругим рассеянием электронов на фононах. Эти потоки необходимы для построения квантовой теории термогальваномагнитных явлений в металлах и полупроводниках.

The space-densities of the heat flow, and conductivity current due to the inelastic scattering of electrons by phonons are found in a strong magnetic field where orbital quantization is important. The values of these quantities are essential to the theory of thermogalvanomagnetic phenomena in metals and semiconductors.

1. В предыдущей работе [1] были вычислены объемные плотности потоков тепла и тока проводимости в квантующем магнитном поле при учете процессов упругого рассеяния. Ниже предлагается простой способ для нахождения потоков заряда и энергии электронов в случае неупругого рассеяния их на фонононах также в квантующем магнитном поле.

Традиционная схема вычисления потоков обычно сводится к нахождению одночастичной матрицы плотности описывающей неравновесную систему. Эта матрица удовлетворяет кинетическому уравнению для написания которого необходимо знать соответствующую коррелятивную функцию. Ниже будет показано, что знание коррелятивной функции позволяет сразу же написать формулы для потоков, выразив их через локально равновесные функции распределения электронов и фононов. Действительно, если удастся найти уравнение сохранения для какой-либо величины F в виде

$$\dot{F}(\boldsymbol{r}, t) + \operatorname{div} \boldsymbol{I}_F = 0 \tag{1}$$

то плотность потока этой величины $\boldsymbol{I}_F$ окажется выраженной через локально равновесную функцию распределения.

Перейдем к построению таких уравнений сохранения.

2. Объемная плотность величины $F(\boldsymbol{r}, t)$ изображается квантово механическим оператором $\hat{F}$, подчиняющимся уравнению движения

$$- i \hbar \frac{\partial \hat{F}}{\partial t} = \hat{H} \hat{F} - \hat{F} \hat{H} \tag{2}$$

($\hat{H}$ — гамильтонов оператор системы).

Среднее значение такого оператора определяется формулой

$$F = \operatorname{Sp} (\varrho \hat{F}) \tag{3}$$

а скорость изменения F во времени равна согласно (2) и (3)

$$-i\hbar\dot{F} = \mathrm{Sp}\,(\varrho\,[\hat{H}\hat{F} - \hat{F}\hat{H}]) \tag{4}$$

(ϱ матрица плотности).

Для взаимодействующих электронов и фононов

$$\hat{H} = \hat{H}_1 + \hat{H}_2 + \hat{H}_{12} \tag{5}$$

а

$$H_1 = \sum_{\nu} E(\nu)\, a_\nu^+ a_\nu\,, \qquad H_2 = \sum_{\boldsymbol{q}} \hbar\,\omega_{\boldsymbol{q}}\, b_{\boldsymbol{q}} b_{\boldsymbol{q}}^+\,,$$

$$H_{12} = \sum_{\nu,\nu',\boldsymbol{q}'} \{A^*(\nu\,\boldsymbol{q}\,\nu')\, a_{\nu'}^+ a_\nu b_{\boldsymbol{q}} + A\,(\nu'\,\boldsymbol{q}\,\nu)\, a_\nu^+ a_{\nu'} b_{\boldsymbol{q}}^+\}\,.$$

Оператор $\hat{F}$, зависящий лишь от электронных динамических переменных может быть записан в $|\nu\rangle$ представлении в следующем виде

$$\hat{F} = \sum_{\nu',\nu} F_{\nu'\nu}\,|\nu\rangle\,\langle\nu'|\, a_{\nu'}^+ a_\nu\,. \tag{6}$$

Для него согласно (3) в $|\nu\rangle$ представлении найдем

$$\begin{aligned} -i\hbar\dot{F} = {} & \sum_{\nu,\nu'} \{E(\nu') - E(\nu)\}\, F_{\nu'\nu}\,|\nu\rangle\,\langle\nu'|\, f_{\nu\nu'} + \\ & + \sum_{\substack{\varkappa,\varkappa',\boldsymbol{q}\\ \nu,\nu'}} \{A(\varkappa'\,\boldsymbol{q}'\,\varkappa)\,[h(\varkappa\,\nu\,\boldsymbol{q}')\,\delta_{\varkappa'\nu'} - h(\nu'\,\varkappa'\,\boldsymbol{q}')\,\delta_{\varkappa\nu}]\, F_{\nu'\nu}\,|\nu\rangle\,\langle\nu'| + \\ & + A^*(\varkappa\,\boldsymbol{q}'\,\varkappa')\,[h^*(\nu\,\varkappa'\,\boldsymbol{q}')\,\delta_{\varkappa\nu'} - h^*(\varkappa\,\nu'\,\boldsymbol{q}')]\, F_{\nu'\nu}\,|\nu\rangle\,\langle\nu'|\}\,, \end{aligned} \tag{7}$$

где

$$\mathrm{Sp}(\varrho\, a_\varkappa^+ a_{\varkappa'}) = f_{\varkappa\varkappa'}\,, \qquad h(\varkappa\,\nu\,\boldsymbol{q}) = \mathrm{Sp}\,(\varrho\, a_\varkappa^+ a_\nu b_{\boldsymbol{q}}^+)\,,$$

$$h^*(\varkappa\,\nu\,\boldsymbol{q}) = \mathrm{Sp}(\varrho\, a_\nu^+ a_\varkappa b_{\boldsymbol{q}})\,.$$

Коррелятивная функция $h(\varkappa\,\nu\,\boldsymbol{q})$ согласно (4) подчиняется уравнению [2, 3]

$$\begin{aligned} -i\hbar\frac{\partial}{\partial t} h(\varkappa\,\varkappa'\,\boldsymbol{q}) = {} & \{E(\varkappa) - E(\varkappa') + \hbar\,\omega\}\, h(\varkappa\,\varkappa'\,\boldsymbol{q}) + \\ & + \sum_{\nu\nu'\boldsymbol{q}'} A^*(\nu\,\boldsymbol{q}'\,\nu')\,\{f_{\nu'\varkappa'}\,(\delta_{\boldsymbol{q}\boldsymbol{q}'} + N_{\boldsymbol{q}\boldsymbol{q}})\,\delta_{\nu\varkappa} - \\ & - N_{\boldsymbol{q}\boldsymbol{q}'}\, f_{\varkappa\nu}\,\delta_{\nu'\varkappa'} + \delta_{\boldsymbol{q}\boldsymbol{q}'}\,[f_{\varkappa\nu}\, f_{\nu\varkappa'} - f_{\nu'\nu}\, f_{\varkappa\varkappa'}]\}\,. \end{aligned} \tag{8}$$

При получении (8) взаимодействие электронов с фононами считалось слабыми в связи с этим средние значения от произведения операторов заменялись произведением средних

$$\left.\begin{aligned} \mathrm{Sp}(\varrho\, a_\varkappa^+ a_\nu b_{\boldsymbol{q}}^+ b_{\boldsymbol{q}'}) &= f_{\varkappa\nu}\, N_{\boldsymbol{q}\boldsymbol{q}'}\,, \\ \mathrm{Sp}(\varrho\, a_\varkappa^+ a_{\varkappa'} a_\nu^+ a_{\nu'}) &= f_{\varkappa\varkappa'}\, f_{\nu\nu'} - f_{\varkappa\nu'}\, f_{\nu\varkappa} + f_{\varkappa\nu'}\,\delta_{\varkappa'\nu}\,, \\ \mathrm{Sp}(\varrho\, b_{\boldsymbol{q}'}^+ b_{\boldsymbol{q}}) &= N_{\boldsymbol{q}'\boldsymbol{q}}\,, \end{aligned}\right\} \tag{9}$$

пренебрегалось также самосогласованным полем. В случае медленных процессов, когда коррелятивная функция $h(\varkappa \nu \boldsymbol{q})$ от времени зависит лишь через одночастичные функции $f_{\varkappa\nu}$ и $N_{\boldsymbol{q}'\boldsymbol{q}}$, (8) дает [2, 3]

$$\left.\begin{aligned} h(\varkappa \varkappa' \boldsymbol{q}) &= 2\pi i\, C^*(\varkappa \varkappa' \boldsymbol{q})\, \delta_- [E(\varkappa') - E(\varkappa) - \hbar\omega_{\boldsymbol{q}}]\,, \\ h^*(\varkappa \varkappa' \boldsymbol{q}) &= 2\pi i\, C(\varkappa \varkappa' \boldsymbol{q})\, \delta_+ [E(\varkappa') - E(\varkappa) - \hbar\omega_{\boldsymbol{q}}]\,, \\ \delta_\pm(Z) &= \frac{1}{\mp 2\pi i Z}\,, \end{aligned}\right\} \tag{10}$$

где

$$\left.\begin{aligned} C^*(\varkappa \varkappa' \boldsymbol{q}) = \sum_{\nu,\nu',\boldsymbol{q}'} & A^*(\nu\, \boldsymbol{q}'\, \nu')\, \{f_{\nu'\varkappa'}\, (\delta_{\boldsymbol{q}\boldsymbol{q}'} + N_{\boldsymbol{q}\boldsymbol{q}'})\, \delta_{\nu\varkappa} - \\ & - f_{\varkappa\nu}\, N_{\boldsymbol{q}\boldsymbol{q}'}\, \delta_{\nu'\varkappa'} - \delta_{\boldsymbol{q}\boldsymbol{q}'}\, (f_{\varkappa\nu} f_{\nu'\varkappa'} - f_{\nu'\nu} f_{\varkappa\varkappa'})\}\,, \\ C(\varkappa \varkappa' \boldsymbol{q}) = \sum_{\nu\nu'\boldsymbol{q}'} & A(\nu'\, \boldsymbol{q}'\, \nu)\, \{f_{\nu'\varkappa'}\, (\delta_{\boldsymbol{q}\boldsymbol{q}'} + N_{\boldsymbol{q}\boldsymbol{q}'})\, \delta_{\nu\varkappa} - \\ & - f_{\varkappa\nu}\, N_{\boldsymbol{q}'\boldsymbol{q}}\, \delta_{\varkappa'\nu'} - \delta_{\boldsymbol{q}'\boldsymbol{q}}\, (f_{\varkappa\nu} f_{\nu'\varkappa'} - f_{\nu'\nu} f_{\varkappa\varkappa'})\}\,. \end{aligned}\right\} \tag{11}$$

Подставив (10) в (7) выразим $\dot{F}$ через одночастичные матрицы $f_{\nu'\nu}$ и $N_{\boldsymbol{q}'\boldsymbol{q}}$. Если ограничиться вторым приближением теории возмущений по взаимодействию электронов с фононами, то $f_{\nu'\nu}$ и $N_{\boldsymbol{q}'\boldsymbol{q}}$ определяющие $\dot{F}$ не должны зависить от этого взаимодействия и определяются из требования минимума производства энтропии. Этому требованию удовлетворяют локально равновесные функции распределения, которые в случае слабых внешних полей могут быть введены следующим образом

$$\left.\begin{aligned} f(\boldsymbol{p}, \boldsymbol{r}, t) &= \sum_{\boldsymbol{p}'} f_{\boldsymbol{p}\boldsymbol{p}'} \exp\,[i\,(\boldsymbol{p}' - \boldsymbol{p})\,\boldsymbol{r}/\hbar]\,, \\ N(\boldsymbol{q}, \boldsymbol{r}, t) &= \sum_{\boldsymbol{q}'} N_{\boldsymbol{q}\boldsymbol{q}'} \exp\,[i\,(\boldsymbol{q} - \boldsymbol{q}')\,\boldsymbol{r}]\,, \end{aligned}\right\} \tag{12}$$

причем $f(\boldsymbol{p}, \boldsymbol{r})$ и $N(\boldsymbol{q}, \boldsymbol{r})$ являются медленно изменяющимися функциями $\boldsymbol{r}$ и t $\Big($например $L \sim f \left|\frac{\partial f}{\partial \boldsymbol{r}}\right|^{-1} \gg l$ длины свободного пробега, а $\overline{T} \sim$ $\sim f \left|\frac{\partial f}{\partial t}\right|^{-1} \gg \tau$ время релаксации электронов$\Big)$.

В связи с этим можно положить

$$f(\boldsymbol{p}, \boldsymbol{r}, t) = f_0\left(\frac{E(\boldsymbol{p}) - \zeta(\boldsymbol{r}, t)}{T(\boldsymbol{r}, t)}\right), \tag{13}$$

где f_0 — функции Ферми. Если далее подставить (10) в (7) и принять во внимание (12), (13), то нетрудно найти уравнение сохранения (1), разлагая выражение для $\dot{F}$ в ряд по слабым пространственным неоднородностям. Применим изложенное выше для вычисления плотности потока величины $\boldsymbol{F}$ при наличии квантующего магнитного поля.

3. Наибольщий интерес и трудности в вычислениях представляют потоки поперёк сильного магнитного поля в квантовом случае. Ограничимся ниже вычислением именно этих потоков.

Для описания одноэлектронных состояний используем представление Ландау, в котором

$$\left.\begin{aligned}\hat{H}_1 &= \left\{\hat{p}_x^2 + \left(\hat{p}_y - \frac{e}{c} H x\right)^2 + \hat{p}_z^2\right\}\Big/ 2m ,\\ \hat{H}_1 |\nu\rangle &= E(n, p_z)|\nu\rangle ,\\ E(n, p_z) &= \hbar\, \Omega\, (n + {}^1\!/_2) + p_z^2/2m ,\\ \Omega &= \frac{|e|\, H}{m c} ,\end{aligned}\right\} \qquad (14)$$

собственная функция электрона

$$|\nu\rangle \equiv |n, p_z, x_0\rangle = (L_y L_z)^{-1/2} \exp\{i\,(p_y y + i\, p_z z)/\hbar\}\, \Phi_n\left(\frac{x - x_0}{\alpha}\right)$$

а $\Phi_n(x)$ — нормированная волновая функция гармонического осциллятора, причем $\alpha^2 = \frac{c\,\hbar}{|e|\, H}$, $x_0 = \frac{c}{e H} p_y$.

Необходимый для вычисления потоков матричный элемент $A(\nu\, \boldsymbol{q}\, \nu')$ характеризующий взаимодействие электонов с фононами в представлении n, p_z, x_0 был вычислен в [4] и равен:

$$\left.\begin{aligned}A(\nu'\, \boldsymbol{q}\, \nu) &= C_{\boldsymbol{q}} \langle\nu'|\exp(-i\, \boldsymbol{q}\, \boldsymbol{r})\, |\nu\rangle = \delta\left(q_z - \frac{p_z - p_z'}{\hbar}\right) \times\\ &\times \delta\left(q_y - \frac{p_y - p_y'}{\hbar}\right) \exp\left\{-\frac{i}{2} q_x (x_0 + x_0')\right\} I_{n' n}(X) ,\\ I_{n' n}(X) &= \frac{\bar{n}!}{\sqrt{n'!\, n!}} L_{\bar{n}}^{|n'-n|} (|X|^2)\, X^{|n'-n|} \exp(-|X|^2/4) ,\\ X &= \frac{\alpha}{\sqrt{2}}\left[-\frac{i}{\alpha^2}(x_0 - x_0')\, \mathrm{sign}\,(n' - n) + q_x\right] , \quad \bar{n} = \min\,(n, n') ,\\ L_n^r(x) &= \sum_{t=0}^{n} \binom{n + r}{n - t} \frac{(-x)^t}{t!} .\end{aligned}\right\} \qquad (15)$$

Рассмотрим случай пространственных неоднородностей только вдоль оси x. Такие неоднородности можно описывать диагональными матричными элементами $f_{\nu\nu'} = f_\nu\, \delta_{\nu\nu'}$. Для операторов $\hat{F}$ диагональных в n, p_z, x_0 представлении

$$\hat{F}(x) = \sum_{n, p_z, x_0} F(n, p_z)\, \Phi_r^2 \left(\frac{x - x_0}{\alpha}\right) a_\nu^+ a_\nu , \qquad (16)$$

из (7) находим

$$\left.\begin{aligned}\dot{F}(x) = \frac{2\pi}{\hbar} \sum_{\nu,\nu',\boldsymbol{q}} |C_{\boldsymbol{q}} \langle \nu' | \exp(-i\,\boldsymbol{q}\,\boldsymbol{r}) | \nu \rangle|^2 \times \\ \times \{(f_{\nu'} - f_\nu)\, N_{\boldsymbol{q}}(x_0) + f_{\nu'}(1 - f_\nu)\}\, \delta[E(\nu') - E(\nu) - \hbar\,\omega] \times \\ \times \left[F(n, p_z)\, \Phi_n^2 \left(\frac{x - x_0}{\alpha}\right) - F(n', p_z')\, \Phi_{n'}^2 \left(\frac{x - x_0'}{\alpha}\right)\right],\end{aligned}\right\} \tag{17}$$

где

$$N_{\boldsymbol{q}}(x_0) = \sum_{\boldsymbol{q}'} N_{\boldsymbol{q}\boldsymbol{q}'}\, \delta_{q_y q_y'}\, \delta_{q_z q_z'}\, \exp[i\,(q_x - q_x')\, x_0]\,.$$

Ниже ограничимся рассмотрением лишь слабых простанственных неоднородностей. В соответствии с принципом минимума производства энтропии f_ν является локально равновесной функцией распределения, минимизирующей интеграл столкновений в пространственно неоднородных системах и имеющей вид

$$f_0\left(\frac{E(n, p_z) - \zeta(x_0)}{T(x_0)}\right). \tag{18}$$

Эта функция остается практически постоянной на длине радиуса Лармора r_L, если $\zeta(x_0)$ и $T(x_0)$ слабо изменяется на расстояниях порядка r_L. Именно поэтому (18) служит определением таких локальных характеристик как плотность числа частиц в точке x, температура, химический потенциал и т. п. Действительно, например, плотность числа частиц в точке x по определению равна

$$N(x) = \frac{2}{(2\,\pi\,\alpha)^2\,\hbar} \sum_n \int dp_z\, dx_0\, f_0 \left(\frac{E(n, p_z) - \zeta(x_0)}{T(x_0)}\right) \Phi_n^2 \left(\frac{x - x_0}{\alpha}\right).$$

Поскольку $\zeta(x_0)$ и $T(x_0)$ практически постоянны в области изменения переменной x_0, в которой отлична от нуля $\Phi_n^2\left(\frac{x - x_0}{\alpha}\right)$ то можно f_0 вынести из под интеграла по x_0, взяв f_0 в точке x, тогда получим

$$N(x) = \frac{2}{(2\,\pi\,\alpha)^2\,\hbar} \sum_n \int dp_z\, f_0 \left(\frac{E(n, p_z) - \zeta(x)}{T(x)}\right).$$

Таким образом в случае слабых пространственных неоднородностей в (17) можно положить

$$\Phi_n^2 \left(\frac{x - x_0}{\alpha}\right) = \delta\,(x - x_0)\,. \tag{19}$$

Далее, если произвести в полученной формуле разложение по $\alpha^2 q_y$, то первый неисчезающий член разложения приведёт к ур. непрерывности (1) для величины $F(x)$.

При учете эффектов увлечения фононов электронами $N_{\boldsymbol{q}}(x)$ определяется из кинетического уравнения, которое можно получить используя (4), (10) (см. [3]) в следующем виде [5]

$$\left.\begin{aligned}\left(\frac{\partial}{\partial t}+\frac{\partial\omega}{\partial q_x}\frac{\partial}{\partial x}\right)N_q(x)=\frac{2\pi}{\hbar}\sum_{\nu,\nu'}|C_q\langle\nu'|\exp(-i\,\boldsymbol{q}\,\boldsymbol{r})|\nu\rangle|^2\times\\ \times\{(f_{\nu'}-f_\nu)N_{\boldsymbol{q}}(x_0)+f_{\nu'}(1-f_\nu)\}\,\delta[E(\nu')-E(\nu)-\hbar\,\omega]\,\delta(x-x_0)+\\ +[N^0_{\boldsymbol{q}}(x)-N_{\boldsymbol{q}}(x)]\,\omega_{ff}(q)\,,\end{aligned}\right\}\qquad(20)$$

где $N^0_q(x)$ — локально равновесная функция распределения фононов. В (20) включен неэлектронный механизм релаксации фононов, который описывается здесь в приближении частоты релаксации $\omega_{ff}(q)$.

4. Если наряду со слабыми пространственными неоднородностями по x имеют место так же слабые неоднородности по оси y, то вместо формулы (17) будет справедлива следующая формула,

$$\left.\begin{aligned}\dot F(x,y)=\frac{2\pi}{\hbar}\sum_{\substack{n',n,p_z\\x_0,y_0,\boldsymbol{q}}}|C_q\,I_{n'n}(X)|^2\,\{[f_{n'}(p_z+\hbar\,q_z,x_0+\alpha^2 q_y,y_0-\alpha^2 q_x)-\\ -f_n(p_z,x_0,y_0)]\,N_{\boldsymbol{q}}(x_0,y_0)+f_{n'}(p_z+\hbar\,q_z,x_0+\alpha^2 q_y,y_0-\alpha^2 q_x)\times\\ \times[1-f_n(p_z,x_0,y_0)]\}\,\delta[E(n',p_z+\hbar\,q_z)-E(n,p_z)-\hbar\,\omega]\times\\ \times[F(n,p_z)\,\delta(x-x_0)\,\delta(y-y_0)-\\ -F(n',p_z+\hbar\,q_z)\,\delta(x-x_0-\alpha^2 q_y)\,\delta(y-y_0+\alpha^2 q_x)]\,,\end{aligned}\right\}\qquad(21)$$

в которой $N_{\boldsymbol{q}}(x,y)$ определяется из уравнения [5]

$$\left.\begin{aligned}\left(\frac{\partial}{\partial t}+\frac{\partial\omega}{\partial q_x}\frac{\partial}{\partial x}+\frac{\partial\omega}{\partial q_y}\frac{\partial}{\partial y}\right)N_{\boldsymbol{q}}(x,y)=\frac{2\pi}{\hbar}\sum_{\substack{n',n,p_z\\x_0,y_0}}|C_q\,I_{n'n}(X)|^2\times\\ \times\{[f_{n'}(p_z+\hbar\,q_z,x_0+\alpha^2 q_y,y_0-\alpha^2 q_x)-f_n(p_z,x_0,y_0)]\,N_{\boldsymbol{q}}(x,y)+\\ +f_{n'}(p_z+\hbar\,q_z,x_0+\alpha^2 q_y,y_0-\alpha^2 q_x)\,[1-f_n(p_z,x_0,y_0)]\}\times\\ \times\delta[E(n',p_z+\hbar\,q_z)-E(n,p_z)-\hbar\,\omega]\,\delta(x_0-x)\delta(y-y_0)+\\ +[N^0_{\boldsymbol{q}}(x,y)-N_{\boldsymbol{q}}(x,y)]\,\omega_{ff}(q)\,.\end{aligned}\right\}\qquad(22)$$

Подставляя в (22)

$$f_n(p_z,x_0,y_0)=f_0\left(\frac{E(n,p_z)-\zeta(x_0,y_0)}{T(x_0\,y_0)}\right)\qquad(23)$$

и полагая

$$N_{\boldsymbol{q}}(x,y)=N^0_{\boldsymbol{q}}(x,y)+g_{\boldsymbol{q}}(x,y),\qquad N^0_{\boldsymbol{q}}\gg|g_{\boldsymbol{q}}(x,y)|\,,$$

$$\zeta(x,y)=\zeta_0+\delta\zeta(x,y),\quad T(x,y)=T_0+\delta T(x,y)\,,\quad T_0\gg|\delta T|\,,\quad \zeta_0\gg|\delta\zeta|$$

находим для медленных процессов в линейном приближении по ∇T и $\nabla \zeta$

$$\left.\begin{aligned} g_{\boldsymbol{q}}(x, y) = &\left\{2\left[\operatorname{ch}\frac{\hbar\,\omega}{T_0} - 1\right][\omega_{ef}\langle 1\rangle + \omega_{ff}]\right\}^{-1}\{\hbar\, s^2 \boldsymbol{q}\, \nabla T^{-1} + \\ &+ \alpha^2 q_y [\omega_{ef}\langle E + \hbar\,\omega - \zeta_0\rangle \nabla_x T^{-1} - T^{-1}\omega_{ef}\langle 1\rangle \nabla_x \zeta] - \\ &- \alpha^2 q_x [\omega_{ef}\langle E + \hbar\,\omega - \zeta_0\rangle \nabla_y T^{-1} - T^{-1}\omega_{ef}\langle 1\rangle \nabla_y \zeta]\}, \end{aligned}\right\} \quad (24)$$

где

$$\left.\begin{aligned} \omega_{ef}\langle 1; E + \hbar\,\omega - \zeta_0\rangle = &\frac{2\,\pi}{\hbar}\sum_{n, n', p_z, x_0} |C_{\boldsymbol{q}}\, I_{n' n}(X)|^2 \times \\ &\times \delta[E(n', p_z + \hbar\, q_z) - E(n, p_z) - \hbar\,\omega]\,\langle 1; E(n, p_z) + \hbar\,\omega - \zeta_0\rangle \times \\ &\times \left[f_0\left(\frac{E(n, p_z) - \zeta_0}{T_0}\right) - f_0\left(\frac{E(n, p_z) + \hbar\,\omega - \zeta_0}{T_0}\right)\right]. \end{aligned}\right\} \quad (25)$$

Если теперь подставить $N^0_{\boldsymbol{q}}(x, y) + g_{\boldsymbol{q}}(x, y)$ в (21) и произвести разложение в ряд по $\alpha^2 q_x$ и $\alpha^2 q_y$, то найдем формулы для потока заряда j и тепла Q_T, полагая в (21) соответственно $F(n, p_z) = e$ и $F(n, p_z) = E(n, p_z) - \zeta_0$

$$\left.\begin{aligned} j_{\binom{y}{x}} = &+\left(\frac{\alpha^2}{4\,\pi}\right)^2 \int dq_z\, dq_\perp\, q_\perp^3 \left[\operatorname{ch}\left(\frac{\hbar\,\omega}{T_0}\right) - 1\right]^{-1} \Big\{[\omega_{ef}\langle E + \hbar\,\omega - \zeta_0\rangle \times \\ &\times \omega_{ff}(\omega_{ef}\langle 1\rangle + \omega_{ff})^{-1}]\, \nabla_{\binom{y}{x}} T^{-1} - \\ &- [\omega_{ef}\langle 1\rangle\, \omega_{ff}(\omega_{ef}\langle 1\rangle + \omega_{ff})^{-1}]\, T^{-1} \nabla_{\binom{y}{x}} \zeta \pm \\ &\pm \left[\frac{\hbar\, s^2}{\alpha^2}(\omega_{ef}\langle 1\rangle + \omega_{ff})^{-1}\omega_{ef}\langle 1\rangle\right] \nabla_{\binom{x}{y}} T^{-1}\Big\}. \end{aligned}\right\} \quad (26)$$

$$\left.\begin{aligned} Q_{\binom{y}{x}} = Q^{(e)}_{\binom{y}{x}} + Q^{(p)}_{\binom{y}{x}} = &\left(\frac{\alpha^2}{4\,\pi}\right)^2 \int dq_z\, dq_\perp\, q_\perp^3 \left[\operatorname{ch}\left(\frac{\hbar\,\omega}{T_0}\right) - 1\right]^{-1} \times \\ &\times \left\{\left[\omega_{ef}\langle [E + \hbar\,\omega - \zeta_0]^2\rangle - \left([\omega_{ef}\langle E + \hbar\,\omega - \zeta_0\rangle]^2 - \left(\frac{\hbar\, s^2}{\alpha^2}\right)^2\right) \times \right.\right. \\ &\left.\times (\omega_{ef}\langle 1\rangle + \omega_{ff})^{-1}\right] \nabla_{\binom{y}{x}} T^{-1} + \\ &+ [\omega_{ef}\langle E + \hbar\,\omega - \zeta_0\rangle\, \omega_{ff}(\omega_{ef}\langle 1\rangle + \omega_{ff})^{-1}]\left(- T_0^{-1} \nabla_{\binom{y}{x}} \zeta\right) \pm \\ &\pm \left[2\,\frac{\hbar\, s^2}{\alpha^2}(\omega_{ef}\langle 1\rangle + \omega_{ff})^{-1}\omega_{ef}\langle E + \hbar\,\omega - \zeta_0\rangle\right] \nabla_{\binom{x}{y}} T^{-1} \pm \\ &\left.\pm \frac{\hbar\, s^2}{\alpha^2}(\omega_{ef}\langle 1\rangle + \omega_{ff})^{-1}\omega_{ef}\langle 1\rangle \left(- T_0^{-1} \nabla_{\binom{x}{y}} \zeta\right)\right\}. \end{aligned}\right\} \quad (27)$$

Здесь $Q^{(p)}_{\binom{x}{y}}$ — поток тепла обусловленный фононами. При $\omega_{ff} \to \infty$, $g_q(x\,y) = 0$ формулы (26), (27) соответствуют локальному равновесию фононов, т. е. пренебрежению эффектами увлечения [6].

Литература

[1] П.С. Зырянов, phys. stat. sol., **6**, 401 (1964).
[2] Н.Н. Боголюбов и К.П. Гуров, Ж. экспер. теор. Физ. **17**, 614 (1947).
[3] В.Г. Барьяхтар и С.В. Пелетминский, Известия высших учебных заведений, Радиофизика, **6**, 1115 (1963).
[4] В.М. Елеонский, П.С. Зырянов и В.П. Силин, Ж. экспер. теор. Физ. **42**, 896 (1962).
[5] П. С. Зырянов, Физ. тверд. Тела **5**, 3011 (1963).
[6] П. С. Зырянов, Ж. экспер. теор. Физ. **47**, 206 (1964).

(Received July 22, 1964)

phys. stat. sol. 7, 231 (1964)

Japan Atomic Energy Research Institute Tokai-mura, Ibaraki-ken

Displacement Threshold Energy and Focuson-Impurity Interaction in Copper near 10 °K

By

K. KAMADA, Y. KAZUMATA, and S. SUDA

The increase in resistivity of Cu single crystals oriented near ⟨110⟩ and ⟨111⟩ is measured as a function of integrated electron flux at various electron energies below 1 MeV. Specially prepared thin single crystals of about 0.1 mm thickness are used. It is found that the damage production curves thus obtained contain an indirect displacement process which has lower threshold energies than the direct displacement process. The extrapolation of the high energy part of the damage production curve, which involves the direct displacement process only, gives $T_d = 28$ to 30 eV near ⟨110⟩.

A detailed discussion of the interaction of focuson with dislocations and impurity atoms is given, and the indirect displacement process has been attributed to the interaction with impurity atoms.

Die Widerstandszunahme von Cu-Einkristallen, die annähernd in ⟨110⟩- und ⟨111⟩-Richtung orientiert waren, wurde in Abhängigkeit von der integralen Elektronenflußdichte für verschiedene Elektronenenergien unterhalb 1 MeV untersucht. Es wurden speziell hergestellte Einkristalle mit einer Dicke von etwa 0,1 mm verwendet. Es wurde gefunden, daß die Strahlenschäden-Erzeugungskurve einige indirekte Verlagerungsprozesse enthält, die eine niedrigere Schwellenenergie haben als die direkten Verlagerungsprozesse. Die Extrapolation des hochenergetischen Teiles der Strahlenschäden-Erzeugungskurve, der nur den indirekten Verlagerungsprozeß enthält, ergibt einen Wert von $T_d = 28$ bis 30 eV in ⟨110⟩-Richtung.

Die Wechselwirkung von Fokusonen mit Versetzungen und Verunreinigungen wird genau diskutiert. Der indirekte Verlagerungsprozeß wird der Wechselwirkung von Verunreinigungen zugeschrieben.

1. Introduction

Since the experimental work of CORBETT et al. [1] the damage production in several fcc and bcc metals has been studied as a function of the energy of the irradiating electrons. But the most interesting parameter in such investigations, namely the threshold energy of displacement, has not been determined conclusively.

GIBSON et al. have carried out theoretical work and determined anisotropy of the threshold energy which had been tacitly assumed since the work of CORBETT et al.. Recently, v. JAN and SEEGER [5] have calculated the anisotropy of the threshold energy. The calculation is based on the fitting of the experimental data with trial values of the energy for displacement in three high symmetry crystallographic directions. The present report is a part of the experiments which have been undertaken to make clear the orientation dependence of the displacement threshold energy of Cu.

Recently, BAUER and SOSIN [3] have measured the damage-production curve as a function of bombarding energy up to about 0.45 MeV. They concluded from their observation that the minimum threshold energy $T_d = 16\cdots19$ eV for Cu.

In the present experiments, we have measured the damage-production curves in the energy range from 0.4 MeV to 1 MeV. From our results we conclude that the threshold energy obtained by BAUER and SOSIN does not correspond to the true threshold energy for direct displacement. The true threshold energy should be higher. Having carried out detailed calculations on the interaction of focuson with dislocations and impurity atoms, we are led to a conclusion that the "sub-threshold event" observed by BAUER and SOSIN should be attributed to the focuson-dislocation interaction and the effect due to the focuson-impurity atom interaction occurs at higher energy part of the damage-production curve. The effect of the latter interaction has been observed in the present experiments.

One of the difficulties in the experiment of this kind is the preparation of single crystal plate which are so thin that energy dissipation of bombarding electron beam can be neglected throughout the thickness of the sample. In this report, we have given a new method to grow a thin single crystal plate.[1])

2. Experimentals

Cu single crystals were prepared in the form of thin plate of about 0.1 mm thickness. These single crystals were grown in highly evacuated quartz tube using induction heating. The rolled Cu plate was held pressed between two graphite plates of reactor grade.

The induction coil was kept continuously moving just like in zone refining technique. In most cases, the crystals thus grown consisted of two or three large grains of single crystals, whose orientations normal to the surface of the plate usually deviate from each other 2 to 3 degrees at most. The dimension of these grains was large enough to give a sample of about $1 \times 3\ \mathrm{cm}^2$. The crystal orientation of the samples was determined by Laue back reflection technique. Further, by careful chemical etching, the final thickness of samples for irradiation was reduced to 3.5×10^{-3} cm, and then photoengraved in the form of a comb by a standard photoengraving method. The samples were annealed for about 5h at 500 °C and finally mounted on a sample holder.

The raw material was nominally 99.999% Cu, and the residual resistivity at 4.2 °K was less than $0.1 \times 10^{-8}\ \Omega\mathrm{cm}$. However, the residual resistivity of the single crystal thus prepared was about $0.91 \times 10^{-8}\ \Omega\mathrm{cm}$; i.e. about ten times of impurities were added during the preparation. Qualitative spectroscopic analysis showed that main impurities were Si, Fe and Mg.

The sample was held in a vacuum cryostat and maintained at liquid He temperature by solid thermal conduction through the sample holder which was made of Cu. The sample was insulated electrically from the sample holder by thin film of Araldite, preserving a thermal contact as good as possible. Furthermore, in the case of sample A, the sample was covered by an additional thermal shield which was maintained at liquid He temperature. The sample B was not covered.

Temperature was measured by a carbon resistor attached on the sample holder. The maximum temperatures reached during experiments were 9 °K and 12 °K for the sample A and B, respectively. This difference in temperature was due to the presence and the absence of the additional thermal shield outside the sample.

Electron beam to irradiate the sample was obtained from 2 MeV Van de Graaf accelerator. The end of the beam tube was directly connected to the cryostat, i.e. no intervening foils were used between the sample and the electron beam source. The uncertainty of the bombarding energy was about ± 20 keV.

[1]) This method was first suggested by Dr. H. SUZUKI.

The beam current was measured by a small Faraday cage which was set just below the sample in the cryostat and held at liquid N_2 temperature. No intervening foils were used between the sample and the Faraday cage. The beam current was recorded during irradiation. The fluctuation of the beam current was less than $\pm$ 10%. The electron flux was measured as the mean value of this fluctuation. The current was set at 1 μA for the sample A over the whole energy range. But for the sample B, it was set at various values from 2.4 to 0.2 μA depending on bombarding energies.

The conditions and results of irradiations were summarized in Table 1.

Table 1

Experimental conditions and results

(E_B beam energy and I_B beam current)

E_B (MeV)	T_m (eV)	I_B (μA)	Φ $\left(10^{17} \frac{\text{elect.}}{\text{cm}^2}\right)$	$\Delta\varrho/\Phi$ $\left(10^{-27} \frac{\Omega\ \text{cm}}{\text{elect./cm}^2}\right)$
(A) near ⟨110⟩				
1.0	68.0	1.0	0.598	6.92
1.0	68.0	0.9	0.298	6.95
1.0	68.0	1.0	0.398	7.43
0.8	49.0	1.0	0.895	5.88
0.7	40.5	1.0	0.930	5.30
0.6	32.6	1.0	0.398	2.93
0.55	29.0	1.0	0.140	2.16
0.5	25.6	1.0	1.39	1.91
0.45	22.4	1.0	1.59	1.85
0.40	19.1	1.0	0.662	0
(B) near ⟨111⟩				
1.0	68.0	1.0	0.714	11.9
0.9	58.0	0.85	0.668	8.84
0.8	49.0	0.6	0.224	5.50
0.8	49.0	0.6	0.514	6.05
0.75	44.5	1.5	0.357	3.66
0.75	44.5	1.5	0.860	3.91
0.70	40.5	1.4	0.802	3.02
0.70	40.5	2.4	1.38	2.78
0.65	36.6	1.2	1.03	1.67
0.60	32.6	0.2	0.274	1.52
0.60	32.6	0.2	0.504	1.42

Standard potentiometric methods were used to measure the resistance of the samples. A Rubicon high sensitivity potentiometer with a galvanometer amplifier or an Otto-Wolf high sensitivity potentiometer with a CdS galvanometer amplifier made by Murayama Denki were used alternatively. The precision of the resistance measurement was $2 \times 10^{-7}\ \Omega$ corresponding to a resistivity uncertainty of $\pm 10^{-11}\ \Omega$cm.

Let L be the length between the potential leads, L_i the length of the irradiated portion and F the form factor of the sample, the resistivity increase $\Delta\varrho$ is obtained from the resistance change ΔR by

$$\Delta\varrho = \frac{L}{L_i F} \cdot \Delta R\,, \qquad (1)$$

where L and L_i are measured directly on samples and F is calculated using resistance measured at room temperature and the room temperature resistivity $\varrho_{\text{r.t.}} = 1.69 \times 10^{-6}\ \Omega\text{cm}$ obtained from the standard table of physical constant.

3. Results and Discussions

We have measured the energy dependence of damage-production rates with two samples of different orientations. The resistance change vs. dose curves at constant bombarding energy are accurately linear for these samples.

Fig. 1 and 2 show the experimental values of $\Delta\varrho/\Phi$ determined from (1) as a function of the maximum energy imparted to a Cu atom $T_m = 34.4\, E\left(1 + \frac{E}{1.022}\right)$ where E is the beam energy expressed in MeV. $\Delta\varrho/\Phi$ should be equal to $\Delta\varrho_F\, \sigma_d(E)$, where $\sigma_d(E)$ and $\Delta\varrho_f$ are the displacement cross section and the residual resistivity of a Frenkel pair, respectively.

It should be noted that the gradients of the damage-production curves were relatively small near the threshold energies (Figs. 1 and 2): On the basis of analysis given below, we attribute these parts of the damage-production curves to the displacement of impurity atoms or Cu atoms which place near the impurity atoms[2]) as a consequence of the interaction with focusons. In the latter case, the damage-production rate would be larger by several times than the former. In the following, we calculate the damage-production rate assuming that the impurity atoms would be displaced by focusons.

Recently, BAUER and SOSIN have observed "subthreshold event" and have given an order of magnitude estimate of the interaction of focuson with dislocations and impurity atoms. Our detailed discussions will soon show that their calculations have underestimated the amount of the effects. We infer, therefore,

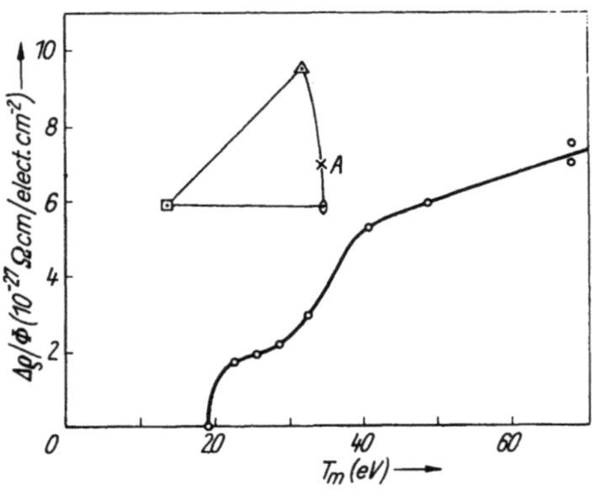

Fig. 1. The resistivity increase per incident electron for the sample A as a function of the maximum energy imparted to a Cu atom, T_m

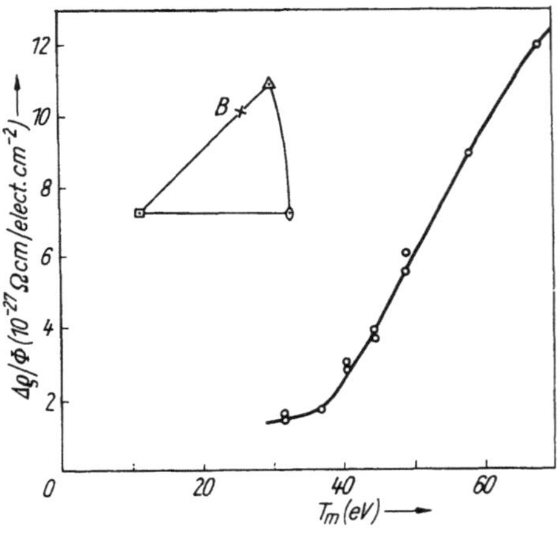

Fig. 2. The resistivity increase per incident electron for the sample B as a function of the maximum energy imparted to a Cu atom, T_m

---

[2]) This latter mechanism was suggested by Dr. Y. TAKAGI.

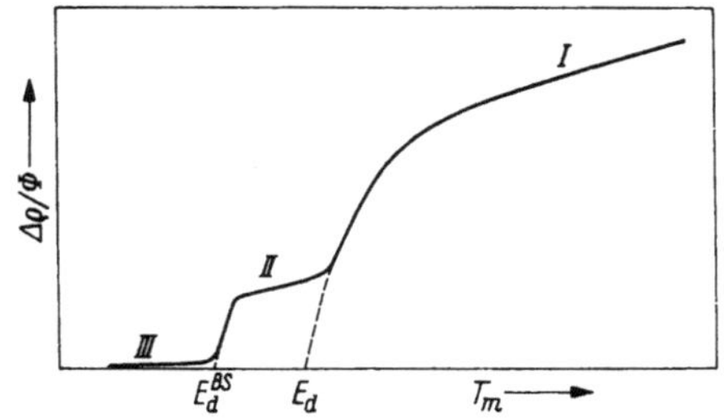

Fig. 3. The schematic drawing of the overall damage-production curve. Ranges I, II and III refer to the process of direct displacement, the process corresponding to the focuson-impurity interaction, and the process which we infer to correspond to the focuson-dislocation interaction, respectively. E_d is the threshold energy for the direct displacement explained in this paper while E_d^{BS} is the value assigned by BAUER and SOSIN

that their "subthreshold event" should refer to dislocations rather than impurity atoms. However, after all, these two experiments cover different energy ranges and give the whole damage-production curve as schematically shown in Fig. 3. Although BAUER and SOSIN assigned E_d^{BS} as the threshold energy of the direct displacement process, we believe that the true threshold energy should be E_d.

In general, the number of Frenkel pairs produced by focusing collisions is given by $N_D = \nu_D N_p$, where ν_D is the number of Frenkel pairs produced by a "knock-on atom", and N_p is the number of the primary "knock-on atoms" produced by an incident electron in unit volume. In the present case, the "knock-on atom" does not necessarily mean an atom displaced by the incident electron, but means an atom which was given from the incident electron a sufficient energy to produce a focusing collision.

3.1 Focuson-dislocation interaction

Number of the primary "knock-on atoms" produced by an incident electron in unit volume of Cu can be estimated by the well-known formula for cross-section

$$\sigma(T_m, T_d) = \frac{21\times 10^{-23}}{\beta^4 \gamma^2} \left[\left(\frac{T_m}{T_d} - 1\right) - \beta^2 \log \frac{T_m}{T_d} + \pi \alpha \beta \left\{2\left[\left(\frac{T_m}{T_d}\right)^{1/2} - 1\right] - \log \frac{T_m}{T_d}\right\}\right], \tag{2}$$

where the notations are the same with those of the original review of SEITZ and KOEHLER [7]. From the present experimental results, Fig. 1, we assume that below $T_m = 30$ eV no direct displacement occurs. Following BAUER and SOSIN, we take 5 eV as the threshold energy, T_d, of displacement at dislocations. Then, we obtain $\sigma = 360$ barns.

On the other hand, the number of Frenkel pairs produced by the interaction of a focuson with dislocations is given by [8, 9]

$$\nu_D \cong \frac{2 E_F}{E_d} \cdot \frac{a \cdot R_m}{10 \lambda^2}, ^{3)} \tag{3}$$

where are

E_d the threshold energy for direct displacement,
E_F the maximum energy of focusing collision,
R_m the maximum range of focusing collision,
a the width of stacking fault and
$1/\lambda^2$ the dislocation density.

---

[3]) This formula hase to be modified, if accurate discussion is required, on account of the fact that the focusons have considerably low energies in the present case.

Because the energy of the "primary knock-on" $E \leqq E_d < E_F$ in the present case, the factor $2\,E_F/E_d$ is introduced instead of $2\,E\,E_F/E_d^2$ given in Leibfried's paper [8, 9]; as seen below. We use the following values for the above quantities: $E_F = 63$ eV [8], $E_d = 30$ eV, $a = 30$ Å and $R_m = 320$ Å [8]. Then we have

$$\nu_D = 4.04 \times 10^{-4}\,, \quad \text{for } 1/\lambda^2 = 10^9/\text{cm}^2\,.$$

Consequently,

$$N_d = \nu_D\,N_p = \nu_D\,N_0\,\sigma = 0.0123 \text{ Frenkel pairs/cm}^3\,.$$

With $\Delta\varrho_f = 2.96 \times 10^{-27}$ Ωcm/F.P., corresponding resistivity change becomes

$$\Delta\varrho/\Phi = 0.0362 \times 10^{-27} \ \Omega\text{cm/electron},$$

which is about two orders of magnitude smaller than the present experimental results.

On the other hand, the damage-production rate in the energy range measured by Bauer and Sosin, namely in their "subthreshold" range, agrees well with the above value. Therefore we may attribute their "subthreshold event" to the focuson-dislocation interaction. Relatively small enhancement of the damage-production rate after the deformation, in their experiment, may possibly be explained by considering that only the trapped impurity atoms are displaced by the low energy focuson. Moreover, a focuson-impurity interaction is insufficient to explain the observed increase of the production rate of the factor 4 to 5 on adding 10^{-3} impurity atoms to nominally 99.999% Cu. However, the interaction of focuson with dislocations, which remained un-annealed, or with impurity atoms trapped by dislocations which may have lower threshold energy than that placed in normal lattice sites, can explain the behavior. Especially, the latter interaction[4]) is better to explain the behavior of the curve which is relatively insensitive on plastic deformations, as mentioned above.

3.2 Focuson-impurity interaction

As was mentioned above, the samples of the present investigation contain about 10^{-4} impurities such as Si, Mg and Fe. Therefore, considerable amount of the displacement of these impurities may be expected as a consequence of focusing collisions.

The number of impurity atoms displaced by a primary through focusing collisions, ν_D, can be calculated approximately by integrating the product of the number of focusons, which have ranges larger than R, and the number of impurity atoms, $n\,dR$, placed on the paths of the focusons in a spherical shell $(R, R + dR)$ in the sphere of radius R'_m, which is the maximum range of the focusons considered here; namely,

$$\nu_D \cong \int_0^{R'_m} \nu_F(R, R'_m)\,n\,dR\,. \tag{4}$$

The derivation of (4) is given in the appendix. $\nu_F(R, R'_m)$ the number of focusons which have ranges larger than R but smaller than R'_m, is given by [8]

$$\nu_F(R, R'_m) = \int_R^{R'_m} Z_F(R)\,dR = \frac{2\,E_F}{E_d} \cdot \frac{1}{R_m} \int_R^{R'_m} \ln \frac{R_m}{R}\,dR =$$

$$= \frac{2\,E_F}{E_d}\left[\frac{R}{R_m}\left(\ln \frac{R}{R_m} - 1\right) + \frac{R'_m}{R_m}\left(\ln \frac{R}{R'_m} + 1\right)\right], \tag{5}$$

[4]) This possibility was suggested by Dr. S. Okuda.

where E_F and R_m, which is different from R'_m, are the maximum focusing energy and the corresponding maximum range of the focuson, respectively, and are given in Leibfried's paper [9]. The factor $2\,E_F/E_d$ is calculated putting $\alpha(E') = 0$ in (23) of Leibfried's paper because of the low primary energy [9]. $n\,dR$, the number of impurity atoms placed on the paths of the focusons in a spherical shell $(R, R + dR)$, is given by

$$n\,dR = \frac{d}{dR} \cdot \big(P(R) \cdot N(R)\big)\,dR\,, \tag{6}$$

where $N(R) = \frac{4\pi}{3} N_I\, R^3$ is the number of impurity atoms in a volume of radius R around the primary knock-on, in which N_I is the concentration of impurity atoms, and $P(R) = 7.5 \times 10^{-15}\, R \Big/ \frac{4\pi}{3} R^3$ is the fraction of lattice sites placed on the paths of the focusons in the volume. In calculating $P(R)$ we have taken into consideration that focusons can propagate in both $\langle 100\rangle$ and $\langle 110\rangle$ directions, and used 3.61 Å and 2.55 Å as the atomic distances in these directions, respectively. The value for atomic volume was taken as $11.78 \times 10^{-24}\,\text{cm}^3$. Substituting (5) and (6) into (4), we obtain

$$\nu_D = 7.5 \times 10^{-15}\, N_I \int\limits_0^{R'_m} \nu_F(R, R'_m)\,dR = 3.75 \times 10^{-15}\, N_I \frac{2\,E_F}{E_d} \frac{R'^2_m}{R_m} \left[\ln \frac{R_m}{R'_m} + \frac{1}{2}\right]. \tag{7}$$

Thus, the number of Frenkel pairs produced is proportional to the concentration of impurity atoms N_I. When N_I is not very large, this linear behavior may hold as long as ν_D reaches the total number of focusing collisions. As it approaches this value the production rate becomes constant independent of the impurity concentration.

The number of displaced impurity atoms per incident electron is, then, calculated as

$$N_D = \nu_D\, N_0\, \sigma\,, \tag{8}$$

where N_0 is the concentration of Cu atom and σ is given by (2). Corresponding resistivity change is

$$\frac{\Delta\varrho}{\Phi} = N_D\, \Delta\varrho_f = \nu_D\, N_0\, \sigma\, \Delta\varrho_f\,. \tag{9}$$

With the threshold energy of an impurity atom $T_d = 10$ eV, $E_d = 30$ eV and $R'_m = \frac{E_d - T_d}{\Delta} \cong 100$ Å using the energy loss per focusing hit $\Delta = 0.7$ eV [4], we obtain

$$\nu_D = 0.0416\,, \quad \text{for } N_I = 0.846 \times 10^{19}\,\text{cm}^{-3}\,,$$

where $E_F = 63$ eV and $R_m = 320$ Å were taken from Leibfried's paper [9].

Consequently, we obtain from (8)

$$N_D = 0.422\,\text{cm}^{-3} \quad \text{for} \quad \sigma = 120\,\text{barn}\,,$$

and from (9)

$$\frac{\Delta\varrho}{\Phi} = 1.25 \times 10^{-27}\,\Omega\text{cm/electron}\,,$$

where we take $\Delta\varrho_f = 2.96 \times 10^{-27}\,\Omega\text{cm/F. P.}$ as before. We would like to emphasize that the resistivity increase calculated above is consistent with the observations (Figs. 1 and 2).

In Fig. 3 we have given a schematic drawing of overall damage-production curve. It is the sum of three components; i. e. a direct displacement process, a process corresponding to the focuson-impurity interaction, and a process which we infer to correspond to the focuson-dislocation interaction. The threshold energy of the direct process, which is the main interest in the present experiments, can be obtained by an extrapolation of the first component to the abscissa.

JAN and SEEGER [5] have given a calculation of displacement cross-section vs. bombarding energy by taking into account the anisotropy of the threshold energy. Their results show also relatively small gradient part near zero displacement cross-section when the bombarding direction is $\langle 110 \rangle$. But we do not attribute our results to this anisotropy effect, because, in their theory, the difference between the value of the apparent threshold energy and the one obtained by the extrapolation from the high energy part is very small compared with the experimental ambiguity unavoidable in this experiment. However, it may be remarked that the damage-production curves in the high energy region obtained in the present work seem qualitatively similar to those calculated by them with $T_{100} = 14.7$ eV, $T_{110} = 30.6$ eV and $T_{111} = 70.3$ eV.

Therefore, we conclude that the displacement threshold energy near $\langle 110 \rangle$ is 28 to 30 eV.

Appendix

Calculation of the number of displaced impurity atoms due to the focuson-impurity interaction

Suppose focusons start at the center of the sphere of radius R'_m; (Fig. 4). The number of displaced impurity atoms in a spherical shell $(R_i, R_i + \Delta R)$, where ΔR is assumed infinitesimal, is given by

$$\begin{aligned} \nu_D^{(i)} &= n\,\Delta R\,\nu_F^*(R_i, R'_m) = \\ &= n\,\Delta R \left[\nu_F(R_i, R'_m) - n\,\Delta R \sum_{j=0}^{i-1} \nu_F^*(R_i, R'_m)\right] = \\ &= n\,\Delta R\,\nu_F(R_i, R'_m) - (n\,\Delta R)^2 \sum_{j=0}^{i-1} \nu_F(R_j, R'_m) + \\ &\quad + (n\Delta R)^3 \sum_{p=1}^{i-1} p\,\nu(R_{i-1-p}, R'_m) - (n\,\Delta R)^4 \sum_{p=1}^{i-3} p\,\nu_F(R_{i-3-p}, R'_m) + \cdots \\ &\cong n\,\Delta R\,\nu_F(R_i, R'_m)\,, \end{aligned}$$

where $\nu_F^*(R_i, R'_m)$ is the number of focusons which have ranges larger than R_i and remained un-encountered with impurity atoms after traversing a distance from the center to R_i in a volume of radius less then R_i. Therefore, the number of displaced impurity atoms in the

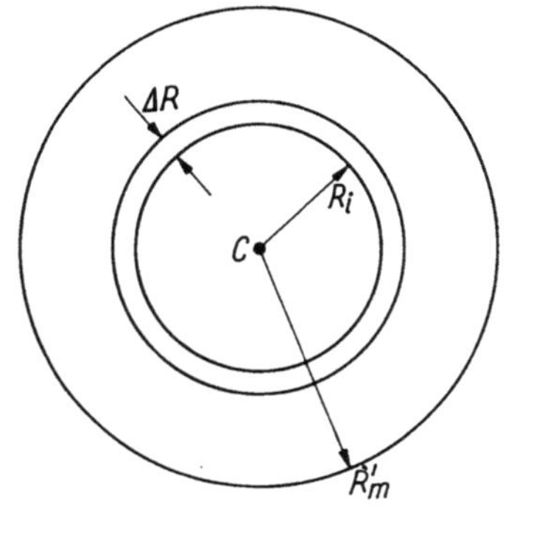

Fig. 4. The schematic drawing of the spherical volume of radius R'_m to illustrate the method to calculate $\nu_D^{(i)}$. Focusons start at the center C

sphere is given by

$$\nu_D = \sum_i \nu_D^{(i)} \cong n\, \Delta R \sum_i \nu_F(R_i, R'_m) \cong \int_0^R n\, \nu_F(R, R'_m)\, dR\,,$$

which is (4).

Acknowledgements

The authors would like to express appreciation to Dr. H. Suzuki, who planned this experiment first, and to Dr. S. Okuda for his valuable discussions. Thanks are also expressed to Mr. H. Sato and Mr. M. Watanabe for their assistance in the low temperature work. The authors would like to express their thanks to Dr. K. Tsukada and his member of the Nuclear Physics Laboratory for the kindness in lending to the authors the van de Graaf facilities.

References

[1] J. W. Corbett, J. M. Denney, M. D. Fiske, and R. M. Walker, Phys. Rev. **108**, 945 (1957).
[2] P. G. Lucasson and R. M. Walker, Phys. Rev. **127**, 1130 (1962).
[3] W. Bauer and A. Sosin, J. appl. Phys. **35**, 703 (1962).
[4] J. B. Gibson, A. N. Goland, M. Milgram, and G. H. Vineyard, Phys. Rev. **120**, 1229 (1960).
[5] R. v. Jan and A. Seeger, phys. stat. sol. **3**, 465 (1963).
[6] A. Sosin and H. H. Neely, Rev. sci. Instrum. **32**, 922 (1962).
[7] F. Seitz and J. S. Koehler, Solid State Physics **2**, 305 (1956).
[8] G. Leibfried, J. appl. Phys. **31**, 117 (1960).
[9] G. Leibfried, J. appl. Phys. **30**, 1388 (1959).

(Received July 23, 1964)

phys. stat. sol. 7, 241 (1964)

Institute for Crystal Physics, University of Groningen

Disorder Resistivity of Binary Rare Earth Alloys

By

A. J. DEKKER

Expressions are derived for the disorder resistivity of binary rare earth alloys at temperatures above the magnetic transition point and at absolute zero. Only ferromagnetic alloys are considered. The treatment is based on a Nordheim approximation, extended to incorporate spin-dependent scattering. The theoretical expressions are in satisfactory agreement with experimental data for Gd–Lu, Tb–Lu, Gd–Y and Gd–Er alloys.

Es werden Ausdrücke abgeleitet für den Widerstand seltener Erdmetallegierungen mit zwei Komponenten, für Temperaturen oberhalb der magnetischen Übergangstemperatur und für den absoluten Nullpunkt. Nur ferromagnetische Legierungen werden besprochen. Die Behandlung geht aus von der Nordheim-Näherung, die erweitert wurde, um spinabhängige Streuung einzuschließen. Die theoretischen Ausdrücke sind in befriedigender Übereinstimmung mit den Meßresultaten für Gd–Lu-, Tb–Lu-, Gd–Y- und Gd–Er-Legierungen.

1. Introduction

Magnetic metals and alloys may be divided roughly into two groups. In one group, the electrons which in the free atom are responsible for the magnetic properties, become part of the collective electron system in the metallic state. This situation is encountered, for example, in Ni, Pd and their alloys [1, 2]. The properties of these materials can be described quite well in terms of the band theory, as proposed by MOTT [3]. In the other group, the electrons responsible for the magnetic properties can be considered localized; this is the case in the rare earth metals and their alloys. In this paper we shall be concerned only with this latter group and in particular with the electrical resistivity of these materials. For a general survey of this subject we refer to COLES [4].

In the rare earth metals, the overlap between the partly filled 4f-shells of neighboring atoms and, consequently, the direct exchange between them is very small. Following ZENER [5], one might expect an exchange coupling between the 4f-electrons and the conduction electrons. This idea has been formulated in more detail by KASUYA [6] and he arrived at the conclusion that the interaction between an electron of spin $\boldsymbol{S}_e$ at $\boldsymbol{r}$ and a localized atomic spin $\boldsymbol{S}_n$ at $\boldsymbol{R}_n$ can be written in the form

$$-2\,G\,(|\boldsymbol{r}-\boldsymbol{R}_n|)\,\boldsymbol{S}_e\cdot\boldsymbol{S}_n\,. \tag{1}$$

Recently CASPERS [7] has raised objections to this form, but since the consequences of these objections for the theory of spin-dependent scattering have not been investigated as yet, we shall adhere to (1) in the present paper. In a second approximation, (1) leads to an indirect coupling between the localized atomic spins via the conduction electrons, and thus a physical basis for the magnetic properties can be obtained. A similar mechanism is responsible for the long range interaction between magnetic atoms in dilute solid solutions (e. g. Mn in Cu), as discussed by YOSIDA [8], BLANDIN [9], and others [10].

The electrical resistivity of the rare earth metals decreases quite strongly with decreasing temperature in the region where magnetic ordering occurs, i. e. in the region $T < T_c$, where T_c is the transition temperature [11, 12]. For the pure metals, this behavior has been discussed on the basis of (1) by KASUYA [13], DE GENNES and FRIEDEL [14], VAN PESKI-TINBERGEN and DEKKER [15], ELLIOTT and WEDGWOOD [16] and by BROUT and SUHL [17]. As a consequence of (1), there will be a contribution to the resistivity resulting from disorder of the atomic spin system.

The electrical resistivity of dilute alloys containing localized magnetic moments has also been discussed by various authors [15, 18, 19, 20, 21], particularly in an effort to explain the anomalies observed at low temperatures.

Besides the pure rare earth metals and dilute alloys containing localized magnetic moments, the behavior of concentrated magnetic alloys is of interest in the study of spin dependent scattering. Thus, SMIDT and DAANE [22] measured the resistivity between 4.2 and 320 °K for the alloys $Gd_x\, Lu_{1-x}$, $Tb_x\, Lu_{1-x}$ and $Gd_x\, Er_{1-x}$ for a number of values of x between zero and unity. More recently, HENNEPHOF [23] reported similar measurements for the system $Gd_x\, Y_{1-x}$, covering the range $0.7 < x < 1$ (the range corresponding to ferromagnetic alloys [24]). The interpretation of the resistivity of concentrated magnetic alloys of this type has received relatively little attention. WEISS and MAROTTA [25] suggested that the formula obtained for the spin disorder resistivity for the pure rare earth metals (at temperatures above T_c) could be modified in a simple way to apply to magnetic alloys. This suggestion was also followed by SMIDT and DAANE [22] in the discussion of their resistivity measurements. Although this modification is based on rather intuitive considerations, it provides a satisfactory description of many experimental results. In this paper, we wish to present some results of resistivity calculations for binary alloys containing localized magnetic moments, based on a Nordheim approximation [26] extended to include spin-dependent scattering. In this approximation, any effects due to local atomic- or spin order are neglected.

Although ultimately one should like to obtain a relation between the spin disorder resistivity and the magnetization of a particular alloy for the whole range of temperatures, the present discussion is only a first step towards this goal and is limited to the disorder resistivity at high temperatures, $\varrho_d(T \gg T_c)$, and at absolute zero, $\varrho_d(0)$. At high temperatures there is complete spin disorder; at absolute zero the spins within a single domain are aligned ferromagnetically (or antiferromagnetically), but since the spin lattice is incomplete, there remains a contribution to the resistivity due to spatial spin disorder.

Throughout this paper we shall assume that the conduction electrons behave as free particles with an effective mass m, independent of the composition of the alloy. It will also be assumed that the components have equal atomic volumes and equal numbers of valence electrons, so that the number of atoms per unit volume, N, and the density of conduction electrons, n, for an alloy $A_x\, B_{1-x}$ is independent of x. Finally, complete atomic disorder will be assumed.

2. The Disorder Resistivity at High Temperatures for a Binary Alloy Containing One Magnetic Component

Consider an alloy $A_x B_{1-x}$, containing Nx atoms A and $N(1-x)$ atoms B per unit volume. Assume that only the A-atoms have a non-vanishing magnetic moment. The total angular momentum of an A-atom is $\boldsymbol{J} = \boldsymbol{L} + \boldsymbol{S}$, where $\boldsymbol{L}$ and $\boldsymbol{S}$ are the orbital and spin angular momentum in units $\hbar$. The corresponding quantum mumbers will be denoted by j, l, s. The lattice is divided into A- and B-cells of equal size and in accordance with (1), the potential energy operator for a conduction electron of spin $\boldsymbol{S}_e$ is written in the form

$$V_a(\boldsymbol{r}) - 2\,G(\boldsymbol{r})\,\boldsymbol{S}_e \cdot \boldsymbol{S} \qquad \text{in an } A\text{-cell}, \tag{2a}$$

$$V_b(\boldsymbol{r}) \qquad \text{in a } B\text{-cell}, \tag{2b}$$

where the center of a cell is taken as origin; $\boldsymbol{r}$ denotes the position of the electron. Since for $T \gg T_c$ there is complete spin disorder, the average magnetic moment of the A-atoms vanishes and we define a fictiteous "periodic" potential

$$V_p(\boldsymbol{r}) = x\,V_a(\boldsymbol{r}) + (1-x)\,V_b(\boldsymbol{r})\,. \tag{3}$$

In the Nordheim approximation, the perturbation giving rise to scattering of the conduction electrons in an A-cell is taken

$$H'_a(\boldsymbol{r}) = V_a(\boldsymbol{r}) - 2\,G(\boldsymbol{r})\,\boldsymbol{S}_e \cdot \boldsymbol{S} - V_p(\boldsymbol{r}) = \\ = (1-x)\,[V_a(\boldsymbol{r}) - V_b(\boldsymbol{r})] - 2\,G(\boldsymbol{r})\,\boldsymbol{S}_e \cdot \boldsymbol{S}\,. \tag{4a}$$

Similarly, the perturbation produced by a B-atom is

$$H'_b(\boldsymbol{r}) = V_b(\boldsymbol{r}) - V_p(\boldsymbol{r}) = -\,x\,[V_a(\boldsymbol{r}) - V_b(\boldsymbol{r})]\,. \tag{4b}$$

Consider now the scattering of a conduction electron from a state defined by a wave vector $\boldsymbol{k}$ and a magnetic spin quantum number m_{es} to a state $\boldsymbol{k}'$, m'_{es} by an A-atom which finds itself initially in a state characterized by a total magnetic quantum number m_j; we assume that l, s, j remain constant in these processes. In the Born approximation, the matrix element connecting the initial and final states is, in accordance with (4a)

$$\langle m'_{es}, m'_j \,|[(1-x)\,v_{ab}(q) - 2\,F(q)\,S_{ez}\,S_z - F(q)\,(S_{e+}\,S_- + S_{e-}\,S_+)]|\, m_{es}, m_j\rangle, \tag{5}$$

where

$$S_\pm = S_x \pm i\,S_y\,;\ \boldsymbol{q} = \boldsymbol{k} - \boldsymbol{k}'$$

and

$$v_{ab}(q) = \int [V_a(\boldsymbol{r}) - V_b(\boldsymbol{r})]\,e^{i\boldsymbol{q}\cdot\boldsymbol{r}}\,d\boldsymbol{r}\,,$$

$$F(q) = \int G(\boldsymbol{r})\,e^{i\boldsymbol{q}\cdot\boldsymbol{r}}\,d\boldsymbol{r}\,.$$

The dependence of v_{ab} and F on the direction of $\boldsymbol{q}$ is neglected. The matrix elements of $\boldsymbol{S}$ between m_j and m'_j occuring in (5) are equal to $(g-1)$ times the corresponding matrix elements of $\boldsymbol{J}$, where g is the Landé factor; this follows, for example, from the vector model, which gives $(g-1)$ for the ratio of the projection of $\boldsymbol{S}$ on $\boldsymbol{J}$ and $|\boldsymbol{J}|$. The only non-vanishing spin matrix elements occuring in (5) are:

$$\langle m_{es}, m_j\,|S_{ez}\,S_z|\,m_{es}, m_j\rangle = (g-1)\,m_{es}\,m_j\,, \tag{6}$$

$$\left\langle \pm\frac{1}{2}, m_j \mp 1\,|S_{e\pm}\,S_\mp|\,\mp\frac{1}{2}, m_j\right\rangle = (g-1)\,[(j \pm m_j)\,(j \mp m_j + 1)]^{1/2}\,. \tag{7}$$

The matrix elements (6) correspond to scattering without spin flip; (7) describes processes in which the magnetic quantum number of the electron and atom change by ± 1 and ∓ 1, respectively. The squares of the matrix elements describing scattering by an A-atom without and with spin flip are then

$$|M_A(m_j, \boldsymbol{k}_\pm \to m_j, \boldsymbol{k}'_\pm)|^2 = |(1-x)\, v_{ab}(q) \mp F(q)\,(g-1)\, m_j|^2\,, \tag{8}$$

$$|M_A(m_j, \boldsymbol{k}_\pm \to m_j \pm 1, \boldsymbol{k}'_\mp)|^2 = |F(q)|^2 (g-1)^2 (j \mp m_j)(j \pm m_j + 1), \tag{9}$$

where the upper and lower signs refer, respectively, to $m_{es} = +\frac{1}{2}$ and $m_{es} = -\frac{1}{2}$. Since there is complete disorder of the atomic spin system, each of the $(2j+1)$ possible values of m_j is equally probable. Thus, if one averages the sum of (8) and (9) over m_j, one obtains for the mean square matrix element associated with scattering by an A-atom

$$|M_A(\boldsymbol{k} \to \boldsymbol{k}')|^2 = (1-x)^2\, |v_{ab}(q)|^2 + |F(q)|^2 (g-1)^2\, j\,(j+1)\,, \tag{10}$$

for *both* types of conduction electrons. Similarly, one obtains from (4b) for the square of the matrix element describing the scattering by a B-atom

$$|M_B(\boldsymbol{k} \to \boldsymbol{k}')|^2 = x^2\, |v_{ab}(q)|^2\,. \tag{11}$$

From these results one may calculate the resistivity by employing some well known relations from the transport theory of metals. The differential cross section corresponding to the square of a matrix element is given by

$$Q_i(\theta) = \frac{m^2}{4\pi^2 \hbar^4}\, |M_i(\boldsymbol{k} \to \boldsymbol{k}')|^2\,, \tag{12}$$

where θ is the angle of scattering. For N_i scattering centers per unit volume with differential cross section $Q_i(\theta)$, the contribution to the reciprocal relaxation time is, for elastic scattering,

$$\frac{1}{\tau_{iF}} = \frac{\hbar k_F N_i}{m} \int_0^\pi Q_i(\theta)\,(1-\cos\theta)\, 2\pi \sin\theta\, d\theta\,, \tag{13}$$

where the subscript F refers to electrons with the Fermi energy. The contribution to the resistivity is then obtained from

$$\varrho_i = \frac{m}{n\, e^2\, \tau_{iF}}\,. \tag{14}$$

Employing these relations, we find from (10) and (11) for the disorder resistivity at high temperatures

$$\varrho_d\,(T \gg T_c) = \frac{m^2 k_F N}{2\pi \hbar^3 n e^2} \int_0^\pi [x\, |M_A(\boldsymbol{k} \to \boldsymbol{k}')|^2 + (1-x)\, |M_B(\boldsymbol{k} \to \boldsymbol{k}')|^2]\,(1-\cos\theta) \sin\theta\, d\theta\,. \tag{15}$$

For simplicity we assume that v_{ab} and F in (10) and (11) are independent of θ; this would be the case if $V_a(\boldsymbol{r})$, $V_b(\boldsymbol{r})$ and $G(\boldsymbol{r})$ were delta functions. Under these circumstances, (15) becomes

$$\varrho_d\,(T \gg T_c) = \frac{m^2 k_F N}{\pi \hbar^3 n e^2} [x\,(1-x)\, |v_{ab}|^2 + x |F|^2 (g-1)^2\, j\,(j+1)]\,. \tag{16}$$

For $x = 1$, this reduces to the well-known formula for the spin disorder resistivity of the pure magnetic metal A [13, 14, 15, 17]. Expression (13) has a simple physical interpretation; it consists of the usual Nordheim term in $x(1 - x)$ for non-magnetic alloys plus a term due to the spin disorder resistivity produced by the magnetic A-atoms.

3. The Disorder Resistivity at High Temperatures for a Binary Alloy Containing Two Magnetic Components

The treatment given in the preceding section can readily be extended to an alloy $A_x B_{1-x}$ where both A and B have non-vanishing magnetic moments. Thus, let the potential energy operator for a conduction electron of spin $\boldsymbol{S}_e$ be

$$V_a(\boldsymbol{r}) - 2\, G_a(\boldsymbol{r})\, \boldsymbol{S}_e \cdot \boldsymbol{S}_a \qquad \text{in an } A\text{-cell}\,, \tag{17a}$$

$$V_b(\boldsymbol{r}) - 2\, G_b(\boldsymbol{r})\, \boldsymbol{S}_e \cdot \boldsymbol{S}_b \qquad \text{in a } B\text{-cell}\,. \tag{17b}$$

Since there is complete spin disorder at temperatures $T \gg T_c$, the periodic potential (3) of the preceding section applies here as well. Corresponding to (4a) and (4b) one now obtains

$$H_a'(\boldsymbol{r}) = (1 - x)\,[V_a(\boldsymbol{r}) - V_b(\boldsymbol{r})] - 2\, G_a(\boldsymbol{r})\, \boldsymbol{S}_e \cdot \boldsymbol{S}_a\,, \tag{18a}$$

$$H_b'(\boldsymbol{r}) = -\, x\,[V_a(\boldsymbol{r}) - V_b(\boldsymbol{r})] - 2\, G_b(\boldsymbol{r})\, \boldsymbol{S}_e \cdot \boldsymbol{S}_b\,. \tag{18b}$$

Following the procedure outlined above one obtains for the disorder resistivity in an obvious notation

$$\varrho_d\,(T \gg T_c) = \frac{m^2\, k_F\, N}{\pi\, \hbar^3\, n\, e^2}\,[x\,(1-x)\,|v_{ab}|^2 + x|F_a|^2\,(g_a - 1)^2\, j_a\,(j_a + 1) + \\ + (1 - x)\,|F_b|^2\,(g_b - 1)^2\, j_b\,(j_b + 1)]\,. \tag{19}$$

For the light rare earth metals, containing less than seven electrons in the 4f-shell, $j = l - s$ and $g - 1 = -\, s/(j + 1)$; for the heavy rare earth metals $j = l + s$ and $g - 1 = s/j$.

4. The Disorder Resistivity at $T = 0$ for a Binary Alloy Containing One Magnetic Component

4.1 Single ferromagnetic domain

Consider again an alloy $A_x B_{1-x}$ and assume that only the A-atoms have a non vanishing magnetic dipole moment. As a starting point we assume that at $T = 0$ the specimen consists of a single ferromagnetic domain in which the magnetic dipole moments of the A-atoms are all aligned ferromagnetically, i. e. the z-components of the total angular momenta are all equal to j. In this situation the "periodic" potential for a conduction electron of magnetic quantum number m_{es} is taken

$$V_p(\boldsymbol{r}) = x\, V_a(\boldsymbol{r}) + (1 - x)\, V_b(\boldsymbol{r}) - 2\, x\, G(\boldsymbol{r})\, m_{es}\,(g - 1)\, j\,, \tag{20}$$

because the expectation value of S_z is $(g - 1)\, j$. The perturbation giving rise to scattering by an A-atom is then given by expression (2a) minus expression (20). Now at $T = 0$ the system of conduction electrons as well as the system of magnetic dipoles are in the ground state. This implies that scattering processes involving spin flip are excluded at $T = 0$, because such processes would require energy transfer between the two systems. Therefore, only the term $S_{ez}\, S_z$ of $\mathrm{S}_e \cdot \mathrm{S}$ in (2a) must be retained. Consequently, the perturbation produced by an A-atom for an electron $m_{es} = \pm \frac{1}{2}$ is

$$H'_{a\pm}(\boldsymbol{r}) = (1 - x)\,[V_a(\boldsymbol{r}) - V_b(\boldsymbol{r}) \mp G(\boldsymbol{r})\,(g - 1)\,j]\,. \tag{21a}$$

Similarly,

$$H'_{b\pm}(\boldsymbol{r}) = -\,x\,[V_a(\boldsymbol{r}) - V_b(\boldsymbol{r}) \mp G(\boldsymbol{r})\,(g - 1)\,j]\,. \tag{21b}$$

The square of the matrix element associated with scattering by an A-atom now depends, in contrast with (10), on the magnetic quantum number of the scattered electron:

$$|M_{A\pm}\,(\boldsymbol{k} \to \boldsymbol{k}')|^2 = (1 - x)^2\,|v_{ab}(q) \mp F(q)\,(g - 1)\,j|^2\,. \tag{22a}$$

For the scattering by a B-atom (21b) gives

$$|M_B \pm\,(\boldsymbol{k} \to \boldsymbol{k}')|^2 = x^2\,|v_{ab}(q) \mp F(q)\,(g - 1)\,j|^2\,. \tag{22b}$$

Assuming again isotropic scattering, one finds by employing (12) and (13) for the reciprocal relaxation times of electrons with the Fermi energy

$$\frac{1}{\tau_{F\pm}} = \frac{k_F\,m\,N\,x\,(1 - x)}{\pi\,\hbar^3}\,|v_{ab} \mp F(\,g - 1)\,j|^2\,. \tag{23}$$

If one assumes that the depolarization length of the conduction electrons is of the order of 1 cm [27], i. e. very large compared to the mean free path for scattering, the conductivity of the single domain, σ, should be given by the *sum of the conductivities* of the two types of conduction electrons,

$$\sigma = \sigma_+ + \sigma_- = \frac{n\,e^2}{2\,m}\,(\tau_{F+} + \tau_{F-})\,, \tag{24}$$

where we have assumed $n_+ = n_- = n/2$. For the disorder resistivity at $T = 0$ one obtains in this way for a single domain specimen

$$\varrho_d(0) = \frac{m^2\,k_F\,N\,x\,(1 - x)}{n\,e^2\,\pi\,\hbar^3}\,\frac{[|v_{ab}|^2 - |F|^2\,(g - 1)^2\,j^2]^2}{|v_{ab}|^2 + |F|^2\,(g - 1)^2\,j^2}\,. \tag{25}$$

Note that the disorder resistivity is proportional to $x\,(1 - x)$, as it would be in the case of non magnetic alloys.

4.2 *Multi-domain ferromagnetic alloys*

If in a multi-domain specimen the domain size is small compared to the mean free path of the conduction electrons, the resistivity of the sample should be calculated on the basis of an *average reciprocal relaxation time*

$$\frac{1}{\tau_F} = \frac{1}{2}\left(\frac{1}{\tau_{F+}} + \frac{1}{\tau_{F-}}\right) = \frac{k_F\,m\,N\,x\,(1 - x)}{\pi\,\hbar^3}\,[|v_{ab}|^2 + |F|^2\,(g - 1)^2\,j^2]\,. \tag{26}$$

This leads to a disorder resistivity at $T = 0$ given by

$$\varrho_d(0) = \frac{m^2\,k_F\,N\,x\,(1 - x)}{n\,e^2\,\pi\,\hbar^3}\,[|v_{ab}|^2 + |F|^2\,(g - 1)^2\,j^2]\,. \tag{27}$$

We shall see later that this expression rather than (25) agrees with the experimental results for the $Gd_x Lu_{1-x}$ and $Tb_x Lu_{1-x}$ alloys obtained by SMIDT and DAANE [22], and those for $Gd_x Y_{1-x}$ obtained by HENNEPHOF [23]. It should be noted that (27) would also be obtained for a single domain specimen if the spin-depolarization length of the conduction electrons were small compared to the mean free path. If one assumes that the depolarization of a conduction electron spin is due to the dipole fields produced by the magnetic atoms, a rough estimate shows, however, that such a situation cannot be expected.

5. The Disorder Resistivity at $T = 0$ for a Binary Alloy Containing Two Magnetic Components

Denoting the spins of the atoms in an alloy $A_x B_{1-x}$ by $\boldsymbol{S}_a$ and $\boldsymbol{S}_b$, the potential energy operator for a conduction electron of spin $\boldsymbol{S}_e$ becomes

$$V_a(\boldsymbol{r}) - 2\,G_a(\boldsymbol{r})\,\boldsymbol{S}_e \cdot \boldsymbol{S}_a \qquad \text{in an } A\text{-cell}\,, \tag{28a}$$

$$V_b(\boldsymbol{r}) - 2\,G_b(\boldsymbol{r})\,\boldsymbol{S}_e \cdot \boldsymbol{S}_b \qquad \text{in a } B\text{-cell}\,. \tag{28b}$$

Assuming that at $T = 0$ all magnetic dipoles are aligned ferromagnetically, the following periodic potential can be set up in a Nordheim approximation:

$$V_{p\pm}(\boldsymbol{r}) = x\,V_a(\boldsymbol{r}) + (1-x)\,V_b(\boldsymbol{r}) \mp x\,G_a(\boldsymbol{r})\,(g_a - 1)\,j_a \mp \\ \mp (1-x)\,G_b(\boldsymbol{r})\,(g_b - 1)\,j_b\,. \tag{29}$$

The perturbations produced by the A- and B-atoms is obtained by subtracting (29) from (28a) and (28b):

$$H'_{a\pm}(\boldsymbol{r}) = (1-x)\,[V_a(\boldsymbol{r}) - V_b(\boldsymbol{r}) \mp G_a(\boldsymbol{r})\,(g_a - 1)\,j_a \pm G_b(\boldsymbol{r})\,(g_b - 1)\,j_b]\,, \tag{30a}$$

$$H'_{b\pm}(\boldsymbol{r}) = -\,x\,[V_a(\boldsymbol{r}) - V_b(\boldsymbol{r}) \mp G_a(\boldsymbol{r})\,(g_a - 1)\,j_a \pm G_b(\boldsymbol{r})\,(g_b - 1)\,j_b]\,. \tag{30b}$$

This leads to two different relaxation times and corresponding to (23) one now obtains

$$\frac{1}{\tau_{F\pm}} = \frac{k_F\,m\,N\,x\,(1-x)}{\pi\,\hbar^3}\,|v_{ab} \mp F_a\,(g_a - 1)\,j_a \pm F_b\,(g_b - 1)\,j_b|^2\,. \tag{31}$$

If one calculates from this result the resistivity of a single-domain specimen employing (24) one finds

$$\varrho_d(0) = \frac{m^2\,k_F\,N\,x\,(1-x)}{n\,e^2\,\pi\,\hbar^3}\,\frac{[|v_{ab}|^2 - |F_a\,(g_a - 1)\,j_a - F_b\,(g_b - 1)\,j_b|^2]^2}{|v_{ab}|^2 + |F_a\,(g_a - 1)\,j_a - F_b\,(g_b - 1)\,j_b|^2}\,. \tag{32}$$

However, if the domains are small compared to the mean free path, the two types of conduction electrons see an average cross section for scattering and, consequently, have an average reciprocal relaxation time given by

$$\frac{1}{\tau_F} = \frac{k_F\,m\,N\,x\,(1-x)}{\pi\,\hbar^3}\,[|v_{ab}|^2 + |F_a\,(g_a - 1)\,j_a - F_b\,(g_b - 1)\,j_b|^2]\,. \tag{33}$$

The disorder resistivity in this case amounts to

$$\varrho_d(0) = \frac{m^2\,k_F\,N\,x\,(1-x)}{n\,e^2\,\pi\,\hbar^3}\,[|v_{ab}|^2 + |F_a\,(g_a - 1)\,j_a - F_b\,(g_b - 1)\,j_b|^2]\,. \tag{34}$$

6. Comparison with Experimental Results and Discussion

In this section we compare the expressions for the disorder resistivity derived above with the experimental results obtained by Smidt and Daane [22] for the alloy systems Gd-Lu, Tl-Lu, and Gd-Er and with those of Hennephof [23] for the Gd–Y system. In fact, the purpose of our calculations was to find out if the disorder resistivities of these alloys at high temperatures were consistent with those at very low temperatures within the frame work of the Nordheim approximation. We shall see that the answer to this question is positive, within the limits of accuracy set by the experimental data. Smidt and Daane [22] measured the resistivity of the alloys mentioned between 4.2 °K and 320 °K for various compositions, covering the whole range of compositions. Hennephof [23] measured the resistivity of the $Gd_x Y_{1-x}$ system for the range $0.7 < x < 1$ at 4.2 °K and between 77 °K and 373 °K.

A schematic and somewhat idealized resistivity versus temperature curve for these alloys is shown in Fig. 1. From such a curve the quantities ϱ_d $(T \gg T_c)$ and $\varrho_d(0)$ can be obtained as follows: It is assumed that the resistivity of an alloy of given composition can be written as a sum of three contributions

$$\varrho(T) = \varrho_{\text{phonon}}(T) + \varrho_d(T) + \varrho_i\,, \tag{35}$$

where the disorder resistivity ϱ_d contains the atomic- and spin-disorder contributions; for simplicity it is assumed that the resistivity due to unintentionally present impurities, ϱ_i, is independent of temperature and that it can be obtained by linear interpolation between the residual resistivities of the "pure" components. Although this procedure is, strictly speaking, not correct for magnetic alloys, ϱ_i is usually small compared to ϱ_d and the resulting error is small. For temperatures sufficiently far above the magnetic transition temperature (complete spin-disorder), ϱ_d is assumed to be independent of T. Thus, by extrapolating the nearly linear portion of the $\varrho(T)$-curve for temperatures $T \gg T_c$ to $T = 0$, the phonon contri-

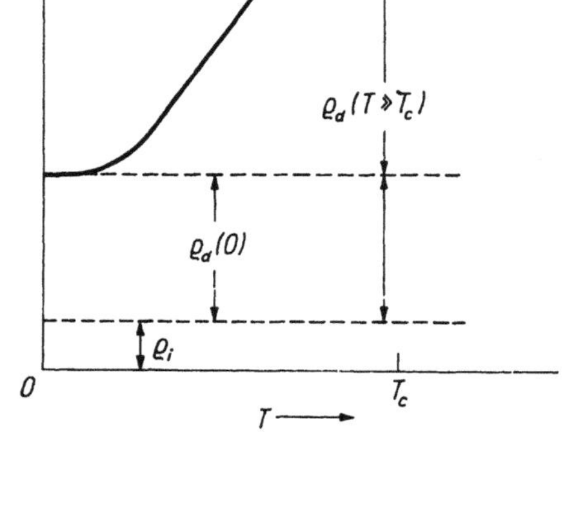

Fig. 1. Schematic representation of the resistivity as a function of temperature for a rare earth alloy

bution can be eliminated. Furthermore, it was assumed that the resistivity measured at 4.2 °K was equal to $\varrho_d(0) + \varrho_i$, so that $\varrho_d(0)$ could be obtained directly from the data published for the residual resistivity by applying the correction for ϱ_i (see figures 5, 6, and 7 in the paper by SMIDT and DAANE).

Now, it is likely that for higher concentrations of the magnetic component the alloys mentioned above are *ferromagnetically* ordered at low temperatures; from our expressions (25), (27), (32), and (34) one should therefore expect that $\varrho_d(0)$ is proportional to $x(1-x)$. This is indeed the case, as exemplified by Fig. 2, where $\varrho_d(0)/x$ has been plotted as a function of $(1-x)$ for the systems $Gd_x Lu_{1-x}$ and $Tb_x Lu_{1-x}$. In this way we obtained the following approximate expressions for $\varrho_d(0)$ from the experimental data (in $\mu\Omega \cdot$ cm):

$$\varrho_d(0) \approx \begin{cases} 324\, x\,(1-x) & \text{for} \quad Gd_x\, Lu_{1-x} \\ 264\, x\,(1-x) & \text{for} \quad Tb_x\, Lu_{1-x} \\ 169\, x\,(1-x) & \text{for} \quad Gd_x\, Y_{1-x} \\ 106\, x\,(1-x) & \text{for} \quad Gd_x\, Er_{1-x}. \end{cases} \tag{36}$$

For the first three alloys, containing only one magnetic component, expression (16) predicts a disorder resistivity $\varrho_d\,(T \gg T_c)$ containing a term in $x\,(1-x)$ plus a term proportional to x. The experimental data indeed conform to this prediction, as shown in Fig. 3 for the Gd-Lu and the Tb-Lu systems. Thus, from the experimental data we arrived at the following approximate results (in $\mu\Omega \cdot$ cm):

$$\varrho_d(T \gg T_c) \approx \begin{cases} 244\, x\,(1-x) + 101\, x & \text{for} \quad Gd_x\, Lu_{1-x} \\ 164\, x\,(1-x) + 89\, x & \text{for} \quad Tb_x\, Lu_{1-x} \\ 125\, x\,(1-x) + 111\, x & \text{for} \quad Gd_x\, Y_{1-x}\,. \end{cases} \tag{37}$$

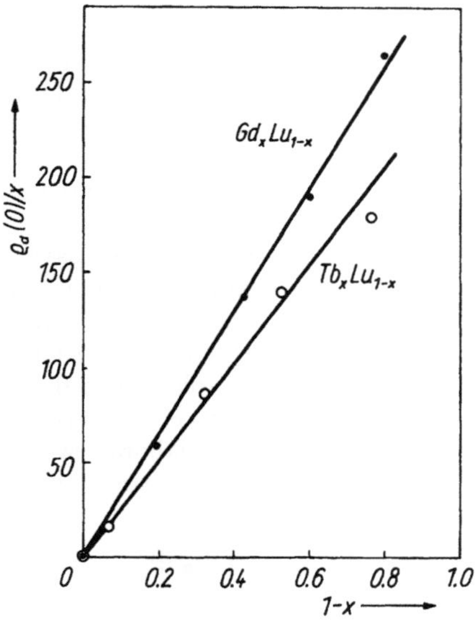

Fig. 2. Illustrating the proportionality with $x(1-x)$ of the disorder resistivity of $Gd_x Lu_{1-x}$ and $Tb_x Lu_{1-x}$ alloys at helium temperature

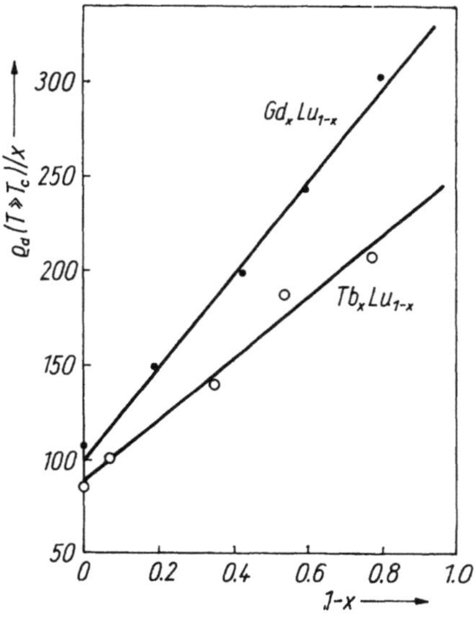

Fig. 3. Illustrating the validity of equation (37) for the Gd-Lu and Tb-Lu alloys at high temperatures

(The values of $\varrho_d(T \gg T_c)$ for the Gd–Lu and Tb–Lu alloys were obtained by adding $\varrho_d(0)$ to the values given in Fig. 8 of the paper by SMIDT and DAANE.)

The estimated accuracy of the numerical values in (36) and (37) is approximately 10 percent. We return later to the disorder resistivity of the alloys $Gd_x E_{1-x}$, which contain two magnetic components.

Let us first consider the disorder resistivity for the alloys in (37) at high temperatures. Since we are dealing here with the heavy rare earth metals, $j = l + s$ and $g - 1 = s/j$, so that expression (16) may be written in the form

$$\varrho_d(T \gg T_c) = C\,[x\,(1 - x)\,|v_{ab}|^2 + x\,|F|^2\,s^2\,(j + 1)/j]\,, \tag{38}$$

where C is a constant. For Gd, $j = s = 7/2$ and for Tb, $j = 6$ and $s = 3$. The metallic radii r_m of the elements under consideration are:

	Lu	Er	Tb	Y	Gd
r_m (Å):	1.734	1.757	1.782	1.801	1.802 .

One would expect the quantity $C|v_{ab}|^2$ to increase with increasing difference in atomic radii of the two components; qualitatively, this is in agreement with the coefficients of $x\,(1 - x)$ in (37). By comparing (37) and (38) one can calculate the quantities $C|v_{ab}|^2$ and $C|F|^2$ for each of the alloy systems from the high temperature data and then calculate the disorder resistivity $\varrho_d(0)$ either on the basis of expression (25) or (27). The results are summarized below.

	$\varrho_d(0)/x\,(1 - x)$		
	(25)	(27)	exp.
$Gd_x\,Lu_{1-x}$	87	323	324
$Tb_x\,Lu_{1-x}$	34	240	264
$Gd_x\,Y_{1-x}$	7	211	169

Note that expression (25) does not give results which are consistent with the experimental data, whereas expression (27) agrees well with the experimental data for Gd–Lu and Tb–Lu; the difference of about 20% between the experimental data for Gd_xY_{1-x} and formula (27) may be due to the fact that only the range $0.7 < x < 1$ has been studied. At any rate, it is clear that for all three systems expression (27) must be preferred over (25). If L_s represents the spin-depolarization length of the conduction electrons, L_d the domain dimension and λ the mean free path of the conduction electrons, these results imply that for these samples $L_d \ll \lambda \ll L_s$ or that $L_s \ll \lambda \ll L_d$. The last possibility is very unlikely, since one may expect from a rough calculation that the spin-depolarization length is of the order of millimeters. One is thus led to the conclusion that in the samples studied, the domain size is small compared to the mean free path. In order to check this conclusion, measurements on magnetized samples are planned in our laboratory.

For the $Gd_x\,Er_{1-x}$ alloys the disorder resistivity at high temperatures should be given by (19), with $g - 1 = s/j$, so that

$$\varrho_d(T \gg T_c) = C\,[x\,(1 - x)\,|v_{ab}|^2 + x|F_a|^2\,s_a^2\,(j_a + 1)/j_a + \\ + (1 - x)\,|F_b|^2\,s_b^2\,(j_b + 1)/j_b]\,, \tag{39}$$

where the subscripts a and b refer to Gd and Er, respectively; $s_a = j_a = 7/2$, $s_b = 3/2$, and $j_b = 15/2$. Assuming that in these samples the conduction electrons also see an "average resistivity" at low temperatures, $\varrho_d(0)$ is given by (34), which reduces in this case to

$$\varrho_d(0) = C\, x\,(1 - x)\,[|v_{ab}|^2 + |F_a\, s_a - F_b\, s_b|^2]\,. \tag{40}$$

In order to find out if (39) and (40) are consistent with the experimental data we proceeded as follows. In the paper by SMIDT and DAANE [22] the term "spin-disorder resistivity", which we shall denote by ϱ_s, corresponds in our nomenclature to

$$\varrho_s = \varrho_d\,(T \gg T_c) - \varrho_d(0)\,. \tag{41}$$

Thus, from the figures 7 and 8 in the paper by SMIDT and DAANE, we obtained $\varrho_d(0)$ and $\varrho_d(T \gg T_c) = \varrho_s + \varrho_d(0)$ for these alloys. Furthermore, the values of $\varrho_d\,(T \gg T_c)$ for the pure metals Gd and Er were found to be approximately 107 and 24 $\mu\Omega \cdot$ cm, respectively [12]. From the latter values the quantities $C|F_a|^2$ and $C|F_b|^2$ can be calculated. Employing the experimental data of $\varrho_d\,(T \gg T_c)$ and $\varrho_d(0)$ for a given composition, the quantity $C|v_{ab}|^2$ can then be calculated from the high temperature data and the known values of $C|F_a|^2$ and $C|F_b|^2$ by means of (39), and from the low temperature data by employing (40). From (39) we found $C|v_{ab}|^2 \approx 100$ and from (44) $C|v_{ab}|^2 \approx 105\ \mu\Omega \cdot$ cm. These values are consistent with each other within the accuracy of the procedure.

Finally, it is of interest to refer to the method of analysis suggested by WEISS and MAROTTA [25] and its extension by SMIDT and DAANE [22]. The analysis applied by these authors was based on rather intuitive arguments and it is worthwhile to investigate its validity within the frame work of the Nordheim approximation. These authors employ the term „spin-disorder resistivity", ϱ_s, defined by our equation (41). The original suggestion of WEISS and MAROTTA used the formula given by DE GENNES and FRIEDEL [14] for the spin-disorder resistivity of a pure rare earth metal as a starting point:

$$\varrho_s = C|F|^2\, s\,(s + 1)\,. \tag{42}$$

This formula follows directly from our expression (16) if one takes $x = 1$, $l = 0$, $j = s$, and $g = 2$. According to WEISS and MAROTTA, the spin-disorder resistivity ϱ_s for an alloy should be given by (42) if one replaces $s(s + 1)$ by $\sum_i p_i\, s_i\,(s_i + 1)$, where p_i is the fraction of atoms of spin s_i. Thus, for a binary alloy $A_x\, B_{1-x}$, WEISS and MAROTTA would write

$$\varrho_s = C|F|^2\,[x\, s_a\,(s_a + 1) + (1 - x)\, s_b\,(s_b + 1)]\,. \tag{43}$$

SMIDT and DAANE used a slightly different procedure. They took the orbital contribution into account and used the more general formula for the spin-disorder resistivity of a pure rare earth metal as a starting point [17]:

$$\varrho_s = C|F|^2\,(g - 1)^2\, j\,(j + 1)\,. \tag{44}$$

This formula follows from our expresssion (16) by putting $x = 1$. According to SMIDT and DAANE, the spin-disorder resistivity for an alloy is given by (44) if one takes for s and j the average value per atom. Thus, for an alloy $A_x\, B_{1-x}$ containing two heavy rare earth components $(g - 1 = s/j)$ SMIDT and DAANE would take

$$\varrho_s = C|F|^2\, \frac{[x\, s_a + (1 - x) s_b]^2\, [x\, j_a + (1 - x)\, j_b + 1]}{x\, j_a + (1 - x)\, j_b}\,. \tag{45}$$

According to our own treatment, ϱ_s for a binary alloy containing two magnetic components, and assuming ferromagnetic order at low temperatures, is given by either substracting (32) or (34) from expression (19); only in the latter case will the terms in $|v_{ab}|^2$ cancel. Since neither of the formulas used by WEISS and MAROTTA and by SMIDT and DAANE contain a term in $|v_{ab}|^2$, their analysis requires at least that "multi-domain-formula" (34) is the correct one. Employing expressions (34) and (19) our own treatment for a binary alloy containing two magnetic rare earth metals leads to

$$\varrho_s = C\,[x|F_a|^2\,(g_a - 1)^2\,j_a\,(j_a + 1) + (1 - x)\,|F_b|^2\,(g_b - 1)\,j_b\,(j_b + 1) - \\ - x\,(1 - x)\,|F_a\,(g_a - 1)\,j_a - F_b\,(g_b - 1)\,j_b|^2]\,. \tag{46}$$

Even if we make the special assumptions $|F_a| = |F_b| = |F|$, $l = 0$, $s = j$ and $g = 2$, our result differs from the formula suggested by WEISS and MAROTTA. However, for the particular case of a binary alloy containing one magnetic heavy rare earth component, our expression (46) leads to the same result as expression (45) employed by SMIDT and DAANE.

In conclusion, it seems justified to state that the atomic- and spin-disorder resistivity of the binary rare earth alloys studied by SMIDT and DAANE [22] and by HENNEPHOF [23] can be described satisfactorily by a Nordheim approximation, at least for high temperatures ($T \gg T_c$) and at helium temperature. Furthermore, it is very likely that in the samples studied, the domains are small compared to the mean free path of the conduction electrons. From resistivity measurements carried out on magnetized samples at helium temperatures one should be able to decide whether the last conclusion is correct or not.

The author wishes to thank W. J. CASPERS and J. HENNEPHOF for valuable discussions.

References

[1] A. I. SCHINDLER, R. J. SMITH, and E. I. SALKOVITZ, J. Phys. Chem. Solids **1**, 39 (1956); Phys. Rev. **108**, 921 (1957).
[2] A. W. OVERHAUSER and A. I. SCHINDLER, J. appl. Phys. **28**, 544 (1957).
[3] N. F. MOTT and H. JONES, Theory of the Properties of Metals and Alloys, Clarendon Press, Oxford 1936.
[4] B. R. COLES, Phil. Mag., Suppl. **7**, 40 (1958).
[5] C. ZENER, Phys. Rev. **81**, 446 (1951); **82**, 403 (1951); **83**, 299 (1951); **85**, 324 (1951).
[6] T. KASUYA, Progr. theor. Phys. **16**, 45 (1956).
[7] W. J. CASPERS, Physics, to be published.
[8] K. YOSIDA, Phys. Rev. **106**, 893 (1957).
[9] A. BLANDIN, Thesis, Paris 1961.
[10] See, for example, J. FRIEDEL, J. de Physique **23**, 692 (1962).
[11] S. LEGVOLD, F. H. SPEDDING, F. BARSON, and J. F. ELLIOTT, Rev. mod. Phys. **25**, 129 (1953).
[12] R. V. COLVIN, S. LEGVOLD, and F. H. SPEDDING, Phys. Rev. **120**, 741 (1960).
[13] T. KASUYA, Progr. theor. Phys. **16**, 58 (1956); **22**, 227 (1959).
[14] P. G. DE GENNES and J. FRIEDEL, J. Phys. Chem. Solids **4**, 71 (1958).
[15] T. VAN PESKI-TINBERGEN and A. J. DEKKER, Physica **29**, 917 (1963).
[16] R. J. ELLIOTT and F. A. WEDGWOOD, Proc. Phys. Soc. **81**, 846 (1963).
[17] R. BROUT and H. SUHL, Phys. Rev. Letters **2**, 387 (1959).

[18] A. J. Dekker, Physica **25**, 1244 (1959); J. de Physique **23**, 702 (1962).
[19] A. D. Brailsford and A. W. Overhauser, Phys. Rev. Letters **3**, 331 (1959); J. Phys. Chem. Solids **15**, 140 (1960); **21**, 127 (1961).
[20] T. Béal, Thesis, Paris 1963; J. Phys. Chem. Solids **25**, 543 (1964).
[21] A. R. Mackintosh and F. A. Smidt Jr., Phys. Letters (Netherlands) **2**, 107 (1962).
[22] F. A. Smidt Jr. and A. H. Daane, J. Phys. Chem. Solids **24**, 361 (1963).
[23] J. Hennephof, Phys. Letters (Netherlands) **11**, 273 (1964).
[24] W. C. Thoburn, S. Legvold, and F. H. Spedding, Phys. Rev. **110**, 1298 (1958).
[25] R. J. Weiss and A. S. Marotta, J. Phys. Chem. Solids **9**, 302 (1959).
[26] L. Nordheim, Ann. Phys. (Germany) **9**, 607 (1931).
[27] J. M. Ziman, Electrons and Phonons, Clarendon Press, Oxford 1960 (p. 379).

(Received July 24, 1964)

phys. stat. sol. 7, 255 (1964)

Institut für angewandte Physik der Reinststoffe Dresden
der Deutschen Akademie der Wissenschaften zu Berlin

Untersuchungen an Silizium-Kristallnadeln mit Lamellenstruktur

Von

M. SCHRECKENBACH

Aus der Gasphase gewachsene Siliziumnadeln zeigten eine deutliche Querstreifung. Im Inneren konnten metallographisch parallele Streifensysteme sichtbar gemacht werden. Die Befunde sprechen für eine Lamellenstruktur. Eine Modellvorstellung wird vorgeschlagen.

Silicon needles grown from the gas phase show a distinct cross striation. In the interior, parallel striated systems can be seen metallographically. The results indicate a lamellar structure. A model is suggested.

1. Einleitung und Problemstellung

Bei der Reduktion von Siliziumtetrachlorid mit Zink, einem älteren Verfahren zur Reindarstellung von Silizium[1]), schied sich Silizium teilweise in Nadelform ab. Nadeln mit geometrisch regelmäßiger Form und spiegelnder Oberfläche zeigten im allgemeinen eine deutliche Querstreifung [1, 2]. Die Kristallnadeln waren bis zu etwa 40 mm lang, ihre Dicke lag zwischen einigen μm und etwa 1 mm, am häufigsten bei einigen 100 μm. Es waren überwiegend sechseckige Prismen, längs einer Richtung ⟨111⟩ und seitlich begrenzt durch Flächen {211}. Die Querstreifung verläuft auf benachbarten Prismenflächen unabhängig voneinander; der Streifenabstand scheint dabei statistisch regellos zu schwanken (Fig. 1). Nach Schattenaufnahmen (Fig. 2) stammen die Streifen von einer gezackten Oberfläche. Ein wesentliches Motiv dieser Arbeit war es festzustellen, ob diese Streifung von einer Wachstumslamellenstruktur herrührt.

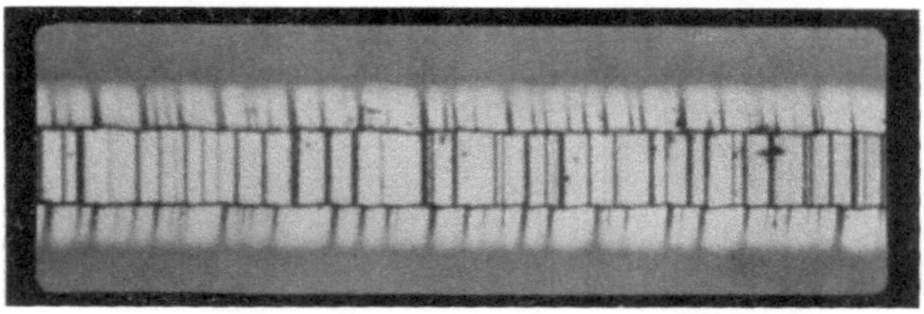

Fig. 1. Si-Kristallnadel bei zusätzlicher seitlicher Beleuchtung. Die Schärfenebene liegt in der oberen Prismenfläche. Vergrößerung: 80 ×

[1]) Zink- und Siliziumtetrachloriddampf wurden in einem Partialdruckverhältnis von 1:1 bis 2:1 mit Wasserstoff als Trägergas durch ein Quarz-Reaktionsrohr von 80 mm Durchmesser geleitet. Dabei betrugen der Durchsatz von Zink etwa 50 bis 70 g/h, von Wasserstoff etwa 36 l/h, die Reaktionstemperatur etwa 950 °C und die Versuchsdauer 12 bis 30 h. Der Gesamtdruck lag nahe dem Normaldruck.

Fig. 2. Schattenaufnahme, Elektronenstrahl streift die Prismenflächen {211}. Vergrößerung: 150 ×

2. Metallographische Untersuchungen

In einem Teil der Kristalle ließen sich durch Ätzen nach DASH [3, 4] unter Belichtung gemäß GREGER [5, 6] mehr oder minder deutlich Systeme von Parallelstreifungen sichtbar machen (Fig. 3, 4 und 5), die wohl nur als Lamellengrenzen gedeutet werden können.

Besonders klar zeigt Fig. 4a den Zusammenhang zwischen den Zacken und den Lamellen bzw. Lamellengrenzen. Weiterhin ist deutlich zu erkennen, daß die Lamellendicken jedenfalls statistisch regellos schwanken und die Systeme unabhängig voneinander sind, in Übereinstimmung mit Fig. 1 und 2. Beobachtet wurden Lamellendicken von etwa 80 μm bis unter 1 μm, am häufigsten in der Größenordnung von 5 μm.

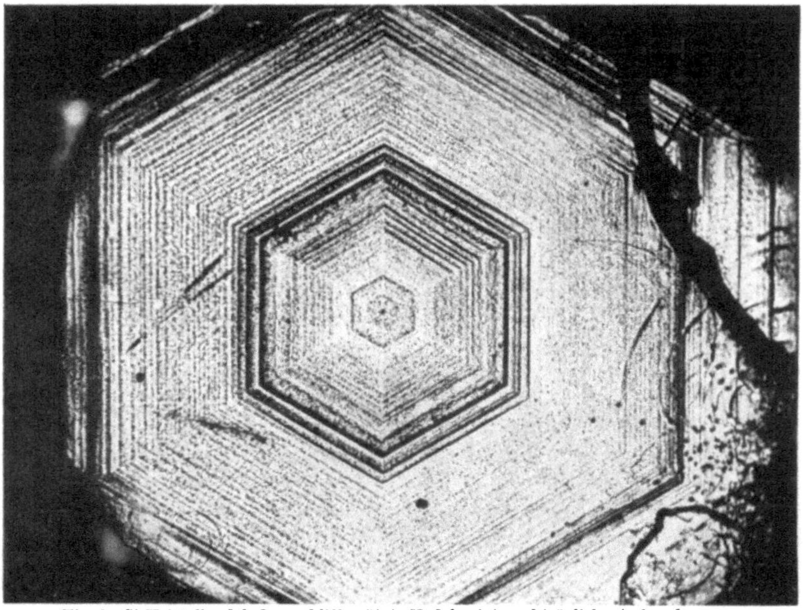

Fig. 3. Si-Kristallnadel, Querschliff geätzt; Nadel zeigt nachträgliche Aufwachsung. Vergrößerung: 160 ×

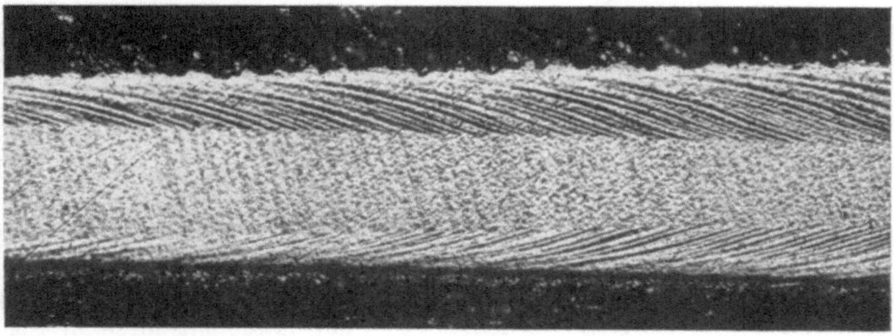

Fig. 5. Längsschliff geätzt, Schliffebene zur Nadelachse geneigt. Vergrößerung: 320 ×

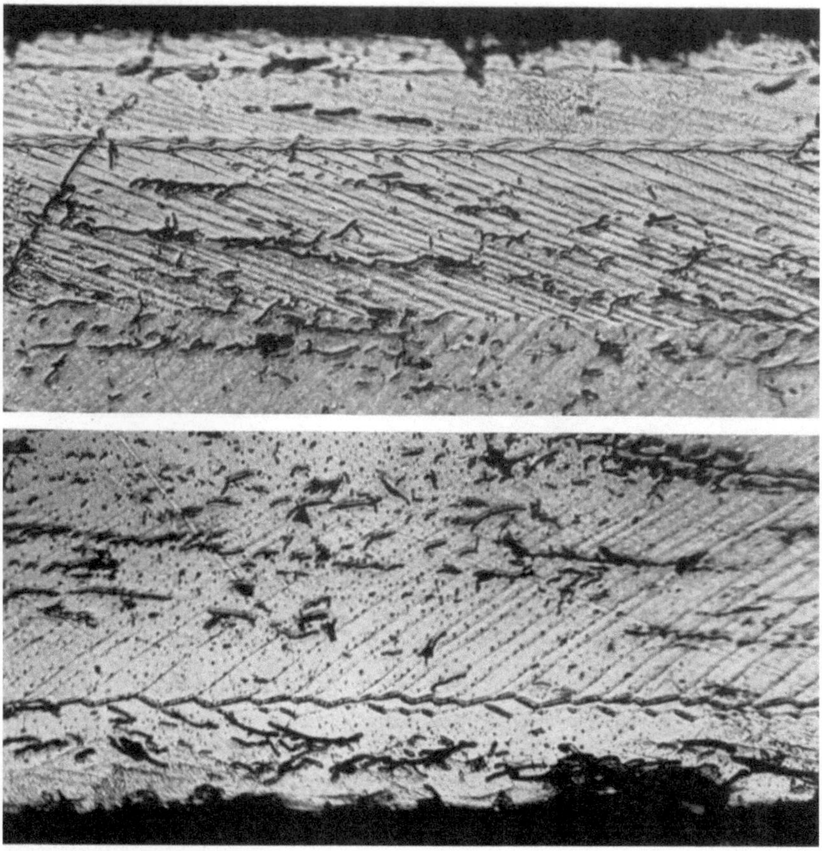

a b

Fig. 4. Kristallnadel wie in Fig. 3, Längsschliff geätzt. Vergrößerung: 320 ×

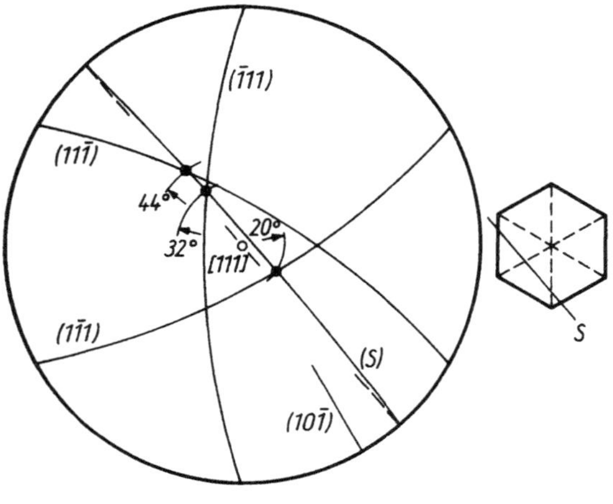

Fig. 6. Stereographische Projektion mit [111] als Nadelachse, den Spuren von {111}-Ebenen und den Schnittlinien der Lamellen mit der Schliffebene *S* gemäß Fig. 4; daneben die Lage der Schliffebene im Nadelquerschnitt

Aus der Oberflächenbeobachtung (Fig. 1) und den Querschliffen (Fig. 3) folgt, daß die Lamellenebenen $\langle 110 \rangle$-Zonen angehören. Die Lage der Lamellenspuren in Fig. 4 läßt vermuten, daß es sich um {111}-Ebenen handelt. Zur Nachprüfung kann eine stereographische Projektion dienen, in die man die Lamellenspuren aus einem Schliffbild einzeichnet. Aus Fig. 4 z. B. kann man als Winkel der parallelen Streifensysteme mit der Nadelachse [111] etwa 20°, 32° und 44° entnehmen. Fig. 6 zeigt, daß die zugehörigen Schnittlinien mit {111}-Ebenen hinreichend genau in einer Ebene liegen, der Schliffebene S. Damit ist die obige Vermutung gerechtfertigt.

Dafür spricht auch die überragende Bedeutung der Oktaederfläche im Diamantgitter[2]) und die daselbst bei der Kristallisation aus der Schmelze beobachtete Abscheidung von Verunreinigungen; vgl. z. B. [8]. Offenbar liegen sechs unabhängige Lamellensysteme vor.

Fig. 7. Vereinfachtes Modell der Wachstumslamellen-Anordnung in prismatischen Kristallnadeln mit regelmäßigem Sechseck-Querschnitt

[2]) Sie tritt als Spalt-, Gleit- bzw. Zwillingsebene auf und spielt auch beim Kristallwachstum eine besondere Rolle. In ihr liegen drei periodische Bindungskettenvektoren; vergleiche z. B. [7].

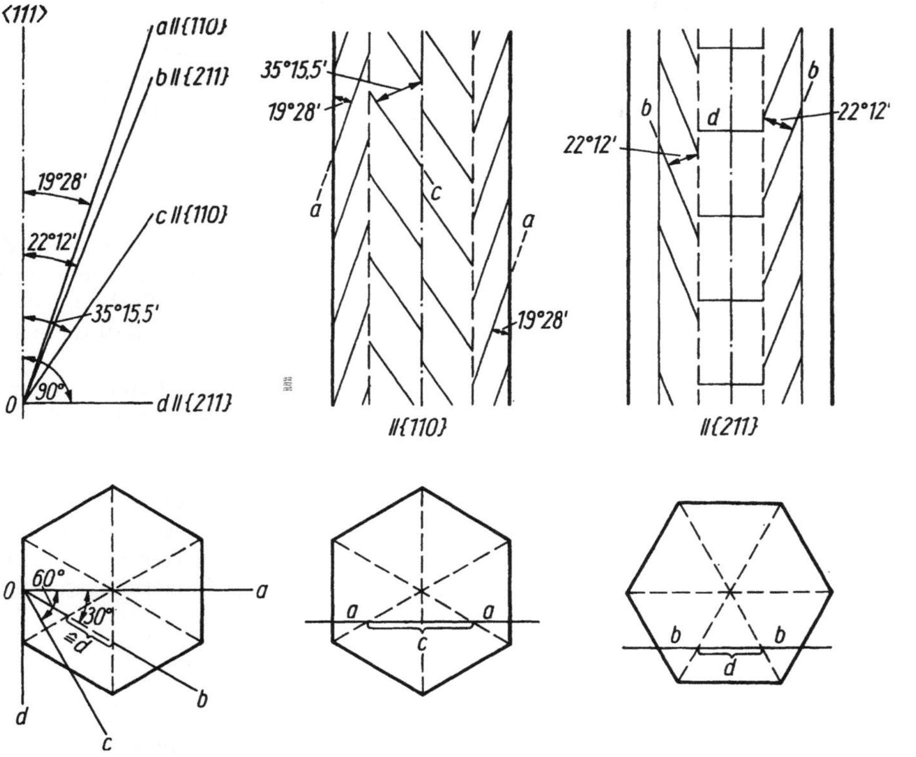

Fig. 8. Lamellenspuren in Schliffebenen parallel zur Nadelachse, schematisch. *a* bis *d* bedeuten die Spuren der Schliffebenen in der Grundrißebene bzw. im Aufriß die zugehörigen Lamellenspuren in den Schliffebenen. Diese sind in der ersten Teilfigur in die Aufrißebene gedreht dargestellt. Die Sektorengrenzen sind gestrichelt

3. Lamellenmodell

Unter Berücksichtigung der Symmetrie des Diamantgitters kommt man für Nadeln mit einem regelmäßigen Sechseckquerschnitt zu einer makroskopischen Lamellenstruktur, wie sie in Fig. 7 durch ein Modell veranschaulicht wird. In bezug auf die Lamellen ist die Nadelachse eine dreizählige Inversionsdrehachse. Von den zur vollen Gittersymmetrie gehörenden vier Flächenlagen des Oktaeders treten nur drei als Lamellenflächen auf. Bedingt ist dies wohl durch den Einfluß des Temperaturgefälles in der Richtung des Kristallwachstums.

Das Lamellenmodell ist stark vereinfacht. In Wirklichkeit sind die Lamellen nicht gleich dick und jedenfalls sägezahnähnlich begrenzt. Dies folgt wohl schon daraus, daß sich die Lamellenebenen gegenseitig in Linien parallel der Richtung ⟨110⟩ schneiden, den Oktaeder- bzw. Tetraederkanten des Gitters, die nicht in die Grenzflächen {211} der sechs Lamellenpakete (Sektoren des Kristallprismas) fallen.

Mit dieser Modellvorstellung stehen die an zahlreichen Kristallen beobachteten Streifensysteme in Übereinstimmung.[3])

---

[3]) Allerdings waren an einigen Kristallen beim Ätzen Erscheinungen zu beobachten, z. B. Längsstreifen parallel zur Nadelachse, die sich mit dem Lamellenwachstum nicht ohne weiteres deuten lassen.

Für Schnittebenen parallel zur Nadelachse ⟨111⟩ können zur Veranschaulichung die Skizzen der Fig. 8 dienen. Dabei sollen die mit a bis d bezeichneten Linien im Grundriß die Spuren der Schnittebenen in der Grundrißebene und im Aufriß (Längsschliff) die zugehörigen Lamellenspuren darstellen. Die dritte Skizze entspricht annähernd der Fig. 5.

4. Ätzerscheinungen

Obwohl eine Ätzlösung benutzt wurde, die auf Versetzungen anspricht, wurden bei den zahlreichen Schliffen typische Versetzungs-Ätzgrübchen nicht beobachtet, wenigstens nicht an Kristallen mit regelmäßiger äußerer Wachstumsform. Man kann daher vermuten, wenn auch nicht zwingend schließen, daß diese Kristallnadeln versetzungsfreie Einkristalle sind.

Sofort taucht das weitere Problem auf, warum sich dann die Lamellengrenzen anätzen lassen, wenn es sich nicht um Kleinwinkelkorngrenzen handelt, die man bekanntlich aus Versetzungen aufgebaut annimmt. In Anlehnung an Untersuchungen über das Kristallwachstum aus der Schmelze, bei denen jedenfalls eine „Adsorption" von Verunreinigungen an der Wachstums-Grenzfläche eine wesentliche Rolle spielt[4]), kann man auch an den Lamellengrenzen eine derartige Adsorption vermuten. Damit hängt die Frage nach dem Wachstumsmechanismus eng zusammen, über den anschließend einige vorläufige Bemerkungen folgen sollen.

5. Zur Wachstumskinetik

Obwohl das Wachstum der Kristallnadeln nicht direkt beobachtet werden konnte, kann man auf Grund der gefundenen Lamellenstruktur sowie der Vorstellungen von Graf [13] über Lamellenkeime[5]) und seitliches Wachstum der einzelnen Lamellen[6]) folgendes vermuten:

a) Das Wachstum erfolgt periodisch, Lamelle auf Lamelle, mit {111} als Lamellenebene. Dabei findet nach Anlagerung einer Lamelle die nächste geometrisch und energetisch dieselbe Situation vor wie die vorhergehende.[7])

b) Dazwischen verstreicht jeweils eine gewisse Zeit, die Bildungsdauer für den nächsten Lamellenkeim, während der Fremdstoffe adsorbiert werden können, die dann eine sichtbare Anätzung der Lamellengrenze ermöglichen.

c) Die Lamellenebenen liegen sämtlich unter einem möglichst spitzen Winkel zur Nadelachse bzw. Wachstumsrichtung ⟨111⟩.[8])

Damit wird, schematisch etwas vereinfacht, eine Deutung des Mechanismus des lamellaren Nadelwachstums versucht. Die Frage nach der — jedenfalls

---

[4]) Vgl. u. a. [9] bis [12], Beobachtungen an Ge, Si und InSb. In [8] wird über Ausscheidungsspuren in Form von parallelen Liniensystemen in Kristallen aus Ge und Si berichtet, die mit Arsen bzw. Gallium dotiert waren ($> 10^{15}$ cm^{-3}).

[5]) Diese „Keime" sollen sich zu Beginn jeder Lamelle als Ausgangspunkt derselben auf der betreffenden Ebene aus adsorbierten Atomen bilden.

[6]) Vgl. auch u. a. die direkte Beobachtung des Schichtenwachstums von Kristallen in [14].

[7]) In gewisser Analogie zu dem „wiederholbaren Schritt" bei der Anlagerung einzelner Atome nach der Theorie des Kristallwachstums von Kossel und Stranski; vgl. z. B. [7] und [15].

[8]) Deren Projektion auf die Lamellenflächen ist eine Richtung ⟨211⟩; sie liegt symmetrisch zu den Lamellenschenkeln und ist wohl als eine Richtung leichtester Lamellenausbreitung anzusehen.

universellen[9]) — Ursache eines solchen stufenweisen in mikroskopischen Dimensionen diskontinuierlichen Wachstums findet aber dadurch keine Antwort.

Für das Aussehen der Kristallnadelspitze während des Wachstums ist das Lamellenmodell in Fig. 7 nicht maßgebend. Bevor eine Wachstumslamelle vollständig ausgebildet ist, werden bereits mehrere andere in demselben Sektor ihr Wachstum nacheinander begonnen haben; vgl. u. a. die Beobachtungen in [14].

6. Schlußbemerkungen

Abschließend sollen noch einige weitere Probleme gestreift werden, die mit den Beobachtungen an den Kristallnadeln, insbesondere mit deren Lamellenstruktur, zusammenhängen.

Wie bereits erwähnt, konnten nur in einem Teil der untersuchten Kristalle Lamellenspuren durch Ätzen sichtbar gemacht werden. In Anlehnung an die Beobachtungen in [8] an verschieden stark dotierten Germanium- und Siliziumkristallen ist zu vermuten, daß in den anderen Fällen der zum Anätzen erforderliche Mindestgehalt an Fremdstoffen unterschritten wurde, entweder bereits beim Nadelwachstum oder nachträglich durch Wegdiffundieren aus den Lamellengrenzen.

Die Lamellenstreifung ist vielfach mehr oder minder stark gekrümmt (Fig. 4a). Eine gesicherte Deutung ist vorläufig nicht möglich; jedenfalls kann eine plastische Verformung (Biegung) bei erhöhter Temperatur — die Kristallnadeln wuchsen bei etwa 950 °C — nicht die Ursache sein. Entsprechend wurde an dotierten Siliziumkristallen in [8] beobachtet, daß die Ausscheidungsspuren von vollkommenen kristallographischen Ebenen merklich abweichen.

In jüngster Zeit sind Untersuchungen bekannt geworden, bei denen durch thermische Ätzung parallele Streifensysteme sichtbar gemacht wurden, z. B. an Kobalt in [17], die große Ähnlichkeit mit einer Lamellenstreifung zeigen. Entsprechende Liniensysteme mit statistisch regellosen Abständen wurden auf geätzten Schliffen bzw. auf Spaltflächen von Halbleiter-Einkristallen beobachtet, z. B. an Germanium in [8], [18] und [19].

Wie sich die Kristalle aus ihren Wachstumslamellen aufbauen (nach Form, Größe und Anordnung), ist nicht nur von theoretischem Interesse. Unter anderem bestehen sicher Zusammenhänge mit der Abscheidung von Verunreinigungen, was für die Halbleitereigenschaften von Bedeutung sein kann, und jedenfalls auch mit der Festigkeit.

Die Untersuchungen werden fortgesetzt, um die Befunde und Vostellungen zu ergänzen sowie weitere Erscheinungen und Fragen zu klären.

Für die Anregung zu dieser Arbeit und ihre großzügige Ermöglichung dankt der Verfasser Herrn Professor Dr. E. Rexer bestens; weiterhin Frau S. Dubrau für die Anfertigung der metallographischen Schliffe und Aufnahmen, Herrn Dipl.-Ing. P. Finke für Hilfe dabei sowie Herrn Dr. J. Barthel für fördernde Diskussion.

Literatur

[1] M. Schreckenbach, Z. Naturforsch. **16 b**, 622 (1961).
[2] M. Schreckenbach, Exper. Tech. Phys. **11**, 67 (1963).

[9]) Insbes. L. Graf [13, 16] hat darauf hingewiesen, daß Lamellen bei allen Arten der Kristallisation beobachtet werden können, aus der Schmelze, der Gasphase und der wäßrigen Lösung sowie bei der Rekristallisation und der kathodischen Abscheidung.

[3] W. C. DASH, J. appl. Phys. **27**, 1193 (1956).
[4] W. C. DASH, J. appl. Phys. **29**, 705 (1958).
[5] G. GREGER, Z. phys. Chem. [NF] **22**, 313 (1959).
[6] G. GREGER, Z. angew. Phys. **13**, 47 (1961).
[7] W. KLEBER, Einführung in die Kristallographie, 4. Aufl., VEB Verlag Technik, Berlin 1961 (S. 110 bzw. 131).
[8] J. W. FAUST, jr., H.-F. JOHN und S. O'HARA, Metallurg. Soc. Conf., Vol. 15, Interscience, New York 1962 (p. 181).
[9] R. N. HALL, J. phys. Chem. **57**, 836 (1953).
[10] J. A. M. DICKHOFF, Solid State Electronics **1**, 202 (1960).
[11] A. TRAINOR und B. E. BARTLETT, Solid State Electronics **2**, 106 (1961).
[12] A. J. STRAUSS, Solid State Electronics **5**, 97 (1962).
[13] L. GRAF, Z. Elektrochem. **48**, 181 (1942).
Z. Phys. **121**, 73 (1943); Z. Metallk. **42**, 336, 401 (1951); 45, 36 (1954).
[14] L. MALICSKÓ, phys. stat. sol. **3**, 1547 (1963).
[15] F. HALLA, Kristallchemie und Kristallphysik metallischer Werkstoffe, 3. Aufl., Leipzig 1957.
[16] L. GRAF und W. WESER, Electrochim. Acta **2**, 145 (1960).
[17] H.-G. FELLER, Z. Metallk. **54**, 560 (1963).
[18] M. SCHULZ, phys. stat. sol. **2**, 1683 (1962).
[19] W. MEHL und M. C. COUTTS, J. appl. Phys. **34**, 2120 (1963).

(Received July 30, 1964)

phys. stat. sol. 7, 263 (1964)

Jena, Carl-Zeiss-Straße 1

Zum Einfluß freier Elektronen auf die Eigenabsorptionskante halbleitender Zinndioxydschichten

Von

H. Koch

Das Absorptionsverhalten „zusatzfreier" Zinndioxydschichten mit Elektronenkonzentrationen bis zu $N \approx 2 \cdot 10^{20}$ cm^{-3} wurde im Bereich der Eigenabsorptionskante untersucht. Mit steigender Elektronenkonzentration verschob sich die Absorptionskante nach kürzeren Wellenlängen. Mit Hilfe einer halbklassischen Absorptionstheorie, die die Elektronengitterwechselwirkung mit den longitudinalen optischen Phononen und die mit steigender Elektronenkonzentration zunehmende Auffüllung des Leitungsbandes berücksichtigte, wurden die experimentellen Ergebnisse ausgewertet. Für die effektive Masse im Leitungsband ($m^* = 0{,}3\, m_0$) und für die die Elektronengitterwechselwirkung bestimmende Stoßzeit ergaben sich Werte, die mit den bereits früher vom Autor aus Gleichstrom- bzw. Ultrarotuntersuchungen erhaltenen Ergebnissen im Rahmen der Fehlergrenzen übereinstimmten. Ferner wurden die Breite der verbotenen Zone ($\Delta E = 3{,}45$ eV) und die effektive Masse im Valenzband ($m_v = 0{,}16\, m_0$) ermittelt.

The absorption in semiconducting SnO_2-films free from foreign metallic impurities is investigated at the absorption edge. The absorption edge is shifted towards shorter wavelengths with increasing electron concentration. A semi-classical absorption theory is develloped to take account of the effect of longitudinal polar modes, and of the filling-up of the conduction band at high electron concentrations. From this theory, the effective mass ($m^* = 0.3\, m_0$) in the conduction band, the effective mass ($m_v^* = 0.16\, m_0$) in the valence band, the energy gap ($\Delta E = 3.45$ eV) and the relaxation times are determined. The values for the relaxation time and the effective mass in the conduction band are in agreement with the author's previous electrical and optical measurements on SnO_2-films.

1. Einleitung

In zwei vorangegangenen Arbeiten wurde bereits über elektrische [1] und optische Untersuchungen im Ultraroten [2] an halbleitenden, „zusatzfreien" Zinndioxydschichten hoher Elektronenkonzentration berichtet, die durchweg nach dem Gaszersetzungsverfahren hergestellt wurden (Einzelheiten der Schichtherstellung in [1]). Die vorliegende Arbeit befaßt sich mit dem Absorptionsverhalten solcher Schichten im Gebiet der Eigenabsorptionskante, die im nahen Ultraviolett liegt.

Die experimentellen Ergebnisse unserer elektrischen und optischen Untersuchungen [1, 2] an den durchweg n-leitenden Schichten mit Elektronenkonzentrationen zwischen $N = 10^{18}$ cm^{-3} bis $2 \cdot 10^{20}$ cm^{-3} ließen sich im Rahmen eines isotropen Bändermodelles mit parabolischer Struktur des Leitungsbandes deuten, wobei weitgehende Entartung des Elektronengases und für das Leitungsband ein Energie-Stoßgesetz der Gestalt

$$\tau(E) = S_\alpha \cdot (E)^\alpha\,, \tag{1}$$

$$\alpha = 1/2 \tag{2}$$

(E Elektronenenergie vom unteren Rand des Leitungsbandes aus gezählt, S_α energieunabhängiger Vorfaktor des Stoßgesetzes) angenommen werden mußten.

Das gefundene Stoßzeitgesetz ($\alpha = 1/2$) ließ darauf schließen, daß im Bereich der Zimmertemperatur beim Leitungsprozeß bzw. bei der Absorption durch freie

Elektronen die Elektronen vorwiegend mit den longitudinalen optischen Phononen wechselwirken. Für die effektive charakteristische Temperatur der longitudinalen Gitterschwingungen wurde im Bereich der Zimmertemperatur ein Wert von

$$\Theta_{lo} \cong 150\ ^\circ\mathrm{K}\,.$$

gefunden.

Aus den elektrischen Untersuchungen ergab sich für den Vorfaktor des Stoßgesetzes (für $T = 290\ ^\circ$K)

$$(S_{1/2})^{\mathrm{el}} = \left(207 \begin{matrix}+90\\-45\end{matrix}\right) (a^*)^{3/2} \cdot 10^{-16} \frac{\mathrm{s}}{(\mathrm{eV})^{1/2}} \tag{3}$$

und aus dem Absorptionsverhalten im UR (für $T = 290\ ^\circ$K)

$$(S_{1/2})^{\mathrm{UR}} = \frac{1}{(a^*)^{1/2}} \left(26 \begin{matrix}+\ 8\\-16\end{matrix}\right) \cdot 10^{-16} \frac{\mathrm{s}}{(\mathrm{eV})^{1/2}}\,, \tag{4}$$

wobei die Frequenzabhängigkeit der Stoßzeit im Rahmen der Meßgenauigkeit vernachlässigt wurde $\left(a^* = \frac{m^*}{m_0}\right.$ mit m^* effektive Elektronenmasse im Leitungsband und m_0 Elektronenruhemasse$\left.\right)$.

Ein Vergleich zwischen (3) und (4) lieferte für die effektive Masse m^* der Leitungselektronen

$$m^* = \left(0{,}35 \begin{matrix}+0{,}10\\-0{,}15\end{matrix}\right) m_0 \tag{5a}$$

und für den Vorfaktor $S_{1/2}$ des Stoßgesetzes im Leitungsband

$$S_{1/2} = \left(44 \begin{matrix}+15\\-24\end{matrix}\right) \cdot 10^{-16} \cdot \frac{\mathrm{s}}{(\mathrm{eV})^{1/2}}\,, \tag{5b}$$

während sich aus Dispersionsmessungen im UR allein zunächst eine wesentlich kleinere effektive Masse $m^* = 0{,}17\ \mathrm{m}_0$ ergab, wenn nicht der Einfluß eines durch Störstellenabsorption bedingten Dispersionsanteils berücksichtigt wurde.

Ishiguro u. a. [3] geben für „zusatzfreie Schichten" eine effektive Masse von $m^* = 0{,}14\ m_0$ an, die sie durch einen Vergleich ihrer elektrischen Messungn mit dem Absorptions- und Reflexionsverhalten der Schichten im nahen UR erhielten. An mit Antimon dotierten Schichten bestimmten Miloslavsky und Lyashenko [4] aus Dispersionsmessungen in nahen UR eine effektive Masse von $m^* = (0{,}25 \pm 0{,}03)\, m_0$. Arai [5] findet aus elektrischen Messungen für die Breite der verbotenen Zone $\Delta E = 3{,}4$ eV und aus optischen Messungen durch lineare Extrapolation des Absorptionskoeffizienten im Bereich starker Absorption unter der Annahme, daß der Einfluß indirekter Übergänge zu vernachlässigen ist, einen Wert von $\Delta E = 3{,}7$ eV und schlägt auf der Differenz zwischen dem elektrischen und dem optischen Wert aufbauend ein Bandmodell vor, in dem unterer Rand des Leitungsbandes und oberer Rand des Valenzbandes nicht beim gleichen Wellenzahlvektor liegen. Aus Leitfähigkeitsmessungen an SnO_2-Preßpulvern bestimmte Glang [16] einen Wert von $\Delta E = 3{,}3$ eV bei ca. 800 °C.

Mit $m^* = 0{,}14\ m_0$ [3] wurde ferner in [5] aus der Temperaturabhängigkeit der Eigenabsorptionskante auf eine effektive Masse im Valenzband von $m_v = 0{,}82\ m_0$ geschlossen. Ferner wurde in [5] qualitativ eine Verschiebung der Eigenabsorptionskante nach kürzeren Wellenlängen mit zunehmender Elektronenkonzentration gefunden.

Die vorliegenden Untersuchungen im Bereich der Eigenabsorptionskante wurden wie in [1] und [2] alle an „zusatzfreien" Schichten durchgeführt, die nach dem „Gasreaktionsverfahren" hergestellt wurden, das weitaus homogenere Schichten liefert als das von anderen Autoren [3, 4, 5] durchweg benutzte „Sprühverfahren“ aus der Lösung. Die vorliegenden Ergebnisse sollen die Vorstellungen abrunden, die aus unseren früheren Untersuchungen über das Halbleiterverhalten „zusatzfreier“ Zinndioxydschichten gewonnen wurden.

2. Schichtherstellung, Meßverfahren

Über die Herstellung der untersuchten „zusatzfreien“ Schichten nach dem Gaszersetzungsverfahren sei auf [1] verwiesen. Als Schichtträger wurden benutzt: Tempaxglas, synthetischer Flußspat und Quarz. Ein Einfluß des Trägermaterials auf die Schichteigenschaften war nicht festzustellen. Die Untersuchungen im UV wurden durchweg an Schichten auf Flußspat- bzw. Quarzträgern durchgeführt.

Zur Bestimmung der Schichtdicke d_s wurden die Interferenzextrema des spektralen Reflexions- bzw. Transmissionsgrades im sichtbaren Bereich, wo die Absorption der Schichten gering bzw. vernachlässigbar ist, herangezogen, indem in bekannter Weise aus der Lage der Extrema die optische Dicke $n_s d_s$ (n_s Schichtbrechzahl) und aus dem Absolutwert der Reflexionsmaxima die Schichtbrechzahl n_s ermittelt wurden.

Die im folgenden angegebenen Elektronenkonzentrationen N wurden mit Hilfe der experimentell bestimmten Hallkonstanten R gemäß der für ein isotropes parabolisches Band gültigen Beziehung

$$N = -r(\alpha, \xi)\frac{1}{e\,R} \tag{6}$$

berechnet. Der vom Streumechanismus (angedeutet durch α) und vom Entartungsgrad $\xi = \frac{E_F}{k\,T}$ abhängige, nahe bei 1 liegende Vorfaktor r wurde dabei zu $r = 1$ angenommen, was im Rahmen der über einige Zehnerpotenzen sich erstreckenden Untersuchungen vertretbar ist. (E_F Fermienergie, auf den unteren Rand des Leitungsbandes bezogen).

Zur Ermittlung der Absorptionskonstante K_s im Gebiet der Eigenabsorption wurde die für genügend dicke Schichten ($K_s d_s \gg 1$) brauchbare Näherung

$$\tau_M = C\,e^{-K_s d_s}, \quad \text{bzw.} \quad \log \tau_M = \log C - K_s d_s \cdot \log e \tag{7}$$

benutzt (τ_M Transmissionsgrad). Und zwar wurden jeweils aus der Vielzahl der untersuchten Schichten solche mit gleicher spezifischer Leitfähigkeit bzw. gleicher Elektronenkonzentration, aber unterschiedlicher Schichtdicke, zusammengefaßt, um die Absorptionskonstante K_s aus der Steigung der $\log \tau_M - d_s$-Geraden für verschiedene Elektronenkonzentrationen N bestimmen zu können.

3. Meßergebnisse und ihre Deutung

Mit steigender Elektronenkonzentration N verschiebt sich die langwellige Grenze der Eigenabsorption nach kürzeren Wellenlängen (Fig. 1). Ein ähnliches Verhalten der Eigenabsorptionskante wurde erstmals am Indiumantimonid beobachtet und von Burstein [6] wie folgt gedeutet: Infolge der hohen Entartung der freien Elektronen — bedingt durch die hohe Elektronenkonzentration und eine kleine effektive Masse im Leitungsband — sind die untersten Terme des Leitungsbandes voll besetzt und scheiden für Photonenübergänge vom Valenz- ins Leitungsband aus. Steigerung der Elektronenkonzentration, die gleichbedeutend mit einer Verschiebung der Fermikante zu höherer Energie ist, bewirkt eine Verschiebung der langwelligen Grenze der Eigenabsorptionskante zu höheren Photonenenergien.

Läßt man nur direkte Übergänge zu, so sollte nach diesen Vorstellungen die Absorptionsminderung im Bereich, wo der Einfluß der freien Elektronen sich

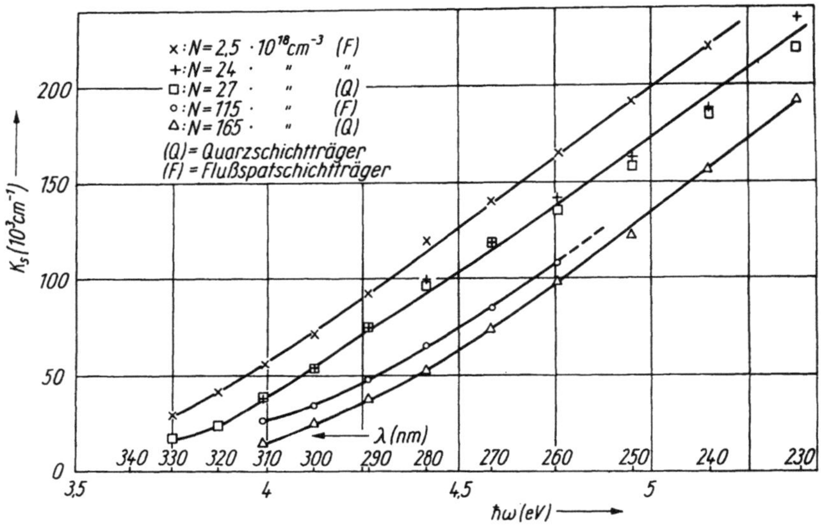

Fig. 1. Absorptionskonstante K_s in Abhängigkeit von der Photonenenergie $\hbar\,\omega$ für verschiedene Elektronenkonzentrationen N

bemerkbar macht, auf den Verlauf der Ergänzung

$$1 - f_0 = 1 - \frac{1}{e^{(E-E_F)/kT} + 1} \tag{8}$$

(E_F Fermienergie) der Fermifunktion f_0 zurückzuführen sein, da f_0 ein Maß für die Besetzungswahrscheinlichkeit der Endniveaus der optischen Übergänge vom Valenz- ins Leitungsband ist und damit für einen Überschußhalbleiter die durch die freien Elektronen modifizierte Übergangswahrscheinlichkeit bestimmen sollte (vgl. z. B. [7]). Dies wird aber am SnO_2 (vgl. Fig. 1) keineswegs beobachtet. Es fallen nämlich nicht allein alle Übergänge unterhalb einer bestimmten Photonen-Energie aus, die durch die Elektronenkonzentration und die Krümmung des Leitungs- und des Valenzbandes bestimmt ist, wie das im Grenzfall der sicher vorliegenden hohen Entartung der Fall sein sollte (diese Annahme kann man auf Grund unserer früheren elektrischen und optischen Untersuchungen [1, 2] machen), sondern die Absorption wird für alle der vorliegenden hohen Elektronenkonzentrationen weit hinein in die Absorptionskante gemindert.

Man muß deshalb annehmen, daß im untersuchten Absorptionsgebiet im wesentlichen indirekte Übergänge unter starker Mitwirkung des Gitters für die Absorption verantwortlich sind. Die Elektronen-Gitterwechselwirkung sollte dabei an den Bandrändern am stärksten sein, wenn man das aus unseren früheren Untersuchungen nahegelegte Stoßgesetz (1) mit (2) in Erwägung zieht.

Um das beobachtete Absorptionsverhalten quantitativ zu erfassen, sei — in Anlehnung an eine Arbeit von Finkenrath [8][1]) — die Gesamtheit der Übergänge vom Valenz- ins Leitungsband aufgefaßt als eine Folge gedämpfter Oszillatoren mit den Resonanzfrequenzen

$$\omega_0 = \frac{E(k) + \Delta E + E_V(k)}{\hbar} \tag{9}$$

[1]) Siehe Anmerkung auf Seite 275.

($E(k)$ bzw. $E_V(k)$ auf den jeweiligen Bandrand bezogene Elektronenergie im Leitungsband bzw. im Valenzband beim Wellenzahlvektor k, ΔE energetischer Abstand der Extrema der beiden (parabolischen) Bänder).

Die Zahl dN_0 der Resonatoren im Frequenzbereich $\omega_0 \ldots \omega_0 + d\omega_0$ liefert dann nach der klassischen Absorptionstheorie zum Produkt $n_s K_s$ den Beitrag

$$d(n_s K_s) = \frac{e^2}{\varepsilon_0 m} \frac{1}{c_0} \frac{\tau}{1 + \tau^2 \left[\frac{\omega_0^2 - \omega^2}{\omega}\right]^2} f\, dN_0\,, \tag{10}$$

mit ε_0 Influenzkonstante, c_0 Vakuumlichtgeschwindigkeit, e Elementarladung, m Resonatorenersatzmasse, $\tau = \tau(\omega_0)$ mittlere Relaxationszeit für den jeweiligen Übergang vom Valenz- ins Leitungsband und f Resonatorstärke.

Im folgenden sei das einfache Bändermodell der Fig. 2 zugrundegelegt, wo die Extrema beider Bänder beim gleichen Wellenzahlvektor liegen sollen. Unter Berücksichtigung der teilweisen Besetzung des Leitungsbandes ergibt sich in diesem Modell für die Anzahl dN_0 der Resonatoren im Frequenzbereich $d\omega_0$

$$dN_0 = (1 - f_0) \frac{8\pi}{(2\pi)^3} \frac{2^{1/2}}{\hbar^2} \frac{(\hbar\omega_0 - \Delta E)^{1/2}}{(1/m^* + 1/m_v)^{3/2}} d\omega_0 \tag{11}$$

(m^* effektive Masse im Leitungsband, m_v effektive Masse im Valenzband). Durch Integration über die Beiträge der einzelnen Teilresonatoren folgt die Gesamtabsorption

$$n_s K_s = \frac{e^2}{\varepsilon_0 m c_0} \frac{8\pi}{(2\pi)^3} \frac{2^{1/2}}{\hbar^3} (m')^{3/2} I(\hbar\omega, E_F) \tag{12}$$

mit

$$I(\hbar\omega, E_F) = \int_{\Delta E}^{\infty} \frac{f\tau\,(\hbar\omega_0 - \Delta E)^{1/2}}{1 + \frac{\tau^2}{\hbar^2}\left[\frac{(\hbar\omega_0)^2 - (\hbar\omega)^2}{\hbar\omega}\right]^2} (1 - f_0)\, d(\hbar\omega_0) \tag{12a}$$

und $\frac{1}{m'} = \frac{1}{m^*} + \frac{1}{m_v}$.

Die Auswertung des Integrals $I(\hbar\omega, E_F)$ kann unter folgenden Voraussetzungen wesentlich vereinfacht werden:

1. Annäherung der Fermi-Funktion durch eine Stufenfunktion:

$$f_0 = \begin{matrix} 1 & \text{für} & E \leq E_F \\ 0 & \text{für} & E > E_F\,. \end{matrix}$$

Diese Näherung ist umso besser, je höher die Entartung ist. In dieser Näherung wurde von FINKENRATH [8] das Absorptionsverhalten von CdO an der Eigenabsorptionskante untersucht.

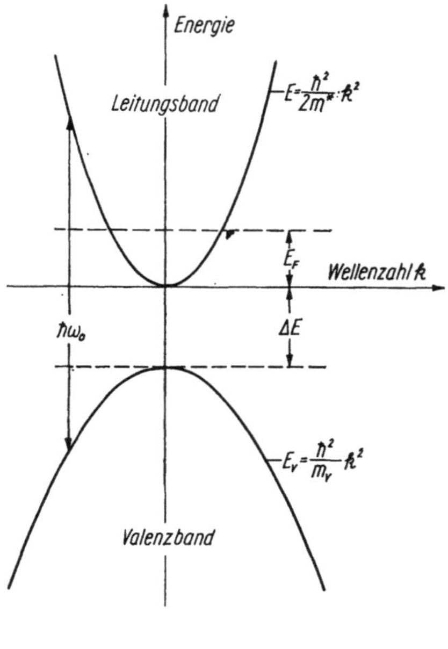

Fig. 2. Für die Auswertung zugrundegelegtes Bändermodell

2. Die durch

$$\frac{\tau}{1+\frac{\tau^2}{\hbar^2}\left[\frac{(\hbar\,\omega_0)^2-(\hbar\,\omega)^2}{\hbar\,\omega}\right]^2} \tag{13}$$

bestimmten Glockenkurven werden durch Rechteckprofile der Höhe τ und der Breite $\hbar/\tau$ (Halbwertsbreite der Glockenkurven) angenähert. Diese Näherung ist umso besser, je geringer die Wechselwirkung mit dem Gitter ist.

3. Die Resonatorstärke f sei frequenzunabhängig und zu $f = 1$ angenommen.

Speziell die Voraussetzung 2. bringt gegenüber dem Auswerteverfahren von Finkenrath eine wesentliche Vereinfachung des Rechnungsganges mit sich. Dann brauchen nämlich bei der Berechnung der Gesamtabsorption nur „Absorptionslinien" berücksichtigt werden, deren Schwerpunkt $\hbar\,\omega_0$ um weniger als $\frac{\hbar}{2\,\tau\,(\hbar\,\omega_0)}$ gegenüber der interessierenden Energie $\hbar\,\omega$ verschoben ist.

4. Die Breite der „Absorptionslinien" ist bedingt durch die wegen der Elektronengitterwechselwirkung hervorgerufene „Verschmierung" der Terme im Leitungs- bzw. im Valenzband. Man kann somit für die mittlere Stoßzeit annehmen

$$\frac{1}{\tau}=\frac{1}{\tau_L}+\frac{1}{\tau_V}\,, \tag{14}$$

wobei τ_L bzw. τ_V die zur jeweiligen Frequenz ω_0 bzw. Elektronenwellenzahl k gehörigen Stoßzeiten im Leitungs- bzw. im Valenzband sind.

Mit der Annahme eines Potenzgesetzes für die Energieabhängigkeit der Stoßzeit

$$\tau_L = S_\alpha\,(E)^\alpha = S_\alpha\,(\hbar\,\omega_0-\Delta E)^\alpha\left(\frac{m'}{m^*}\right)^\alpha, \tag{15}$$

bzw.

$$\tau_V = S_{\alpha,\,V}\,(E_V)^\alpha = S_{\alpha,\,V}\,(\hbar\,\omega_0-\Delta E)^\alpha\left(\frac{m'}{m_v}\right)^\alpha$$

(S_α bzw. $S_{\alpha,\,V}$ seien energieabhängig, sie können aber noch von der effektiven Masse abhängen) folgt für die mittlere Stoßzeit

$$\tau(\hbar\,\omega_0) = S_\alpha\,(\hbar\,\omega_0-\Delta E)^\alpha\,a_\alpha\,, \tag{16}$$

mit

$$a_\alpha = \left(\frac{m'}{m^*}\right)^\alpha \frac{1}{1+b_\alpha\left(\frac{m_v}{m^*}\right)^\alpha}$$

und

$$b_\alpha = S_\alpha/S_{\alpha,V}\,.$$

Unter den Voraussetzungen 1. bis 4. folgt an Stelle von (12a)

$$I(\hbar\,\omega,E_F) = a_\alpha\,S_\alpha \int (\hbar\,\omega_0-\Delta E)^{\alpha+1/2}\,d(\hbar\,\omega_0)\,, \tag{17}$$

wobei über Bereiche von $\hbar\,\omega_0$ zu integrieren ist, für die gilt

$$|\hbar\,\omega-\hbar\,\omega_0| \leqq \frac{\hbar}{2\,S_\alpha\,a_\alpha\,(\hbar\,\omega_0-\Delta E)^\alpha} \tag{18}$$

mit gleichzeitig

$$\hbar\,\omega_0-\Delta E \geqq E_F\left(1+\frac{m^*}{m_v}\right).$$

Beschränkt man sich im folgenden auf ein auf Grund unserer früheren Untersuchungen [1, 2] nahegelegtes Stoßgesetz im Leitungsband der Form

$$\tau_L = S_{1/2}\,(E)^{1/2} \tag{19}$$

mit

$$S_{1/2} \sim \frac{1}{(m^*)^{1/2}} \qquad \text{(vgl. z. B. [9])}\,,$$

und legt man für das Valenzband ein Stoßgesetz der gleichen Gestalt

$$\tau_V = S_{1/2,\,V}\cdot (E_V)^{1/2} \tag{20}$$

mit

$$S_{1/2,\,V} \sim \frac{1}{(m_v)^{1/2}}$$

zugrunde, so ergibt sich für die mittlere Stoßzeit für eine „Absorptionslinie" der Energie $\hbar\,\omega_0$

$$\tau(\hbar\,\omega_0) = S_{1/2}\,(\hbar\,\omega_0 - \Delta E)^{1/2}\,a_{1/2}\,, \tag{21}$$

$$a_{1/2} = \left(\frac{m'}{m^*}\right)^{1/2} \frac{1}{1+\frac{m_v}{m^*}}\,, \tag{22}$$

wegen

$$b_{1/2} = \left(\frac{m_v}{m^*}\right)^{1/2} = \frac{S_{1/2}}{S_{1/2,\,V}}\,. \tag{22a}$$

Mit diesen speziellen Annahmen für den Wechselwirkungsmechanismus folgt für das Integral (17)

$$I(\hbar\,\omega, E_F) = a_{1/2}\,S_{1/2}\int (\hbar\,\omega_0 - \Delta E)\,d(\hbar\,\omega_0)\,, \tag{23}$$

wobei zu integrieren ist über Werte von $\hbar\,\omega_0$, die der Bedingung

$$|\hbar\,\omega - \hbar\,\omega_0| = |(\hbar\,\omega - \Delta E) - (\hbar\,\omega_0 - \Delta E)| \leqq \frac{\hbar}{2\,S_{1/2}\,a_{1/2}\,(\hbar\,\omega_0 - \Delta E)^{1/2}} \tag{24}$$

mit gleichzeitig

$$\hbar\,\omega_0 \geqq E_F\left(1 + \frac{m^*}{m_v}\right) + \Delta E \tag{25}$$

genügen.

Auf Grund der Bedingung (24) sind bei der Integration zwei Hauptfälle zu unterscheiden.

Fall 1: Für Photonenenergien $\hbar\,\omega < \hbar\,\omega_G$, wobei $\hbar\,\omega_G$ bestimmt ist durch

$$(\hbar\,\omega_G - \Delta E) = 3\,(\hbar\,\omega_0^* - \Delta E) \tag{26}$$

mit

$$(\hbar\,\omega_0^* - \Delta E) = \left[\frac{1}{4}\,\frac{\hbar}{a_{1/2}\,S_{1/2}}\right]^{2/3}, \tag{26a}$$

tragen (bei leerem Leitungsband) *alle* Resonatoren bis zu einer oberen Grenzenergie $\hbar\,\omega_E$ mit

$$\Delta E < \hbar\,\omega_0 < \hbar\,\omega_E \tag{27}$$

zur Absorption bei. Dabei gilt für $\hbar\,\omega_E$

$$\hbar\,\omega_E - \hbar\,\omega = \frac{\hbar}{2\,a_{1/2}\,S_{1/2}\,(\hbar\,\omega_E - \Delta E)^{1/2}} = \frac{\hbar}{2\,\tau(\hbar\,\omega_E)}\,. \tag{28}$$

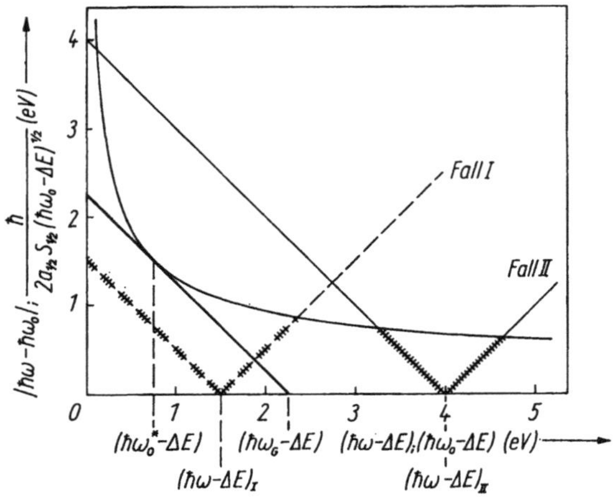

Fig. 3. Zur Bestimmung der Integrationsgrenzen für die beiden Fälle $\hbar\omega < \hbar\omega_G$ (Fall I) und $\hbar\omega > \hbar\omega_G$ (Fall II) $\left(\text{gezeichnet für } a_{1/2} \cdot S_{1/2} = 2{,}5 \cdot 10^{-16} \frac{\mathrm{s}}{(\mathrm{eV})^{1/2}}\right)$. Die Querstriche deuten jeweils den Gültigkeitsbereich von (24) an

Fall 2: Für Photonenenergien $\hbar\omega > \hbar\omega_G$ leisten mit wachsendem $\hbar\omega$ die Resonatoren mit kleiner Energie $\hbar\omega_0 \approx \Delta E$ einen immer kleiner werdenden Beitrag zur Absorption, während (in der hier benutzten Näherung!) die Resonatoren mittlerer Energie $\hbar\omega_0 \approx \hbar\omega_0^*$ sogar in immer stärkerem Maße ganz ausfallen (vgl. Fig. 3), d. h. bei großen Photonenenergien $\hbar\omega$ tritt mit anderen Worten der Einfluß der indirekten Übergänge immer stärker zurück.

Auf eine eingehende Diskussion des aus (23) in Verbindung mit (24) sich ergebenden Absorptionsverhaltens im allgemeinen sei im folgenden verzichtet, sondern es sei nur ein für die Auswertung unserer experimentellen Ergebnisse besonders interessierender Spezialfall betrachtet:

Für Photonenenergien $\hbar\omega > \hbar\omega_0^*$ kann statt (28) näherungsweise geschrieben werden

$$\hbar\omega_E - \hbar\omega = \frac{\hbar}{2\,\tau(\hbar\omega)} = \frac{\hbar}{2\,a_{1/2}\,S_{1/2}\,(\hbar\omega - \Delta E)^{1/2}}\,. \tag{29}$$

Läßt man ferner nur $\hbar\omega < \hbar\omega_G$ zu, d. h. beschränkt man sich auf den Bereich $\hbar\omega_0^* < \hbar\omega < \hbar\omega_G$, so folgt aus (23) in Verbindung mit (25) und (29) für den Absorptionsverlauf in diesem Frequenzgebiet

$$n_s\,K_s \sim \left[\left(\hbar\omega + \frac{\hbar}{2\,\tau(\hbar\omega)} - \Delta E\right)^2 - \left(1 + \frac{m^*}{m_v}\right)^2 E_F^2\right]. \tag{30}$$

Da unter den angenommenen Bedingungen der Summand $\hbar/2\,\tau(\hbar\omega)$ sich wesentlich schwächer mit der Frequenz ändert als $\hbar\omega$, ergibt sich somit bei leerem Leitungsband eine quadratische Abhängigkeit[2]) des Produktes $n_s\,K_s$ von $(\hbar\omega - \Delta E)$. Auffüllung des Leitungsbandes bis zum Ferminiveau E_F bedingt eine Parallelverschiebung der Absorptionskante.[3])

Das auf Grund grober Näherungen abgeleitete Absorptionsgesetz (30) beschreibt das bei den untersuchten SnO_2-Schichten gefundene Absorptionsverhalten im langwelligen Bereich der Eigenabsorptionskante erstaunlich gut.

[2]) Vgl. hierzu die quantenmechanischen Rechnungen für bei $k = 0$ erlaubte (indirekte) Übergänge [10, 11].

[3]) Es sei bemerkt, daß das bei der Auswertung benutzte Stoßgesetz ($\alpha = 1/2$) in *unmittelbarer* Nähe der Bandränder sicher nicht zutreffend ist; da jedoch dort die „Resonatorendichte" gering ist, ist der Einfluß dieser Übergänge auf die Gesamtabsorption bei größeren Frequenzen vernachlässigbar.

Fig. 4. Verlauf der Eigenabsorptionskante für Schichten mit praktisch leerem Leitungsband ($N = 2,8 \cdot 10^{18}$ cm^{-3})

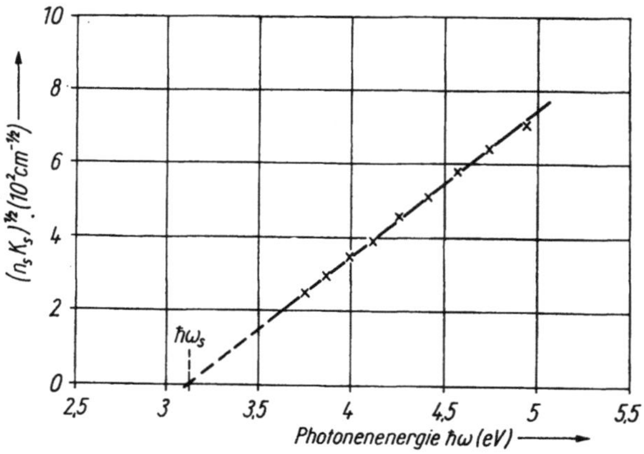

In Fig. 4 ist für eine Elektronenkonzentration von $N = 2{,}5 \cdot 10^{18}$ cm^{-3} der Verlauf von $(n_s K_s)^{1/2}$ über der Photonenenergie wiedergegeben. Die K_s-Werte wurden direkt bestimmt (vgl. Fig. 1), während die n_s-Werte durch Extrapolation der für kleinere Photonenenergien experimentell bestimmten Dispersionskurve ermittelt wurden. Das Absorptionsgesetz (30) trifft zu.

Die Steigung der „Absorptionsgeraden" der Fig. 4 ist nach (30) und (12) gegeben durch ($E_F \to 0$!)

$$\frac{\Delta[(n_s K_s)^{1/2}]}{\Delta(\hbar\omega)} = \left[\frac{e^2}{\varepsilon_0 c_0} m_0^{1/2} \frac{8\pi}{h^3} \frac{2^{1/2}}{2} S_{1/2} a_{1/2} \frac{(a')^{3/2}}{a}\right]^{1/2} \quad (31)$$

($a = m/m_0$ mit m Resonatorenmasse, $a' = m'/m_0$ mit $1/m' = 1/m^* + 1/m_v$). Aus ihr kann daher die Kombination $S_{1/2} a_{1/2} \frac{(a')^{3/2}}{a}$ ermittelt werden. Mit dem experimentellen Wert

$$\frac{\Delta[(n_s K_s)^{1/2}]}{\Delta(\hbar\omega)} = 4 \cdot 10^2 \text{ cm}^{-1/2}/\text{eV}$$

erhält man

$$S_{1/2} a_{1/2} \frac{(a')^{3/2}}{a} = (4{,}4 \pm 0{,}5) \cdot 10^{-16} \frac{\text{s}}{(\text{eV})^{1/2}}. \quad (32)$$

Nach (30) und (12) ergibt sich ferner für die durch die Auffüllung des Leitungsbandes bedingte Kantenverschiebung bzw. Absorptionsverminderung $\Delta(n_s K_s)$ zwischen hochentarteten Schichten unterschiedlicher Elektronenkonzentration bei einer festen Frequenz $\hbar\omega$

$$\Delta(n_s K_s) = \frac{e^2}{\varepsilon_0 c_0} m_0^{1/2} \frac{8\pi}{h^3} \frac{2^{1/2}}{2} S_{1/2} a_{1/2} \frac{(a')^{3/2}}{a} \Delta(E_F^2) \left(\frac{a^*}{a'}\right)^2 \quad (33)$$

($a^* = m^*/m_0$; $a_v = m_v/m_0$).

Beachtet man, daß im Grenzfall hoher Entartung gilt

$$E_F \sim \frac{N^{2/3}}{a^*}, \quad (34)$$

so folgt weiter:

$$\Delta(n_s K_s) \sim \Delta(N^{4/3}). \quad (35)$$

Ein solcher Zusammenhang besteht im Rahmen der Meßgenauigkeit für die an den untersuchten Schichten festgestellten Kantenverschiebungen, wie aus Fig. 5 ersichtlich ist.

Für $\hbar\omega = 4{,}75$ eV ist für Schichten hoher Elektronenkonzentration

$$\frac{\Delta(n_s K_s)}{\Delta(N^{4/3})} = \left(17 {+3 \atop -6}\right) \cdot 10^{-23}\,\mathrm{cm}^3 .$$

Damit erhält man mit Hilfe von (33) und (34)

$$S_{1/2}\, a_{1/2} \frac{1}{a\,(a')^{1/2}} = \left(355 {+\ 65 \atop -150}\right) \cdot 10^{-16} \frac{\mathrm{s}}{(\mathrm{eV})^{1/2}} . \tag{36}$$

Durch Kombination von (32) und (36) ergibt sich ferner

$$a' = 0{,}11 {+\,0{,}05 \atop -\,0{,}03} \tag{37}$$

und

$$S_{1/2}\, a_{1/2} \frac{(a')^{1/2}}{a} = S_{1/2} \frac{a'}{a} \frac{1}{(a^*)^{1/2}} \frac{1}{\left(1 + \frac{a_v}{a^*}\right)} = \left(39 {+\ 6 \atop -\,11}\right) \cdot 10^{-16} \frac{\mathrm{s}}{(\mathrm{eV})^{1/2}} . \tag{38}$$

Mit der naheliegenden Annahme, daß die Resonatormasse m gleich der Ersatzmasse m' aus Elektronen- und Defektelektronenmasse ist, und auf Grund des aus elektrischen Messungen gewonnenen Ergebnisses (3) können mit Hilfe von (37) und (38) die effektive Masse m^* im Leitungsband, die effektive Masse im Valenzband m_v und der Vorfaktor des Stoßgesetzes im Leitungsband (bzw. im Valenzband, vgl. (22a)) getrennt bestimmt werden:

$$m^* = \left(0{,}3 {+\,0{,}1 \atop -\,0{,}1}\right) \cdot m_0 , \tag{39a}$$

$$S_{1/2} = \left(35 {+\,15 \atop -\,15}\right) \cdot 10^{-16} \cdot \frac{\mathrm{s}}{(\mathrm{eV})^{1/2}} , \tag{39b}$$

$$m_v = \left(0{,}16 {+\,0{,}09 \atop -\,0{,}02}\right) \cdot m_0 . \tag{39c}$$

Ein Vergleich der obigen Werte mit den Werten (5a) und (5b) für m^* und $S_{1/2}$, die früher durch Kombination von Gleichstrom- und UR-Messungen gewonnen wurden [2], zeigt im Rahmen der Fehlergrenzen Übereinstimmung, womit die Annahme $m = m'$ nachträglich bestätigt gefunden wird.

Für die Photonenenergie $\hbar\omega_S$, wo die „Absorptionsgerade" von Fig. 4 die Abszissenachse schneidet, kann man nach (30) für $E_F = 0$ schreiben

$$\hbar\omega_S = \Delta E - \frac{\hbar}{2\,\tau(\hbar\omega_x)} ,$$

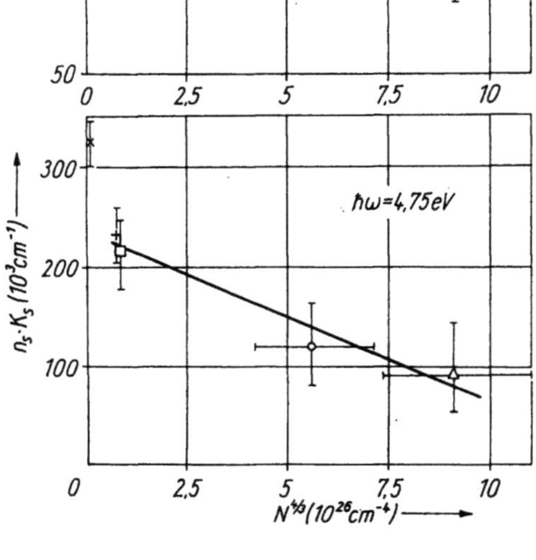

Fig. 5. Abhängigkeit von K_s (oben) bzw. von $n_s K_s$ (unten) von der Elektronenkonzentration für $\hbar\omega = 4{,}75$ eV. (Die Schichtbrechzahlen n_s wurden an dicken Schichten durch Auswertung des Reflexionsgrades von der Luft- bzw. von der Trägerseite her bestimmt. Die Gerade der Fig. 5, unten, wurde durch Ausgleichsrechnung unter Ausschluß des Wertes für $N = 2{,}5 \cdot 10^{18}\,\mathrm{cm}^{-3}$ ermittelt)

wobei $\tau(\hbar\,\omega_x)$ eine mittlere Stoßzeit für den Gültigkeitsbereich von (30) bedeutet. Mit der Näherung

$$\hbar\,\omega_x - \Delta E \approx 2\,(\hbar\,\omega_0^* - \Delta E)$$

kann man mit den Werten (39a) bis (39c) abschätzen

$$\frac{\hbar}{2\,\tau(\hbar\,\omega_x)} = \frac{\hbar}{2\,a_{1/2}\,S_{1/2}\,[2\,(\hbar\,\omega_0^* - \Delta E)]^{1/2}} = 0{,}35\,{}^{+0{,}2}_{-0{,}08}\ \mathrm{eV}\,.$$

Somit folgt schließlich mit dem experimentellen Wert von $\hbar\,\omega_S = 3{,}1$ eV für die Breite der verbotenen Zone

$$\Delta E = 3{,}45\,{}^{+\,0{,}2}_{-\,0{,}1}\ \mathrm{eV}\,.$$

Dieser Wert stimmt mit dem von Arai [5] aus elektrischen Messungen gefundenen Wert von $\Delta E = 3{,}4$ eV bzw. mit dem Wert von Glang ($\Delta E = 3{,}3$ eV, allerdings für etwa 800 °C) im Rahmen der Fehlergrenzen überein, so daß wir die Brauchbarkeit unseres einfachen Bandmodells, in dem das Minimum des Leitungsbandes und das Maximum des Valenzbandes übereinander liegen, als vernünftig ansehen müssen, im Gegensatz zu Arai [5], der durch eine einfache Extrapolation der Absorptionskante einen Wert von $\Delta E = 3{,}7$ eV aus optischen Messungen angibt und somit auf ein wesentlich komplizierteres Bandmodell geführt wird.

Es bleibt noch zu prüfen, inwieweit die Voraussetzung $\hbar\,\omega_0^* < \hbar\,\omega < \hbar\,\omega_G$, die bei der Ableitung der Absorptionsformel (30) gemacht wurde, mit den experimentell ermittelten Werten vereinbart werden kann. Man findet für den Gültigkeitsbereich von (30) mit den Werten (39a) bis (39c)

$$\text{ca. }\ 3{,}7\ \mathrm{eV} < \hbar\,\omega < \ \text{ca. }\ 4{,}8\ \mathrm{eV}\,,$$

wenn man den im Rahmen der Fehlergrenze größten Wert für $\hbar\,\omega_0^*$ zugrunde legt. Das Ergebnis ist befriedigend, zumal wenn berücksichtigt wird, daß die Resonatoren mittlerer Frequenz, die in der benutzten Näherung keinen Beitrag zur Absorption für $\hbar\,\omega > \hbar\,\omega_G$ leisten, beim Rechnen mit glockenförmigen Resonatorkurven doch einen merklichen Beitrag zur Absorption liefern würden, so daß die Absorptionsformel (30) auch bei Photonenenergien merklich größer als $\hbar\,\omega_G$ noch recht brauchbar bleibt. Über eingehendere Untersuchungen in dieser Richtung soll noch an anderer Stelle berichtet werden.

Zum Schluß sei noch auf eine weitere Ursache etwas näher eingegangen, die ebenfalls ein Verschiebung der Durchlaßkante bewirken könnte: nämlich eine unterschiedliche Gitterdilatation der Schichten hoher und niedriger Elektronenkonzentration.

Da die Herstellung der gut- und schlechtleitenden Schichten bei verschiedenen Trägertemperaturen erfolgte (die Messungen aber in beiden Fällen bei Zimmertemperatur) und da der Ausdehnungskoeffizient der Träger nicht mit dem des SnO_2 übereinstimmt, muß in Betracht gezogen werden, daß sich die Gitterabstände der Schichten hoher und der Schichten niedriger Elektronenkonzentrationen bei Zimmertemperatur unterscheiden können. Schätzt man nach Möglich und Rompe [12] im Rahmen eines eindimensionalen Kronig-Modells (vgl. auch [13, 14, 15]) den Einfluß der unterschiedlichen Gitterdilatation der gut- und schlechtleitenden Schichten auf die Kantenverschiebung mittels

$$\frac{\Delta(\hbar\,\omega)}{\hbar\,\omega} = -\,2\,(\beta_S - \beta_T)\,\Delta t$$

ab ($\Delta\hbar\omega$ ist die durch die unterschiedlichen Herstellungsbedingungen bedingte Kantenverschiebung zwischen Schichten hoher und Schichten niedriger Elektronenkonzentration, Δt die Differenz der Herstellungstemperaturen, β_S der lineare Ausdehnungskoeffizient des SnO_2, β_T der lineare Ausdehnungskoeffizient des Schichtträgers), so ergibt sich mit $\beta_S \approx 6 \cdot 10^{-6}$ grad^{-1} (nach [16]), mit $\beta_T = \beta_{SiO_2} \approx 18 \cdot 10^{-6}$ grad^{-1} bzw. $\beta_T = \beta_{CaF_2} \approx 19 \cdot 10^{-6}$ grad^{-1}, mit $\Delta E \approx 3{,}5$ eV und mit $\Delta t =$ ca. 100 °C ein Wert von

$$\Delta(\hbar\omega) \approx 9 \cdot 10^{-3}\,\text{eV}\,.$$

Dieser Wert beträgt ca. 10% der gemessenen Kantenverschiebung zwischen gut- und schlechtleitenden Schichten und liegt im Rahmen der Fehlergrenzen. Unabhängig von dieser Abschätzung wurde jedoch auch der Einfluß einer Stauchung bzw. Dehnung der beschichteten Träger auf die Kantenverschiebung experimentell untersucht. Für Gitteränderungen, die den durch die unterschiedlichen Herstellungstemperaturen der gut- und schlechtleitenden Schichten bedingten Gitteränderungen entsprechen, wurde experimentell gefunden

$$|\Delta(\hbar\omega)| < 8 \cdot 10^{-3}\,\text{eV}\,,$$

d. h. der Einfluß von Gitterdilatationseffekten auf die durch die Auffüllung des Leitungsbandes hervorgerufene Kantenverschiebung der Eigenabsorptionskante ist zu vernachlässigen.

4. Schlußbemerkung

In der vorliegenden und in früheren Arbeiten [1, 2] wurde gezeigt, daß sich das elektrische und das optische Verhalten halbleitender, „zusatzfreier" SnO_2-Schichten mit Elektronenkonzentrationen zwischen $N \approx 10^{18}$ cm^{-3} bis $2 \cdot 10^{20}$ cm^{-3} weitgehend im Rahmen eines einfachen isotropen Bändermodells mit hoher Entartung des Elektronengases und unter starker Mitwirkung der optischen Phononen verstehen läßt. Die Voraussetzung der Isotropie läßt sich zwar bei den hier untersuchten polykristallinen Schichten rechtfertigen, sie läßt sich jedoch bei der Untersuchung von einkristallinen SnO_2-Proben sicher nicht halten, da SnO_2 im Rutilgitter kristallisiert. Die vorliegenden Ergebnisse aus der Untersuchung polykristalliner Schichten sollten jedoch zumindest einen qualitativen Überblick über das optische und das elektrische Verhalten des Zinndioxyds geben.

Das zur Deutung der experimentellen Ergebnisse herangezogene einfache Bändermodell läßt jedoch, so brauchbar es auch ist, vollkommen die Frage über den Zusammenhang zwischen Störstellen und Leitfähigkeit offen. Nach Ansicht des Verfassers scheinen besonders zwei Fragen einer weiteren Diskussion bedürftig:

1. Gelangen die Elektronen durch einen irreversiblen Prozeß bei der Schichtherstellung, die ja mit einer Abschreckung verbunden ist, in das Leitungsband (man könnte dann von „eingefrorenen" Ionisierungszuständen der Störstellenatome sprechen) oder

2. erfolgt die Leitung in einem Störstellenband mit im untersuchten Konzentrationsbereich praktisch konstanter effektiver Masse? (Auf Grund der Untersuchungen von Stern und Talley [17] über den metallischen Wasserstoff bei kleinen Gitterkonstanten erscheint die Vorstellung eines Störstellenbandes mit nahezu konzentrationsunabhängiger effektiver Masse zumindest nicht abwegig, zumal wenn man die starke Polarisierbarkeit des SnO_2-Gitters und die bei den vorliegenden Untersuchungen gefundene, relativ kleine, effektive Masse berücksichtigt.)

Es ist mir ein Bedürfnis, zum Schluß Herrn Prof. Dr. Dr. h. c. P. Görlich und Herrn Prof. Dr. W. Schütz für das Interesse zu danken, das sie den vorliegenden Untersuchungen entgegengebracht haben.

Literatur

[1] H. Koch, phys. stat. sol. **3**, 1059 (1963).
[2] H. Koch, phys. stat. sol. **3**, 1619 (1963).
[3] K. Ishiguro, I. Sasaki, T. Arai und I. Imai, J. Phys. Soc. Japan **13**, 296 (1958).
[4] V. K. Miloslavsky und S. P. Lyashenko, Optika i Spectroskopija **8**, 868 (1960).
[5] T. Arai, J. Phys. Soc. Japan **15**, 916 (1960).
[6] E. Burstein, Phys. Rev. **93**, 632 (1954).
[7] W. Kaiser und H. Y. Fan, Phys. Rev. **98**, 966 (1955).
[8] H. Finkenrath, Z. Phys. **159**, 112 (1960).
[9] D. J. Howarth und E. H. Sondheimer, Proc. Roy. Soc. **A 219**, 53 (1953).
[10] L. H. Hall, J. Bardeen und F. J. Blatt, Phys. Rev. **95**, 559 (1954).
[11] G. G. MacFarlane und V. Roberts, Phys. Rev. **97**, 1714 (1955).
[12] F. Möglich und R. Rompe, Z. Phys. **119**, 472 (1942).
[13] A. Radkowsky, Phys. Rev. **73**, 749 (1948).
[14] H. Y. Fan, Phys. Rev. **82**, 900 (1951).
[15] A. Schönhofer, Z. Phys. **150**, 67 (1958).
[16] R. Glang, Dissertation, Darmstadt 1955.
[17] F. Stern und M. Talley, Phys. Rev. **100**, 1638 (1955).

(Received August 1, 1964)

Note added in proof:

Siehe auch H. Finkenrath, Z. angew. Phys. **16**, 503 (1963).

phys. stat. sol. 7, 277 (1964)

Institut für Magnetische Werkstoffe der Deutschen Akademie der Wissenschaften zu Berlin, Jena

Über die Ummagnetisierung dünner polykristalliner Elektrolytnickelschichten bei spannungsinduzierter einachsiger Anisotropie

II. Experimentelle Untersuchungen zur Prüfung des „Modells der Dehnungsanisotropie“ [1])

Von

W. RUSKE

Die Koerzitivfeldstärke H_c dünner polykristalliner Elektrolytnickelschichten, die durch äußere Spannungen deformiert sind, wird sowohl als Funktion der Gesamtdehnung als auch in Abhängigkeit von der röntgenographisch ermittelten elastischen Dehnung der Schichten gemessen. Die wichtigsten Parameter sind hierbei die Dicke der Ni-Schichten ($D = 10^2$ bis 10^5 Å) und die Tempertemperatur der Proben ($T_T = 20$ bis 450 °C) vor deren Verformung. Diese Messungen ermöglichen eine Auswahl der Meßergebnisse zur Prüfung der in [1] auf der Grundlage des „Modells der Dehnungsanisotropie“ abgeleiteten Beziehungen. Das vorgeschlagene Modell erklärt die gefundenen Abhängigkeiten der Koerzitivfeldstärke von der Dehnung und der Schichtdicke widerspruchsfrei. Auch die Absolutgröße von H_c stimmt mit der ausgerechneten Wandverschiebungsfeldstärke befriedigend überein.

The coercive force H_c of electrolytically deposited polycrystalline thin Ni films deformed by external stresses, is measured as function of both the total and the elastic strain. The elastic strains of the films are determined by an X-ray method. The most important parameters of these investigations are the thickness of the Ni films, ($D = 10^2$ to 10^5 Å), and their temperature of tempering ($T_T = 20$ to 450 °C) before deformation. From the measurements of H_c versus strain, relations derived from the "model of strain anisotropy" in [1] may be examined. The proposed model leads uniquely to the observed dependence of H_c on strain and thickness. The absolute value of H_c also agrees satisfactorily with the calculated value of the wall coercive force.

1. Einleitung

In [1] wurde eine Theorie versucht, die den Einfluß der Korngrenzen auf die durch Dehnungsanisotropie erzeugte Wandverschiebungsfeldstärke berücksichtigt. Danach stellen in verformten Polykristallen die Korngrenzen Wandhindernisse infolge der Anisotropie der elastischen und magnetoelastischen Dehnungen und in dünnen Schichten außerdem infolge der Orientierungsabhängigkeit der Wachstumsgeschwindigkeit dar. Es zeigte sich, daß die vorgeschlagene Theorie vor allem durch Messungen der Koerzitivfeldstärke definiert verformter Ni-Schichten in Abhängigkeit von der Spannung bzw. mittleren elastischen Dehnung und von der Schichtdicke geprüft werden kann.

Die größten Koerzitivfeldstärken sind für Schichten zu erwarten, deren Kristallitgröße mit der Wandbreite ungefähr übereinstimmt. Daher erscheinen solche Schichten als Untersuchungsgegenstand besonders geeignet. Ni-Schichten mit gewünschter Kristallitgröße lassen sich auf elektrolytischem Wege leicht herstellen [2 bis 4]. Außerdem können Elektrolytschichten auf relativ einfache Weise

[1]) Auszug aus der Dissertation des Verfassers, „Über die Ummagnetisierung dünner Elektrolytnickelschichten“, Jena 1963.

auf zylindrische Unterlagen niedergeschlagen werden, die eine definierte Verformung der Schichten erleichtern.

Das Studium der Einflüsse, die Abweichungen der Meßkurven $H_c = f(\bar{\varepsilon}_{a_{\text{elast}}})$ vom linearen Verlauf bedingen [1], erfordert Untersuchungen der Dehnungsabhängigkeit der Koerzitivfeldstärke sowohl bei kleinen als auch bei mittleren und hohen Verformungsgraden. Mittels dieser Untersuchungen ist eine unvoreingenommene Auswahl von Meßergebnissen möglich, die quantitative Aussagen auf der Grundlage der abgeleiteten Beziehungen gestatten. Solche Meßergebnisse bezeichnen wir im folgenden als „ordentlich". Ordentliche Meßergebnisse werden auch zur Prüfung der Schichtdickenabhängigkeit der durch Dehnungsanisotropie erzeugten Koerzitivfeldstärke benötigt.

2. Durchführung der Experimente

2.1 Herstellung und Verformung der Schichten

Die Ni-Schichten wurden wie früher [5] aus einem „einfachen Ni-Bad" auf die äußere Mantelfläche mechanisch polierter Cu-Hohlzylinder von 6 mm Außendurchmesser elektrolytisch niedergeschlagen, teils als Einfachschichten, teils als Mehrfachschichtsysteme mit Cu-Zwischenlagen aus einem cyanidischen Bad. Die Schichtlänge betrug 8,5 cm. Eine automatische Wechselbadgalvanisieranlage machte die Herstellung definierter Mehrfachschichtsysteme mit reproduzierbaren Eigenschaften möglich.

Die Verwendung der obigen Bäder erlaubte die Herstellung texturfreier Ni-Schichten mit einer mittleren Kristallitgröße $\bar{l} \approx 10^3$ Å bis zu Schichtdicken der Größenordnung 10^4 Å [2, 4]. Die mittlere Schichtdicke wurde aus den Faradaygesetzen unter Berücksichtigung der früher ermittelten Stromausbeutekurve [5] berechnet.

Die zylindrische Form der Proben gewährleistete nicht nur eine gleichmäßige mittlere Schichtdicke [5], sondern gestattete auch eine definierte Verformung der Schichten. Zu diesem Zwecke wurden die Proben in einer besonderen Druckvorrichtung in axialer Richtung gestaucht, wobei ein Führungsstab im Innern der Cu-Rohre ein Verbiegen der Proben weitgehend verhinderte. Um hohe Verformungsgrade erzielen zu können, waren die Cu-Unterlagen vor dem Auftragen der Schichten weichgeglüht worden (90 min bei 700 °C). Durch diese Glühbehandlung wurde ferner erreicht, daß die in den Ni-Schichten induzierten Spannungen — von Alterungseffekten abgesehen — remanenten Charakter hatten, da sich die weichgeglühten Cu-Träger schon bei sehr geringen Lastspannungen von etwa 1 kp mm^{-2} plastisch verformten. Dadurch waren auch Messungen außerhalb der Druckvorrichtung möglich. Die Schichten hafteten fest auf der Unterlage und blätterten — selbst bei relativen Längenänderungen von einigen Prozent — nicht ab.

Bei axialer Druckbeanspruchung der Proben wird der (makroskopische) Spannungszustand in den Ni-Schichten dreiachsig, da sich die Querdehnungen der Ni-Schichten von denen der Cu-Träger und von denen der Cu-Zwischenlagen bzw. der Cu-Bedeckung unterscheiden. Doch die Hauptspannungen wirken für alle realen Kombinationen der Verformungen im System Cu–Ni so, daß der einachsige Charakter der magnetischen Dehnungsanisotropie gewahrt bleibt. Der Spannungszustand in den Ni-Schichten wird bei elastischer Verformung der Cu-Komponenten des Mehrfachschichtsystems nur geringfügig dreiachsig und ist selbst bei plastischer Verformung aller Cu-Komponenten noch vorwiegend einachsig, wie röntgenographische Messungen zeigten [6].

2.2 Durchführung der Messungen

Die Koerzitivfeldstärke wurde mit einem empfindlichen Schwingspul-Koerzimeter gemessen, das sich auch zur Aufnahme von Hystereseschleifen eignete. Fig. 1 zeigt als Beispiel eine mit diesem Gerät aufgenommene Schleife für ein spezielles Mehrfachschichtsystem. H_c kann auf etwa 1% genau bestimmt werden. Durch die Verwendung von Mehrfachschichtsystemen wird die Durchführung hinreichend genauer röntgenographischer und magnetischer Messungen erleichtert. Bei geringen Schichtabständen können sich jedoch die Schichten des Systems gegenseitig beeinflussen [5]. Daher wurden zuerst magnetische Untersuchungen über die Abhängigkeit der durch Dehnungsanisotropie erzeugten Koerzitivfeldstärke vom gegenseitigen Abstand der Ni-Schichten durchgeführt [7]. Sie zeigten, daß bei verformten Schichten die gegenseitige Beeinflussung zu vernachlässigen ist, wenn der Schichtabstand größer als die Ni-Schichtdicke selbst gewählt wird. Diese Voraussetzung trifft bei allen im folgenden untersuchten Mehrfachschichtsystemen zu.

Die Auswahl „ordentlicher“ Meßergebnisse erfordert Untersuchungen der Dehnungsabhängigkeit der Koerzitivfeldstärke im gesamten Verformungsbereich der Schichten. Bei kleinen Verformungsgraden haben wir die Messung von $H_c = f(\bar{\varepsilon}_{a_{\text{elast}}})$ durch sogenannte „Anfangssteigungsmessungen“ ersetzt. Bei diesen Messungen wurde im elastischen Verformungsbereich der Unterlage H_c als Funktion der mittleren relativen Längenänderung $\bar{\varepsilon}_{a_U}$ der Unterlage ermittelt, wobei $\bar{\varepsilon}_{a_U}$ aus der sehr genau bekannten äußeren Lastspannung berechnet wurde. $\bar{\varepsilon}_{a_U}$ und $\bar{\varepsilon}_{a_{\text{elast}}}$ entsprechen sich, wenn die unverformten Schichten keine Eigenspannungen 1. Art (zur Klassifizierung der Eigenspannungen siehe z. B. [2]) aufweisen, die röntgenographisch nachgewiesen werden können. Die Anfangssteigungsmessungen (Definition der Anfangssteigung: $(\partial H_c/\partial \bar{\varepsilon}_{a_U})_{\bar{\varepsilon}_{a_U} \to -0}$) gestatten eine erste Klassifizierung der Schichten in „ordentliche“ und „außerordentliche“; denn starke Abweichungen von den theoretischen Werten sind besonders dann zu erwarten, wenn Eigenspannungen 1., 2. und 3. Art die Koerzitivfeldstärke der „unverformten“ Schichten bestimmen. Da Eigenspannungen durch eine geeignete Wärmebehandlung stark herabgesetzt werden können [5], sollten sich viele Schichten in „ordentliche“ überführen lassen, wenn man sie tempert. Fig. 2 zeigt Beispiele von Anfangssteigungsmessungen an getemperten Proben. Bei weichgeglühten Unterlagen erstreckt sich der Bereich reversibler H_c-Änderungen bis $|\bar{\varepsilon}_{a_U}| \approx 10^{-4}$. Bei nicht geglühten Unterlagen sind Messungen bis $|\bar{\varepsilon}_{a_U}| \approx 5 \cdot 10^{-4}$ möglich. Messungen der Anfangssteigung an „harten“ Unterlagen dienten infolge des hier größeren Meßbereiches als Ergänzung.

Nach Durchführung der Anfangssteigungsmessungen wurden die auf den weichgeglühten Unterlagen niedergeschlagenen Schichten in zunehmendem Maße

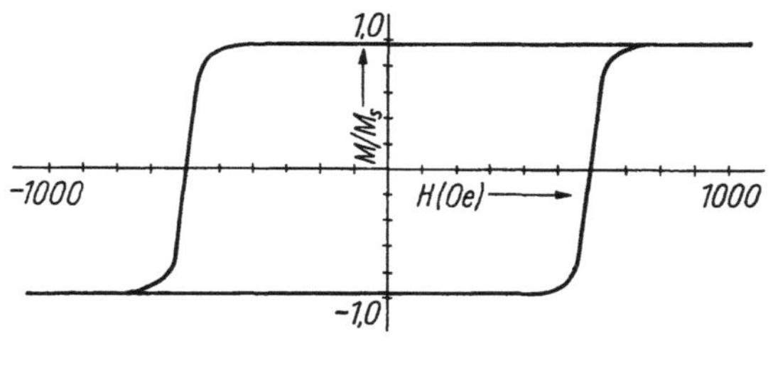

Fig. 1. Hystereseschleife eines in axialer Richtung gestauchten Mehrfachschichtsystems (H parallel Vorzugsachse, Dicke der Ni-Schichten D = 1350 Å, Schichtabstand 1,05 D)

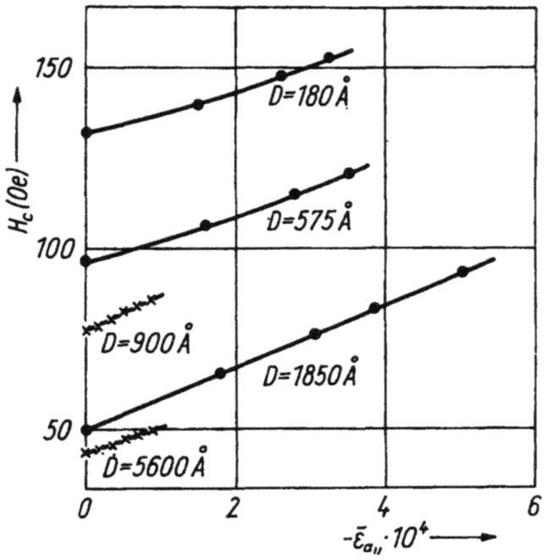

Fig. 2. Beispiele von „Anfangssteigungsmessungen“ an bei 200 °C getemperten Proben (D Ni-Schichtdicke,
— × — Unterlage weichgeglüht,
— ● — Unterlage nicht geglüht)

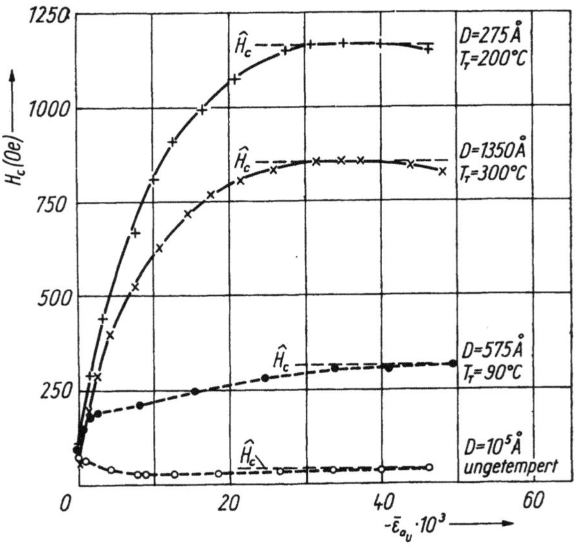

Fig. 3. Abhängigkeit der Koerzitivfeldstärke von der mittleren relativen Längenänderung der Proben für einige Beispiele (D Ni-Schichtdicke, T_T Tempertemperatur)

gestaucht. Dabei sind zur Untersuchung der Dehnungsabhängigkeit der Koerzitivfeldstärke röntgenographische Dehnungsmessungen unerläßlich. Einerseits kann nach dem Überschreiten der unteren Fließgrenze der Ni-Schichten die Messung von $\bar{\varepsilon}_{a_{\text{elast}}}$ nicht mehr durch eine Messung der relativen Längenänderung der Unterlage ersetzt werden. Andererseits können bei kleinen Verformungsgraden „ordentliche“ Schichten bei einsetzender plastischer Verformung auf Grund einer Streckgrenzenanisotropie in „außerordentliche“ übergehen [1].

Röntgenographische Dehnungsmessungen und deren Auswertung erfordern aber einen relativ großen Zeitaufwand, besonders dann, wenn viele Messungen zum Studium des Einflusses der verschiedenen Parameter (Tempertemperatur, Temperzeit, Schichtdicke usw.) notwendig sind. Daher wurde der Einfluß dieser Parameter auf die Koerzitivfeldstärke zunächst in Abhängigkeit von der Gesamtdehnung $\bar{\varepsilon}_{a_U}$ untersucht [8]. Typische Meßkurven zeigt Fig. 3. Eine geeignete Größe zur Kennzeichnung der verformten Schichten ist nach Fig. 3 z. B. die maximal erreichte Koerzitivfeldstärke $\hat{H}_c$.

An wenigen Proben mit günstig gewählten Parametern wurde dann H_c in Abhängigkeit der röntgenographisch gemessenen Dehnung bestimmt, wobei die elastische Dehnung in axialer Richtung nach dem sogenannten „$\sin^2 \psi$-Verfahren", [9] ermittelt wurde. Man mißt hierbei Dehnungen in der Richtung φ, ψ (ψ Winkel zwischen Meßrichtung und Oberflächennormale, φ Azimut der Meßrichtung) als Funktion von $\sin^2 \psi$ bei konstantem φ. Werden die Gitterverzerrungen an einer Röntgeninterferenz $(h\,k\,l)$ bestimmt, bei der die Mittelwerte der elastischen Kenngrößen über die reflexionsfähigen Kristallite den Polykristall-Mittelwerten entsprechen, kann man die an dieser Interferenz gemessene Dehnung $\varepsilon_a^{(hkl)}$ der gesuchten mittleren elastischen Dehnung $\bar{\varepsilon}_{a_{\text{elast}}}$ gleichsetzen. Das ist für die (311)-Nickelinterferenz z. B. der Fall. Die $K\alpha$-Linien dieser Interferenz und der für Vergleichszwecke hierzu günstigen (222)-Interferenz (siehe 4.1) erhält man gleichzeitig auf einer Aufnahme (ebener photographischer Film) bei Verwendung von Fe-Primärstrahlung [6].

3. Experimentelle Ergebnisse

3.1 Abhängigkeit der Koerzitivfeldstärke von der Tempertemperatur

In Fig. 4 sind die Maximalkoerzitivfeldstärke $\hat{H}_c$ der verformten Schichten und die Koerzitivfeldstärke H_{c_0} der unverformten Schichten in Abhängigkeit von der Tempertemperatur für drei Ni-Schichtdicken und zwei Temperzeiten als Parameter dargestellt. H_{c_0} nimmt mit steigender Tempertemperatur zunächst ab, bleibt dann in einem gewissen Temperaturbereich konstant und steigt bei hohen Tempertemperaturen wieder an. Die letztere ausgezeichnete Tempertemperatur $T_T^{(D)}$ ist eine Funktion der Temperzeit und der Schichtdicke. $\hat{H}_c$ nimmt mit T_T erst langsam, bei höheren Tempertemperaturen dann aber stark zu. Nach Erreichen eines Höchstwertes bei der Tempertemperatur $T_T^{(R)}$ nimmt $\hat{H}_c$ wieder ab. $T_T^{(R)}$ ist eine Funktion der Temperzeit t_T, für konstante t_T aber unabhängig

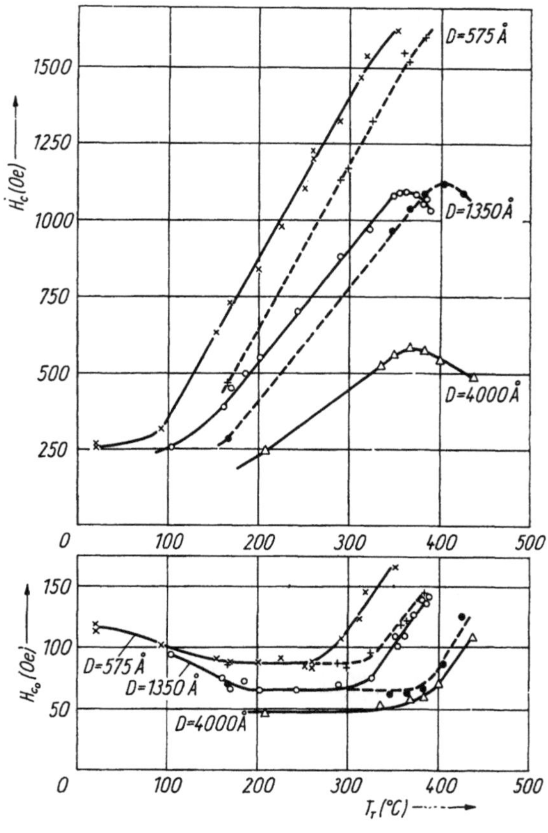

Fig. 4. Abhängigkeit der Maximalkoerzitivfeldstärke $\hat{H}_c$ der verformten Schichten und der Koerzitivfeldstärke H_{c_0} der unverformten Schichten von der Tempertemperatur der Proben (D Ni-Schichtdicke, ——— 90 min Temperzeit — — — 15 min Temperzeit)

von D. Längere Temperzeiten als 90 min ändern $\hat{H}_c$ und damit die ausgezeichnete Tempertemperatur $T_T^{(R)}$ gegenüber den Werten bei $t_T = 90$ min nur noch geringfügig.

Die „Anfangssteigungsmessungen" brachten das Ergebnis, daß oberhalb einer gewissen Tempertemperatur $T_T^{(A)}$ die Anfangssteigung $(\partial H_c/\partial \bar{\varepsilon}_{a_U})_{\bar{\varepsilon}a_U \to -0}$ weitgehend von T_T unabhängig wird. Diese ausgezeichnete Tempertemperatur hängt von der Schichtdicke ab ($T_T^{(A)}$ = Zimmertemperatur für $D < 600$ Å, $T_T^{(A)} \approx 200$ °C bei $D \approx 10^4$ Å, $T_T^{(A)} \approx 350$ bis 400 °C bei $D \approx 10^5$ Å), ebenso der temperaturunabhängige Wert der Anfangssteigung oberhalb von $T_T^{(A)}$ (vgl. Fig. 5).

3.2 Abhängigkeit der Koerzitivfeldstärke von der Schichtdicke

Fig. 5 zeigt den Verlauf der Koerzitivfeldstärken $\hat{H}_c$ und H_{c_0} in Abhängigkeit von der Ni-Schichtdicke für verschiedene Temperaturen als Parameter und die Ergebnisse von Anfangssteigungsmessungen. Die dargestellten Werte der Anfangssteigung entsprechen dem bei der jeweiligen Schichtdicke zu erreichenden Höchstwert ($T_T \geqq T_T^{(A)}$). Bei der Darstellung der Kurven $H_{c_0} = f(D)$ wurden frühere Meßergebnisse [5] verwendet.

Sowohl H_{c_0} als auch $\hat{H}_c$ haben bei Schichtdicken um 10^2 Å ihr absolutes Maximum. H_{c_0} weist außerdem bei $D \approx 10^3$ Å einen kaum merklichen „Buckel" bei den getemperten Schichten bzw. ein schwaches Nebenmaximum bei den ungetemperten Schichten auf. Bei den verformten Schichten ist ein „Koerzitivfeldstärkebuckel" bei $D \approx 10^3$ Å nicht zu erkennen. Die Anfangssteigung hat bei dieser Schichtdicke ein deutliches Maximum. Bei großen Schichtdicken nähert sie sich — ebenso H_c und $\hat{H}_{c_0}$ — einem konstanten Wert.

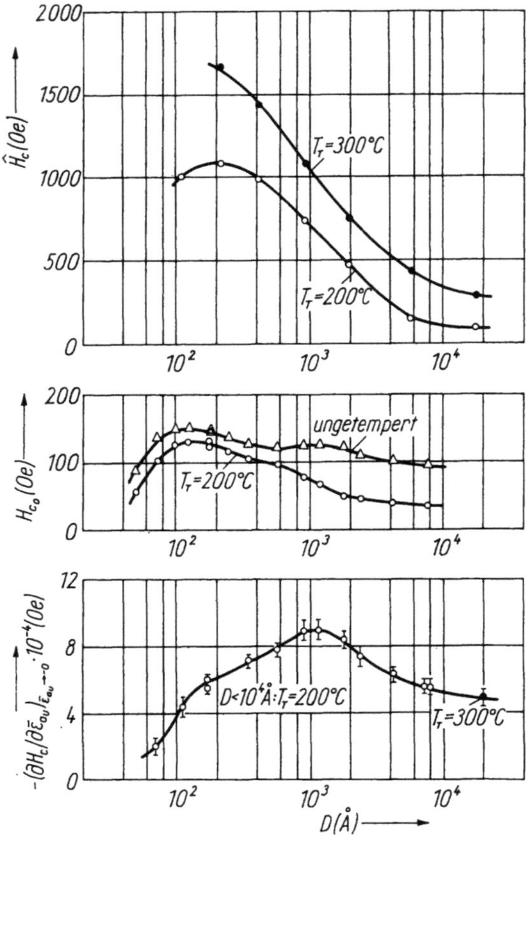

Fig. 5. Abhängigkeit der Maximalkoerzitivfeldstärke $\hat{H}_c$ der verformten Schichten, der Koerzitivfeldstärke H_{c_0} der unverformten Schichten und der „Anfangssteigung" von der Ni-Schichtdicke (T_T Tempertemperatur, Temperzeit 90 min)

3.3 Ergebnisse der röntgenographischen Messungen

Die Meßergebnisse der Abschnitte 3.1 und 3.2 gestatten eine Beschränkung der röntgenographischen Messungen auf wenige Schichten mit günstigen Parametern. Die wichtigsten Ergebnisse sind in Fig. 6 zusammengestellt. Die linken Teilabbildungen zeigen den Verlauf der Koerzitivfeldstärke in Abhängigkeit der röntgenographisch bestimmten Dehnung $\varepsilon_a^{(311)}$, die der mittleren elastischen Dehnung $\bar{\varepsilon}_{a_{\text{elast}}}$ gleichgesetzt wurde (siehe 2.2). Der Absolutfehler der angegebenen $\bar{\varepsilon}_{a_{\text{elast}}}$-Werte beträgt ungefähr $\pm\ 3 \cdot 10^{-4}$ [6]. Im rechten Teil der Fig. 6 sind zum Vergleich die zugehörigen Kurven $H_c = f(\bar{\varepsilon}_{a_U})$ dargestellt. (Für $D < 10^4$ Å läßt sich $\bar{\varepsilon}_{a_U}$ durch die Summe der mittleren elastischen und plastischen Dehnung der Ni-Schichten ersetzen; denn die mittlere Dehnung der unverformten dünnen Schichten ist Null oder zumindest so klein, daß sie röntgenographisch nicht mehr erfaßt werden kann.)

Die elastische Dehnung wurde jeweils nach einer gewissen Längenänderung der Schichten gemessen. Da die verformten Schichten sich von dem induzierten

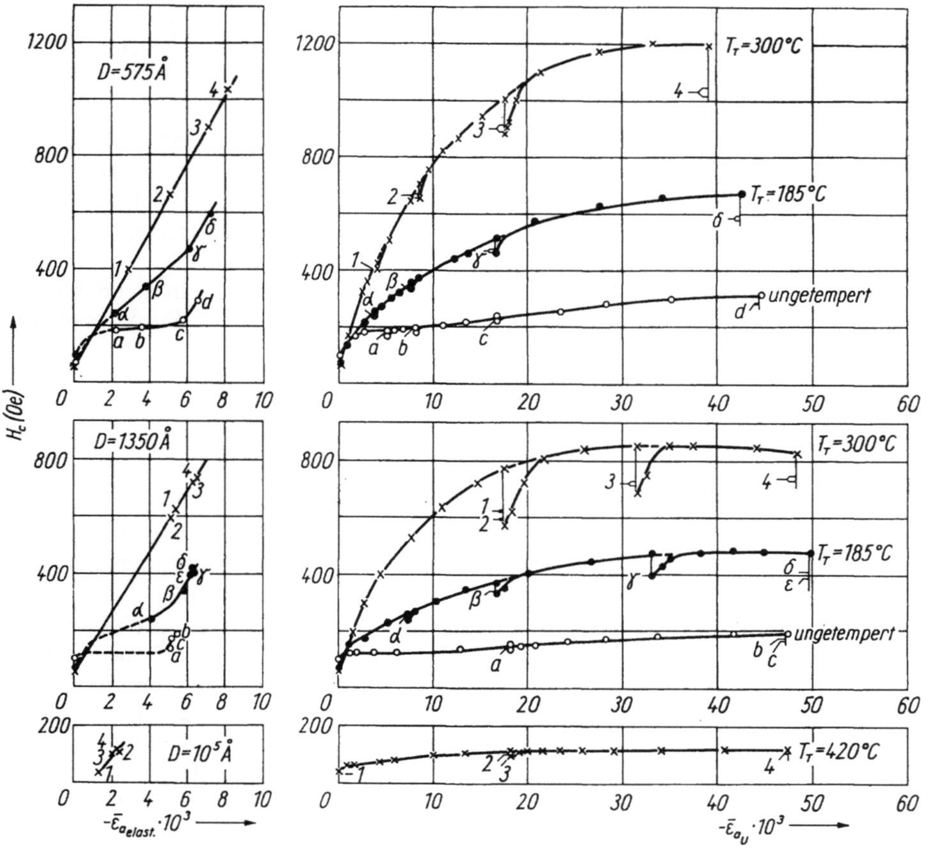

Fig. 6. Abhängigkeit der Koerzitivfeldstärke von der röntgenographisch bestimmten mittleren elastischen Dehnung der Ni-Schichten (linke Teilabbildungen) und von der mittleren relativen Längenänderung der Proben (rechte Teilabbildungen). Parameter: Ni-Schichtdicke D und Tempertemperatur T_T (Temperzeit 90 min)

Zwangszustand mit der Zeit erholen[2]), wurde erst ein Tag nach Ausführung der vorangegangenen Verformung belichtet. Während der Expositionszeit des photographischen Films (15 bis 20 h) änderte sich die Koerzitivfeldstärke dann nur noch wenig. Die Stellen, an denen eine röntgenographische Dehnungsmessung durchgeführt wurde, sind in den Kurven $H_c = f(\bar{\varepsilon}_{a_U})$ besonders gekennzeichnet. Verformt man die Schichten nach stattgefundener Erholung von neuem, erreicht die Koerzitivfeldstärke bald wieder ihren Wert vor der Alterung. Bei weiterer Verformung werden die Kurven $H_c = f(\bar{\varepsilon}_{a_U})$ in ihrem „normalen" Verlauf fortgesetzt (vgl. Fig. 3).

Die Kurven $H_c = f(\bar{\varepsilon}_{a_{\text{elast}}})$ in Fig. 6 lassen erkennen, daß bei genügend hohen Temperaturen ($T_T^{(N)} \approx 300$ °C bei Schichten unterhalb 10^4 Å Dicke, $T_T^{(N)} \approx 350$ bis 400 °C bei dickeren Schichten) die Koerzitivfeldstärke im gesamten Meßbereich linear mit $\bar{\varepsilon}_{a_{\text{elast}}}$ zunimmt. Die Steigung dieser Geraden (Kurzbezeichnung: „Normalsteigung") entspricht ungefähr der Steigung der Kurven $H_c = f(\bar{\varepsilon}_{a_U})$ in ihrem ersten „linearen" Teil. Außerdem stimmt bei diesen Tempertemperaturen ($T_T \geqq T_T^{(N)} \geqq T_T^{(A)}$) die bei kleinsten Verformungsgraden gemessene Anfangssteigung mit der Normalsteigung größenordnungsmäßig überein.

Bei kleineren Tempertemperaturen als $T_T^{(N)}$ nimmt die Koerzitivfeldstärke von einer gewissen elastischen Dehnung ab weniger stark zu als anfangs. (Die gestrichelten Kurvenzüge bei kleinen Dehnungen in Fig. 6 links wurden analog zu dem gemessenen Verlauf der Kurven $H_c = f(\bar{\varepsilon}_{a_U})$ bei kleinen $\bar{\varepsilon}_{a_U}$ gezeichnet). Bei genügend großen $\bar{\varepsilon}_{a_{\text{elast}}}$ entspricht die Zunahme von H_c im großen und ganzen wieder dem für diese Schichtdicke gültigen Wert der Normalsteigung. Die unterschiedlichen Steigungen im mittleren Teil der Kurven $H_c = f(\bar{\varepsilon}_{a_{\text{elast}}})$ bedingen im wesentlichen die starke Abhängigkeit der Maximalkoerzitivfeldstärke von der Tempertemperatur in Fig. 4.

Fig. 6 zeigt ferner, daß sowohl die Normalsteigung als auch die in den Schichten maximal zu induzierende elastische Dehnung bzw. Spannung Funktionen der Schichtdicke sind.

4. Diskussion

4.1 Abhängigkeit der Koerzitivfeldstärke von der Dehnung

Für die Brauchbarkeit des „Modells der Dehnungsanisotropie" spricht die an genügend hoch getemperten Proben ($T_T \gtrsim T_T^{(N)}$) gefundene Proportionalität von H_c mit $\bar{\varepsilon}_{a_{\text{elast}}}$. Man kann verstehen, daß bei sehr kleinen Verformungsgraden in „ordentlichen" Schichten (siehe 2.2) H_c bereits mit der „normalen" Steigung zunimmt (Einfluß von Schichtdickeninhomogenitäten nach [1]). Es überrascht jedoch zunächst, daß bei diesen Schichten, auch bei mittleren und hohen Verformungsgraden der Wert der „Normalsteigung" gefunden wird; denn in diesem Bereich muß schon eine teilweise plastische Verformung der Kristallite stattgefunden haben, wie ein Vergleich der linken und rechten Teilabbildungen in Fig. 6 zeigt. Von einer bestimmten Gesamtdehnung der Unterlage (und damit der Schichten) ab wird die Gesamtdehnung größer als die röntgenographisch bestimmte. Fig. 6 gemäß verhalten sich die bei 300 °C getemperten Schichten so,

[2]) Das gemessene Zeitgesetz $H_c = \alpha - \beta \log t$ (t Zeit, α und β Konstanten) [8] ist charakteristisch für Erholungsvorgänge [10].

als ob die im allgemeinen zu erwartende Streckgrenzenanisotropie [1] auf sie ohne Einfluß bleibt. Dieses „quasielastische“ Verhalten der getemperten Schichten läßt sich röntgenographisch nachweisen.

Mißt man z. B. in elastischen Verformungsbereich eines Polykristalls die Dehnungen in der axialen Richtung an der (222)- und (311)-Interferenz, dann muß sich, wenn das „Modell gleicher Dehnungen“ [11] zutrifft, der Wert Eins für das Verhältnis der beiden Dehnungen $\varepsilon_a^{(222)}$ und $\varepsilon_a^{(311)}$ ergeben:

$$\varepsilon_a^{(222)}/\varepsilon_a^{(311)} = 1{,}00 \tag{1}$$

(„Modell gleicher Dehnungen“ [11]).

Das „Modell gleicher Spannungen“ [12], das die Kristallite eines vielkristallinen Haufwerkes als frei dehnbar (in ihrer gesamten Ausdehnung) annimmt, fordert für Ni den Wert

$$\varepsilon_a^{(222)}/\varepsilon_a^{(311)} = 0{,}60 \tag{2}$$

(„Modell gleicher Spannungen“ [12]).

Das wirkliche Verhalten polykristalliner Proben liegt zwischen diesen beiden Grenzfällen [13 bis 17]. Messungen der röntgenographischen elastischen Konstanten haben gezeigt [15, 17], daß experimentell sich ungefähr der arithmetische Mittelwert der nach den beiden Grenzannahmen gewonnenen Elastizitätskoeffizienten ergibt. Danach charakterisiert bei röntgenographischer Vermessung von (222)- und (311)-Netzebenen das Verhältnis

$$\varepsilon_a^{(222)}/\varepsilon_a^{(311)} = 0{,}77 \tag{3}$$

(Mittelung nach Neerfeld [15])

den elastischen Verformungsbereich von Nickel. (Bei der Berechnung von (2) und (3) wurden von de Klert und Musgrave [18] gemessene Ni-Einkristallkoeffizienten s_{ik} benutzt.)

Experimentell fanden wir an unseren bei 300 °C getemperten Schichten den Wert

$$\varepsilon_a^{(222)}/\varepsilon_a^{(311)} = 0{,}79 \pm 0{,}05 \tag{4}$$

(eigene Experimente).

Dieser bei hohen Verformungsgraden gemessene Wert weist nicht nur die Anisotropie der elastischen Dehnungen in unseren Schichten nach, sondern bestätigt auch das oben vermutete „quasielastische“ Verhalten der bei 300 °C getemperten dünnen Schichten im gesamten Verformungsbereich.

Bei den ungetemperten Schichten und den bei niedriger Temperatur getemperten Proben ($T_T < T_T^{(N)}$) treten merkliche Abweichungen von den Werten der Anfangssteigung bzw. Normalsteigung bei einsetzender plastischer Verformung der Schichten auf. Dies ist offenbar eine Folge der Streckgrenzenanisotropie, die Abweichungen der Koerzitivfeldstärke zu kleineren Werten hin zur Folge hat [1]. Bei orientierungsabhängiger Streckgrenze fließen die Kristallite mit den größten Dehnungen zuerst [12]. Das bedeutet eine Annäherung an das „Modell gleicher Dehnungen“. Experimentell fanden wir bei der 575 Å dicken ungetemperten Schicht z. B. (siehe Fig. 6) bei großen Verformungsgraden das Dehnungsverhältnis

$$\varepsilon_a^{(222)}/\varepsilon_a^{(311)} = 0{,}92 \pm 0{,}07\,. \tag{5}$$

Dieser Zahlenwert liegt erwartungsgemäß näher an Eins als der Wert (4) bei den getemperten Schichten. (4) und (5) zusammen zeigen, daß die im allgemeinen zu erwartende Streckgrenzenanisotropie durch das Tempern der Proben in zunehmendem Maße „blockiert“ wird. Eine Deutung dieses Effektes wird hier nicht versucht. Er gehört in das Gebiet der mechanischen Eigenschaften dünner Schichten. Ebenso wird der Effekt, daß gegen Ende der Verformung bei allen Proben H_c etwa wieder mit der „normalen“ Steigung zunimmt (siehe Fig. 6) hier nicht besprochen. Dieser Effekt, der sich nach dem Überschreiten der oberen Fließgrenze bemerkbar macht, beruht vermutlich auf einer Verfestigung der Kristallite im plastischen Verformungsbereich.

Im waagerechten Teil der Kurven $H_c = f(\bar{\varepsilon}_{a_U})$ in Fig. 6 (H_c = const) wird keine Änderung der mittleren elastischen Dehnung mehr gemessen. Das entspricht unseren Modellvorstellungen. In diesem Bereich verbreitern sich aber die Interferenzlinien noch merklich. Dies ist eine Folge von lokalen Eigenspannungsfeldern (Typ: Induzierte Eigenspannungen 3. Art), die bei der plastischen Verformung entstehen und mit steigendem Verformungsgrad in ihrer Größe zunehmen. Diese „kurzwelligen“ Eigenspannungen hemmen die Wände im allgemeinen an anderen Stellen als die Dehnungsanisotropie. Daher überlagern sich die zugehörigen Teilkoerzitivfeldstärken nicht additiv (vgl. 4.2). Der obige experimentelle Befund, daß sich bei den hohen H_c-Werten in unseren Schichten Dehnungsinhomogenitäten infolge plastischer Verformung nicht bemerkbar machen, stützt das Modell der Dehnungsanisotropie aufs neue.

4.2 Abhängigkeit der Koerzitivfeldstärke von der Tempertemperatur

Die starke Temperaturabhängigkeit der Maximalkoerzitivfeldstärke $\hat{H}_c$ im Bereich mittlerer Tempertemperaturen ($T_T \approx 150$ bis 350 °C, siehe Fig. 4) wird nach Abschnitt 3.3 und 4.1 durch das unterschiedliche Plastizitätsverhalten der Schichten bedingt.

Das Maximum von $\hat{H}_c$ bei der ausgezeichneten Tempertemperatur $T_T^{(R)}$ ($T_T^{(R)} \approx$ ≈ 350 °C für $t_T \geqq 90$ min, $T_T^{(R)} \approx 400$ °C für $t_T = 15$ min) ist eine Folge der Rekristallisation der Ni-Schichten. Der Nachweis der Rekristallisation ist eindeutig; denn bei Tempertemperaturen zwischen 350 und 400 °C beginnen sich die diffusen Interferenzringe der Schichten in Einzelreflexe aufzulösen. Die relativ niedrige Rekristallisationstemperatur der Ni-Schichten von 350 °C kommt dadurch zustande, daß dünne Ni-Schichten, die aus einem „einfachen“ Bad[3]) auf nicht rekristallisiertes Kupfer (Cu-Zwischenlagen aus cyanidischem Bad, siehe 2.1) niedergeschlagen werden, bereits rekristallisieren, wenn die Unterlage ihr Kristallitgefüge ändert [6]. Die Abhängigkeit von $T_T^{(R)}$ von der Temperzeit für $t_T <$ < 90 min wird dadurch bedingt, daß bei Temperzeiten in der Größenordnung von Minuten der bei der entsprechenden Tempertemperatur mögliche Rekristallisationsgrad noch nicht erreicht wird.

Die Zunahme von H_{c_0} oberhalb der schichtdicken- und temperzeitabhängigen Temperatur $T_T^{(D)}$ (vgl. 3.1) beruht auf Diffusionserscheinungen im System Cu–Ni [6]. Ein merklicher Einfluß der Ni–Cu-Diffusion auf die Koerzitivfeldstärke $\hat{H}_c$ der verformten Schichten ist den Messungen in Fig. 4 nicht zu entnehmen.

Die Temperaturabhängigkeit der Anfangssteigung bei niedrigeren Tempertemperaturen als $T_T^{(A)}$ (vgl. 3.1) läßt sich auf in den Schichten nach deren Herstellung vorhandene Eigenspannungen zurückführen. In dünneren Schichten als rund 10^4 Å sind nur natürliche Eigenspannungen 3. Art (Ursache: Gitterfehler [2])

[3]) Ni-Schichten aus einem „einfachen“ Bad ahmen im Bereich dünner Schichten ($D < 10^4$ Å) das Gefüge der Unterlage nach [2—4].

röntgenographisch nachzuweisen, deren Wandhemmungsmechanismus mit dem der C- und D-Inhomogenitäten an den Korngrenzen nicht korrespondiert. Diese Eigenspannungen bedingen somit die gegenüber der Normalsteigung kleinere Anfangssteigung für $T_T \leqq T_T^{(A)}$. Mit steigender Tempertemperatur T_T nehmen diese Eigenspannungen ab (Halbwertsbreite der Interferenzlinien wird kleiner), deren verminderter Einfluß auch bei den magnetischen Messungen deutlich zu spüren ist (Übergang der Anfangssteigung in Normalsteigung, Übergang von H_{c_0} in einen von T_T unabhängigen Wert usw.). Dicke Schichten ($D \approx 10^5$ Å) weisen nach der Herstellung neben Eigenspannungen 3. Art sogar solche 1. Art auf (in der axialen Richtung z. B. wurde eine positive Dehnung von rund 10^{-3} gemessen). Diese Eigenspannungen, welche durch eine Anisotropie im Gefüge des Metallniederschlags verursacht werden [2], verschwinden erst mit einer Rekristallisation der Ni-Schichten ($T_T^{(A)} \approx T_T^{(R)}$). Die Rekristallisation hat aber wieder in solchen Schichten Restspannungen infolge der verschiedenen thermischen Ausdehnungskoeffizienten des Kupfers und des Nickels zur Folge (die Dehnung der ,,unverformten" bei 420 °C getemperten 10^5 Å dicken Schicht in Fig. 6 z. B. gibt diesen Effekt in seiner Größe richtig wieder). Diese Restspannungen haben infolge ihres in der Schichtfläche annähernd isotropen Charakters auf H_c jedoch nur einen geringen Einfluß.

Die in Abhängigkeit von der Tempertemperatur durchgeführten Messungen zeigen also, daß man ,,ordentliche" Meßergebnisse bei kleinen Verformungsgraden für $T_T \geqq T_T^{(A)}$ und bei großen Dehnungen für $T_T \geqq T_T^{(N)}$ (siehe 4.1) erhält.

4.3 Abhängigkeit der Koerzitivfeldstärke von der Schichtdicke

In Fig. 7 sind alle zur Diskussion notwendigen Koerzitivfeldstärkemessungen zusammengestellt, teilweise auch bereits bekannte (vgl. Fig. 5). Die durch voll ausgezogene Kurvenzüge verbundenen Meßpunkte sind auf eine konstante Anisotropiegröße reduziert, da ein klarer Vergleich der Schichtdickenabhängigkeit der Koerzitivfeldstärke zwischen Theorie und Experiment konstante Anisotropiewerte erfordert. Solch eine Reduktion ist leicht möglich bei der durch

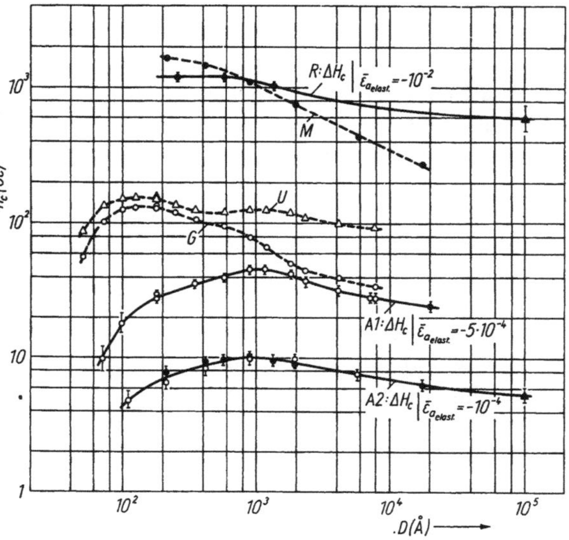

Fig. 7. Abhängigkeit der Koerzitivfeldstärke von der Ni-Schichtdicke.
A: reduzierte Meßwerte aus Anfangssteigungsmessungen bei Verwendung nicht geglühter (Kurve A 1) bzw. weichgeglühter Unterlagen (Kurve A 2)
R: reduzierte Werte aus röntgenographischen Messungen
U: Koerzitivfeldstärke Hc_0 der nicht getemperten unverformten Schichten
G: Koerzitivfeldstärke Hc_0 von getemperten unverformten Schichten
M: Maximalkoerzitivfeldstärke $\hat{Hc}$ von getemperten verformten Schichten
(Tempertemperatur:
△ ungetempert,
○ 200 °C,
● 300 °C,
▲ 420 °C; Temperzeit 90 min)

Dehnungsanisotropie erzeugten Koerzitivfeldstärke, wenn Meßergebnisse an „ordentlichen" Schichten hierzu verwendet werden. In diesem Fall stellt nämlich infolge $H_c \sim \bar{\varepsilon}_{a_{\text{elast}}}$ die mittlere elastische Dehnung ein gutes Maß für die Größe der Dehnungsanisotropie dar. Die durch Dehnungsanisotropie erzielte Zunahme ΔH_c der Koerzitivfeldstärke wurde bei der Kurve R (Ergebnisse aus röntgenographischen Messungen) auf eine elastische Dehnung bezogen, die der an dünnen Schichten ($D < 10^3$ Å) gemessenen ungefähr entspricht. Die Meßwerte der Anfangssteigungen wurden in Koerzitivfeldstärkedifferenzen umgerechnet (Kurve A1 bzw. A2). Eine Reduktion der „ordentlichen" Meßwerte auf eine andere Dehnung als angegeben entspricht in der gewählten doppelt-logarithmischen Darstellung lediglich einer Parallelverschiebung der reduzierten Kurven nach oben oder unten. Nicht reduzierte Meßergebnisse verbinden in Fig. 7 die gestrichelten Kurven U, G und M.

Ein grober Vergleich zwischen Theorie und Experiment ergibt:

a) Von den reduzierten Meßergebnissen in Fig. 7 zeigt die Kurve R die beste Übereinstimmung (Konstanz für $D < 10^3$ Å, Absinken für $D > 10^3$ Å; vgl. [1], Fig. 11). Bei den Kurven A1 und A2 findet man nur bei größeren Schichtdicken als 10^3 Å den erwarteten Verlauf. Nicht zu verstehen ist zunächst, daß für $D < 10^3$ Å diese „reduzierte" Koerzitivfeldstärke mit kleiner werdendem D abnimmt.

b) Bei den nicht reduzierten Meßergebnissen kann sich laut [1] der Streufeldterm der Wandenergie auf die Koerzitivfeldstärke auswirken, vor allem bei den nicht oder schwach verformten Schichten in dem Gebiet um die kritische Schichtdicke für den Übergang Blochwand-Néelwand (vgl. [1], Fig. 9). Entsprechend wäre der „Buckel "bzw. das schwache Nebenmaximum von H_{c_0} (Kurven G und U in Fig. 7) bei $D \approx 10^3$ Å zu deuten. Nicht ohne weiteres zu verstehen ist jedoch die weitere Zunahme von H_{c_0} mit abnehmender Schichtdicke. Diese Zunahme steht außerdem im Widerspruch zu den bei den reduzierten Kurven für $D < 10^3$ Å gefundenen Ergebnissen (Konstanz bzw. Abnahme von ΔH_c).

c) Bei der nicht reduzierten Maximalkoerzitivfeldstärke $\hat{H}_c$ (Kurve M) ist ein „Buckel" bzw. Nebenmaximum bei $D \approx 10^3$ Å nicht zu erkennen. Das widerspricht nicht der Theorie; denn bei großen elastischen Dehnungen (großen Anisotropiekonstanten) verschwindet der Einfluß des Streufeldterms der Wandenergie.

d) Bei kleineren Schichtdicken als 10^2 Å tritt ein zusätzlicher Effekt auf, der bei allen Meßkurven zu einer Erniedrigung der Koerzitivfeldstärke führt und dadurch das Absolutmaximum der nicht reduzierten Kurven $H_{c_0} = f(D)$ und $\hat{H}_c = f(D)$ in Fig. 5 bzw. Fig. 7 verursacht. Die Gründe hierfür sind bereits an anderer Stelle diskutiert [5, 19]. Sie haben mit unserer Theorie nichts zu tun. Den Schichtdickenbereich $D < 10^2$ Å schließen wir daher aus der weiteren Betrachtung aus.

Der obige Vergleich zeigt, daß viele Ergebnisse in Fig. 7 unsere theoretischen Vorstellungen stützen. Einzelheiten, besonders die unter a) genannten, werden im folgenden ausführlich diskutiert.

Im Schichtdickenbereich 10^3 Å $< D < 10^5$ Å besteht zwischen den einzelnen Meßergebnissen kein Widerspruch. Bei allen drei reduzierten Kurven nimmt ΔH_c ungefähr im selben Maße zu bzw. ab. Diese Schichtdickenabhängigkeit wird laut [1] durch Dickeninhomogenitäten vom Typ $\Delta D = \text{const}$ und durch eine D-Abhängigkeit des Polykristallfaktors s verursacht. In diesem Schichtdickenbereich überlagern sich bei den getemperten Schichten außerdem H_{c_0} und die durch Dehnungsanisotropie erzeugte Koerzitivfeldstärke additiv (Anfangssteigung $\approx$ Normalsteigung laut Fig. 7). Das weist darauf hin, daß für $D > 10^3$ Å die Koerzitivfeldstärke der getemperten unverformten Schichten vornehmlich durch Dickeninhomogenitäten an den Korngrenzen (ΔD-Mechanismus) bestimmt wird. Die Koerzitivfeldstärke der nicht getemperten unverformten Schichten wird nach 4.2 für $D > 600$ Å durch Eigenspannungen verursacht.

Im Schichtdickenbereich 10^2 Å $< D < 10^3$ Å gibt es Widersprüche zwischen den einzelnen Kurven. Im Einklang mit der Theorie steht nur die Konstanz von ΔH_c bei der Kurve R. Diese Konstanz ergab sich theoretisch auf Grund der Tatsache, daß bei kleineren Schichtdicken als die mittlere Kristallitgröße Schichtdickeninhomogenitäten vom Typ $\Delta D/\bar{D} =$ const die wahrscheinlicheren sind. Die in der Kurve R sich offenbarende Kristallitgröße $\bar{l} \approx 10^3$ Å entspricht derjenigen, die in den nicht rekristallisierten Schichten ($T_T \leqq 350$ °C) tatsächlich vorliegt (siehe 2.1). Die Kristallitgröße stimmt in diesen Schichten zufälligerweise mit der bei den H_{c_0}-Messungen sich offenbarenden kritischen Schichtdicke für den Übergang Blochwand–Néelwand überein. Die Widersprüche zwischen den einzelnen Kurven lösen sich, wenn man annimmt, daß die Koerzitivfeldstärke der unverformten dünnen Schichten durch irgendeinen Mechanismus X bestimmt wird, der mit unserem (ΔC- und ΔD-Wandhemmungen an den Korngrenzen) nicht korrespondiert. Den H_{c_0}-Messungen nach gewinnt der Mechanismus X mit abnehmender Schichtdicke immer mehr an Bedeutung (Zunahme von H_{c_0} anstelle einer Abnahme, die sich ergeben müßte, wenn H_{c_0} auch für $D < 10^3$ Å durch den ΔD-Mechanismus bestimmt wird). Die zunehmende Bedeutung von X hat dann mit kleiner werdendem D eine stetige Abnahme der Anfangssteigung zur Folge, wie es Fig. 7 auch zeigt. Diese Anfangssteigungsmeßergebnisse können daher im strengen Sinn nicht mehr zu den ordentlichen gerechnet werden, obwohl sie nach den in Abhängigkeit von T_T durchgeführten Untersuchungen noch als solche bezeichnet werden konnten. Bei großen Verformungsgraden kommt dann wieder unser Mechanismus zum Tragen (Kurve R). Der Mechanismus X interessiert hier nicht weiter, da er mit dem Modell der Dehnungsanisotropie nichts zu tun hat. (Eigenspannungen als Ursache hierfür scheiden nach Abschnitt 3.1 und 4.2 aus.)

Das Modell der Dehnungsanisotropie gibt für eine Spannung von $\sigma_a = -2 \cdot 10^{10}\,\mathrm{dyn} \cdot \mathrm{cm}^{-2}$, d. h. für eine mittlere elastische Dehnung von $\bar{\varepsilon}_{a_{\mathrm{elast}}} = -10^{-2}$, die Wandverschiebungsfeldstärke [1]

$$\Delta H_W\Big|_{\bar{\varepsilon}_{a_{\mathrm{elast}}} = -10^{-2}} \approx s \cdot \left(650 + 2100\,\frac{\Delta D}{\bar{D}}\right) \mathrm{Oe} \qquad \text{(Theorie)}. \tag{6}$$

Experimentell finden wir an dicken bzw. an dünnen Schichten die Werte

$$\Delta H_c\Big|_{\substack{\bar{\varepsilon}_{a_{\mathrm{elast}}} = -10^{-2}\\ D \approx 10^5\,\text{Å}}} \approx 500\ \mathrm{Oe} \qquad \text{(aus Anfangssteigungsmessungen)} \tag{7}$$

bzw.

$$\Delta H_c\Big|_{\substack{\bar{\varepsilon}_{a_{\mathrm{elast}}} = -10^{-2}\\ D \lesssim 10^3\,\text{Å}}} \approx 1200\ \mathrm{Oe} \qquad \text{(aus röntgenographischen Messungen)}. \tag{8}$$

Für große Schichtdicken ($\Delta D/\bar{D} \to 0$) erhält man aus (6) und (7) den Polykristallfaktor $s \approx 0{,}75$. Dieser Wert erscheint uns erstaunlich hoch, weil dicke

Schichten aus mehreren Lagen übereinanderliegender Kristallite bestehen und selbst bei Schichten mit einer Lage nur s-Werte um 0,5 zu erwarten sind [1]. Zur experimentellen Bestimmung des Polykristallfaktors bei solchen Schichten fehlt aber die genaue Kenntnis von ΔD. Um zu prüfen, inwieweit (8) mit (6) im Einklang steht, geben wir daher s vor und bestimmen versuchsweise die dann sich ergebenden Werte $\Delta D/\bar{D}$. Mit den s-Faktoren 0,5, 0,75 und 0,95 z. B. erhält man aus (8) und (6) für $\Delta \bar{D}/D$ die Werte 0,85, 0,45 und 0,3, die Schichtdickenschwankungen von rund 40, 20 bzw. 15% um die mittlere Schichtdicke entsprechen. Von diesen ΔD-Werten erscheinen uns die beiden letzteren als die vernünftigsten. Sie sind aber wieder gekoppelt mit hohen s-Werten $(0{,}75 \lesssim s < 1)$. Dieses Ergebnis steht zwar mit dem bei dicken Schichten gefundenen im Einklang, differiert aber gegenüber dem theoretisch erwarteten $(s \approx 0{,}5)$.

Die gefundenen s-Faktoren (bzw. Absolutgrößen von ΔH_c) können nicht als entscheidendes Argument für oder gegen das vorgeschlagene Modell gewertet werden, weil die zur Berechnung von (6) benutzten Literaturwerte für die Einkristallkonstanten λ_{111} und λ_{100} der longitudinalen Sättigungsmagnetostriktion [20], für den E-Modul [21], für die Wandenergie und die Wandbreite [22] zu unsicher sind. Direkte Meßergebnisse dieser Größen an dünnen Elektrolytnickelschichten liegen bisher noch nicht vor. Auf Grund der in der Theorie gemachten Näherungsannahmen wäre eine bessere als nur größenordnungsmäßige Übereinstimmung zwischen den theoretischen und experimentellen Werten von s bzw. ΔH_c Zufall gewesen.

Bei der Meßkurve $\hat{H}_c = f(D)$ in Fig. 7 ist eine Schichtdickenabhängigkeit der in der Schicht jeweils maximal möglichen Spannung bzw. elastischen Dehnung mitenthalten. Da $\bar{\varepsilon}_{a_{\text{elast}}}$ mit abnehmender Schichtdicke stark zunimmt, zeigt somit auch $\hat{H}_c$ eine starke Abhängigkeit von D. Bei kleineren Schichtdicken als 10^3 Å lassen sich unsere Schichten um mehr als 1% elastisch verformen. Den bei diesen Schichtdicken gemessenen Dehnungen entsprechen Spannungen von 200 bis 300 kp · mm^{-2}. Auf dieses ungewöhnliche mechanische Verhalten dünner Schichten deuten bereits viele Meßergebnisse hin [23 bis 26]. Die in dünnen Schichten möglichen hohen elastischen Dehnungen begünstigten die Durchführung der vorliegenden Untersuchungen sehr.

5. Schlußfolgerungen

Die durchgeführten experimentellen Untersuchungen legen den Schluß nahe, daß die Ummagnetisierung der verformten, einachsig anisotropen Elektrolytnickelschichten durch Wandverschiebungen erfolgt, sowohl im Blochwand- als auch im Néelwandgebiet. Dafür sprechen die größenordnungsmäßige Übereinstimmung der gemessenen Koerzitivfeldstärke mit der mittels des Modells der Dehnungsanisotropie ausgerechneten Wandverschiebungsfeldstärke, die vernünftige Erklärung der Schichtdickenabhängigkeit der (auf eine konstante Anisotropiegröße) reduzierten Koerzitivfeldstärke durch den Einfluß von Dickenschwankungen und die plausible Deutung der gefundenen Abhängigkeiten der Koerzitivfeldstärke von der mittleren elastischen Dehnung.

Das Modell der Dehnungsanisotropie erklärt die gefundenen H_c-Abhängigkeiten widerspruchsfrei. Nach diesem Modell behindern Unterschiede der Anisotropiekonstanten C an den Korngrenzen die Verschiebung der Wände in den stark elastisch verformten dünnen Schichten (ΔC-Mechanismus). Dieser Mechanismus basiert auf der Orientierungsabhängigkeit der elastischen und magnetoelastischen Dehnungen in den regellos orientierten Kristalliten des Vielkristallverbandes.

Schichtdickenschwankungen an den Korngrenzen hemmen eine Wandbewegung auf die gleiche Art und Weise wie die C-Inhomogenitäten. Daher äußern sich diese Dickenunterschiede (ΔD-Mechanismus) auch bei der durch Dehnungsanisotropie erzeugten Koerzitivfeldstärke. Die Messungen der Koerzitivfeldstärke an den verformten Schichten lassen den ΔD-Mechanismus und damit den Typ der vorliegenden Dickenschwankungen klar erkennen (strukturbedingte, zufällige Parameter sind eliminiert). Danach sind in den dünnen Schichten ($D \lesssim 10^3$ Å $\approx$ Kristallitgröße) Dickenunterschiede vom Typ $\Delta D/\bar{D}$ = const vorhanden, die mit größer werdender Schichtdicke dann allmählich in solche vom Typ ΔD = const übergehen.

Die Messungen der Dehnungsabhängigkeit von H_c gestatten auch Rückschlüsse über die Koerzitivfeldstärke H_{c_0} der unverformten Schichten. Danach wird H_{c_0} bei großen Schichtdicken ($D > 600$ bzw. 10^3 Å) bei den ungetemperten Proben durch Eigenspannungen und bei den getemperten Proben durch den ΔD-Mechanismus bestimmt. Die Koerzitivfeldstärke der unverformten dünnen Schichten ($D < 600$ bzw. 10^3 Å) wird sowohl bei den ungetemperten als auch bei den getemperten Proben durch irgendeinen (hier nicht näher untersuchten) Mechanismus hervorgerufen, der mit dem ΔC- bzw. ΔD-Mechanismus nicht korrespondiert.

Herrn Prof. Dr. M. Steenbeck und Herrn Dr. W. Andrä habe ich für wertvolle Ratschläge besonders zu danken. Herrn Dr. H. Gengnagel bin ich für fördernde Diskussionen zu Dank verpflichtet. Frau Ch. Spinarke danke ich für ihre Hilfe bei der Durchführung und Auswertung der zahlreichen Messungen.

Literatur

[1] W. Ruske, phys. stat. sol., **6**, 893 (1964).
[2] H. Fischer, Elektrolytische Abscheidung und Elektrokristallisation von Metallen, Springer-Verlag, Berlin-Göttingen-Heidelberg 1954 (S. 422ff).
[3] L. Reimer, Z. Metallk. **47**, 631 (1956).
[4] L. Reimer, Z. Metallk. **48**, 390 (1957).
[5] W. Ruske, Ann. Phys. (Germany) **2**, 274 (1958).
[6] W. Ruske, Dissertation, Jena 1963.
[7] W. Ruske, Monatsber. Deutsch. Akad. Wiss. **2**, 161 (1960).
[8] W. Ruske, Ann. Phys. (Germany) **3**, 323 (1959).
[9] E. Macherauch und P. Müller, Z. angew. Phys. **13**, 305 (1961).
[10] D. Kuhlmann, G. Masing und J. Raffelsieper, Z. Metallk. **40**, 241 (1949).
[11] W. Voigt, Lehrbuch der Kristallphysik, Teubnerverlag, Leipzig und Berlin 1910.
[12] A. Reuss, Z. angew. Math. Mech. **9**, 49 (1929).
[13] R. Glocker, Z. tech. Phys. **19**, 289 (1938).
[14] H. Möller und G. Martin, Mitt. KWI Eisenforschung **21**, 261 (1939).
[15] H. Neerfeld, Mitt. KWI Eisenforschung **24**, 61 (1942).
[16] E. Macherauch und P. Müller, Arch. Eisenhüttenwesen **29**, 257 (1959).
[17] K. Kolb und E. Macherauch, Z. Phys. **162**, 119 (1961).
[18] J. de Klert und M. J. P. Musgrave, Proc. Phys. Soc. **B 68**, 81 (1955).
[19] L. Valenta, phys. stat. sol. **2**, 112 (1962).
[20] R. M. Bozorth, Ferromagnetism, D. van Nostrand Company, New York 1951 (S.595ff).
[21] J. D'Ans und E. Lax, Taschenbuch für Physiker und Chemiker, Springer-Verlag, Berlin-Göttingen-Heidelberg 1959.

[22] H. D. DIETZE und H. THOMAS, Z. Phys. **163**, 523 (1961).
[23] J. W. MENTER und D. W. PASHLEY, Structure and Properties of Thin Films, John Wiley & Sons, New York 1959 (S. 111).
[24] J. W. BEAMS, Structure and Properties of Thin Films, John Wiley & Sons, New York 1959 (S. 183).
[25] J. F. FREEDMANN, J. appl. Phys. **33**, 1148 (1962).
[26] W. ANDRÄ, J. Phys. Soc. Japan, Suppl. **B I**, 585 (1962).

(Received August 3, 1964)

phys. stat. sol. 7, 293 (1964)

Laboratoire d'Electrostatique et de Physique du Métal, B. P. n° 319, Grenoble

Reptation des cycles d'hystérésis dissymétriques dont un des champs limites est négatif

Par

N. van Dang

L'étude du déplacement des cycles dans le cas le plus général ou $H_A > 0$ et $H_B < 0$ (avec $H_A \neq |H_B|$) montre que la loi de Néel en fonction de n est bien vérifiée pour les matériaux ordinaires. Mais il apparait également de nombreuses anomalies dues à la présence d'une pointe négative de champ.

Experimental data on "magnetic creep" in the most general case with $H_A > 0$ and $H_B < 0$, are in good agreement with Néel's theory. However, there are some anomalous effects in connection with the presence of a negative peak in the applied field, and the "cerep" observed is more important than in the usual case with $H_B = 0$.

1. Introduction

Les différents aspects expérimentaux du phénomène de reptation dans les cycles d'hysérésis ont été étudié par de nombreux auteurs [1 à 9], et ce phénomène n'est pas passé inaperçu à côté des applications techniques.

Ainsi, d'après un travail de Rosnitski [10] sur la reptation dans les mémoires magnétiques à matrices des machines à calculer, il apparaît que les cycles dissymétriques dont une limite de champ est positive ($H_A>0$), et l'autre négative ($H_B<0$); avec $H_A \neq |H_B|$, présentent une reptation importante dont la technique doit bien tenir compte, surtout dans les applications de l'automatisme. Dans un travail général sur les phénomènes de reptation et de bascule [1] dans les cycles d'hystérésis, nous avons également passé en revue tous les cas possibles de la reptation. Et de tels cycles ont été également examinés.

Nous allons maintenant détailler davantage les résultats que nous avons obtenus pour montrer les anomalies importantes qui apparaissent pendant la reptation de tels cycles, dont les deux limites extrêmes de champ sont de signes opposés.

Les résultats de Rosnitski concernent plutôt des matériaux très particuliers: il s'agit des ferrites à cycles rectangulaires utilisés dans les matrices de mémoires magnétiques, et l'auteur a trouvé des écarts à la théorie de Néel [11]. Ces écarts seraient, d'après Rosnitski, dus aux approximations linéaires de la courbe d'aimantation qui ont été faites par Néel dans sa théorie. Il serait intéressant de reprendre le problème expérimental à partir des matériaux plus courants et dont la reptation ordinaire a été déjà étudiée dans les cas les plus simples.

2. Résultats expérimentaux et discussions

1.

Nous avons étudié cette reptation dans le cas plus général sur un échantillon d'acier sous forme de fil ($H_c = 16{,}2$ Oe). Les Fig. 1a, b, c, d, e donnent l'allure des cycles simplifiés décrits entre $+H_A$ et $-H_B$ dans les cas suivants où l'état initial est défini par une désaimantation dans un champ alternatif décroissant.

Dans les cas a et b la bascule négative se manifeste très nettement. Les flèches représentées à côté des extrèmités A_n et B_n des Fig. 1a à e indiquent le sens de

	H_A	H_B
a	$+H_c$	$-0{,}85\ H_c$
b	$+1{,}20$	$-0{,}85\ H_c$
c	$+H_c$	$-0{,}50\ H_c$
d	$+H_c$	$-0{,}80\ H_c$
e	$+0{,}80 H_c$	$-H_c$

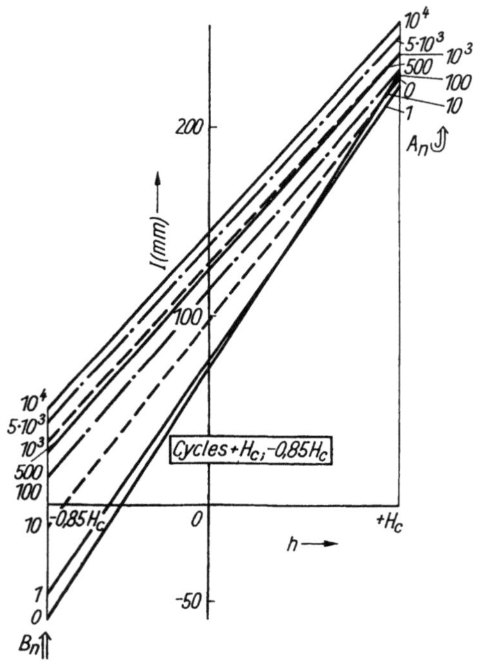

a

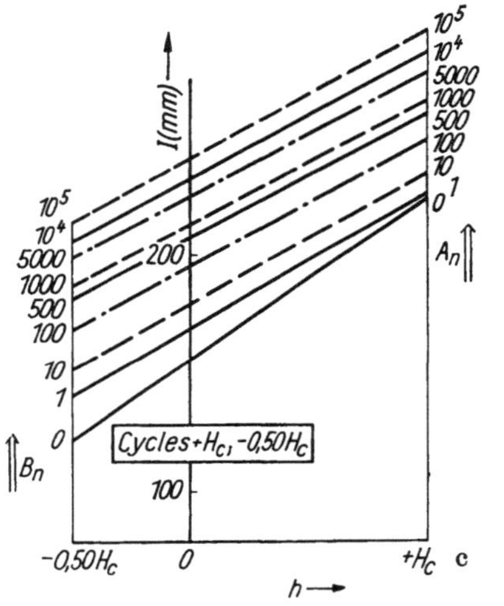

c

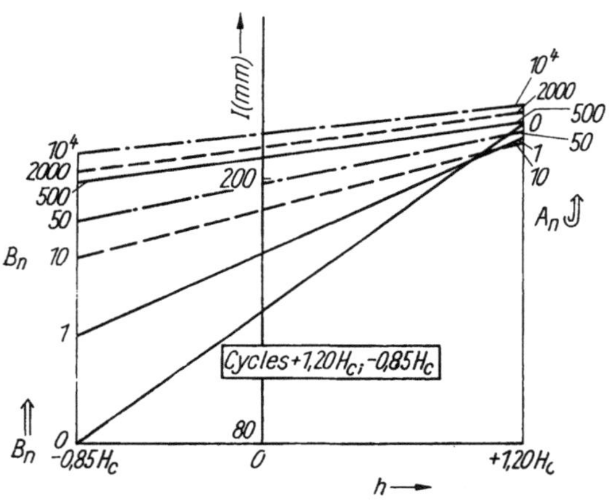

b

Fig. 1. Reptation des cycles ($+H_A$; $-H_B$) d'un fil d'acier ($H_c = 16{,}2$ Oe) après désaimantation par un champ alternatif décroissant.

a) $+H_c$; $-0{,}85\ H_c$,
b) $+1{,}20\ H_c$; $-0{,}85\ H_c$,
c) $+H_c$; $-0{,}50\ H_c$

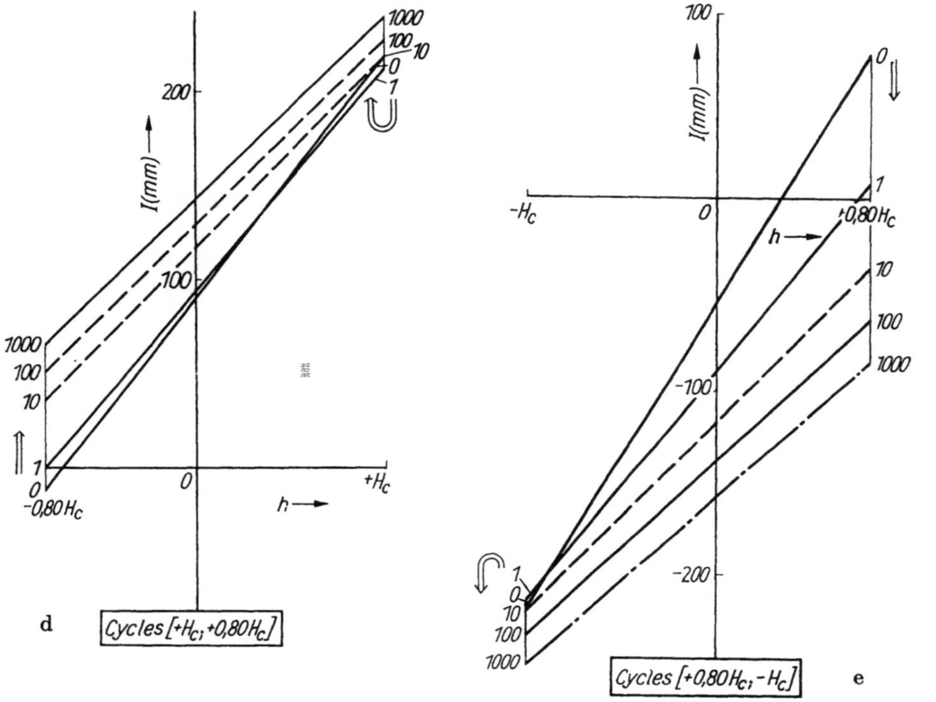

Fig. 1. d) $+H_c$; $-0{,}80\ H_c$, e) $+0{,}80\ Hc$; $-H_c$. Les aimantations sont indiquées avec la même unité arbitraire

déplacement des cycles décrits. L'extrémité supérieure A commence par descendre (Fig. 1a et 1b) pour remonter après quelques cycles, alors que l'extrémité B monte normalement. L'inversion de sens dans le déplacement des cycles se produit toujours du côté de l'extrémité soumise au champ ayant la plus grande valeur absolue. La superposition de la bascule négative à la reptation dans les différents cas donne des termes de reptation très différents pour les deux extrémités A et B du cycle.

Ce mouvement résultant des deux effets, a été très bien illustré par SZABO et GENGNAGEL [3] sur un monocristal de Fe—Al dans le cas particuliers des cycles partiels décrits entre $-H_A$ et zéro après la saturation de l'échantillon dans le sens positif.

On pourrait concevoir un cas intermédiaire où le premier effet de bascule négative serait égal et de signe opposé à la reptation du premier cycle: on aurait alors une immobilité apparente de l'extrémité A pour les premiers cycles. Nous avons effectivement observé ceci pour des cycles tels que $H_A = + H_c$ et $H_B = = - 0{,}418\ H_c$.

Dans les cas d et e, les cycles $(+H_c;\ 0{,}80\ H_c)$ et $(+0{,}80\ H_c;\ -H_c)$ sont très différents, bien que aux signes près les valeurs des champs limites soient les mêmes. Il y a ici aucune symétrie possible entre ces deux types de cycles; d'ailleurs les susceptibilités composées S_{AB} et S_{BA} [11] définies par NÉEL, et qui font intervenir en même temps les extrémités A et B des cycles partiels, sont très différentes d'un cas à l'autre.

Enfin la reptation se produit toujours (après que l'effet de bascule des premiers cycles se soit effacé) dans le sens de l'aimantation de l'extrémité correspondant au champ qui a la plus grande valeur absolue (cas a, b, c, d, e, vers les aimantations croissantes, cas e vers les aimantations décroissantes).

2.

La Fig. 2 donne les courbes classiques de R_n^B (terme de reptation de l'extrémité inférieure B) en fonction des x_n qui sont les valeurs théoriques de la reptation pour différentes valeurs du nombre n des cycles dissymétriques décrits. Les x_n ont été calculés par Néel [11] et varient comme $\sqrt{\log n}$ pour $n \geqq 20$. Pour différentes valeurs de H_A et H_B, nous avons un réseau de courbes qui présentent une partie rectiligne pour $n > 20$. Alors que d'après les résultats de Rosnitski sur les ferrites à cycles rectangulaires [10], la plupart de ses courbes sont loin d'être rectilignes dans la même représentation. Il est possible que dans les mesures de Rosnitski qui sont du type dynamique (les impulsions de champs appliquées sont très brèves et répétées rapidement), la reptation doit être très perturbée par des phénomènes parasites dus soit au traînage, soit aux réponses transitoires des ferrites en régime impulsionnel. Alors que nos mesures sont plutôt du type statique, ce qui nous permet de nous affranchir de toutes ces perturbations gênantes.

3.

En fixant n ($n = 10^3$) et H_A (champ limite positif) dans une même série d'expériences, faisons maintenant varier H_B la Fig. 3 donne la variation de R_n^B en fonction du champ réduit H_B/H_c (H_c champ coercitif de l'échantillon).

Nous avons plutôt porté $R_{1000}^B - R_{10}^B$ au lieu de R_{1000}^B, afin d'éliminer les effets dus aux phénomènes de bascule qui apparaîssent au cours des tout premiers

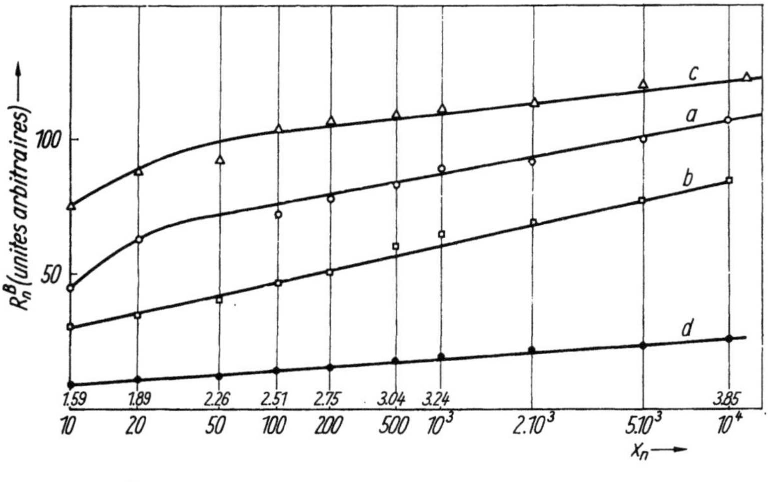

Fig. 2. Variations de R_n^B, reptation de l'extrémité B du cycle dissymétrique en fonction de x_n ($x_n \sim \sqrt{\log n}$ pour $n > 20$). (aimantations en unités arbitraires)

a) $+H_c$; $-0{,}85\ H_c$,
b) $+H_c$; $-0{,}50\ H_c$,
c) $+1{,}20\ H_c$; $0.85\ H_c$,
d) $+0{,}80\ H_c$; $-0{,}60\ H_c$

Fig. 3. Variations de R_n^B en fonction de $|H_B/H_c|$ pour différentes valeurs de H_A avec $N = 1000$ (aimantations en unités arbitraires). On a porté en ordonnées $R_{1000}^B - R_{10}^B$ pour avoir uniquement les effets de la reptation pure 1: $H_A = 0$; 2: $H_A = 0{,}80\ H_c$; 3: $H_A = H_c$; 4: $H_A = 1{,}20\ H_c$

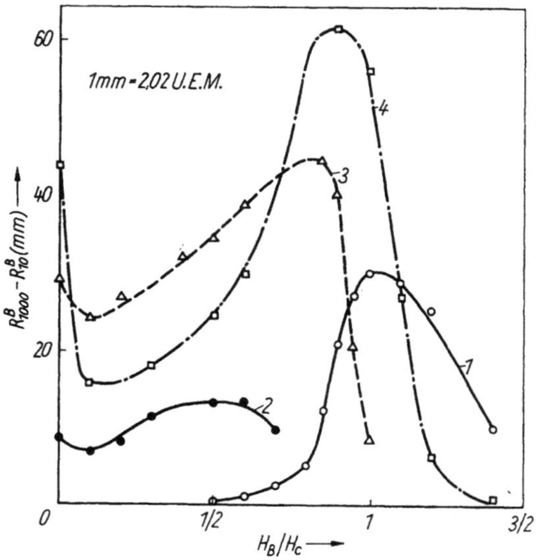

cycles. La courbe présente d'abord un minimum pour $H_B \simeq 0{,}10$ à $0{,}20\ H_c$, croît ensuite, passe par un maximum puis décroît. Lorsque le paramètre H_A varie, on a un réseau de courbes d'allure analogue et dont les maxima dépendent de la valeur H_B. Pour des valeurs suffisamment grandes de H_A la décroissance est très rapide, car pour $H_A = |H_B|$ on se rapproche du cycle symétrique qui ne doit pas présenter de reptation. Mais pour $H_A = |H_B|$ on observe quand même une valeur finie de R_n^B qui est due à la contribution de la bascule positive se manifestant dans les cycles symétriques.

En faisant ensuite varier le paramètre H_A, on a un réseau de courbes ayant la même allure et dont les maxima dépendent de H_A. La courbe d correspondant à $H_A = 0$ est relative à des cycles partiels décrits entre $-H_B$ et zéro (ou $+H_B$ et zéro) à partir de l'état désaimanté, elle permet la comparaison avec les autres cas des cycles $(+H_A;\ -H_B)$.

4.

La présence d'un minimum sur les courbes a, b, et c est difficile à interpréter si ce n'est l'effet de la bascule négative, qui doit être très importante. Une étude détaillée de la bascule positive et négative des cycles $(+H_A,\ -H_B)$ serait nécessaire pour pouvoir mieux nous renseigner sur ce minimum. La mesure des susceptibilités comparées S_{AB} et S_{BA} qui interviennent dans la reptation selon Néel [11] montre que les courbes des susceptibilités en fonction de l'amplitude de aissymétrie de champ n'ont pas la même allure que celles des termes de reptation R_n^B ou R_n^A. Dans un travail antérieur [1] nous avons montré que pour des cycles $(+H_A;\ -H_B)$, S_{AB} et S_{BA} varient peu entre $H_B = 0$ et $H_B - 0{,}70\ H_c$ pour la même valeur de $H_A = +H_c$ et ceci pour un acier au carbone. Ensuite ces susceptibilités décroîssent rapidement et tendent vers zéro lorsqu'on se rapproche du cycle symétrique $(+H_A,\ -H_B = -H_A)$ qui ne doit pas présenter de reptation.

3. Conclusion

Cette étude de la reptation dans le cas le plus général des cycles dissymétriques ayant une limite négative de champ confirme encore une fois de plus les prévisions théoriques de NÉEL, d'une part sur la loi de variation en fonction de n, et d'autre part sur la superposition des phénomènes de bascule et de reptation.

A l'échelle des domaines élémentaires, les éléments qui contribuent au champ de couplage entre les domaines, dont la partie aléatoire donne naissance au champ de reptation, sont en plus grand nombre dans le cas général des cycles $(+H_A, -H_B)$, que dans le cas des cycles partiels décrits entre zéro et H_A; et les redistributions statistiques doivent être également favorisées davantage par l'application de l'alternance négative de champ $-H_B$ à chaque cycle décrit, suivant un processus qui nous échappe encore. Nous pouvons par exemple supposer que l'effet de $-H_B$ est à l'origine de la création d'une nouvelle texture magnétique avec des germes d'aimantation inverse qui apparaissent selon un mécanisme décrit par SŬR [13] et ABEL's [14]: lorsqu'on diminue le champ à partir de $+H_A$, certains domaines secondaires et des sous-domaines secondaires s'étendent et se transforment en domaines principaux inverses (dont l'aimantation est orientée en sens inverse), ce processus va en s'amplifiant lorsqu'on passe au champ $-H_B$; les germes d'aimantation qui sont constitués par certains domaines secondaires donnent naissance à de nouveaux domaines principaux inverses, d'où un champ de couplage plus important entre les domaines et macroscopiquement nous devons observer une reptation plus grande que dans le cas des cycles partiels décrits entre zéro et $+H_A$.

Bibliographie

[1] N. VAN DANG, Thèse Doctorat ès Sciences, Grenoble, 14 Janvier 1961.
[2] V. HAJKO et J. D. SZABO, Czech. J. Phys. **B 10**, 294 (1960).
[3] J. D. SZABO et H. GENGNAGEL, phys. stat. sol. **1**, 512 (1961).
[4] V. HAJKO, J. D. SZABO et KAVECANSKY, Czech. J. Phys. **B 12**, 867 (1962).
[5] H. GENGNAGEL, V. HAJKO et J. D. SZABO, Czech. J. Phys. **B 12**, 714 (1962).
[6] V. HAJKO, Czech. J. Phys. **B 14**, 203 (1964).
[7] A. A. BRAUDE, Fiz. Metallov. i Metallovedenie **13**, 6, 832, (1962).
[8] Y. ANGEL, Acta electronica **7**, n° 1 et 2 (1964).
[9] G. BUTTINO, A. CECHETTI et A. DRIGO, Nuovo Cimento **24**, 324 (1961).
[10] O. V. ROSNITSKI, C. R. Acad. Sci. URSS, série physique, n° 12, 1507 (1961).
[11] L. NÉEL, C. R. Acad. Sci. (France) **244**, 2441, 2668 (1957).
[12] L. NÉEL, J. Phys. Radium **20**, 215 (1959).
[13] JA. S. SŬR, J. Phys. Radium **20**, 49 (1959).
[14] JA. S. SŬR, et V. R. ABEL's, Dokl. Akad. Nauk SSSR **105**, 469 (1955).

(Received August 5, 1964)

phys. stat. sol. 7, 299 (1964)

Max-Planck-Institut für Metallforschung, Stuttgart, und Institut für theoretische und angewandte Physik der Technischen Hochschule Stuttgart

Defektverteilung in Verlagerungskaskaden

II. Berücksichtigung von Gittereffekten

Von

R. v. JAN

In Fortsetzung einer früheren Arbeit [1] wird eine Methode angegeben, Stoßketten in der Kaskadentheorie zu berücksichtigen, und gezeigt, daß die theoretische Erzeugungsrate an Stoßketten (d. i. das Verhältnis aus der Zahl der Stoßketten und der Defektzahl) nicht von der Primärenergie einer Kaskade abhängt. Für die Defektverteilung sind besonders Ersetzungsstoßketten von Bedeutung, die die Trennung der Defektarten verstärken.

Eine Abschätzung der Erzeugungsrate von dynamischen Crowdionen in Kupfer, Silber und Gold stützt quantitativ das Seegersche Modell der „verrdünnten Zonen".

Continuing along the lines of a previous paper [1], a method is proposed to account for collision chains in the cascade theory. It is shown that the theoretical production rate of collision chains (i.e. the ratio of the number of collision chains to the defect number) does not depend on the primary energy of the cascade. The defect distribution is particularly affected by replacement collision chains. These chains increase the separation between vacancy and interstitial type defects. An estimate of the production rate of dynamic crowdions in Cu, Ag, and Cu affords quantitative support for Seeger's model of "depleted zones".

6. Grundlegende Vorstellungen über die Gittereffekte

Der Einfluß der Gitterstruktur auf die Defektverteilung einer Verlagerungskaskade wird, wie in Kapitel 1 [1] erwähnt,im wesentlichen durch korrelierte Stoßfolgen ausgeübt, da der Kanaleffekt aus zwei Gründen ein relativ seltenes Ereignis ist. Erstens müssen bei ihm Ausgangsort und -richtung eines Atoms nach einem Stoß günstig ausfallen, während bei der Stoßfolge der Ausgangsort durch die Gitterlage der „neuen" Atome immer günstig liegt und nur die Richtung an eine Bedingung gebunden ist. Zweitens stehen für den nur bei hohen Energien eintretenden Kanaleffekt wesentlich weniger Kaskadenatome zur Verfügung als für Stoßfolgen, die nur bei niedrigen Energien möglich sind. Durch den Kanaleffekt werden daher lediglich einige hochenergetische Atome der Kaskade entzogen und die Defektzahl entsprechend herabgesetzt (vgl. [2]).

Zur Entstehung einer Stoßfolge muß die Flugrichtung eines neuen Atoms einen genügend kleinen Winkel ϑ mit einer niedrig indizierten Gittergeraden bilden, so daß eine Fortpflanzung des Stoßes in der linearen Atomkette möglich ist. Entscheidend für den Stoßverlauf sind folgende Eigenschaften:

α_1) *Fokussierung*: Nimmt der Winkel ϑ längs der Atomkette ab, so sagt man, die Stoßfolge werde in die Gittergerade fokussiert. Die Ursachen dieses Effektes sind erstens die „Selbstfokussierung" der Reihe, wenn der energieabhängige effektive Stoßdurchmesser größer ist als der halbe Atomabstand [3 bis 5], und zweitens eine „Fremdfokussierung" durch die linsenähnliche Wirkung der symmetrisch angeordneten Nachbaratome [6, 7]. Fokussierung kann nur unterhalb einer Grenzenergie ε_F erfolgen und dort nur in einem Winkelbereich $\Omega_F(\varepsilon)$ um die betreffende Gittergerade.

α_2) *Defokussierung*: Wächst ϑ im Laufe der Stoßfolge an (defokussierte Folge), so wird die Korrelation der Stoßparameter nach einer bestimmten Laufstrecke aufhören und in statistisches Verhalten umschlagen. Defokussierte Stoßfolgen mit wesentlicher Korrelation (d. h. mit einer vorgegebenen Mindestreichweite) sind ebenfalls nur unterhalb einer Grenzenergie ε_k möglich; sie treten auf für $\varepsilon < \varepsilon_F$ in einem Winkelbereich $\Omega'_D(\varepsilon)$ außerhalb $\Omega_F(\varepsilon)$ und für $\varepsilon_F \leqq \varepsilon \leqq \varepsilon_k$ in einem Bereich $\Omega''_D(\varepsilon)$ um die Gittergerade.

β_1) *Energietransport*: Ist die Anfangsenergie gering, so kehren alle Atome an ihren Ausgangsort zurück, und in der Stoßfolge wird nur Energie transportiert. Defekte entstehen in diesem Fall keine, solange die Stoßfolge im ungestörten Kristall verläuft.

β_2) *Massen- und Energietransport*: Bei größerer Anfangsenergie besteht die Stoßfolge aus einer Folge von „Ersetzungsstößen" (replacement collisions), an deren Anfang eine Leerstelle zurückbleibt. Nach einer Laufstrecke λ_k der Stoßfolge wird das überschüssige Atom entweder (α_2) aus der Kette ausbrechen und eventuell weitere Verlagerungen erzeugen, oder aber (α_1) direkt als Zwischengitteratom (bzw. Crowdion) zur Ruhe kommen. Die Minimalenergie ε_z, die zur Erzeugung einer solchen Ersetzungsstoßkette aufgebracht werden muß, ist identisch mit der Schwellenenergie für eine Verlagerung in der betreffenden Richtung.

Die Kombination dieser Merkmale ermöglicht nun vier verschiedene Arten von Stoßfolgen mit den Eigenschaften $\alpha_1\beta_1$, $\alpha_2\beta_1$, $\alpha_1\beta_2$ und $\alpha_2\beta_2$, deren Bezeichnungen in der Literatur noch nicht einheitlich sind. Von den Stoßfolgen ohne Massentransport (β_1) kommt nur der fokussierten Art $\alpha_1\beta_1$ eine gewisse (indirekte) Bedeutung zu, da sie durch rasche und gerichtete Ableitung der Energie aus dem Kaskadengebiet einerseits die Rekombinationseffekte in der eigenen Kaskade verringern und andrerseits bei außerhalb liegenden Defekten zu Rekombinationen führen kann; für diese Stoßfolge wurde der zutreffende Name „Fokusson" vorgeschlagen. (Der Ausdruck „Fokussierungsstoß" wird i. a. ohne Rücksicht auf die Eigenschaft β angewandt.)

Besonders wichtig für Verlagerungskaskaden sind Stoßfolgen mit Massentransport (β_2). Während man ursprünglich deren fokussierten Ablauf für unmöglich hielt [3, 4], wurde von Seeger [8] die Möglichkeit zu fokussierten Ersetzungsstoßketten längs dichtest gepackter Gittergeraden (sog. dynamische Crowdionen) postuliert und später von Lehmann und Leibfried [5] theoretisch bestätigt. Inzwischen ist bekannt, daß Ersetzungsstoßketten auch in defokussierter Form beachtliche Strecken zurücklegen und längs nicht dichtest gepackter Richtungen auftreten [6, 9], so daß prinzipiell in der Kaskadentheorie alle Stoßfolgen $(\alpha_1 + \alpha_2)\,\beta_2$ berücksichtigt werden müssen; die dynamischen Crowdionen behalten aber insofern eine Sonderstellung, als sie wegen der schwachen Dämpfung durch die Nachbaratome die größte Reichweite besitzen.

7. Ersetzungsstoßketten in Verlagerungskaskaden[1])

7.1 Vereinfachende Annahmen

Um den Einfluß der Ersetzungsstoßketten auf die Defektverteilungen zu untersuchen, legen wir die Vorstellung zugrunde, daß auf einem Teil der Kaskadenbahnen wesentliche Korrelationen eintreten, die die Geometrie dieser Bahnen bzw.

[1]) Die folgenden Ausführungen gelten sinngemäß auch für Fokussonen. Einfachheitshalber wird angenommen, daß nur in *einer* kristallographischen Richtung Stoßketten auftreten.

die Orte der darauf liegenden Defekte verändern; bildet man jetzt die Mittelwerte ausschließlich über solche Bahnen, so erhält man Anzahl und Verteilung dieser Defekte, während für die restlichen Defekte nach wie vor die Verteilungen aus [1] gelten. Zunächst besprechen wir die hierzu notwendigen Vereinfachungen.

a) Die Energieverluste längs einer Stoßkette werden nur durch Verwendung einer endlichen Laufstrecke berücksichtigt, während die Energie der Atome längs der Kette konstant bleiben soll. (Die Annahme b) macht den dadurch bedingten Fehler wieder unschädlich.)

b) Die Verteilung der Leerstellen wird durch Stoßketten nicht verändert, d. h. nach Ablauf einer Ersetzungsstoßkette soll keine weitere Verlagerung erfolgen. Daraus folgt sofort die Bedingung, daß in einer Kaskadenbahn nur ein einziges Mal eine solche Stoßkette auftreten darf. Diese Annahme ist zwar nur bei fokussierten Stoßketten exakt richtig, bleibt aber auch bei Defokussierung gerechtfertigt, da die Energie am Ende einer Stoßkette i. a. nicht größer ist als die Schwellenenergie. Wir erreichen mit dieser Forderung, daß der unter a) verursachte Fehler auf den unwesentlichen statistischen Auslauf nach der Stoßkette abgewälzt wird (vgl. hierzu 7.2a).

c) Die Anisotropie des Korrelationseffekts wird nur in der Wahrscheinlichkeit für die Entstehung einer Stoßkette, nicht aber bei der Berechnung der räumlichen Verteilung der erzeugten Zwischengitteratome berücksichtigt.

7.2 Statistische Formulierung

Wir kommen nun zu der Frage, wie der Korrelationseffekt in die statistische Kaskadentheorie eingebaut werden kann, und diskutieren die drei Kernpunkte unseres Verfahrens.

a) Wenn ein Atom eine Ersetzungsstoßkette einleitet, so wird seine mittlere freie Weglänge $\lambda(\varepsilon)$ durch die mittlere Laufstrecke $\lambda_k(\varepsilon)$ der Stoßkette ersetzt und der weitere Kaskadenverlauf statistisch behandelt.

Die Begründung ist naheliegend: Bei den hier vorliegenden niedrigen Energien beträgt die freie Weglänge eines „normalen" Atoms im Zwischengitter etwa einen Atomabstand, vom Standpunkt der Endkonfiguration aus gesehen hat aber das durch eine Stoßkette erzeugte Zwischengitteratom eine wesentlich größere Strecke zurückgelegt, nämlich gerade λ_k. Zu beachten ist, daß damit die gesamte Stoßkette durch einen einzigen Stoß beschrieben wird und einer ganz bestimmten Stoßserie zugeteilt werden kann! Formal erhalten wir den Anschluß an die Kaskadentheorie durch Einführung einer Wahrscheinlichkeitsverteilung $q_k(\varepsilon; l)$ für die Laufstrecke l einer Ersetzungsstoßkette, die aus deren Abhängigkeit von der Anfangsrichtung resultiert. Der Mittelwert

$$\lambda_k(\varepsilon) = \int l\, q_k(\varepsilon; l)\, dl \tag{7.1}$$

ist dann identisch mit der über alle möglichen Anfangsrichtungen gemittelten Laufstrecke.

b) Es wird eine Wahrscheinlichkeit $w(\varepsilon)$ dafür eingeführt, daß ein Gitteratom nach dem Anstoß mit der Energie ε eine Ersetzungsstoßkette einleitet.

Wir können jetzt ohne Bedenken die Verteilung der Stoßrichtungen in jeder Stoßserie als isotrop ansehen, da die eingetretenen Korrelationen durch die Behandlung unter a) ausgeschieden wurden (vgl. hierzu Kapitel 1). Bezeichnen wir daher mit

$\Omega_k(\varepsilon)$ den für Ersetzungsstoßketten günstigen Winkelbereich um eine Gitterrichtung und mit k_k die Anzahl der gleichwertigen Richtungen, dann gilt

$$w(\varepsilon) = k_k \frac{\Omega_k(\varepsilon)}{4\pi}, \qquad \varepsilon_z \leqq \varepsilon \leqq \varepsilon_k . \tag{7.2}$$

Um die Wahrscheinlichkeit $w_n(n)$ für das tatsächliche Eintreten einer Ersetzungsstoßkette bei einem Stoß der n-ten Stoßserie in einer Kaskade anzugeben, muß noch die Bedingung b) aus Abschnitt 7.1 formuliert werden: Wir setzen $w_n(n)$ gleich der Korrelationswahrscheinlichkeit $w(\varepsilon_n)$ des getroffenen Atoms, multipliziert mit der Wahrscheinlichkeit, daß auf allen vorangegangenen Teilstrecken der Kaskadenbahn keine Korrelation eingetreten ist

$$w_n(n) = [1 - w(\varepsilon_1)]\,[1 - w(\varepsilon_2)] \ldots [1 - w(\varepsilon_{n-1})]\, w(\varepsilon_n) . \tag{7.3}$$

c) Anstelle der totalen Verteilung W nach (2.1) müssen speziellere Funktionen W_n benutzt werden für Kaskadenbahnen mit *einer* Stoßkette nach der n-ten Stoßserie:

$$W_n = q(0)\, G(0,1)\, q(1) \ldots q\,(n-1)\, G(n-1, n)\, q_k(n)\, G(n, n+1)\, q(n+1) \ldots ; \tag{7.4}$$

der Mittelwert einer Größe X_n für diese speziellen Bahnen wird dann

$$\langle X_n \rangle = \int W_n\, X_n\, d\tau . \tag{7.5}$$

Nach diesen Vorbereitungen[2]) können wir analog zu dem Verfahren in [1] die mittlere Gesamtzahl N_k der Ersetzungsstoßketten in einer Kaskade anschreiben,

$$N_k = \sum_{n=1}^{\infty} 2^{n-1} \langle w_n(n) \rangle , \tag{7.6}$$

und die Kaskadenmittelwerte über die betreffenden Bahnen bilden, wenn wir wieder die Schwankung von N_k vernachlässigen

$$\langle X_k \rangle = \sum_{n=1}^{\infty} \frac{2^{n-1}}{N_k} \langle w_n(n)\, X_n \rangle . \tag{7.7}$$

7.3 Anzahl der Ersetzungsstoßketten in einer Kaskade

Anhand der Auswertung von (7.6) untersuchen wir jetzt die gegenüber früher auftretenden mathematischen Komplikationen. In dem Mittelwert

$$\langle w_n(n) \rangle = \int_0^E w(\varepsilon_n)\, \bar{f}_n(E, \varepsilon_n)\, d\varepsilon_n \tag{7.8}$$

erscheint eine modifizierte Verteilungsfunktion

$$\bar{f}_n(E, \varepsilon_n) = \int\limits_{E \geqq \varepsilon_1 \geqq \cdots \geqq \varepsilon_{n-1} \geqq \varepsilon_n} g(0,1)\,[1 - w(\varepsilon_1)]\, g(1,2) \ldots [1 - w(\varepsilon_{n-1})] \times$$
$$\times\, g\,(n-1, n)\, d\varepsilon_1 \ldots d\varepsilon_{n-1} ,$$

---

[2]) Zwei Bemerkungen sind vielleicht nützlich: Explizit enthält unser Schema kein Verlagerungsmodell; die für $\varepsilon < \varepsilon_z$ verschwindende Wahrscheinlichkeit $w(\varepsilon)$ wirkt jedoch automatisch als scharfe Schwellenenergie $\varepsilon_d = \varepsilon_z$. Weiter ist zu erwähnen, daß man die Funktionen $w(\varepsilon)$, $q_k(\varepsilon; l)$ und ihre Mittelwerte nicht in allgemeiner Form angeben kann, sondern in jedem Einzelfall aus gittertheoretischen Überlegungen ableiten muß.

für die wir nach Entwicklung ($w(\varepsilon) < 1$) und Anwendung von (2.15) folgende Darstellung erhalten:

$$\bar{f}_n(E, \varepsilon) = f_n(E, \varepsilon) - \tilde{w}(E, \varepsilon) f_{n-1}(E, \varepsilon) + \tilde{\tilde{w}}(E, \varepsilon) f_{n-2}(E, \varepsilon) - + \cdots \quad (7.9)$$

mit

$$\tilde{w}(E, \varepsilon) = \int_{\varepsilon}^{E} \frac{w(\varepsilon')}{\varepsilon'} d\varepsilon', \qquad \tilde{\tilde{w}}(E, \varepsilon) = \int_{E \geqq \varepsilon' \geqq \varepsilon'' \geqq \varepsilon} \frac{w(\varepsilon')\, w(\varepsilon'')}{\varepsilon'\, \varepsilon''} d\varepsilon'\, d\varepsilon''. \quad (7.10)$$

Für die Funktionen $\bar{f}_n(E, \varepsilon)$ gelten dann ähnliche Additionstheoreme wie für die Funktionen $f_n(E, \varepsilon)$ selbst. Unmittelbar aus (2.14) und (7.9) folgt z. B.

$$\sum_{n=1}^{\infty} 2^n \bar{f}_n(E, \varepsilon) = f(E, \varepsilon)\, h(E, \varepsilon), \quad (7.11)$$

wobei $h(E, \varepsilon)$ nur die Korrelationswahrscheinlichkeit enthält

$$h(E, \varepsilon) = 1 - 2\, \tilde{w}(E, \varepsilon) + 4\, \tilde{\tilde{w}}(E, \varepsilon) - + \cdots, \quad (7.12)$$

und mit Hilfe von (2.15) findet man unter Beachtung der Integrationsgebiete in (7.10) die zu (2.15) analoge Formel

$$\sum_{\nu=\varkappa}^{\mu} \bar{f}_{\nu-\varkappa+1}(E, \varepsilon')\, \bar{f}_{\mu-\nu+1}(\varepsilon', \varepsilon) = \frac{1}{\varepsilon'}\, \bar{f}_{\mu-\varkappa+1}(E, \varepsilon), \qquad \left\{\begin{matrix} E \geqq \varepsilon' \geqq \varepsilon \\ \mu \geqq \varkappa \geqq 1 \end{matrix}\right\}. \quad (7.13)$$

Setzen wir nun (7.8) und (7.9) in (7.6) ein, so findet man

$$N_k = (1/2) \int_0^E w(\varepsilon)\, f(E, \varepsilon)\, h(E, \varepsilon)\, d\varepsilon = E \int_{\varepsilon_z}^{E} \frac{w(\varepsilon)}{\varepsilon^2} h(E, \varepsilon)\, d\varepsilon. \quad (7.14)$$

Unter der Voraussetzung $E > \varepsilon_k$, die bei Kaskaden meist zutrifft, können alle oberen Integrationsgrenzen durch ε_k ersetzt werden, und die Zahl N_k der Stoßketten bzw. der dadurch gebildeten Zwischengitteratome wird proportional zur Primärenergie. Da auch die theoretische Defektzahl N fast für alle Verlagerungsmodelle linear mit E anwächst, kommen wir zu dem bemerkenswerten Ergebnis, daß die theoretische ,,Erzeugungsrate" an Stoßketten

$$\beta_k \equiv N_k / N \quad (7.15)$$

von der Primärenergie (und damit auch weitgehend von der Bestrahlungsart) unabhängig ist. Legt man für die Defektzahl N das Kinchin-Peasse-Modell zugrunde, so gilt

$$\beta_k = 2\, \varepsilon_d \int_{\varepsilon_z}^{\varepsilon_k} h(\varepsilon_k, \varepsilon) \frac{w(\varepsilon)}{\varepsilon^2} d\varepsilon. \quad (7.16)$$

Bei Anwendungen ist noch zu bedenken, daß ein Teil der Stoßketten im eigenen Kaskadengebiet wieder vernichtet wird und ein Teil der Defekte wegen mechanischer Instabilität schon bei $T = 0$ °K spontan rekombiniert; die Wirkungen dieser beiden Effekte auf β_k kompensieren sich zwar weitgehend, trotzdem dürften experimentell gefundene Erzeugungsraten meist von den theoretischen abweichen. Der Einfluß der Stoßketten auf die hier diskutierten Kaskaden mittlerer Größe läßt sich daher nur abschätzen und etwa in folgender Weise formulieren: Ein zu β_k proportionaler Anteil der Zwischengitteratome entsteht durch Ersetzungsstoßketten. Diese Zwischengitteratome liegen i. a. außerhalb der Leerstellenzone im Falle großer Laufstrecken sogar außerhalb des in Kapitel 5 definierten Kaskadengebiets — und unterstützen dadurch die Trennung der Defektarten.

8. Dynamische Crowdionen in kubisch-flächenzentrierten Edelmetallen

Wie man aus theoretischen und experimentellen Untersuchungen weiß, treten in den kubisch-flächenzentrierten Metallen Kupfer, Silber und Gold Ersetzungsstoßketten relativ häufig auf, besonders in ⟨100⟩- und in ⟨110⟩-Richtung. Für weitreichende Effekte sind vorwiegend die letzteren verantwortlich (die sog. dynamischen Crowdionen), da sie Laufstrecken von hundert und mehr Atomabständen besitzen können. Die Bedeutung der dynamischen Crowdionen für die Defektverteilung in Verlagerungskaskaden wurde schon frühzeitig von SEEGER [8] erkannt: Er nahm an, daß der weitreichende Massentransport durch dynamische Crowdionen im Kaskadengebiet einen Überschuß an Leerstellen zurückläßt und zur Bildung von thermisch außerordentlich stabilen „verdünnten Zonen" führt. Diese Konzeption erwies sich in der Folgezeit bei der Deutung der mechanischen Eigenschaften neutronenbestrahlter Metalle als sehr erfolgreich (vgl. [10, 11]). Unsere genauen Vorstellungen über die Strahlenschädigung und Erholung in Edelmetallen werden wir an anderer Stelle [12] diskutieren; hier soll lediglich abgeschätzt werden, ob die Erzeugungsrate an dynamischen Crowdionen für den von SEEGER erwarteten Effekt ausreicht.

Zur theoretischen Behandlung dynamischer Crowdionen (Index c) genügt es in erster Näherung, allein die Selbstfokussierung der ⟨110⟩-Reihe zu betrachten, so daß die Anfangsenergie der Stoßketten auf den Bereich $\varepsilon_z \leqq \varepsilon \leqq \varepsilon_F$ beschränkt bleibt (ε_z Schwellenenergie in ⟨110⟩-Richtung). Legt man als Abstoßungspotential der Metallionen ein Born-Mayer-Potential

$$V(r) = A \exp\left[-B\,\frac{r - r_0}{r_0}\right]$$

zugrunde, so liefert die Harte-Kugel-Näherung für große Werte von B ($B \gtrsim 10$) eine logarithmische Abhängigkeit der Fokussierungswahrscheinlichkeit von der Energie [4]:

$$w(\varepsilon) \approx \frac{12}{B}\,a \ln(\varepsilon_F/\varepsilon), \qquad \varepsilon_z \leqq \varepsilon \leqq \varepsilon_F\,; \tag{8.1}$$

die genauere Analyse des Stoßverlaufs von LEHMANN und LEIBFRIED [5] bringt einen zusätzlichen, in (8.1) bereits enthaltenen Faktor $a \approx 0{,}7$ bis $0{,}9$, und gestattet außerdem, ε_z und ε_F zu berechnen. Die Auswertung von (7.16) mit (8.1) und mit den in [12] benutzten Born-Mayer-Konstanten für Kupfer, Silber und Gold liefert als theoretische Erzeugungsrate an dynamischen Crowdionen

$$\beta_c \approx 0{,}1 \text{ bis } 0{,}2\,.$$

Man kann nun annehmen, daß sich nur solche dynamische Crowdionen ungehindert ausbreiten, die im Außenbereich der Kaskade entstehen und deren Fortpflanzungsrichtung aus dem Kaskadengebiet hinauszeigt; vermutlich 50 bis 70% der erzeugten dynamischen Crowdionen werden also sofort wieder defokussiert und tragen nicht zu dem weitreichenden Massentransport bei. Da andrerseits auch 50 bis 80% der Defekte bei $T \approx 0$ °K spontan rekombinieren [13], dürfte die im Experiment auftretende Erzeugungsrate an dynamischen Crowdionen in den genannten Metallen ebenfalls bei 0,1 bis 0,2 liegen. In dem Seegerschen Modell bedeutet dies, daß nach der thermischen Rekombination innerhalb der Kaskadengebiete ($T \gtrapprox 300$ °K) noch 10 bis 20% der bei 0 °K erzeugten Leerstellen in Form von verdünnten Zonen vorhanden sein sollten.

Diese aus der Theorie gewonnene Aussage läßt sich direkt experimentell nachprüfen, da von BURGER, MEISSNER und SCHILLING [13] an neutronenbestrahlten Metallen Erholungsmessungen von 4 °K bis 370 °K durchgeführt wurden. Es ergab sich, daß bei Kupfer, Silber und Gold oberhalb von 300 °K immer etwa 20% der bei 4 °K erzeugten Schädigung zurückbleibt. Die gute Übereinstimmung dieses Wertes mit der obigen Abschätzung bildet eine weitere starke Stütze für das Modell der verdünnten Zonen.

Herrn Professor Dr. A. SEEGER danke ich für wertvolle Diskussionen und der Fritz Thyssen Stiftung für finanzielle Unterstützung.

Literatur

[1] R. v. JAN, phys. stat. sol. **6**, 925 (1964).
[2] J. R. BEELER und D. G. BESCO, Phys. Rev. **134**, A 530 (1964).
[3] R. H. SILSBEE, J. appl. Phys. **28**, 1246 (1957).
[4] G. LEIBFRIED, J. appl. Phys. **30**, 1388 (1959).
[5] C. LEHMANN und G. LEIBFRIED, Z. Phys. **162**, 203 (1961).
[6] R. S. NELSON und M. W. THOMPSON, Proc. Roy. Soc. **A 259**, 458 (1961).
[7] R. FRÈRE, phys. stat. sol. **3**, 1252 (1963); **3**, 1441 (1963); **3**, 1453 (1963).
[8] A. SEEGER, Proc. 2nd UN Conf. PUAE **6**, Genf 1958 (S. 250).
[9] J. B. GIBSON, A. N. GOLAND, M. MILGRAM und G. H. VINEYARD, Phys. Rev. **120**, 1229 (1960).
[10] A. SEEGER, Radiation Damage in Solids, Vol. 1, IAEA, Vienna 1962 (p. 101).
[11] J. DIEHL, Radiation Damage in Solids, Vol. 1, IAEA, Vienna 1962 (p. 129).
[12] R. v. JAN, Veröffentlichung demnächst.
[13] G. BURGER, H. MEISSNER und W. SCHILLING, phys. stat. sol. **4**, 267 (1964).

(Received August 5, 1964)

phys. stat. sol. 7, 307 (1964)

Solid State Physics Department, S.C.K.-C.E.N., Mol

Electron Microscopic Study of Twins, Anti-Phase Boundaries, and Dislocations in Thin Films of Rutile[1])

By

J. VAN LANDUYT, R. GEVERS, and S. AMELINCKX

Anti-phase boundaries and dislocation ribbons are studied by means of transmission electron microscopy. From the fringe patterns observed at anti-phase boundaries, and from the diffraction pattern, a model for anti-phase boundaries may be proposed.

It is found that the width of the ribbons changes on crossing certain anti-phase boundaries. The model for the anti-phase boundary deduced from the contrast effects allows this behaviour to be explained in a consistent way, because the model implies that the stacking fault energy is different in both domains for a ribbon extending both sides of a domain boundary. The difference in stacking fault energy causes a difference in ribbon width, and as a result also causes a difference in total energy per unit length of the ribbon. This difference in energy causes in turn a „refraction" of ribbons at anti-phase boundaries.

Antiphasengrenzen und Versetzungsbänder wurden mit Hilfe der Transmissions-Elektronenmikroskopie untersucht. Aus den Streifenbildern, die an Antiphasengrenzen beobachtet worden sind, sowie aus den Beugungsbildern ist es möglich, ein Modell für Antiphasengrenzen zu konstruieren. Es wird gefunden, daß sich die Breite der Bänder beim Durchqueren bestimmter Antiphasengrenzen verändert. Das Modell für die Antiphasengrenzen, das von den Kontrasteffekten hergeleitet wurde, gestattet eine Erklärung des Verhaltens, denn das Modell berücksichtigt, daß die Stapelfehlerenergie in beiden Domänen bei einem Streifen, der sich zu beiden Seiten der Domänengrenze erstreckt, verschieden ist. Der Unterschied in der Stapelfehlerenergie verursacht eine Differenz in der Streifenbreite und demzufolge auch eine Differenz in der Gesamtenergie pro Einheitslänge eines Streifens. Die Energiedifferenz verursacht ihrerseits eine „Brechung" von Streifen an Antiphasengrenzen.

1. Introduction

Titanium dioxide occurs in three allotropic modifications, anatase, brookite and rutile; the rutile modification is the most stable one. Rutile is an important material in view of its recent electronic applications. It is therefore of interest to know more about the defect structure of this material.

The deformation behaviour was studied recently by HIRTHE and BRITTAIN [1] and by ASHBEE and SMALLMAN [2]. Electron transmission studies were only recently started because of the difficulties encountered in thinning rutile crystals.

ASHBEE and SMALLMAN [3] prepared thin foils by oxidizing titanium carbide single crystals in air at a temperature in the range 800 to 1100 °C. The epitaxially grown rutile films are detached mechanically. In films prepared in this way the authors observed dislocation arrangements and extended fringe patterns, which they interpreted as stacking faults on (101) planes.

In the present paper we first describe two simple methods to prepare rutile films suitable for electron microscopy. We then describe the defect structure of

[1]) This work is part of a research program (contract n° 082-62-7 RDB) undertaken at S.C.K.-C.E.N. on behalf of the joint research and development program of the agreement for cooperation between Euratom and the United States.

these films and its modification on annealing. In a subsequent paper we shall analyse in detail the contrast effects associated with the defects observed in these films.

A summary of this paper was submitted for publication at the Prague meeting on electron microscopy [4].

2. Preparation of Thin Films

Because of the high resistivity of rutile, the electropolishing technique is not applicable for thinning rutile crystals. Other methods, such as chemical thinning and deposition from the vapour were found to be unsuccessful [3]. By the method of epitaxial growth on a TiC single crystal unwanted deformation may be introduced by the mechanical detachment of the thin films.

Two methods were developed by which thin films of rutile can easily be prepared and by which no mechanical deformation occurs.

2.1 *Vapour deposition of the metal*

The first method consists in evaporating titanium on a cleaved NaCl substrate which is at 275 °C in a vacuum of about 10^{-4} Torr. The poor vacuum results in the deposition of oxidized titanium which is detached from the substrate for examination. The films are fine-grained polycrystalline with a [110] texture. Upon careful annealing in the electron microscope by enhanced electron irradiation, the heated region recrystallizes and larger grains suitable for observation, are formed. The grains have the (110) plane perpendicular to the electron beam as can be concluded from the diffraction pattern.

2.2 *Oxidation of the metal*

The following method is even simpler; a titanium foil is oxidized in a suitable temperature-time range to get an interference film of about 2000 Å thick. Afterwards the oxide film is stripped off by dissolution of the metal in bromine-ethyl acetate. The thus obtained film replicates the general grain structure of the metal substrate. However these grains present some further substructure consisting of highly textured fine-grained regions. Large crystals of uniform thickness are formed by subsequent annealing in the microscope. A variety of textures can be obtained by this method, corresponding to the textures of the metal substrate. This enables a more general study of the crystallographic aspects as compared to earlier work. Fig. 1a shows an example of a partly recrystallized film; the recrystallization front can clearly be distinguished. This second method is preferred because of the ease with which large areas with different orientations can be prepared. In the initial stage of the annealing process the grains are heavily twinned and a high density of parallel faults is present. Such a region is shown in Fig. 1b, the corresponding diffraction pattern being shown in the inset. This pattern shows streaks perpendicular to the fault plane. In regions where two families of faults occur the diffraction pattern shows streaks in two directions. The streaking is clearly due to the presence of the faults. It should be noted that the streaks have a relatively large width. Moreover certain lattice rows which should not be streaked according to the kinematical theory of faulted crystals are streaked nevertheless. In the second part of this paper it will be shown that this can be explained as a result of multiple scattering.

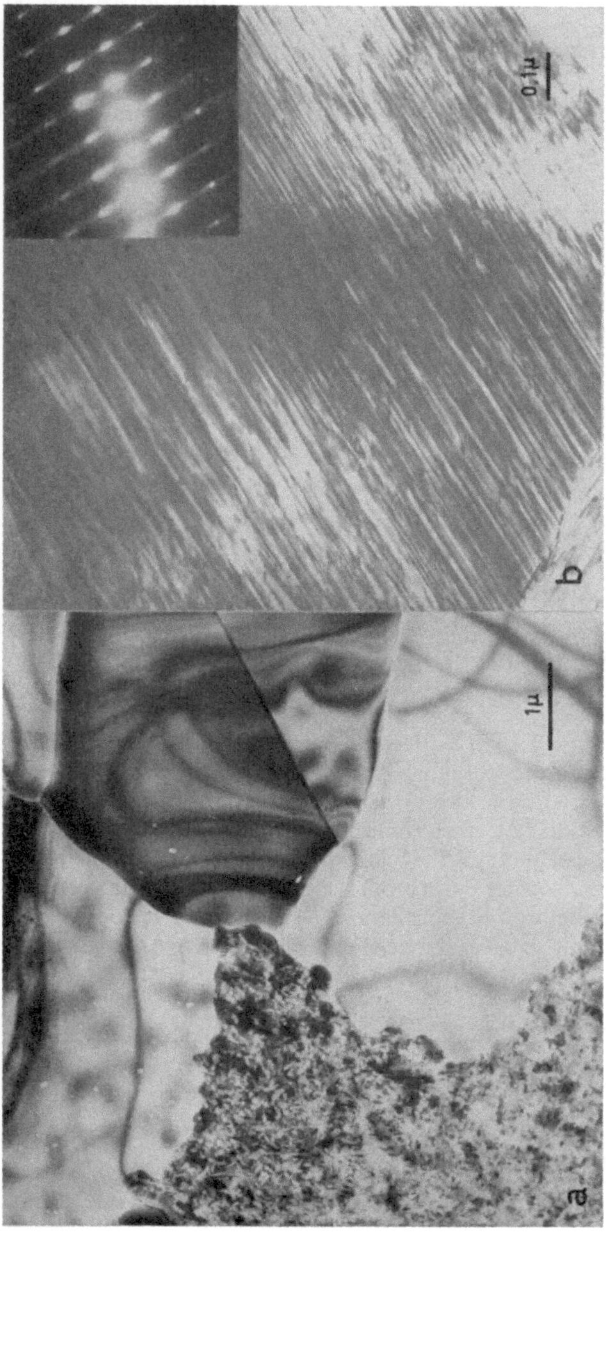

Fig. 1. Titanium oxide films recrystallized in the electron microscope.
a) Partly recrystallized film. Large grains of uniform thickness are obtained
b) Highly faulted grain. Note the streaking of the diffraction pattern

3. Observation Technique

The films were examined in a Philips EM 200 microscope operated at 100 kV. In order to determine the plane of the defects associated with the fringe patterns, use was made of the rotating tilting stage. With this device it is possible to tilt the specimen continuously from $-30°$ to $+30°$, while in each position a rotation is possible over almost 360° in the plane of the specimen. By this method boundaries can be brought in a chosen orientation, e.g. parallel to the electron beam. In such a position the Miller indices of the plane can immediately be deduced.

4. Structural Considerations

Rutile crystallizes in the tetragonal structure shown in Fig. 2. The lattice parameters are $a_0 = 4.5937$ Å, and $c_0 = 2.9581$ Å with $c_0/a_0 = 0.6439$. The coordinates of the atoms are

$$\mathrm{Ti}\begin{cases} 0\,,\ 0\,,0 & \mathrm{Ti}_1 \\ \frac{1}{2}\,,\frac{1}{2}\,,\frac{1}{2} & \mathrm{Ti}_2 \end{cases}$$

$$\mathrm{O}\begin{cases} x\,, \quad x\,, \quad 0 & \mathrm{O}_1 \\ \bar{x}\,, \quad \bar{x}\,, \quad 0 & \mathrm{O}_2 \\ \frac{1}{2}+x, \frac{1}{2}-x, \frac{1}{2} & \mathrm{O}_3 \\ \frac{1}{2}-x, \frac{1}{2}+x, \frac{1}{2} & \mathrm{O}_4 \text{ with } x = 0.31\,. \end{cases}$$

The observed glide planes and their observed associated glide vectors have been determined by Ashbee and Smallman [2]; they are

$$\{101\}\ \langle 10\bar{1}\rangle \quad \text{and} \quad \{110\}\ \langle 001\rangle\,.$$

The structure of rutile can be described in a somewhat idealized way by emphasizing the stacking of the oxygens. The stacking of the oxygen ions can be derived from the hexagonal close-packed stacking by a slight deformation. The structure of rutile then results if half of the octahedral interstices are filled. The filled interstices form rows parallel to the close-packed directions of the oxygen lattice. Filled rows alternate with empty ones along the direction perpendicular to the filled rows within close-packed planes, as well as perpendicular to the close-packed planes. This is clear from the projection perpendicular to the rows of

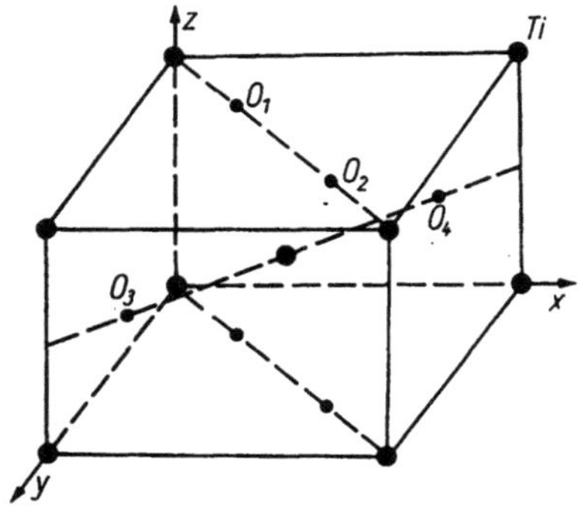

Fig. 2. Unit cell of the rutile structure (● Ti-ions; • O-ions)

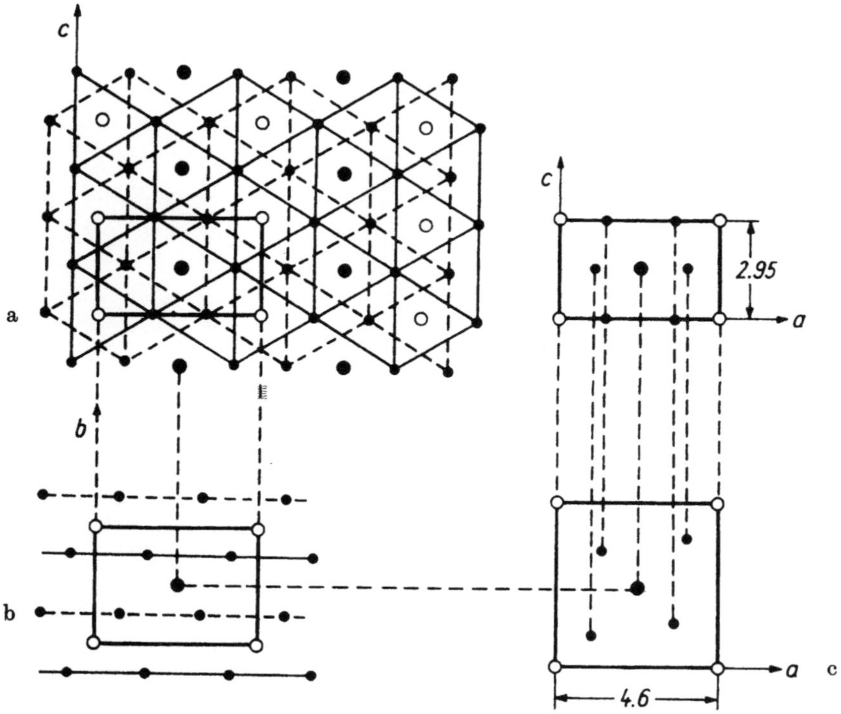

Fig. 3. The rutile structure derived from a hexagonal close packed stacking of oxygen ions.
a) Hexagonal close packing of the oxygen ions. Two hexagonal layers are indicated respectively by full and dashed lines. Alternating rows of octahedral sites in the oxygen lattice are filled with Ti-ions. The direction of the filled rows determines the c-direction
b) Projection on the basal plane of the idealized structure. Oxygen layers are indicated by full and dashed lines
c) Real structure. The two corresponding projections of the real structure of rutile.
• O-ions; ○, ● Ti-ions respectively at the level 0 and $a/2$

titanium ions shown in Fig. 3b. The pseudo-tetragonal unit cell referred to this idealized structure is also shown in Fig. 3a; the c-axis becomes parallel to the rows of filled octahedra. This unit cell is in fact orthorhombic.

The idealized and the real structures are compared in Fig. 3b and Fig. 3c. The idealized structure provides a useful scheme to interpret most of the observed features in a consistent manner.

5. Contrast Effects

5.1 Cavities

Often polyhedral cavities are formed in the recrystallized foils (Fig. 4). These cavities migrate on heating of the foil and eventually disappear at the surface. The cavities migrate with conservation of size, presumably as a result of transport by surface diffusion from the leading edge to the trailing part. They sometimes coalesce with the formation of a larger cavity. The cavities presumably contain gas, e.g. oxygen.

Fig. 4 shows the same area under two different contrast conditions; they sometimes show up dark, sometimes bright. The contrast results from the fact that the presence of the cavity decreases locally the total thickness of the foil. Since the transmitted intensity is a quasi-periodic function of thickness it may be different in and outside of the cavity. The quasiperiod of the function depends

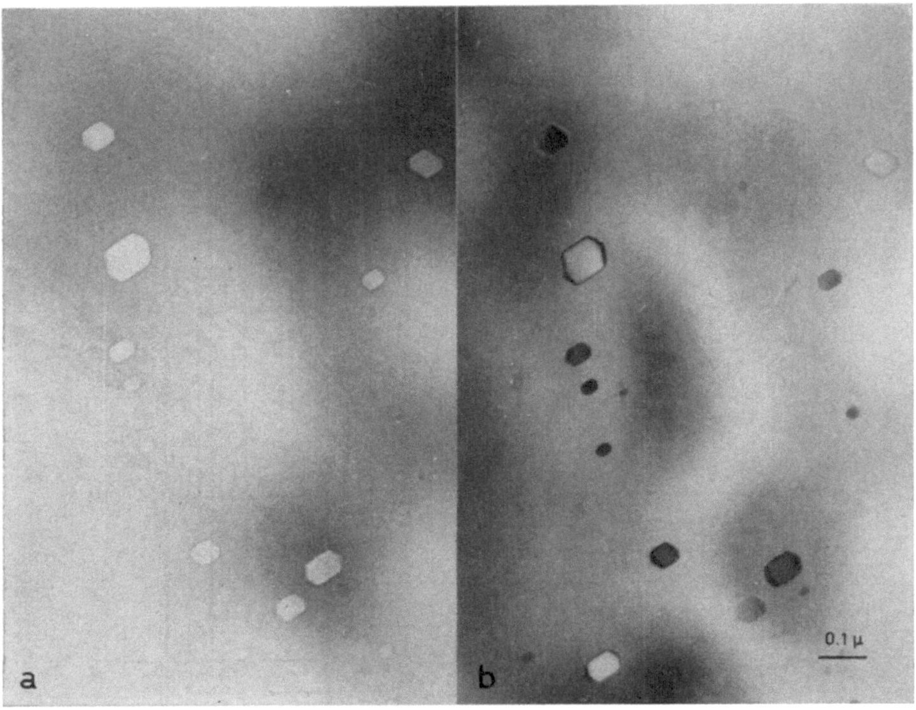

Fig. 4. Cavities as observed in recrystallized rutile films; (a) and (b) show the same area under different contrast conditions

furthermore on the operating reflections; this explains the possibility that the cavity appears dark for one reflection and bright for another one. A cavity of the same size but at different level with respect to the foil surface may also show up differently. The contrast inversion, bright-dark, shows that the cavities are flat, i.e. have a dimension of the order of 1 extinction distance in the direction perpendicular to the foil, which has a thickness of several extinction distances. If this were not the case the cavity would always show up brighter as a result of reduced normal absorption.

5.2 Anti-phase boundaries

After recrystallization the foils exhibit very striking angular arrangements of fringe systems of the type shown in Fig. 5. In the bright field image the fringe pattern is symmetrical with respect to the centre of the foil. In the dark field image the fringe profile is often asymmetrical especially in thicker foils. This remark suggests that the fringes should be due to stacking faults [5, 6]. In order to construct a model for the faults it is of interest to know the value of $\alpha = 2\pi \boldsymbol{g} \cdot \boldsymbol{R}$, where $\boldsymbol{R}$ is a displacement vector and $\boldsymbol{g}$ the operating diffraction vector. A simple observation suggests that $\alpha = 180°$. The theory of fringe formation at stacking faults shows that under the same diffraction conditions the nature of the fringes (bright or dark) inverts when $\sin \alpha$ changes sign. The changes in sign of α (and hence of $\sin \alpha$) may be the result of either a change in sense of $\boldsymbol{g}$

or of a change in slope of the fault plane, which effectively changes the sign of $\boldsymbol{R}$. This last statement follows from the definition of $\boldsymbol{R}$, as the vector that describes the displacement of the crystal part last met by the electrons, with respect to the front part. It is now found that under all diffraction conditions, the fringes in one part of an angular arrangement of faults continue without changing in nature along the second part, i.e. a dark fringe remains dark even in cases where we can deduce from the geometry that the slope of the fault plane changes its sense with respect to the diffraction vector (Fig. 6b inset). This clearly means that α must have such a value that $\sin\alpha = \sin(-\alpha)$; this is only true for $\alpha = 180°$, $\alpha = 0$ being a trivial solution.

In a subsequent paper a detailed comparison shall be made between fringe profiles for $\alpha = 180°$ calculated on the basis of the dynamical theory taking into account anomalous absorption and observed fringe systems. This comparison leaves little doubt about the value of α. From the model to be discussed below it will be clear that these planar defects are better described as anti-phase boundaries than as stacking faults.

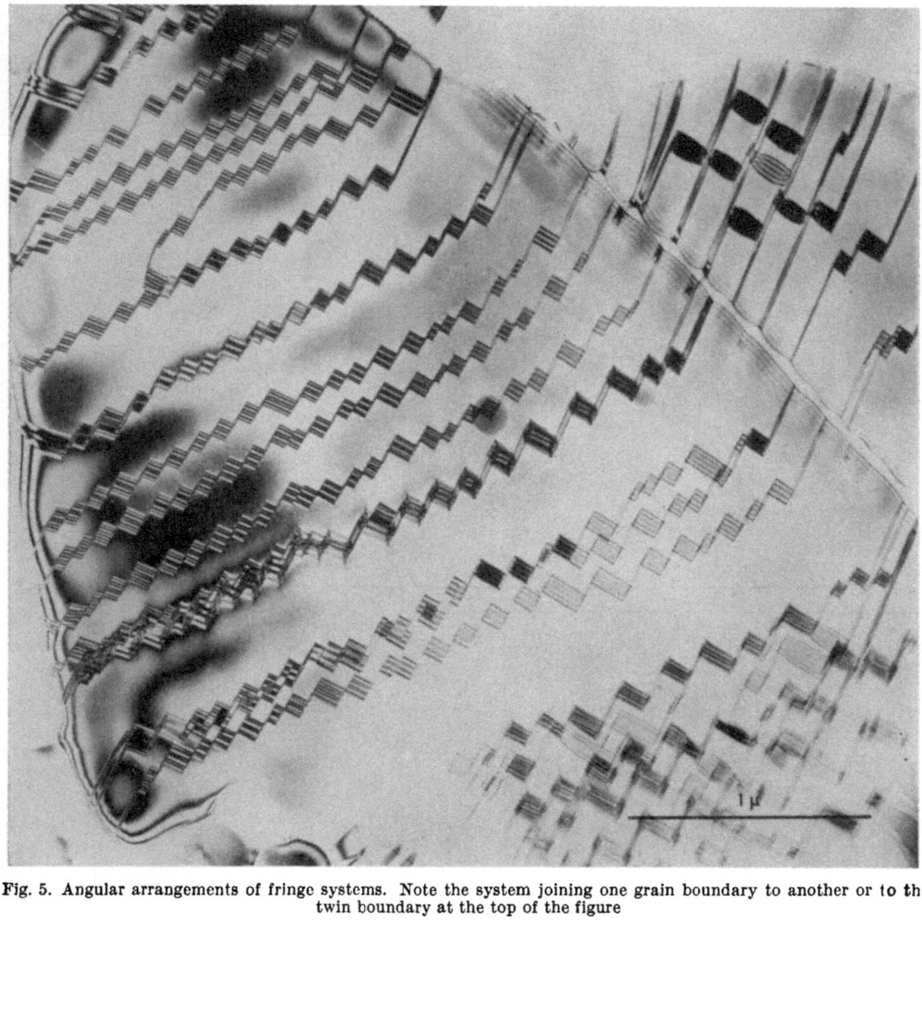

Fig. 5. Angular arrangements of fringe systems. Note the system joining one grain boundary to another or to the twin boundary at the top of the figure

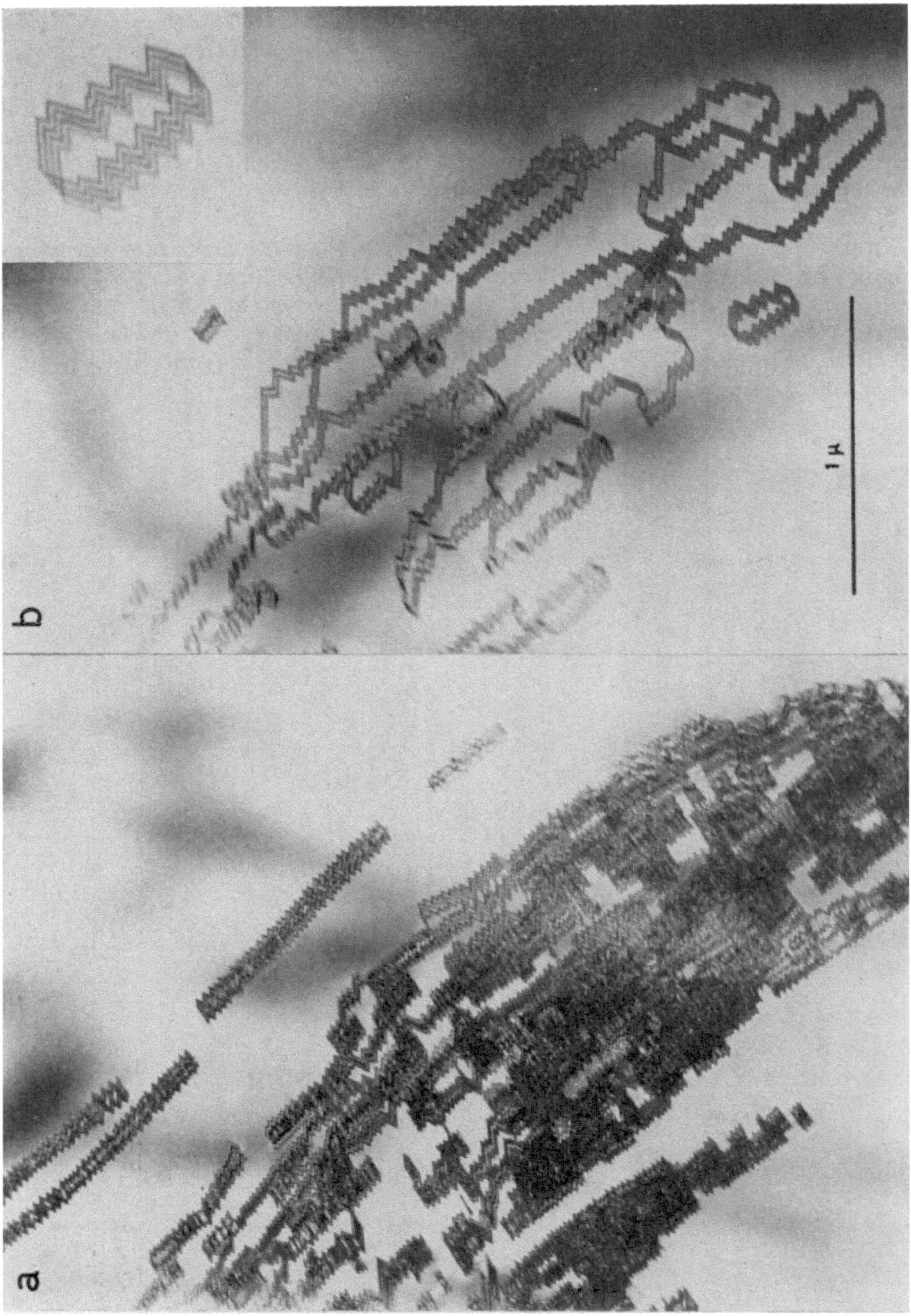

Fig. 6. a) Extensive system of folded anti-phase boundaries
b) Same area after annealing in the microscope. Notice the contrast at the closed loop (inset of (b))

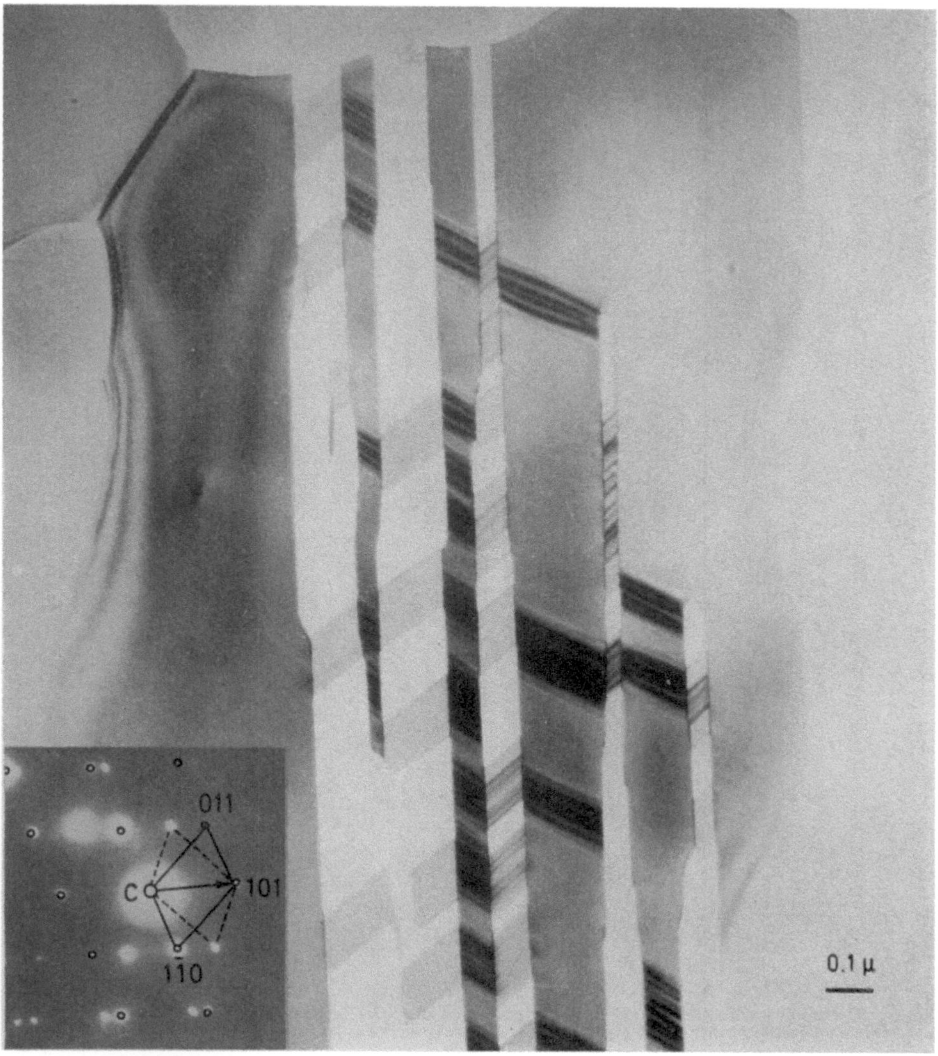

Fig. 7. Twins with the boundary planes seen edge on. The foil plane is perpendicular to the zone [11$\bar{1}$]. As an inset the oriented diffraction pattern, from which it is deduced that the coherent twin plane is the (101) plane

5.3 Twins

Most foils also exhibit bands of different shade limited by well defined crystallographic planes. The diffraction pattern shows that they are twins (Fig. 7). In an inclined position the twin boundaries are imaged as thickness fringe patterns since usually one part of the twin only is in a diffraction position (Fig. 8). On close inspection, especially in the thicker parts of the foil, one can see that the fringe pattern is slightly asymmetrical. At one end of the pattern the contrast is better than at the other end, as is typical for thickness fringes. The fringes exhibit best contrast at the wedge edge of the crystal part which is in the reflecting position.

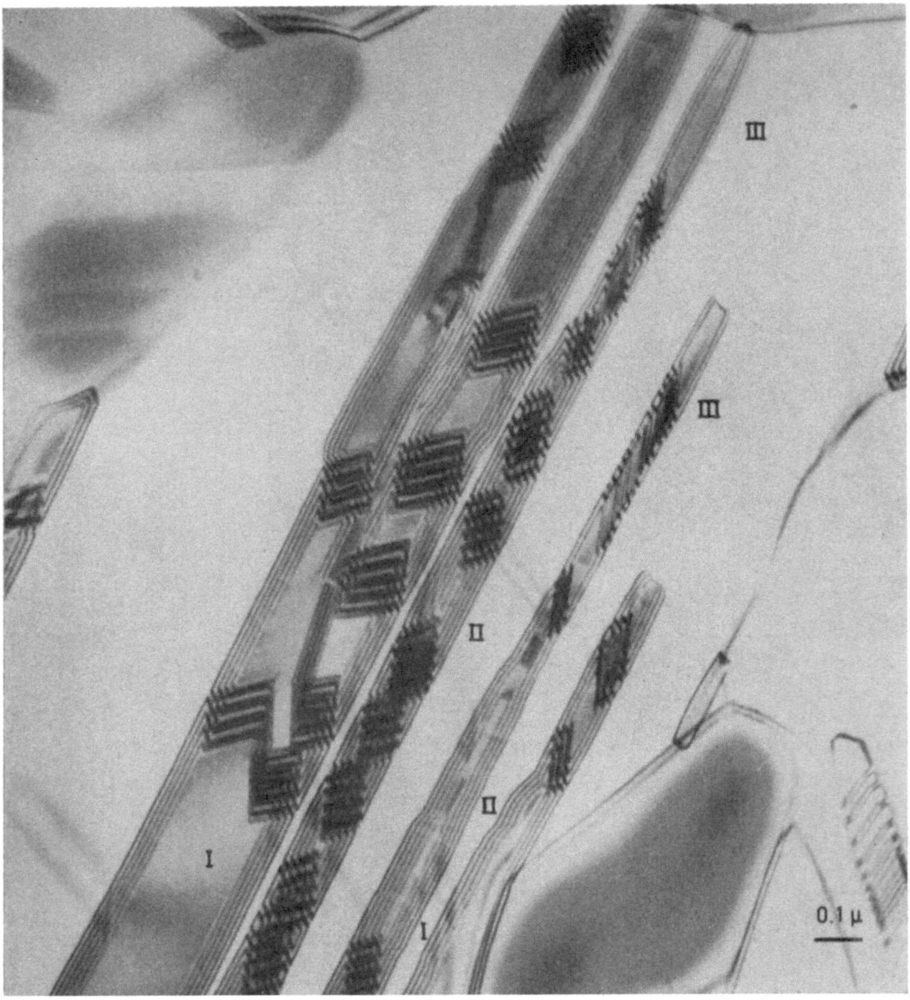

Fig. 8. The same twinned area as in Fig. 7 with the boundaries in an inclined position. Note the contrast at the twin boundaries in the regions marked by I, II, III corresponding to the schematic representation of Fig. 9a

In overlapping parts of the twin, e.g. in the point marked III of Fig. 8 a fringe pattern is only visible in the non-overlapping parts. The overlapping part behaves essentially as a perfect crystal bounded by parallel planes. The contrast effects therefore vary as a function of the thickness of the twin according to the scheme of Fig. 9a, where it is assumed that only the part between the two boundaries is close to the Bragg orientation.

6. Crystallography of the Defects

6.1 *Twins*

The coherent twin plane could easily be determined as being of the type (101) or (011). This follows e.g. directly from Fig. 7 where the twin boundaries are seen edge on. It is clear from the diffraction pattern that the reciprocal lattice

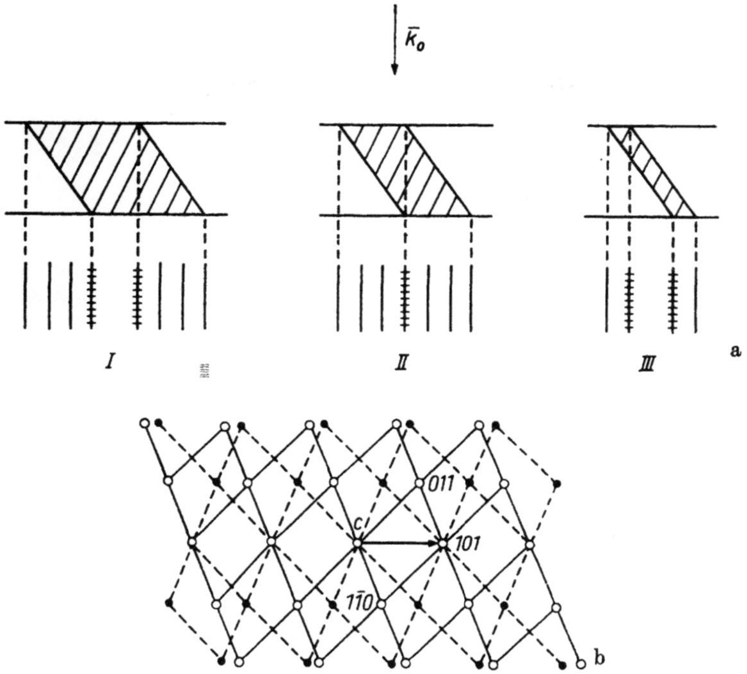

Fig. 9. a) Schematic representation of the contrast to be expected at overlapping twin boundaries if only one crystal part is in diffracting position (striated on the figure). The case I, II, III are also indicated on Fig. 8. The inner fringe is dashed to indicate that is it more wavy
b) Schematic representation of a diffraction pattern over twinned area

vector [101] is perpendicular to the twin plane. From Fig. 9b can be further concluded that the diffraction patterns for both individual crystals are related by a rotation over 180° about the reciprocal lattice vector [101], which is common in both reciprocal lattices. This statement is of course equivalent to saying that in the direct lattice the (101) plane is a symmetry plane. In fact the (101) plane is also a symmetry plane for the reciprocal lattice and hence for the diffraction pattern. This is shown in Fig. 9b which is a schematic representation of the diffraction pattern for the twin in a foil perpendicular to a $\langle 111 \rangle$ direction for both crystals. The diagram can be compared directly with the diffraction pattern of Fig. 7. The model is further confirmed by noting that the background intensities become identical, i.e. the contrast vanishes when the active diffraction vector is the common reciprocal lattice vector [101].

We shall see further that the twins are formed by recrystallization. Although the symmetry of rutile would allow *four* equivalent orientations for the twin plane, one observes only a single orientation in a given grain.

6.2 Anti-phase boundaries

From the photographs it is clear that the boundaries are very strikingly bound to rather well defined crystallographic planes. The largest number of orientations found in one foil was in one very exceptional case four; normally there are only

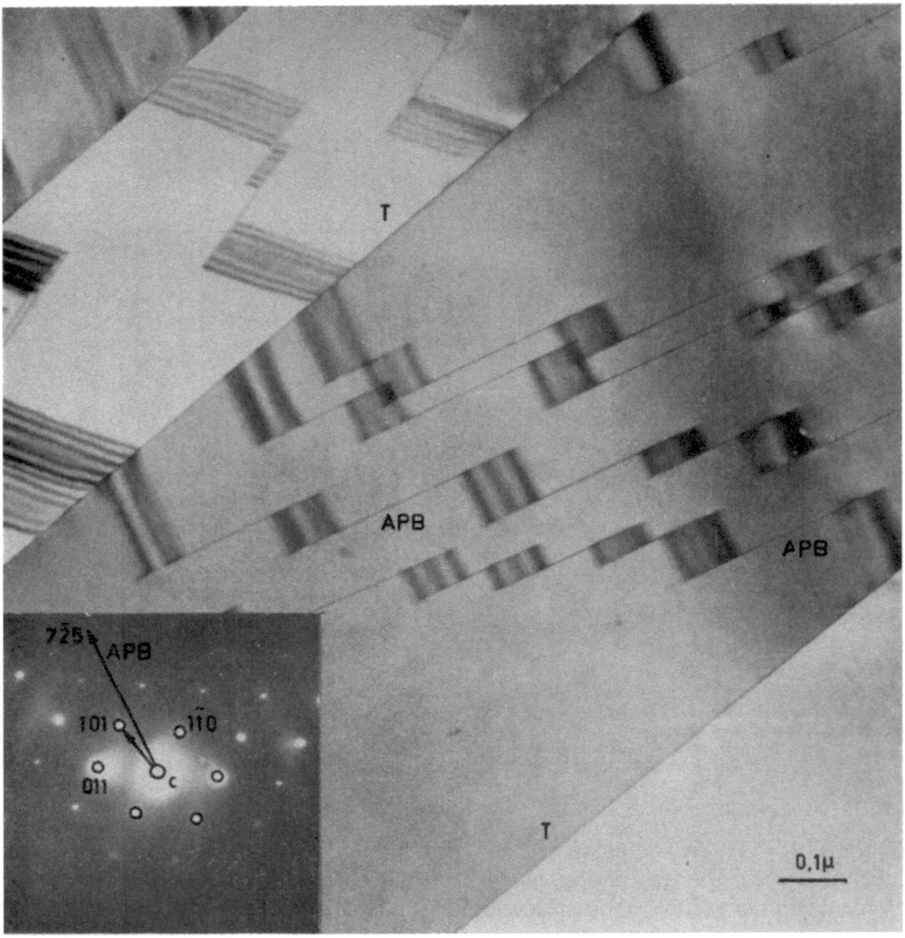

Fig. 10. Anti-phase and twin boundaries simultaneously seen edge on. The incident beam is parallel to the zone [1$\bar{1}$1]. As an inset the oriented diffraction pattern is shown where the direction of the reciprocal lattice vectors perpendicular to T and A.P.B. planes are indicated

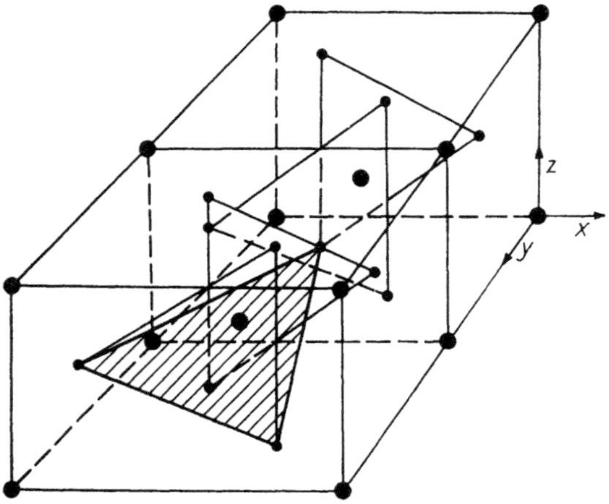

Fig. 11. Representation of the (72$\bar{6}$) plane in the rutile structure. This plane is a relatively dense plane for the oxygen lattice.
● Ti-ions, • oxygen lattice

two. This remark would suggest that the indices of the boundary plane should be simple. The most direct way for determining the indices of this plane consists in orienting the foil so as to bring the anti-phase boundaries parallel to the incident beam by means of the tilting stage. This was done for example in Fig. 10. It turns out that the $[11\bar{1}]$ zone is now parallel to the incident beam, i.e. the diffraction pattern shows the $(11\bar{1})$ reciprocal lattice plane. It is clear from this photograph that one family of anti-phase boundaries encloses an angle of about 13° with the (101) twin plane. No simple reciprocal lattice direction is perpendicular to the trace of the boundary planes, which means that the boundary is not parallel to a low index crystallographic plane. In order to keep the indices reasonably small the best fit is found for a plane of the type $(27\bar{5})$. This is a somewhat surprising result in view of the rather well defined orientation of the planes. However, when considering this plane with respect to the crystal structure, it turns out that the $(27\bar{6})$ plane is rather densely populated with oxygen ions (Fig. 11). As a result the contact plane is a simple plane when considering only the stacking of the oxygen ions. This remark suggests that the anti-phase boundary, and also the twin plane, should essentially be determined by the stacking of the oxygen ions, rather than by the arrangement of the titanium ions. Further below we shall present a model which allows to explain in a consistent way the formation of twins and anti-phase boundaries with the observed contact planes.

7. Properties of the Boundaries

7.1 Geometry

The boundaries usually extend through the whole of the crystal grain, i.e. they join either two grain boundaries (Fig. 5), two twin boundaries (Fig. 7 and 10) or a twin boundary and an ordinary grain boundary (Fig. 5). Sometimes the boundaries form complicated closed polygons (Fig. 6 and 15). Finally some of the boundaries end in the middle of a grain, invariably at a dislocation (Fig. 12). The reverse is not true; dislocations have not necessarily a boundary attached to them (Fig. 12 and 13 at X).

Where the boundary meets a coherent twin boundary a dislocation is usually present (Fig. 13) but this is not necessarily the case (Fig. 8). In the last case part of the twin boundary is simultaneously an anti-phase boundary.

All these observations, particularly the observations of closed loops of boundary, strongly suggest that the observed features are anti-phase boundaries separating domains of some kind.

7.2 Movement of boundaries on annealing

More evidence pointing in this direction follows from observations of the motion of these boundaries when heating the foil with the electron beam. After a heating pulse the configuration of Fig. 6a, e.g. evolved into the configuration of Fig. 6b. This evidently shows that some boundaries have moved in a direction perpendicular to their plane. Fig. 14 represents the successive annealing stages of an observed configuration, illustrating in particular the movement of a dislocation that limits the boundary.

Closed loops of boundary may disappear completely on annealing (Fig. 15) whilst neighbouring fringe systems sometimes interact and annihilate (Fig. 14). Occasionally intersecting boundaries are observed (Fig. 12).

Strips of boundary limited at both ends by partials sometimes disappear on shrinking, resulting in the mutual annihilation of the partials leaving no visible defects.

The twin boundaries are more stable; they move much less easily on annealing.

7.3 Boundaries attached to dislocations

In deformed parts of the foil many faults attached to dislocations occur. These faults result from the movement of partial dislocations. The fringe patterns observed by Ashbee, Smallman and Williamson [7], in their epitaxial films, were presumably generated in this way. There is a tendency for coupling of

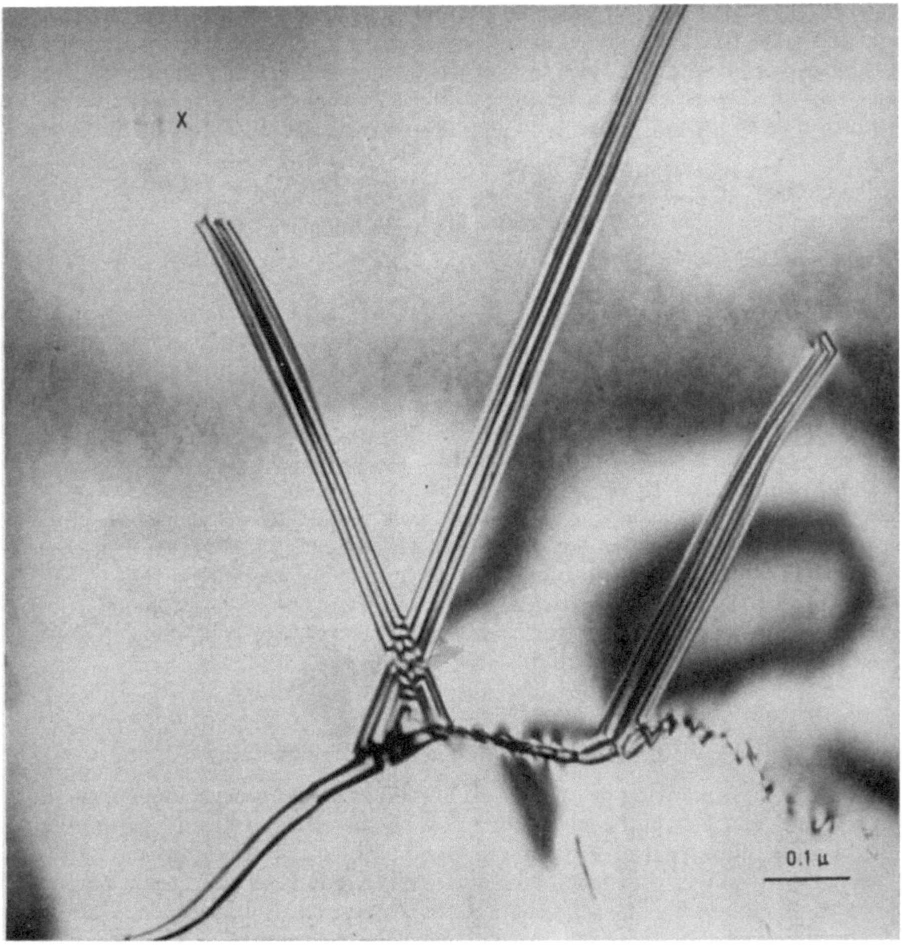

Fig. 12. Anti-phase domain boundaries ending at dislocations. At X a dislocation is seen with no boundary attached to it. Note also the intersection of the anti-phase boundaries

Fig. 13. Inclined twin boundaries showing the presence of dislocations, where anti-phase boundaries (partly out of contrast in this case) meet the twin boundaries

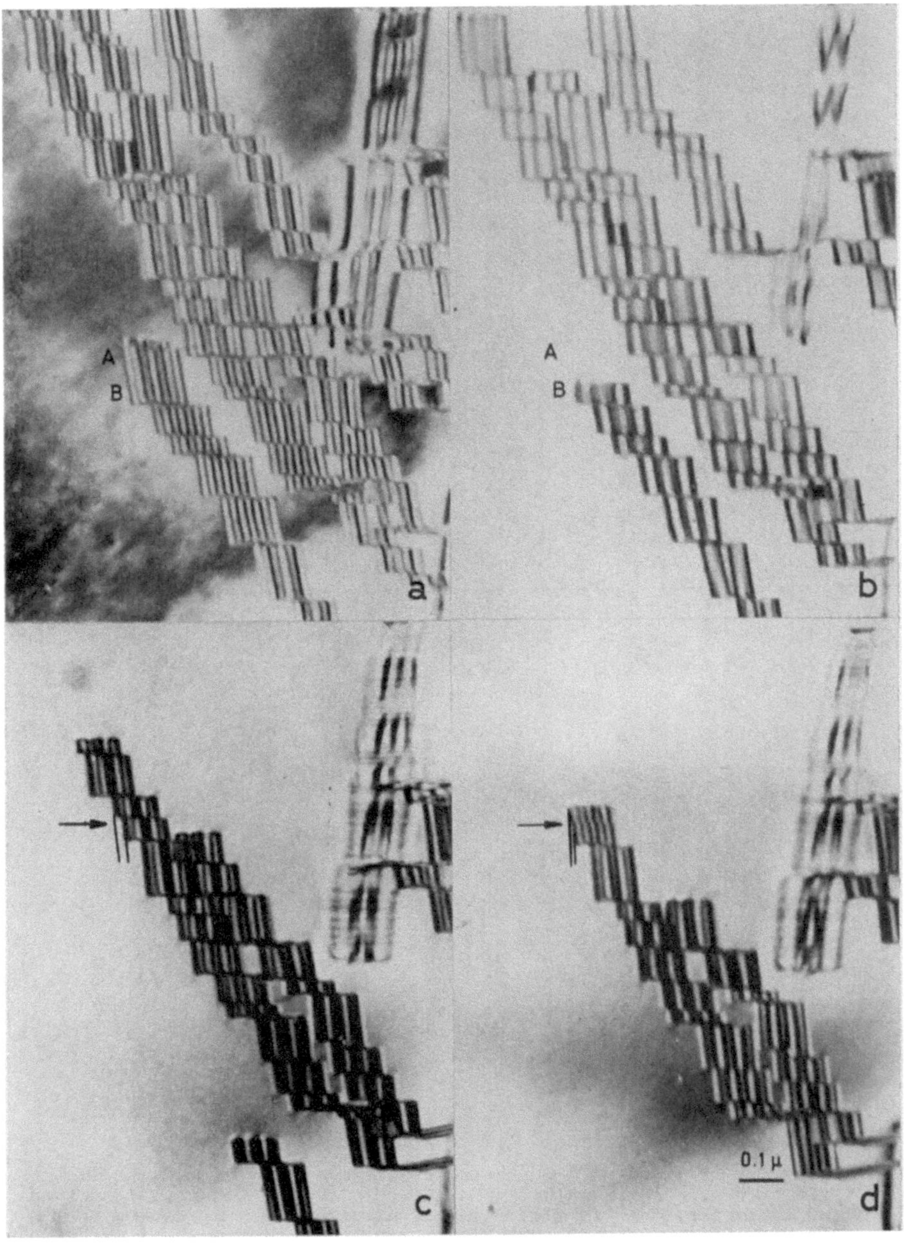

Fig. 14. Successive stages in the elimination of anti-phase boundaries by annealing in the microscope

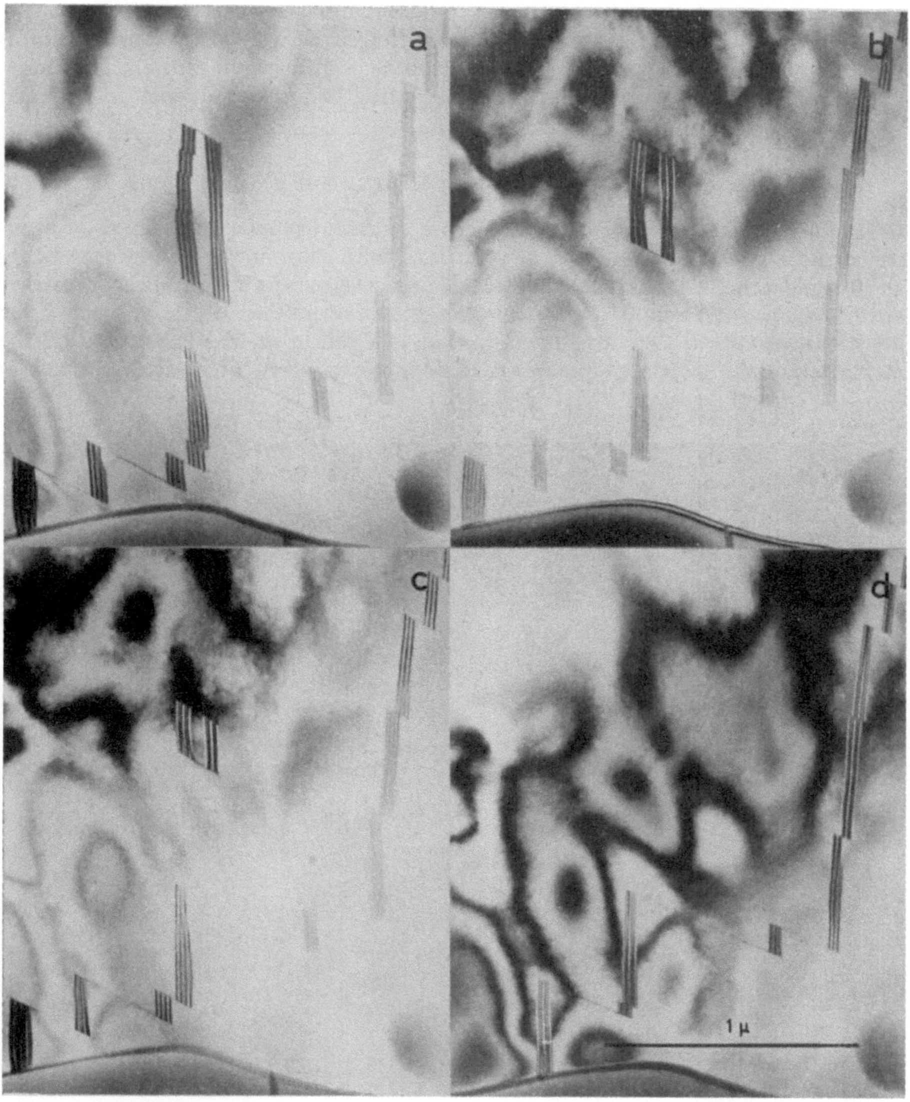

Fig. 15. Successive stages of the disappearance of a closed loop of anti-phase boundary. Note also that the other boundaries have moved and tend to straighten by elimination of folds

dislocations in pairs separated by a fault forming a ribbon. The geometry of such ribbons of partial dislocations has been described in [2]. The fault within the ribbon is of the same nature as the anti-phase boundaries observed in our recrystallized foils, although the origin is quite different as we shall see in section 8. Fig. 16 shows some ribbons at markpoint X as well as wide faults. The intersecting boundaries of Fig. 12 presumably resulted from the movement of partial dislocations.

8. Model for the Defect Structure of Rutile

As pointed out in section 4 the structure of rutile can be considered as a deformed close-packed stacking of oxygen ions with titanium ions in rows filling half of the octahedral interstices. Analysis of the structure in this manner enables us to develop a consistent picture for the defect structure. Since not all of the interstices are filled we can postulate that the filling of the interstices of the oxygen lattice in a given region started in a given way, whereas it started in

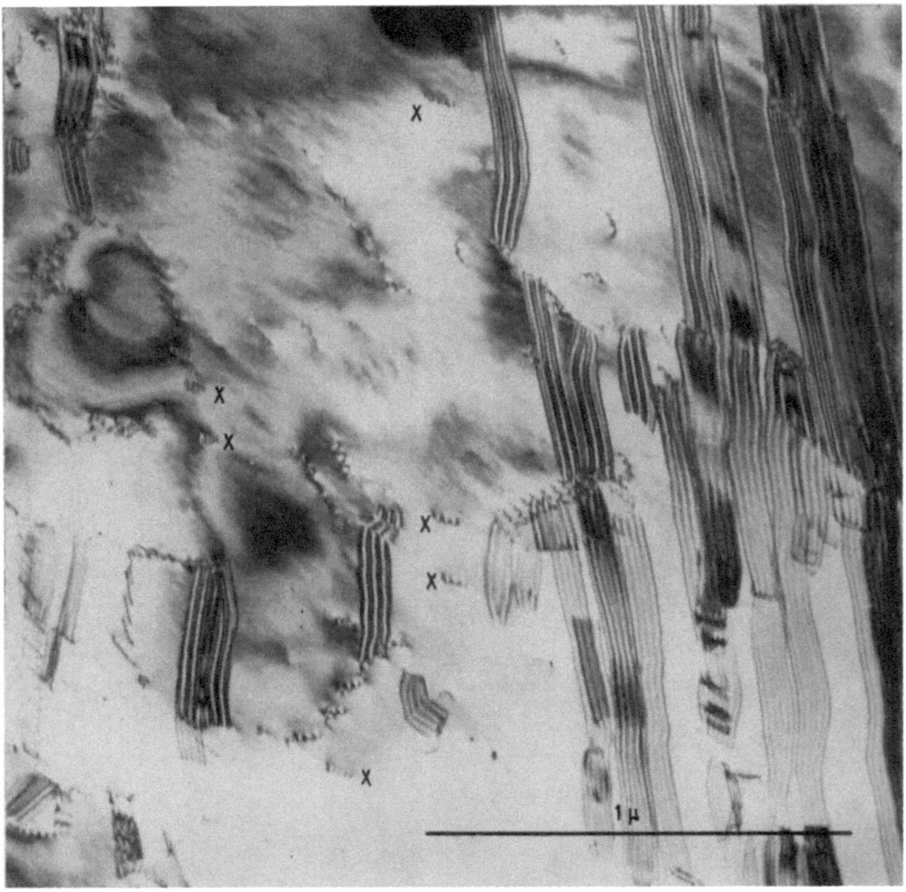

Fig. 16. Deformed region. Notice the boundaries attached to glide dislocations and the extended dislocations in X

a different manner in another part of the same oxygen lattice. Two essentially different situations may now arise:

a) the filled rows are parallel,

b) the filled rows enclose an angle of 60°.

Let us now discuss a) which leads to the formation of anti-phase boundaries.

8.1 Model for the anti-phase boundaries

In one region the rows of interstices are filled parallel to a given close-packed direction of the oxygen lattice; whereas in another part the filled rows are parallel, but a phase shift occurs at the contact plane. In this case we have an anti-phase boundary; this is shown schematically in Fig. 17a in cross section as well as in projection on the close-packed planes. The figure shows further that the displacement vector of the boundary is of the type $\left[\frac{a}{2}\ 0\ \frac{c}{2}\right]$ or $\left[\frac{a}{2}\ 0\ \frac{\bar{c}}{2}\right]$.

Energetically the most favourable orientation for the boundary is such that the distances between the highly charged titanium ions remain as close to normal as possible. Such an orientation is shown in Fig. 17b.

A crude estimate based on the idealized structure allows to see that this contact plane is energetically the most favourable one. If we take into account only the two shells of neighbours contained in a sphere we find that in the normal struc-

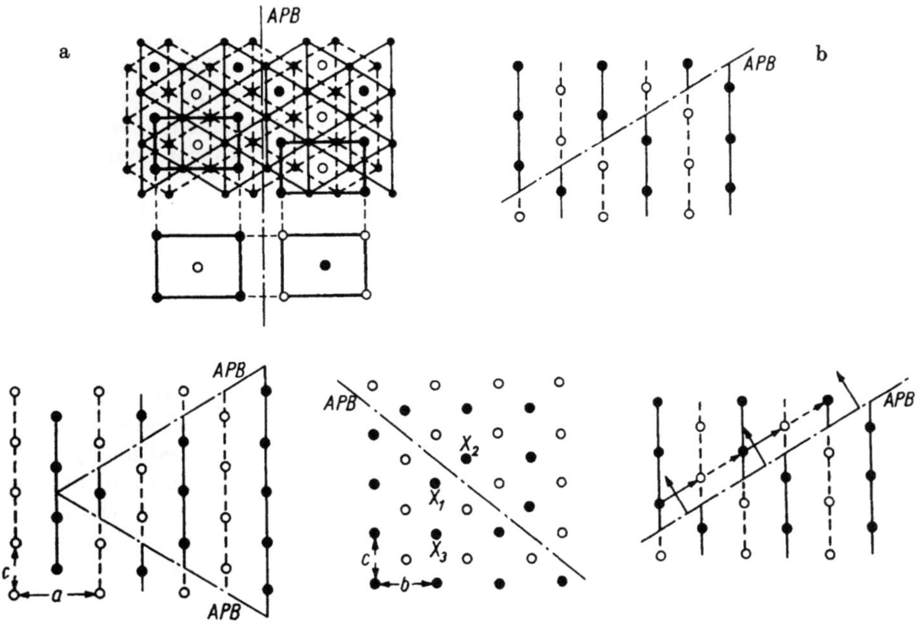

c d e

Fig. 17. a) Schematic representation of an anti-phase boundary A.P.B. in the idealized model. The filling of the rows of octahedral sites was started on a different level in the crystal parts on either side of the boundary

b) Energetically more favourable orientation for the boundary. For clarity in (b), (c), (d) and (e) the oxygen ions have been omitted

c) Illustrates the possibility for obtaining folded configurations

d) Hypothetical anti-phase boundary along (011) or ($0\bar{1}1$) plane in the idealized structure

e) The motion of an anti-phase boundary in the sense of the arrows explained in terms by jumping of the Ti-ions at the boundary.

• oxygen ions, ●, ○ Ti-ions at 0 and $a/2$ level

ture one titanium ion is surrounded by other titanium ions at the following distances:

2 at c (along the c-direction)
8 at $1/2\sqrt{2a^2+c^2}$ (along the prism diagonals)
2 at $2/3\,a$ (along the b-direction)
2 at a (along the a-direction).

We need not consider the oxygen neighbours since the lattice of oxygen ions is continuous across the boundary to the approximation used here.

We shall now compare this to the vicinity of a titanium ion in an anti-phase boundary, first for a boundary along a (100) or a (010) plane and afterwards for a boundary along a (101) plane. In the first case the neighbourhood is to the same approximation as above (Fig. 17a):

4 at c (in the plane of the drawing)
4 at $1/2\sqrt{2a^2+c^2}$ (along the prism diagonals)
2 at $2/3\,a$ (along the b-direction)
1 at a (along the a-direction).

We can now compare the Coulomb repulsion between titanium ions for the two configurations. It is found that this has increased considerably with respect to the normal structure, mainly as a result of the increase of the number of closest neighbours (at distance c).

If we make on the other hand the same reasoning for a boundary having a (101) orientation we find in the approximation used that the number of neighbours at a given distance is the same as in the normal structure. The configuration however is slightly different; for instance the two nearest atoms at a distance c are not in line with the considered atoms, but form an angular arrangement (the "bonds" enclose an angle of 120°, Fig. 17b). This last remark shows that a small amount of energy is associated with such an anti-phase boundary.

Some supplementary increase in Coulomb energy is associated with bends in boundaries of the type shown in Fig. 17c. Although the number of nearest neighbours (at distance c) for the tip atom is still the same as in the normal structure the "bonds" now enclose an angle of 60°. Annealing will therefore tend to eliminate bends first.

One can further consider boundary planes of the type (011) and $(0\bar{1}\bar{1})$. In the ideal structure these planes are crystallographically different from (101) and $(10\bar{1})$; in the real structure they become equivalent as a result of the fourfold symmetry. A view of such a boundary seen along the a-direction is represented in Fig. 17d, where only the titanium ions are drawn. It is clear that the number of nearest titanium neighbours for a titanium ion in the boundary has remained the same; however, the "bond" directions have changed and moreover for one of the closest neigbours the distance X_1X_2 between titanium atoms has decreased beyond the normal closest distance ($X_1X_2 < X_1X_3$). This evidently means that a higher energy increase is associated with this type of boundary than with the (101) or $(10\bar{1})$ boundary.

As we shall see this remark suggests a possible explanation for the occurrence of *two* orientations only, whereas from symmetry considerations one would expect *four* (for the real structure).

In order to explain the formation of the anti-phase boundaries, one has to accept that at the recrystallization temperature the titanium ions are mobile in an oxygen lattice which to a good approximation can be considered as rigid. At high temperature the distribution of titanium ions over the available octahedral interstices is presumably, at least partly, random. A decrease in temperature permits ordering to start in different parts of the same oxygen lattice simultaneously, giving rise to anti-phase boundaries if the rows of filled interstices are parallel. The presence of anti-phase boundaries does not disturb the stoichiometry.

The movement of the boundaries perpendicular to their plane implies the jumping of titanium ions which are adjacent to the boundary. The diffusive migration of a boundary as a whole results from the organized jumping of titanium ions from one octahedral interstice into the adjacent one (Fig. 17e). The movement of closed loops of boundary must clearly be due to this process.

The model also offers a possible explanation for the presence of *two* orientations only for the anti-phase boundaries instead of the *four* predicted by symmetry. It may well be that at high temperature where the migration of titanium ions is fast, the real structure of the oxygen framework approaches the ideal one since the stacking of titanium ions must be more or less random at that temperature. Since the presence of the titanium ions deforms the oxygen octahedra, a random distribution of titanium would cause an approach to the ideal hexagonal close packing of oxygen. As we have seen in the ideal structure only *two* low energy orientations are present.

One could also make the following reasoning. Since a certain amount of energy per unit area is associated with an A.P.B., the boundaries will tend to adopt such orientations which form the largest angle with the foil plane since this minimizes the total surface energy. However, to form an arbitrary path at least two different orientations are required and hence two orientations only are normally observed. If this argument were valid one would expect to see any combination of two out of the four possible orientations, depending on the foil orientation. In practice all observed pairs of orientations are consistent with a *twofold* symmetry axis along the c-axis. In other words the orientation of one plane can be deduced from that of the other one by a rotation over 180° around the c-axis. This remark is clearly an argument for our model.

According to the model proposed here boundaries end at dislocations with a Burgers vector equal to the displacement vector of the boundaries, i.e. $\left[\frac{a}{2}\,0\,\frac{c}{2}\right]$ or $\left[0\,\frac{a}{2}\,\frac{c}{2}\right]$. Conversely dislocations with such Burgers vectors are perfect with respect to the oxygen structure, but they are partial with respect to the complete structure. As a result anti-phase boundaries should be attached to such dislocations (Fig. 18). On the other hand dislocations with a Burgers vector $[0\ 0\ c]$ are perfect for the complete structure and no boundary is connected to them. The model is thus consistent with the occurrence of both types of dislocations.

The model also accounts for the possibility that the boundary and its limiting dislocations move in the way shown in Fig. 14. The dislocation can remove one part of an angular arrangement of A.P.B.'s by glide and the other part by climb. The annealing of boundaries attached to dislocations is the result of an alternation of glide and climb of the limiting dislocations.

The model clearly implies that the contact planes should be related to the oxygen stacking as found.

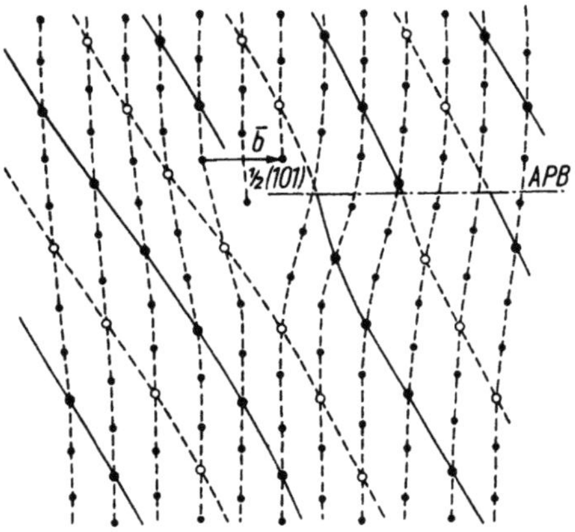

Fig. 18. Anti-phase boundary ending at a dislocation with $\frac{1}{2}$ a o c Burgers vector

8.2 Model for the twin boundaries

We now discuss the possibility b). If the filling of the interstices with titanium ions starts along rows of different direction in different parts of the continuous oxygen lattice the two parts are in twin relationship (Fig. 19a and b). One could imagine two orientations for the coherent contact plane between two such regions, i.e. the two symmetry planes (Fig. 19a and b). It is clear from this drawing that the situation of Fig. 19a, i.e. with contact plane (101), is energetically the most favourable one for two reasons:

1. All titanium ions in the boundary have closest neighbours at the normal distance, which is not the case for b).

2. The "bonds" to the closest neighbours enclose an angle of 120° against 60° in b).

In practice only orientation a) is found for the coherent twin plane.

The twin may or may not be associated with an anti-phase boundary; both situations are shown in Fig. 20. It is clear that as a result of the slight deformation of the close-packed oxygen lattice on inserting the titanium ions, the oxygen lattice will no longer be strictly continuous across the twin plane since the deformation is different in both crystal parts.

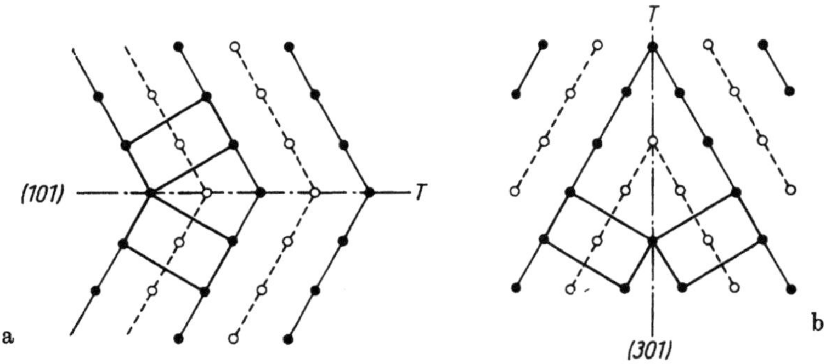

Fig. 19. The two types of twins that could be formed by filling up rows of octahedral interstices enclosing an angle of 60°; (a) is the most stable configuration

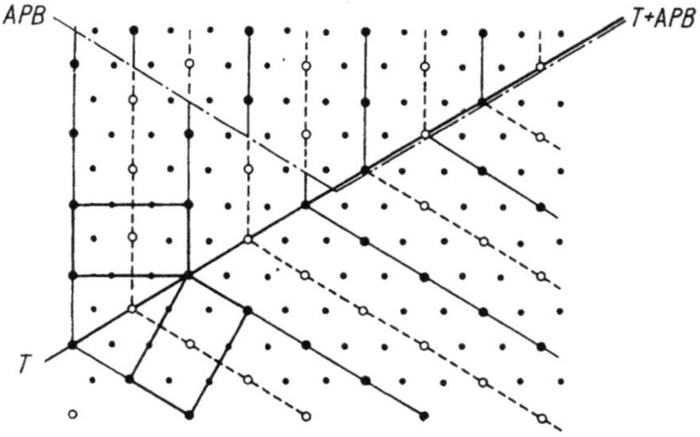

Fig. 20. Configuration of a twin plus an anti-phase boundary in the idealized model. Note that on one side of the anti-phase boundary the twin plane is a simple twin while on the other it is a twin plus an anti-phase boundary

In the ideal structure there is *no* possibility for twinning on (011) or $(01\bar{1})$ planes maintaining a continuous oxygen lattice. This explains why, although the symmetry of the real structure would suggest *four* different twin planes, only one or at most two families are observed.

References

[1] W. M. Hirthe and J. O. Brittain, J. Amer. Ceram. Soc. **45**, 546 (1962).
[2] K. H. G. Ashbee and R. E. Smallman, Proc. Roy. Soc. **A 274**, 195 (1963).
[3] K. H. G. Ashbee and R. E. Smallman, Phil. Mag. **7**, 1933 (1962).
[4] J. van Landuyt, D. L. Douglass, R. Gevers, and S. Amelinckx, to be published in Proceedings of the 3rd European Reg. Conf. on Electron Microscopy 1964.
[5] M. J. Whelan and P. B. Hirsch, Phil. Mag. **2**, 1303 (1957).
H. Hashimoto, A. Howie, and M. J. Whelan, Phil. Mag. **5**, 967 (1960); Proc. Roy. Soc. **A 259**, 80 (1962).
[6] R. Gevers, A. Art, and S. Amelinckx, phys. stat. sol. **3**, 1563 (1963).
[7] K. H. G. Ashbee, R. E. Smallman, and G. K. Williamson, Proc. Roy. Soc. **A 276**, 542 (1963).

(Received August 5, 1964)

phys. stat. sol. 7, 331 (1964)

Physikalisches Institut der Tschechoslowakischen Akademie der Wissenschaften, Prag

Morphologie und Wachstumsmechanismus von AlN-Einkristallen

By

J. PASTRŇÁK und L. ROSKOVCOVÁ

Die vorliegende Arbeit behandelt die Züchtung von Aluminiumnitrid-Einkristallen durch Reaktion aus der Gasphase im Temperaturgebiet von 1750 bis 2050 °C. Es wurde gefunden, daß bei höheren Übersättigungen meist prismatische, bei niedrigeren dagegen plättchenförmige Kristalle entstehen. Zwei Reaktionen

$$Al(g) + {}^1/_2\,N_2(g) \rightarrow AlN(s)$$
$$Al(g) + {}^1/_2\,N_2(g) \rightarrow AlN(g) \rightarrow AlN(s)\,,$$

die bei dem Wachstum aus der Gasphase zur Geltung kommen können, werden diskutiert. Der Habitus der Kristalle kann dadurch beeinflußt werden, daß die eine oder die andere der beiden angeführten Reaktionen die entscheidende Rolle spielt. Gleichzeitig muß auch die Einwirkung von Verunreinigungen berücksichtigt werden.

An experimental study is made of the growth of AlN single crystals produced by reaction in the gaseous phase over the temperature range 1750 to 2050 °C. For higher supersaturation the crystals obtained are usually prismatic, whereas for lower supersaturation the crystals obtained are plate-shaped. Two reactions

$$Al(g) + 1/2\ N_2(g) \rightarrow AlN(s)$$
$$Al(g) + 1/2\ N_2(g) \rightarrow AlNC(g) \rightarrow AlN(s)$$

which can occur during growth from the gas phase are discussed. The properties of the crystals depend upon which of these two reactions is dominant. The effect of impurities has also to be taken into account.

1. Einleitung

Die Darstellung von AlN-Einkristallen und die damit verbundenen Probleme verdienen einerseits Aufmerksamkeit, weil zur Untersuchung der bei AlN bisher wenig bekannten elementaren physikalischen Eigenschaften Einkristalle das am besten geeignete Objekt darstellen, und andererseits, weil auch vom rein kristallographischen Gesichtspunkt die Untersuchung der Morphologie und Polytypie in Kristallen mit Wurtzitstruktur wichtig ist. Die bisherigen Mitteilungen beschreiben die Darstellung von AlN-Einkristallen durch Sublimation von pulverförmigem Nitrid und durch Reaktion von Aluminiumdämpfen mit Stickstoff bei hohen Temperaturen [1 bis 5], wobei durch die zweite Darstellungsweise bessere Ergebnisse erzielt wurden. Diese Arbeiten beschränken sich jedoch auf die Beschreibung der Methode und der Ergebnisse, wobei der mögliche Wachstumsmechanismus nicht eingehender diskutiert wird. Nur in einer Mitteilung von KLEBER und WITZKE [6] wird auf Grund der Beobachtung der thermisch geätzten Wachstumsfiguren auf der Fläche (00.1) von Plättchen, deren c-Achse vertikal zu dieser Fläche steht, ein Dislokationsmechanismus in (00.1)-Richtung vorgeschlagen. Es bleibt allerdings problematisch, weshalb bei diesen Plättchen die Wachstumsgeschwindigkeit gerade in dieser Richtung am geringsten ist, wie aus dem Habitus der Kristalle, an denen die Beobachtungen ausgeführt wurden, hervorgeht.

2. Versuchsergebnisse

Einige unserer Versuche wurden in einem Graphittiegel mit Hochfrequenzheizung in Stickstoff, meist jedoch in einem Graphitwiderstandsofen mit Stickstoffschutzatmosphäre ausgeführt. Das Anordnungsschema ist in Fig. 1 dargestellt und ist der z. B. in den Arbeiten [1, 5] angewandten Anordnung analog. Das Ausgangsmaterial war elektrolytisches Aluminium mit einem Reinheitsgrad von 99,99%. Als Material für das Schiffchen und ein einseitig geschlossenes Schutzrohr mit Innendurchmesser von 26 mm wurde Graphit verwendet. Das Schiffchen mit dem Aluminium wurde im Gebiet der maximalen Temperatur untergebracht, die AlN-Kristalle wuchsen meistens an den Wänden des Schiffchens unmittelbar über dem Aluminium, in geringerem Maße jedoch auch an den Wänden des Schutzrohres im Gebiet der maximalen Temperatur. Die Wachstumsdauer bewegte sich in unseren Versuchen zwischen 30 min und 6 h; die Temperaturen an den Stellen, wo sich das Schiffchen mit dem Aluminium befand, lagen bei den verschiedenen Versuchen zwischen 1750 bis 2050 °C. Die Temperatur wurde pyrometrisch gemessen. Die Abdampfgeschwindigkeit des Aluminiums aus dem Schiffchen wurde durch die Geschwindigkeit, mit der die Temperatur ihren Maximalwert erreichte, geregelt. Im Laufe dieses Temperaturanstieges bzw. während eines Aufenthaltes von ungefähr 30 bis 60 Minuten bei einer Temperatur von 850 bis 1300 °C entstand an der Oberfläche eine Schicht von festem AlN; die Diffusionsgeschwindigkeit des Aluminiums durch diese Schicht bestimmte dann die Übersättigung und dadurch die Wachstumsgeschwindigkeit.

Die in unseren Versuchen gezüchteten Kristalle wiesen eine hexagonale Wurtzitstruktur auf und waren meist bläulich verfärbt. Nach [7] wird die blaue Färbung durch Farbzentren verursacht, die durch CO-Spuren in der Atmosphäre bedingt sind. Es ist jedoch nicht ausgeschlossen, daß die gleiche Farbe auch durch einen Aluminiumüberschuß bzw. Stickstoffmangel entstehen kann. Zu dieser Annahme führt uns die Tatsache, daß die in einer Atmosphäre mit einer höheren Al-Konzentration hergestellten Kristalle die satteste Blaufärbung aufweisen, während z. B. die durch Sublimation von pulverförmigem AlN in einer Stickstoffatmosphäre hergestellten Kristalle in der Regel farblos sind.

Alle AlN-Kristalle weisen im Polarisationsmikroskop Doppelbrechung auf, es wurde jedoch keine Streifenbildung festgestellt, wie sie für ZnS typisch ist und die mit der gleichzeitigen Existenz der kubischen und der hexagonalen Phase, bzw. verschiedener Polytypien bei diesen Kristallen [8, 9] verbunden wäre. Dies

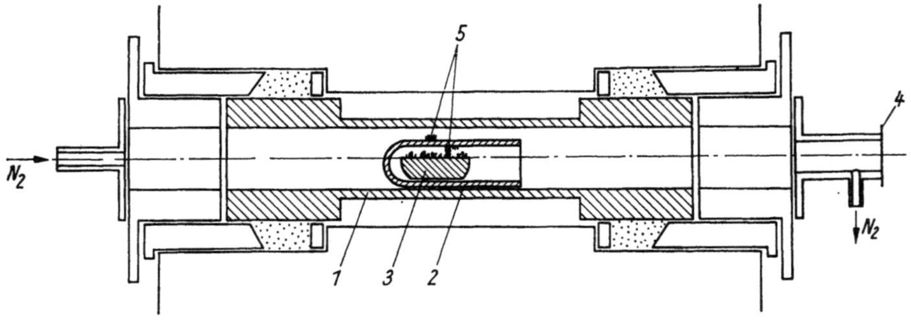

Fig. 1. 1: Graphitheizelement, 2: Graphitschutzrohr, 3: Graphitschiffchen mit Aluminium, 4: Fenster, 5: Kristalle

ist im Einklang mit der Beobachtung WITZKES [5], der bei AlN nur die Struktur 2H ermittelte. Beobachtungen im polarisierten Licht zeigen ebenfalls, daß die bläulichen AlN-Kristalle einen starken Dichroismus aufweisen; die die blaue Verfärbung verursachenden Zentren absorbieren vorwiegend nur Licht mit $\vec{E} \parallel c$.

Die Durchschnittsmenge der bei einem Versuch gezüchteten Kristalle bewegte sich zwischen 10 und 100 mg; bei prismatischen Kristallen betrug die Durchschnittslänge 3 bis 5 mm, ihr Durchmesser 0,3 mm; bei den Plättchen betrug die Fläche 1 bis 2 mm².

Für die mit dieser Methode hergestellten AlN-Einkristalle ist eine Mannigfaltigkeit der Formen charakteristisch, auf die bereits KLEBER und WITZKE in ihren Arbeiten [3 bis 5] aufmerksam gemacht haben. Beispiele verschiedener Kristallformen, die in unseren Versuchen vorkamen, sind aus Fig. 2 zu ersehen. Die am Schiffchen an Stellen einer großen Übersättigung gewachsenen Kristalle waren meist säulenförmig, mit der c-Achse größtenteils (jedoch nicht immer) parallel zur Längsachse des Prismas; an den Wänden des Schutzrohrs in Gebieten geringerer Übersättigung sowie bei den Sublimationsversuchen entstanden häufiger Plättchen, deren c-Achse meist senkrecht zur Plattenebene, manchmal aber auch in der Plattenebene lag. In unseren Versuchen konnten wir keine eindeutige Abhängigkeit des Vorkommens von Kristallen einer bestimmten Form von der Temperatur beobachten. Die am häufigsten vorkommenden Kristallformen können in drei Grundtypen eingeteilt werden: Typ A: säulenförmige Kristalle, die von $\{10.0\}$- und äquivalenten Flächen mit der c-Achse parallel zur Längsachse des Prismas begrenzt werden (Fig. 2), Typ B: plattenförmige Kristalle, bei denen neben $\{10.0\}$- und äquivalenten Flächen auch in beträchtlichem Maße $\{10.1\}$-Flächen auftreten, die c-Achse befindet sich auch hier in der Kristallebene (Fig. 2b). Fig. 3 stellt den äußeren Habitus sowie die Lage der c-Achse dieser Gattung dar, die in der Literatur bisher noch nicht beschrieben wurde. Der Typ C wird durch dünne Streifen und Plättchen, welche durch Basisflächen begrenzt sind, repräsentiert (Fig. 2c).

In den meisten Versuchen entstanden nicht vollkommen entwickelte Kristalle, oft kamen Verwachsungen und dendritische Formen vor. An $\{00.1\}$-Flächen wurden oft Wachstumsstufen, die gewöhnlich hexagonal waren, beobachtet; es gelang uns jedoch nicht, Wachstumsspiralen zu finden (Fig. 2c). Ähnlich wie bei der Züchtung von ZnS- und CdS-Einkristallen bildete sich in der ersten Phase meist im Laufe höchstens einiger Minuten ein dünner Kristall mit einer Länge von einigen Millimetern, welcher im Laufe des weiteren Wachstumsprozesses nur noch in die Breite wuchs. Dieser Mechanismus wurde auch bei den plättchenförmigen Kristallen beobachtet; in einigen Fällen, wenn Schwankungen im CO-Gehalt oder im Al-Partialdruck der Gasphase Intensitätsänderungen in der Blaufärbung der Kristalle hervorriefen, so konnten die ursprünglichen Zentralwhisker auch unter dem Mikroskop beobachtet werden (Fig. 2c).

Eine Sublimation der bereits gebildeten AlN-Einkristalle wurde, ähnlich wie in [1], auch in dem Falle beobachtet, wenn die Temperatur 2000 °C überschritt. Im Laufe von ungefähr 10 min verdampfte bei unseren Versuchsbedingungen ein Kristall von 5 mm Länge bei einer Temperatur von 2050 °C vollkommen.

Um die Ergebnisse vergleichen zu können, wurden einige Versuche zur Züchtung von Kristallen durch Sublimation von pulverförmigem Nitrid ausgeführt. Bei Temperaturen von 1900 bis 2000 °C und einer Dauer von 2 bis 3 h wurden Kristalle erhalten, die direkt an dem eingewogenen pulverförmigen AlN und Kristalle, die an dem Graphitschutzrohr gewachsen waren. Die an dem Pulver entstandenen Kristalle bildeten hauptsächlich 1 bis 2 mm lange Prismen, deren

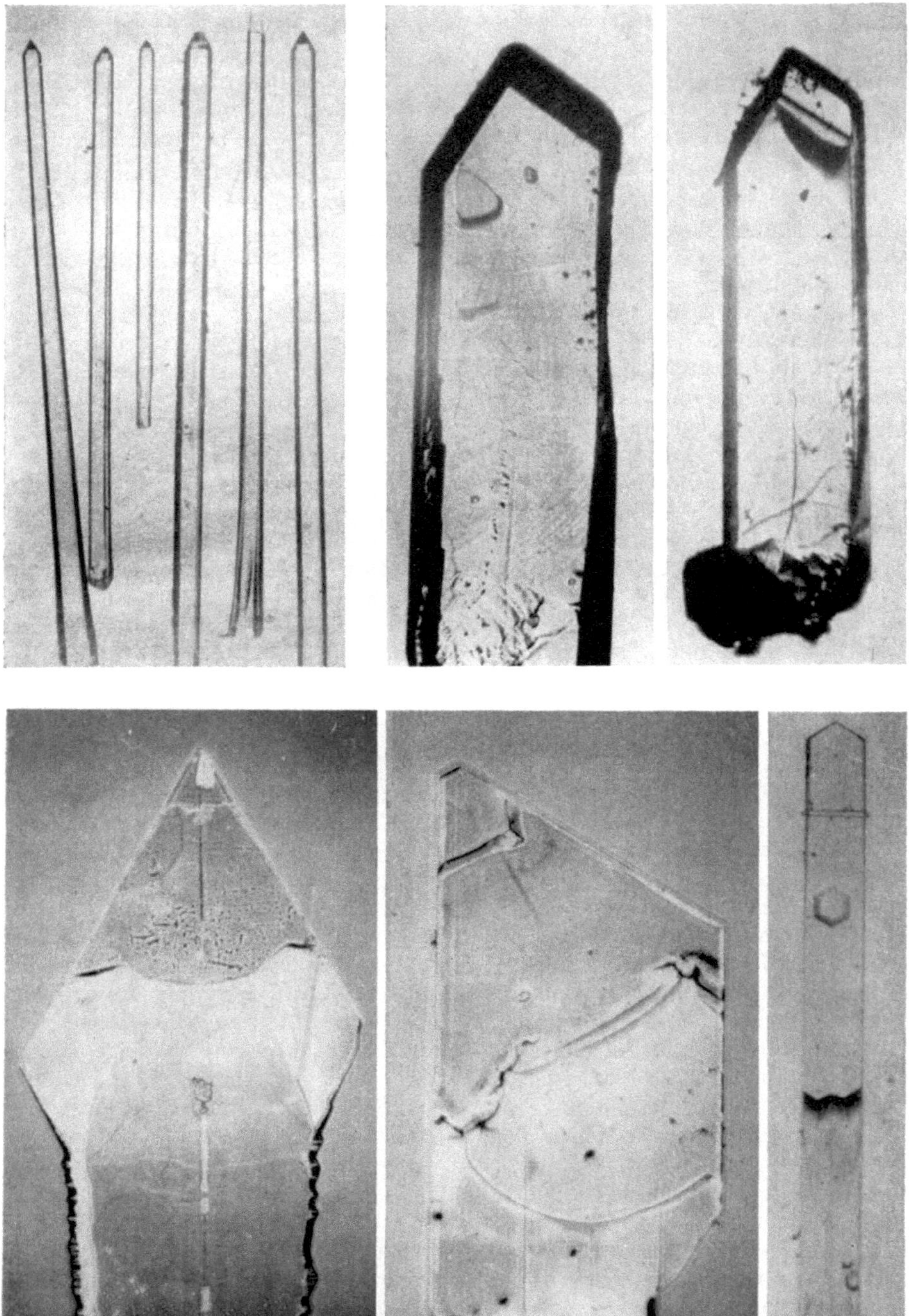

c

Fig. 2. Drei der häufigsten Kristallformen (45 × vergrößert). a) Typ A: säulenförmige Kristalle mit der c-Achse parallel zur Achse der Säule. b) Typ B: plattenförmige Kristalle mit der c-Achse in der Ebene der Platte. c) Typ C: dünne Streifen und Platten, durch Basisflächen begrenzt, c-Achse senkrecht zur Ebene der Platte. Typ C wurde im Phasenkontrast photographiert

c-Achse zum Kristalle parallel lag und die ungefähr einen Durchmesser von 0,1 mm hatten. Am Schutzrohr bildete sich eine geringe Anzahl kleiner, sehr dünner Plättchen mit spiegelglatten Flächen. Beide Typen der Kristalle wiesen gut entwickelte Oberflächen auf und zeigten keine Spuren von Verfärbung. Außerdem bildeten sich in der kühleren Zone (um 1400 °C) einige verfilzte Konglomerate, die aus mikroskopischen Whiskern bestanden [1, 2].

3. Diskussion der Ergebnisse

Wie unsere Ergebnisse (Fig. 2), sowie auch diejenigen anderer Verfasser [1 bis 5] zeigen, können AlN-Kristalle ihrem Aussehen nach in drei Gruppen eingeteilt werden. In der Diskussion des Wachstumsmechanismus werden wir uns jedoch nur auf folgende zwei extremen Kristalltypen beschränken: erstens prismenartige Kristalle mit einer maximalen Wachstumsgeschwindigkeit in Richtung der c-Achse, zweitens plättchenförmige oder lamellenförmige Kristalle mit einer maximalen Wachstumsgeschwindigkeit senkrecht zur c-Achse.

Einen entscheidenden Parameter für das Wachstum der Kristalle bei einer gegebenen Temperatur bildet die Übersättigung. Die Gleichgewichtsdrücke können in unserem Falle durch zwei Gleichungen bestimmt werden

$$\mathrm{Al(g)} + {}^1\!/_2\,\mathrm{N_2} \xrightarrow{a} \mathrm{AlN(g)} \xrightarrow{b} \mathrm{AlN(s)} \tag{1}$$

$$\mathrm{Al(g)} - {}^1\!/_2\,\mathrm{N_2} \xrightarrow{c} \mathrm{AlN(s)}\,. \tag{2}$$

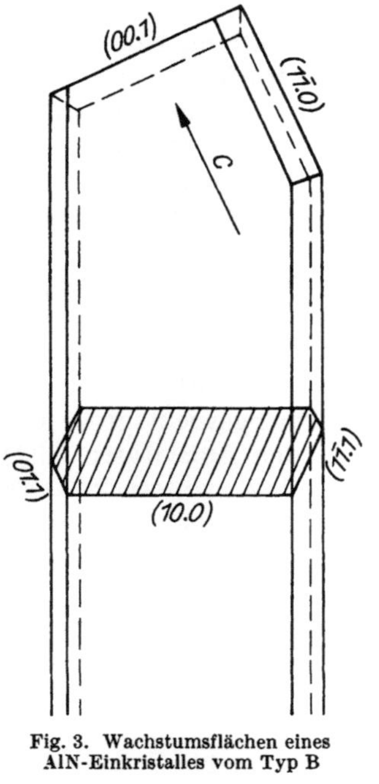

Fig. 3. Wachstumsflächen eines AlN-Einkristalles vom Typ B

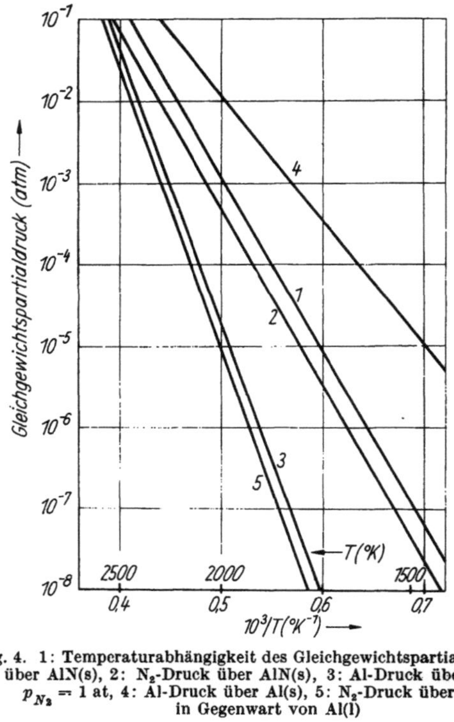

Fig. 4. 1: Temperaturabhängigkeit des Gleichgewichtspartialdruckes von Al über AlN(s), 2: N_2-Druck über AlN(s), 3: Al-Druck über AlN(s) bei $p_{N_2} = 1$ at, 4: Al-Druck über Al(s), 5: N_2-Druck über AlN(s) in Gegenwart von Al(l)

Die erste der beiden Gleichungen stellt die homogene Reaktion von Al(g) mit Stickstoff (Prozess a) mit der weiteren Kondensierung zu AlN(s) (Prozess b) dar, die zweite die heterogene topochemische Reaktion an der Oberfläche (Prozess c). Die Abhängigkeit der Gleichgewichtspartialdrücke von der Temperatur für diese Reaktionen ist in Fig. 4 dargestellt. Die Kurven 1 und 2 geben den Gleichgewichtspartialdruck von Al(g) und N_2(g) über AlN(s) im Vakuum an, der nach den Werten von MAH [10] berechnet wurde und der Reaktion (2) entspricht. Obwohl in der Literatur für die thermodynamischen Angaben von AlN eine bedeutende Uneinheitlichkeit besteht, so können dieselben in Übereinstimmung mit der Mitteilung [11, 12] als die zuverlässigsten angesehen werden. Die Kurve 3 wurde für den Druck von Al(g) über AlN(s) in Stickstoffatmosphäre von 1 atm Druck berechnet. Die Kurve 4 stellt die Temperaturabhängigkeit des Gleichgewichtspartialdruckes von Al(g) über Al(s) nach [12], die Kurve 5 den Stickstoffpartialdruck über AlN(s) in Gegenwart von Al(l) dar.

Die Bestimmung des Gleichgewichtspartialdruckes von AlN(g) über AlN(s) ist problematischer, da kein verläßlicher thermodynamischer Wert für die Sublimation oder die Dissoziation des gasförmigen AlN existiert, auf Grund dessen die Parameter für die Sublimation berechnet werden könnten. Es kann deshalb nur der Bereich bestimmt werden, in dem sich die Gleichgewichtsdrücke von AlN(g) befinden.

Nach den Arbeiten [12, 13] ist der theoretische Wert der Dissoziationsenergie von AlN(g) von dem vorausgesetzten Atomabstand im AlN Molekül sowie von der Elektronenaffinität des Stickstoffs abhängig und schwankt zwischen 50 und 137 kcal/mol. Aus diesen Daten läßt sich die Sublimationswärme und weiter der Gleichgewichtsdruck von AlN(g) über AlN(s) abschätzen. Der obere Grenzwert dieses Druckes kann die durch Kurve 3 Fig. 4 gegebenen Werte für Al(g) überschreiten.

Obwohl, mit Rücksicht auf die unsicheren Werte der benutzten Konstanten, diese Abschätzung die Größenordnung des Gleichgewichtsdruckes liefert, kann doch nicht eindeutig vorausgesetzt werden, daß im Gleichgewichtszustand bei der Züchtung der Kristalle in einer Stickstoffatmosphäre die Aktivität des AlN(g) über dem Kristall größenordnungsmäßig niedriger ist als die Aktivität des Al(g). Die Entscheidung dieser Frage wird nur dann möglich sein, wenn genauere Werte der Sublimationswärme zur Verfügung stehen.

Wir wollen nun den äußeren Habitus unter konkreten Wachstumsbedingungen diskutieren. AlN kristallisiert in der Wurtzitstruktur, die PBC-Vektoren in den Richtungen [10.0], [00.1] und [10.1] aufweist [14]. Die betreffenden F-Flächen, die den Habitus der Kristalle bestimmen, sind also {00.1}, {10.0} und {10.1}. Gemäß dem Wulffschen Theorem vermindert sich die Gleichgewichtsgröße der Kristallfläche bei Zunahme ihrer freien Energie, die von den Aktivitäten Al(g) und AlN(g) abhängt. In Übereinstimmung mit der Mitteilung von HARTMANN und PERDOK [15] wird anstatt der freien Energie die Abtrennungsarbeit genommen werden. Diese Energie, die für die Wachstumsgeschwindigkeit der gegebenen Fläche bestimmend ist, kann durch die Zahl der neugebildeten Bindungen bzw. durch die PBC-Vektoren des angebauten Moleküls charakterisiert werden. Es folgt aus der Kristallflächengeometrie, daß die Zahl der neugebildeten Bindungen beim Anbau eines AlN Moleküls an die {10.0} Fläche höher ist als für die {00.1} Fläche, während für ein Al-Atom das Gegenteil gilt.

Der Unterschied in den Aktivitäten von Al(g) und AlN(g) kann den Grund dafür bilden, daß in einzelnen Fällen Plättchen entstehen, deren *c*-Achse senkrecht zur

Plättchenebene steht, oder Prismen, deren c-Achse mit der Längsachse zusammenfällt. Diese Aktivitäten wurden durch die Temperatur und die Geschwindigkeit der Al(g)-Zufuhr bestimmt.

Der Einfluß möglicher Verunreinigungen, meist Spuren von O_2, CO oder C, wurde nicht näher untersucht, obwohl es fest steht, daß diese Verunreinigungen die Wachstumsgeschwindigkeit in verschiedenen Richtungen und deshalb auch den Habitus beeinflussen können.

Die Feststellung, daß im ersten Wachstumsstadium immer Whisker entstehen, welche erst im Laufe der weiteren Entwicklung zu Lamellen oder Plättchen anwachsen können, könnte durch die Wirkung von geometrischen Faktoren, bzw. durch unterschiedliche Wachstumsmechanismen im Anfangsstadium verständlich gemacht werden.

Anhand der uns zur Verfügung stehenden Angaben können wir nicht entscheiden, inwiefern beim Wachstum der Kristalle unter unseren Bedingungen Keimbildungs- oder Versetzungsmechanismus beteiligt sind. Untersuchungen der Versetzungsdichte und der Richtung der Versetzungen wurden nicht ausgeführt. Wenn wir jedoch die vereinfachte Formel für die Wachstumsgeschwindigkeit auf Grund des Versetzungsmechanismus [17] in Betracht ziehen

$$R = \beta(2\pi mk\,T)^{-1/2}\,\Omega\,\Delta p\,,$$

wo R die lineare Wachstumsgeschwindigkeit der Kristallfläche in Richtung ihrer Normale bedeutet, Ω das Volumen des Moleküls, m dessen Masse, Δp die Differenz zwischen dem Dampfdruck im Wachstumsraum und dem Gleichgewichtsdruck bei der gegebenen Temperatur, β einen numerischen Faktor ungefähr gleich 1, so erhalten wir aus der beobachteten anfänglichen Wachstumsgeschwindigkeit in Richtung der Achse des Prismas, $R = 10^{-3}$ cm/s, bei $T = 2200$ °K für Δp den Wert von ungefähr 0,4 mm Hg. Eine Diskussion der Gültigkeit der angewandten Formel wurde ähnlich wie in der Arbeit [18] durchgeführt. Der erhaltene Wert von Δp ist wahrscheinlich viel kleiner als dessen tatsächlicher Wert; aus dem häufigen Vorkommen dendritischer Formen kann geschlossen werden daß mit einer viel höheren Übersättigung gearbeitet wurde, so daß auch ein Keimbildungsmechanismus möglich war.

Zum Abschluß möchten wir dem Forschungsinstitut für Pulvermetallurgie in Vestec bei Prag und insbesondere Herrn V. Bláha für die technische Mitarbeit, weiter Herrn J. Veselý für seine Hilfe bei der Züchtung der Einkristalle unseren Dank aussprechen, Wir danken auch Dr. M. Trlifaj und Dr. Z. Hauptman für wertvolle und anregende Diskussionen.

Literatur

[1] K. M. Taylor und C. Lennie, J. Electrochem. Soc. **107**, 308 (1960).
[2] T. Matsumura und Y. Tanabe, J. Phys. Soc. Japan **15**, 203 (1960).
[3] W. Kleber und H. D. Witzke, Z. Krist. **116**, 126 (1961).
[4] H. D. Witzke, Z. phys. Chem. **221**, 259 (1962).
[5] H. D. Witzke, phys. stat. sol. **2**, 1109 (1962).
[6] W. Kleber und H. D. Witzke, Naturwissenschaften **10**, 372 (1963).
[7] G. Long und L. M. Foster, J. Amer. Ceram. Soc. **42**, 53 (1959).
[8] L. W. Strock und A. V. Brophy, Am. Miner. **40**, 93 (1954).
[9] M. A. Short und E. G. Steward, Acta cryst. **8**, 733 (1955).
[10] A. D. Mah, E. G. King, W. W. Weller und A. V. Christensen, "Thermodynamics Properties of Aluminium Nitride", U.S. Bureau of Mines, R. I. 5716 (1961).

[11] G. LONG und L. M. FOSTER, J. Electrochem. Soc. **109**, 1177 (1962).
[12] Термодинамические свойства индивидуальных веществ, ИАН СССР Москва 1962.
[13] J. L. MARGRAVE, und P. STHAPITAMONDA, J. phys. Chem. **59**, 1231 (1955).
[14] W. KLEBER, Tonindustrie Z. u. ker. Rundschau **86**, 251 (1962).
[15] P. HARTMAN und W. G. PERDOK, Acta cryst. **8**, 49 (1955).
[16] S. S. BRENNER und G. W. SEARS, Acta metall. **5**, 268 (1956).
[17] W. BURTON, N. CABRERA und F. FRANK, Phil. Trans. **A 243**, 299 (1951).
[18] K. PÁTEK, Czech. J. Phys. **B 12**, 216 (1962).

(Received August 6, 1964)

phys. stat. sol. 7, 339 (1964)

Physikalisch-Technisches Institut der Deutschen Akademie der Wissenschaften zu Berlin, Bereich elektronische Halbleiter

Zur Frage der Beweglichkeit der heißen Elektronen in n-Silizium bei 77 °K

Von

M. ASCHE und O. G. SARBEJ[1])

Mit Hilfe eines Variationsverfahrens wurden Näherungslösungen der Boltzmanngleichung für die Abhängigkeit der Verteilungsfunktion der Elektronen vom elektrischen Feld in atomaren Halbleitern gesucht. Die Rechnungen wurden unter den Voraussetzungen durchgeführt, daß die Elektronen an akustischen und optischen Phononen gestreut werden, die Kopplungskonstanten bestimmte Bedingungen erfüllen, die Relaxationszeiten isotrop und die Energieflächen Ellipsoide sind. Die Methode wird für einige besondere Fälle zur Berechnung der Elektronenbeweglichkeit als Funktion des elektrischen Feldes in Si angewandt.

Die Abhängigkeit des Stromes vom Feld wurde an n-leitendem Si bei 77 °K für die kristallographischen Richtungen parallel ⟨111⟩ und ⟨100⟩ experimentell untersucht. Für die letztere Richtung wurde die Stromänderung bei uniaxialem Druck gemessen. Die Ergebnisse werden mit den berechneten Werten verglichen.

Вариационным методам ищется приближенное решение уравнения Больцманна для функции распределения электронов в атомарном полупроводнике в случае наличия сильного электрического поля. Учитывается рассеяние электронов на акустических и оптических колебаниях решетки, время релаксации считается изотропным, а поверхности постоянной энергии — эллипсоидами. Метод применен для вычисления подвижности электронов в функции электрического поля в кремнии для некоторых особых случаев.

Экспериментально изучена зависимость тока от поля в n-Si при 77 °К в кристаллографических направлениях ⟨111⟩ и ⟨100⟩. В последнем случае измерения проведены при разных давлениях, направленных параллельно полю. Результаты измерений сравниваются с расчетными данными.

Einleitung

Der Einfluß der elektrischen Feldstärke F auf die Beweglichkeit μ der Elektronen in Si ist von verschiedenen Autoren [1 bis 8, 19] gemessen worden. Für eine quantitative Beschreibung ist die Kenntnis der einzelnen Streuprozesse eine notwendige Voraussetzung. Von LONG [9] wurde die Wechselwirkung von Elektronen und Phononen mittels der Temperaturabhängigkeit von μ untersucht und die Ankopplung der Phononen bestimmt. Es kann jetzt versucht werden, $\mu(F)$ mit diesen Daten durch Näherungslösung der Boltzmann-Gleichung zu bestimmen und mit Experimenten zu vergleichen. Zu diesem Zweck wird μ für Feldrichtung parallel zu ⟨111⟩ gemessen und berechnet. Um den Einfluß der einzelnen Streuprozesse zu untersuchen, werden durch Druck in Richtung ⟨100⟩ die vorher äquivalenten Täler so weit gegeneinander verschoben, daß sich die Elektronen im wesentlichen nur noch in zwei Tälern befinden [10]. Für diesen Fall werden theoretische Berechnungen bei Vernachlässigung der f-Zwischentalstreuung durchgeführt, mit Messungen verglichen, sowie die Abweichungen diskutiert.

[1]) Institut für Physik der Ukrainischen Akademie der Wissenschaften, Kiew.

1. Experimenteller Teil

1.1 Versuchsdurchführung

Die Beweglichkeit wird aus Stromspannungsmessungen bestimmt. Die Proben haben die ungefähren Abmessungen $1 \times 1 \times 3$ mm^3. Die Orientierungen sind röntgenographisch bestimmt worden. Elektrisches Feld F und in entsprechenden Fällen der Druck p sind parallel zur Längsachse gerichtet. Die Messungen werden mit Rechteckimpulsen von 1 µs Dauer und Folgefrequenzen von 1 bis 50 Hz durchgeführt. Die mit einem Thermoelement gemessene Änderung der Temperatur im Inneren der Kristalle ist geringer als 1°. Überschlagsrechnungen zeigen, daß die während eines Impulses auftretende Erwärmung zu vernachlässigen ist. Alle Messungen werden in flüssigem Stickstoff durchgeführt.

Als Material [11] wird n-Si mit $\varrho_{300\,°\mathrm{K}} = 100\ \Omega\mathrm{cm}$, einer Minoritätsträgerlebensdauer von 100 µs und einer Versetzungsdichte von $2 \cdot 10^4\ \mathrm{cm}^{-2}$ verwendet. Das bedeutet, daß Streuung an entsprechenden Zentren vernachlässigt werden kann. Die Kristalle werden geätzt und mit Legierungskontakten aus Sb-dotiertem Au versehen.

1.2 Versuchsergebnisse

Fig. 1 Kurve 1 zeigt $J_0(F)$ für den Fall, daß die elektrische Spannung in Richtung $\langle 111 \rangle$, also symmetrisch zu allen Tälern, angelegt ist, Kurve 2 den Fall der Orientierung längs $\langle 100 \rangle$ ohne Druck. Im Vergleich zu der Kurve für die Orientierung $\langle 111 \rangle$ zeigt $J_0(F)$ für diese Richtung eine relativ stark veränderliche Krümmung im Bereich oberhalb von 0,3 kV/cm. Sie ist vermutlich auf die verschiedene Energieaufnahme der Elektronen der einzelnen Täler aus dem elektrischen Feld und dadurch verstärkte f-Zwischentalstreuung zurückzuführen.[2])

Die Druckabhängigkeit des spezifischen Widerstandes für den Fall schwacher Felder (Fig. 2) ist aufgenommen worden, um zu ermitteln, wieweit bei entsprechenden Drücken schon die Umverteilung der Elektronen auf die Täler erfolgt ist. An einer $\langle 111 \rangle$ orientierten Probe ist festgestellt worden, daß dort keine Änderung des Widerstands mit dem Druck erfolgt, damit ist überprüft worden, daß es sich bei der $\langle 100 \rangle$-Probe um den gesuchten Effekt handelt.

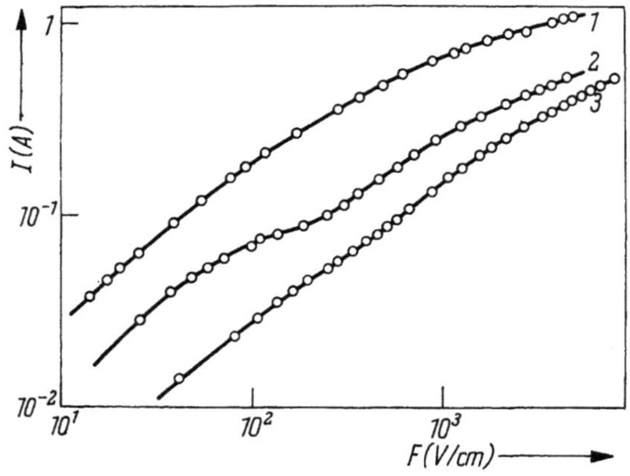

Fig. 1. Abhängigkeit des Stromes J von der Feldstärke F (in V/cm)
Kurve 1 in Richtung $\langle 111 \rangle$
Kurve 2 in Richtung $\langle 100 \rangle$
Kurve 3 in Richtung $\langle 100 \rangle$ bei einem Druck $p = 3{,}23 \cdot 10^9\ \mathrm{dyn/cm^2}$ parallel zum Strom

[2]) Meßwerte [8] an 20 Ωcm Si bei geringerer Impulsbreite weisen gute Übereinstimmung auf.

Fig. 2. Änderung des Widerstandes mit dem Druck für die Orientierung ⟨100⟩ (p in dyn/cm²)

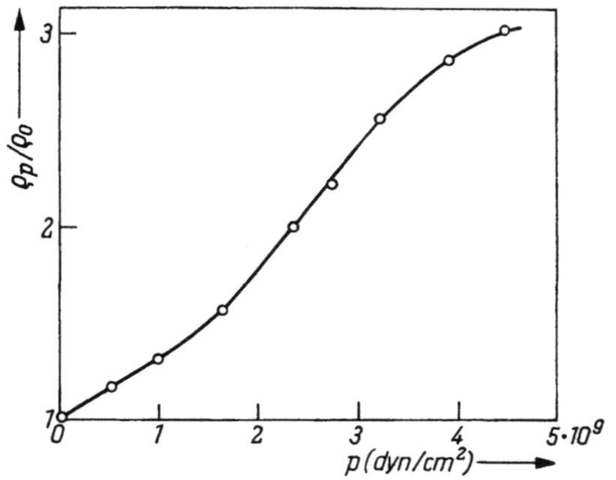

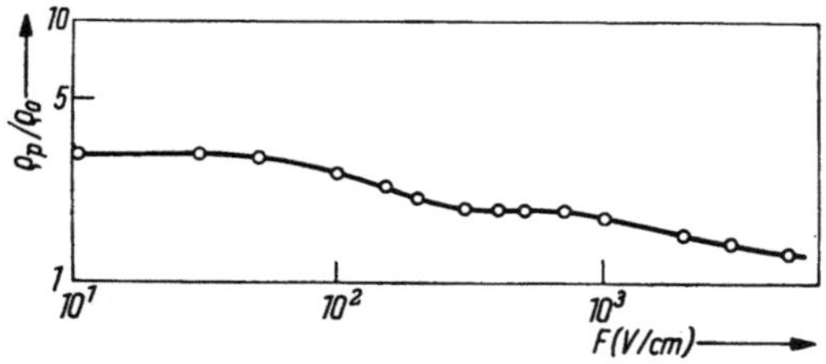

Fig. 3. Das Widerstandsverhältnis bei Messungen mit einem Druck von 3,23 · 10⁹ dyn/cm² zu denen ohne Druck in Abhängigkeit von der Feldstärke (V/cm)

$J_p(F)$ bei einem Druck $p = 3{,}23 \cdot 10^9$ dyn/cm² ist in Fig. 1 Kurve 3 wiedergegeben, außerdem in Fig. 3 $\varrho_p(F)/\varrho_0(F)$. Dieser Quotient nimmt mit wachsender Feldstärke ab. Der Verlauf wird durch die stark veränderliche Krümmung von $J_0(F)$ oberhalb von 0,3 kV/cm sehr beeinflußt.

2. Theoretischer Teil

2.1 Lösung der Boltzmann-Gleichung

Aus der Boltzmann-Gleichung werden in Diffusionsapproximation mit dem Ansatz $f = f_0 + k^* \cdot \cos(k^* F^*) \cdot f_1$[3]) zwei Gleichungen für f_0 und f_1 hergeleitet [12 bis 16]. Es ist günstig, ihre Lösungen durch ein Variationsverfahren zu bestimmen. Dafür wird als Ansatz $f_0 = e^{-\gamma x}(1 + \alpha x + \beta x^2)$ mit $x = E/k\,T$, α und β als Variationsparametern und γ als zusätzlichem Parameter benutzt. γ ist das Verhältnis von Gittertemperatur zu einer sogenannten Elektronentemperatur und kann wie folgt bestimmt werden: In der Statistik wird die Temperatur eines Ensembles durch die Gibbs'sche Verteilung definiert. Bei den betrachteten Verhältnissen liegt eine davon abweichende Verteilungsfunktion vor. Es ist aber für die Rechnung zweckmäßig, die Elektronen durch eine „Temperatur" zu charakterisieren, die man aus dem Energieerhaltungssatz gewinnen kann. Dieses Verfahren ist gerechtfertigt, wenn die Abweichungen von der Maxwell-Verteilung nicht zu groß sind.

³) * bezieht sich auf ein Koordinatensystem, in dem die Energieflächen auf Kugelform transformiert sind.

Das Differentialgleichungssystem für f_0 und f_1 ist, wenn die Streuung an Verunreinigungen vernachlässigt werden kann [12]

$$\frac{1}{\sqrt{x}}\left[x^2\frac{d^2f_0(x)}{dx^2}+(x^2+2\,x)\frac{df_0(x)}{dx}+2\,x\,f_0(x)\right]+$$
$$+\sum_i\frac{1}{s_i}\frac{B_i^*}{A^*}\frac{1}{\sqrt{x}}\left[\sqrt{x(x+s_i)}\,\{e^{s_i}f_0(x+s_i)-f_0(x)\}+\right.$$
$$\left.+E(x,s_i)\sqrt{x(x-s_i)}\,\{f_0(x-s_i)-e^{s_i}f_0(x)\}\right]-$$
$$-\frac{e\,F^*\sqrt{k\,T}}{\sqrt{m}\,A^*}\left[f_1(x)+\frac{2}{3}x\frac{df_1(x)}{dx}\right]=0\,. \tag{1}$$

$$\frac{A^*\sqrt{k\,T}}{2\,m\,c^2}\sqrt{x}+\sum_i\frac{B_i^*\sqrt{k\,T}}{\hbar\,\omega_i}\{\sqrt{x+s_i}+E(x,s_i)\sqrt{x-s_i}\,e^{s_i}\}\,f_1(x)=-\frac{e\,F^*}{\sqrt{m\,k\,T}}\frac{df_0(x)}{dx} \tag{2}$$

mit

$$s_i=\frac{\hbar\,\omega_i}{k\,T}=\frac{T_i}{T}\,,$$
$$E(x,s_i)=\begin{cases}0 & \text{für}\quad x<s_i\,,\\ 1 & \text{für}\quad x\geqq s_i\,.\end{cases}$$

Die Ankopplungen der Phononen an Elektronen sind in der Schreibweise von YAMASHITA [12] bzw. LONG [9] gegeben durch

$$\frac{A^*\sqrt{k\,T}}{2\,m\,c^2}=w_a\left(\frac{T}{T_0}\right)^{3/2},\qquad \frac{B_i^*\sqrt{k\,T}}{k\,T_i}=w_i\frac{T_i}{T_0}\left(\frac{T}{T_0}\right)^{1/2}\frac{1}{e^{s_i}-1}\,,$$

und es bedeuten w_a, w_i Ankopplungskonstanten, T_0 die Bezugstemperatur, F die elektrische Feldstärke mit $F^*\cdot F^*=F\,\tilde{\alpha}\,F$, $\tilde{\alpha}$ der Tensor der reziproken effektiven Masse × freie Elektronenmasse und c die longitudinale Schallgeschwindigkeit.

Energie- und Impulsrelaxation für akustische Phononen enthalten bei YAMASHITA keine unterschiedlichen Deformationspotentialkonstanten.

Setzt man $f_1(x)$ aus (2) in (1) ein, so folgt eine Gleichung $L(f_0(x))=0$, für die das Variationsverfahren als $\int_0^\infty L(f_0(x))\,x^{n+\frac{1}{2}}\,dx=0$ formuliert ist, wenn $f_0(x)$ ein Polynom n-ten Grades in x ist. Für den Ansatz $f_0=e^{-\gamma x}(1+\alpha\,x+\beta\,x^2)$ hat man entsprechend $n=1$ und 2 zu nehmen. Die Gleichung für γ lautet $\int_0^\infty L(e^{-\gamma x})\,x^{3/2}\,dx=0$.

Die Integrale $\int_0^\infty f_1(x)\,x^{n+\frac{1}{2}}\,dx$ können nicht geschlossen, sondern nur näherungsweise berechnet werden. Deshalb müssen für geeignete Approximationen die vorgegebenen Streuprozesse diskutiert werden. Für den Fall, daß akustische Intravalley und eine Sorte hochenergetischer Phononen in Betracht zu ziehen sind, werden diese Integrale bis auf konstante Faktoren

$$\int_0^{s_0}\frac{\dot{f}_0(x)\,x^{n+\frac{1}{2}}}{x^{1/2}+a_0\,(x+s_0)^{1/2}}\,dx+\int_{s_0}^\infty\frac{\dot{f}_0(x)\,x^{n+\frac{1}{2}}}{x^{1/2}+a_0\,(x+s_0)^{1/2}+a_0\,e^{s_0}\,(x-s_0)^{1/2}}\,dx\,,$$

mit

$$a_0 = \frac{B_0^* \, 2\, m\, c^2}{\hbar\, \omega_0\, A^*} = \frac{w_0\, T_0}{w_a\, T}\, n_0 \,.$$

Methode 1: Sind $a_0 < 1$ und $a_0 \cdot e^{s_0} \gg 1$, so können diese Integrale durch

$$\frac{1}{c} \int_0^{s_0} \dot{f}_0(x)\, x^n\, dx + \frac{1}{a_0\, e^{s_0}} \int_{s_0}^{\infty} \dot{f}_0(x)\, x^{n+\frac{1}{2}}\, (x - s_0)^{-\frac{1}{2}}\, dx$$

ersetzt werden. Dabei ist c durch Mittelwertbildung von $1 + a_0\,(x + s_0)^{1/2}/x^{1/2}$ über das zugehörige Intervall abzuschätzen. Im zweiten Term wird die Integrationsvariable auf $x' = x - s_0$ transformiert.

Methode 2: Wenn a_0 und $a_0 \cdot e^{s_0} < 1$ sind, wird der Nenner in eine Reihe entwickelt und man erhält

$$\int_0^{\infty} \dot{f}_0(x)\, x^n\, dx - a_0 \int_0^{\infty} \dot{f}_0(x)\, x^{n-\frac{1}{2}}\, (x + s_0)^{1/2}\, dx - a_0\, e^{s_0} \int_0^{\infty} \dot{f}_0(x)\, x^{n-\frac{1}{2}}\, (x - s_0)^{1/2}\, dx \,,$$

hier wird im letzten Summanden die Variable wieder auf $x' = x - s_0$ transformiert.

Für den früheren Ansatz für f_0 treten Integrale der Form

$$\int_0^{\infty} x^m\, e^{-\gamma x}\, x^{-\frac{1}{2}}\, (x + s_0)^{-\frac{1}{2}}\, dx \,, \qquad \int_0^{\infty} x^m\, e^{-\gamma x}\, x^{1/2}\, (x + s_0)^{1/2}\, dx$$

auf. Sie führen auf die m-te Ableitung der Funktionen $K_0(\gamma\, s/2)$ und $K_1(\gamma\, s/2)$, die durch die tabulierten Funktionen $H_0(i\, \gamma\, s/2)$ und $H_1(i\, \gamma\, s/2)$ ausgedrückt werden können.

Die oben beschriebenen Methoden führen zu einem Gleichungssystem für α, β und γ. Im Anhang ist es mit Erweiterung auf zwei Sorten hochenergetischer Phononen entsprechender Ankopplungsverhältnisse angegeben. Die dritte Gleichung des Systems beschreibt die Abhängigkeit der „Elektronentemperatur" vom elektrischen Feld. Bei Vernachlässigung der Intervalley-Phononen geht sie in den bekannten Fall der Streuung nur mit akustischen Phononen über. Für den Grenzfall starker elektrischer Felder, d. h. für kleine γ-Werte, dominieren jedesmal nur die beiden Terme mit H_1 und ergeben eine quadratische Abhängigkeit der Elektronentemperatur vom Feld.

2.2 Berechnungen für n-Si bei 77 °K

Die Näherungslösungen der Boltzmann-Gleichung werden speziell für n-Si für 77 °K berechnet. Die dafür notwendigen Daten werden von Long [9] übernommen, der die möglichen Intervalley-Streuungen im k-Raum betrachtet und für die zugehörigen Wellenvektoren zwei Energiebereiche gefunden hat. Aus Vergleichen experimenteller und theoretischer Temperaturabhängigkeit der Beweglichkeit wurden von ihm für mittlere Temperaturen der Phononen die folgenden Ankopplungskonstanten bestimmt

$$w_1/w_a = 2{,}0 \text{ für Phononen mit } T_1 = 630\,°\text{K},$$
$$w_2/w_a = 0{,}15 \text{ für Phononen mit } T_2 = 190\,°\text{K}.$$

Mit diesen Werten können die einzelnen Beiträge zur Relaxationszeit abgeschätzt werden. Den Einfluß der Absorption von Intervalley-Phononen im Verhältnis zu den akustischen Intravalley-Phononen erhält man durch $a_i = w_i \cdot T_i \cdot n_i/w_a\, T$, und für Emissionsterme ergeben sich die Faktoren $e_i = a_i \exp s_i$. Es sind

$$a_1 = 0{,}0044 \quad \text{und} \quad e_1 = 15{,}9$$
$$a_2 = 0{,}034 \quad \text{und} \quad e_2 = 0{,}42\,.$$

Für die $\langle 111\rangle$-Orientierung bleiben alle Täler äquivalent. Auf Grund der verschiedenen Größenordnung der Phononen wird hier das Integral $\int\limits_0^\infty f_1(x)\, x^{n+\frac{1}{2}}\, dx$ nach der ersten Methode der Näherungslösung zerlegt in

$$\frac{1}{c}\int\limits_0^{s_2} \dot{f}_0(x)\, x^n\, dx + \frac{1}{c(s_1, s_2)}\int\limits_{s_2}^{s_1} \dot{f}_0(x)\, x^n\, dx + \int\limits_{s_1}^{\infty} \frac{\dot{f}_0(x)\, x^{n+\frac{1}{2}}}{a_1\, e^{s_1}\, (x - s_1)^{1/2}}\, dx\,.$$

Damit bekommt man das im Anhang angegebene Gleichungssystem für α, β und γ. Die numerischen Ergebnisse sind in Tabelle 1 zusammengestellt.

Tabelle 1

F (V/cm)	α	$-\beta$	γ
45	0,33	0,034	0,9
125	0,57	0,051	0,7
335	0,30	0,023	0,5
1354	0,13	0,007	0,25
5300	0,06	0,002	0,1

Für $\gamma = 0{,}7$, d. h. für die größten Werte der Koeffizienten, sind die Ergebnisse der Näherung durch numerische Integration überprüft worden und zeigen gute Übereinstimmung.

Für Stromrichtung parallel zu $\langle 100\rangle$ werden die Elektronen wegen der Anisotropie der Energieflächen aus den einzelnen Tälern verschiedene Energie aus dem Feld aufnehmen. Hier interessiert nur der spezielle Fall, daß durch mechanische Spannungen die Täler energetisch so weit gegeneinander verschoben sind, daß sich Elektronen nur noch in den Tälern parallel zur Stromrichtung befinden und außerdem die f-Streuung zu vernachlässigen ist. Für die akustischen Intravalley und

Tabelle 2

F (V/cm)	α	$-\beta$	γ
48	0,10	0,0166	0,9
79	0,16	0,0239	0,8
109	0,18	0,0245	0,7
114,5	0,17	0,0205	0,6
119,5	0,14	0,0146	0,5
432	0,09	0,0048	0,25
1050	0,003	0,00002	0,1
2045	0,0005	$5{,}7 \cdot 10^{-7}$	0,05

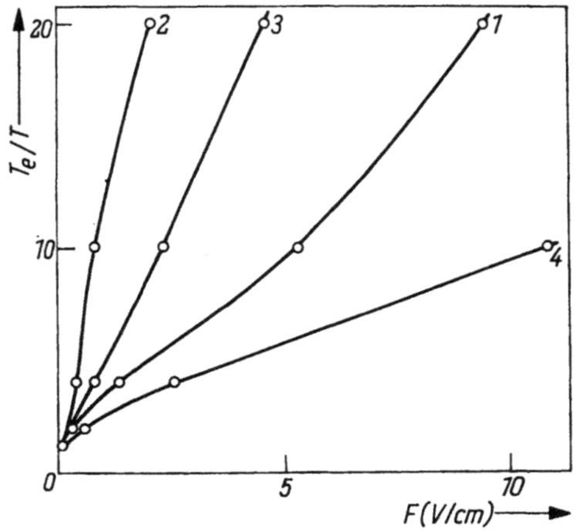

Fig. 4. Berechnetes Verhältnis der „Elektronentemperatur" zur Gittertemperatur als Funktion der Feldstärke (kV/cm)
Kurve 1 für Richtung ⟨111⟩
Kurve 2 für Richtung ⟨100⟩ und hohen Druck bei akustischen intravalley- und 190° K-Phononen
Kurve 3 Daten wie bei Kurve 2, bei Hinzunahme von optischen Phononen ($T_0 = 630\,°K$, $w_0/w_a = 0{,}2$)
Kurve 4 für Richtung ⟨100⟩ und hohen Druck bei akustischen intravalley- und 720° K-Phononen

die g-Phononen kann dann die 2. Methode angewandt werden. Die Ergebnisse sind in Tabelle 2 aufgeführt, wobei für die g-Übergänge die mittlere Phononentemperatur 190 °K und $w_{190}/w_a = 0{,}15$ zugrunde gelegt worden ist.
Fig. 4 zeigt das Verhältnis der „Elektronentemperatur" zur Gittertemperatur als Funktion des Feldes. Für sehr hohe Feldstärken, d. h. kleine γ-Werte, wird die Abhängigkeit quadratisch.

3. Diskussion der gemessenen und berechneten Beweglichkeiten

Die Beweglichkeit wird analog zur Arbeit von Yamashita [12] bestimmt. Sie hängt von der Feldstärke, wenn man die im Anhang angegebenen Abkürzungen benutzt, durch folgende Beziehung ab:

$$e\,\mu\,F^{*2} = -\,A^*\sqrt{k\,T}\,C_0\left(\frac{F^{\mathrm{I}}}{\gamma} + \alpha\,A^{\mathrm{I}} + \beta\,B^{\mathrm{I}}\right).$$

c_0 ist durch Normierung bestimmt als

$$\left(\frac{\gamma\,\hbar^2}{2\,\pi\,m\,k\,T}\right)^{3/2}\frac{(\det\tilde{\alpha})^{1/2}}{1+\frac{3}{2}\frac{\alpha}{\gamma}+\frac{15}{4}\frac{\beta}{\gamma^2}}\,.$$

Mit den im Anhang angegebenen Gleichungssystemen erhält man daraus

$$\mu = \mu_0\,\mu(F) = \mu_0\,\frac{\gamma^{3/2}}{1+\frac{3}{2}\frac{\alpha}{\gamma}+\frac{15}{4}\frac{\beta}{\gamma^2}}\left(\frac{F^{\mathrm{II}}}{\gamma} + \alpha\,A^{\mathrm{II}} + \beta\,B^{\mathrm{II}}\right). \tag{3}$$

Dabei ist die Beweglichkeit für die Orientierung ⟨111⟩ nach der ersten Näherungsmethode und den dazu gehörenden Formeln für F^{II}, A^{II}, B^{II} zu berechnen, für den Fall der Richtung ⟨100⟩ für Feld und Druck nach der zweiten Näherungsart.

In den Fig. 5 und 6 sind die theoretisch und aus experimentellen Daten berechneten Kurven $\mu(F)$ gezeichnet. Für die Richtung ⟨111⟩ sind die Übereinstimmungen außer bei starken Feldern sehr gut. Theoretisch ist für hohe Feldstärken eine Sättigung des Stromes erreicht, was experimentell an Si aber nicht beobachtet worden ist, weil vermutlich andere Effekte schon eine Rolle spielen. Im Zusammenhang damit kann noch die Frage auftreten, inwieweit eine Maxwell-Verteilung

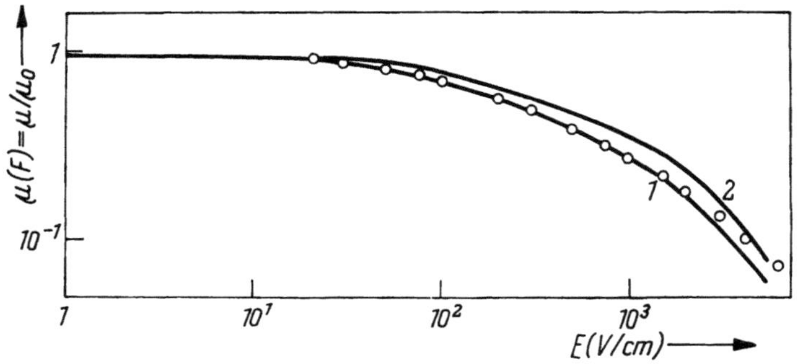

Fig. 5. Beweglichkeit als Funktion der Feldstärke in Richtung ⟨111⟩. $\mu(F) = \mu/\mu_0$ (Gleichung (3)), F in V/cm
Kurve 1 mit dem Ansatz $f_0 = c_0 e^{-\gamma x} (1 + \alpha x + \beta x^2)$
Kurve 2 mit dem Ansatz $e^{-\gamma x}$
— ○ — ○ — J/F aus experimentellen Daten

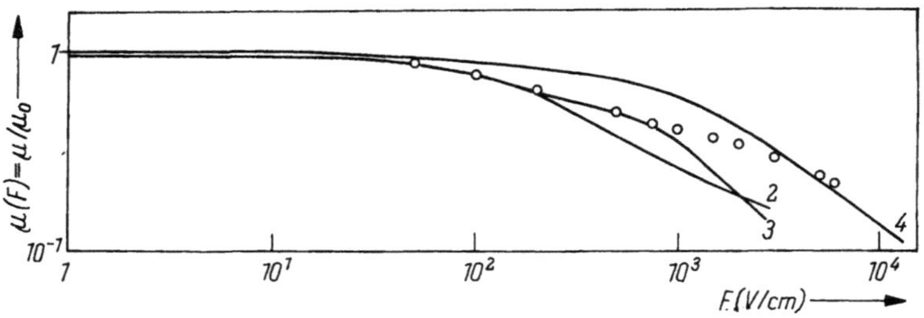

Fig. 6. Beweglichkeit als Funktion der Feldstärke in Richtung ⟨100⟩ bei hohem Druck. $\mu(F)$ mit F in V/cm. Kurven mit der Verteilungsfunktion f_0 bei Streuung mit folgenden Phononen berechnet:
2: akustische intravalley-, 190° K-Phononen
3: akustische intravalley-, 190° K-, optische Phononen
4: akustische intravalley-, 720° K-Phononen (s. Fußnote 6)
— ○ — ○ — J/F aus experimentellen Daten, für 50 V/cm angepaßt

$e^{-\gamma x}$ eine Übereinstimmung von theoretischen und experimentellen Kurven ergeben würde. Dafür wurde $\mu(F)$ auch berechnet und in Fig. 5 eingetragen. Die Resultate zeigen, daß eine Näherung mit der Maxwell-Funktion schlechter ist.

Bei der Orientierung von Strom und Druck längs ⟨100⟩ sind die Ergebnisse für kleine Feldstärken gut, dagegen treten Abweichungen zwischen theoretisch berechneten und gemessenen Kurven für wachsende Feldstärken auf. Ursachen dafür können sein

1. Experimentell nicht genügend hoher Druck, so daß die Elektronen sich noch nicht nur in zwei Tälern befinden,
2. bei hinreichend starken Feldern sind durch die erhöhten Elektronenenergien f-Übergänge möglich,
3. theoretisch sind alle Streuungen mit optischen Phononen vernachlässigt,
4. die g-Übergänge erfolgen nicht mit 190° K-Phononen, sondern mit 720° K-Phononen.

Der erste Punkt ist klar daraus zu ersehen, daß die Änderung des Widerstandes mit dem Druck bei schwachen Feldern (Fig. 2) noch keine Sättigung erreicht hat. Die Voraussetzung, daß die Elektronen schon fast alle nur noch in zwei Tälern sind, ist also noch nicht erfüllt. Die Beiträge der Elektronen der anderen Täler dürfen deshalb vielleicht noch nicht vernachlässigt werden, obwohl wesentliche Änderungen im Kurvenverlauf kaum zu erwarten sind, da für schwache Felder die theoertischen Berechnungen sich gut mit den experimentellen Stromspannungswerten bei Druck decken, jedoch nicht mit denen ohne Druck.

Ein wesentlicher Faktor für die Abweichungen bei höheren Feldstärken ist wohl die Vernachlässigung von f-Übergängen. Aus Fig. 4 für die Elektronentemperatur kann man eine starke Erhöhung der mittleren Elektronenenergie entnehmen. Man kann daraus schließen, daß f-Übergänge für mittelstarke Felder möglich werden, denn die Bandverschiebung bei einem Druck von $3{,}5 \cdot 10^9$ dyn/cm² beträgt $\Delta E \approx 0{,}03$ eV.[4]) Diese f-Übergänge der heißen Elektronen erniedrigen bei gleichzeitiger Emission von 630° K-Phononen die mittlere Elektronenenergie, erhöhen also die Beweglichkeit. Dadurch verlaufen die Stromspannungskurven steiler. Einen Hinweis auf die Richtigkeit dieser Annahme geben Messungen an einem Kristall für mehrere Werte hoher Drücke (3,2 bis $4{,}5 \cdot 10^9$ dyn/cm²), die bei starken Feldern eine jeweils etwas verringerte Stromzunahme mit dem Feld zeigen.

Die Vernachlässigung aller Streuungen mit hochenergetischen Phononen ist nur ein theoretischer Grenzfall, wenn alle durch 630° K charakterisierten Phononen Zwischentalübergängen zuzuordnen und bei genügend hohen Drücken zu vernachlässigen sind. Aber es können zu dieser Gruppe außer den intervalley- auch intravalley-Phononen gehören [9], und diese nehmen dann unabhängig vom Druck an der Elektronenstreuung teil und bewirken auch schon bei mittleren Feldstärken eine größere Beweglichkeit. Für eine Ankopplungskonstante von 0,2, d. h. 10% der für 630° K-Phononen angegebenen Stärke, ergeben sich beispielsweise die Kurven 3 in Fig. 4 und 6. Sie zeigen bis zu 1 kV/cm gute Übereinstimmung mit den experimentellen Werten, für hohe Felder tritt wieder — wie bei der $\langle 111 \rangle$-Richtung — eine Sättigung des Stromes ein.

Nach Untersuchungen der Matrixelemente mit dem Nordheim-Potential [18] kommen für g-Übergänge in 0. Ordnung longitudinale optische Phononen (720° K) in Frage, während die akustischen Schwingungen nur Terme erster Ordnung liefern. Für diesen Fall erhält man für akustische intravally-Phononen und spontane Emission von 720° K-Phononen mit $w_{720}/w_a = 0{,}7$[5]) die Kurven 4 in Fig. 4 und 6. Wenn die Reihe der Punkte aus experimentellen Stromspannungswerten bei 50 V/cm mit dieser berechneten Kurve zur Deckung gebracht wird, ergeben sich oberhalb von 70 V/cm schon Abweichungen.[6])

Da die ,,Elektronentemperatur" in den diskutierten Fällen verschieden von der Feldstärke abhängt, wäre ihre Untersuchung nützlich.

Wir danken Herrn Dr. F. Eckart für sein Interesse und den Herren Dr. H. W. Streitwolf und Dr. J. Mertsching für ihre Diskussionen.

Anhang

Gleichungssystem für α, β und γ:

$$\begin{aligned} 0 &= \alpha(A^{\mathrm{I}} + z\,A^{\mathrm{II}}) + \beta(B^{\mathrm{I}} + z\,B^{\mathrm{II}})\,, \\ 0 &= \alpha(C^{\mathrm{I}} + z\,C^{\mathrm{II}}) + \beta(D^{\mathrm{I}} + z\,D^{\mathrm{II}}) + E^{\mathrm{I}} + z\,E^{\mathrm{II}}\,, \\ 0 &= F^{\mathrm{I}} + z\,F^{\mathrm{II}}\,. \end{aligned}$$

---

[4]) Mit den „elastic compliances" aus den Werten für die elastischen Konstanten von Skimin [17] und einem Wert von 8,7 eV für die Deformationspotentialkonstante [11].

[5]) Die Ankopplungskonstante ist dabei für den in der Literatur [10] angegebenen experimentellen Wert $\varrho_\infty/\varrho_0 = 0{,}236$ angepaßt worden.

[6]) Siehe Anmerkung auf Seite 350.

Es sind A, B, C, D, E, F Abkürzungen für folgende Funktionen von γ und s_l ($l = 1$ und 2), $z = \frac{e^2 F^{*2} 4 c^2}{3 A^{*2} k T}$ mit $F^{*2} = F \tilde{\alpha} F$ (s. Lösung der Boltzmann-Gleichung)

$$A^{\mathrm{I}} = -\frac{6}{\gamma^4} + \frac{4}{\gamma^3} - \sum_l K_1(s_l)\left[\frac{s_l}{2\gamma} M_l + \frac{2}{\gamma^2} N_l\right] - \sum_l K_0(s_l) \frac{s_l}{2\gamma} N_l\,,$$

$$B^{\mathrm{I}} = -\frac{24}{\gamma^5} + \frac{12}{\gamma^4} - \sum_l K_1(s_l)\left[\frac{s_l^2}{2\gamma} N_l + \frac{2 s_l}{\gamma^2} M_l + \frac{6}{\gamma^3} N_l\right] - \sum_l K_0(s_l)\left[\frac{s_l^2}{2\gamma} M_l + \frac{3 s_l}{2\gamma^2} N_l\right],$$

$$C^{\mathrm{I}} = -\frac{48}{\gamma^5} + \frac{36}{\gamma^4} - \sum_l K_1(s_l)\left[\frac{s_l^2}{2\gamma} N_l + \frac{2 s_l}{\gamma^2} M_l + \frac{12}{\gamma^3} N_l\right] - \sum_l K_0(s_l)\left[\frac{s_l^2}{2\gamma} M_l + \frac{3 s_l}{\gamma^2} N_l\right],$$

$$D^{\mathrm{I}} = -\frac{240}{\gamma^6} + \frac{144}{\gamma^5} - \sum_l K_1(s_l)\left[\frac{s_l^3}{2\gamma} M_l + \frac{7 s_l^2}{2\gamma^2} N_l + \frac{12 s_l}{\gamma^3} M_l + \frac{48}{\gamma^4} N_l\right] -$$
$$- \sum_l K_0(s_l)\left[\frac{s_l^3}{2\gamma} N_l + \frac{3 s_l^2}{\gamma^2} M_l + \frac{12 s_l}{\gamma^3} N_l\right],$$

$$E^{\mathrm{I}} = -\frac{12}{\gamma^4} + \frac{12}{\gamma^3} - \sum_l K_1(s_l)\left[\frac{4}{\gamma^2} N_l\right] - \sum_l K_0(s_l)\, s_l N_l\,,$$

$$F^{\mathrm{I}} = -\frac{2}{\gamma^2} + \frac{2}{\gamma} - \sum_l K_1(s_l) N_l\,.$$

Für die erste Methode — Zerlegung des Integrationsgebietes und Näherung — bedeuten die weiteren Abkürzungen

$$A^{\mathrm{II}} = \frac{1}{c\gamma^2} - \sum_l c(s_l)\left[s_l^2 + \frac{s_l}{\gamma} + \frac{1}{\gamma^2}\right] + b(s_1)\left[K_1(s_1)\left(\gamma s_1^2 + \frac{s_1}{2} + \frac{1}{\gamma}\right) + K_0(s_1)\left(\gamma s_1^2 - \frac{s_1}{2}\right)\right],$$

$$B^{\mathrm{II}} = \frac{2}{c\gamma^3} - \sum_l c(s_l)\left[s_l^3 + \frac{s_l^2}{\gamma} + \frac{2 s_l}{\gamma^2} + \frac{2}{\gamma^3}\right] +$$
$$+ b(s_1)\left[K_1(s_1)\left(\gamma s_1^3 + \frac{s_1}{\gamma} + \frac{2}{\gamma^2}\right) + K_0(s_1)\left(\gamma s_1^3 - s_1^2 + \frac{s_1}{2\gamma}\right)\right],$$

$$C^{\mathrm{II}} = \frac{8}{c\gamma^3} - \sum_l c(s_l)\left[2 s_1^3 + \frac{4 s_l^2}{\gamma} + \frac{8 s_l}{\gamma^2} + \frac{8}{\gamma^3}\right] +$$
$$+ b(s_1)\left[K_1(s_1)\left(\gamma\, 2 s_1^3 + \frac{5 s_1}{\gamma} + \frac{8}{\gamma^2}\right) + K_0(s_1)\left(\gamma\, 2 s_1^3 + \frac{2 s_1}{\gamma}\right)\right],$$

$$D^{\mathrm{II}} = \frac{24}{c\gamma^4} - \sum_l c(s_l)\left[2 s_1^4 + \frac{4 s_l^3}{\gamma} + \frac{12 s_l^2}{\gamma^2} + \frac{24 s_l}{\gamma^3} + \frac{24}{\gamma^4}\right] +$$
$$+ b(s_1)\left[K_1(s_1)\left(\gamma\, 2 s_1^4 + s_1^3 + \frac{11 s_1^2}{2\gamma} + \frac{14 s_1}{\gamma^2} + \frac{24}{\gamma^3}\right) +\right.$$
$$\left. + K_0(s_1)\left(\gamma\, 2 s_l^4 + s_1^3 - \frac{7 s_1^2}{2\gamma} - \frac{6 s_1}{\gamma^2}\right)\right],$$

$$E^{\mathrm{II}} = \frac{4}{c\gamma^2} - \sum_l c(s_l)\left[2 s_l^2 + \frac{4 s_l}{\gamma} + \frac{4}{\gamma^2}\right]$$
$$+ b(s_1)\left[K_1(s_1)\left(2\gamma s_1^2 + 3 s_1 + \frac{4}{\gamma}\right) + K_0(s_1)\ (2\gamma s_1^2 + s_1)\right],$$

$$F^{\mathrm{II}} = \frac{1}{c} - \sum_l c(s_l)\,[\gamma s_l + 1] + b(s_1)\,[K_1(s_1)\,(\gamma^2 s_1 + \gamma) + K_0(s_1)\,\gamma^2 s_1]\,.$$

Für die zweite Methode — Reihenentwicklung des Integranden — bedeuten die Abkürzungen

$$A^{\mathrm{II}} = \frac{1}{\gamma^2} - a(s_1)\left[K_1(s_1)\left(\frac{1}{\gamma} M_1 + \frac{s_1}{2} N_1\right) + K_0(s_1)\frac{s_1}{2} M_1\right],$$

$$B^{\mathrm{II}} = \frac{2}{\gamma^3} - a(s_1)\left[K_1(s_1)\left(\frac{s_1^2}{2} M_1 + \frac{s_1}{\gamma} N_1 + \frac{2}{\gamma^2} M_1\right) + K_0(s_1)\left(\frac{s_1^2}{2} N_1 + \frac{s_1}{2\gamma} M_1\right)\right],$$

$$C^{\mathrm{II}} = \frac{8}{\gamma^3} - a(s_1)\left[K_1(s_1)\left(s_1^2 M_1 + \frac{3 s_1}{\gamma} N_1 + \frac{8}{\gamma^2} M_1\right) + K_0(s_1)\left(s_1^2 N_1 + \frac{2 s_1}{\gamma} M_1\right)\right],$$

$$D^{\mathrm{II}} = \frac{24}{\gamma^4} - a(s_1)\left[K_1(s_1)\left(s_1^3 N_1 + \frac{7 s_1^2}{2\gamma} M_1 + \frac{10 s_1}{\gamma^2} N_1 + \frac{24}{\gamma^3} M_1\right)\right.$$

$$\left. + K_0(s_1)\left(s_1^3 M_1 + \frac{5 s_1^2}{2\gamma} N_1 + \frac{6 s_1}{\gamma^2} M_1\right)\right],$$

$$E^{\mathrm{II}} = \frac{4}{\gamma^2} - a(s_1)\left[K_1(s_1)\left(s_1 N_1 + \frac{4}{\gamma} M_1\right) + K_0(s_1)\, s_1 M_1\right],$$

$$F^{\mathrm{II}} = 1 - a(s_1)\, K_1(s_1)\, \gamma\, M_1$$

mit $M_l = e^{s_l(1-\gamma)} + 1\,,\; N_l = e^{s_l(1-\gamma)} - 1\,,$

$$K_1(s_l) = -\, H_1\left(\frac{i\,\gamma\, s_l}{2}\right)\frac{s_l\,\pi}{4}\, e^{\gamma s_l/2}\,\frac{B_l^*}{A^*}\,,$$

$$K_0(s_l) = i\, H_0\left(\frac{i\,\gamma\, s_l}{2}\right)\frac{s_l\,\pi}{4}\, e^{\gamma s_l/2}\,\frac{B_l^*}{A^*}\,,$$

H_1 und H_0 sind modifizierte Besselfunktionen,

$$a(s_1) = \frac{w_1}{w_a}\,\frac{s_1}{e^{s_1} - 1}\, e^{-\gamma s_1}\frac{A^*}{B_1^*}\,,$$

$$b(s_1) = \frac{w_a}{w_1\, s_1}\,(e^{-s_1} - 1)\, e^{-\gamma s_1}\frac{A^*}{B_1^*}\,,$$

$$c(s_1) = \frac{1}{c(s_1, s_2)}\, e^{-\gamma s_1} \qquad \text{und} \qquad c(s_2) = \left[\frac{1}{c} - \frac{1}{c(s_1, s_2)}\right] e^{-\gamma s_2}.$$

Literatur

[1] E. J. Ryder, Phys. Rev. **90**, 766 (1953).
[2] J. Bok, SSP in Electronics and Telecommunication **1**, 475 (1960).
[3] A. C. Prior, J. Phys. Chem. Solids **12**, 175 (1959).
[4] M. A. C. Brown, J. Phys. Chem. Solids **19**, 218 (1961).
[5] E. A. Davies und D. S. Gosling, J. Phys. Chem. Solids **23**, 413 (1962).
[6] C. Hamaguchi und Y. Inuishi, J. Phys. Soc. Japan **17**, 1813 (1962); **18**, 1755 (1963).
[7] W. E. K. Gibbs, J. Phys. Chem. Solids **25**, 247 (1964).
[8] O. G. Sarbej und B. L. Boitschenko, Ukr. fiz. Zh. **9**, 344 (1964).
[9] D. Long, Phys. Rev. **120**, 2024 (1960).
[10] J. E. Aubrey, W. Gubler, T. Henningsen und S. H. Koenig, Phys. Rev. **130**, 1667 (1963).
[11] M. Asche und W. Möhling, phys. stat. sol. **3**, K 255 (1963).

[12] J. Yamashita et al, Progr. theor. Phys. Japan **12**, 443 (1954); **24**, 357 (1960).
Phys. Rev. **111**, 1529 (1958).
J. Phys. Chem. Solids **12**, 1 (1959).
[13] H. G. Reik et al, Phys. Rev. Letters **5**, 432 (1960).
Phys. Rev. **124**, 777 (1961).
Philips Sonderbericht A 62.
[14] I. Adawi, Phys. Rev. **115**, 1152 (1959); **120**, 118 (1960).
[15] W. Klose, Ann. Phys. (Germany) **8**, 287 (1961).
[16] I. M. Dykman und P. M. Tomtschuk, Fiz. tverd. Tela **2**, 2228 (1960); **3**, 632 (1961); **4**, 1082 (1962).
[17] H. J. McSkimin, J. appl. Phys. **24**, 998 (1953).
[18] H. W. Streitwolf, persönliche Mitteilung.
[19] M. H. Jørgensen, N. K. Meyer und K. J. Schmidt-Thiedemann, Solid States Comm. **1**, 226 (1963).

(Received August 6, 1964)

Note added in proof:
Nach Korrektur eines Rechenfehlers erst bei 200 V/cm.

phys. stat. sol. 7, 351 (1964)

II. Physikalisches Institut der Technischen Hochschule Stuttgart

Optical Absorption of Interstitial Ions in KBr Crystals at Helium Temperatures

By

G. Kurz and W. Gebhardt[1])

X-irradiation for KBr crystals at helium temperature produces the well known α-absorption at 6.14 eV (anion vacancies) and an absorption band at 5.4 eV. The generation and annealing properties of this band are the same as those of the anomalous thermal resistivity found after X-irradiation. It is concluded that Br^- interstitial ions, which are known to cause the excess thermal resistivity, are also responsible for the 5.4 eV band.

Durch Röntgenbestrahlung von KBr bei Heliumtemperaturen wird neben der gut bekannten α-Bande bei 6,14 eV (Anionenlücken) eine Absorption bei 5.4 eV aufgebaut. Aufbau und Abbau der Bande verlaufen zusammen mit dem Aufbau und Abbau des anomalen thermischen Widerstands, der ebenfalls nach der Röntgenbestrahlung erscheint. Wir schließen deshalb daß die 5.4 eV-Absorption an Br^--Zwischengitterionen auftritt, welche auch den zusätzlichen thermischen Widerstand verursachen.

1. Introduction

KBr single crystals exhibit the following absorption bands after X-irradiation: at liquid helium-temperature the F-band at 2.06 eV, the H-band at 3.26 eV, a relatively weak absorption at 5.4 eV, the α-band at 6.14 eV and the γ-band at 6.45 eV. The formation of F-centers, H-centers and α-centers at helium temperatures is well known [1]. The band at 5.4 eV and the γ-band were first observed by Klick and Patterson [2]. Lüty and Zizelmann [3] have shown, that absorptions arise in the spectral range of the γ-band only if interstitials are formed simultaneously with the anion vacancies.

In this paper the imperfection will be examined, which gives rise to the absorption band at 5.4 eV. The experimental analysis is carried out by means of optical absorption and thermal conductivity measurements. The latter is a particular useful technique for detecting imperfections causing strong lattice deformations, e.g. interstitial ions.

In an previous paper [4] we were able to show that anion vacancies (□) are formed together with centers possessing a high phonon scattering cross-section. These centers recombine with vacancies during warm-up of the crystal. We concluded that vacancy interstitial pairs were formed by the following process:

$$\mathrm{KBr} + h\,\nu_X = \mathrm{KBr} + \square + \mathrm{Br}^-_{\mathrm{int}}$$

in analogy to the well known [5, 6] U-α-conversion

$$\mathrm{KBr} + \mathrm{KH} + h\,\nu_{\mathrm{uv}} = \mathrm{KBr} + \square + \mathrm{H}^-_{\mathrm{int}}\,.$$

---

[1]) Present address: Physikalisches Institut der Universität Frankfurt/Main.

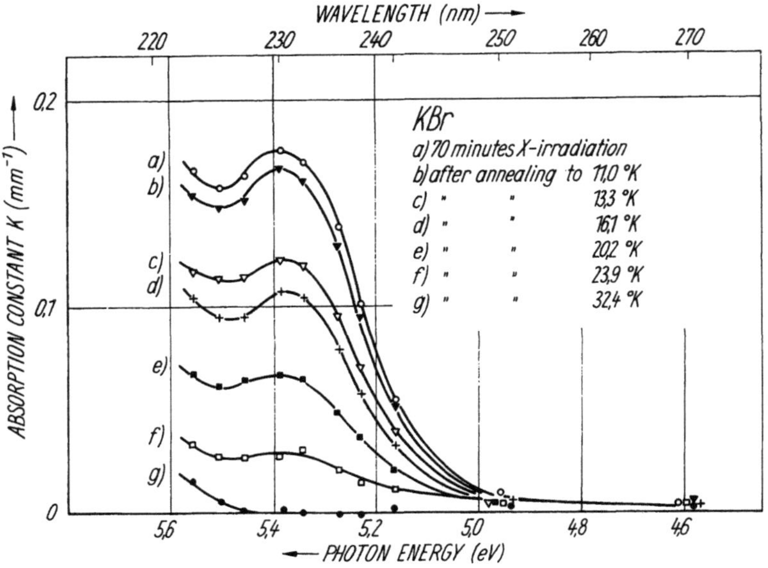

Fig. 1. Absorption constant of X-irradiated KBr single crystals for various annealing stages

2. Experimental

The optical absorption and thermal conductivity are simultaneously measured in an appropriate cryostate described before [4]. The temperature of the thermal conductivity measurements is in all cases 5.1 °K. The stability of the centers is examined by warming up the crystal to different temperatures and immediately remeasuring at helium temperature after each cycle. The crystals are vacuum-grown from KBr "ELH" of Merck Co. Former measurements of air-grown crystals have given the same results.

3. Results

Fig. 1 shows the optical absorption of a crystal after X-irradiation (curve a) in the range of the 5.4 eV band at 5.1 °K. The height of this band is proportional to that of the α-band, which is ten times greater and not shown in this figure. The halfwidth is about 0.35 eV. The band decreases after warming up the crystal (curves b—f) and has disappeared at 32 °K (curve g).

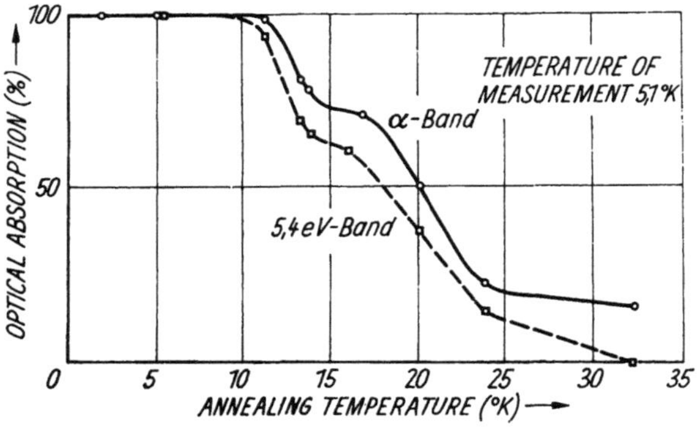

Fig. 2. Annealing behaviour of optical absorptions for α-band and 5.4 eV band. Absorption immediately after irradiation is 100%

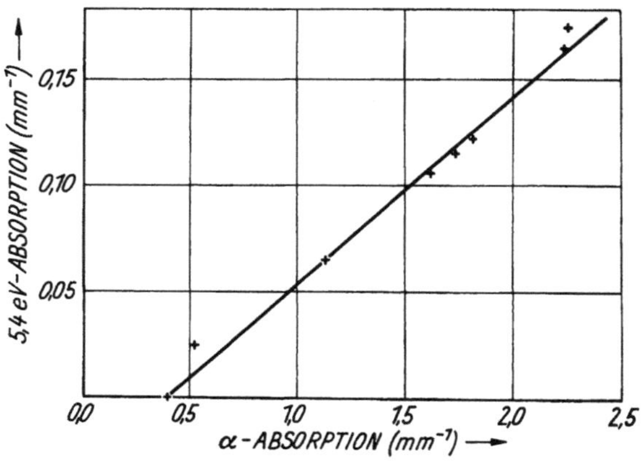

Fig. 3. Correlation between 5.4eV band and α-band

Fig. 2 shows the thermal bleaching of the 5.4 eV band and the 6.14 eV α-band. The absorption is plotted as the percentage relative to the one after X-irradiation. It is evident from Fig. 2 that both bands bleach in the same manner. All measurements indicate two annealing steps: the first at 12 °K, the second at 20 °K which is more or less distinct due to the heating velocity. The first point in the upper left of Fig. 2 gives the value after X-irradiation and measurement both at 2.2 °K which leads to the conclusion that there is no reduction at lower temperatures. Centers of the first step yield an activation energy [7] of about 4×10^{-2} eV presuming a first order reaction and a heating velocity of about 3 °K per minute. The steps of different thermal stability are comparable to those of the well understood U-α process [6].

The plot in Fig. 3 shows the linear relation between the 5.4 eV absorption and α-absorption. We conclude that imperfections responsible for the 5.4 eV absorption appear together with the anion vacancies. There is a residual α-absorption stable above 32 °K which is due to vacancies not connected with the 5.4 eV absorption (Fig. 2). In Fig. 4 the excess thermal resistivity ΔW is plotted against the peak absorption constant k of the α- and the 5.4 eV band in a double logarithmic scale. The circles correspond to the data in Fig. 2 and 3 and show the connection between ΔW and k during the thermal bleaching of the absorptions.

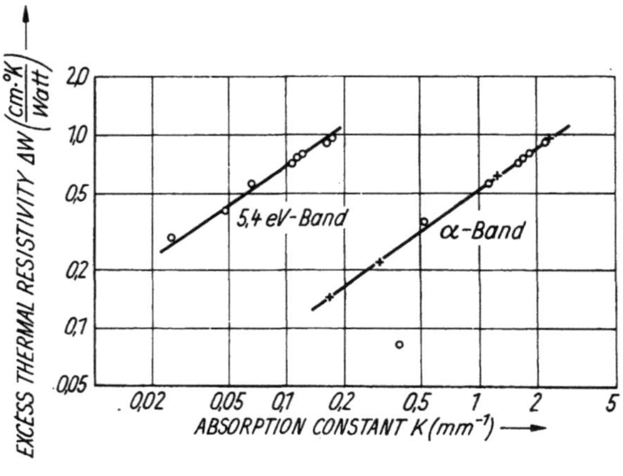

Fig. 4. Relation between excess thermal resistivity and the absorption constants of the 5.4 eV band and the α-band

The crosses are measurements of the α-band obtained by successive X-irradiation of the crystal. The corresponding values of the 5.4 eV band have not been measured. As shown in [4], $\Delta W(k)$ of α-formation is conveniently plotted in a double logarithmic scale. One then gets a straight line with slope 0.6. The annealing points of the α-centers fit well into this empirical curve.

The thermal bleaching of the 5.4 eV band also results in a straight line which is shifted parallel to that of the α-band. This shift corresponds to the ratio of the peak absorption heights of the bands. (At 32 °K the 5.4 eV absorption has disappeared. This cannot be represented in Fig. 4. On the other hand, there is a residual α-absorption of about 18%. This absorption is related to a very small value ΔW, such that the point of measurement in the center of Fig. 4 deviates considerably from the line.)

4. Discussions

As shown in a previous paper [4], the increase of the thermal resistivity after X-irradiation is due to interstitial ions and not to vacancies. We conclude from Fig. 4 that the excess thermal resistivity is built up with the increase of the 5.4 eV absorption and disappears together with this absorption band. Both formation and recombination of the defects follow the same power law $\Delta W(k)$ (see Fig. 4). On the other hand, Fig. 2 shows the annealing to take place in steps. This means that the thermal conductivity measurements cannot discriminate between centers of different thermal stability, in other words the centers must have the same phonon scattering cross-section within the accuracy of our measurements.

The absorption band of 5.4 eV has the following properties:

1) Going from KBr to KCl an energy shift of about 1 eV is observed [2]. This shift equals that of the first exciton absorption peak.

2) From the areas enclosed by the absorption curves we obtain the ratio of the oscillator strength $f_{5.4\,\text{eV}}/f_\alpha = 0.13$. (Only those α-centers have been taken into account, which are simultaneously bleached with the 5.4 eV band).

The 5.4 eV band is observed in conjunction with the α-band and the anomalous thermal conductivity, ascribed to interstitials. In principle, the band could be caused by either vacancies or interstitials. If, however, vacancies are formed by X-irradiation above 30 °K, the 5.4 eV absorption is not observed. Therefore we conclude, that the 5.4 eV band originates from an electron transition at the interstitial ion or at the surrounding ions. This corresponds to an exciton transition shifted in energy by the interstitial.

The question remains whether the formation of these defect pairs is a property of the pure crystal or is caused by imperfections. In the case of F-center formation the question has been answered by Rabin and Klick [8]. The authors were able to show that at helium temperatures the rate of F-center formation is independent of the concentration of two-valent cations and dislocations. It appears that the same holds for vacancy formation.

At helium temperature we obtain a mean value of 250 eV necessary to produce a Frenkel pair in KBr. This is the same value as measured in crystals air-grown from KBr "p.a." of Merck Co. and equals that obtained by Klick and Patterson [2]. (In all crystals F-H-center pairs are also formed, the rate of formation being 20% of the vacancy production.) No evidence is found for an influence of small impurity concentrations on vacancy production in KBr at helium temperature. It is more likely that the process discussed here is a characteristic property of the pure crystal.

We are much endebted to Professor Dr. H. Pick for his aid and encouragement. We thank Professor Dr. W. Martienssen, Dr. T. Timusk, and Dr. F. Lüty for stimulating discussions.

References

[1] H. Rüchardt, Phys. Rev. **103**, 873 (1956).
[2] C. C. Klick and D. A. Patterson, Phys. Rev. **130**, 2169 (1963).
[3] F. Lüty and W. Zizelmann, to be published.
[4] W. Gebhardt, J. Phys. Chem. Solids **23**, 1123 (1962).
[5] C. J. Delbecq, B. Smaller, and P. H. Yuster, Phys. Rev. **104**, 599 (1956).
[6] B. Fritz, J. Phys. Chem. Solids **23**, 375 (1962).
[7] G. J. Dienes and G. H. Vineyard, Radiation Effects in Solids, New York 1957 (p. 144).
[8] H. Rabin and C. C. Klick, Phys. Rev. **117**, 1005 (1960).

(Received August 7, 1964)

See Short Note by L. Švob

a

b

Fig. 1a, b. Die zur Diffusion von Natrium in Silizium benutzten Kammern

See Short Note by H.-M. THIERINGER und M. WILKENS

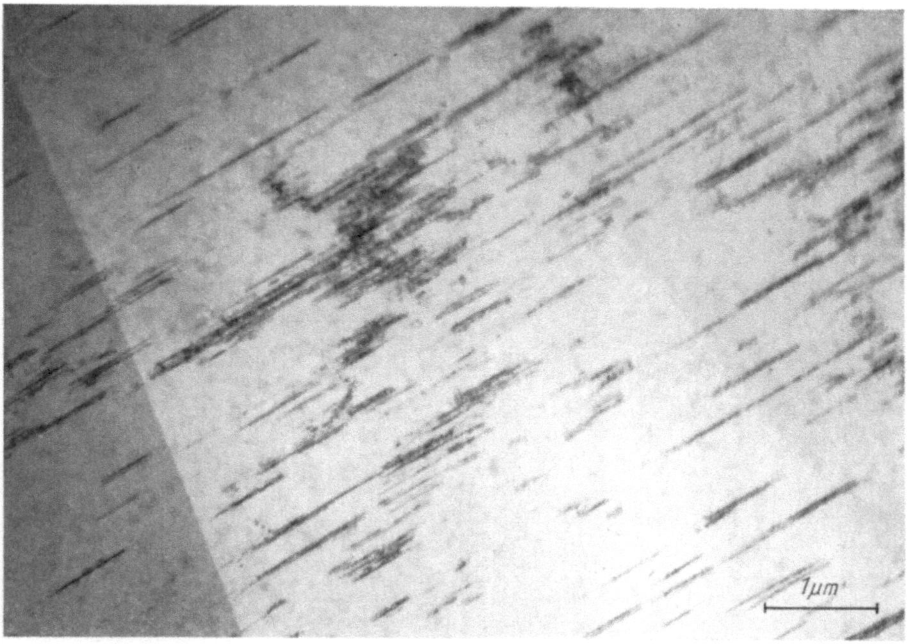

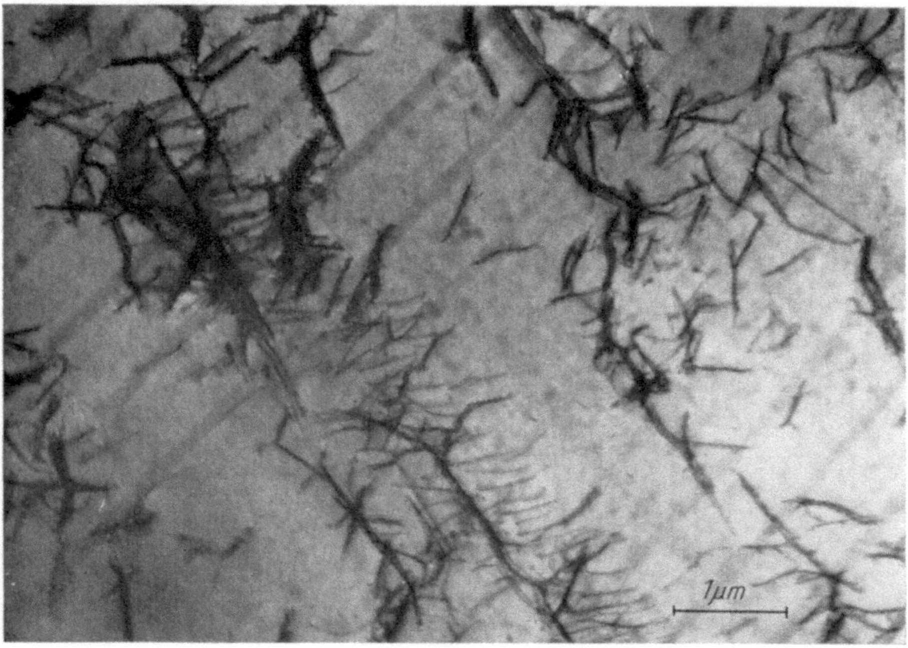

Fig. 3. Elektronenbeugungskontrast magnetischer Bereiche
a) Magnetisierungsrichtung in der Folienebene, Basisebene senkrecht zur Folienebene. Man sieht drei magnetische Bereiche, die sich durch verschiedene Helligkeit unterscheiden. Die dunklen Linien (in der Spur der Basisebene) rühren von Versetzungskontrasten her
b) Die Magnetisierung bildet einen Winkel von ungefähr 30° mit der Folienebene. Die magnetischen Bereiche geben Anlaß zu der Hell-Dunkel-Streifung. Die unregelmäßigen dunklen Linien sind Versetzungen

Short Notes

phys. stat. sol. 7, K1 (1964)

Forschungsinstitut A.S. Popov für Nachrichtentechnik, Prag

Einbau von Natrium in Silizium durch Diffusion

Von

L. ŠVOB

Die Eigenschaften und das Verhalten des Lithiums in Silizium sind gut bekannt und in zahlreichen Veröffentlichungen beschrieben, z.B. (1). Von den anderen Alkalimetallen ist bisher nur das Cäsium in einer einzigen Arbeit behandelt (2). Der Einbau des Cäsiums erfolgte dort durch Beschuß des Siliziums mit Cs^+-Ionen. Wahrscheinliche Ursache für das bisherige Mißlingen des Einbaues weiterer Alkalimetalle in Silizium besteht u.a. darin, daß sie in noch stärkerem Maße reaktionsfähig als Lithium sind. Bei der Probenherstellung verläuft dann die Reaktion mit der Umgebung schneller als die Eindiffusion. In der vorliegenden kurzen Mitteilung soll die Arbeitsweise, die den Einbau von Natrium in Silizium ermöglicht, beschrieben werden.

Bei den Versuchen wurde monokristallines p-leitendes Silizium benützt, welches teils nach dem Kristallziehverfahren nach Czochralski ($\varrho \doteq 100\ \Omega$cm), teils nach dem Zonenschmelzverfahren im Hochvakuum ($\varrho \doteq 500$ bis $1000\ \Omega$cm) hergestellt worden war und keine Verunreinigungen außer Bor enthielt. Das zum Einbau verwendete Natrium enthielt Lithium in Mengen kleiner als 10^{-4} % (Empfindlichkeitsgrenze des Nachweisverfahrens für Li). In einigen Fällen wurde das Natrium noch durch Vakuumdestillation in einer Apparatur aus Spezialglas gereinigt. Die Siliziumproben für die Diffusionsversuche hatten die Form von Plättchen, die oberflächlich geschliffen waren. Das Einlegieren des Natriums wurde in Kammern aus Siliziumplatten vorgenommen (Fig. 1a). Die Siliziumproben wurden zu diesem Zweck von allen Seiten in dünne Folie aus dem reinen Natrium verpackt. Während des Diffusionsvorganges waren die die Kammer bildenden Platten zwischen zwei Molybdänblechen durch Schrauben aufeinander gepreßt. Sollte ein homogenes Eindiffundieren erzielt werden, so mußte die Probe von allen Seiten lückenlos mit einer genügenden Menge des zu diffundierenden Stoffes umgeben sein. Bei Temperaturen höher als der Siedepunkt des Natriums erwies es sich darum als notwendig, die Kammer in eine aus nichtrostendem Stahl gefertigte Ampulle einzuschließen, die mit einem konischen Verschluß zur Vermeidung von Abdampfun verlusten versehen war (Fig. 1b). Die Diffusion wurde in einer Quarzglasröhre unter Argon-Schutzgasatmosphäre durchgeführt.

In der beschriebenen Weise wurden bei 650 ^{o}C $1,2\cdot10^{18}$ Na Atome pro cm^3 in das Kristallgitter des Siliziums eingebaut. Durch elektrische Messungen wurde jedoch ein wesentlich niedrigerer Wert von aktiven Donator-Zentren gefunden (10^{16} Atome pro cm^3). Man kann daraus auf beträchtliche Präzipitation des Natriums im Silizium schließen. Im Gegensatz zur beim Lithium gut bekannten langsamen Präzipitation bei Zimmertemperatur ver läuft die Präzipitation des Natriums ausschließlich bei höheren Temperaturen. Bei Zimmertemperatur wurde diese nicht beobachtet.

Analog zum Lithium im Silizium kann man vermuten, daß Natrium im Silizium ein ähnliches Verhalten aufweisen wird, d.h. daß es im Silizium auf Zwischengitterplätzen eingebaut wird. Es sollte als Donator mit sehr kleiner Ionisationsenergie wirken. Diese Ionisationsenergie kann man unter Zuhilfenahme eines Modells von P.E. KAUS (3) für interstitielle Beimischung im Silizium abschätzen. KAUS hat für die Ionisationsenergie den Wert E_d = 0,030 eV (von der unteren Kante des Leitungsbandes gerechnet) erhalten, unter der Voraussetzung, daß der Halbmesser des Zwischengitterplatzes im Siliziumgitter, in den das interstitielle Ion eingebaut werden kann, den Wert $R_o = 2,6\ a_o$ besitzt (a_o Bohrscher Halbmesser im Vakuum, $a_o = 5,3\cdot10^{-9}$ cm). Ist die Konzentration dieser Donatoren höher als die Konzentration der ursprünglich vorhandenen Akzeptoren, so muß sich der Leitungstyp des Siliziums geändert haben. Bei den mit Natrium legierten Proben ist dieses Verhalt tatsächlich beobachtet worden.

Zum Schluß sollen noch einige Betrachtungen über die

Eigenschaften des im Siliziumgitter eingebauten Natriums durchgeführt werden.

Die Löslichkeit des Natriums im Kristallgitter des Siliziums ist niedriger als die des Lithiums (etwa $3{,}5 \cdot 10^{18}$ Atome pro cm^3 bei 900 °C). Der Wert des Diffusionskoeffizienten des Natriums fügt sich in die Reihe der Diffusionskoeffizienten der im Silizium über einen Zwischengittermechanismus diffundierenden Beimischungen ein. Genaue Werte der Löslichkeit und des Diffusionskoeffizienten werden demnächst veröffentlicht.

Wird eine mit Natrium bereits legierte Siliziumprobe etwa eine Stunde auf der Legierungstemperatur gehalten, so verdampft das meiste Natrium aus ihrer Oberfläche, so daß mit einer Thermosonde nur noch eine p-leitende Oberflächenschicht festzustellen ist. Nach Abschleifen dieser Schicht findet man wieder die durch das eindiffundierte Natrium verursachte n-Leitung vor.

Beim Legieren des Siliziums mit Lithium entsteht leicht das Silizid. Entsteht diese Legierung bei niedrigen Temperaturen, so ist sie infolgedessen spröde und neigt zum Bröseln. Im Falle des Natriums konnte die Bildung einer entsprechenden Verbindung nicht beobachtet werden.

Außer mit Natrium gelang uns noch die Legierung des Siliziums mit Kalium.

Herrn Dr. M. MATYÁŠ aus dem Institut für Festkörperphysik der Tschechoslowakischen Akademie der Wissenschaften zu Prag möchte ich für die Anregung zu dieser Arbeit, für sein Interesse und zahlreiche Diskussionen recht herzlich danken.

Literatur

(1) H. REISS, C.S. FULLER und F.J. MORIN, Bell Syst. tech. J. 35, 535 (1956).
C.S. FULLER, Chem. Rev. 59, 63 (1959).
E.M. PELL, Symposium on Solid State Physics and Telecom. 1958, Academic Press, New York 1960 (Vol. 1).
E.M. PELL, Phys. Rev. 119, 1014 (1960) und darin angeführte Literatur.

(2) J.O.C. McCALDIN, J. Phys. Chem. Solids 24, 1073 (1963).

(3) P.E. KAUS, Phys. Rev. 109, 1944 (1957).

(Received July 20, 1964)

phys. stat. sol. 7, K5 (1964)

Institut für theoretische und angewandte Physik der Technischen Hochschule und Max-Planck-Institut für Metallforschung, Stuttgart

Abbildung ferromagnetischer Bereiche in einkristallinen dünnen Schichten durch Elektronenbeugungskontrast

Von

H.-M. THIERINGER und M. WILKENS

Zur elektronenmikroskopischen Sichtbarmachung ferromagnetischer Bereichs- und Wandstrukturen in dünnen Schichten werden meist zwei Verfahren angewandt (1): das Schatten- und das Schlierenverfahren. Beim Schattenverfahren (2) werden die durch die magnetische Struktur der Schicht hervorgerufenen Schwankungen der Stromdichteverteilung der Elektronen durch Defokussierung der Abbildungslinse sichtbar gemacht, während beim Schlierenverfahren (3), ähnlich wie bei seinem lichtoptischen Vorbild, ein Teil der infolge der Lorentzkraft abgelenkten Elektronen ausgeblendet wird.

Bei beiden Verfahren spielt der kristalline Aufbau der untersuchten Schicht keine Rolle. Die Abbildung der magnetischen Struktur wird durch Manipulationen am Mikroskop erreicht. Im Gegensatz hierzu beruht die im folgenden beschriebene Methode zur Abbildung von Bereichsstrukturen, die unseres Wissens in der Literatur bis jetzt noch nicht erwähnt wurde, auf den Eigenschaften von Elektronenwellen in Kristallen. Ihr Vorteil gegenüber den obigen Verfahren besteht darin, daß sie erlaubt, Bereichsstruktur und Kristallbaufehler gleichzeitig bei höchster Auflösung zu beobachten.

Wie aus der dynamischen Theorie der Elektronenbeugung (4) bekannt ist, hängt die Intensität eines Elektronenstrahls, der eine Kristallfolie durchsetzt, stark von der Einfallsrichtung ab. Dies ist in Fig. 1 dargestellt. Dabei charakterisiert die Größe $s = g \cdot \Delta\Theta$ die Abweichung $\Delta\Theta$ des Einfallswinkels vom Braggwinkel Θ der zum reziproken Gittervektor $\vec{g}$ gehörenden Netzebenenschar. In Fig. 2 ist der Verlauf der Elektronenbahnen in einer dünnen Schicht zu beiden Seiten einer 180°-

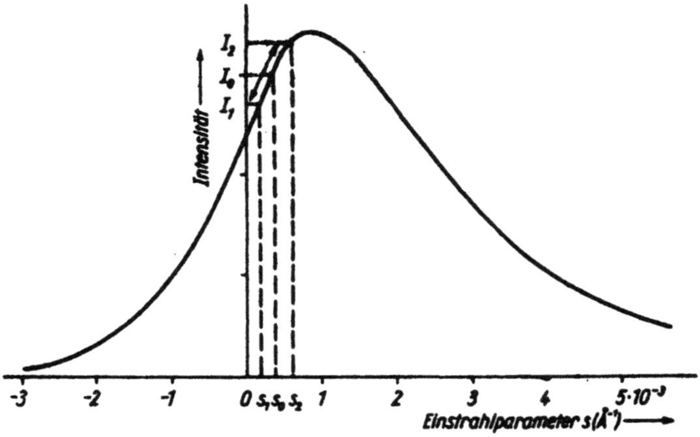

Fig. 1. Intensität des durchgehenden Elektronenstrahls als Funktion der Abweichung der Einstrahlrichtung vom Braggwinkel nach (4)

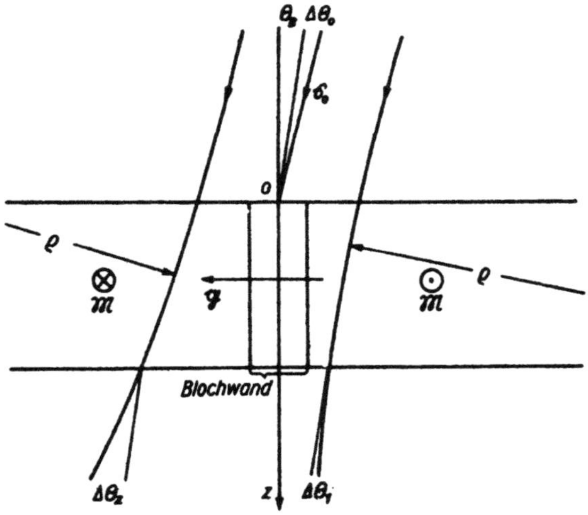

Fig. 2. Verlauf der Elektronenbahnen in einer dünnen magnetischen Folie zu beiden Seiten einer Blochwand (schematisch). Die Magnetisierung in den Weiß'sch Bezirken ist senkrecht zur Zeichenebene

Blochwand schematisch gezeichnet. Wie man erkennt, wird hier die in unmagnetischen Schichten konstante Größe s von der Koordinate z abhängig gemäß

$$s = s_o \pm \frac{g}{\varrho} z \qquad (1)$$

(ϱ Krümmungsradius der Elektronenbahnen). Dies bedeutet in vereinfachender Weise auf die Darstellung der Fig. 1 angewandt: Die z.B. mit der Einfallsrichtung $\vec{\sigma}_0$ bei z = 0 auftreffenden Elektronen gelangen beim Durchfliegen der entgegengesetzt magnetisierten Bereiche, wie die von I_0 ausgehenden Pfeile es andeuten, in ein entweder günstigeres oder ungünstigeres Gebiet der Transmission. Dies führt dazu, daß z.B. der linke Bereich in Fig. 2 insgesamt heller abgebildet wird als der rechte. Ein Beispiel hierfür gibt Fig. 3a.

Die hier vorgelegte Erklärung des Beugungskontrastes magnetischer Bereiche gilt nur schematisch. Eine quantitative Deutung mit Hilfe der dynamischen Beugungstheorie (5) wird in einer späteren Arbeit gegeben (6).

Aus Fig. 1 folgt weiterhin, daß der Kontrast erstens vom Einstrahlparameter s_0 und zweitens von der Aufspaltung Δs der Elektronenstrahlen abhängt. Für den Fall, daß der Magnetisierungsvektor $\mathfrak{M}$ in der Folienebene liegt, läßt sich folgender Zusammenhang angeben:

$$\Delta s = \frac{(\vec{g} \cdot \vec{\varrho})}{\varrho^2} \cdot z \sim \frac{(\vec{g} \cdot [\vec{\sigma}_0 \cdot \mathfrak{M}])}{\varrho^2} \cdot z. \qquad (2)$$

Man erhält also maximalen Kontrast dann, wenn die reflektierende Netzebenenschar parallel zur Magnetisierungsrichtung liegt. Unter dieser Bedingung berechnet man für eine Kobaltfolie von 2500 Å Dicke, $|\vec{g}| \approx 1$ Å^{-1}, $\mathfrak{M}_s = 1400$ G, nach Gleichung (2) $\Delta s = 2{,}2 \cdot 10^{-4}$ Å^{-1}. In Fig. 1 sind die Punkte $s_{1,2} = s_0 \pm \Delta s$ und die ihnen entsprechenden Intensitäten I_1 und I_2 eingetragen. Nach der eingangs angestellten einfachen Überlegung erhält man daraus den relativen Intensitätsunterschied der Bereiche zu

$$\Delta i = \frac{1}{2} \frac{(I_2 - I_1)}{I_0} \approx 0{,}1, \qquad (3)$$

was mit den gemessenen Werten gut übereinstimmt.

Bildet der Magnetisierungsvektor einen von Null verschiedenen Winkel φ mit der Schichtebene (dies ist bei Kobalt wegen seiner hohen Kristallenergie möglich), so ist der Kontrast geringer, da der in Gleichung (1) im Nenner stehende Krümmungsradius ϱ näherungsweise wie $1/\cos\varphi$ von φ abhängt. Dieses Ergebnis wird qualitativ durch Fig. 3b bestätigt. (Wegen $\varphi \approx 30^\circ$ bilden sich hier als Folge der Streufeldenergie relativ schmale Weiß'sche Bereiche aus).

Der Deutschen Forschungsgemeinschaft danken wir für die materielle Unterstützung dieser Arbeit.

Literatur

(1) W. SCHÜPPEL und V. KAMBERSKI, phys. stat. sol. 2, 345 (1962).

(2) H.W. FULLER und M.E. HALE, J. appl. Phys. 31, 1699 (1960).

(3) H. BOERSCH, H. RAITH und D. WOHLLEBEN, Z. Phys. 159, 388 (1960).

(4) A. HOWIE und M.J. WHELAN, Proc. Roy. Soc. A 263, 217 (1961).

(5) M. WILKENS, phys. stat. sol. 6, 939 (1964).

(6) H.-M. THIERINGER und M. WILKENS, Veröffentlichung demnächst.

(Received August 5, 1964)

phys. stat. sol. 7, K9 (1964)

Институт физики Академии РНР

Спайность в кристаллах HgSe и HgTe

Е. КРУЧАНУ и Н. НИСТОР

Как известно (1, 2), одним из методов, позволяющих получить сведения о характере сил связи в полупроводниковых соединениях, кристаллизующихся в структуру ZnS, является экспериментальное и теоретическое исследование спайности этих кристаллов.

В настоящем сообщении приводятся результаты, полученные при изучении скалывания двух соединений типа $A^{II} B^{VI}$ - HgSe и HgTe - монокристаллы которых выращивались из расплава методом Бриджмэна. Кристаллы имели форму цилиндра с диаметром 10 до 16 мм и раскалывались при низких (порядка 100 °К) и комнатной температурах при помощи долота по обычной методике (3). Определение плоскостей спайности осуществилось рентгеновским методом, причем объектами исследования служили ровные и плоские поверхности скола кристаллов HgSe и HgTe.

Из стереографических проекций многочисленных лауэграмм, снятых на отражение с исследованных кристаллов было определено, что плоскостью спайности в кристаллах HgSe и HgTe является (110). Только одна лауэграмма, снятая со случайно расколотого кристалла HgSeпоказала, что скалывание происходило по плоскости (100).

Наши результаты отличаются от тех, полученных в работах ВОЛЬФА и БРОДЕРА (4) и ГОБРЕХТА и др. (5) и повидимому показывают, что несмотря на некоторые особенности кристаллов HgSe иHgTe (выраженный электростатический характер сил связи в HgSe (5) и наибольшая степень ковалентной связи в HgTe (6)) природа связи в них имеет качественно одинаковый характер как и в других соединениях типа $A^{II} B^{VI}$, что выражается одинаковым их поведением при скалывании (по плоскости (110), а не по (111) или (100)).

В связи с этим мы считаем, что при выборе образцов для исследования всегда необходимо принимать во внимание указание Тэттона (7), согласно которого спайность - это не просто стремление кристаллов раскалываться на две части с более или менее ровными поверхностями, а их готовность и легкость образовать совершенно плоские поверхности скола вдоль вполне определенного направления в кристалле с высокой точностью.

Литература

(1) H. PFISTER, Z. Naturf. 10a, 79 (1955).
(2) G.A. WOLFF, Cleavage Studies , Compound Semiconductors, Vol. 1, New York 1962.
(3) Д.Д. ГИЛМАН, Скол, плоскость и вязкость кристаллов Атомный механизм разрушения, Москва 1963.
(4) G.A. WOLFF и J.D. BRODER, Acta cryst. 12, 313 (1959).
(5) H. GOBRECHT, U. GERHARDT, B. PEINEMANN и A. TAUSEND, J. appl. Phys. Suppl. 32, 2246 (1961).
(6) А.Д. ШНЕЙДЕР и И.В. ГАВРИЩАК, Физ. тверд. Тела 5,1208 (196
(7) S. RAMESESHAN, Proc. Indian Acad. Sci. 114 (1946).

(Received August 11, 1964)

phys. stat. sol. 7, K11 (1964)

Department of Physics, Banaras Hindu University

The Vibrational Frequencies of Copper on Krebs's Model

By

M.M. SHUKLA

Most of the elastic force models used in the lattice dynamics of metals do not satisfy the symmetry requirements, because the vibration frequencies computed from them are not periodic in reciprocal space. Quite recently, KREBS (1) has proposed a model in which this difficulty has been removed by the inclusion of the Umklapp processes. In this model, the contributions of the ions to the elements of the dynamical matrix are exactly the same as in the case of de Launay's model (2). The electronic contribution is, however, different, and is calculated from a screened Coulomb interaction of the metal ions embedded in a sea of Bloch electrons. The frequencies calculated by him for sodium show an agreement with the experimental neutron scattering results which is perhaps the best that has been obtained so far with any other force model.

KREBS (1) has only considered the body centered cubic metals and has not yet published the details of his theory, but his expressions can be easily adapted to the face centered cubic lattices. The ionic coupling coefficients for this case can be directly taken from DE LAUNAY (2). For the electronic contribution we have to multiply Krebs's expression by a numerical constant depending on the geometry of the lattice. This can be calculated from the condition that we must get the correct elastic constant by expanding the secular determinant in the long wave length limit.

We make use of the cartesian coordinates and put the secular determinant for the face centred cubic structure in the following form given by DE LAUNAY (2)

$$\left| M_{ij} - \frac{2\pi^2 m \nu^2}{\alpha_1} I \right| = 0 , \qquad (1)$$

where i, j = 1, 2, 3 and I is the unit matrix of the order three. m is the mass of the atom and α_1 is the Hooke's constant for nearest neighbours given by ac_{44}, a being the lattice constant and c_{44} the elastic constant. Each element M_{ij} is the sum of two coupling coefficients $(M_{ij})^i$ and I_{ij} contributed by the ions and electrons respectively. Typical diagonal and non-diagonal ionic coupling coefficients of the face centred cubic lattice are of the form

$$\left[M_{11}\right]^i = 2 - \cos(\pi k_1 a)\left[\cos(\pi k_2 a) + \cos(\pi k_3 a)\right] + \\ + \frac{c_{11} - c_{12} - c_{44}}{2c_{44}} \sin^2(\pi k_1 a), \tag{2}$$

$$\left[M_{12}\right]^i = \sin(\pi k_1 a)\sin(\pi k_2 a).$$

The electronic coupling coefficient (I_{ij}) is given by

$$I_{ij} = \frac{(c_{12} - c_{44})}{8c_{44}} a^2\lambda^2 \sum_h \left[\frac{(q_i + h_i)(q_j + h_j)}{|\vec{q} + \vec{h}|^2 + \left(\frac{a^2\lambda^2}{4\pi^2}\right) f(t_1)} g^2(u_1) - \right. \\ \left. - \frac{h_i h_j}{h^2 + \left(\frac{a^2\lambda^2}{4\pi^2}\right) f(t_2)} g^2(u_2)\right], \tag{3}$$

where c_{ij} are the elastic constants, $2\pi k_i$ are the components of the phonon wave vector $\overrightarrow{2\pi}/\lambda$, and q_i are equal to $ak_i/2\pi$. The vector $\vec{h} = (h_1, h_2, h_3)$ is defined by $a\vec{K}_h/2\pi$, $\vec{K}_h$ being the reciprocal lattice vector. λ is the screening parameter related to the Fermi radius k_F by the relation

$$\lambda = 0.353 \left(\frac{r_s}{a_o}\right)^{1/2} k_F. \tag{4}$$

r_s is the radius of the atomic sphere and a_o the Bohr radius.

The functions f(t) and g(u) are defined below:

$$f(t) = \frac{1}{2} + \frac{1 - t^2}{4t} \ln \left| \frac{1 + t}{1 - t} \right| ,$$

$$t_1 = \frac{\pi |\vec{q} + \vec{h}|}{ak_F} , \quad t_2 = \frac{\pi h}{ak_F} , \qquad (5)$$

and

$$g(u) = 3 \, \frac{\sin u - u \cos u}{u^3} ,$$

$$u_1 = \frac{2\pi r_s |\vec{q} + \vec{h}|}{a} , \quad u_2 = \frac{2\pi r_s h}{a} . \qquad (6)$$

The frequencies of copper have been calculated from the secular determinant (1) for the three symmetry directions and have been given in Fig. 1, 2, and 3. For comparison experimental neutron diffraction curves of CRIBIER et al. (3) have also been shown. The latter have not given the temperature at which their measurements have been made. Our theoretical calculations have been made with the room temperature elastic data of OVERTON and GAFFNEY (4) on the supposition that the experimental measurements were made at the room temperature. These values are

$$c_{11} = 1.684 \times 10^{12} \text{ dyn/cm}^2 ,$$

$$c_{12} = 1.214 \times 10^{12} \text{ dyn/cm}^2 ,$$

$$c_{44} = 0.754 \times 10^{12} \text{ dyn/cm}^2 .$$

Except for the high frequency ends of the dispersion curves in the [110] direction there is very good agreement with the experimental frequencies. For the [110] direction there is good agreement only upto the point (0.5, 0.5, 0) for the longitudinal branch where the theoretical dispersion curve shows a maximum. This maximum is always present in all the theoretical models but is not shown in the experimental curve. Such a maximum was present in earlier measurements of the same authors (5) but is not shown by the more recent results. If the last few points in the high frequency end are disregarded the other experimental points do give a slight suggestion of the presence

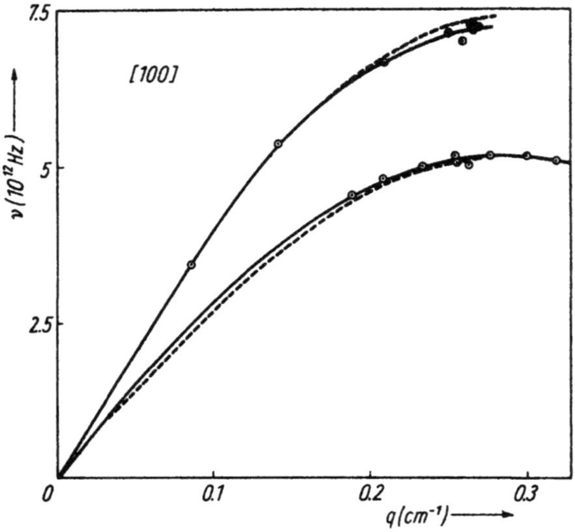

Fig. 1. Dispersion curve for copper in the [100] direction. Solid curve is that from neutron diffraction measurements of CRIBIER et al. and broken curve is the calculated one. Circles are experimental points

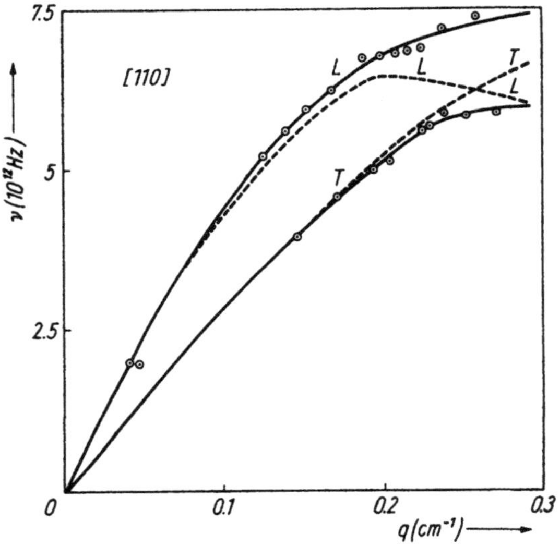

Fig. 2

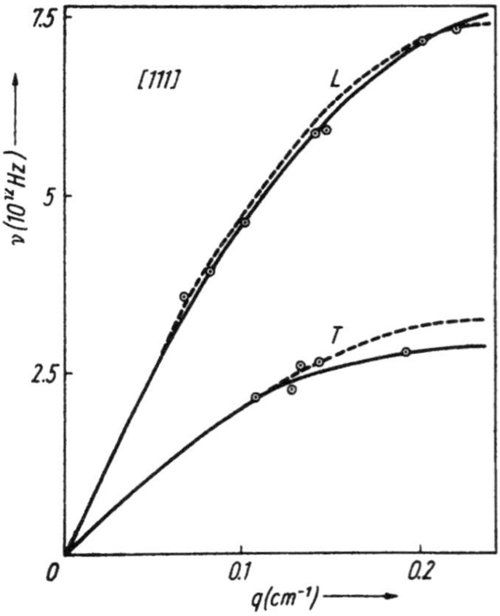

Fig. 3

Fig. 2. Dispersion curve for copper in the [110] direction. Solid curve is that from neutron diffraction measurements of CRIBIER et al. and broken curve is the calculated one. Circles are experimental points

Fig. 3. Dispersion curve for copper in the [111] direction. Solid curve is that from neutron diffraction measurements of CRIBIER et al. and broken curve is the calculated one. Circles are experimental points of the maxima. These facts throw some doubt on the accuracy of measurements in this region and it is hoped that experimental work will be repeated to confirm this point.

The author expresses his thanks to Dr. B. DAYAL under whose supervision the work was undertaken.

References

(1) K. KREBS, Phys. Letters 10, 12 (1964).

(2) J. DE LAUNAY, Solid State Physics Vol. 2, Academic Press Inc., New York 1956 (p. 272).

(3) D. CRIBIER, B. JACROT, and SAINT-JAMES, Inelastic Scattering of Neutrons in Solids and Liquids, International Atomic Energy Agency, Vienna 1961 (p. 549).

(4) W.C. OVERTON and J. GAFFNEY, Phys. Rev. 98, 969 (1955).

(5) D. CRIBIER, B. JACROT, and SAINT-JAMES, J. Phys. Radium, 21, 67 (1960).

(Received September 5, 1964)

phys. stat. sol. 7, K17 (1964)

Institute of Physics, Czechoslovak Academy of Sciences, Prague

Note on the Determination of the Uniaxial Anisotropy Constant in Films

By

V. KAMBERSKÝ

FELDTKELLER (1) has discussed various methods of measurement of the uniaxial magnetic anisotropy constant K in films. A common method, the measurement of the remanent longitudinal susceptibility χ, with the magnetization I along and the applied a.c. field perpendicular to the easy axis, yields the value (1)

$$H_e = f_{\varphi\varphi} = I_S/\chi \qquad (1)$$

if $I \doteq I_S$, $f = F/I_S$. F is the free energy density, φ the angular deviation (in the film plane) of I from the stationary position, and $f_{\varphi\varphi}$ the second derivative at $\varphi = 0$. In the case of nonuniform magnetization, F differs from $K \cdot \sin^2\varphi$, and H_e differs from $H_K = 2K/I_S$. This difficulty is removed (1) when χ is measured in a d.c. field H_o applied along the I-direction, in two orientations: (a) with I and H_o parallel and (b) perpendicular to the easy axis. In these cases

$$f_{a,b} = -H_o \cos\varphi \pm (K/I_S)\sin^2\varphi + f^o_{a,b}(H_o,\varphi), \qquad (2)$$

where the φ-dependence of f^o is determined by the magnetic state, i.e., the nonuniformity of I. If we suppose a uniform uniaxial anisotropy and random distribution of "local" anisotropies, this state is a function of the sum $H_o + H_K$ in case (a) and the same function of the difference $H_o - H_K$ in case (b) (superposition of the effects of the uniform uniaxial anisotropy and H_o); therefore

$$f^o_a(H_o,\varphi) = f^o(H_o + H_K,\varphi), \qquad f^o_b(H_o,\varphi) = f^o(H_o - H_K,\varphi). \qquad (3)$$

If χ at H^a_o in case (a) is equal to χ at H^b_o in case (b), we obtain according to equations (1), (2), and (3)

$$H_o^a + H_K + f^o_{\varphi\varphi}(H_o^a + H_K) = H_o^b - H_K + f^o_{\varphi\varphi}(H_o^b - H_K); \qquad (4)$$

this condition yields $2H_K = H_o^b - H_o^a$ (1), independent of the actual form of f^o.

In the discussion (1) the method using ferromagnetic resonance (FR) was omitted. The aim of this Short Note is to point out the close analogy between the methods of equal susceptibilities and ferromagnetic resonance. The latter method (2) involves measurements of the d.c. field H_o, at which the general resonance condition given in (3)

$$f_{\varphi\varphi} f_{\vartheta\vartheta} - f^2_{\varphi\vartheta} = \omega^2/\gamma^2 \qquad (5)$$

is fulfilled, in the orientations (a) and (b) (ϑ is the deviation of I from the film plane). Considering a ϑ-dependence of f in the form

$$f_{a,b} = - H_o\cos\varphi\cos\vartheta \mp (K/I_S)\cos^2\varphi\cos^2\vartheta + 2I_S\sin^2\vartheta + f^o_{a,b} \qquad (2')$$

it is easily seen on the basis of the assumption (3) that (5) yields a condition for H_o^a and H_o^b similar to equation (4), which is again fulfilled exactly when $H_o^b - H_o^a = 2H_K$. Apart from this, the FR method uses magnitudes of H_o in the 10^{10} Hz frequency range sufficient for saturation. This kind of eliminating large nonuniformities is of course inherent also to the simpler χ-method; however, for this method the magnitude of H_o is limited by the requirement of determining χ with a relative accuracy at least of the order of H_K/H_o.

References

(1) E. FELDTKELLER, Phys. Letters 7, 9 (1963).

(2) R.H. KINGSTON and P.E. TANNENWALD, J. appl. Phys. 29, 232 (1958).

(3) H. SUHL, Phys. Rev. 97, 555 (1955).

(Received September 8, 1964)

phys. stat. sol. 7, K19 (1964)

Physikalisches Institut der Friedrich-Schiller-Universität, Jena (a), und Institut für Magnetische Werkstoffe der Deutschen Akademie der Wissenschaften zu Berlin, Jena (b)

Über das paramagnetische Verhalten von Chromhydrid

Von

G. ALBRECHT (a) und R. PERTHEL (b)

1. Einleitung

Bei früheren Untersuchungen der Exoelektronenemission (1), des Röntgenabsorptionsspektrums (2) und der Struktur (3) des CrH mit Neutronenbeugung wurde dem H-Gehalt der Proben nur untergeordnete Aufmerksamkeit geschenkt. Er wurde bei diesen Untersuchungen durch Messung des Druckanstiegs im Vakuum infolge Ausheizens der Proben (1, 3) bzw. gravimetrisch (3) bestimmt. Fehler von ca. 10 Atom-% waren hier unvermeidbar. Innerhalb der Fehlergrenzen ergaben sich 50 Atom-% H.

Bei unterschiedlichen Stromdichten elektrolytisch hergestellte Proben (Badzusammensetzung 600 g CrO_3/l, 0,06 n H_sSO_4; Badtemperatur ca. 30 °C; Abscheidung mit zerhacktem Gleichstrom auf Kupferkathoden) unterschieden sich diese jedoch sowohl durch das Aussehen (grau bei 0,5 A/cm^2 bzw. schwarzgrau bei 1 A/cm^2), als auch hinsichtlich ihrer thermischen Eigenschaften (4), während röntgenographisch keine Unterschiede festgestellt werden konnten. Genauere volumetrische H-Bestimmungen führten auf die Bruttoformel $CrH_{1-\delta}$ mit δ = 0,15 bei 0,5 A/cm^2 und δ = 0,09 bei 1 A/cm^2 und zeigten an, daß die Oktaederlücken des hexagonal-dichtgepackten Cr-Gitters nur unvollständig besetzt sind. Die Meßgenauigkeit betrug hier 2 %. Von der gleichzeitigen Existenz kubischer Cr-Anteile wurde abgesehen, weil sie auch auf überbelichteten Debye-Scherrer-Aufnahmen nicht mehr nachweisbar waren. Unvermeidliche Chromoxydbestandteile von 1 bis 2 % (5, 6) wurden rechnerisch mit 1,5 % berücksichtigt.

2. Suszeptibilitätsmessungen und ihre Ergebnisse

Um weitere Informationen über die Elektronenstruktur des CrH zu gewinnen und die unterschiedlichen Leerstellenkonzen-

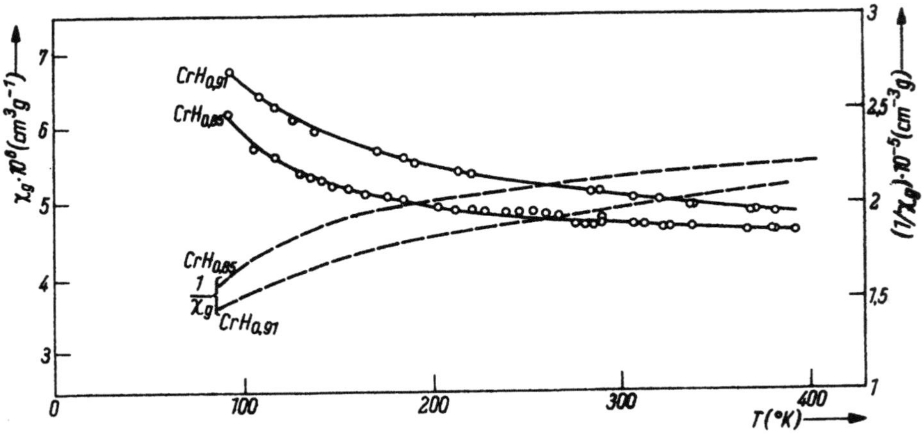

Fig. 1. χ_g und $1/\chi_g$ in Abhängigkeit von der Temperatur. Die ausgezogenen Kurven wurden mit Hilfe von Formel (4) und den im Text angegebenen Konstanten berechnet

trationen zu sichern, wurde die magnetische Suszeptibilität χ_g des CrH in Abhängigkeit von der Temperatur mit Hilfe einer magnetischen Waage nach WEISS-FOEX-FORRER (7, 8) gemessen. In Fig. 1 sind die Meßwerte eingetragen. Es ist offensichtlich, daß die unterschiedliche H-Konzentration χ_g stark beeinflußt. Darüber hinaus zeigt die reziproke Darstellung, daß das Curie-Weiß'sche Gesetz in diesem Fall nicht oder höchstens intervallweise befolgt wird. Dagegen läßt sich der gemessene Suszeptibilitätsverlauf durch den Ansatz

$$\chi_g = \chi_o + \frac{\bar{C}}{T - \Theta} \quad (1)$$

wiedergeben. Es wird deshalb versucht, den Verlauf von χ_g durc zusätzliche Annahmen zu erklären. Dabei wird die Additivität der Suszeptibilitäten von Grundmetall und Zusatzelement vorausgesetzt. Demzufolge muß χ_g Suszeptibilitätsbeiträge von Cr und H enthalten:

$$M\chi_g = A_{Cr} \cdot \chi_{Cr} + A_H \cdot \chi_H (1 - \delta). \quad (2)$$

M und A sind Molekular- bzw. Atomgewichte, χ wird in cgs-Einheiten verwendet. Der Faktor $(1-\delta)$ berücksichtigt die unvollständige Besetzung der Oktaederlücken durch H-Atome.

Auf Grund der unterschiedlichen Anordnung der Cr-Atome im kubischen Chrom und im CrH unterscheiden sich die Energiebänder beider Substanzen wesentlich. Im kubischen Cr existieren $d^3(t_{2g})$- und $d^2(e_g)$-Bänder, die in bindende und lockernde Teilbänder aufgespalten sind (9, 10). Nimmt man stark vereinfachend ein Leitungselektron pro Atom an, so füllen die restlichen fünf Cr-Elektronen nach BADER, GANZHORN und DEHLINGER (10) gerade die beiden stabileren d^3- und d^2-Bänder. Demgegenüber nimmt GOODENOUGH (9) drei Elektronen im $sp^3(t_{2u})$-Band und drei Elektronen im d^3-Band an. Beide Vorstellungen beinhalten, daß die bevölkerten Bänder voll besetzt sind, so daß bei kubischem Cr χ_g im wesentlichen durch den temperaturunabhängigen Paramagnetismus der Leitungselektronen zustandekommt, wenn von dem schwachen Antiferromagnetismus abgesehen wird (12).

Im Falle des CrH wird mit schwachen Bindungen zwischen Cr und H zu rechnen sein, wie vor allem die geringe thermische Stabilität ausweist (4, 5). Deshalb soll die Bandstruktur als die des hexagonalen Cr angenommen und die Einlagerung der H-Atome als Störung aufgefaßt werden. Dann kann für das Bindungsband pd^5-Hybridisierung vorausgesetzt werden (9), weil bei CrH das Verhältnis der Gitterkonstanten $c/a < 1{,}633$ ist. Das bedeutet jedoch, daß nur Bindungen zwischen Cr-Atomen in benachbarten (002)-Ebenen vorliegen. Der gleiche Hybridisierungstyp kann aber auch angesichts der trigonal-prismatischen Umgebung der Cr-Atome durch H-Ionen unter Annahme von Cr-H-Bindungen erhalten werden. So zeigen Untersuchungen der Protonenlinienbreite im NMR-Spektrum (13), daß die H-Atome in den Oktaederlücken lokalisiert und nicht flüssigkeitsähnlich beweglich sind. Weil hier die pd^5- mit den 1s-H-Funktionen kombinieren müssen, stehen für die sechs von Cr ausgehenden Bindungen nur ca. 6 Elektronen pro Formeleinheit zur Verfügung, die gerade die halbe Auffüllung des bindenden Bandes ermöglichen, wenn für das 4s-Leitfähigkeitsband ca. 1 Elektron reserviert wird. Demgegenüber könnte das Bindungsband im Falle von Cr-Cr-Bindungen gefüllt werden, wenn die H-Atome Elektronen an Cr abgeben (2). Diese beiden Alternativen haben folgende Konsequenzen:

1. Wenn Cr-Cr-Bindungen vorherrschen, liegt die Fermi-Grenze in einem Minimum der Zustandsdichte N(E) zwischen bindendem und antibindendem Band. Daraus muß ein relativ kleiner Wert des durch die Bindungselektronen hervorgerufenen Suszeptibilitätsbeitrages resultieren. Weil auf Grund der größeren Cr-Cr-Abstände gegenüber kubischem Chrom mit sehr schmalen Teilbändern und damit großen Werten für dN/dE und d^2N/dE^2 zu rechnen ist, sollte in diesem Fall eine stärkere Temperaturabhängigkeit dieses Beitrages zu erwarten sein.
2. Bei Annahme von Cr-H-Bindungen liegt dagegen die Fermi-Grenze in der Nähe eines Maximums von N(E). Das hat einen relativ großen Wert sowie eine geringe Temperaturabhängigkeit des durch die Bindungselektronen bedingten Suszeptibilitätsanteils zur Folge, weil in der Nähe des Maximums die Änderung von N(E) gering ist und darüber hinaus der geringe Cr-H-Abstand eine starke Resonanzwechselwirkung und damit eine große Bandbreite begünstigt.

Die gute Wiedergabe der gemessenen Werte durch Ansatz (1) mit temperaturunabhängigem χ_o sowie dessen Größe ($4,1\cdot10^{-6}$ cm^3g^{-1} gegenüber ca. $3,2\cdot10^{-6}$ cm^3g^{-1} bei kubischem Cr) rechtfertigen die Annahme von kovalenzartigen Cr-H-Bindungen, während die starke Abhängigkeit des paramagnetischen Anteils von der Wasserstoffkonzentration mit dem Suszeptibilitätsbeitrag der H-Elektronen in Zusammenhang gebracht werden muß. Durch Vergleich der Ansätze (1) und (2) folgt daraus:

$$\chi_{Cr} = 4,17\cdot10^{-6}\ cm^3g^{-1}\ , \tag{3}$$

$$A_H\cdot\chi_H\,(1-\delta) = M\cdot\chi_g - A_{Cr}\cdot\chi_{Cr} = \frac{C}{T-\Theta}\,(1-\delta)\,. \tag{4}$$

Für die Konstanten ermittelt man die in Tabelle 1 zusammengestellten Werte. Mit ihnen sind die ausgezogenen Kurven in Fig. 1 berechnet.

Tabelle 1

δ	$\Theta(^{o}K)$	C (cm^3 grad Mol^{-1})
0,09	-29	$1,88\cdot10^{-2}$
0,15	- 8	$1,13\cdot10^{-2}$

Aus den Curieschen Konstanten C folgt zunächst, daß bei δ = 0,15 bzw. 0,09 die effektive Magnetonenzahl p_B = 0,28 bzw. 0,36 ist. Damit trägt nur ein Bruchteil der H-Elektronen zum paramagnetischen Anteil χ_H bei. Der Rest muß unter Spin-Kompensation mit Cr-Elektronen kovalenzartig gebunden sein. Wird den Halbbindungen in Elektronenmangelverbindungen der vorliegenden Art nach RUNDLE (14) besondere Stabilität beigemessen, so ist diesen Befunden zu entnehmen, daß die Wasserstoffatome im CrH mit ca. 0,59 Elektronen pro Cr-Atom an ihnen beteiligt sind. Die darüber hinaus vorhandenen H-Elektronen verbleiben an den Protonen. Daraus ergibt sich zwangsläufig eine starke Abhängigkeit der effektiven Magnetonenzahl p_B von der H-Konzentration der Probe. Sie führt (unter Variation von δ innerhalb der Fehlergrenzen) bei δ = 0,17 zu p_B = 0,28 und bei δ = 0,07 zu p_B = 0,36. Diese Folgerung bedarf der Bestätigung durch Untersuchungen der Knight-shift des Protonenresonanz-Signals, die somit ebenfalls von der Wasserstoffkonzentration abhängen muß.

Wir danken Herrn Prof. Dr. W. SCHÜTZ für fördernde Diskussionen und die kritische Durchsicht des Manuskriptes, sowie Frau H. JAHN für die Durchführung der Messungen.

Literatur

(1) O. BRÜMMER und G. SUWALSKI, Naturwissenschaften 46, 223 (1959).

(2) O. BRÜMMER, G. DRÄGER und H. BAUM, Z. Naturf. 18a, 1102 (1963).

(3) G. ALBRECHT, F.D. DOENITZ, K. KLEINSTÜCK und M. BETZL, phys. stat. sol. 3, K249 (1963).

(4) G. ALBRECHT, F.D. DOENITZ und K. HEIDE, in Vorbereitung.
(5) A. KNÖDLER, Metalloberfläche 17, 331 (1963).
(6) A. BRENNER, P. BURKHEAD und C.W. JENNINGS, Proc. Amer. Electroplat. Soc. 34, 32 (1947).
(7) G. FOEX und R. FORRER, J. Phys. Radium 7, 180 (1926).
(8) R. PERTHEL, Diplomarbeit, Jena 1952.
(9) J.B. GOODENOUGH, Phys. Rev. 120, 67 (1960).
(10) F. BADER, K. GANZHORN und U. DEHLINGER, Z. Phys. 137, 190 (1954).
(11) E. VOGT, Physikalische Eigenschaften der Metalle, Band 1, Leipzig 1958 (S. 237).
L.F. BATES, Modern Magnetism., Cambridge 1951 (S. 323).
(12) G.E. BACON, Acta cryst. 14, 823 (1961).
(13) G. ALBRECHT und B. SCHNABEL, in Vorbereitung.
(14) R.E. RUNDLE, J. Amer. Chem. Soc. 69, 1327 (1947).

(Received September 10, 1964)

phys. stat. sol. 7, K25 (1964)

Institut für theoretische und angewandte Physik der Technischen Hochschule und Max-Planck-Institut für Metallforschung, Stuttgart

Zu unserer Arbeit über Wanderungsenergien und Aktivierungsvolumina von Leerstellen in Edelmetallen

Von

G. SCHOTTKY, A. SEEGER und G. SCHMID

In (1) muß Gleichung (20) richtig lauten

$$E(s_k, P_{ij}) = \frac{1}{2} A \sum_n \left(\sum_m e^{-\alpha_{mn} B} - 12 \right) + 2AB\,\Delta V^{\infty} + \frac{1}{R^3} W_{ijkl} P_{ij} P_{kl} .$$

Dr. R.A. JOHNSON hat uns darauf aufmerksam gemacht, daß das konstante Glied -6A bei einigen Atomen versehentlich weggelassen worden ist. Die richtigen Werte der Wanderungs- und Bildungsenergien unterscheiden sich daher von den früher angegebenen (mit einem ' bezeichnet) um Vielfache von A:

Wanderungsenergien: $W_1 = W_1' - 11A$, $W_2 = W_2' - 10A$,

Bildungsenergie: $U_1 = U_1' - 6A$,

Bindungsenergie: $B = B' - A$.

Die korrigierten Wanderungsenergien hängen kaum vom benutzten Potential ab. Die Ergebnisse für die drei Metalle sind:

	Cu	Ag	Au
W_1 (eV)	0,48	0,44	0,39
W_2 (eV)	0,07	0,09	0,09
$U_{1\,min}$ (eV)	0,40	0,64	0,57
$U_{1\,max}$ (eV)	0,89	1,19	1,03

Die Bindungsenergie der Doppelleerstelle wird infolge der Relaxation um wenige hundertstel eV erniedrigt. Die übrigen Ergebnisse sind unverändert.

Die korrigierten Wanderungsenergien sind erheblich niedriger als die experimentellen Werte. Sie stimmen dagegen gut zu den theoretischen Werten von JOHNSON und BROWN (2) bzw. SEEGER und MANN (3). Das legt den Schluß nahe, daß die Änderung der Elektronenenergie einen wesentlichen Beitrag zur Wanderungsenergie gibt, daß also ein aus Born-Mayer-Potentialen und einer pauschalen Elektronenenergie zusammengesetztes Modell für die Berechnung von Leerstellen-Wanderungsenergien zu einfach ist.

Literatur

(1) G. SCHOTTKY, A. SEEGER und G. SCHMID, phys. stat. sol. 4, 419 (1964).

(2) R.A. JOHNSON und E. BROWN, Phys. Rev. 127, 446 (1962).

(3) A. SEEGER und E. MANN, J. Phys. Chem. Solids 12, 326 (1960).

(Received August 31, 1964)

Pre-printed Titles and Abstracts

Papers to be published in "physica status solidi"
Vol. 7, No. 2

Review Article

B.T. KOLOMIETS, Physical Technical Institute, Academy of Sciences of the USSR, Leningrad, Vitreous Semiconductors

Original Papers

M. BOČEK, Lehrstuhl für Festkörperphysik der mathematisch-physikalischen Fakultät der Karlsuniversität Prag und G. HÖTZSCH, Institut für Metallkunde und Materialprüfung der Bergakademie Freiberg, Die plastische Verformung von kadmiumlegierten Zinkeinkristallen (II) Es wird über den Einfluß der Temperatur und des Kadmiumgehaltes auf die Verfestigungskenngrößen von Zinkeinkristallen berichtet, die im dynamischen Zugversuch zwischen 90 und 573 $^{\circ}$K verformt wurden. Die reduzierten Verfestigungskoeffizienten ϑ_A/G_3 und ϑ_B/G_3 werden durch Kadmiumzusätze nicht verändert, die Einsatzspannung des Bereiches C, τ_C, dagegen erhöht und die Länge des Bereiches A vergrößert. Bei reinen und schwach legierten Kristallen ergibt sich unterhalb 200 $^{\circ}$K ein Abfall der ϑ_A/G_3-Werte, für den statische Erholungsprozesse als Ursache ausgeschlossen werden können.

H. HOFFMANN, II. Physikalisches Institut der Universität München, Magnetische Feinstruktur und magnetische Eigenschaften einachsiger ferromagnetischer Schichten (II) Aus der Ripple-Gleichung wird die differentielle Suszeptibilität abgeleitet. Durch Integration erhält man die Suszeptibilität, die sich wegen der lokalen Anisotropien in einen reversiblen und einen irreversiblen Anteil aufspalten läßt. Die lokale Anisotropie bewirkt die Abweichungen der Suszeptibilität vom Eindomänenverhalten. Die Abweichungen sind gering bei Anwesenheit starker Felder. Sie wachsen mit Verkleinerung der Feldstärke und Vergrößerung der lokalen Anisotropie. Bei bestimmten Gleichfeldstärken erreichen die verschiedenen Suszeptibilitäten ein Maximum und nehmen dann mit abnehmender Feldstärke entgegen der Eindomänentheorie wieder ab. Die Aussagen der Theorie stimmen in allen Einzelheiten qualitativ mit den Experimenten von FELDTKELLER (1, 2) überein. (Für einen quantitativen Vergleich fehlen vom Experiment her genaue Angaben über die Schichtparameter.) Die Winkelabhängigkeit der Hystereseeffekte entspricht den Messungen von SMITH und WEISS (3). Die Theorie erklärt alle Hystereseeffekte ohne die Einführung einer negativen Anisotropie. Ihr weiterer Ausbau eröffnet neue Möglichkeiten der Strukturuntersuchung ferromagnetischer Schichten.

(1) E. FELDTKELLER, Z. Phys. 176, 510 (1964).
(2) E. FELDTKELLER, Z. angew. Phys. 34, 2646 (1963).
(3) D.O. SMITH und G.P. WEISS, J. appl. Phys. 35, 818 (1963).

P.S. MAHESH and B. DAYAL, Department of Physics, Banaras Hindu University, Varanasi, The Debye-Waller Factors of Copper and Gold by de Launay's Method The Debye-Waller exponents for copper and gold are calculated from the frequency distributions derived from de Launay's electron model (1). Frequencies for the 1000 points of the first Brillouin zone are considered and the computation has been made by Blackmann's sampling technique (2). A comparative study of the theoretical results with the existing experimental data at different temperatures is made for the two metals. While there is good agreement between the theoretical and experimental results for gold, this is not so for copper.

(1) J. DE LAUNAY, Solid State Physics 2, 220, Academic Press Inc., New York 1956 .
(2) M. BLACKMANN, Proc. Roy. Soc. A159, 416 (1937).

M. OMINI and V. GALLINA, FIAT Research Laboratories, Torino, Vacancy as a Phonon Field Perturbation (IV) The change of phonon occupation numbers as a consequence of vacancy creation, is calculated by a perturbation approach, and used to evaluate the resultant entropy change. For a Debye model, this change is found to be 7/4 k. The method is also applied to the case of a vacancy pair. The total vibrational energy of the crystal is shown to be unaffected by the formation of a vacancy.

А.Ф. ЛУБЧЕНКО и Б.М. ПАВЛИК, Институт Физики Академии Наук Украинской ССР, Киев, Метод функций Грина в теории излучения света примесными центрами твердого тела Методом функций Грина проведено исследование излучения света примесными центрами твердого тела с учетом ангармонизма колебаний его атомов. Вычислена форма спектра излучения при большом и малом тепловыделении, исследовано изменение фононной и бесфононной части спектра с температурой, исследована структура спектра излучения в том случае, когда примесный центр имеет внутренние колебательные степени свободы.

K. GODWOOD, Institute of Physics, Polish Academy of Sciences, M. LEFELD-SOSNOWSKA and E. ZIELIŃSKA-ROHOZIŃSKA, Institute of Experimental Physics, University of Warsaw, Observations of the "Pendellösung" Fringes with the Three-Crystal X-Ray Spectrometer "Pendellösung" fringes are observed using wedge-shaped Si single crystals. The observations are made for (111) and (220) reflections with the three - crystal X-ray spectrometer. The results are compared with the observations from the Lang camera.

M. LEFELD-SOSNOWSKA, Institute of Experimental Physics, University of Warsaw, Measurement of the Mean and Anomalous Absorption Coefficients by a Three-Crystal X-Ray Spectrometer The anomalous absorption coefficient $\frac{1}{2}(\sigma_1 - \sigma_2)$ and the mean absorption coefficient σ_m are measured for the (220) and (111) reflections of Si single crystals for CuK_{α_1} radiation. The measured variation of the intensity of the diffraction beam with crystal-thickness is composed of two exponential terms, one of which corresponds to strong absorption and the other to weak absorption of the wave field. The measurements are made with a three-crystal X-ray spectrometer which allows the relative angular position of the crystal under investigation to be controlled to within $\pm$ 1 %. The anomalous absorption coefficient is measured for the angle β_r equal to zero, values of 122 cm^{-1}, and 75 cm^{-1} being obtained for the (220), and (111), reflections respectively. These values are smaller than those predicted theoretically due to the presence of imperfections in the crystals. The values of σ_m are 164 cm^{-1} and 154 cm^{-1} for the (220), and (111), reflections respectively, which agree with the theoretical values within the limits of experimental error.

B. LENGELER, Institut für Theoretische Physik der Technischen Hochschule Aachen and W. LUDWIG Institut für Reaktorwerkstoffe der Kernforschungsanlage Jülich, Localized Vibrational Modes at Plane Faces of Defects in Crystal Lattices The localized modes of vibrations are discussed for the planes (001), (011), and (111) of impurity atoms in an infinitely extended simple cubic lattice. The frequencies show band structures according to the translational invariance of the lattice in the impurity plane. There exist optical and acoustical bands. The acoustical ones lie completely in the band of the unperturbed lattice, the optical ones only partially. A free surface can be conceived as a special case of these models. Choosing appropriate coupling parameters one gets surface states which have to coincide with the well known Rayleigh waves in the limiting case of long waves.

CH. SCHWINK, II. Physikalisches Institut der Universität München, Untersuchungen des Fließbereichs neutronenbestrahlter Kupfereinkristalle (III) Die experimentellen Ergebnisse zweier vorangegangener Arbeiten (1, 2) werden zu einem möglichst geschlossenen, quantitativen Bild des Fließbereichs n-bestrahlter Cu-Einkristalle ausgewertet. Eine nähere Untersuchung verschiedener Parameter, insbesondere der Fehlerdichte N_z, ermöglicht die Bestimmung der Aktivierungsenergie U_o, die sich für den Potentialverlauf nach SEEGER (3) zu 2,6 eV für nichtangelassene Kristalle ($2x10^{18}$ nvt) bei Zimmertemperatur ergibt. Mit dem Anlassen nimmt U_o langsam zu, bei unseren Experimenten auf etwa 3 eV. Für stärker angelassene Proben ist dabei von einer in Teil I angegebenen Formel auszugehen, die im einzelnen begründet wird. Folgerungen über den Potentialanstieg der Gleithindernisse werden gezogen und der Temperaturgang der Aktivierungsenergie diskutiert. Im Anhang werden verschiedene Potentialansätze aufgeführt und eine erweiterte

Beziehung zwischen Versetzungsbogenlänge und wirkender Spannung abgeleitet.

(1) CH. SCHWINK und G. GRIESHAMMER, phys. stat. sol. 6, 665 (1964).
(2) CH. SCHWINK und H. NEUHÄUSER, phys. stat. sol. 6, 679 (1964).
(3) A. SEEGER, Proc. 2. UN Int. Conf. on Peaceful Uses of Atomic Energy VI, 250 (1958).

В.Н. КАЩЕЕВ, Институт Физики Академии Наук Латвийской ССР, Рига, Об особенностях намагниченности и восприимчивости гайзенберговского ферромагнетика в точке Кюри Рассмотрено влияние расцепления КОЛЛЕНА (1) при решении уравнений для спиновых функций Грина на характер особенностей намагниченности и восприимчивости (в нулевом поле) изотропного гайзенберговского ферромагнетика в точке Кюри. При определенном выборе параметра расцепления $\alpha(H,\beta)$ можно получить спонтанную намагниченность как функцию температуры, регулярную в точке Кюри при этом, однако, последняя остается неопределенной. Одновременно с этим нельзя получить конечное значение спонтанной восприимчивости $\chi^{\Phi}_{zz}(0,\beta)$. При другом выборе $\alpha(H,\beta)$ можно получить конечное значение $\chi^{\Phi}_{zz}(0,\beta)$, но спонтанная намагниченность в точке Кюри будет иметь особенность, аналогичную получающейся в термодинамической теории. Если в нулевом поле массовый оператор как функция температуры при прохождении через точку Кюри не испытывает скачка, то в обоих рассмотренных случаях парамагнитная восприимчивость будет иметь в точкие Кюри полос второго порядка.

(1) H.B. CALLEN, Phys. Rev. 130, 890 (1963).

G. REMAUT, A. LAGASSE, Laboratorium voor Elektronenmikroskopie der Rijksuniversiteit te Gent, and S. AMELINCKX, Studiecentrum voor Kernenergie C.E.N., Mol-Donk, Electron Microscopic Study of the Domain Structure in Antiferromagnetic Cobalteous Oxide Electron microscopic evidence is obtained for the presence of a domain structure in anti-ferromagnetic cobalteous oxide. The domain boundaries tend to adopt {101} orientations; they are visible as fringe patterns when lying in planes inclined to the foil plane. When the domain boundary is observed edge-on, adjacent domains differ in brightness. Combining earlier neutron diffraction data with the present observations it is concluded that the spin direction, which is roughly parallel to the tetragonal c-axis, has to turn through 90° across a domain wall. The proposed models for the domain walls are verified by means of contrast theory and their geometry checked by the use of Kikuchi lines. The contrast effects observed for some particular configurations of domain walls are compared with numerical calculations based on the dynamic theory of electron diffraction, taking into account anomalous absorption.

Z. GYULAI, Institut für experimentelle Physik der Technischen Universität für Bauindustrie, Budapest, und Forschungsgruppe für Kristallwachstum der Ungarischen Akademie der Wissenschaften, Die Bildung von Kristallkeimen in übersättigten Alkalihalogenidlösungen als Folge von mechanischen Stößen
Die Kristallbildung wird in übersättigten Alkalihalogenidlösungen durch mechanische Behandlung ausgelöst, z.B. durch einen kräftigen Schlag gegen das Reagenzglas, das die Lösung enthält. Das lawinenartige Auftreten kleiner Kristallite ist die Folge der durch den Stoß ausgelösten Keimbildung. Es wird versucht, das experimentelle Phänomen mit Hilfe der mikrokristallinen Struktur von Flüssigkeiten zu deuten.

J. VAN LANDUYT, R. GEVERS, and S. AMELINCKX, Studiecentrum voor Kernenergie C.E.N., Mol-Donk, Fringe Patterns at Anti-Phase Boundaries with $\alpha = \pi$ Observed in the Electron Microscope A study is made of the fringe patterns observed in transmission electron microscopy at anti-phase boundaries or stacking faults with $\alpha = \pi$. Use is made of the dynamic theory including anomalous absorption. The results are compared with observations of anti-phase boundaries in titanium dioxide. The specific properties of the fringe patterns at π-boundaries are discussed analytically and compared with those at $2\pi/3$-boundaries. From these considerations, criteria can be established which distinguish π-boundaries by their contrast features. Some computed profiles illustrate the agreement of this theory observations on rutile. A discussion is included of the fringe characteristics at the intersection of bend faults.

Finally, the contrast effects are analysed at parallel and intersecting overlapping faults.

K. TOMPA and F. TÓTH, Central Research Institute of Physics, Budapest, Anisotropy of the NMR in Copper Sheets (II) In NMR measurements on vacuum annealed copper sheets, for various orientations with respect to the magnetic field, it has been shown previously (1) that the anisotropy of the second moment can be interpreted by Van Vleck's theory assuming a (100) [001]-type cubic recrystallization texture. The present paper extends the investigation to several other orientations. The effect of non-uniformly oriented crystallites on the spectrum parameters is also studied. It is found that the scatter in crystallite orientation can be determined if the additional broadening is assumed to be isotropic.

(1) K. TOMPA and F. TÓTH, phys. stat. sol. 3, 2051 (1963).

J. CHRIST, Laboratorium für Technische Physik, Technische Hochschule München, Kleinwinkelstreuung von langwelligen Neutronen an Versetzungen in kaltverformtem Kupfer Es wurde die Kleinwinkelstreuung von subthermischen Neutronen (λ = 10 Å) an Versetzungen in Kupfer untersucht, welche durch Kaltverformung bei 78 °K erzeugt wurden. Das für eine statistische Anordnung von Stufenversetzungen berechnete ϑ^{-3}-Streugesetz konnte an polykristallinen Proben bestätigt werden. Aus den gemessenen Wirkungsquerschnitten wurde eine Versetzungsdichte von $L = 8.10^{11}$ cm/cm^3 ermittelt; aus den Abweichungen vom ϑ^{-3}-Streugesetz bei sehr kleinen Winkeln wurde der mittlere Abstand zweier benachbarter Versetzungen zu ungefähr 540 Å geschätzt. Bei Kleinwinkelstreuexperimenten an verformten mittelorientierten Einkristallen konnte die von SEEGER und KRÖNER (1) vorhergesagte azimutale Abhängigkeit der Streustrahlung beobachtet werden, wenn die Einstrahlrichtung parallel zur Gleitebene lag.

(1) A. SEEGER und E. KRÖNER, Z. Naturf. 14a, 74 (1959).

D. KÖNIG, J. VÖLKL und W. SCHILLING, Laboratorium für Technische Physik, Technische Hochschule München, Einfluß von α-Bestrahlung bei tiefer Temperatur auf die innere Reibung von hochreinem Kupfer An einem Ende fest eingespannte, 5 μm dicke Kupferblättchen (99,999 % Reinheit) wurden bei ca. 30 °K mit α-Teilchen aus einer ^{210}Po-Quelle bestrahlt, zu Querschwingungen angeregt und aus dem Abklingen der Schwingung die innere Reibung bestimmt. Es zeigt sich, daß durch die α-Bestrahlung das Bordonimaximum zunächst fast völlig unterdrückt wird. Es tritt erst nach Erwärmen auf Temperaturen über 125 °K wieder langsam hervor, erreicht jedoch selbst nach Aufheizen auf ca. 400 °K nicht mehr seine ursprüngliche Größe. Es wird vielmehr nach jedem Bestrahlungs- und Erholungszyklus kleiner. Das bekannte Nebenmaximum tritt nach einmaliger Bestrahlung nicht mehr auf. Eine Reihe von Maxima (bei ca. 39 °K, 104 °K, 170 °K und 240 °K) werden durch die Bestrahlung hervorgerufen, die wahrscheinlich Wechselwirkungsprozessen von Versetzungen mit Punktdefekten zuzuordnen sind.

D. KÖNIG, J. VÖLKL und W. SCHILLING, Laboratorium für Technische Physik, Technische Hochschule München, Einfluß von α-Bestrahlung bei tiefer Temperatur auf den Elastizitätsmodul von hochreinem Kupfer An einem Ende fest eingespannte, 5 μm dicke Kupferblättchen (99,999 % Reinheit) von etwa 6 mm Länge und 2 mm Breite wurden bei ca. 30 °K mit α-Teilchen aus einer ^{210}Po-Quelle bestrahlt und dann zu Querschwingungen angeregt. Aus der Schwingungsfrequenz wurde der Elastizitätsmodul bestimmt. Es zeigt sich eine starke E-Modulerniedrigung bei der Bestrahlung, die mit zunehmender Dosis einem Sättigungswert zustrebt (ca. 18 % Modulerniedrigung). Nach Erwärmen auf Zimmertemperatur steigt der Modul wieder bis zu seinem ursprünglichen Wert an. Das Ausheilen erfolgt in charakteristischen Temperaturgebieten, die mit den bekannten Stufen bei Erholung des Widerstandes nach Tieftemperaturbestrahlung identisch sind. Die gefundenen Moduländerungen können nicht durch das Festlegen von Versetzungen, sondern müssen als Volumeneffekt gedeutet werden, bei dem die Zwischengitteratome und Leerstellen mit ihren Verzerrungsfeldern als polarisierbare Einschlüsse in das Gitter aufzufassen sind.

R. GEVERS, A. ART, and S. AMELINCKX, Solid State Physics Department, S.C.K. - C.E.N., Mol, Electron Microscopic Images of Single and Intersecting Stacking Faults in Thick Foils

The dynamic theory for the electron transmission microscopic images of intersecting stacking faults is developed and discussed. Intersecting faults of the same type in f.c.c. alloys are considered, the fault planes having opposite tilt. The expected images are compared with observation in thick Cu-15% Ga foils. The aspect of the bright-field images are different under different diffraction conditions: (i) "streaked" fringes parallel to the projection of the intersection line for large values of the excitation error s ; (ii) for small values of s the images consist of two district parts: the central one and the outer one. The central part consists of a few nearly unmodulated straight fringes parallel to the intersection. The outer part is a more or less deformed superposition of two fringe patterns. A pure superposition of the fringe patterns due to each fault separately is found for a particular value of s and for the outer part of the image. The qualitative features of the image for small s in thick foils are due to anomalous absorption effects.

K.-H. BERTHEL, Deutsche Akademie der Wissenschaften zu Berlin, Institut für angewandte Physik der Reinststoffe, Dresden, Die transversale magnetische Widerstandsänderung elektronenstrahl-zonengeschmolzener Wolfram- und Molybdän-Einkristalle zwischen 14 und 27 °K An reinen Molybdän- und Wolfram-Einkristallen wurde die Änderung des elektrischen Widerstandes im transversalen Magnetfeld zwischen 14 und 27 °K untersucht. Es zeigte sich, daß die Anisotropie der Widerstandsänderung beider Metalle sehr ähnlich ist und nicht von dem Streuprozeß, der für die jeweilige Temperatur den größten Beitrag zum feldfreien elektrischen Widerstand liefert, abhängt. Für bestimmte Winkel zwischen dem Magnetfeld und den kristallographischen Achsen der Proben wurde die Abhängigkeit der relativen Widerstandsänderung von Induktionsflußdichte B und Temperatur T gemessen. Die in Kohlerdiagrammen dargestellten Ergebnisse zeigen, daß sich die Kurven für maximale und minimale Widerstandsänderung im Bereich $\frac{B}{r} > 10^7$ (r ist das Widerstandsverhältnis R(T)/R(273) der Proben) nur um konstante Faktoren unterscheiden. Bei kleinerem B/r konvergieren beide Kurven, wobei die Konvergenz von der kristallographischen Orientierung der Probenachse abhängt. Im Konvergenzbereich hat der Quotient aus mittlerer freier Weglänge und Bahndurchmesser der Ladungsträger im Magnetfeld die Größenordnung 1.

J. VOIGT, IV. Physikalisches Institut der Humboldt-Universität zu Berlin und Physikalisch-Technisches Institut der Deutschen Akademie der Wissenschaften zu Berlin, Investigations of Photoconductivity in a Reaction Kinetic Model Involving an Indirect Generation Process An investigation is made of a reaction kinetic model in which the generation rate of conduction electrons is assumed to be proportional to the number of occupied traps in the appropriate energy-range. Solutions of the steady-state and transient concentrations of conduction electrons are obtained. The influence of various trap distributions (discrete level, homogeneous, exponential and Gaussian) is investigated in detail. The quantum efficiency increases with increasing electron concentration and results in a superlinearity and an S-shaped growth of photocurrent. The change of the quantum efficiency with the electron concentration is virtually determined by the decay or half width, respectively, of the trap distribution.

P. SÜPTITZ, Institut für Kristallphysik der Deutschen Akademie der Wissenschaften zu Berlin, Die Diffusion von Cu^+-Ionen in AgCl- und AgBr-Kristallen (I) Unter Verwendung von radioaktivem Kupfer wurden die Diffusionskoeffizienten von Cu^+ in undotierten AgCl- und AgBr-Kristallen in Abhängigkeit von der Temperatur im Bereich von über 400 °C bis 50 °C ermittelt. AgCl und AgBr verhalten sich gleichartig, in Schmelzpunktnähe ergeben sich hohe Diffusionskoeffizienten ($> 10^{-5} cm^2/s$). Die Temperaturabhängigkeit läßt sich über einen großen Bereich durch je eine Arrheniusgleichung darstellen mit der Aktivierungsenthalpie Q = 0,399 eV für AgCl und Q = 0,455 eV für AgBr. Unterhalb von 70 °C (AgBr) bzw. 170 °C (AgCl) nimmt der Diffusionskoeffizient D verstärkt ab, gleichzeitig werden Einflüsse zufälliger Verunreinigungen und der Kristallvorgeschichte merkbar. Die im unteren Temperaturbereich beobachtbare Konzentrationsabhängigkeit von D steht in Verbindung mit der kleineren

Frenkelfehlordnung. Aus der Temperaturabhängigkeit von D werden Rückschlüsse auf den Diffusionsmechanismus gezogen.

P. SÜPTITZ, Institut für Kristallphysik der Deutschen Akademie der Wissenschaften zu Berlin, Die Diffusion von Cu^+-Ionen in AgCl- und AgBr-Kristallen (II) Die Diffusionskoeffizienten D von Cu^+ werden in Cu^+-dotierten AgCl- und AgBr-Kristallen in Abhängigkeit von der Zusatzkonzentration bestimmt. Die Isothermen für D weisen ein Minimum auf. Einige Wanderungsmechanismen, die für die Cu^+-Diffusion möglich erscheinen, werden theoretisch daraufhin untersucht, zu welcher Konzentrationsabhängigkeit von D sie führen. Nur der Zwischengitterplatzwechsel führt zu der bei kleinen Konzentrationen festgestellten Abnahme von D bei steigender Zusatzkonzentration. Möglichkeiten zur Erklärung der Zunahme von D bei großen Konzentrationen werden diskutiert.

H. BERGER, E. GUTSCHE und W. KAHLE, Physikalisch-Technisches Institut der Deutschen Akademie der Wissenschaften zu Berlin, Elektronenmikroskopische Untersuchungen an CdS- und CdSe-Aufdampfschichten Es wurden Oberflächenabdrucke von unbehandelten sowie von verschiedenen Behandlungen unterworfenen CdS- und CdSe-Aufdampfschichten elektronenmikroskopisch untersucht. Als Behandlungsverfahren wurden Temperungen im Hochvakuum, in Argon, Stickstoff und an Luft durchgeführt. Es zeigte sich eine Zunahme der mittleren Kristallitgröße mit wachsender Kondensationstemperatur. Bei den Temperungen wurde eine Rekristallisation in inerter Atmosphäre bei Temperaturen oberhalb 500 °C, an Luft auch bereits unterhalb 500 °C beobachtet.

H. RIEGER, Max-Planck-Institut für Metallforschung, Stuttgart, und Institut für theoretische und angewandte Physik der Technischen Hochschule Stuttgart, Untersuchungen zum Ausscheidungsmechanismus von Kupfer in Silizium An Hand licht- und elektronenmikroskopischer Beobachtungen wurde die Ausscheidung von Kupfer in Siliziumeinkristallen untersucht. Es ergab sich, daß die im Lichtmikroskop kompakt erscheinenden Ausscheidungen in Wirklichkeit räumlich scharf abgegrenzte Gebiete regellos angeordneter kugelförmiger Ausscheidungen sind. Die Ausscheidungsgebiete werden von spiral- bzw. wendelförmigen Versetzungen durchsetzt. Auf Grund der durchgeführten Untersuchungen zum Ausscheidungswachstum wurde ein Modell für den Ausscheidungsmechanismus angegeben, dem eine autokatalytische Reaktion zugrunde liegt. Es ergaben sich außerdem einige grundsätzliche Grenzen bei der Anwendung der Dekorierungsmethode zur Versetzungsbeobachtung.

F. HAESSNER, U. JAKUBOWSKI und M. WILKENS, Max-Planck-Institut für Metallforschung, Stuttgart, Anwendung elektronenmikroskopischer Feinbereichsbeugung zur Ermittlung der Walztextur von Kupfer Mittels elektronenmikroskopischer Feinbereichsbeugung wird an 95 % gewalztem Kupfer an 400 Stellen, die über große Materialbereiche verteilt liegen, die Orientierung in bezug auf Walzrichtung und Blechebene festgestellt. Die daraus gewonnenen Polverteilungen stimmen mit den am gleichen Material röntgenographisch gemessenen (111), (200) und (220) Polfiguren überein. Die zusätzlichen Informationen, die das elektronenmikroskopische Verfahren im Vergleich zur röntgenographischen Methode zu liefern in der Lage ist, werden diskutiert.

Original Papers published in "Fizika Tverdogo Tela"
Vol. 6, No. 8

V.I. VEKSLER, Tashkent, Angular Characteristics of the Scattering of Slow Alkali Ions from a Molybdenum Surface. The dependence of the maximum energy of K^+, Rb^+, and Cs^+ ions scattered from a Mo surface at 1600 to 1800 ^oK, on the initial energy (E_i) is measured between 20 and 260 eV, at various scattering angles. The effective mass (μ) of the Mo atoms is given as a function of the transferred kinetic energy, and found to be independent of the scattering angle. The μ vs E_i curves for K^+ are similar to those obtained earlier for Rb^+ and Cs^+ (1). The angular dependence of the yield of scattered ions is also studied. It is shown that the results cannot be understood on the basis of momentum transfer in directions of closest packing, or multiple scattering.

(1) V.I. VEKSLER, Zh. eksper. teor. Fiz. 44, 14 (1963).

L.L. BUISHVILI, N.P. GIORGADZE, and G.E. GURGENISHVILI, Tbilisi, Influence of the Skin Effect on Nuclear Magnetic Resonance in Ferromagnetics Nuclear magnetic resonance in a saturated ferromagnetic sample whose thickness is greater than the penetration depth of the a.c. field, is discussed for the case in which the external d.c. field is normal or parallel to the surface. A formula is obtained for the equivalent permeability which is a measure of the absorbed power.

I.A. MIRONOV and L.YA. MARKOVSKII, Leningrad, Nature of the Luminescence of Non-Activated Zinc Selenide The emission spectrum of undoped ZnSe, after heat treatment in vacuum or in Zn or Se vapour, is measured at low temperatures. The green and red emission bands are related to interstitial Se and Zn, respectively. The sign of the current carriers is also determined.

P.G. BORZYAK, O.G. SARBEI, and R.D. FEDOROVICH, Kiev, Electron Emission and Conductivity of a Si p-n Junction in the Presence of an Adsorbed BaO Layer Measurements are made of the electron emission current (I_e) from Si p-n junctions and the reverse current (I_r) through these junctions, the surfaces having been cleaned by heat treatment in air and high vacuum. The dependence of I_e and I_r on the work function during the adsorption of BaO, and on temperature, are studied in detail. The mechanism of electron emission is discussed.

CH.B. LUSHCHIK, G.G. LIIDYA, and M.A. ELANGO, Tartu, Electron-Hole Mechanism of the Formation of Colour Centres in Ionic Crystals Colour centres are produced in NaCl and NaCl:Tl crystals by bombardment in a nuclear reactor, and by irradiation with 60 keV X-rays, 15 eV electrons, and ultraviolet light at photon energies between 5 and 14 eV. The production rate is given as a function of this photon energy. The results are interpreted on the basis of an electron-hole mechanism.

YU.A. KURSKII, Moscow, Optical Absorption and Recombination Radiation due to the A-Centre in Silicon The positions of the excited states of a hole trapped at an A-centre, which is occupied by an electron, are obtained on the basis of the effective-mass formalism, using EPR data. Using the Franck-Condon principle, calculations are made for the transition of an electron from the ground state (E_c - 0.17 eV) to the excited state (E_c - 0.057 eV), and for the formation of a localised exciton, (which consists of an electron in the ground state and a hole in the first excited state (E_v + 0.13 eV)). These transitions are related to the absorption bands observed in irradiated Si at 5.5 and 1.8 μm respectively. The energy of the photons emitted during the annihilation of the localised exciton is estimated and compared with an experimental emission-band observed at about 2 μm. The cross section for the non-radiative capture of a free hole by the E_v + 0.13 eV level is found to be 5×10^{-18} cm^2, and this is smaller, by five orders of magnitude, than the cross section for radiative capture at 77 ^{o}K.

K.M. SHTRAKHMAN and YU.V. PIGUZOV, Moscow, Mechanism of Relaxation in Homogeneous Substitutional Silver-Alloys A critical analysis is made of the existing theories of relaxation in substitutional alloys. On the basis of (1) an expression is derived for the degree of relaxation, taking into account the changes in the interaction energy of the atoms and in the deformation energy of the lattice. The results are compared with experimental data for Ag-In, Ag-Cd, and Ag-Mg. A discussion is given of the temperature and concentration dependence of the degree of relaxation in these systems.

(1) A.D. LE CLAIRE and W.M. LOMER, Acta Metallurgica 2, 731 (1954).

A.N. IMENKOV, S.S. MESKIN, D.N. NASLEDOV, V.N. RAVICH, and B.V. TSARENKOV, Leningrad, Electric Properties of GaAs Tunnel Diodes Forward and reverse characteristics of GaAs tunnel diodes are measured between 77 and 425 ^{o}K. An analysis is made of the tunnel current and recombination current in the forward case, and of the tunnel current in the reverse case. The positions of the Fermi level and impurity levels are deduced from the results. Information on the structure of the energy bands is also obtained.

S.G. SALIKHOV, Kazan, Paramagnetic Relaxation in Nickel Salts Measurements are made of the magnetic heat-capacity, the constant p(1), and the magnetic-field and temperature dependence of the spin-lattice relaxation time of $NiSiF_6 \cdot 6H_2O$, $NiCl_2$, and NiF_2.

(1) S.G. SALIKHOV, Communication on Paramagnetic Resonance, Kazan 1959 (in Russian).

V.M. NABUTOVSKII, Novosibirsk, Magnetic Traps for Electrons in Metals The motion of electrons which occupy states of minimum cross-section on a warped Fermi surface is studied. It is shown that these electrons may be trapped by inhomogeneous magnetic fields. The occurrence of resonance at a frequency of about v_F/L is predicted, (where v_F is the Fermi velocity, and L is the length which characterises the inhomogeneity of the field).

V.G. SKOBOV, Leningrad, Theory of the Propagation of Electromagnetic Waves in a Metal in the Presence of a Magnetic Field A theory of the propagation of electromagnetic waves in a metal containing equal concentrations of electrons and "holes", in the presence of a magnetic field (H) is given, assuming equal effective masses for the two types of carriers.

It is shown that waves may propagate in a direction non-parallel to H, their dispersion law having the form $\omega \sim k$. The phase velocity of these waves is somewhat larger than the Fermi velocity, and this leads to the absence of Landau damping. It is found that damping is dominated by the scattering of carriers.

N.P. BOGORODITSKII, D.A. TAIROVA, and V.S. SOROKIN, Leningrad, Effect of Free Carriers on the Transition of Polycrystalline Dielectrics to the Electret State The polarisation of ceramics in a high electric field is investigated at high temperatures. Special attention is given to the effect of free carriers on the transition to a stable "homocharge" state. A correlation is found between the formation of colour centres from Schottky defects and changes in the surface charge of the ceramics. A model is proposed for the electret state in non-polar dielectrics.

V.B. FIKS, Leningrad, Dynamic (Effective) Charge of Ions in Metals The dynamic effective charge (Q_i) of ions in a one-component metal is defined by the equation $F_i = Q_i E$, (E external electric field, F_i force on the atom). Q_i is calculated, taking into account the effective force exerted on the atoms by the conduction electrons, and it is found to depend in a complicated manner, on the shape of the Fermi surface and the scattering mechanism. Simple expressions are obtained for closed Fermi surfaces, in cases in which umklapp processes can be neglected.

V.A. IOFFE, A.I. LEONOV, and M.V. RAUZMENKO, Leningrad, Permittivity and Dielectric Losses in Solid Solutions with Cerium Aluminate Measurements are made of the complex permittivity of rare-earth aluminates possessing the perovskite structure, and solid solutions containing $CeAlO_3$. It is found that the peak of ε'' of several substances has an anomalous temperature dependence. The addition of 0.1 % $SmAlO_3$ or $EuAlO_3$ leads to a significant decrease of the permittivity of $CeAlO_3$.

L.M. TSIRULNIKOVA and I.G. SHAPOSHNIKOV, Perm, Phenomenological Theory of the Complex Paramagnetic Susceptibility of Single Crystals The phenomenological theory of the complex paramagnetic susceptibility developed for polycrystalline samples in (1, 2) is extended to single crystals. The results are used to analyse experimental data on the paramagnetic absorption in parallel fields and the r.f. Faraday effect.

(1) H.B.G. CASIMIR and F.K. DU PRÉ, Physica 5, 507(1938).
(2) I.G. SHAPOSHNIKOV, Zh. eksper. teor. Fiz. 18, 533 (1948).

S.S. SHALYT and P.V. TAMARIN, Leningrad, Thermal Conductivity and Thermal E.M.F. in InSb at Low Temperatures Measurements are made of the thermal conductivity $\varkappa$ in InSb crystals containing various concentrations of electrically active impurities. It is found that at low temperatures, where the scattering of phonons is dominated by lattice defects, that the lattice thermal conductivity is independent of impurity concentration below 10^{17} cm^{-3}. Measurements of the thermal e.m.f. (α) of a very pure n-type sample indicate the presence of phonon drag, which is in quantitative agreement with theory. It is also found that the maxima of $\varkappa$ and α lie at different temperatures for a given sample.

F.P. RYBALKO, V.A. FIRSTOV, and S.G. BESPAMYATNYKH, Sverdlovsk, Influence of Pores on the Statistics of the Distribution of Plastic Deformation The statistics of the spatial-distribution of plastic deformation in plexiglass and small-grain aluminum containing artificially produced pores or holes are studied experimentally. It is found that the fluctuational deformations in the vicinity of the holes are several times larger than the mean deformations in these regions. Fluctuational solidification is significant in plexiglass, but not in Al. The perturbations of the stationary deformation-field which lead to the occurrence of the fluctuations are discussed.

K.K. SVIDZINSKII, Moscow, Theory of the Polarisation of Luminescence in Crystals A calculation is made of the depolarisation probability of excited states of luminescence centres in crystals. The excitation probabilities for electric and magnetic dipole transitions are obtained as functions of the angles of incidence and polarisation of the exciting light, special attention being given to centres possessing inversional, rhombic, and higher than two-fold rotational symmetry. It is found that these dependences are determined by five, two, and a single parameter, respectively.

M.I. ELINSON and V.N. LUTSKII, Moscow, Energy Distribution of Hot Electrons Emitted from Si p-n Junctions The energy spectrum of hot electrons emitted from Si p-n junctions is investigated experimentally. It is shown that this spectrum is Boltzmann-like at high energies, with electron temperatures (T_e) varying between 4000 and 5000 $^{\circ}$K. The saturation of the emission current-voltage characteristics observed for sharp junctions is found to be due to saturation of T_e.

ZH.I. ALFEROV, V.I. KOROLKOV, I.P. MIKHAILOVA-MIKHEEVA, V.N. ROMANENKO, and V.M. TUCHKEVICH, Leningrad, Growth of Gallium Phosphide and Cadmium Telluride on Gallium Arsenide in Transport Reactions A study is made of the epitaxial growth of GaP and CdTe on GaAs substrates in a transport reaction using iodine as the carrier gas. Mass action constants as functions of temperature are given for the reactions involved in this growth. The dependence of the growth velocity on the temperature of the vapour source, crystallisation temperature, and the concentration of I_2 are investigated extensively. Heats of reaction are obtained for reactions with the walls of the vapour source. Measurements are made of the current-voltage characteristics of the p-n heterojunctions which form during the epitaxial growth of GaP on GaAs.

E.E. GODIK and YA.E. POKROVSKII, Moscow, Capture Coefficients of Indium and Boron Atoms in Silicon for Holes The capture coefficients of In^- and B^- centres in Si for holes are deduced from measurements of the steady-state impurity photoconductivity and current noise, and found to be 2×10^{-6} cm^3s^{-1} at 78 $^{\circ}$K and 1×10^{-4} cm^3 s^{-1} at 20 $^{\circ}$K, respectively.

A.A. GIPPIUS and V.S. VAVILOV, Moscow, Mechanism of Radiative Recombination at Dislocations in Germanium The temperature dependence of the position and shape of the emission band which is observed in high-resistivity Ge containing dislocations indicates that this band is due to a transition within a centre which occurs after the capture of a hole into an excited state. It is shown that such a transition is localised at particular sections of the dislocation line rather than extended over its whole length.

A.E. YUNOVICH and G.KH. TALAT, Moscow, Kinetics of the Field Effect at Silicon Surfaces The relaxation time of the field effect in high-resistivity p-type Si is measured as a function of temperature and electric field strength. A change in the temperature dependence is observed qualitatively below 230 °K. The results are analysed on the basis of a theory which takes into account large variations of the surface potential, and an exchange of electrons between the valence band and a single type of surface level. This analysis indicates the presence of surface levels 0.78 eV above the valence band, at concentrations greater than 4×10^{11} cm^{-2} and having a capture cross-section for holes of about 3×10^{11} cm^2.

A.G. GUREVICH, Leningrad, Parametric Amplification of Magnetic Waves by Elastic Waves in Ferrites The parametric amplification of two magnetic waves (two spin waves, or an electromagnetic wave and a spin wave) in a magnetised ferrite occurring in the presence of a longitudinal elastic wave when the three waves propagate parallel to the external d.c. field (H_o), is discussed for the case in which the frequency of the elastic wave is equal to the sum of the frequencies of the magnetic waves. Expressions are derived for the critical amplitude (R_c) of the elastic wave, and the amplification coefficient for amplitudes larger than R_c. Formulae are also given for the frequencies and wave numbers of the amplified waves as functions of H_o, and the frequency of the elastic wave.

I.S. GORBAN and R.A. DASHKOVSKAYA, Kiev, Absorption Spectrum and Optical Transitions in As_2S_3 Crystals The shape of the absorption edge in As_2S_3 crystals is studied between 90 and 403 °K, using polarised light. It is shown that this shape is determined by indirect transitions. Parameters of these transitions are given. The absorption spectrum is found to depend upon the direction of polarisation.

A.P. KAZANTSEV and T.L. MATSKEVICH, Leningrad, Secondary Electron Emission from Methylmetacrylate at 25 keV The coefficients σ, η of secondary electron emission and inelastic scattering of methylmetacrylate are measured at primary energies (E_p) between 3 and 25 keV. The observed angular distribution of η can be described by a formula obtained in (1), whereas the angular variation of $\delta = \sigma - \eta$ is found to be stronger than predicted in (2). At E_p = 25 keV the angular distributions of σ and δ for thin layers are measured in a "transmission" (t) and "reflection" (r) arrangement. For (r), larger δ-values are obtained than for (t). The strong angular variation of δ observed for (r) indicates that the distribution function of the secondary electrons produced in the interior of the layer is not spherically symmetric.

(1) N.G. NAKHODKIN, A.A. OSTROUMOV, and V.A. ROMANOVSKII, Fiz. tverd. Tela 4, 1514 (1962).
(2) L.N. DOBRETSOV and T.L. MATSKEVICH, Zh. tekhn. Fiz. 27, 734 (1957).

T.N.LEZGINTSEVA, Rostov-on-Don, Layer-Like Domain Structure in Barium Titanate Single Crystals An expression is derived for the permittivity of a $BaTiO_3$ single crystal possessing a layer-like domain structure. The dependence of the properties of these crystals on the concentration of α-domains is discussed. The results are compared with experimental data.

V.A. IOFFE, A.I. LEONOV, and M.V. RAZUMEENKO, Leningrad, Non-Linear Properties of Cerium Aluminate Measurements are made of the field dependence of the complex permittivity ($\varepsilon' - i\varepsilon''$) and the conductivity ($\sigma$) of $CeAlO_3$ containing various admixtures. Hysteresis loops are observed for "anomalous" (1, 2) samples. It is found that σ has an exponential field-dependence, whereas ε' is unaffected by an auxiliary electric field. It is concluded that the hysteresis loops are due to the field dependence of σ.

(1) V.A. IOFFE, A.I. LEONOV, and I.S. YANCHEVSKAYA, Fiz. tverd. Tela 4, 1778 (1962).
(2) V.A. IOFFE, A.I. LEONOV, and M.V. RAZUMEENKO, Fiz. tverd. Tela 6, 2314 (1964) (present issue).

I.A. CHABAN and A.A. CHABAN, Moscow, Amplification of Optical Lattice-Vibrations by Carrier Drift Conditions are derived for the amplification and generation of optical lattice-vibrations in polar and covalent (monatomic) semiconductors by the drift of carriers. It is found that a high density of states is essential. It is also shown that these effects are unlikely to occur near the boundaries of the Brillouin zone.

M.I. ALIEV and A.YU. DZHANGIROV, Baku, Thermal and Electrical Properties of InSb - In_2Te_3 Alloys The thermal conductivity ($\varkappa$), electrical conductivity (σ), thermal e.m.f., and Hall coefficient of InSb - In_2Te_3 alloys are measured as functions of temperature, between 80 and 500 $^{\circ}K$, and In_2Te_3 concentration, between 0 and 5 molar %. It is found that $\varkappa$ and σ are strongly composition-dependent. Heat treatment leads to an increase in $\varkappa$, and this is thought to be due to ordering processes in the vacancy sub-lattice.

A.S. TAGER, Current Fluctuations in Semiconductors and Dielectrics in the Presence of Impact Ionisation and Avalanche Breakdown The statistics of the avalanche process in a dielectric layer are studied. The frequency spectrum of the shot noise is calculated, taking into account fluctuations of the multiplication coefficient. The suppression of this noise by space-charge effects is discussed.

V.N. PISKOVOI and B.E. TSEKVAVA, Kiev, Non-Linear Polarisability in Condensed Media The polarisability in a condensed medium is calculated by a semi-classical procedure. The expression obtained is used for the non-linear interaction between two monochromatic waves. The polarisability current is calculated to first and second order in the electric field. Special attention is given to the introduction of the total field into Maxwell's equations. A relation between the macroscopic and microscopic polarisabilities in an infinite homogeneous dielectric is obtained.

V.P. KALASHNIKOV, Sverdlovsk, Non-Linear Galvanomagnetic Effects in Semiconductors and Semi-Metals in the Presence of Strong Mutual Drag of Electrons and Phonons A study is made of the non-linear galvanomagnetic effects in a degenerate semiconductor in perpendicular electric and magnetic fields (E, H, respectively). If a strong mutual drag between electrons and phonons occurs at small E, the "drift velocity" of phonons saturates as E is increased, and this leads to an increase in the slope of the dissipative current vs E curve, and a decrease in the slope of the Hall current vs E curve. Neglecting heating of the phonon gas it is shown that both dependencesare linear below and above the bending point. The conductivity in the direction of the electric field is found to be proportional to H^{-2} below, and independent of H above the bending point.

A.A. BLISTANOV, G.B. MALAKHOV, and M.P. SHASKOLSKAYA, Moscow, Recovery of Internal Friction in Crystalline Silver Chloride The internal friction (Δ) in plastically deformed, wire-shaped AgCl samples with NaCl concentrations up to 0.012 atomic %, is measured at 0.25, and 50 °C, and low frequencies. It is found that plastic deformation leads to a decrease in Δ, and this is explained, according to (1), by the locking of dislocations at point defects. The results indicate that, besides the diffusion of these defects considered in (1), there are additional mechanisms contributing to the recovery of plastic deformation. It is shown that the locking process involves a migration of Ag^+ interstitials and vacancies to the dislocations.

(1) A.A. GRANATO, A. HIKATA, and K. LÜCKE, Acta Metallurgica 7, 470 (1958).

YU.M. POPOV, Moscow, Inverse Occupation in Semiconductors under Electronic and Optical Excitation It is shown that the establishment of an inverse occupation by electronic excitation may be impossible due to the heating of the electron and hole gases.

V.V. EVDOKIMOVA and YU.S. GESHAFT, Moscow, Compressibility of Cerium up to 30000 kg/cm^2 The compressibility of α- and γ-Ce is measured as a function of pressure, by a mechanical and an X-ray method. It is found that the compressibility of γ-Ce increases with increasing pressure. A transformation of γ- into α-Ce (a_0 = 4.94 Å) occurs under extremely slow decrease of applied pressure.

E.A. GURIEVA, V.A. KUTASOV, and I.A. SMIRNOV, Leningrad, Lattice Thermal Conductivity in Solid Solutions Containing

Bi$_2$Te$_3$ Measurements are made of the thermal conductivity of pure Bi$_2$Te$_3$ and Bi$_2$Te$_3$ containing Sb, In, S, or Se, or combinations of these impurities, between 80 and 120 °K. It is shown that the distortion of the lattice around an impurity atom, and consequently, the scattering cross-section for phonons, are larger for heteromorphic than for isomorphic substitution. At low concentrations the contribution of the impurities to thermal resistivity is found to be additive with respect to the introduction of several types of impurities.

V.P. KALASHNIKOV, Sverdlovsk, Polarisation of Nuclear Spins in a Semiconductor by a Direct Current The polarisation by a direct current of nuclei in a degenerate semiconductor is studied taking into account the non-equilibrium state of the phonon gas.

M. ERBZHEPOV, Kiev, Thermal E.M.F. and Hall Effect in Semiconductors Containing Charged Impurities It is shown that the presence of charged impurities leads to an increase in the thermal e.m.f., whereas the correction to the Hall coefficient vanishes.

I.N. PENKOV and I.A. SAFIN, Kazan, Nuclear Quadrupole Resonance in Proustite and Pyrargirite A NQR study is made of natural Ag_3AsS_3 and Ag_3SbS_3. It is found that the As and Sb atoms occupy the same site in each lattice cell. The isomorphic substitution of As in the Ag_3SbS_3 lattice is also investigated by NQR measurements.

L.E. GUREVICH and I.Y. KORENBLIT, Leningrad, Thermal E.M.F. in Ferromagnetic Metals at Low Temperatures, and Drag of Electrons by Magnons The longitudinal and transverse thermal e.m.f. (α_L, α_T, respectively), of a ferromagnetic metal in a magnetic field (H), at low temperatures, are studied taking into account the mutual drag of electrons and magnons. For dominant impurity-scattering the α_L vs H curve has an extremum, whereas for dominant magnon-scattering α_T saturates at high magnetic fields. The magnon contribution to α_L depends on temperature as $T^{3/2}$, whereas the electron contribution at small H is proportional to T and T^{-1} in the cases of impurity and magnon scattering, respectively.

G.L. BIR, E.I. BUTIKOV, and L.S. SOCHAVA, Leningrad, Intensity of the EPR Lines of Ions in a Cubic Crystal-Field The angular distributions of allowed an forbidden hyperfine components of EPR lines of ions in a cubic crystal-field are calculated for the case of high magnetic fields. Measurements are made of the EPR spectrum of Eu^{2+} in CaF_2 which has a strong angular dependence due to the magnitude of the cubic-field parameter a. Good agreement is found between theory and experiment.

E.V. ZAROCHENTSEV and V.A. POPOV, Kharkov, Energy Spectrum and Resonance Frequencies of a Biaxial Antiferromagnetic The energy spectrum of spin waves, and the resonance frequencies at 0 °K, in a biaxial antiferromagnetic are calculated. The results are compared with the properties of uniaxial antiferromagnetics.

V.V. DRUZHININ and V.I.CHEREPANOV, Sverdlovsk, Theory of "Pseudo-Stark Splitting" of the R-Lines of Ruby The effect of an electric field on the red fluorescence lines of Cr^+ in Al_2O_3 is discussed. On the basis of crystal-field theory, without making special assumptions, it is shown that the Stark splitting depends qualitatively on the direction of the external electric field. For fields parallel to the crystal axis, a "pseudo-Stark effect" occurs due to the presence of two non-equivalent positions of the Cr^{3+} ions, and this involves a linear splitting of the doublets R_1 and R_2. Fields perpendicular to the crystal axis lead to an increase in the separation of R_1 and R_2. The results are compared with experimental data given in (1).

(1) W. KAISER, S. SUGANO, and D.L. WOOD, Phys. Rev. Letters 6, 605 (1961).

A.M. ELGARD, Influence of Uniaxial Stress on the Dielectric and Piezoelectric Properties of Polarised Ferroelectrics An investigation is made of the effect of uniaxial stress on the dielectric and piezoelectric properties of polarised $BaTiO_3$, $PbNb_2O_6$, and $PbZrO_3$ - $PbTiO_3$ ceramics. The dependence of ε and $\tan\delta$ on the a.c. field is measured during and after compression parallel and perpendicular to the direction of polarisation. It is found that reversible and irreversible changes occur during compresion ($\sigma \leq 1200$ kg/cm^2 in both directions), and dilation ($\sigma \leq 200$ kg/cm^2 parallel to the direction of polarisation). The results are thought to be due to stress-induced reorientation of domains.

N.L. BRUYKHATOV, N.L. PAKHOMOVA, and V.A. POTAKOVA, Moscow, Effect of Heat Treatment in a Magnetic Field on the Magnetic Anisotropy and Conductivity of Iron-Nickel Ferrites Heat treatment in a magnetic field, of spinel-type Fe-Ni ferrites containing a small excess of Fe, leads to the alignment of magnetically coupled ion-pairs along the tetragonal axis, and this gives rise to an induced magnetic anisotropy and a decrease in conductivity. The magnitude of this anisotropy increases with increasing concentration of Fe^{2+} ions. It is shown that the alignment is connected with diffusion of these ions.

Short Notes published in "Fizika Tverdogo Tela"
Vol. 6, No. 8

N.Z. MIRYASOV and V.A. SEMKINA, Moscow
Temperature Dependence of the Constant of Induced Magnetic Anisotropy in Ni-Zn-Co Ferrites

A.N. NAUMOV, Leningrad
Diffusion of Lithium in Sodium

A.A. BUKHANOVA and D.A. PETROV, Moscow
Growth of Germanium Dendrites in "Hard" Directions

A.A. BUKHANOVA and D.A. PETROV, Moscow
Growth of <110> Germanium Dendrites

YU.V. NABOIKIN and A.A. AVDEENKO, Kharkov
"Detection Effect" and Activation Energy of Photoconductivity in Pyrene Single Crystals

V.I. SOLOVNEV
Temperature Dependence of the Line Width of a Mn Ferrite

L.M. BELYAEV, G.S. BELIKOVA, G.F. DOBRZYANSKI, G.B. NETESOV, and YU.V. SHALDIN, Moscow
Permittivity of Crystals Showing the Electro-Optical Effect

V.S. GRECHISHKIN and A.D. GORDEEV, Perm
Quadrupole Relaxation in $C_{10}H_4Cl_4$ Crystals

V.M. KIRYANOVA, YU.P. KHUKHRYANSKII, and M.I. SHCHEVELEV, Voronezh
Dislocations in Recrystallised p-Type Germanium Layers

KH.I. AMIRKHANOV, R.I. BASHIROV, and Z.A. ISMAILOV, Makhachkala
Resistivity of p-Type InSb in Strong Magnetic Fields

V.L. BONCH-BRUEVICH and R. ROZMAN, Moscow
Theory of Optical Absorption in Heavily Doped Semiconductors

V.V. SOBOLEV and N.N. SYRBU, Kishinev
Band Structure of Gallium Phosphide

V.V. SOBOLEV, A.M. ANDIESH, N.N. SYRBU, and S.D. SHUTOV, Kishinev
Reflection Spectra of II-V and III-VI Crystals

S.I. SHAKHOVTSOVA, Kiev
Current-Voltage Characteristics of "Generating" CdS and CdSe Crystals

N.G. ZHDANOVA, Moscow
Capture Coefficients of Negatively Charged Impurities in Germanium for Electrons

R.V. PISAREV, Leningrad
Absorption Spectrum of $YFeO_3$ Ortho-Ferrites

V.V. DRUZHININ and V.I. CHEREPANOV, Sverdlovsk
Application of the Method of Irreducible Tensor Operators and Genealogic Coefficients to the Calculation of the Energy Spectra of Ions in Crystals

D.V. GITSU, Kishinev
Symmetry of Magnetoresistance Rotation Diagrams for Rotation around an n-Fold Axis

E.N. IVANOV, Kazan
Quadrupole Moments of Paramagnetic Ions in a Crystalline Environment

V.S. ZEMSKOV, A.D. BELAYA, and G.N. PODKORYTOVA, Moscow
Electric Activity of Tin Impurities in Germanium

I.D. ANISIMOVA, V.M. YUNGERMAN, and A.V. KULYMANOV
Recombination Radiation in InAs p-n Junctions

G.A. SMOLENSKII and V.P. POLYAKOV
Néel Temperature and Magnetisation of Garnet-Type Ferrites Containing Vanadium Ions

B.G. ZHURKIN, N.A. PENIN, and B.A. VOLKOV, Moscow
Influence of Compensation on the EPR Spectra of n-Type Silicon

S.P. LYASHENKO and V.K. MILOSLAVSKII, Kharkov
Determination of the Effective Mass in SnO_2 from Infra-Red Optical Constants

List of Short Notes

Contents — Continued

Short Notes

(listed on the last page of the issue)

Pre-printed Titles and Abstracts

of papers to be published in this or in the Soviet journal „Физика Твердого Тела" (Fizika Tverdogo Tela).

Einsendungen und Zuschriften

bitten wir zu richten an:

physica status solodi, Berlin C 2, Neue Schönhauser Str. 20

or Internationale Buchversand GmbH, 1 Berlin 19, Eschenallee 21.

Die Zeitschrift dient der Publikation von Erkenntnissen der Grundlagenforschung des gesamten Gebietes der Festkörperphysik.

Sie erscheint am 1. eines jeden Monats.

Es werden aufgenommen:

1. Zusammenfassende Berichte über aktuelle Teilgebiete der Festkörperphysik nach Vereinbarung mit der Schriftleitung.
2. Originalarbeiten, die an anderer Stelle noch nicht veröffentlicht bzw. zur Veröffentlichung eingereicht sind, soweit sie neue Erkenntnisse enthalten, nach Rezension. Annahmeschluß am 8. jedes Monats (50 Tage vor Auslieferung des Heftes).
3. Kurze Mitteilungen von Forschungsergebnissen, die im Offsetteil der Zeitschrift in ausschließlicher Verantwortung des Autors erscheinen. Annahmeschluß am 12. jedes Monats (16 Tage vor Auslieferung des Heftes).
4. Vorabveröffentlichung der Titel und Abstracts von Arbeiten, die in dieser oder in der sowjetischen Zeitschrift „Физика Твердого Тела" (Fizika Tverdogo Tela) erscheinen (letztere in englischer Übersetzung).

Redaktionelle Hinweise

Manuskripte werden in englischer, deutscher, französischer oder russischer Sprache angenommen.

Die Autoren werden gebeten:

1. Manuskripte einseitig in Maschinenschrift mit mindestens zweizeiligem Abstand und (abgesehen von kurzen Mitteilungen) möglichst in 2 Exemplaren einzureichen. Der Manuskriptumfang sollte bei Originalarbeiten 20 Seiten, bei kurzen Mitteilungen 3 Seiten nicht überschreiten, die Zahl der Abbildungen sollte möglichst klein sein.
2. Namen und Vornameninitialen des Verfassers sowie den Ursprungsort der Arbeit anzugeben.
3. Eine kurze Zusammenfassung der Arbeit von höchstens 10 Zeilen, wenn möglich auch in einer zweiten der obengenannten Sprachen, beizufügen.
4. Zeichnungen auf besonderen Blättern und Photographien (möglichst nur für zusammenfassende Berichte und Originalarbeiten) auf weißem Papier beizufügen.
5. Abbildungsunterschriften auf einem gesonderten Blatt beizufügen und, falls bezüglich der Abbildungsgrößen besondere Wünsche bestehen, diese ausdrücklich auf den Abbildungen zu vermerken.
6. Literaturangaben in der Reihenfolge der Zitate in üblicher Weise (siehe Heft) ebenfalls auf einem gesonderten Blatt beizufügen.
7. Bei der Benutzung von Einheiten, Symbolen und dergleichen die von der IUPAP herausgegebenen Empfehlungen zu beachten.

Die Autoren erhalten von zusammenfassenden Berichten und Originalarbeiten zwei Fahnenabzüge übersandt.

Die Korrekturen des Offsetteiles werden in der Redaktion gelesen.

Von zusammenfassenden Berichten werden 25 Sonderdrucke, von Originalarbeiten und kurzen Mitteilungen 75 Sonderdrucke je Arbeit kostenlos geliefert. Zusammenfassende Berichte werden honoriert.

In the next issue, the above information will be published in English.

Bei Fragen zur Produktsicherheit wenden Sie sich bitte an:
If you have any questions regarding product safety,
please contact:

Walter de Gruyter GmbH
Genthiner Straße 13
10785 Berlin
productsafety@degruyterbrill.com